자기비파괴검사

기능사 필기

시대에듀

합격에 윙크[Win-Q]하다

[자기비파괴검사기능사] 필기

Always with you

사람이 길에서 우연하게 만나거나 함께 살아가는 것만이 인연은 아니라고 생각합니다.
책을 펴내는 출판사와 그 책을 읽는 독자의 만남도 소중한 인연입니다.
시대에듀는 항상 독자의 마음을 헤아리기 위해 노력하고 있습니다.
늘 독자와 함께하겠습니다.

PREFACE

머리말

자기비파괴검사 분야의 전문가를 향한 첫 발걸음!

소유 없이 공유하는 교통수단을 꿈꾸고, 제4의 혁명을 이야기하는 이 시대를 살면서도 언제부터인가 우리는 먹고 사는 문제를 다시 걱정하기 시작했습니다. 그리고 먹고 살기 위해 잘된다는 분야를 찾기 시작합니다.

어느 때에는 IT가 뜬다고 하였다가, 어느 때에는 자동차가 뜬다고 하였다가, 어느 때에는 재료학이 뜨기도 하고 신생에너지가 뜨기도 합니다. 자격수험도 인기 있던 어떤 종목은 계속 많은 사람들이 몰리는 통에 인력 수요가 다 차서 점점 수준 높은 사람들이 몰리지만, 점점 맞는 자리 찾기가 힘들어지고, 예상치 못했던 어떤 종목은 사람이 갑자기 많이 필요한 통에 문제의 수준도 낮추고 어지간히 교육받으면 자리 찾는 것이 어렵지 않는 상황을 맞기도 합니다.

세상이 사람을 구한다면 그에 맞추어 우리를 준비하고 쓸 수 있는 사람이 되기 위해 애쓰고 있지만, 어쩌면 우리는 무엇인가를 앞서 준비해 놓으면 우연찮게 자신의 나아갈 길이 열리기도 하는 것 같습니다. 가만히 살펴보면, 급격한 변화가 어려운 분야는 소위 '뜬다' 하기는 어렵지만, '지기도 쉽지 않다'는 생각도 듭니다. 그런 측면에서 중공업 및 기간산업과 그의 원료를 공급하는 에너지, 재료 등의 분야는 언제 관심을 가져도 괜찮은 영역이 아닌가 싶습니다.

근래 유가 하락 및 과도한 경쟁으로 해운업이 잠시 어렵지만, 우리나라는 해운 · 조선업 강국으로서 그 위상을 가지고 있습니다. 또 우리는 항상 세계에서 가장 좋은 평가를 받는 항공사를 두 개 이상 가지고 있으며 토목, 건설 분야에서 국위를 드높이는 경우가 많습니다. 장치산업 분야에서도 세계 제일의 평가를 받는 것이 한두 가지가 아닙니다.

이렇게 한 번에 한 제품씩 만드는 항공기나 선박, 교량, 설비, 토목 분야의 제품을, 파괴검사를 할 수는 없는 일입니다. 이런 분야에서 자기비파괴검사 또한 역할을 감당하고 있으며, 이런 지식과 능력을 가진 기술인은 높은 가격을 가진 한 제품의 품질을 다루고 관리하는 기술인으로서 자부심을 가질 수 있을 것입니다.

저 또한 흔하지 않은 분야이지만, 우리나라의 기간산업을 돕는 사람의 마음으로 수험생 여러분을 위해 마음을 썼습니다. 모쪼록 열심히 공부하셔서 기간산업을 떠받치는 일꾼으로 역할도 하시고 대접도 받으시길 바라며 능력을 갖추어 자신의 꿈을 펼치시기 바랍니다.

끝까지 건승하십시오.

꿈그리미 선생님 올림

시험안내

개 요

비파괴검사의 기초 원리에 대한 이론적 지식을 숙지하여 시험결과의 해석 및 판정에 오류가 발생하는 것을 방지하고 검사결과의 신뢰성을 확보하기 위하여 자격제도를 제정하였다.

수행직무

자성의 성질을 이용한 비파괴검사에 대해 주로 현장실무를 담당하며 검사방법 및 절차에 따라 적절한 도구를 이용하여 실제적인 비파괴검사업무를 수행한다.

진로 및 전망

비파괴전문용역업체, 공인검사기관, 전선생산업체, 자체검사시설을 갖춘 조선소, 정유회사, 유류저장시설시공업체, 가스용기제작업체, 보일러제조회사, 항공기생산업체의 비파괴검사 부서 또는 각종 업체의 품질관리 부서에 진출할 수 있다.

시험일정

구분	필기원서접수(인터넷)	필기시험	필기합격(예정자)발표	실기원서접수	실기시험	최종 합격자 발표일
제1회	1.6~1.9	1.21~1.25	2.6	2.10~2.13	3.15~4.2	4.11
제3회	6.9~6.12	6.28~7.3	7.16	7.28~7.31	8.30~9.17	9.26
제4회	8.25~8.28	9.20~9.25	10.15	10.20~10.23	11.22~12.10	12.19

※ 상기 시험일정은 시행처의 사정에 따라 변경될 수 있으니, www.q-net.or.kr에서 확인하시기 바랍니다.

시험요강

❶ 시행처 : 한국산업인력공단

❷ 시험과목
  ㉠ 필기 : 비파괴검사 총론, 자기비파괴검사, 자기비파괴검사 표준, 금속재료 및 용접
  ㉡ 실기 : 자기비파괴검사 실무

❸ 검정방법
  ㉠ 필기 : 객관식 4지 택일형 60문항(60분)
  ㉡ 실기 : 작업형(30~60분 정도)

❹ 합격기준(필기 · 실기) : 100점 만점에 60점 이상

검정현황

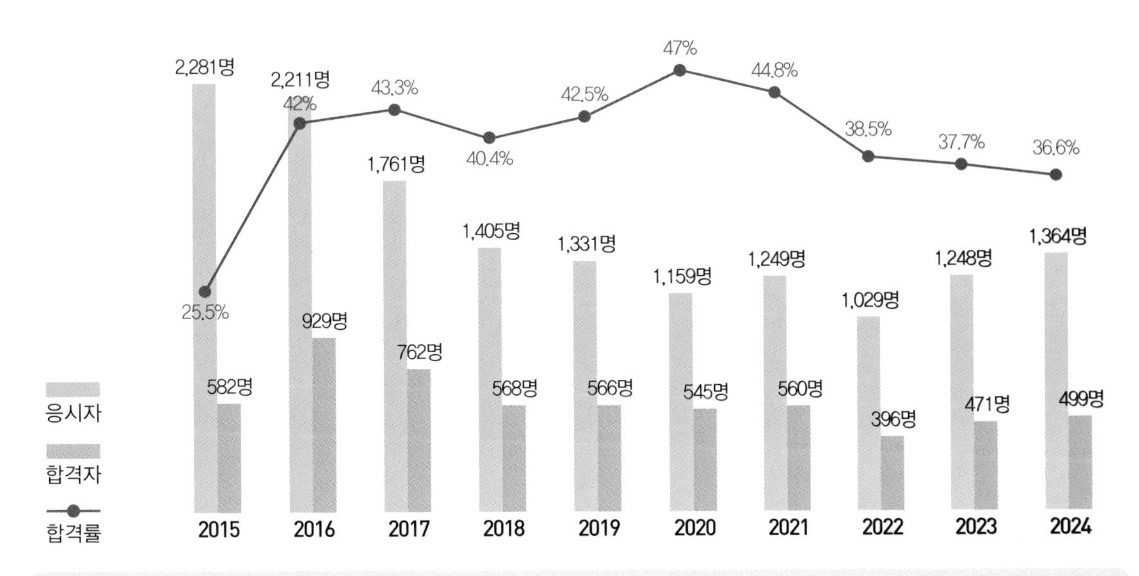

필기시험

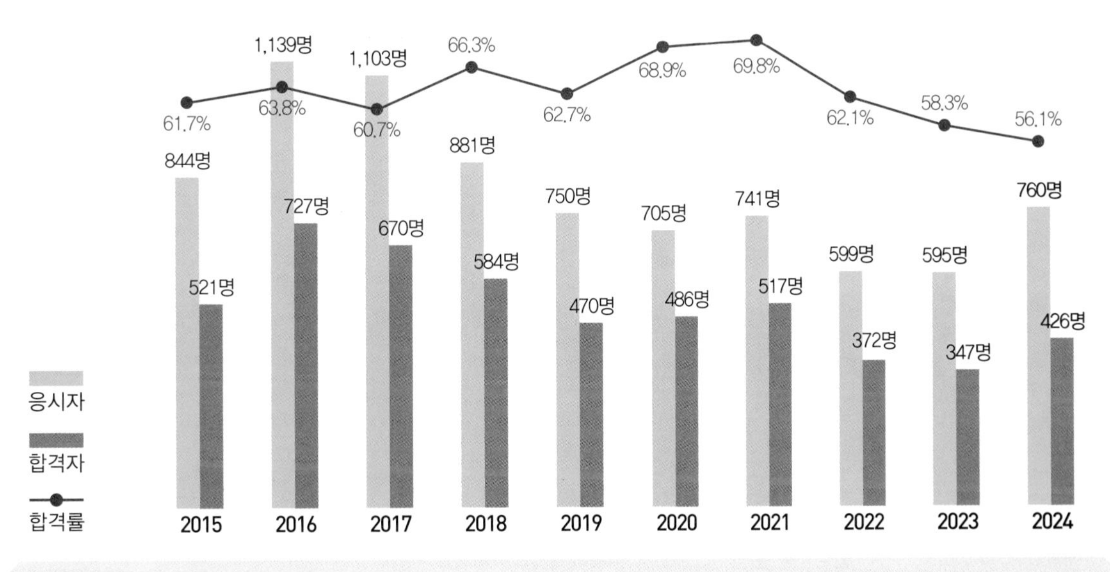

실기시험

시험안내

출제기준

필기과목명	주요항목	세부항목	세세항목
비파괴검사총론 · 자기비파괴검사 · 자기비파괴검사 표준 · 금속재료 및 용접	비파괴검사 총론	비파괴검사의 종류 및 특성	• 비파괴검사의 원리
		자기비파괴검사의 특성	• 비파괴검사 기법의 종류와 특성 • 비파괴검사의 특성 비교
	자기비파괴검사의 기초 이론 (자기비파괴검사 이론)	자기비파괴검사의 기초	• 전자기학 기초 이론
	자기비파괴검사 장비 및 검사의 수행	검사장비 및 재료의 관리	• 검사장비의 종류 및 특성 • 자분관리 • 표준 및 대비시험편의 종류, 사용 및 관리 • 장비의 점검 및 탐상재료의 관리 • 안전관리
		검사방법	• 자화방법의 종류 및 특징 • 자화전류 및 시간 • 자분의 적용 • 탈자 및 전 · 후처리 방법 • 탐상에 있어 주의해야 할 사항
	검사결과의 해석 및 판정	자분지시의 분류 및 평가	• 자분지시의 분류 및 해석, 평가 • 자분지시의 보고서 작성
	관련 국내 표준	자기탐상조건	• 검사방법의 종류 및 특징 • 적용범위 및 용어 • 시험체 및 재질
		검사방법	• 검사 절차 • 자화방법 및 자화전류 값의 설정 • 자분의 적용 • 탐상장비의 사용법 • 표준 및 대비 시험편의 사용법 • 장비 및 기기의 관리방법 • 자분지시의 관찰 및 분류 및 판정 • 자분지시의 기록 및 보고서 작성
	합금함량 분석	금속의 특성과 상태도	• 금속의 특성과 결정구조 • 금속의 변태와 상태도 및 기계적 성질

필기과목명	주요항목	세부항목	세세항목
비파괴검사총론 · 자기비파괴검사 · 자기비파괴검사 표준 · 금속재료 및 용접	재료설계 자료분석	금속재료의 성질과 시험	• 금속의 소성 변형과 가공 • 금속재료의 일반적 성질 • 금속재료의 시험과 검사
		철강 재료	• 순철과 탄소강 • 열처리 종류 • 합금강 • 주철과 주강 • 기타 재료
		비철금속 재료	• 구리와 그 합금 • 알루미늄과 경금속 합금 • 니켈, 코발트, 고용융점 금속과 그 합금 • 아연, 납, 주석, 저용융점 금속과 그 합금 • 귀금속, 희토류 금속과 그 밖의 금속
		신소재 및 그 밖의 합금	• 고강도 재료 • 기능성 재료 • 신에너지 재료
	용접방법과 용접결함	아크용접	• 아크용접
		가스용접	• 가스용접
		기타 용접법 및 절단	• 기타 용접법 및 절단
		용접시공 및 검사	• 용접시공 및 검사

출제비율

비파괴검사 일반	자기탐상검사	금속재료 및 용접 일반
20%	50%	30%

CBT 응시 요령

기능사 종목 전면 CBT 시행에 따른

CBT 완전 정복!

"CBT 가상 체험 서비스 제공"

한국산업인력공단
(http://www.q-net.or.kr) 참고

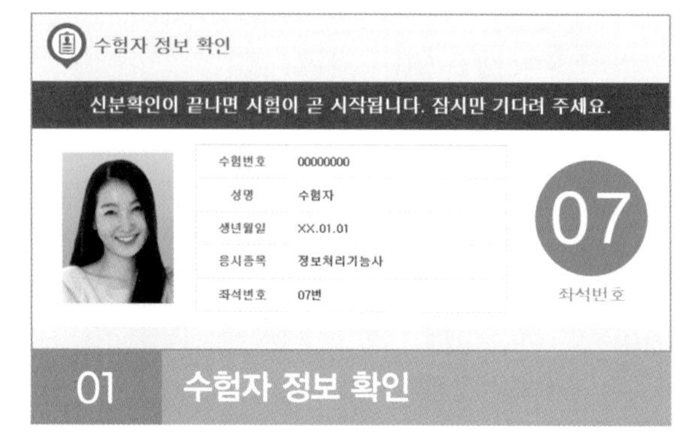

01 수험자 정보 확인

시험장 감독위원이 컴퓨터에 나온 수험자 정보와 신분증이 일치하는지를 확인하는 단계입니다. 수험번호, 성명, 생년월일, 응시종목, 좌석번호를 확인합니다.

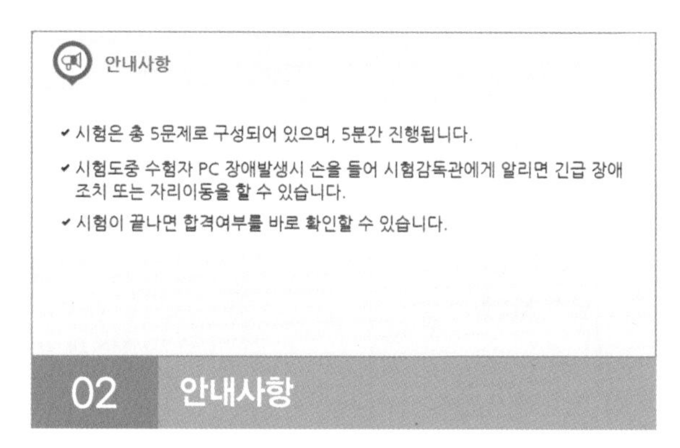

02 안내사항

시험에 관한 안내사항을 확인합니다.

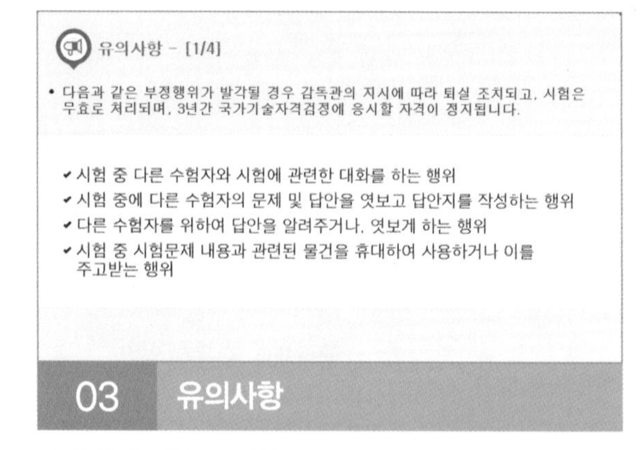

03 유의사항

부정행위에 관한 유의사항이므로 꼼꼼히 확인합니다.

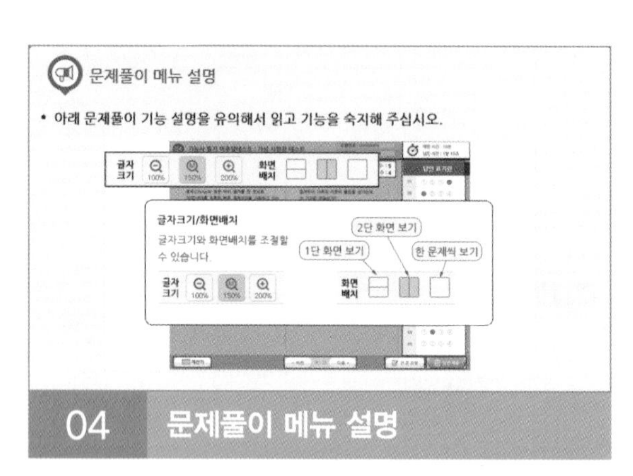

04 문제풀이 메뉴 설명

문제풀이 메뉴의 기능에 관한 설명을 유의해서 읽고 기능을 숙지해 주세요.

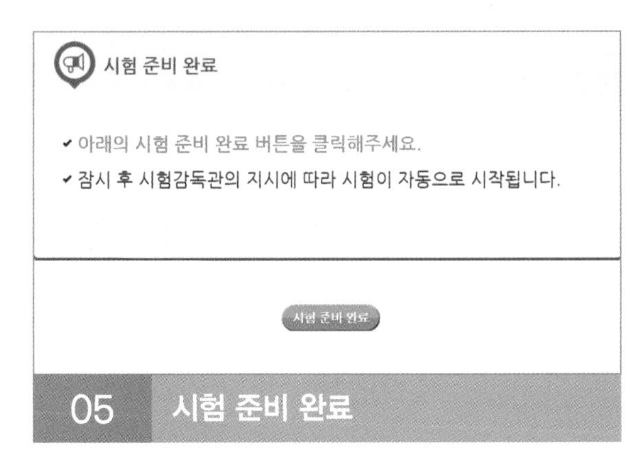

05 시험 준비 완료

시험 안내사항 및 문제풀이 연습까지 모두 마친 수험자는 시험 준비 완료 버튼을 클릭한 후 잠시 대기합니다.

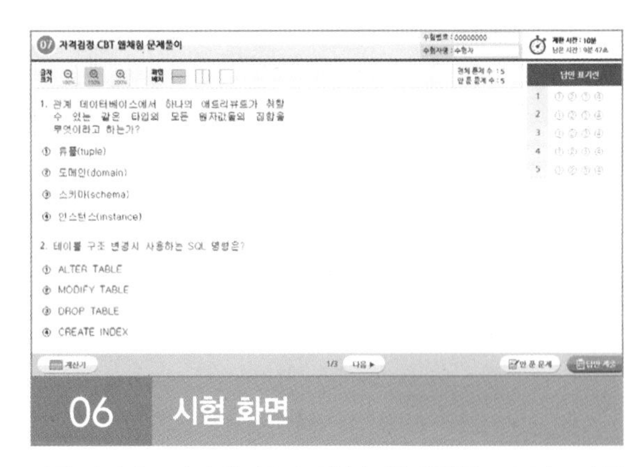

06 시험 화면

시험 화면이 뜨면 수험번호와 수험자명을 확인하고, 글자크기 및 화면배치를 조절한 후 시험을 시작합니다.

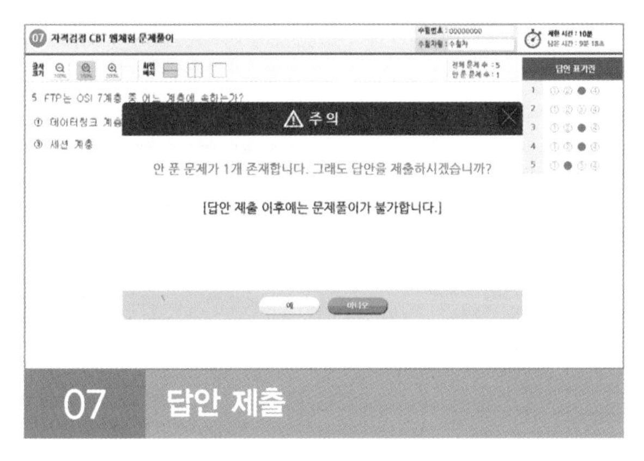

07 답안 제출

[답안 제출] 버튼을 클릭하면 답안 제출 승인 알림창이 나옵니다. 시험을 마치려면 [예] 버튼을 클릭하고 시험을 계속 진행하려면 [아니오] 버튼을 클릭하면 됩니다. 답안 제출은 실수 방지를 위해 두 번의 확인 과정을 거칩니다. [예] 버튼을 누르면 답안 제출이 완료되며 득점 및 합격여부 등을 확인할 수 있습니다.

CBT 완전 정복 Tip

내 시험에만 집중할 것
CBT 시험은 같은 고사장이라도 각기 다른 시험이 진행되고 있으니 자신의 시험에만 집중하면 됩니다.

이상이 있을 경우 조용히 손을 들 것
컴퓨터로 진행되는 시험이기 때문에 프로그램상의 문제가 있을 수 있습니다. 이때 조용히 손을 들어 감독관에게 문제점을 알리며, 큰 소리를 내는 등 다른 사람에게 피해를 주는 일이 없도록 합니다.

연습 용지를 요청할 것
응시자의 요청에 한해 연습 용지를 제공하고 있습니다. 필요시 연습 용지를 요청하며 미리 시험에 관련된 내용을 적어놓지 않도록 합니다. 연습 용지는 시험이 종료되면 회수되므로 들고 나가지 않도록 유의합니다.

답안 제출은 신중하게 할 것
답안은 제한 시간 내에 언제든 제출할 수 있지만 한 번 제출하게 되면 더 이상의 문제풀이가 불가합니다. 안 푼 문제가 있는지 또는 맞게 표기하였는지 다시 한 번 확인합니다.

구성 및 특징

01 비파괴검사 일반

핵심이론 01 비파괴검사 이론

① 비파괴검사의 목적
- ㉠ 제품의 결함 유무 또는 결함의 정도를 파악, 신뢰성을 향상시킨다.
- ㉡ 시험결과를 분석, 검토하여 제조조건을 보완하므로 제조기술을 발전시킬 수 있다.
- ㉢ 적절한 시기에 불량품을 조기 발견하여 수리 또는 교체를 통해 제조원가를 절감한다.
- ㉣ 검사를 통해 신뢰도를 높여 수명의 예측성을 높인다.

② 비파괴검사의 시기에 따른 구분
- ㉠ 사용 전 검사는 제작된 제품이 규격 또는 시방을 만족하고 있는가를 확인하기 위한 검사이다.
- ㉡ 가동 중 검사(In-Service Inspection)는 다음 검사까지의 기간에 안전하게 사용 가능한가 여부를 평가하는 검사이다.
- ㉢ 위험도에 근거한 가동 중 검사(Risk Informed In-Service Inspection)는 가동 중 검사 대상에서 제외할 것은 과감히 제외하고 위험도가 높고 중요한 부분을 더 강화하여 실시하는 검사이다.
- ㉣ 상시감시검사(On-Line Monitoring)는 기기·구조물의 사용 중에 결함을 검출하고 평가하는 모니터링 기술이다.

③ 비파괴검사의 방법에 따른 구분
- ㉠ 방사선 사용 : 방사선검사(RT ; Radiographic Testing)
- ㉡ 음향과 음파 사용
  - 초음파검사(UT ; Ultrasonic Testing)
  - 음향방출검사(AE ; Acoustic Emission)
- ㉢ 광학에 의한 시각적 효과 사용
  - 침투탐상검사(PT ; Liquid Penetrant Testing)
  - 육안검사(VT ; Visual Testing)
- ㉣ 전자기적 원리 이용
  - 와류탐상검사(ET ; Eddy Current Testing)
  - 자분탐상검사(MT ; Magnetic Particle Testing)
- ㉤ 가스의 압력차에 의한 침투 이용 : 누설검사(LT ; Leak Testing)
- ㉥ 열광학적 원리 이용 : 적외선열화상검사(IRT ; Infrared Thermography Testing)

④ 비파괴검사의 신뢰도
- ㉠ 비파괴검사를 수행하는 ... 검사의 신...
- ㉡ 제품 또는 ... 통해 검사...
- ㉢ 제품 또는 ... 으로 검사...

핵심이론

필수적으로 학습해야 하는 중요한 이론들을 각 과목별로 분류하여 수록하였습니다.
시험과 관계없는 두꺼운 기본서의 복잡한 이론은 이제 그만! 시험에 꼭 나오는 이론을 중심으로 효과적으로 공부하십시오.

핵심이론 03 방사선투과시험과 초음파탐상시험의 비교

① 원리
- ㉠ 방사선 : 투과선량에 의한 필름 위의 농도차
- ㉡ 초음파 : 초음파의 반사

② 대상결함
- ㉠ 방사선 : 체적결함에 유리하다.
- ㉡ 초음파 : 초음파에 수직한 면상결함에 유리하다.

③ 위치, 깊이 탐상
- ㉠ 방사선 : 조사 방향을 여러 방향으로 하여 검사·검출한다.
- ㉡ 초음파 : 한 방향에서도 검출할 수 있다.

④ 적용 예
- ㉠ 방사선 : 용접부, 전조품
- ㉡ 초음파 : 용접부, 압연품, 단조품, 주조품

⑤ 결과에 영향을 미치는 주요 요인
- ㉠ 방사선 : 시험체 두께
- ㉡ 초음파 : 시험체 조직의 크기

⑥ 판독의 차이
- ㉠ 방사선 : 촬영 후 현상을 통해 판독한다.
- ㉡ 초음파 : 검사 중 판독이 가능하다.

⑦ 그 외 특징
- ㉠ 방사선 : 방사선 안전관리가 필요하다.
- ㉡ 초음파
  - 2, 3차원적 위치 확인이 가능하다.
  - 방사선투과시험에 비해 균열 등 면상결함의 검출능력이 우수하다.
  - 탐촉자와 시험편 사이의 접촉관리에 유의하도록 한다.

10년간 자주 출제된 문제

3-1. 다음 중 방사선투과시험과 초음파탐상시험에 대한 비교 설명으로 틀린 것은?

① 방사선투과시험은 시험체 두께에 영향을 많이 받으며, 초음파탐상시험은 시험체 조직 크기에 영향을 받는다.
② 방사선투과시험은 방사선안전관리가 필요하고, 초음파탐상시험은 방사선안전관리가 필요하지 않다.
③ 방사선투과시험은 촬영 후 현상과정을 거쳐야 판독이 가능하고, 초음파탐상시험은 검사 중 판독이 가능하다.
④ 방사선투과시험은 결함의 3차원적 위치 확인이 가능하고, 초음파탐상시험은 2차원적 위치 확인만 가능하다.

3-2. 초음파탐상검사가 방사선투과검사보다 유리한 장점은?

① 기록 보존의 용이성
② 결함의 종류 식별력
③ 균열 등 면상결함의 검출능력
④ 금속조직 변화의 영향 파악이 용이

|해설|

3-1
초음파탐상시험에서 3차원적 위치 확인이 가능하다.

3-2
초음파탐상시험은 방사선투과시험보다 균열 등 면상결함의 검출능력이 유리하다.

정답 3-1 ④ 3-2 ③

10년간 자주 출제된 문제

출제기준을 중심으로 출제 빈도가 높은 기출문제와 필수적으로 풀어보아야 할 문제를 핵심이론당 1~2문제씩 선정했습니다. 각 문제마다 핵심을 찌르는 명쾌한 해설이 수록되어 있습니다.

과년도 기출문제

지금까지 출제된 과년도 기출문제를 수록하였습니다. 각 문제에는 자세한 해설이 추가되어 핵심이론만으로는 아쉬운 내용을 보충 학습하고 출제경향의 변화를 확인할 수 있습니다.

2012년 제1회 과년도 기출문제

01 자분탐상시험에 사용되는 자분이 가져야 할 성질로 옳은 것은?

① 높은 투자율을 가져야 한다.
② 높은 보자력을 가져야 한다.
③ 높은 잔류자기를 가져야 한다.
④ 자분의 입도와 결함 크기와는 상관이 없다.

해설
자력을 투과시키기보다는 자력에 영향을 받아 자장계 안에서 반응해야 한다.

02 ASME Sec.XI에 따라 원자로용기의 사용 전 쉘, 헤드, 노즐 용접부의 100% 체적 검사 방법은?

① 초음파탐상검사(UT)
② 방사선투과검사(RT)
③ 자분탐상검사(MT)
④ 육안검사(VT)

해설
초음파탐상시험은 래미네이션이나 용접부의 결함을 찾아내는 데 유용한 시험이며 3차원적 위치확인이 가능한 검사이다.

03 예상되는 결함이 표면의 개구부와 표면직하의 비개구부인 비철재료에 대한 비파괴검사에 가장 적합한 방법은?

① 자기탐상검사
② 초음파탐상검사
③ 전자유도시험
④ 침투탐상검사

해설
전자유도시험은 와류탐상에 재질평가나 두께 측정까지 포함하여 말하며, 전도성이 있는 재료에 시행이 가능하다. 표면직하 비개구부에서 자기탐상도 가능하지만, 자성체에서 적합하므로, 비철재료라면 일반적으로 비자성체로 간주하는 것이 좋다.

04 비파괴검사...

① 비파괴... 나는 ...
② 비파괴... 부위를...
③ 비파괴... 부위를...
④ 비파괴... 지시의...

해설
거짓지시는 ... 말한다.

2024년 제1회 최근 기출복원문제

01 비파괴검사의 신뢰도 향상 전략으로 옳지 않은 것은?

① 검사원의 숙련도 향상
② 제품별 적절한 검사 선정
③ KS에 맞는 평가기준 사용
④ 최신 검사기구 도입

해설
비파괴검사의 신뢰도 향상 전략
- 최신 검사기구보다 검증된 검사기구를 사용한다.
- 검사를 수행하는 기술자의 기량을 향상시킨다.
- 제품 또는 부품에 적합한 평가기준을 선정한다.
- 제품에 맞는 검사방법을 선정한다.

02 전기적으로 중성인 기체의 원자나 분자가 방사선을 쬐면 이온으로 분리되는 작용은?

① 형광작용 ② 사진작용
③ 전리작용 ④ 투과작용

해설
- 전리작용 : 방사선이 물질을 통과하며 원자, 분자에 에너지를 주어 전리(전자 또는 원자의 박리)를 만드는 작용이다.
- 형광작용 : 형광 물질에 방사선 에너지가 흡수되며, 안정한 상태로 돌아올 때 황색, 청색의 형광을 나타내는 작용이다.
- 사진작용 : 방사선을 사진 필름 등에 조사시키면 필름 속의 할로겐화은에 방사선이 흡수되어 현상핵을 만드는 작용이다.

03 방사선투과시험의 X선 발생장치에서 관전류는 무엇에 의하여 조정되는가?

① 표적에 사용된 재질
② 양극과 음극 사이의 거리
③ 필라멘트를 통하는 전류
④ X선 관구에 가해진 전압과 파형

해설
X선의 양은 관전류로 조정하며, 텅스텐 필라멘트의 온도로 조정 가능하다. 온도가 높아질수록 전류는 높아지며, 전자구름이 형성된 타깃에 충돌하는 전자수는 증가한다.

04 자분탐상시험과 와전류탐상시험을 비교한 내용 중 옳지 않은 것은?

① 검사 속도는 일반적으로 자분탐상시험보다 와전류탐상시험이 빠르다.
② 일반적으로 자동화의 용이성 측면에서 자분탐상시험보다는 와전류탐상시험이 용이하다.
③ 검사할 수 있는 재질로 자분탐상시험은 강자성체, 와전류탐상시험은 전도체이어야 한다.
④ 원리상 자분탐상시험은 전자기 유도의 법칙, 와전류탐상시험은 자력선 유도에 의한 법칙이 적용된다.

해설
원리상 자분탐상시험이 자력선 유도를 사용하고, 와전류탐상이 전자기 유도의 원리를 사용한다.

정답 1 ④ 2 ③ 3 ③ 4 ④

최근 기출복원문제

최근에 출제된 기출문제를 복원하여 가장 최신의 출제경향을 파악하고 새롭게 출제된 문제의 유형을 익혀 처음 보는 문제들도 모두 맞힐 수 있도록 하였습니다.

최신 기출문제 출제경향

2018년 1회

- 용접 불량
- 내열강 재료의 구비조건
- 금속재료의 구조
- 황동–청동재료
- 게이지강
- KS D 0213의 A형 표준시험편
- 선형자계의 자화전류
- 앙페르 오른손법칙
- 자화방법의 종류
- 잔류법

2018년 2회

- 비파괴검사법의 비교
- 강자성 물체의 비파괴검사
- 자분분산방법
- 자기이력곡선
- KS D 0213에서 자분모양의 관찰
- 형광자분 이용 시의 특징
- 자기펜자국
- 연속법
- 전류의 종류
- 암페어–턴값의 활용
- KS D 0213에서 용접부의 경우 전처리 강의 열처리
- 주철의 성장

2019년 1회

- 비정질 합금제조법
- 압력용기–비파괴시험일반(KS B 6757) 규정
- 자분탐상시험 시험편의 규정
- 누설탐상가스
- 용접봉 건조시간
- 프로드법과 극간법
- 코일법
- 알루미늄 합금의 종류
- Fe–C 상태도
- 자기이력곡선

2020년 1회

- 와전류탐상 일반
- 누설탐상 일반, 대기압
- 초음파탐상 파장의 종류와 검사방법
- 자화전류의 종류, 자화방법, 분류
- 통전, 통전방법
- 자기이력곡선, 자기력선의 배치
- 표피효과
- KS D 0213의 C형 표준시험편
- 자분의 특성
- 의사지시, 지시의 판정
- 형상기억합금
- 순철의 특성
- 융융점, 재결정, 저용융금속

- 시험편 사용기준
- 탈자
- 자화방법의 종류
- 연속법 통전전류 설정
- 잔류법 통전시간 설정
- 의사지시의 종류, 의사지시의 확인방법
- 자분모양, 자분분산
- 자기이력곡선
- 압력용기–비파괴시험일반(KS B 6752)
- 용접전류
- 용접의 결함
- 주철의 성질
- 금속의 성질
- 가공연화

- 스넬의 법칙
- 펄스반사법(A–Scope)
- 필름특성곡선(Characteristic Curve)
- 와전류탐상의 장단점
- 자기이력곡선
- 자화전류의 종류
- 다축자화법
- 요크의 인양력 교정
- 킬드강
- 마우러 조직도의 영역에 따른 조성
- 항온풀림
- 서멧
- 비정질합금의 특성

- 초음파의 종류
- 프로드를 사용하는 탐상
- 전극패드
- 탈자
- 잔류법
- 자기펜자국
- 자속
- 합금강, 합금 금속, 합금의 종류
- 구리 합금(톰백, 네이벌 황동)
- Fe–C 상태도
- 용접 전류
- 요크법
- KS D 0213의 표준시험법
- KS B 6752

- 샤를의 법칙
- 표면탐상검사
- 초음파탐상기 요구 성능
- 자외선 조사장치
- 플레밍의 오른손 법칙
- 자기이력곡선
- 자화방법에 따른 분류
- 요크 장비 점검절차
- 자분의 성질
- 강의 열처리
- KS D 0213
- 고용융점 금속

D-20 스터디 플래너

20일 완성!

D-20	D-19	D-18	D-17
시험안내 및 빨간키 훑어보기	CHAPTER 01 비파괴검사 일반 핵심이론 01~ 핵심이론 06	CHAPTER 01 비파괴검사 일반 핵심이론 07~ 핵심이론 13	CHAPTER 01 비파괴검사 일반 핵심이론 14~ 핵심이론 18

D-16	D-15	D-14	D-13
CHAPTER 02 자기탐상검사 핵심이론 01~ 핵심이론 07	CHAPTER 02 자기탐상검사 핵심이론 08~ 핵심이론 14	CHAPTER 02 자기탐상검사 핵심이론 15~ 핵심이론 21	CHAPTER 02 자기탐상검사 핵심이론 22~ 핵심이론 29

D-12	D-11	D-10	D-9
CHAPTER 03 금속재료 및 용접 일반 1. 금속재료 핵심이론 01~ 핵심이론 07	CHAPTER 03 금속재료 및 용접 일반 1. 금속재료 핵심이론 08~ 핵심이론 16	CHAPTER 03 금속재료 및 용접 일반 1. 금속재료 핵심이론 17~ 핵심이론 25	CHAPTER 03 금속재료 및 용접 일반 1. 금속재료 핵심이론 26~ 핵심이론 32

D-8	D-7	D-6	D-5
CHAPTER 03 금속재료 및 용접 일반 2. 용접 일반 핵심이론 01~ 핵심이론 07	CHAPTER 03 금속재료 및 용접 일반 2. 용접 일반 핵심이론 08~ 핵심이론 15	이론 복습	2012~2014년 과년도 기출문제 풀이

D-4	D-3	D-2	D-1
2015~2016년 과년도 기출문제 풀이	2017~2019년 과년도 기출복원문제 풀이	2020~2023년 과년도 기출복원문제 풀이	2024년 최근 기출복원문제 풀이

합격 수기

안녕하세요. 자기비파괴검사기능사 합격수기 남겨요.

4회 기능사 시험 봤구요, 확정답안 확인했는데 46개로 합격했습니다.

2주 동안 기출문제랑 해설 정독했구요. 계속 틀리거나 헷갈리는 문제는 오답노트를 따로 만들어서 공부했습니다. 기능사는 사실 세세한 이론까지 요하는 시험이 아니니까 기출문제만 어느 정도 파악하셔도 평타는 치실 것 같아요. 물론 규격을 외워두는 것은 기본구요. 암기가 많은 종목이긴 해도 특성을 이해하면서 암기했더니 생각보다 오래 걸리진 않았던 것 같아요. 금속이랑 용접 부분은 용접기능사 취득하면서 공부했던 부분이라 수월하게 공부했습니다. 아무래도 중복되는 내용이 많으니깐요. 그래도 기출문제 잘 봐야하는 게 KS 규격 중에 폐지된 것도 있고 수정된 내용도 있으니, 과년도 기출문제를 무조건 외우셨다가는 낭패 보실 수도 있어요. 해설 내용이랑 비교하면서 보셔야 할 것 같습니다. 집중만 제대로 하시고 공부하시면, 기능사 시험은 무난하게 합격하실 수 있을 겁니다. 다들 파이팅 하세요!!

2021년 자기비파괴검사기능사 합격자

CBT로 바뀌어서 진짜 걱정 많았는데 다행히 합격했어요!

침투를 한 번에 합격해서 자기도 그럴 줄 알았는데, 방심했었나 봐요. 암튼 두 종목 공부하면서 제가 젤 먼저 말씀드리고 싶은 것은 공통과목인 금속을 정확하게 공부해야 한다는 겁니다! 금속은 다른 자격증 공부하면서도 써먹을 수 있는 과목이고 또 비율이 낮지 않기 때문에(물론, 2과목보단 적지만) 크게 보고 공부해야 합니다. Fe-C 상태도, 금속의 간단한 종류와 특징, 열처리 등 딱 정해진 부분만 나오기 때문에 방금 열거한 내용만 공부하셔도 충분할 듯싶어요. 또 같은 과목으로 묶여져 있는 용접에서 비파괴검사는 용접부의 결함을 찾는 게 주문제이기 때문에 용접에 대한 이해를 간단하게만 훑고 가시면 됩니다. 사실 용접은 난이도가 '하' 정도 되니 기출 풀어보시면서 몇 가지 문제 유형을 파악하는 게 도움이 됩니다. 그리고 규격은 기출문제만 계속 풀어보세요! 솔직히 그 전에 나왔던 규격이 아닌 새로운 규격이 나왔다 해도 기존 규격만 알고 있으면 풀 수 있는 문제고 아니라면 틀리라고 낸 문제에요. 그렇다면 60문제만 맞추면 되는 기능사에서 방대한 규격을 다 외우는 것은 시간 낭비이니, 과감하게 제쳐놓고 다른 과목에 시간을 투자하는 게 효율적입니다. 하나 둘씩 쌓이는 자격증을 보니 마음이 뿌듯합니다. 여러분들도 자격증 많이 따셔서 현장에서 날개를 다셨으면 좋겠습니다!

2022년 자기비파괴검사기능사 합격자

이 책의 목차

빨리보는 간단한 키워드

빨간키

#합격비법 핵심 요약집 #최다 빈출키워드 #시험장 필수 아이템

CHAPTER 01

비파괴검사 일반

비파괴검사의 목적

신뢰성, 제조조건을 보완, 불량품 조기 발견, 수명 예측성

비파괴검사의 시기

사용 전 검사, 가동 중 검사, 위험도에 근거한 가동 중 검사, 상시검사

비파괴검사의 신뢰도

기술자의 기량, 적절한 검사 방법, 적합한 평가 기준

비파괴검사의 종류

방사선, 초음파, 침투, 와전류, 누설, 자기탐상

방사선시험

X선이나 γ(gamma)선, 투과성, 내부 깊은 결함, 체적검사 가능, 인체에 유해

초음파탐상

고체 내의 전파성, 반사성, 래미네이션 검출, 한쪽 면 검사, 내부결함 가능

침투탐상

침투성, 표면탐상, 환경의 영향

와전류탐상

전자유도현상, 표면직하, 도금층, 파이프 표면결함 고속 검출, 도체

누설탐상

압력차

■ 자기탐상

전강자성체, 자속의 변형 이용, 비자성체 시험 가능, 표면탐상

■ 방사선검사 이론

X선 발생, γ(gamma)선의 발생, X선의 강도, 감쇠, 산란

■ X선의 발생

양쪽 극에 고전압을 걸어 방출된 열전자가 금속타깃과 충돌, 금속에 따라 고유성질 및 파장

■ γ선의 발생

각 금속의 반감기

■ X선의 강도

$$\frac{I_1}{I_2} = \frac{d_2^2}{d_1^2}$$

여기서, I : X선의 강도

d : 거리

■ 방사선의 감쇠

$$I = I_0 \cdot e^{-\mu T}$$

여기서, μ : 선흡수계수

T : 시험체의 두께

■ 산란방사선의 영향 줄이기

증감지, 후면 스크린, 마스크, 필터, 콜리메이터

■ 초음파의 종류

횡파, 종파, 표면파, 판파

■ 주파수

$$C = f\lambda$$

한 번 떨릴 때 진행한 거리(λ)와 초당 떨린 횟수(f)를 곱하면 초당 진행한 거리(속도, 여기서는 음속 C)

가청주파수의 범위

20Hz~20,000Hz(20kHz)

초음파의 속도와 굴절각의 관계

$\frac{\sin\alpha}{\sin\beta} = \frac{V_1}{V_2}$, $\sin\beta = \frac{V_2}{V_1} \times \sin\alpha$

음향임피던스

매질의 밀도(ρ)와 음속(C)의 곱으로 나타내는 매질 고유의 값

초음파탐상기 요구 성능

증폭 직진성, 시간축 직진성, 분해능, 에너지 감쇠

초음파검사방법

펄스파, 연속파, 반사법, 투과법, 공진법, 1탐촉자, 2탐촉자, 직접접촉법, 국부수침, 전몰수침, 수직법, 사각법, 표면파법, 판파법, 크리핑파법, 누설표면파법

진동자 재료

수정(Q), 지르콘(Z), 압전자기일반(C), 압전소자일반(M)

자기탐상시험

자분탐상시험과 누설자속탐상시험

자분탐상시험의 특징

표면 및 표면직하 균열 적합, 자속은 결함에 수직, 핀 홀 검출 안 됨, 결함 깊이 탐상 안 됨

자분탐상시험 용어

자분, 자화, 자분의 적용, 관찰, 자극, 투자율

자분탐상시험에서 결함 검출

미세한 표면균열 검출, 크기 및 형상이 무관, 표면 바로 아래 가능, 피막이 있어도 가능

자분탐상시험의 종류

연속법, 잔류법, 형광자분, 비형광자분, 건식법, 습식법, 직류, 맥류, 충격전류, 교류, 축통전법(EA), 직각통전법(ER), 전류관통법(B), 코일법(C), 극각법(M), 프로드법(P)

자계의 세기

B(자속밀도) = H(자력세기) × U(투자율)

와전류탐상시험

- 기전력에 의해 시험체 중 발생하는 소용돌이 전류(와전류)로 결함이나 재질 등이 받은 영향의 변화를 측정
- 특징 : 철, 비철재료의 파이프, 와이어 등 표면 또는 표면 근처의 결함을 검출
- 장점 : 관, 선, 환봉 등에 대해 비접촉으로 탐상이 가능하기 때문에 고속으로 자동화된 전수검사 실시 가능

전자유도시험 적용

비철금속 재질시험, 도금막 두께 측정, 표면 선형 결함의 깊이 측정

와류탐상시험 적용

표면 근처의 결함 검출, 박막 두께 측정 및 재질 식별, 전도성 있는 재료

표피효과

표면에 전류밀도가 밀집되고 중심으로 갈수록 전류밀도가 지수적 함수만큼 줄어드는 것

침투깊이

$$\delta = \frac{1}{\sqrt{\pi f \mu \sigma}}$$

여기서, f : 주파수

μ : 도체의 투자율

σ : 도체의 전도도

코일 임피던스에 영향을 주는 인자

주파수, 전도도, 투자율, 시험체의 형상과 치수

내삽코일의 충전율 식

$$\eta = \left(\frac{D}{d}\right)^2 \times 100\%$$

여기서, D : 코일의 평균직경

d : 관의 내경

와류탐상기 설정

시험 주파수, 브리지 밸런스(Bridge Valence), 위상(Phase), 감도

기체의 압력

절대압 = 계기압력 + 대기압

1기압

1atm = 760mmHg = 760torr = 1.013bar = 1,013mbar = 0.1013MPa = 10.33mAq = 1.03323kgf/cm^2

화씨온도

$$°F = \frac{9}{5} \times ℃ + 32$$

보일-샤를의 정리

기체의 압력과 부피, 온도의 상관 관계를 정리한 식

$PV = (m)RT$

여기서, P : 압력

V : 부피

R : 기체상수

T : 온도

m : 질량(단위 질량을 사용할 경우 생략)

▮ 누설시험 종류

- 발포누설시험(기포누설시험)
- 헬륨누설시험
- 방치법누설시험
- 암모니아누설시험

▮ 발포누설시험(기포 누설시험)

누설량이 큰 경우, 위치탐색 가능, 시험시간이 짧으며 간단함

▮ 헬륨누설시험

- 질량분석형 검지기를 이용하여 검사함
- 공기 중 헬륨은 거의 없음
- 헬륨은 가볍고 직경이 작음
- 이용범위가 넓음
- 스프레이법, 후드법, 진공적분법, 스너퍼법, 가압적분법, 석션컵법, 벨자법, 펌핑법 등이 있음

▮ 방치법누설시험

- 시험이 간단하고 형상이 복잡한 경우
- 시험체 용량이 큰 경우와 미소누설의 경우 시험이 어려움

▮ 암모니아누설시험

- 감도가 높아 대형 용기의 누설을 단시간에 검지
- 알칼리에 쉽게 반응
- 폭발 위험

CHAPTER 02 자기탐상검사

▌ 자기탐상시험의 기본 요소

자장 형성 가능, 자화가 가능한 주변, 검사장비

▌ 자분탐상시험의 특징

- 시험체는 강자성체
- 시험체의 크기, 형상 등 제한 없음
- 표면이나 표면 근처에 있는 결함을 탐상
- 자속 방향과 수직으로 발생하여 있는 결함
- 결함 깊이 모름

▌ 충전율

원통형 코일의 단면적과 검사 부위 단면적의 비

▌ 전도율

Mo > Fe > Pb > Cr

▌ 자화전류의 특성

- 자장의 크기는 전류량과 정비례
- 직류는 내부결함탐상 가능
- 교류 표피효과
- 잔류법에는 직류, 충격전류

▌ 자분의 종류

염색된 자분과 형광을 입힌 자분

자분분산방법

- 가벼운 공기를 이용한 분산
- 액체성 분산매를 이용하여 자유로운 흐름을 가진 자분을 적용

자계

- 원형자계를 만들려면 직선 전류
- 선형자계를 만들려면 원통형 전류
- 자계를 형성하는 것은 자화곡선에 따름

자기 관련 단위

- $\mathrm{H} = \dfrac{\mathrm{m^2 \cdot kg}}{\mathrm{s^2A^2}} = \dfrac{\mathrm{Wb}}{\mathrm{A}} = \dfrac{\mathrm{T \cdot m^2}}{\mathrm{A}} = \dfrac{\mathrm{V \cdot s}}{\mathrm{A}} = \dfrac{\mathrm{m^2 \cdot kg}}{\mathrm{C^2}}$
- $\mathrm{T = Wb/m^2 = kg/(s^2A) = N/(A \cdot m) = kg/(s \cdot C)}$
- A/m(Ampere/meter)
- $1\mathrm{Oe} = \dfrac{1{,}000}{4\pi}\mathrm{A/m} = 79.6\mathrm{A/m}$

자성체의 성질

투자성, 반자성, 포화상태, 보자성, 항자력

자기이력곡선(자화곡선)

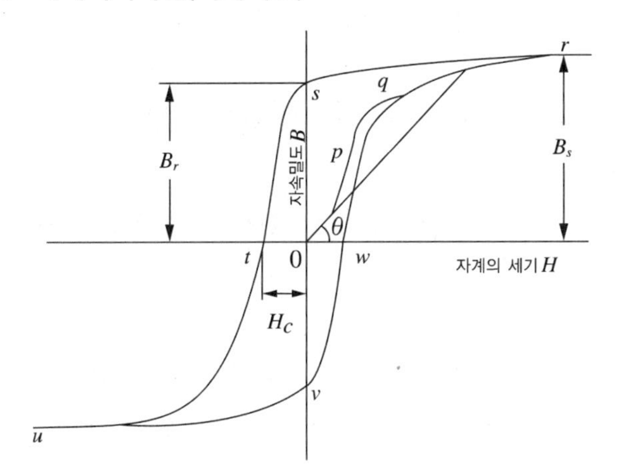

시험방법의 분류

- 자분의 적용시기에 따라 : 연속법, 잔류법
- 자분의 종류에 따라 : 형광자분, 비형광자분
- 자분의 분산매에 따라 : 건식법, 습식법
- 자화전류의 종류에 따라 : 직류, 맥류, 교류, 충격전류
- 자화방법에 따라 : 축통전법(EA), 직각통전법(ER), 자속관통법(I), 전류관통법(B), 프로드법(P), 코일법(C), 극간법(M)

자분탐상의 종류

- 원형자화법 : 축통전법, 직각통전법, 전류관통법, 자속관통법, 프로드(Prod)법
- 선형자화법 : 코일법, 극간법
  - L/D이 4 이상인 경우 : $\text{Ampere}-\text{Turn}=\dfrac{35,000}{\dfrac{L}{D}+2}$
  - $2 \leq L/D < 4$인 경우 : $\text{Ampere}-\text{Turn}=\dfrac{45,000}{\dfrac{L}{D}}$
  - 선형 자계의 자화 전류값 : $\dfrac{\text{Ampere}-\text{Turn}}{\text{Turn}}$(여기서, Turn : 감김 수)

시험장치

- 자화를 하는 장치 : 직류식, 정류식, 교류식 및 충격전류식으로 분류
  - 전류를 이용한 자화장치 : 자화전류를 파고치로 표시하는 전류계를 갖추어야 함(전자석형 예외)
  - 자석형의 장치 시험체에 투입 가능한 최대 자속을 명기
- 자외선조사장치 : 320~400nm의 근자외선을 통과시키는 필터를 가지며 자외선조사장치의 필터면에서 38cm의 거리에서 $800\mu W/cm^2$ 이상
- 검사액 속의 자분 분산농도 : 단위 용적(1L) 중에 자분의 무게(g), 단위 용적(100mL) 중에 자분의 침전용적(mL)

표준시험편 : A형, C형

- A형 표준시험편 : 시험편의 명칭 가운데 사선의 왼쪽은 인공 흠집의 깊이, 사선의 오른쪽은 판의 두께를 나타냄
- C형 표준시험편 : 판의 두께 $50\mu m$, 시험편의 인공 흠집의 치수는 깊이는 $8\pm1\mu m$, 너비 $50\pm8\mu m$로 함
- 표준시험편의 자분 적용은 연속법

B형 대비시험편 : 장치, 자분 및 검사액의 성능을 조사, 연속법으로 원통면에 자분을 적용해서 사용

■ **전처리의 범위** : 용접부의 경우 시험범위에서 모재측으로 약 20mm 넓게 함

■ **자화 시 고려사항**

- 자기장의 방향을 예측되는 흠집의 방향과 가능한 직각 배치
- 자기장의 방향을 시험면과 가능한 평행 배치
- 반자기장을 적게 함
- 검사면이 타면 안 될 경우 검사 대상체에 직접 통전하지 않는 자화방법 선택

■ **자화전류 설정 시 자계강도**

- 연속법 중 일반적인 구조물 및 용접부의 경우 1,200~2,000A/m의 자기장의 세기
- 연속법 중 주단조품 및 기계부품의 경우 2,400~3,600A/m의 자기장의 세기
- 연속법 중 담금질한 기계부품의 경우 5,600A/m 이상의 자기장의 세기
- 잔류법 중 일반적인 담금질한 부품의 경우 6,400~8,000A/m의 자기장의 세기
- 잔류법 중 공구강 등의 특수재 부품의 경우 12,000A/m 이상의 자기장의 세기

■ **통전시간 설정**

- 연속법에서는 통전 중의 자분의 적용을 완료할 수 있는 통전시간을 설정
- 잔류법에서는 원칙적으로 1/4~1초. 다만, 충격전류인 경우에는 1/120초 이상으로 하고 3회 이상 통전을 반복하는 것으로 함. 단, 충분한 기자력을 가할 수 있는 경우는 제외

■ **자분의 농도(비형광 습식법 2~10g/L, 형광 습식법 0.2~2g/L의 범위)**

- 연속법은 자화조작 중에 자분의 적용을 완료
- 잔류법은 자화조작 종료 후에 자분을 적용
- 건식법(건식분산매)은 모양의 형성을 위해 가벼운 검사면 진동이나 잉여자분을 조용한 공기흐름 등으로 제거
- 습식법(습식분산매-검사액 사용)

■ **자분모양의 관찰(자분모양이 형성된 직후 실시)**

- 비형광자분 경우 : 일광 또는 조명(관찰면의 밝기는 500lx 이상) 아래에서 관찰
- 형광자분을 사용한 경우 : 20lx 이하 어두운 곳, 관찰면에서의 자외선 강도는 $800\mu W/cm^2$ 이상
- 의사모양 종류 : 자기펜자국, 단면급변지시, 전류지시, 전극지시, 자극지시, 표면거칠기지시, 재질경계지시

자분모양의 분류

- 균열에 의한 자분모양
- 독립된 자분 모양 : 선상의 자분모양, 원형상의 자분모양
- 연속된 자분모양
- 분산된 자분모양

탈자가 필요 없는 경우

- 더 큰 자력으로 후속 작업이 계획되어 있을 때
- 시험체의 보자력이 작을 때
- 높은 열로 열처리할 계획이 있을 때(열처리 시 자력 상실)
- 시험체가 대형품이고 부분 탐상을 하여 영향이 작을 때

- 재질경계지시는 매크로검사, 현미경검사 등 자분탐상검사 이외의 검사로 확인

- 용접부의 열처리 후 압력용기의 내압시험 종료 후 등에 하는 시험은 극간법으로 하고 프로드법은 사용하면 안 됨

시험조건(기록)

시험장치, 자분의 모양, 자분의 분산매 및 검사액 속의 자분 분산 농도, 자분의 적용시기, 자화전류의 종류, 자화전류치 및 통전시간, 자화방법, 표준시험편, 시험 결과, 기타(기술자, Date, 장소)

압력 용기(비파괴시험)

직접통전법, 중심도체법, 오프셋 중심 도체, 요크법, 다축자화법

자화장비의 교정

교정 주기, 교정 절차, 허용 오차

자화장치

직접 접촉식 · 비접촉식, 직류형 · 교류형, 거치형 · 휴대형 등으로 구분

- 자분산포기, 침전계, 자외선 강도계, 조도계, 자기계측기(가우스미터, 자속계, 자기검출기, 나침반)

CHAPTER 03 금속재료 및 용접 일반

금속의 성질

고유의 색상, 귀금속 변색정도, 비중, 용융점(녹는점), 용융잠열, 전도성

이온화 경향

K > Ca > Na > Mg > Al > Zn > Fe > Co > Sb > Pb > (H) > Cu > Hg > Ag > Au

초전도현상

절대영도(-273.15℃)까지 낮추지 않더라도 어떤 임계온도에서 저항이 극도로 낮아지는 현상

면심입방격자(FCC)

단위 격자 내 원자의 수는 4개이며, 배위수는 12개이다.

체심입방격자(BCC)

단위 격자수는 2개이며, 배위수 8개이다.

조밀육방격자(HCP)

단위 격자수는 2개이며, 배위수는 12개이다.

금속 결정의 변화

동소변태, 자기변태, 강자성체, 상자성체, 열관성 현상

금속 결함

- 점결함 : 공공, 침입형 원자, 치환
- 선결함 : 전위
- 면결함 : 적층결함, 쌍정, 슬립
- 3차원 결함 : 석출, 수축공, 기공

훅의 법칙(Hook's Law)

응력을 σ, 변형률을 ε라 하면 그 비율 $E=\frac{\sigma}{\varepsilon}$, 탄성한도, 탄성변형, 항복변형, 소성, 열간가공, 냉간가공, 가공경화

인장시험

재료의 항복강도, 인장강도, 파단강도, 연신율, 단면수축률, 탄성계수, 내력 등을 구할 수 있다.

연신율 구하는 방법

처음 길이를 L_0, 나중 길이를 L_1이라고 할 때 연신율 $\varepsilon=\frac{L_1-L_0}{L_0}\times 100\%$

충격시험

샤르피 충격시험(충격 해머 높이차 시험)

경도시험

- 브리넬(강구 압입체)
- 로크웰(변화된 하중 깊이 차)
- 비커스(원뿔형 다이아몬드 압입체)
- 쇼어(강구 반발 높이)

평형상태도

가로축을 2원 조성(%)으로 하고 세로축을 온도(℃)로 하여 변태점을 연결하여 만든 도선

Fe-C 상태도

평형상태도 중 철과 철에 불순물 C가 함유된 시멘타이트의 평형상태도

자유도

$F=n+2-p$

여기서, F : 자유도

n : 성분의 수

p : 상의 수

탄소강

0.1~2.0% C를 함유한 철, 0.8% C의 철은 공석강, 페라이트 + 시멘타이트의 층층 쌓인 펄라이트

페라이트(Ferrite, α고용체)

상온에서 최대 0.025% C까지 고용, HB 90 정도, 다각형의 결정입자, 다소 흰색을 띠며 연하고 전연성이 큰 강자성체

오스테나이트(Austenite, γ고용체)

결정구조는 면심입방격자, 상태도의 A_1 점 이상에서 안정적 조직, 상자성체이며 HB 155 정도이고 인성이 큼

시멘타이트(Cementite, Fe_3C)

6.67%의 C를 함유한 철탄화물, 대단히 단단하고 취성이 큼, 210℃ 이상에서 상자성체, A_0 변태, 시멘타이트의 자기변태

펄라이트(Pearlite)

0.8% C(0.77% C)의 γ-고용체가 723℃에서 분해하여 생긴 페라이트와 시멘타이트의 공석정이며 혼합 층상조직

탄소강의 강괴

림드(Rimmed) 강, 킬드(Killed) 강, 세미킬드(Semikilled) 강, 캡트(Capped) 강

탄소강의 성질

- 탄소강은 알칼리에는 거의 부식되지 않으나 산에는 약하다. 0.2% C 이하의 탄소강은 산에 대한 내식성이 있으나, 그 이상의 탄소강은 탄소가 많을수록 내식성이 저하된다.
- 탄소 함유량이 많을수록 강도와 경도가 증가되지만 연신율과 충격값이 낮아진다.

청열취성(Blue Shortness)

탄소강이 200~300℃에서 상온일 때보다 인성이 저하하여 취성이 커지는 특성

적열취성(Red Shortness)

S을 많이 함유한 탄소강이 약 950℃에서 인성이 저하하여 취성이 커지는 특성

상온취성(Cold Shortness)

인을 많이 함유한 탄소강이 상온에서도 인성이 저하하여 취성이 커지는 특성

주철의 성질

주철 중 탄소는 용융 상태에서는 전부 균일하게 용융, 급랭하면 탄소는 시멘타이트로, 서랭 시에는 흑연으로 석출

흑연

인장강도를 약하게 하나, 주조성, 내마멸성, 절삭성 및 인성 등을 개량

시멘타이트

주철강 중 가장 단단하며, 경도(HV)가 1,100 정도, 규소가 많으면 탄소의 흑연화가 촉진

주철의 성장

- 450~600℃이 되면 Fe와 흑연이 분해하기 시작, 750~800℃에서 $Fe_3C \rightarrow 3Fe + C$로 분해하게 된다(시멘타이트의 흑연화(Graphitizing)).
- 변태점 이상의 온도에서 장시간 방치하거나 다시 되풀이하여 가열하면 점차로 그 부피가 증가한다(주철의 성장(Growth of Cast Iron)).

마우러 조직도

탄소함유량을 세로축, 규소함유량을 가로축으로 하고, 두 성분 관계에 따른 주철의 조직의 변화를 정리한 선도

펄라이트주철

영역 Ⅱ : 펄라이트주철(레데부라이트 + 펄라이트 + 흑연), 질 좋은 주철

주철의 종류

보통주철, 고급주철, 합금주철, 특수용도 주철

고급주철

펄라이트주철, 미하나이트주철(칼슘-실리케이트(Ca-Si)로 접종(Inculation)처리, 흑연을 미세화하여 강도를 높인 것)

합금주철

- 고합금계 VS 저합금계, 페라이트계 VS 마텐자이트계 VS 오스테나이트계 VS 베이나이트계로 구분
- 고력합금주철, 내마멸주철, 내열주철(니크로실랄(Ni-Cr-Si), 니레지스트(Ni-resist)), 내산주철

특수용도 주철

가단주철(백심가단, 흑심가단, 펄라이트가단), 구상흑연주철, 칠드주철

주강

Ni 주강, Cr 주강, Ni-Cr 주강, Mn 주강(저망간강, 해드필드강), 비트만슈테텐 때문에 반드시 열처리

강의 열처리

- 불림 또는 노멀라이징(Normalizing)
- 항온풀림(Isothermal Annealing)
- 연화풀림(Softening Annealing)
- 담금질(Quenching)
- 항온열처리
- 완전풀림(Full Annealing)
- 응력제거풀림(Stress Relief Annealing)
- 구상화풀림
- 뜨임

불림 또는 노멀라이징(Normalizing)

오스테나이트화 후 공기 중에서 냉각, 불균일해진 조직을 균일화, 표준화, 냉간가공, 단조 후 생긴 내부응력을 제거

풀림(Full Annealing)

γ 고용체로 만든 후 노 안에서 서랭, 새로운 미세 결정 입자, 내부응력이 제거되며 연화, 이상적인 조직

응력제거풀림

주조, 단조, 압연 등의 가공, 용접 및 열처리에 의해 발생된 응력을 제거, 450~600℃ 정도, 저온풀림

연화풀림(Softening Annealing)

냉간가공을 계속하기 위해 가공 도중 열처리, 연화과정 : 회복 → 재결정 → 결정립 성장

구상화풀림

기계적 성질을 개선할 목적으로 탄화물을 구상화시키는 열처리

담금질(Quenching)

가열하여 오스테나이트화한 강을 급랭하여 마텐자이트로 변태

▮ 담금질 조직

마텐자이트 > 트루스타이트 > 소르바이트 > 오스테나이트

▮ 뜨임

담금질과 연결, 담금질 후 내부응력이 있는 강의 내부응력을 제거하거나 인성을 개선, 100~200℃ 또는 500℃ 부근

▮ 뜨임메짐 현상

200~400℃ 범위에서 뜨임

▮ 항온열처리

TTT 선도(변태의 시작선과 완료선을 시간과 온도에 따라 그린 선도), Ac′ 이하로 급랭한 후 온도를 유지

▮ 항온열처리 종류

마퀜칭, 마템퍼링, 오스템퍼링(베이나이트 조직이 나옴), 오스포밍, 오스풀림, 항온뜨임

▮ 알루미늄합금

알코아, 라우탈 합금, 실루민(또는 알팍스)-개량처리, 하이드로날륨, Y 합금(4% Cu, 2% Ni, 1.5% Mg), 하이드미늄, 코비탈륨, Lo-Ex 합금, 두랄루민(단련용 Al 합금, 시효경화성 Al 합금), 초초두랄루민(석출경화를 거침), 알민, 알드리, 알클래드, SAP(Al 분말 소결)

▮ 구리와 그 합금

전기구리, 전해인성구리, 무산소구리, 탈산구리

▮ 황동합금

황동, 문쯔메탈, 탄피황동(딥드로잉), 톰백(금종이), 납황동(절삭성, 쾌삭황동), 주석황동, 애드미럴티황동, 네이벌황동, 알루미늄황동(알브락), 규소황동(내해수성, 선박부품)

▮ 청동합금

청동(Cu-Sn, Cu-Sn-기타, Cu-Si), 포금(기계용 청동), 애드미럴티포금(내압력), 베어링용 청동(켈밋-토목광산기계, 소결 베어링용 합금-오일리스 베어링), 인청동, 니켈청동, 규소청동(트롤리선), 베릴륨청동(가장 큰 강도), 망간청동(보일러 연소실, 망가닌-정밀계기부품), 콜슨합금(Ni_2Si의 시효경화성), 타이타늄청동

기타 비철금속과 합금

마그네슘합금(가볍고 고강도, 항공기, 자동차, 주조용, 단조용, 일렉트론, 다우메탈), Mg-R.E.(미슈메탈, 디디뮴(Didymium)), Ni-Cu계(콘스탄탄, 어드밴스, 모넬메탈), Ni-Fe(인바(불변강 표준자), 엘린바(각종 게이지), 플래티나이트(백금과 유사), 니칼로이(초투자율), 퍼멀로이, 퍼민바(오디오헤드)), 내식성 Ni 합금(하스텔로이, 인코넬, 인콜로이)

스테인리스강

- 페라이트계
- 마텐자이트계
- 오스테나이트계
- 석출경화계

고Cr-Ni계 스테인리스강

18Cr-8Ni, 내식, 내산성이 우수, 탄화물 입계 석출

스텔라이트

비철합금 공구재료, 담금질할 필요 없이 주조한 그대로 사용

비정질합금

원자가 규칙적으로 배열된 결정이 아닌 상태. 진공증착, 스퍼터(Sputter)법, 액체급랭법, 강도가 높고 연성이 양호, 가공경화현상이 나타나지 않음

형상기억합금

열탄성 마텐자이트

공구용 합금강

18W-4Cr-1V이 표준 고속도강, 서멧, 초경합금(비디아, 미디아, 카볼로이, 텅갈로이), 베어링강

신소재

센더스트(알루미늄 5%, 규소 10%, 철 85%의 고투자율 합금), 리드프레임(발열을 방지), 경질자성재료(알니코 자석, 페라이트 자석, 희토류 자석, 네오디뮴 자석), 연질자성재료(Si 강판, 퍼멀로이(Ni-Fe계), 알펌), 초소성 합금

반자성체

기존 자계와 척력을 발생시키는 물질, 비스무트, 안티모니, 인, 금, 은, 수은, 구리, 물

금속침투법

세라다이징(아연 침투), 칼로라이징(알루미늄 분말), 크로마이징(크로뮴, 고체 및 기체법), 실리코나이징(Si 침투), 보로나이징(붕소 침투)

하드페이싱

스텔라이트나 경합금 등을 융접 또는 압접으로 융착시키는 표면경화법

용접의 장단점

- 이음형상이 자유로움
- 두께 무제한
- 열변형
- 취성
- 품질검사 어려움
- 이음효율 향상
- 이종(異種) 재료 가능
- 열수축
- 잔류응력에 의한 부식
- 숙련도 필요

가스용접의 장단점

열량 조절이 쉬움, 설비비 저렴, 열원이 낮고 열집중성 나쁨, 용접변형이 큼, 폭발의 위험

불꽃

중성불꽃(연료 : 산소 = 1 : 1), 탄화불꽃, 산화불꽃

역류

산소가 아세틸렌 발생기 쪽으로 흘러 들어가는 것

인화

혼합실(가스 + 산소 만나는 곳)까지 불꽃이 밀려들어가는 것. 팁 끝이 막히거나 작업 중 막는 경우 발생

역화

불꽃이 '펑펑'하며 팁 안으로 들어왔다 나갔다 하는 현상

아세틸렌

카바이드와 물을 반응, 순수한 카바이드 1kgf에 348L 아세틸렌가스가 발생(실제는 230~300L)

아세틸렌 가스의 용해(1kgf/cm^2)

아세톤 25배, 12kgf/cm^{2}하의 아세톤에 300배(용적 25배×압력 12배)

가스 용접봉 첨가 화학성분

성분	역할	성분	역할
C	강도, 경도를 증가시키고 연성, 전성을 약하게 한다.	S	용접부의 저항을 감소시키며 기공발생과 열간균열의 우려가 있다.
Mn	산화물을 생성하여 비드면 위로 분리한다.	Si	탈산작용을 하여 산화를 방지한다.

용접봉의 지름 구하는 식

$$D = \frac{T}{2} + 1$$

가스 용접의 토치 운봉법

전진용접법(용접이 쉬우나 용착이 불완전), 후진용접법(용입이 깊고 접합이 좋다. 두꺼운 판)

용접기호

맞대기 이음(I, V, Y, ⅴ, X, K, J, 양면 J, U, H 형), 용접자세(F–아래보기, V–수직, H–수평, OH–위보기)

정전압특성

아크의 길이가 l_1에서 l_2로 변하면 전류가 I_1에서 I_2로 변화하지만 아크 전압은 거의 변화가 나타나지 않는 특성

상승특성

가는 지름의 전극 와이어에 큰 전류를 흐르게 할 때, 아크의 안정은 자동적으로 유지

부특성

전류밀도가 작은 범위에서 전류가 증가 시 아크 저항은 감소하므로 아크 전압도 감소하는 특성

직류 정극성

용접봉 (–)극, 모재 (+)극

정극성 VS 역극성

- 정극성 : 깊은 용입, 좁은 비드, 용접봉쪽 용융이 느림
- 역극성 : 얕은 용입, 넓은 비드, 모재쪽 용융이 느림

아크쏠림

- 직류아크용접 중 아크가 극성, 자기(Magnetic)에 의해 한쪽으로 쏠리는 현상
- 방지대책 : 접지점을 용접부에서 멀리함, 가용접 후 후진법, 아크길이 짧게, 교류용접 이용

용접입열

용접입열 $H = \dfrac{60EI}{V}$ (Joule/cm)

여기서, E : 아크전압

I : 아크전류

V : 용접속도(cm/min)

허용사용률

- 허용사용률 = $\left(\dfrac{\text{정격 2차 전류}}{\text{사용 용접 전류}}\right)^2 \times$ 정격사용률
- 정격사용률 : 정격 2차 전류로 용접하는 경우의 사용률

아크용접봉 피복제

아크와 용착금속의 성질 개선, 셀룰로스, 산화타이타늄, 일미나이트, 산화철, 이산화탄소, 규산 등 첨가

아크용접봉별 특성

일미나이트계	슬래그 생성식으로 전자세 용접이 되고, 외관이 아름답다.
고셀룰로스계	가스 생성식이며 박판 용접에 적합하다.
고산화타이타늄계	아크의 안정성이 좋고, 슬래그의 점성이 커서 슬래그의 박리성이 좋다.
저수소계	슬래그의 유동성이 좋고 아크가 부드러워 비드의 외관이 아름다우며, 기계적 성질이 우수하다.
라임티타니아계	슬래그의 유동성이 좋고 아크가 부드러워 비드가 아름답다.
철분 산화철계	스패터가 적고 슬래그의 박리성도 양호하며, 비드가 아름답다.
철분 산화타이타늄계	아크가 조용하고 스패터가 적으나 용입이 얕다.
철분 저수소계	아크가 조용하고 스패터가 적어 비드가 아름답다.

▌피복아크용접 결함(용접균열)

가장 중대 결함, 용접금속의 균열-고온균열 및 저온균열, 열영향부 균열-비드 밑 균열, toe균열, 비드균열

▌피복아크용접 결함(그 외)

기공(용착금속 내 가스 원인), 스패터(기포 등 폭발 시), 언더컷(경계부 패임), 오버랩(덮임), 용입 불량, 슬래그 섞임

▌불활성 가스용접

TIG 용접, MIG 용접, 열집중도가 높고 가스이온이 모재표면의 산화막을 제거하는 청정작용이 있으며 산화 및 질화 방지

▌테르밋 용접

미세한 알루미늄가루와 산화철가루를 혼합, 점화제를 넣어 점화하고 화학반응에 의한 열을 이용

▌납땜

모재가 녹지 않고 용융재를 녹여 모세관현상에 의해 접합, 용융점(450℃) 이상을 경납땜, 이하를 연납땜

▌그 밖의 용접

서브머지드 아크 용접, 아크 용접, 플라스마 용접, 빔 용접, 스터드 용접, 전기저항 용접

▌가스 절단

강의 일부를 가열, 녹인 후 산소로 용융부를 불어내어 절단

▌아크 절단

- 탄소 아크 절단, 금속 아크 절단, 아크 에어 가우징, 산소 아크 절단, TIG 및 MIG 아크 절단, 플라스마 아크 절단
- 스카핑(Scarfing) : 강재의 표면을 비교적 낮고, 폭넓게 녹여 절삭하여 결함을 제거, 평평한 반타원 형상

※ 핵심이론과 기출문제에 나오는 KS 규격의 표준번호는 변경되지 않았으나, 일부 표준명과 용어가 변경된 부분이 있으므로 정확한 표준명과 용어는 국가표준인증통합정보시스템(e-나라 표준인증, https://www.standard.go.kr)에서 확인하시기 바랍니다.

PART 01

핵심이론

#출제 포인트 분석 #자주 출제된 문제 #합격 보장 필수이론

CHAPTER 01 비파괴검사 일반

핵심이론 01 비파괴검사 이론

① 비파괴검사의 목적

㉠ 제품의 결함 유무 또는 결함의 정도를 파악, 신뢰성을 향상시킨다.

㉡ 시험결과를 분석, 검토하여 제조조건을 보완하므로 제조기술을 발전시킬 수 있다.

㉢ 적절한 시기에 불량품을 조기 발견하여 수리 또는 교체를 통해 제조원가를 절감한다.

㉣ 검사를 통해 신뢰도를 높여 수명의 예측성을 높인다.

② 비파괴검사의 시기에 따른 구분

㉠ 사용 전 검사는 제작된 제품이 규격 또는 시방을 만족하고 있는가를 확인하기 위한 검사이다.

㉡ 가동 중 검사(In-Service Inspection)는 다음 검사까지의 기간에 안전하게 사용 가능한가 여부를 평가하는 검사이다.

㉢ 위험도에 근거한 가동 중 검사(Risk Informed In-Service Inspection)는 가동 중 검사 대상에서 제외할 것은 과감히 제외하고 위험도가 높고 중요한 부분을 더 강화하여 실시하는 검사이다.

㉣ 상시감시검사(On-Line Monitoring)는 기기・구조물의 사용 중에 결함을 검출하고 평가하는 모니터링 기술이다.

③ 비파괴검사의 방법에 따른 구분

㉠ 방사선 사용 : 방사선검사(RT ; Radiographic Testing)

㉡ 음향과 음파 사용

- 초음파검사(UT ; Ultrasonic Testing)
- 음향방출검사(AE ; Acoustic Emission)

㉢ 광학에 의한 시각적 효과 사용

- 침투탐상검사(PT ; Liquid Penetrant Testing)
- 육안검사(VT ; Visual Testing)

㉣ 전자기적 원리 이용

- 와류탐상검사(ET ; Eddy Current Testing)
- 자분탐상검사(MT ; Magnetic Particle Testing)

㉤ 가스의 압력차에 의한 침투 이용 : 누설검사(LT ; Leak Testing)

㉥ 열광학적 원리 이용 : 적외선열화상검사(IRT ; Infrared Thermography Testing)

④ 비파괴검사의 신뢰도

㉠ 비파괴검사를 수행하는 기술자의 기량을 향상시켜 검사의 신뢰도를 높일 수 있다.

㉡ 제품 또는 부품에 적합한 비파괴검사법의 선정을 통해 검사의 신뢰도를 높일 수 있다.

㉢ 제품 또는 부품에 적합한 평가기준의 선정 및 적용으로 검사의 신뢰도를 향상시킬 수 있다.

10년간 자주 출제된 문제

1-1. 비파괴검사는 적용시기에 따라 구분할 수 있다. 사용 전 검사(PSI ; Pre Service Inspection)란 무엇인가?

① 제작된 제품이 규격 또는 사양을 만족하고 있는가를 확인하기 위한 검사
② 다음 검사까지의 기간에 안전하게 사용 가능한가 여부를 평가하는 검사
③ 기기, 구조물의 사용 중에 결함을 검출하고 평가하는 검사
④ 사용 개시 후 일정기간마다 하게 되는 검사

1-2. 다음 중 육안검사의 장점이 아닌 것은?

① 검사가 간단하다.
② 검사속도가 빠르다.
③ 표면결함만 검출 가능하다.
④ 피검사체의 사용 중에도 검사가 가능하다.

1-3. 원리가 다른 시험방법으로 조합된 것은?

① RT, CT : 방사선의 원리
② MT, ET : 전자기의 원리
③ AE, LT : 음향의 원리
④ VT, PT : 광학 및 색채학의 원리

|해설|

1-1
사용 전 검사는 제품이 출고되기 전에 검사를 실시한다.

1-2
육안검사
- 비용이 저렴하고, 검사가 간단하며, 작업 중 검사가 가능하다.
- 광학의 원리를 이용한다.
- 표면검사만 가능하며, 수량이 많을 경우 시간이 걸린다.

1-3
비파괴시험(NDT ; NonDestructive Testing)의 약어
- RT(Radiographic Testing) : 방사선투과검사
- CT(Computer Tomography) : 컴퓨터단층촬영
- MT(Magnetic Particle Testing) : 자분탐상검사
- ET(Eddy Current Testing) : 와전류탐상검사
- AE(Acoustic Emission) : 음향방출검사
- LT(Leak Testing) : 누설검사
- VT(Visual Testing) : 육안검사
- PT(Liquid Penetrant Testing) : 침투탐상검사

정답 1-1 ① 1-2 ② 1-3 ③

핵심이론 02 | 비파괴시험의 각종 비교

① 방사선시험
㉠ X선이나 γ선 등 투과성을 가진 전자파를 이용하여 검사한다.
㉡ 내부 깊은 결함, 압력용기 용접부의 슬래그 혼입의 검출, 체적검사가 가능하다.
㉢ 거의 대부분의 검출이 가능하나 장비와 비용이 많이 소요된다.
㉣ 다량 노출 시 인체에 유해하므로 관리가 필요하다.
㉤ 물질의 원자번호나 밀도가 큰 텅스텐, 납 등에는 중성자선을 사용한다.

② 초음파탐상시험
㉠ 초음파의 짧은 파장과 고체 내의 전파성, 반사성을 이용하여 검사한다.
㉡ 래미네이션(내부에 생긴 불연속, 겹층, 이물) 결함을 검출하는 데 적합하다.
㉢ 한쪽 면에서 검사가 가능하다.
㉣ 내부의 결함을 검출할 수 있다.

③ 침투탐상시험
㉠ 유체가 갖고 있는 침투성을 이용하여 검사한다.
㉡ 표면탐상검사이다.
㉢ 주변의 온도·습도 등에 영향을 받는다.
㉣ 형광물질을 이용한 광학의 원리를 이용한다.
㉤ 전원설비 없이 검사가 가능한 시험이 있다.

④ 와전류탐상시험
㉠ 전자유도현상에 따른 와전류분포 변화를 이용하여 검사한다.
㉡ 표면 및 표면 직하 검사 및 도금층의 두께 측정에 적합하다.
㉢ 파이프 등의 표면결함 고속 검출에 적합하다.
㉣ 전자유도현상이 가능한 도체에서 시험이 가능하다.

⑤ 누설검사

㉠ 압력차에 의한 유체의 누설현상을 이용하여 검사한다.

㉡ 관통된 결함의 경우 탐지가 가능하다.

㉢ 공기역학의 법칙을 이용하여 탐지한다.

⑥ 자기탐상검사

㉠ 강자성체를 자화시켜 누설자속에 의한 자속의 변형을 이용하여 검사한다.

㉡ 자분탐상검사는 자기탐사 중 비자성체에서 시험이 가능한 검사이다.

㉢ 표면결함검사이다.

⑦ 적외선검사

㉠ 결함부와 건전부의 온도 정보의 분포패턴을 열화상으로 표시한다.

㉡ 원격검사가 가능하고 결함의 시각적 표현과 관찰 시야를 선택할 수 있다.

⑧ 비파괴검사별 주요 적용 대상

검사방법	적용 대상
방사선투과검사	용접부, 주조품 등의 내부결함
초음파탐상검사	용접부, 주조품, 단조품 등의 내부결함 검출과 두께 측정
침투탐상검사	기공을 제외한 표면이 열린 용접부, 단조품 등의 표면결함
와류탐상검사	철, 비철재료로 된 파이프 등의 표면 및 근처결함을 연속 검사
자분탐상검사	강자성체의 표면 및 근처결함
누설검사	압력용기, 파이프 등의 누설탐지
음향방출검사	재료 내부의 특성 평가

10년간 자주 출제된 문제

2-1. 다음 중 내부 기공의 결함 검출에 가장 적합한 비파괴검사법은?

① 음향방출시험 ② 방사선투과시험
③ 침투탐상시험 ④ 와전류탐상시험

2-2. 약 1mm 정도 두께의 자동차용 다듬질 강판에 존재하는 래미네이션결함을 검사하고자 할 때 다음 중 가장 적합하게 적용할 수 있는 비파괴검사법은?

① 누설검사 ② 침투탐상시험
③ 자분탐상시험 ④ 초음파탐상시험

2-3. 다음 중 시험체의 표면직하결함을 검출하기에 적합한 비파괴검사법만으로 나열된 것은?

① 방사선투과시험, 누설검사
② 초음파탐상시험, 침투탐상시험
③ 자분탐상시험, 와전류탐상시험
④ 중성자투과시험, 초음파탐상시험

2-4. 다음 중 와전류탐상시험으로 측정할 수 있는 것은?

① 절연체인 고무막 두께
② 액체인 보일러의 수면 높이
③ 전도체인 파이프의 표면결함
④ 전도체인 용접부의 내부결함

|해설|

2-1
보기 중 내부탐상이 가능한 시험은 방사선투과시험과 음향방출시험이지만, 음향방출시험은 내부의 현 결함이 아닌 발생되는 결함을 모니터하는 방법이다.

2-2
래미네이션은 내부결함이기 때문에 누설검사, 침투탐상시험은 적당하지 않고, 자분탐상시험에서는 래미네이션을 구별하기가 힘들다.

2-3
표면탐상검사에는 침투탐상, 자분탐상, 와전류탐상 등이 있고, 침투탐상시험은 열린 결함만 검출이 가능하다.

정답 2-1 ② 2-2 ④ 2-3 ③ 2-4 ③

핵심이론 03 | 방사선투과시험과 초음파탐상시험의 비교

① 원리
- ㉠ 방사선 : 투과선량에 의한 필름 위의 농도차
- ㉡ 초음파 : 초음파의 반사

② 대상결함
- ㉠ 방사선 : 체적결함에 유리하다.
- ㉡ 초음파 : 초음파에 수직한 면상결함에 유리하다.

③ 위치, 깊이 탐상
- ㉠ 방사선 : 조사 방향을 여러 방향으로 하여 검사・검출한다.
- ㉡ 초음파 : 한 방향에서도 검출할 수 있다.

④ 적용 예
- ㉠ 방사선 : 용접부, 전조품
- ㉡ 초음파 : 용접부, 압연품, 단조품, 주조품

⑤ 결과에 영향을 미치는 주요 요인
- ㉠ 방사선 : 시험체 두께
- ㉡ 초음파 : 시험체 조직의 크기

⑥ 판독의 차이
- ㉠ 방사선 : 촬영 후 현상을 통해 판독한다.
- ㉡ 초음파 : 검사 중 판독이 가능하다.

⑦ 그 외 특징
- ㉠ 방사선 : 방사선 안전관리가 필요하다.
- ㉡ 초음파
  - 2, 3차원적 위치 확인이 가능하다.
  - 방사선투과시험에 비해 균열 등 면상결함의 검출능력이 우수하다.
  - 탐촉자와 시험편 사이의 접촉관리에 유의하도록 한다.

10년간 자주 출제된 문제

3-1. 다음 중 방사선투과시험과 초음파탐상시험에 대한 비교 설명으로 틀린 것은?

① 방사선투과시험은 시험체 두께에 영향을 많이 받으며, 초음파탐상시험은 시험체 조직 크기에 영향을 받는다.
② 방사선투과시험은 방사선안전관리가 필요하고, 초음파탐상시험은 방사선안전관리가 필요하지 않다.
③ 방사선투과시험은 촬영 후 현상과정을 거쳐야 판독이 가능하고, 초음파탐상시험은 검사 중 판독이 가능하다.
④ 방사선투과시험은 결함의 3차원적 위치 확인이 가능하고, 초음파탐상시험은 2차원적 위치 확인만 가능하다.

3-2. 초음파탐상검사가 방사선투과검사보다 유리한 장점은?

① 기록 보존의 용이성
② 결함의 종류 식별력
③ 균열 등 면상결함의 검출능력
④ 금속조직 변화의 영향 파악이 용이

|해설|

3-1
초음파탐상시험에서 3차원적 위치 확인이 가능하다.

3-2
초음파탐상시험은 방사선투과시험보다 균열 등 면상결함의 검출능력이 유리하다.

정답 3-1 ④ 3-2 ③

핵심이론 04 | 각종 시험 – 방사선시험

① 방사선시험

㉠ 내부 깊은 결함, 압력용기 용접부의 슬래그 혼입의 검출, 체적검사가 가능하다.

㉡ 거의 대부분의 검출이 가능하나 장비와 비용이 많이 소요된다.

㉢ 다량 노출 시 인체에 유해하므로 관리가 필요하다.

㉣ 물질의 원자번호나 밀도가 큰 텅스텐, 납 등에는 중성자선을 사용한다.

② 방사선투과사진의 상질

㉠ 명암도(Contrast) : 투과사진 상(像) 어떤 두 영역의 농도차를 말한다.

㉡ 명료도(Sharpness) : 투과사진 상의 윤곽이 뚜렷하다.

㉢ 명암도에 영향을 주는 인자 : 시험체 명암도, 필름 명암도

㉣ 명료도에 영향을 주는 인자 : 고유 불선명도, 산란 방사선, 기하학적 불선명도

※ 산란방사선에 의한 영향을 작게 하기 위해 후면 납판, 마스크, 필터, 콜리메이터, 다이어프램, 콘, 납증감지를 부착하는 등의 방법을 사용한다.

③ 방사선시험장치

㉠ X선 발생장치와 부속(조사통, 조리개, 필터, 센터봉)

㉡ 감마선 발생장치와 부속(원격조작기, 콜리메이터, 선원(線原) 캡슐, 선원 홀더)

㉢ 사용주기

$$= \frac{\text{사용시간(노출시간)}}{\text{총시간(노출시간 + 장비휴지시간)}} \times 100(\%)$$

㉣ 필름

- 특성곡선 : X선의 노출량과 사진농도의 상관관계를 나타낸 곡선
- 필름 명암도
- 입상성

㉤ 증감지(Screen) : 금속박증감지, 형광증감지, 금속 형광증감지

㉥ 상질계 : 투과도계, 계조계

㉦ 기타 : 농도계, 관찰기

10년간 자주 출제된 문제

4-1. 비파괴검사법 중 반드시 시험 대상물의 앞면과 뒷면에 모두 접근 가능하여야 적용할 수 있는 것은?

① 방사선투과시험
② 초음파탐상시험
③ 자분탐상시험
④ 침투탐상시험

4-2. 두꺼운 금속제의 용기나 구조물의 내부에 존재하는 가벼운 수소화합물의 검출에 가장 적합한 검사방법은?

① X-선 투과검사
② 감마선투과검사
③ 중성자투과검사
④ 초음파탐상검사

4-3. 방사선투과검사에 사용되는 X선 필름특성곡선은?

① X선의 노출량과 사진농도와의 상관관계를 나타낸 곡선이다.
② 필름의 입도와 사진농도와의 상관관계를 나타낸 곡선이다.
③ 필름의 입도와 X선 노출량과의 상관관계를 나타낸 곡선이다.
④ X선 노출시간과 필름의 입도의 상관관계를 나타낸 곡선이다.

|해설|

4-1
방사선투과시험은 방사선을 방사하고, 필름에서 감광을 하여야 하므로 두 면이 필요하다.

4-2
X선은 두꺼운 금속제 구조물 등에는 투과력이 약하여 검사가 어렵다. 중성자시험은 두꺼운 금속에서도 깊은 곳의 작은 결함 검출도 가능한 비파괴검사탐상법이다.

4-3
X선 필름에 쏘인 X선량과 사진농도의 관계를 나타낸 곡선을 필름 특성곡선이라 한다. 필름특성은 감광속도, 콘트라스트, 입상성으로 나타낸다.

정답 4-1 ① 4-2 ③ 4-3 ①

핵심이론 05 방사선투과검사 이론

① X선의 발생

㉠ X선관의 양쪽 극에 고전압을 걸면 필라멘트에서 방출된 열전자가 금속타깃과 충돌하여 열과 함께 X선이 발생한다.

㉡ 표적금속의 종류에 의해 X선의 고유성질, 파장 등이 정해진다.

㉢ 등가에너지의 원리에 의해 관전압(통과하는 전압) 만큼의 투과능력이 발생한다.

㉣ 광전효과 : 빛을 쪼이면 전자가 튀어나오는 효과이다.

② γ선의 발생

㉠ 방사성의 원자핵이 붕괴할 때 방사되는 전자파이다.

㉡ 각 금속별 반감기

금속	기간	금속	기간
^{60}Co	5.3년	^{241}Am	432.2년
^{137}Cs	30.1년	^{201}Ti	72.9시간
^{226}Ra	1602년	^{67}Ga	3.261일
^{192}Ir	74일	^{63}Ni	100년
^{170}Tm	128.6일	^{111}IN	2.83일

③ 방사선의 성질

㉠ X선의 강도

$$\frac{I_1}{I_2} = \frac{d_2^2}{d_1^2}$$

여기서, I : X선의 강도, d : 거리

㉡ 방사선의 감쇠

$$I = I_0 \cdot e^{-\mu T}$$

여기서, μ : 선흡수계수, T : 시험체의 두께

㉢ 산란방사선

- 톰슨산란(콤프턴산란) : X선을 어떤 원자를 향해 쏘면 원자의 전자는 이에 상응하여 산란하는데 이때 완전탄성산란을 톰슨산란, 비탄성산란을 콤프턴산란이라고 한다.
- 내부산란, 측면산란, 후방산란 정도로 구분한다.
- 산란방사선의 영향을 줄이는 방법
  - 증감지를 사용한다.
  - 후면 스크린을 사용한다.
  - 마스크(산란방사선 흡수체)를 사용한다.
  - 필터를 사용한다(산란이 쉬운 방사선을 방사 시점에 필터링).
  - 콜리메이터를 사용한다.

④ 투과도계의 사용목적

㉠ 투과도계는 촬영된 방사선투과사진의 감도를 알기 위함이다.

㉡ 시편 위에 함께 놓고 촬영한다.

⑤ 관용도

콘트라스트와 가장 밀접한 관계가 있는 필름의 척도로서 투과사진 상에 유용한 농도로 기록될 수 있는 물질의 두께 범위이다.

⑥ 방사선의 측정

㉠ 전리작용 : 기체 속에 하전입자가 통과하면, 일부 기체는 하전입자와 상호작용을 하여 자유전자와 이온으로 분리되는 현상이다.

㉡ 전리함식 서베이(Survey)미터 : 전리함 가운데에 전극을 달고, 전극과 전리함 내면 사이에 전압을 가하면 방사선의 통과에 따라 발생한 전리전류가 생기는데 이를 측정하는 방법이다.

㉢ 개인피폭량선계

- 포켓선량계 : Self-reading Type의 전리함은 간단하고 판독이 쉬우며 작고 휴대성이 좋다.
- 필름배지 : 작은 배지 타입으로 사용 후 필름이 검게 변한 정도로 피폭량을 측정한다.
- 형광유리선량계 : 여기에 전리방사선이 쏘아지면 형광중심이 생기며, 자외선이 쏘아지면 가시광선이 발생한다.

• 열형광선량계 : 필름배지를 사용하며 재사용이 가능하다. 작은 크기로 특정 부위의 피폭선량 측정도 가능하다.

⑦ 피폭 방어

㉠ 방사선을 취급하는 시간을 가능한 한 짧게 한다.

㉡ 방사선량률은 거리 제곱에 반비례하여 감소하기 때문에 작업 시 가능한 한 거리를 멀리한다.

㉢ 차폐체를 사용하여 피폭량을 줄여야 하며, 재질은 원자번호 및 밀도가 클수록 양호하다.

⑧ 동위원소

㉠ 화학적으로는 거의 구별할 수 없으나 그 구성하는 원자의 질량이 서로 다른 것이다. 예를 들어 $^{1}_{1}H$ 와 $^{2}_{2}H$ 의 원자번호는 모두 1로 같으나 질량수가 앞의 것은 1, 뒤의 것은 2로 다른 동위원소이다.

㉡ 방사선동위원소(RI) : 입자 또는 γ 선을 자발적으로 방출하는 성질을 가진 동위원소이다. 즉, 방사선 붕괴를 하는 동위원소로, 방사선투과시험에 사용되는 방사선동위원소에는 Ir-192, Co-60, Cs-137, Tm-170 등이 있다.

10년간 자주 출제된 문제

5-1. X선에 대한 설명 중 틀린 것은?

① 표적금속의 종류에 의해 정해진다.
② 단일 에너지를 가진다.
③ 파장은 관전압이 바뀌어도 변하지 않는다.
④ 연속 스펙트럼을 가진다.

5-2. X선과 물질의 상호작용이 아닌 것은?

① 광전효과 ② 카이저효과
③ 톰슨산란 ④ 콤프턴산란

5-3. X선의 일반적 특성에 대한 설명으로 옳은 것은?

① 높은 주파수를 갖는다.
② 높은 지향성을 갖는다.
③ 파장이 긴 전자파이다.
④ 물체에 닿으면 모두 반사한다.

5-4. 방사선투과검사 필름의 상질의 알아보기 위해 사용하는 촬영도구는?

① 증감지 ② 투과도계
③ 콜리메이터 ④ 농도측정기

5-5. 선원-필름 간 거리가 4m일 때 노출시간이 60초였다면 다른 조건은 변화시키지 않고 선원-필름 간 거리만 2m로 할 때 방사선투과시험의 노출시간은 얼마이어야 하는가?

① 15초 ② 30초
③ 120초 ④ 240초

|해설|

5-1
표적금속의 번호에 따라 X-선의 강도가 정해지며, 선스펙트럼 중 하나를 취한다.

5-2
② 카이저효과 : 이미 응력을 받은 재료는 그 이상의 응력을 받아야 음향을 방출한다.
① 광전효과 : 빛이 쪼이면 전자가 튀어나오는 효과이다.
③, ④ 톰슨산란(콤프턴산란) : X선을 어떤 원자를 향해 쏘면 원자의 전자는 이에 상응하여 산란하는데 이때 완전탄성산란을 톰슨산란, 비탄성산란을 콤프턴산란이라고 한다.

5-3
② 지향성은 초음파의 특성이다.
③, ④ 파장의 길이가 짧고 투과성을 지닌다.

5-4
투과도계의 사용목적
• 투과도계는 촬영된 방사선투과사진의 감도를 알기 위함이다.
• 시편 위에 함께 놓고 촬영한다.

5-5
4m 지점에서 60초 노출이 적절했다면, 거리가 1/2로 줄었을 때 그 제곱인 4배만큼 방사선 강도가 강해졌으므로 노출시간은 1/4로 줄어들면 된다.

$$\frac{C_1\text{에서의 방사선 노출}}{C_2\text{에서의 방사선 노출}} = \frac{C_1\text{까지의 거리}^2}{C_2\text{까지의 거리}^2}$$

방사선의 노출 = 방사선강도 × 노출시간

정답 5-1 ④ 5-2 ② 5-3 ① 5-4 ② 5-5 ①

핵심이론 06 | 각종 시험 – 초음파검사

① 초음파의 특성

㉠ 주파수(f)란 초당 떨린 횟수이며, 한 번 떨릴 때 진행한 거리가 파장(λ)이다. 한 번 떨릴 때 진행한 거리(λ)와 초당 떨린 횟수(f)를 곱하면 초당 진행한 거리(속도, 여기서는 음속 C)가 된다. 따라서 음속이 일정하다면 주파수와 파장은 서로 반비례관계이다.

$$C = f\lambda$$

㉡ 초음파입자의 변위

$$a = a_0 \sin 2\pi f$$

여기서, a_0 : 진폭, f : 주파수

㉢ 에너지 감쇠 : 초음파 또한 에너지이며 초음파가 직진을 하면서 어떤 경계면이나 결함을 만나지 않았더라도 매질을 지나면서 에너지 손실이 자연히 발생하는데, 이에 따라 에너지가 감쇠하게 된다.

② 가청주파수

가청주파수의 범위는 20Hz에서 20,000Hz, 즉 20kHz의 범위이며 이를 넘는 주파수 범위에 해당하는 음파가 초음파이다.

③ 초음파의 속도와 굴절각과의 관계

$$\frac{\sin\alpha}{\sin\beta} = \frac{V_1}{V_2},\ \sin\beta = \frac{V_2}{V_1} \times \sin\alpha$$

④ 음향임피던스

탐촉자로부터 송신한 초음파는 대부분 경계면에서 반사되고 일부만 통과하는데, 그 반사량은 경계되는 두 매질의 음향임피던스 비에 의해서 좌우된다. 음향임피던스는 서로 다른 재질에서의 음속 차에 원인이 있다. 음향임피던스란 매질의 밀도(ρ)와 음속(C)의 곱으로 나타내는 매질 고유의 값으로 이론적으로는 입자속도와 음압의 비율이다.

⑤ 압전효과

어떤 물질에 힘이 가해지면 그 힘과 비례하는 전압이 생기는 현상이다.

⑥ 초음파탐상기에 요구되는 성능

㉠ 증폭 직진성 : 수신된 초음파펄스의 음압과 브라운관에 나타난 에코 높이의 비례관계 정도를 말한다.

㉡ 시간축 직진성 : 초음파펄스가 송신되고부터 수신될 때까지의 시간에 정확히 비례한 횡축 위치에 에코를 표시할 수 있는 성능을 말한다.

㉢ 분해능 : 탐촉자로부터의 거리 또는 방향이 다른 근접한 2개의 반사원을 2개 에코로 식별할 수 있는 성능을 말한다.

10년간 자주 출제된 문제

6-1. 다음 중 가청주파수의 한계는 얼마인가?

① 2kHz ② 20kHz
③ 200kHz ④ 2,000kHz

6-2. 공기 중에서 초음파의 주파수가 5MHz일 때 물속에서의 파장은 몇 mm가 되는가?

① 0.1 ② 0.3
③ 0.5 ④ 0.7

6-3. 그림과 같이 물을 통하여 알루미늄에 초음파를 9°의 입사각으로 입사시킬 때 알루미늄에서의 굴절각은 약 몇 도인가? (단, 물의 종파속도는 1,500m/s, 알루미늄의 종파속도는 6,300m/s이다)

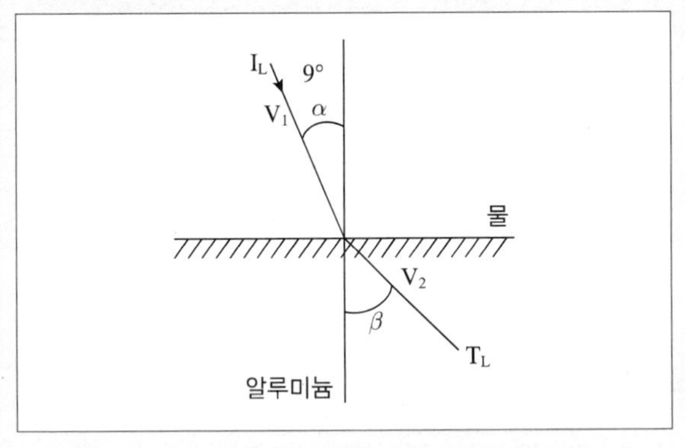

① 13° ② 21°
③ 33° ④ 41°

10년간 자주 출제된 문제

6-4. 물질의 밀도가 ρ, 물질 내에서 초음파의 속도가 V인 경우 물질의 음향임피던스(Z)를 구하는 식은?

① $Z=\frac{\rho}{2V}$　② $Z=\frac{\rho}{V}$

③ $Z=\rho V$　④ $Z=2\rho V$

6-5. 초음파탐상기에 요구되는 성능 중 수신된 초음파펄스의 음압과 브라운관에 나타난 에코 높이의 비례관계 정도를 나타내는 것은?

① 시간축 직선성　② 분해능

③ 증폭 직선성　④ 감도

6-6. 초음파탐상검사의 근거리 음장에 대한 설명으로 잘못된 것은?

① 근거리 음장은 진동자 직경이 크면 길어진다.

② 근거리 음장은 주파수가 높으면 짧아진다.

③ 근거리 음장은 초음파의 속도가 빠르면 짧아진다.

④ 근거리 음장은 초음파의 파장이 길면 짧아진다.

|해설|

6-1

가청주파수의 범위는 20Hz~20,000Hz(20kHz)이다.

6-2

주파수란 1초당 떨림 횟수이므로 공기 중 500만 번 떨리면서 340m(공기 중 음속 340m/s) 이동하므로 한 번당 0.068mm(파장의 길이) 같은 떨림 수를 갖고 있고, 음속만 다르면 파장당 길이가 1,500 : 340으로 길어지므로

$$0.068\text{mm}\times\left(\frac{1,500}{340}\right)=0.3\text{mm}$$

6-3

$$\frac{\sin\alpha}{\sin\beta}=\frac{V_1}{V_2},\ \sin\beta=\frac{V_2}{V_1}\times\sin\alpha,$$

$$\sin\beta=\frac{6,300}{1,500}\times\sin 9°=0.657$$

$$\therefore\ \beta=\sin^{-1}(0.657)=41°$$

6-4

음향임피던스란 매질의 밀도(ρ)와 음속(V)의 곱으로 나타내는 매질 고유의 값으로 이론적으로는 입자속도와 음압의 비율이다.

6-5

증폭 직진성 : 수신된 초음파펄스의 음압과 브라운관에 나타난 에코 높이의 비례관계 정도이다.

6-6

근거리 음장(音場)은 언어적으로는 음압의 초음파 빔의 영역을 의미하며, 수리적으로는 $x_0=\frac{D^2}{4\lambda}$(여기서, D : 진동자 직경, λ : 파장)으로 계산된다. $C=f\lambda$의 관계를 고려하면 근거리 음장은 진동자 직경(D)이 크면 길어지고, C가 같은 상태에서 주파수(f)가 높아지면 파장(λ)이 짧아지므로 근거리 음장이 길어지고, 초음파의 속도가 빠르다는 것은 주파수가 높거나 파장이 길어진 것인데, 파장이 길어진 경우는 근거리 음장이 짧아진다.

정답 6-1 ② 6-2 ② 6-3 ④ 6-4 ③ 6-5 ③ 6-6 ②

핵심이론 07 | 초음파의 종류 및 장단점

① 초음파의 종류

종파	• 파를 전달하는 입자가 파의 진행 방향에 대해 평행하게 진동하는 파장이다. • 고체, 액체, 기체에 모두 존재하며, 속도(5,900m/s 정도)가 가장 빠르다.
횡파	• 파를 전달하는 입자가 파의 진행 방향에 대해 수직으로 진동하는 파장이다. • 액체, 기체에는 존재하지 않으며 속도는 종파의 반 정도이다. • 동일 주파수에서 종파에 비해 파장이 짧아서 작은 결함의 검출에 유리하다.
표면파	• 매질의 한 파장 정도의 깊이를 투과하여 표면으로 진행하는 파장이다. • 입자의 진동방식이 타원형으로 진행한다. • 에너지의 반 이상이 표면으로부터 1/4파장 이내에서 존재하며, 한 파장 깊이에서의 에너지는 대폭 감소한다.
판파	• 얇은 고체판에서만 존재한다. • 밀도, 탄성특성, 구조, 두께 및 주파수에 영향을 받는다. • 진동의 형태가 매우 복잡하며, 대칭형과 비대칭형으로 분류된다.
유도 초음파	• 배관 등에 초음파를 일정 각도로 입사시켜 내부에서 굴절 중첩 등을 통하여 배관을 따라 진행하는 파가 만들어지는 것을 이용하여 발생시킨다. • 탐촉자의 이동 없이 고정된 지점으로부터 대형 설비 전체를 한 번에 탐상할 수 있다. • 절연체나 코팅의 제거가 불필요하다.

② 초음파탐상시험의 장단점

장점	단점
• 균열 등 미세결함에도 감도가 높다. • 초음파의 투과력이 우수하다. • 내부결함의 위치나 크기, 방향 등을 정확히 측정할 수 있다. • 검사결과를 신속하게 확인할 수 있다. • 방사선 피폭의 우려가 적다.	• 검사자의 숙련이 필요하다. • 불감대가 존재한다. • 접촉매질을 활용한다. • 표준시험편, 대비시험편을 필요로 한다. • 결함과 초음파빔의 탐상 방향에 따른 영향이 크다.

10년간 자주 출제된 문제

7-1. 다음 중 초음파탐상검사의 장점이 아닌 것은?

① 미세한 균열의 검출에 대한 감도가 낮다.
② 내부결함의 위치 측정이 가능하다.
③ 검사결과를 신속히 알 수 있다.
④ 내부결함의 크기 측정이 가능하다.

7-2. 탐촉자의 이동 없이 고정된 지점으로부터 대형 설비 전체를 한 번에 탐상할 수 있는 초음파탐상검사법은?

① 유도초음파법
② 전자기초음파법
③ 레이저초음파법
④ 초음파음향공명법

7-3. 초음파의 특이성을 기술한 것 중 옳은 것은?

① 파장이 길기 때문에 지향성이 둔하다.
② 고체 내에서 잘 전파하지 못한다.
③ 원거리에서 초음파빔은 확산에 의해 약해진다.
④ 고체 내에서는 횡파만 존재한다.

|해설|

7-1
초음파탐상시험의 장단점을 잘 익혀 두어야 한다. 초음파탐상의 장단점을 요약하면 파장을 이용하기 때문에 전달성과 검출성이 좋은 장점과 매질에 의해 진행하는 파장의 성질에 따른 단점이 있다.

7-2
유도초음파는 배관 등에 초음파를 일정 각도로 입사시켜 내부에서 굴절 중첩 등을 통하여 배관을 따라 진행하는 파가 만들어지는 것을 이용한다. 탐촉자의 이동 없이 고정된 지점으로부터 대형 설비 전체를 한 번에 탐상할 수 있으며, 절연체나 코팅의 제거가 불필요하다.

7-3
① 파장이 짧다.
② 고체 내에 전달성이 높다.
④ 고체 내에서는 횡파와 종파가 모두 잘 전달된다.

정답 7-1 ① 7-2 ① 7-3 ③

핵심이론 08 초음파검사방법

① 초음파검사방법 종류

㉠ 초음파형태에 따라 : 펄스파법, 연속파법

㉡ 송수신방식에 따라 : 반사법, 투과법, 공진법

㉢ 탐촉자 수에 따라 : 1탐촉자법, 2탐촉자법

㉣ 탐촉자의 접촉방식에 따라 : 직접접촉법, 국부수침법, 전몰수침법

㉤ 표시방법에 따라 : 기본표시(A-scope), 단면표시(B-scope), 평면표시(C-scope), 조합

㉥ 진동양식, 전파 방향에 따라

- 수직법(종파 및 횡파) : 주조재, 단조재 등의 내부결함, 위치 추적 가능
- (경)사각법(종파 및 횡파) : 용접부, 관재부 등의 내부결함, 횡파를 이용하여 깊이 측정 가능
- 표면파법(표면파) : 표면결함
- 판파법(판파) : 박판의 결함
- 그 외 : 크리핑파법, 누설표면파법

㉦ IRIS : 초음파튜브검사로 초음파탐촉자가 튜브의 내부에서 회전하며 검사

㉧ EMAT : 전자기 원리를 이용하는 초음파검사법

㉨ PAUT : 위상배열초음파검사로 여러 진폭을 갖는 초음파를 이용하여 실시간으로 검사

㉩ TOFD : 결함 높이를 고정밀도로 측정하는 방법으로 회절파를 이용

② 결함 길이 측정방법

㉠ dB Drop법 : 최대 에코 높이의 6dB 또는 10dB 아래인 에코 높이 레벨을 넘는 탐촉자의 이동거리로부터 결함 길이를 구함

㉡ 평가 레벨법 : 대비시험편 등으로 미리 정해진 에코 높이를 넘는 탐촉자의 이동거리로부터 결함 크기를 구함

③ 탐촉자의 표시방법

구분	종	기호
주파수대역	보통	N(또는 생략)
	광대역	B
공칭주파수	-	숫자(MHz(단위))
진동자재료	수정	Q
	지르콘, 타이타늄산납계자기	Z
	압전자기일반	C
	압전소자일반	M
진동자의 공칭치수	원형	직경 표시(mm)
	각형	높이 × 폭(mm)
형식	수직	N
	사각	A
	종파사각	LA
	표면파	S
	가변각	LA
	수침(국부수침 포함)	I
	타이어	W
	2진동자	D를 더함
	두께 측정용	T를 더함
굴절각	저탄소강	단위 °
	알루미늄용	단위 ° AL
공칭접속범위	-	F(mm)

10년간 자주 출제된 문제

8-1. 전몰수침법을 이용하여 초음파탐상할 경우의 장점과 거리가 먼 것은?

① 주사속도가 빠르다.
② 결함의 표면 분해능이 좋다.
③ 탐촉자 각도의 변형이 용이하다.
④ 부품의 크기에 관계없이 검사가 가능하다.

8-2. 초음파탐상법을 원리에 의해 분류할 때 해당하지 않는 것은?

① 펄스반사법 ② 투과법
③ A-주사법 ④ 공진법

8-3. 초음파탐상검사의 진동자 재질로 사용되지 않는 것은?

① 수정 ② 황산리튬
③ 할로겐화은 ④ 타이타늄산바륨

8-4. 초음파탐상시험에서 표준이 되는 장치나 기기를 조정하는 과정은?

① 감쇠 ② 교정
③ 상관관계 ④ 경사각탐상

8-5. 관(Tube)의 내부에 회전하는 초음파탐촉자를 삽입하여 관의 두께 감소 여부를 알아내는 초음파탐상검사법은?

① EMAT ② IRIS
③ PAUT ④ TOFD

8-6. 초음파탐상검사에서 보통 10mm 이상의 초음파 빔 폭보다 큰 결함 크기 측정에 적합한 기법은?

① DGS선도법 ② 6dB 드롭법
③ 20dB 드롭법 ④ TOFD법

8-7. 시험체의 양면이 서로 평행해야만 최대의 효과를 얻을 수 있는 비파괴검사법은?

① 방사선투과시험의 형광투시법
② 자분탐상시험의 선형자화법
③ 초음파탐상시험의 공진법
④ 침투탐상시험의 수세성 형광침투법

|해설|

8-1
전몰수침법은 시험체를 물에 완전히 담가 시험하는 방법이므로 물에 담글 수 있는 크기이어야 한다.

8-2
A-주사법(A-scope)은 표시방법에 의한 분류이다. 초음파탐상법은 그 원리에 따라 펄스반사법, 투과법, 공진법으로 구분할 수 있다.

8-3
초음파검사의 진동자 재질로는 수정, 황산리튬, 지르콘, 압전세라믹, 타이타늄산바륨 등이 있다.

8-4
교정(Calibration) : 초음파탐상시험에서 표준이 되는 장치나 기기를 조정하는 과정

8-5
② IRIS : 초음파튜브검사로 초음파탐촉자가 튜브의 내부에서 회전하며 검사한다.
① EMAT : 전자기 원리를 이용하는 초음파검사법이다.
③ PAUT : 위상배열초음파검사로 여러 진폭을 갖는 초음파를 이용하여 실시간으로 검사한다.
④ TOFD : 결함 높이를 고정밀도로 측정하는 방법으로 회절파를 이용한다.

8-6
dB 드롭법 : 최대 에코 높이의 6dB 또는 10dB 아래인 에코 높이 레벨을 넘는 탐촉자의 이동거리로부터 결함 길이를 구한다.

8-7
자분탐상시험과 침투탐상시험은 시험체의 양면을 이용할 필요가 거의 없다. 방사선투과시험의 형광투시법은 시험체의 양면이 아닌 시험장비의 앞판과 뒤판이 마주 볼 필요가 있는 시험법이다. 초음파시험에서 공진법은 시험편의 두께에 맞춰 공진이 일어나도록 주파수를 변화시키므로 시험체의 두께가 일정할 때, 즉 양면이 평행할 때 최대의 효과를 얻을 수 있다.

정답 8-1 ④ 8-2 ③ 8-3 ③ 8-4 ② 8-5 ② 8-6 ② 8-7 ③

핵심이론 09 각종 시험 – 침투탐상검사

① 침투탐상시험의 특징

㉠ 표면탐상검사이다.

㉡ 침투제와 현상제를 이용하는 검사이며 이에 따라 종류가 나뉜다.

㉢ 다공성, 흡수성 시험체를 제외하고는 크기 및 형태에 제한을 받지 않는다.

㉣ 결함의 깊이와 내부의 결함은 파악하기 어렵다.

㉤ 고도의 전문적 기술을 요하지 않는다.

② 침투탐상시험의 원리

㉠ 침투액이 재료표면결함을 침투하게 한 다음, 나머지 침투액을 제거한 후 현상시켜 결함 여부를 검사한다.

㉡ 액체의 표면장력과 적심성(Wettability), 모세관(毛細管) 현상이 적용된다.

③ 침투탐상시험의 용어 설명

㉠ 침투액 : 표면결함에 침투하는 탐상액이다.

㉡ 현상액 : 결함에 침투된 침투액을 빨아올려 지시모양을 만드는 액체이다.

㉢ 적심성 : 얼마나 잘 적시느냐를 나타내는 성질이며, 표면과의 접촉각이 작을수록 적심성이 좋다.

㉣ 표면장력 : 액체 내부의 잡아당기는 힘과 접촉한 고체가 잡아당기는 힘의 차이로 인해 표면에 생기는 힘이다. 고체가 잡아당기는 힘이 크면 모세관현상이 일어난다.

㉤ 유화제 : 침투처리 이후 잉여침투제와 씻어낼 물과의 접촉성을 좋게 하는 유제이다.

㉥ 현상시간 : 현상제 적용 후 관찰할 때까지의 시간이다.

㉦ 전처리 : 침투처리 전 표면을 깨끗하게 하는 작업이다.

㉧ 세척처리 : 침투처리 후 잉여침투액을 제거하는 작업이다.

④ 자외선조사장치

㉠ 사용하는 자외선 파장의 길이 : 파장 320~400nm의 자외선을 조사한다.

㉡ 강도 : $800\mu W/cm^2$ 이상의 강도로 조사하여 시험한다.

㉢ 용도 : 침투액 속의 형광물질을 발광시켜 결함을 검출한다.

㉣ 자외선조사장치가 필요한 곳 : 세척대, 검사대

㉤ 피시험체가 매우 커서 이동이 어려운 경우 휴대용 장치를 사용한다.

10년간 자주 출제된 문제

9-1. 침투탐상시험에서 접촉각과 적심성 사이의 관계를 옳게 설명한 것은?

① 접촉각이 클수록 적심성이 좋다.
② 접촉각이 작을수록 적심성이 좋다.
③ 접촉각이 적심성과는 관련이 없다.
④ 접촉각이 90°일 경우 적심성이 가장 좋다.

9-2. 침투탐상시험에 사용되는 자외선조사등의 파장범위로 옳은 것은?

① 220~300nm ② 320~400nm
③ 520~600nm ④ 800~1,100nm

9-3. 검사대상 시험체가 매우 커서 이동이 어려운 경우 어떤 침투탐상시험장치가 적절한가?

① 대형 장치 ② 중형 장치
③ 거치적 장치 ④ 휴대용 장치

|해설|

9-1

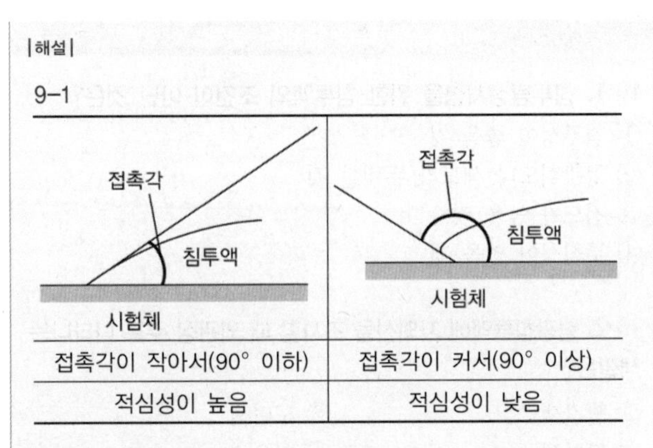

접촉각이 작아서(90° 이하)	접촉각이 커서(90° 이상)
적심성이 높음	적심성이 낮음

9-2

파장 320~400nm의 자외선을 800$\mu W/cm^2$ 이상의 강도로 조사하여 시험한다.

9-3

시험체가 이동하기 어려우므로 시험장비가 이동해야 한다.

정답 9-1 ② 9-2 ② 9-3 ④

핵심이론 10 | 침투탐상검사 – 침투액

① 침투액에 따른 탐상방법의 분류와 기호

명칭	방법		기호	
V 방법	염색침투액을 사용하는 방법	수세성 침투액을 사용	V	A
		용제제거성 침투액을 사용		C
F 방법	형광침투액을 사용하는 방법	수세성 침투액을 사용	F	A
		후유화성 침투액을 사용		B
		용제제거성 침투액을 사용		C
D 방법	이원성 염색침투액을 사용하는 방법	수세성 침투액을 사용	DV	A
		용제제거성 침투액을 사용		C
	이원성 형광침투액을 사용하는 방법	수세성 침투액을 사용	DF	A
		후유화성 침투액을 사용		B
		용제제거성 침투액을 사용		C

㉠ 침투액은 색 대비에 의해 육안으로 결함을 찾는 염색침투액과 자외선을 조사(照射)하여 형광을 입힌 침투액의 형광 빛을 이용하여 결함을 찾는 형광침투액이 있다.

㉡ 잉여침투액의 제거방법에 따라 물로 세척하는 수세성 침투액, 후유화성 침투액이 있고, 그냥 닦아 내는(가급적 세척을 간단히 하거나 하지 않아도 되는) 용제제거성 침투액이 있다.

② 침투액의 성분

연질석유계 탄화수소, 프탈산 에스테르 등의 유분을 기본으로 하여 세척을 위해 유면 계면활성제를 섞은 액체이다. 형광검사는 형광물질, 염색침투탐상의 경우는 염료를 섞는다.

③ 침투액의 조건

㉠ 침투성이 좋을 것

㉡ 열, 빛, 자외선등에 노출되었어도 형광휘도나 색도가 뚜렷할 것

㉢ 점도가 낮을 것

㉣ 부식성이 없을 것

㉤ 검사 후 쉽게 제거될 것

④ 에어졸 탐상제가 기온 저하로 분무가 안 될 때는 온수 속에 담가서 서서히 내부 온도를 올린다.

⑤ 침투액의 제거

㉠ 수세식 : 흐르는 물 또는 분사된 물로 세척하며, 수압은 275kPa 미만, 온도는 40℃ 이하의 온수를 사용한다.

㉡ 용제제거식 : 사용 시 과세척을 주의하며, 마른 헝겊으로 닦아 낸 후 용제를 묻힌 헝겊이나 종이수건으로 가볍게 닦아 낸다. 별도의 건조과정이 필요 없다.

10년간 자주 출제된 문제

10-1. 침투탐상시험을 위한 침투액의 조건이 아닌 것은?

① 침투성이 좋을 것
② 형광휘도나 색도가 뚜렷할 것
③ 점도가 높을 것
④ 부식성이 없을 것

10-2. 형광침투액에 자외선을 조사할 때 외관상 주로 나타나는 색깔은?

① 빨간색 ② 노란색
③ 황록색 ④ 검은색

10-3. 기온이 급강하하여 에어졸형 탐상제의 압력이 낮아져서 분무가 곤란할 때 검사자의 조치방법으로 가장 적합한 것은?

① 새로운 것과 언 것을 교대로 사용한다.
② 온수 속에 탐상 캔을 넣어 서서히 온도를 상승시킨다.
③ 에어졸형 탐상제를 난로 위에 놓고 온도를 상승시킨다.
④ 일단 언 상태에서는 온도를 상승시켜도 제 기능을 발휘하지 못하므로 폐기한다.

10-4. 침투시간이 경과한 후 과잉의 수세성 침투액을 제거하는 가장 바람직한 방법은?

① 물과 함께 솔질한다.
② 용제를 이용하여 세척한다.
③ 물과 깨끗한 헝겊으로 닦는다.
④ 물 스프레이를 이용하여 세척한다.

|해설|

10-1
• 침투액은 침투가 목적이므로 점도가 낮아야 한다.
• 점도란 액체가 얼마나 끈적끈적한가를 나타내는 수치이다.

10-3
① 언 것은 사용이 불가능하다.
③ 난로 위에서 직접적으로 온도를 가하면 전체적인 온도 상승이 아니라 국부적 온도 상승이 생겨 파열의 가능성이 있다.
④ 기온이 급강하하였어도 얼었는지 여부를 바로 알 수 없고, 분무되기만 하면 사용할 수 있다.

10-4
물을 얇고 넓게 살포할 필요가 있다.

정답 10-1 ③ 10-2 ③ 10-3 ② 10-4 ④

핵심이론 11 | 침투탐상검사 – 유화제, 현상제

① 유화제

일종의 계면활성제로 침투처리 후의 침투액과 어울려 수세척이 가능하도록 하는 역할을 하는 용제이다.

② 후유화성 침투검사

㉠ 침투액이 유화제 처리를 한 후 수세를 하는 형태의 침투탐상검사이다.

㉡ 후유화성 침투탐상시험 적용 순서

- 건식현상제를 사용하는 경우 : 전처리 → 침투처리 → 유화처리 → 세척 → 건조 → 현상 → 관찰 → 후처리
- 습식현상제를 사용하는 경우 : 전처리 → 침투처리 → 유화처리 → 세척 → 현상 → 건조 → 관찰 → 후처리

③ 현상제

현상처리에 사용하며 현상처리란 세척처리 후 현상제를 시험체의 표면에 도포하여 결함 중에 남아 있는 침투액을 빨아올려 지시모양으로 만드는 조작을 말한다.

④ 현상방법

㉠ 건식현상법

㉡ 습식현상법

㉢ 속건식현상법

㉣ 무현상법

⑤ 현상제의 일반적 선택

㉠ 수세성 형광침투액 : 습식현상제

㉡ 후유화성 형광침투액 : 건식현상제

㉢ 용제제거성 염색침투액 : 속건식현상제

㉣ 고감도 형광침투액 : 무현상법

㉤ 대량검사 : 습식현상제

㉥ 소량검사 : 속건식현상제

㉦ 매끄러운 표면 : 습식현상제

㉧ 거친 표면 : 건식현상제

㉨ 큰 결함 : 건식현상제, 무현상법

㉩ 미세한 결함 : 습식현상제, 속건식현상제

10년간 자주 출제된 문제

11-1. 후유화성 침투탐상시험에서 유화제를 적용하는 시기는?

① 침투제를 사용하기 전에
② 제거처리 후에
③ 침투처리 후에
④ 현상시간이 어느 정도 지난 후에

11-2. 침투탐상시험에서 시험체에 붓칠로 유화제를 바르는 것을 금지하는 주된 이유는?

① 시험체를 완전히 감지 못해서 세척이 곤란하기 때문이다.
② 자외선등을 사용할 때 형광을 발하는 것을 억제하기 때문이다.
③ 얕은 표면결함 속에 유화제가 작용하여 결함 속의 침투제를 제거할 수 있기 때문이다.
④ 솔을 구성하는 물질들이 유화제와 혼합되어 시험체 및 침투액을 오염시키기 때문이다.

11-3. 현상제의 작용에 대한 내용으로 옳지 않은 것은?

① 표면 개구부에서 침투제를 빨아내는 흡출작용을 함
② 배경색과 색대비를 개선하는 작용을 함
③ 현상막에 의해 결함지시모양을 확대하는 작용을 함
④ 자외선에 의해 형광을 발하므로 형광침투액 사용 시 결함지시의 식별성을 높임

|해설|

11-1

후유화성 침투탐상시험의 적용 순서

- 건식현상제를 사용하는 경우
  전처리 → 침투처리 → 유화처리 → 세척 → 건조 → 현상 → 관찰 → 후처리
- 습식현상제를 사용하는 경우
  전처리 → 침투처리 → 유화처리 → 세척 → 현상 → 건조 → 관찰 → 후처리

11-2

유화제를 붓으로 바르면 균일한 도포가 어렵다. 두껍게 발라진 유화제(과잉유화제)는 침투제를 제거할 우려가 있다.

11-3

현상제

- 현상제는 흡출작용이 되어야 하고, 침투제를 흡출, 산란시키는 미세입자이어야 한다.
- 가시광선, 자외선을 가급적 흡수하지 않아야 한다.
- 입자가 균일하고 다루기 쉬워야 한다.
- 균일하고 얇은 도포막이 형성되어야 한다.
- 형광침투제와 함께 사용할 때도 자체 형광등이 있어서는 곤란하며 검사 종료 후 제거가 쉽고 유해하지 않아야 한다.

정답 11-1 ③ 11-2 ③ 11-3 ④

핵심이론 12 | 와류탐상시험 이론

① 표피효과

도체를 교류자장 내에 위치시키면 자장의 분포는 표면층에서 가장 크고 내부로 갈수록 약해진다. 이는 모든 도체에 교류가 흐르면 표면으로부터 중심으로 깊이 들어갈수록 전류밀도가 작아지기 때문이다. 이렇게 표면에 전류밀도가 밀집되고 중심으로 갈수록 전류밀도가 지수적 함수만큼 줄어드는 것을 표피효과라고 한다. 이는 와전류탐상의 특징이다.

② 침투깊이

㉠ 와전류의 침투깊이를 구하는 식

$$\delta = \frac{1}{\sqrt{\pi f \mu \sigma}}$$

여기서, f : 주파수, σ : 도체의 전도도, μ : 도체의 투자율

㉡ 주파수가 낮을수록 침투깊이가 깊다.

㉢ 투자율이 낮을수록 침투깊이가 깊다.

㉣ 전도율이 높을수록 침투깊이가 얕다.

㉤ 표피효과가 클수록 침투깊이가 얕다.

㉥ 표준침투깊이 : 밀도가 표면의 37%가 되는 깊이를 말한다.

③ 코일임피던스는 전류의 흐름에 대한 도선과 코일의 총저항을 의미하며, 코일임피던스(Z)는 직류저항(R), 인덕턴스(L) 및 교류의 각 주파수(ω)에 의한 복소수로 표현한다.

$$Z = R + j\omega L$$

④ 코일임피던스에 영향을 주는 인자

㉠ 시험주파수 : 와류시험을 할 때 이용하는 교류전류의 주파수

㉡ 시험체의 전도도

㉢ 시험체의 투자율

㉣ 시험체의 형상과 치수

※ 내삽코일의 충전율(Fill-Factor) 식

$$\eta = \left(\frac{D}{d}\right)^2 \times 100\%$$

여기서, D: 코일의 평균직경, d: 관의 내경

㉤ 코일과 시험체의 상대 위치

㉥ 탐상속도

⑤ 신호검출에 영향을 주는 인자

㉠ 리프트 오프 : 코일과 시험면 사이의 거리가 변할 때마다 출력이 달라지는 효과이다.

㉡ 충전율 : 코일이 얼마나 시험체와 잘 결합되어 있느냐, 즉 거리와 코일 간격 등에 따라 출력지시가 달라진다.

㉢ 모서리효과 : 시험체 모서리에서 와전류 밀도가 변함에 따라 마치 불연속이 있는 것처럼 지시가 변화하는 효과이다.

10년간 자주 출제된 문제

12-1. 와전류의 침투깊이는 여러 인자와 관련이 있는데 다른 인자들은 고정한 상태로 시험주파수만 4배로 높일 경우 침투깊이는?

① 4배 증가 ② 2배 증가
③ 1/2로 감소 ④ 1/4로 감소

12-2. 표면으로부터 표준침투깊이의 시험체 내면에서의 와전류밀도는 시험체 표면 와전류밀도의 몇 %인가?

① 5% ② 17%
③ 27% ④ 37%

12-3. 외경이 24mm이고, 두께가 2mm인 시험체를 평균 직경이 18mm인 내삽형 코일로 와전류탐상검사를 할 때 충전율은 얼마인가?

① 67% ② 75%
③ 81% ④ 90%

12-4. 와전류탐상검사에서 신호지시를 검출하는 데 영향을 주는 시험체-시험코일 연결 인자가 아닌 것은?

① 리프트 오프(Lift Off)
② 충전율(Fill Factor)
③ 표피효과(Skin Effect)
④ 모서리효과(Edge Effect)

|해설|

12-1
와전류의 침투깊이를 구하는 식

$\delta = \dfrac{1}{\sqrt{\pi f \mu \sigma}}$

(여기서, f : 주파수, μ : 도체의 투자율, σ : 도체의 전도도)
즉, 주파수의 1/2승만큼 감소한다.

12-2
표준침투깊이 : 와전류밀도가 표면의 37%가 되는 깊이를 말한다.

12-3
내삽코일의 충전율 식

$\eta = \left(\dfrac{D}{d}\right)^2 \times 100\%$

(여기서, D : 코일의 평균직경, d : 관의 내경)

$\eta = \left(\dfrac{18}{24-2\times2}\right)^2 \times 100\% = 81\%$

12-4
③ 표피효과 : 표면에 전류밀도가 밀집되고 중심으로 갈수록 전류밀도가 지수적 함수만큼 줄어드는 것이다.
① 리프트 오프 : 코일과 시험면 사이의 거리가 변할 때마다 출력이 달라지는 효과이다.
② 충전율 : 코일이 얼마나 시험체와 전자기적으로 잘 결합되어 있느냐, 즉 거리와 코일 간격 등에 따라 출력지시가 달라진다.
④ 모서리효과 : 시험체 모서리에서 와전류밀도가 변함에 따라 마치 불연속이 있는 것처럼 지시가 변화하는 효과이다.

정답 12-1 ③ 12-2 ④ 12-3 ③ 12-4 ③

핵심이론 13 | 와전류탐상시험의 특징

① 개요
- ㉠ 기전력에 의해 시험체 중 발생하는 소용돌이전류(와전류)로 결함이나 재질 등이 받은 영향의 변화를 측정한다.
- ㉡ 시험코일의 임피던스 변화를 측정하여 결함을 식별한다.
- ㉢ 시험체 표층부의 결함에 의해 발생된 와전류의 변화를 측정하여 결함을 식별한다.
- ㉣ 철, 비철재료의 파이프, 와이어 등 표면 또는 표면 근처결함을 검출한다.
  - 예 전도체로 된 파이프의 표면결함

② 와전류탐상시험의 장단점

장점	단점
• 관, 선, 환봉 등에 대해 비접촉으로 탐상이 가능하기 때문에 고속으로 자동화된 전수검사를 실시할 수 있다. • 고온하에서의 시험, 가는 선, 구멍 내부 등 다른 시험방법으로 적용할 수 없는 대상에 적용하는 것이 가능하다. • 지시를 전기적 신호로 얻으므로 그 결과를 결함 크기의 추정, 품질관리에 쉽게 이용할 수 있다. • 탐상 및 재질검사 등 복수 데이터를 동시에 얻을 수 있다. • 데이터를 보존할 수 있어 보수검사에 유용하게 이용할 수 있다.	• 표층부 결함 검출에 우수하지만 표면으로부터 깊은 곳에 있는 내부결함의 검출은 곤란하다. • 지시가 이송진동, 재질, 치수 변화 등 많은 잡음인자의 영향을 받기 쉽기 때문에 검사과정에서 해석상의 장애를 일으킬 수 있다. • 결함의 종류, 형상, 치수를 정확하게 판별하는 것은 어렵다. • 복잡한 형상을 갖는 시험체의 전면탐상에는 능률이 떨어진다.

③ 코일의 종류
- ㉠ 표면형 코일 : 코일축이 시험체면에 수직인 경우에 적용되는 시험코일이다. 이 코일에 의해 유도되는 와전류는 코일과 같이 원형의 경로로 흐르기 때문에 균열 등 결함의 방향에 상관없이 검출할 수 있다.
- ㉡ 내삽형 코일 : 시험체의 구멍 내부에 삽입하여 구멍의 축과 코일축이 서로 일치하는 상태에 이용되는 시험코일이다. 관이나 볼트구멍 등 내부를 통과하는 사이에 그 전내 표면을 고속으로 검사할 수 있는

특징이 있으며, 열교환기 전열관 등의 보수검사에 이용한다.

㉢ 관통형 코일 : 시험체를 시험코일 내부에 넣고 시험을 하는 코일이다. 시험체가 그 내부를 통과하는 사이에(이런 이유로 외삽코일로도 본다) 시험체의 전표면을 검사할 수 있기 때문에 고속 전수검사에 적합하며, 선 및 직경이 작은 봉이나 관의 자동검사에 이용한다.

④ 와류탐상기의 설정

㉠ 시험 주파수 : 주파수 절환스위치(FREQ)로 조정이 가능하며 여러 종류의 주파수를 선택할 수 있다.

㉡ 브리지 밸런스(Bridge Valence) : R과 X의 두 개의 스위치가 있다. 이 두 스위치를 적절히 조정하여 모니터 상의 SPOT이 원점에 오도록 조정한다. AUTO가 되는 자동평형장치도 있다.

㉢ 위상(Phase) : 원형의 PHASE 조정노브(Nob)로 설정이 가능하다.

㉣ 감도 : Gain은 어느 정도 dB로 표시하며, 감도의 정도를 묻는다.

10년간 자주 출제된 문제

13-1. 와전류탐상시험에 대한 설명으로 옳은 것은?

① 자성인 시험체, 베크라이트나 목재가 적용 대상이다.
② 전자유도시험이라고도 하며 적용범위는 좁으나 결함깊이와 형태의 측정에 이용된다.
③ 시험체의 와전류 흐름이나 속도가 변하는 것을 검출하여 결함의 크기, 두께 등을 측정하는 것이다.
④ 기전력에 의해 시험체 중에 발생하는 소용돌이전류로 결함이나 재질 등의 영향에 의한 변화를 측정한다.

13-2. 항공기 터빈 블레이드의 균열검사에 적용할 수 있는 와전류탐상코일은?

① 표면형 코일
② 내삽형 코일
③ 회전형 코일
④ 관통형 코일

13-3. 자분탐상시험과 와전류탐상시험을 비교한 내용 중 틀린 것은?

① 검사속도는 일반적으로 자분탐상시험보다는 와전류탐상시험이 빠른 편이다.
② 일반적으로 자동화의 용이성 측면에서 자분탐상시험보다는 와전류탐상시험이 용이하다.
③ 검사할 수 있는 재질로 자분탐상시험은 강자성체, 와전류탐상시험은 전도체이어야 한다.
④ 원리상 자분탐상시험은 전자기유도의 법칙, 와전류탐상시험 자력선유도에 의한 법칙이 적용된다.

13-4. 자기 비교형-내삽 코일을 사용한 관의 와전류탐상시험에서 관의 처음에서 끝까지 동일한 결함이 연속되어 있을 경우 발생되는 신호는 어떻게 되는가?

① 신호가 나타나지 않는다.
② 신호가 단속적으로 나타난다.
③ 신호가 주기적으로 나타난다.
④ 관의 중간지점에서만 신호가 나타난다.

|해설|

13-1
① 목재는 적용 대상이 아니다.
② 형태 측정을 하지 않는다.
③ 두께가 아니라 피막을 측정한다.

13-2
표면형 코일은 코일축이 시험체면에 수직인 경우에 적용되는 시험코일이다. 이 코일에 의해 유도되는 와전류는 코일과 같이 원형의 경로로 흐르기 때문에 균열 등 결함의 방향에 상관없이 검출할 수 있다.

13-3
원리상 자분탐상시험이 자력선유도를 사용하고, 와전류탐상이 전자기유도 원리를 사용한다.

13-4
와전류탐상시험은 자속의 방향에 대한 변화를 감지하여 검사하므로 처음부터 끝까지 결함이 있어서 자속의 변화가 발생하지 않으면 결함을 검출하기 어렵다. 2개 코일에 나란한 방향으로 긴 결함의 경우에는 결함의 시작과 끝에서만 신호가 발생하고 경우에 따라서는 신호가 거의 발생하지 않을 수도 있기 때문에 긴 결함의 검출에는 적합하지 않다.

정답 13-1 ④ 13-2 ① 13-3 ④ 13-4 ①

핵심이론 14 | 전자유도시험의 적용 분야

① 와류탐상시험에 재질평가나 두께 측정까지 포함한 시험을 전자유도시험이라 한다.

② 전자유도시험의 적용 분야

㉠ 철강재료의 결함탐상

㉡ 비철금속재료의 재질시험

㉢ 도금막 두께 측정

㉣ 표면의 선형결함의 깊이 측정

③ 와류탐상시험의 적용 분야

㉠ 표면 근처의 결함 검출

㉡ 박막 두께 측정 및 재질 식별

㉢ 전도성 있는 재료가 대상

10년간 자주 출제된 문제

14-1. 다음 중 전자유도시험의 적용 분야로 적합하지 않은 것은?

① 철강재료의 결함탐상시험
② 비철금속재료의 재질시험
③ 세라믹 내의 미세균열
④ 비전도체의 도금막 두께 측정

14-2. 결함에 관한 정보를 파악하기 위한 비파괴검사법으로 다음 중 표면의 선형결함깊이를 측정하는 데 가장 효과적인 방법은?

① 자분탐상시험 ② 침투탐상시험
③ 전자유도시험 ④ 방사선투과시험

14-3. 와전류탐상시험으로 측정할 수 있는 것은?

① 절연체인 고무막
② 액체인 보일러의 수면 높이
③ 전도체인 파이프의 표면결함
④ 전도체인 용접부의 내부결함

|해설|

14-1
전자유도시험은 도체에 적용 가능하지만, 세라믹은 부도체이거나 반도체이다. 도금막은 도체이므로 적용이 가능하다.

14-2
표면의 선형결함을 탐상하는 데 유용한 시험이 와전류탐상시험이고, 여기에 재질 평가나 두께 측정까지 포함한 시험을 전자유도시험이라 한다.

14-3
와전탐상시험의 주된 특징은 도체에 적용되는 것이며, 시험체의 표면에 있는 결함 검출을 대상으로 한다.

정답 14-1 ③ 14-2 ③ 14-3 ③

핵심이론 15 누설검사 관련 물리 이론

① 기체의 압력

㉠ 대기압 : 지구 표면 위에 작용하는 공기의 압력으로 지표면에서의 공기압력을 1기압으로 정한다.

㉡ 계기압력 : 압력계가 측정하는 압력이다. 압력계에는 이미 대기압이 작용하고 있으므로 실제 압력에서 대기압이 빠진 압력이다.

㉢ 절대압 : 대기압을 합친 실제 압력이다.

절대압력 = 대기압력 + 계기압력

㉣ 진공압 : 대기압 이하로 내려간 압력으로 압력계에는 마이너스(−)압력으로 표시한다.

② 1기압

$$1\text{atm} = 760\text{mmHg} = 760\text{torr} = 1.013\text{bar} = 1,013\text{mbar} = 0.1013\text{MPa} = 10.33\text{mAq} = 1.03323\text{kgf/cm}^2$$

※ 1공학기압은 1기압을 1.03323kgf/cm^2가 아닌 1kgf/cm^2로 계산한 압력이다.

③ 화씨온도

㉠ 0℃는 32°F, 온도 간격은 5 : 9로 화씨 쪽이 좁다.

㉡ 계산식

$$°\text{F} = \frac{9}{5} \times ℃ + 32$$

※ 참고 : 문제에서 계산이 잘 안 될 때는 화씨의 온도범위를 유추해 보자. 화씨는 추워서 살기 힘든 정도를 0°F로 하고, 너무 더워서 살기 힘든 정도를 100°F라고 생각하면 된다.

④ 절대온도

켈빈이 발견한 온도로, 온도가 에너지를 발현한 물리값이라면 에너지가 발산되지 않을 때의 온도가 0이지 않겠는가라는 생각으로 찾은 값을 0도로 해서 세운 온도체계이다. 일반적으로 사용하는 섭씨온도로 영하 273.15도(−273.15℃)를 0K으로 한다.

⑤ 누설과 관련된 단위

㉠ 기체의 누설률 : 부피가 일정한 곳에서 단위 시간당 변화하는 압력이다.

㉡ 단위

Liter microns per second = lusec 1lusec = 1μmHg/sec · L

㉢ 보일-샤를의 정리 : 기체의 압력과 부피, 온도의 상관관계를 정리한 식이다.

$$PV = (m)RT$$

여기서, P : 압력, V : 부피, R : 기체상수, T : 온도, m : 질량(단위 질량을 사용할 경우 생략)

㉣ 레이놀즈 수 : 레이놀즈가 고안해 낸 무차원 수로 계산된 값에 따라 유체 흐름의 층류, 난류를 구분하는 기준으로 사용한다. 일반적으로 $Re > 2,320$이면 난류로 구분한다.

$$Re = \frac{vd}{\nu}$$

여기서, ν : 동점성계수, v : 유속, d : 유관(Pipe)의 지름

⑥ 관련 용어

㉠ 가연성 가스 : 폭발범위 하한이 10%이거나 상한과 하한의 차가 20% 이상인 가스이다.

㉡ 불활성 가스 : 반응성이 낮은 안정적이고 활성이 없는 가스로 Ar, Ne, He, Kr 등이 있다.

㉢ 추적 가스 : 규정된 누설검출기에 의해서 감지할 수 있는 가스 또는 누설 부위를 통과한 가스이다. 추적 가스로 공기, 헬륨, 암모니아, 할로겐, 화학지 시약품을 사용한다.

㉣ 누설률 : 규정된 압력, 온도에서 단위 시간당 누설부를 통과한 가스의 양이다. 단위는 torr · L/s, atm · cm^3/s이다.

㉤ 응답시간 : 누설검출기나 시스템에서 출력신호가 최대 신호의 63%까지 감소되는 시간, 즉 안정화 요구시간이다.

㉥ 발포용액

- 기포누설시험 시 기포를 형성시키는 용액으로 글리세린, 액상세제, 물 등의 혼합물질이다.

• 발포용액의 구비조건
  – 표면장력이 작을 것
  – 점도가 낮을 것
  – 적심성이 좋을 것
  – 진공조건에서는 증발이 어려울 것
  – 발포액 자체에는 거품이 없을 것
  – 발포액이 시험체에 영향을 주지 않을 것
  – 열화가 없을 것
  – 인체에 무해할 것

ⓢ 세정시간 : 추적 가스의 공급을 중단한 시험에서 기기상의 출력신호가 37%로 감소하는 데 필요한 시간이다.

ⓞ 질량분석기 : 전자빔에 의해 이온화된 이온은 자장 통과 시 질량 차로 인해 서로 다른 궤적을 그리므로 원하는 궤적의 이온만을 감별하는 기기이다.

10년간 자주 출제된 문제

15-1. 누설검사에서 다음 설명이 나타내는 용어로 옳은 것은?

> 기체의 실제 압력으로 완전 진공인 때가 0이며, 대기압과 게이지 압력을 더한 값이다.

① 계기압력 ② 진공압력
③ 절대압력 ④ 표준대기압

15-2. 누설검사에 사용되는 단위인 1atm과 값이 틀린 것은?

① 760mmHg ② 760torr
③ 980kg/cm^2 ④ 1,013mbar

15-3. 누설시험의 가연성 가스의 정의로 옳은 것은?

① 폭발범위 하한이 20%인 가스
② 폭발범위 상한과 하한의 차가 10%인 가스
③ 폭발범위 하한이 10% 이하 또는 상한과 하한의 차가 20% 이상인 가스
④ 폭발범위 하한이 20% 이하 또는 상한과 하한의 차가 10% 이상인 가스

15-4. 누설가스가 매우 높은 속도에서 발생하는 흐름으로 레이놀즈 수 값에 좌우되는 흐름은?

① 층상흐름 ② 교란흐름
③ 분자흐름 ④ 전이흐름

15-5. 기포누설시험에 사용되는 발포액의 구비조건으로 옳은 것은?

① 표면장력이 클 것
② 발포액 자체에 거품이 많을 것
③ 유황성분이 많을 것
④ 점도가 낮을 것

|해설|

15-1
절대압력이란 우주의 빈 공간에 아무 압력이 없는 상태를 0으로 하여 계산한 압력이고, 계기압이란 기본적으로 지구 위의 공기가 적층된 압력, 즉 대기압을 0으로 시작하여 측정한 값이다. 따라서 절대압력은 계기압력과 대기압력의 합이다.

15-2
760mmHg = 760torr = 1.03323kg/cm^2 = 1,013mbar

15-3
가연성 가스 : 폭발범위 하한이 10%이거나 상한과 하한의 차가 20% 이상인 가스를 말한다.

15-4
$$Re = \frac{vd}{\nu}$$

여기서 ν : 동점성 계수, v : 유속, d : 유관(Pipe)의 지름으로 계산한 값이 2,320 이상이면 난류, 대략 2,000 이하이면 층류로 분류한다. 문제에서 속도 v가 높다 하였으므로 난류, 즉 교란흐름으로 흐를 것이다.

15-5
발포용액의 구비조건
• 인체에 무해할 것
• 점도가 낮을 것
• 열화가 없을 것
• 적심성이 좋을 것
• 표면장력이 작을 것
• 발포액 자체에는 거품이 없을 것
• 진공조건에서는 증발이 어려울 것
• 발포액이 시험체에 영향을 주지 않을 것

정답 15-1 ③ 15-2 ③ 15-3 ③ 15-4 ② 15-5 ④

핵심이론 16 | 누설시험의 종류

① 누설시험은 크게 기밀시험(가스가 새는지)과 내압시험(압력을 주었을 때 기체가 이동하는 지)으로 구분한다.

② 발포누설시험(기포누설시험)
 ㉠ 누설량이 큰 경우에 좋고, 위치 탐색이 가능하다.
 ㉡ 시험시간이 짧으며 간단하다.
 ㉢ 용량, 수량이 많은 경우 진공법보다는 가압법을 사용한다.
 ㉣ 유분, 오염 세척 등 선처리, 발포 검지액을 바른 후 후처리가 필요하다.
 ㉤ 감도가 좋지 않으며 잘못 시험했을 때 적절한 교정이 없다.

③ 할로겐누설시험
 ㉠ 염소(Cl), 플루오린(F), 브롬(Br), 아이오딘(I) 등 할로겐족 원소를 포함하는 기체상 혼합물에 대한 응답이 가능한 검출기를 이용하는 방법이다.
 ㉡ 검지 전극이 내장된 검출프로브를 이용하여 누설 위치를 검사한다.
 ㉢ 가열양극법, 헬라이드 토치법, 전자포획법 등이 있다.

④ 헬륨누설시험
 ㉠ 시험체에 가스를 넣은 후 질량분석형 검지기를 이용하여 검사한다.
 ㉡ 공기 중 헬륨은 거의 없어 검출이 용이하다.
 ㉢ 헬륨분자는 가볍고 직경이 작아서 미세한 누설에 유리하다.
 ㉣ 누설 위치 탐색, 밀봉부품의 누설시험, 누설량 측정 등 이용범위가 넓다.
 ㉤ 헬륨누설시험의 종류 : 스프레이법, 후드법, 진공적분법, 스너퍼법, 가압적분법, 석션컵법, 벨자법, 펌핑법

⑤ 방치법누설시험
 ㉠ 양압이나 음압을 걸어 시간 변화 후 압력 변화를 보는 시험이다.
 ㉡ 시험이 간단하고 형상이 복잡한 경우 좋다.
 ㉢ 시험체 용량이 큰 경우와 미소 누설의 경우 시험이 어렵다.

⑥ 암모니아누설시험
 ㉠ 감도가 높아 대형 용기의 누설을 단시간에 검지할 수 있고 암모니아 가스의 봉입압이 낮아도 검사가 가능하다.
 ㉡ 검지하는 제제가 알칼리에 쉽게 반응하며 동, 동합금재에 대한 부식성을 갖는다.
 ㉢ 암모니아의 폭발 위험도 잘 관리해야 한다.

10년간 자주 출제된 문제

16-1. 누설검사(LT)의 방법을 크게 2가지로 나누면?

① 기포누설시험과 추적가스법
② 추적가스법과 내압시험
③ 내압시험과 기밀시험
④ 기밀시험과 기포누설시험

16-2. 누설검사에 이용되는 가압 기체가 아닌 것은?

① 공기　② 황산가스
③ 헬륨가스　④ 암모니아가스

16-3. 누설비파괴검사(LT)법 중 할로겐누설시험의 종류가 아닌 것은?

① 추적프로브법　② 가열양극법
③ 헬라이드 토치법　④ 전자포획법

16-4. 다음 중 기포누설검사의 특징에 대한 설명으로 옳은 것은?

① 누설 위치의 판별이 빠르다.
② 경제적이나 안전성에는 문제가 있다.
③ 기술의 숙련이나 경험을 크게 필요로 한다.
④ 프로브(탐침)나 스니퍼(탐지기)가 반드시 필요하다.

16-5. 다음 누설검사법 중 미세한 누설 검출률이 가장 높은 것은?

① 기포누설검사법
② 헬륨누설검사법
③ 할로겐누설검사법
④ 암모니아누설검사법

10년간 자주 출제된 문제

16-6. 암모니아누설검사의 특징을 기술한 것 중 틀린 것은?

① 검지제가 알칼리성 물질과 반응하기 쉽다.
② 동 및 동합금재료에 대한 부식성을 갖는다.
③ 대형 용기의 누설을 단시간에 검사할 수 있다.
④ 암모니아 가스의 봉입압력이 낮으면 검사가 곤란하다.

|해설|

16-1
누설검사는 크게 특정 가스가 새는지를 측정하는 기밀시험과 내부에 압력을 주었을 때 내부 기체가 밖으로 밀려 나오는지를 측정하는 내압시험으로 나눈다.

16-2
누설시험에는 헬륨, 암모니아, 할로겐 같은 인체에 무해하고 공기 중에 많이 섞여 있지 않아서 검출이 쉽거나 냄새를 유발하는 가스를 사용한다. 황산은 위험하다.

16-3
할로겐누설시험법 자체가 검출프로브를 이용하여 누설 위치를 검사하는 방법이다.

16-4
발포되는 위치가 육안으로 식별 가능하다.

16-5
헬륨누설시험법은 극히 미세한 누설까지도 검사가 가능하고 검사시간도 짧으며, 이용범위도 넓다.

16-6
감도가 높아 대형 용기의 누설을 단시간에 검지할 수 있고, 암모니아 가스의 봉입압이 낮아도 검사가 가능하다.

정답 16-1 ③ 16-2 ② 16-3 ① 16-4 ① 16-5 ② 16-6 ④

핵심이론 17 | 육안검사

① 가장 기본적인 검사법으로, 정밀도보다는 효율성에 강점이 있다.

② 육안검사법의 종류

㉠ VT-1
- 표면균열, 마모, 부식, 침식 등의 불연속부 및 결함을 검출한다.
- 500lx 이상의 밝기를 확보해야 하며, 원격의 경우도 직접 육안검사만큼의 분해능을 확보해야 한다.
- 눈의 각도를 30°보다 크게 하여야 한다.

㉡ VT-2 : 압력용기의 누설시험이며, 계통압력검사 중 누설수집계통 사용 여부에 관계없이 누설 징후를 검출한다.

㉢ VT-3
- 구조물의 기계적, 구조적 상태를 검사하는 것으로 구조물, 부품의 외형적 결함과 기계적 작동 여부 및 기능의 적절성을 검사한다.
- 볼트 연결부, 용접부, 결합부, 파편, 부식, 마모 등 구조적 영역을 확인하며, 원격이 가능하다.

㉣ 레플리케이션
- 표면결함을 검출하며, 결함을 복제하여 복제된 필름을 검사하는 방법을 쓴다.
- 육안만큼의 분해능을 확보하는 것이 관건이다.

③ 육안검사장비

㉠ 조명기구 : 형광등, 손전등, 백열등, 특수조명장치로 500lx 이상 확보한다.

㉡ 조명측정기구 : 광전지, 광전도계, 광전관, 포토다이오드 등이 있다.

㉢ 시력보조기구 : 확대경, 소형 현미경, 보어스코프, 파이버스코프 등 시력 문제, 접근성의 문제, 감도 문제를 보완하기 위한 도구이다.

㉣ 원격 육안검사기구 : 비디오 시스템, CCD 카메라, 저장장치 등 직접 눈으로 보기 힘든 장소나 환경에서 검사하기 위한 장비이다.

㉤ 측정기구 : 각종 측정자와 게이지, 온도계 등 크기와 위치를 판별하기 위해 필요하다.

④ 기록

사진이나 동영상, 컴퓨터 장비, 레플리카법 등의 방법을 이용하여 저장하거나 주관적 검사를 수기로 기록한다.

10년간 자주 출제된 문제

각종 비파괴검사에 대한 설명 중 옳은 것은?

① 자분탐상시험은 일반적으로 핀홀과 같은 점모양의 검출에 우수한 검사방법이다.
② 초음파탐상시험은 두꺼운 강판의 내부결함 검출이 우수하다.
③ 침투탐상시험은 검사할 시험체의 온도와 침투액의 온도에 거의 영향을 받지 않는다.
④ 육안검사는 인간의 시감을 이용한 시험으로 보어스코프나 소형 TV 등을 사용할 수 없어 파이프 내면의 검사는 할 수 없다.

|해설|

① 자분탐상시험은 강자성체의 표면 및 근처결함에 유용하다.
③ 침투탐상시험은 침투액의 적심성과 점성의 영향을 받으며 적심성과 점성은 온도에 영향을 받는다.
④ 육안검사는 직접 볼 수 없거나 접근이 어려운 경우, 각종 비디오시스템이나 보어(Bore)스코프 등을 사용하여 검사한다.

정답 ②

핵심이론 18 | 그 밖의 시험법

① 응력 스트레인법

㉠ 기계적인 미세한 변화를 검출하기 위해 얇은 센서를 붙여서 기계적 변형을 측정해 내는 방법이다.

㉡ 기계나 구조물의 설계 시 응력과 변형률을 측정, 적용하여 파손, 변형의 적절성을 측정한다.

② 적외선 서모그래픽법

시험체에 열에너지를 가해 결함이 있는 곳에 온도장(溫度場)을 만들어 주면 적외선 서모그래피 기술을 이용하여 화상으로 결함을 탐상하는 방법이다.

③ 피코초 초음파법

아주 얇은 박막의 비파괴검사를 위해 초단펄스레이저를 조사하여 피코초 초음파를 수신하는 기술이다. 에코의 간극을 50ps(Picosecond)로, 기존 초음파펄스법이 0.1mm까지 측정이 가능하다면 1/1,000배의 두께도 측정이 가능하다.

④ 레이저 초음파법

비접촉으로 1,600℃ 이상의 초고온 영역에서 종파와 횡파의 송수신이 가능하기 때문에 재료의 종탄성계수와 푸아송비를 동시에 측정이 가능하다.

⑤ 누설램파법

두 장의 판재를 접합한 재료의 접합계면의 좋고 나쁨을 판단하는 데 사용한다.

⑥ X선 후방산란법

콤프턴효과에 의해 후방산란한 X선을 이용하여 화상화하는 방법이다.

⑦ 싱크로트론 방사광을 이용한 단색 X선 단층영상법(SOR-CT법)

싱크로트론 방사광은 종래의 X선에 비해 고강도로, 평행성이 우수하고 넓은 파장 영역을 갖추었다.

⑧ 핵자기공명단층영상법(NMR-CT법)

수소원자핵의 분포를 영상화하는 기술이다.

⑨ 고정밀도 자동초음파탐상장치

3차원 곡면에 고정밀도 스캐너를 이용하여 초음파탐상을 한다.

⑩ 마이크로파법

결함 등에 존재하는 전자기적 물성 변화를 Micro Wave의 반사나 투과의 변화로 검출한다. Micro Wave는 300MHz에서 300GHz 대역의 전자파를 이용한다.

⑪ 음향방출검사 : 재료가 받는 응력에 의해 발생하는 방출음향을 모니터링하여 검사하는 방법으로, 미소 음향방출신호를 분석한다.

㉠ 카이저 효과(Kaiser Effect) : 재료에 응력을 걸면 음향이 발생하는데, 응력 제거 후 다시 응력을 가해도 이전 하중점에 도달하기까지는 음향이 방출되지 않는 현상

㉡ 펠리시티 효과(Felicity Effect) : 카이저 효과와는 달리 카이저 효과가 생기는 응력범위(σ_1)보다 높은 어떤 응력의 범위(σ_2)에서는 이전 응력(σ_2)보다 낮은 응력범위에서 다시 음향이 방출되는 효과

10년간 자주 출제된 문제

18-1. 기계나 구조물을 설계할 때 부재의 치수, 형상, 재료의 적부를 판단하거나 제작된 기계나 구조물이 사용 중 파손 및 변형되지 않도록 감지하는 데 이용되는 비파괴검사법은?

① 음향방출시험　② 응력 스트레인 측정
③ 전위차시험　④ 적외선 서모그래프

18-2. 시험체에 있는 도체에 전류가 흐르도록 한 후 형성된 시험체 중의 전위분포를 계측해서 표면부의 결함을 측정하는 시험법은?

① 광탄성시험법　② 전위차시험법
③ 응력 스트레인 측정법　④ 적외선 서모그래픽시험법

|해설|

18-1

응력 스트레인법

- 기계적인 미세한 변화를 검출하기 위해 얇은 센서를 붙여서 기계적 변형을 측정해 내는 방법이다.
- 기계나 구조물의 설계 시 응력과 변형률을 측정, 적용하여 파손, 변형의 적절성을 측정한다.

18-2

전위차시험법은 전위의 등고선을 표현하여 결함을 탐색한다.

정답 18-1 ② 18-2 ②

CHAPTER 02 자기탐상검사

핵심이론 01 | 자기탐상일반

① 자기탐상시험의 기본 요소
㉠ 자장을 형성하거나 자장에 영향을 줄 수 있는 시험체
㉡ 자화할 수 있는 주변 요소
㉢ 검사를 할 수 있는 검사장비

② 자분탐상시험의 특징
㉠ 시험체는 자체가 강자성체이거나 결함 여부가 자장 형성에 영향을 주는 재료여야 한다.
㉡ 시험체의 크기, 형상 등의 제한은 없고, 결함모양을 육안으로 식별할 수 있다.
㉢ 시험체의 표면처리 여부가 검사에 제한을 줄 수 있으므로 제거를 원칙으로 한다.
㉣ 결함은 표면이나 표면 근처에 있는 결함을 탐상할 수 있다.
㉤ 결함이 자속 방향과 수직으로 발생하여 있는 것이 발견하기 좋다.
㉥ 발견할 수 없는 형태나 크기, 위치의 결함이 존재한다.
㉦ 결함의 깊이 정보를 얻기 어렵다.
㉧ 자분을 형광으로 식별할 수도 있고, 염색자분을 이용할 수도 있다.

③ 관련 기초 용어 설명
㉠ 자분 : 자성을 띤 미립자이다.
㉡ 자화 : 자분이나 시험체에 자속을 흐르게 한다.
㉢ 자분의 적용 : 자분에 자속을 띠게 한다.
㉣ 관찰 : 자분의 자속을 살펴보아 결함을 찾는다.
㉤ 자극 : 자성체가 가지고 있는 극성으로 같은 극끼리 밀어내는 척력과 서로 다른 극을 잡아당기는 인력이 작용하는 시점이다.
㉥ 투자율 : 투자율은 자속이 통과하는 비율, 밀도로 재질에 따라 결정된다.
㉦ 비투자율 : 비중처럼 물질의 투자율과 진공의 투자율의 비로, 진공의 투자율은 1이다.
㉧ 결함 : 부품의 수명에 나쁜 영향을 주는 불연속을 말한다.
㉨ 자력선 : 자계의 상태를 알기 쉽게 하기 위해 가상으로 그린 선이다. N극에서 나와 S극으로 들어가고 내부에서는 S극에서 N극의 순환이며 접선은 자계의 방향, 밀도는 자계의 세기를 나타낸다.
㉩ 충전율 : 원통형 코일의 단면적과 검사 부위 단면적의 비를 말한다.

10년간 자주 출제된 문제

1-1. 자분탐상시험의 기본 3대 요소가 아닌 것은?
① 준비 및 자화 ② 탈자
③ 현상제 제거 ④ 검사

1-2. 자분탐상시험의 특징에 대한 설명으로 틀린 것은?
① 핀 홀과 같은 점모양의 결함은 검출이 어렵다.
② 자속 방향이 불연속 위치와 수직하면 결함을 검출하기 어렵다.
③ 시험체 두께 방향의 결함깊이에 관한 정보는 얻기 어렵다.
④ 표면으로부터 깊은 곳에 있는 결함의 모양과 종류를 알기 어렵다.

1-3. 자분탐상검사에 대한 특징으로 올바른 것은?
① 자분모양지시로 금속 내부 조직을 알 수 있다.
② 시험체 표면균열의 검출능이 뛰어나다.
③ 비자성체는 잔류자장을 이용하면 결함 검출능이 우수하다.
④ 대형 부품인 경우에도 1회 통전으로 시험체 전체의 탐상에 효과적이다.

10년간 자주 출제된 문제

1-4. 다음 설명 중 틀린 것은?

① 전류가 흐르는 도체 내에는 자력선이 존재하지 않는다.
② 자석 안에서의 자력선은 남극에서 북극으로 흐른다.
③ 불연속이 없는 자화된 링타입 부품은 자극이 없다.
④ 불연속에 의해 형성된 자장을 누설자장이라 한다.

|해설|

1-1
자분탐상에서는 자분이 현상제 역할을 하므로, 자분을 제거하면 탐상을 할 수 없다.

1-2
불연속이 자속 방향에 수직하면 검출에 용이하다.

1-3
① 내부 조직은 알 수 없다.
③ 비자성체에 잔류자장을 남길 수 없다.
④ 대형 부품은 부분부분 나누어 탐상한다.

1-4
① 전류가 흐르는 도체 안에도 자력선이 작용을 한다.
② 자력선은 N극에서 나와 S극으로 들어가고 내부에서는 S극에서 다시 N극으로 순환한다.
③ 끝단이 만들어지면 극성이 발현된다.

정답 1-1 ③ 1-2 ② 1-3 ② 1-4 ①

핵심이론 02 | 자기탐상의 피검사체

① 강자성체에서 적용이 가능한 검사이다.
② 철(Fe), 코발트(Co), 니켈(Ni), 망간(Mn), 규소(Si) 등 자화에 이력현상을 나타내는 물질에 적용 가능하다.
③ 철 외의 금속이나 원소는 일반 피검사체이며 제품이 될 만큼의 경제성이 없다.
④ 공구용 탄소강, 주강, 주철 등 철을 기반으로 한 재료가 자기탐상의 대상재이다.

10년간 자주 출제된 문제

2-1. 자분탐상시험으로 발견될 수 있는 대상으로 가장 적합한 것은?

① 비자성체의 다공성 결함
② 철편에 있는 탄소 함유량
③ 강자성체에 있는 피로균열
④ 배관 용접부 내의 슬래그 개재물

2-2. 동일 조건에서 전기전도율이 가장 큰 것은?

① Fe ② Cr
③ Mo ④ Pb

2-3. 다음 재료 중 자분탐상검사를 적용하기 어려운 것은?

① 순철 ② 니켈합금
③ 탄소강 ④ 알루미늄합금

|해설|

2-1
자분탐상시험은 강자성체의 균열을 발견하기에 적합하다.
② 탄소 함유량은 Fe_3C의 화합물로 존재하므로, 흑연상으로 존재하지 않는 한 발견할 수 없다.
④ 슬래그 개재물도 미세하게 발견은 가능하나 슬래그의 성질이 자계를 투과시키면 변별이 어렵다.

2-2
전기전도율은 Mo > Fe > Pb > Cr 순이다.

2-3
강자성체가 아니면 자분탐상검사가 어렵다. 알루미늄합금은 투자율이 1에 가까운 상자성체이다.

정답 2-1 ③ 2-2 ③ 2-3 ④

핵심이론 03 | 자화전류

① 자화전류의 특성

㉠ 전류는 저항의 영향을 받는다.

㉡ 전류는 자계를 형성한다.

㉢ 전류가 만드는 자장의 크기는 전류량과 정비례관계가 있다.

㉣ 형성된 자계 내에서 도체의 운동은 전류를 만든다.

㉤ 직류는 시험체 내를 고르게 흘러 내부결함탐상이 가능하다.

㉥ 교류는 표피효과가 있다.

㉦ 교류를 잔류법에 적용하면 전류 차단 시기에 따라 자속밀도가 일정치 않게 된다. 따라서 잔류법에는 직류, 충격전류를 사용한다.

② 자화전류의 종류

㉠ 직류 : 극성이 변하지 않고 전류량, 전압의 세기가 일정한 전류이다.

+

−

㉡ 교류 : 극성과 전류량이 지속적으로 바뀌는 전류이다.

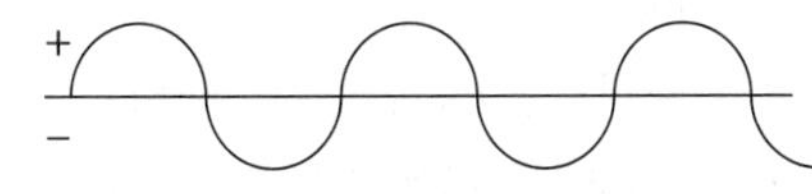

㉢ 정류(정류는 전류를 맥동전류 또는 맥류라 한다)

- 반파정류 : 극성이 바뀌는 교류를 한 극성만 용인하여 한 극성만을 갖는 전류로 직류에 가깝게 만든 전류이다.

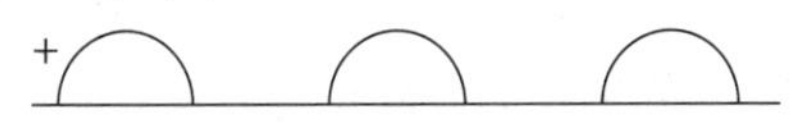

- 전파정류 : 반파정류가 흐름의 연속성에 문제가 있으므로, 교류의 한 극성이 흐른 후 다음 극성을 뒤집어서 연속된 한 극성만 갖는 전류로 직류에 가깝게 만든 전류이다.

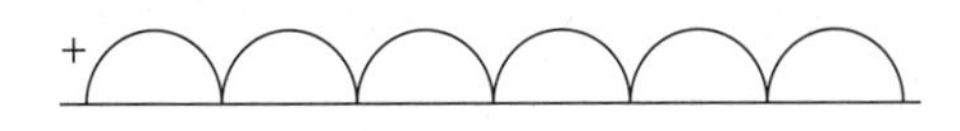

- 단상정류 : 위의 그림들처럼 하나의 파동만을 정류하여 낸 전류이다.
- 삼상정류 : 다음 그림과 같이 파동 셋을 정류한 것이다.

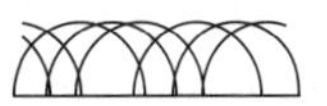

- 충격전류 : 전류량이 일시에 많이 흐르는 전류이다.

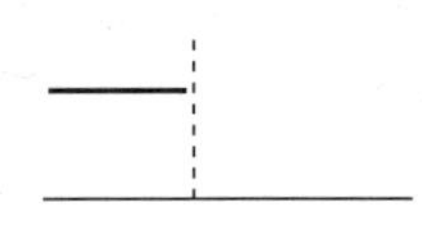

10년간 자주 출제된 문제

3-1. 다음 중 자분탐상시험에서 시험체 표면하의 결함 검출에 가장 우수한 자화전류는?

① 교류　② 직류
③ 반파정류　④ 충격전류

3-2. 자분탐상시험 시 전도체에서 표피효과로 인하여 표면결함을 탐지하는 데 효과적인 자화전류는?

① 교류　② 직류
③ 반파정류 직류　④ 가상정류 직류

3-3. 자분탐상시험 시 시험코일에 흐르는 전류의 성질에 관한 설명으로 잘못된 것은?

① 시험코일의 전류는 코일의 저항이 작을수록 많이 흐르게 된다.
② 시험코일의 전류는 오직 코일 자체의 전도도에만 관계된다.
③ 시험코일의 전류는 자장을 만든다.
④ 코일 주위에 발생하는 자장의 영향을 받는다.

|해설|

3-1
직류성이 강할수록 내부에서부터 외부까지 자장이 균일하게 분포되어 결함 검출이 유리하다.

3-2
교류성이 강할수록 큰 표피효과로 인하여 표면층 탐상에 유리하다.

3-3
시험코일의 전류에 영향을 주는 요소는 코일의 저항, 권선수, 지름, 형태 등이 있다.

정답 3-1 ② 3-2 ① 3-3 ②

핵심이론 04 | 자분

① 자분

㉠ 자성을 띤 가루로 자기비파괴탐상 시 결함 등의 지시를 나타내 주는 물체이다. 대표적으로 염색된 자분과 형광을 입힌 자분이 있다.

㉡ 자분탐상검사에 사용되는 자분은 일반적으로 환원 또는 전해철분, γ-산화 제2철분, 사삼산화 철분(Fe_3O_4) 등의 자성 분말이 있다. γ-산화 철분은 바탕색이 갈색이며, 사삼산화 철분은 흑색이다. 환원 또는 전해철분은 회색과 회백색을 바탕색으로 사용하기도 하지만, 자기적 성질이 좋기 때문에 일반적으로 결합체로 형광제 및 착색제 등을 접착시켜 형광 및 여러 종류의 색을 띠도록 만들어 사용한다.

㉢ 자분의 입도는 목적에 따라 작은 것부터 큰 것까지 여러 종류가 있으나, 보통 $0.2 \sim 60\mu m$ 범위의 것을 사용한다.

② 자분모양의 관찰 방법에 따른 분류

㉠ 형광자분 : 환원 및 전해철분 또는 산화 철분에 형광제를 접착시킨 것이다. 자외선조사장치와 암실이 필요하지만 식별하는 능력이 탁월하며 주로 습식자분으로 사용한다. 자외선을 조사하면 일반적으로 황색이 강한 황록색을 띠는데, 다른 색으로 발광하게 만든 것도 있다. 대비가 좋고, 결함검출능력이 좋으나 형광제의 열화를 막거나 휘도를 보존하기 위해 관리에 주의해야 한다.

㉡ 비형광자분 : 가시광선 아래에서 자분 모양을 관찰하여야 하며 백색, 흑색, 갈색 등 여러 종류가 있고 시험 면의 색조에 따라 구별하여 사용한다. 대부분 환원 또는 전해철분에 착색 안료 등을 접착시켜 여러 가지의 색조를 띠는 것이 있으나, 산화철분계에서는 자성 분말을 그대로 사용하기도 한다. 비형광자분은 형광자분의 사용이 곤란한 경우에 습식과 건식의 구별 없이 널리 사용되고 있다.

㉢ 특수자분 : 특수한 용도에 사용하는 자분이다. 자성 분말에 착색시킨 열가소성 수지를 입히고, 형성된 자분 모양을 가열하여 시험 면에 고정시켜 떨어지지 않도록 하는 고착 자분 및 용접부 등 300~400℃의 고온부에 적용해도 산화 변색이 되지 않도록 순철(Fe)에 크롬(Cr)이나 알루미늄(Al) 또는 실리콘 등을 첨가한 금속으로 된 고온용 건식자분 등이 있다.

③ 자분의 성질

㉠ 자분의 자기적 성질은 투자율이 높고 보자력이 낮아야 한다.

㉡ 자분의 입도는 분산성과 현탁성이 좋아야 한다.

㉢ 자분의 비중은 현탁성에 관여한다. 실비중보다 겉보기 비중으로 표시하며, 겉보기 비중은 가벼운 쪽이 좋으나 가벼우면 자기적 성질이 좋지 않고 흡착성이 떨어지므로 감안한다.

㉣ 자분의 색조와 휘도를 좋게 하는 것은 식별에 매우 중요하나, 착색제나 형광제의 양이 많으면 자기적 성질이 나빠지고 결함부 흡착성이 떨어지므로 주의한다.

④ 자분분산방법

㉠ 가벼운 공기를 이용하여 분산한다.

㉡ 액체성 분산매를 이용하여 자유로운 흐름을 가진 자분을 적용한다.

㉢ 수동식 건식자분 산포기 : 고무벌브의 앞쪽에 작은 구멍을 여러 개 뚫은 노즐을 부착한 것으로, 자분이 들어 있는 고무 벌브를 손으로 눌러 공기와 자분이 동시에 노즐에서 뿜어 나오도록 하여 자분이 산포되게 한 것이다. 이러한 종류의 산포기는 자분의 분산 적용이 어렵고, 자분이 덩어리로 나오기가 쉬우므로, 이를 피하기 위하여 노즐의 앞면에 거즈 등을 씌워 사용할 때가 많다. 자분을 분부하기 위해 고무벌브를 부착하거나 수동 회전 블레이드를 이용한 송풍장치를 부착하기도 한다.

⑤ 자분의 양이 너무 많으면 자속밀도에 너무 많이 반응하여 지시를 찾기 어려워지고, 자분의 양이 적으면 발견하지 못하고 건너뛰게 되는 결함이 발생할 수 있다.

⑥ 검사액을 사용하는 습식자분

㉠ 검사액이 가져야 할 특징

- 자분의 현탁성이 장시간 유지되어야 한다.
- 검사액의 적심성이 좋아야 한다.
- 검사액 자체의 색상이 혼돈을 유발하지 않아야 한다.

㉡ 분산매가 가져야 할 성질

- 점도와 휘발성이 낮아야 한다.
- 적심성과 인화점이 높아야 한다.
- 시험체와 인체에 무해하여야 한다.

10년간 자주 출제된 문제

4-1. 자분탐상시험에 사용되는 자분이 가져야 할 성질로 옳은 것은?

① 높은 투자율을 가져야 한다.
② 높은 보자력을 가져야 한다.
③ 높은 잔류자기를 가져야 한다.
④ 자분의 입도와 결함 크기는 상관이 없다.

4-2. 자분탐상시험에서 자분에 대한 설명 중 잘못된 것은?

① 자분은 형광자분과 비형광자분이 있다.
② 자분은 습식자분과 건식자분이 있다.
③ 자분은 적당한 크기, 모양, 투자성 및 보자성을 가진 선택된 자성체이다.
④ 자분용액 제조 시 솔벤트나 케로신을 사용하고 물은 사용하지 않는다.

4-3. 자분탐상시험에서 형광자분을 사용할 때 지켜야 할 사항이 아닌 것은?

① 식별성을 높이기 위하여 조사광을 사용하여 관찰면의 밝기를 20lx 이상으로 하여야 한다.
② 파장이 320~400nm인 자외선을 시험면에 조사하여야 한다.
③ 시험면에 필요한 자외선 강도는 800μW/cm^2 이상이어야 한다.
④ 관찰할 때는 유효한 자외선 강도의 범위 내에서만 관찰하여야 한다.

4-4. 비형광자분과 비교하여 형광자분의 장점을 설명한 것으로 옳은 것은?

① 일반적으로 습식법 및 건식법에 모두 사용된다.
② 밝은 장소에서 검사가 가능하다.
③ 결함의 검출감도가 높다.
④ 거친 결함에 사용하는 것이 효과적이다.

|해설|

4-1
자력을 투과시키기보다는 자력에 영향을 받아 자장계 안에서 반응해야 한다.

4-2
일반적으로 분산매로 물이나 등유를 사용하고, 검사한 자분이 그대로 남기를 원할 경우 휘발성이 강한 물질을 사용한다.

4-3
형광자분을 사용할 때는 가능한 한 어둡게 해야 한다.

4-4
형광자분은 자외선장치와 암실 등의 장비가 필요하지만, 결함을 식별하는 데는 더 탁월하다.

정답 4-1 ① 4-2 ④ 4-3 ① 4-4 ③

핵심이론 05 자계(자장)・자성체

① 자계

㉠ 원형자계를 만들려면 직선 전류를 흘려 준다.

㉡ 선형자계를 만들려면 원통형 전류를 흘려 준다.

㉢ 자계를 형성하는 것은 자화곡선에 따른다.

㉣ 반자계란 강자성체가 형성하는 반대 방향의 자계를 말한다.

㉤ 결함은 자기력선과 직각 방향(90°)으로 놓여 있을 때 검출이 잘된다. ★ 반드시 암기(자주 출제)

② 자성체

㉠ 강자성체에 검사를 적용한다.

㉡ 일반적인 강자성체 중 일상에서 사용하는 재료는 공구용 탄소강재와 주철, 주강 등의 자재이다.

③ 자기 관련 단위

㉠ Weber(Wb) : 자기력선의 단위로 $1m^2$에 1T의 자속이 지나가면 1Wb. Vs(Volt Second)를 사용하기도 한다.

㉡ Henry(H) : 인덕턴스를 표시하는 단위이며, 초당 1A의 전류 변화에 의해 1V의 유도기전력이 발생하면 1H이다.

$$H = \frac{m^2 \cdot kg}{s^2 A^2} = \frac{Wb}{A} = \frac{T \cdot m^2}{A} = \frac{V \cdot s}{A} = \frac{m^2 \cdot kg}{C^2}$$

㉢ Tesla(T) : 공간 어느 지점의 자속밀도의 크기이다.

$$T = Wb/m^2 = kg/(s^2A) = N/(A \cdot m) = kg/(s \cdot C)$$

㉣ Coulomb(C) : 1A의 전류가 1초 동안 이동시키는 전기량이다.

㉤ A/m(Ampere/meter) : 자장의 세기를 나타내는 단위로 자기회로의 1m당 기자력의 크기이며, 기자력은 전류와 감은 수의 곱으로 표현한다.

㉥ Oe : 자계의 크기이다.

$$1\,Oe = \frac{1{,}000}{4\pi} A/m = 79.6 A/m$$

④ 자성체의 성질

㉠ 투자성 : 자장을 투과시키는 성질이다.

㉡ 반자성 : 자기장을 작용시키면 이에 반대 방향의 자기모멘트가 발생하는 성질이다.

㉢ 포화상태 : 자계강도가 어느 정도 증가하면 자속밀도가 더 이상 증가하지 않는 상태이다.

㉣ 보자성 : 항자력을 갖는 성질이다.

㉤ 항자력 : 자화시킨 금속의 자속밀도를 0으로 만들려 할 때 이에 저항하는 자력이다.

10년간 자주 출제된 문제

5-1. 자분탐상검사 시 원형자장을 형성시키는 특성을 설명한 것으로 옳은 것은?

① 시험체의 길이 방향으로 직접 전류를 통한다.
② 전류가 흐르는 코일 내에 시험체를 놓는다.
③ 요크형 마그넷(Magnet)을 사용한다.
④ 전류가 흐르는 코일 바로 외부에 시험체를 놓는다.

5-2. 자분탐상시험에서 결함을 확실히 검출하기 위해서는 결함의 방향과 자속의 방향을 어떻게 하여야 효과적인가?

① 자속과 결함의 방향이 45°가 되게 한다.
② 자속과 결함의 방향이 90°가 되게 한다.
③ 자속과 결함의 방향이 180°가 되게 한다.
④ 자속과 결함의 방향이 평행이 되게 한다.

5-3. 자계의 방향과 수직으로 놓여 있는 길이 1m의 도선에 1A의 전류가 흘러서 도선이 받는 힘이 1N이 될 때의 자계의 세기를 옳게 나타낸 것은?

① 1Weber(Wb) ② 1Henry(H)
③ 1Coulomb(C) ④ 1Tesla(T)

5-4. 자화전류를 제거한 후에도 잔류자기를 갖는 자성체의 성질은?

① 투자성 ② 반자성
③ 포화점 ④ 보자성

| 해설 |

5-1
원형자장을 만들려면 직선 전류를 흘려야 한다.
※ 요크형 마그넷을 사용하여 사이에 시험체를 놓으면 선형자장이 형성된다. 전류가 흐르는 코일에서는 내·외부로 선형자장이 형성된다.

5-2
자속과 결함 방향이 직각이어야 결함 검출이 쉬우며, 자속선과 평행이면 검출이 어렵다.

5-3
T = N/(A·m)
※ 각 자계 관련 단위의 정의와 각 단위 간 변환은 익혀 둘 필요가 있다.

5-4
보자성은 항자력을 갖는 성질이다. 자성을 보존하는 성질로 이해하면 좋다.

정답 5-1 ① 5-2 ② 5-3 ④ 5-4 ④

핵심이론 06 | 자기이력곡선(자화곡선)

① 자계의 세기(H)와 자속밀도(B)와의 관계를 나타내는 곡선을 자화곡선이라 한다.

② 자기이력곡선의 설명

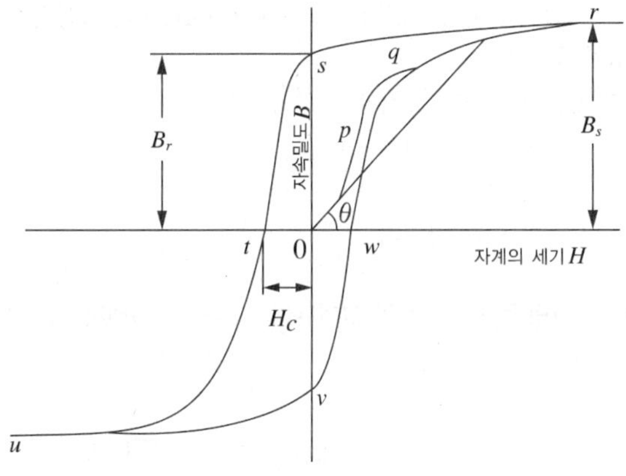

㉠ 가로축은 자계의 세기(H), 세로축은 자속밀도(B)를 나타낸다.

㉡ 0과 곡선상 임의의 점을 잇는 직선의 기울기를 투자율이라 한다.

㉢ $\mu = \tan\theta$(투자율은 기울기)

㉣ $0pqr$의 곡선을 초기자화곡선(처녀자화곡선)이라 한다.

㉤ q 이상으로 어느 정도 자화되면 자계를 강하게 해도 자속밀도가 조금씩 밖에 늘지 않다가 r 부근에서는 거의 늘지 않게 되는데, 이를 포화자화되었다고 하고 이때의 자속밀도를 포화자속밀도라 한다.

㉥ 처녀자화로 포화자화되었다가 자기세기를 0으로 해도 그림에서 $0s$가 남는데, 이를 잔류자속밀도(B_r)라고 한다.

㉦ 자속밀도가 0이 되려면 $0t$ 만큼 반대 세기를 가해야 하는데 이를 항자력(H_c)이라고 하며, 이런 성질을 보자성이라고 한다.

㉧ 포화자화 u에 이르러 다시 자속밀도를 제거하자면 다시 잔류자속밀도가 남고 반대 방향의 항자력이 작용하여 다시 처녀자화곡선을 그리지는 못하게 된다.

㉨ 극성을 바꿀 때마다 결국 $rstuvwr$의 자화곡선을 그리게 되는데 이를 자기이력곡선(자기가 지나간 길을 그린 곡선, Hysteresis Curve)이라고 한다.

10년간 자주 출제된 문제

6-1. 다음 중 자기이력곡선(Hysteresis Curve)과 가장 관계가 깊은 것은?

① 자력의 힘과 투자율
② 자장의 강도와 자속밀도
③ 자장의 강도와 투자율
④ 자력의 힘과 자력의 강도

6-2. 그림은 자화곡선의 그래프이다. $0-p-q$선이 나타내는 의미는?

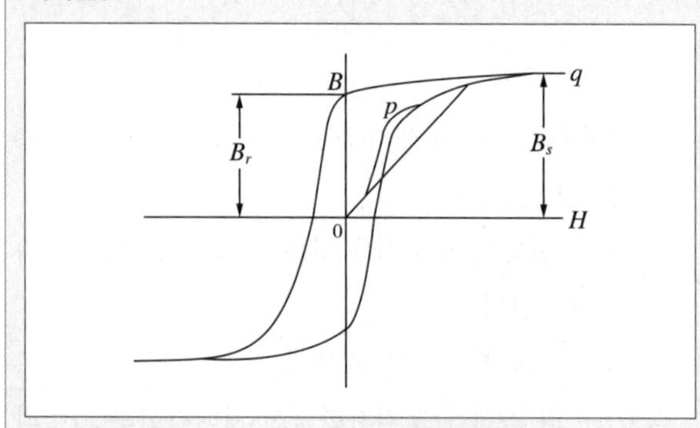

① 포화자속밀도 ② 초기자화곡선
③ 최대투자곡선 ④ 잔류자기곡선

|해설|

6-1
자기이력곡선은 자장의 강도와 자속밀도의 관계를 나타내는 곡선이다.

6-2
0에서 시작하는 곡선은 맨 처음 자화 때 한 번 나타나며, 이를 처녀자화곡선이라고도 한다.

정답 6-1 ② 6-2 ②

핵심이론 07 자분탐상의 종류(Ⅰ)

① 자분적용시기에 따른 분류

㉠ 연속법

- 자화전류를 통하거나 영구자석을 접촉시켜 주는 중에 자분의 적용을 완료하는 방법이다.
- 자분적용 중 통전을 정지하면 자분모양이 형성되지 않는다.
- 감도가 높은 편이다.
- 포화자속밀도의 80% 정도의 세기로 자화된다.

㉡ 잔류법

- 자화전류를 단절시킨 후 자분의 적용을 하는 방법이다.
- 전류를 끊고 남은 자력을 이용하므로 이후 다른 자력의 영향을 받으면 흔적이 생긴다(이를 자기펜자국이라 한다).
- 보자력이 높은 금속(공구용탄소강, 고탄소강 등)에 적절하다.
- 상대적으로 누설자속밀도가 작다.
- 검사가 간단하고 의사지시가 작다.
- 강한 자속밀도로 자화된다.

㉢ 탐상에 필요한 자계의 강도

시험방법	시험체	자계의 강도 (A/m)
연속법	일반적인 구조물 및 용접부	1,200~2,000
	주단조품 및 기계부품	2,400~3,600
	담금질한 기계부품	5,600 이상
잔류법	일반적인 담금질한 부품	6,400~8,000
	공구강 등의 특수재 부품	12,000 이상

② 자분의 종류에 따른 분류

㉠ 형광자분

- 자외선의 조사에 따라 형광을 발생하도록 처리한 자분이다.
- 암실에서 작업하며 자외선조사장치가 필요하다.
- 요구 자외선강도 : 자외선조사장치와의 거리 38cm에서 800μW/cm^2

㉡ 비형광자분

- 형광을 발생하도록 처리를 하지 않은 자분이다.
- 육안으로 관찰하여야 하므로 500lx 이상의 밝기가 필요하다.

③ 자분매질에 따른 분류

㉠ 건식법

- 건조된 자분을 기체에 압축 분산시켜 검사하는 방법이다.
- 자분이 뭉치지 않아야 하고, 탐상면도 잘 말라 있어야 한다.
- 일반적으로 착색자분을 사용한다.

㉡ 습식법

- 자분을 적당한 액체에 분산 현탁시켜서 사용하는 방법이다.
- 검사액 위에서 분산되므로 유체 유동에 의해 지속적인 분산 흐름이 나타난다.
- 감도가 높은 편이다.

10년간 자주 출제된 문제

7-1. 자분탐상시험에서 자분적용 시기에 관한 설명으로 옳은 것은?

① 연속법은 자화가 종료될 때까지 계속한다.
② 연속법은 잔류자기가 많은 재료에만 사용한다.
③ 잔류법은 연철 등의 저탄소강에 적용한다.
④ 잔류법은 검사속도가 느리다.

7-2. 잔류법으로 검사를 수행하는 과정에서 시험품 표면에 날카로운 선모양이 관찰되어, 의사지시 여부를 확인하기 위하여 탈자 후 재검사를 수행하였을 때는 지시가 나타나지 않았다. 이러한 지시를 발생시키는 원인은?

① 자기펜자국 ② 단면급변지시
③ 재질경계지시 ④ 표면거칠기지시

7-3. 다음 중 자분탐상시험의 특징으로 잘못된 설명은?

① 연속법은 모든 강자성체에 적용이 가능하다.
② 건식법의 분산매로는 공기를 사용한다.
③ 잔류법의 자화전류는 교류로만 사용 가능하다.
④ 잔류법은 보자력이 큰 재료에만 적용이 가능하며, 연속법에 비해 검출능력이 떨어진다.

7-4. 형광습식법에 의한 연속법의 자분탐상시험 공정을 바르게 나타낸 것은?

① 전처리 → 자화 → 자분적용 → 자화 종료 → 관찰
② 전처리 → 자분적용 → 자화 → 자화 종료 → 관찰
③ 전처리 → 자화 → 자화 종료 → 자분적용 → 관찰
④ 전처리 → 자분적용 → 자화 → 자화 종료 → 후처리 → 관찰

|해설|

7-1
연속법은 전류를 계속 흐르게 하며 검사체를 자화시키면서 검사하는 방법이다.

7-2
전류를 끊고 남은 자력을 이용하므로, 이후 다른 자력의 영향을 받으면 흔적이 생기며, 이를 자기펜자국이라 한다.

7-3
잔류법은 직류를 사용한다.
※ 분산매란 자분을 분산시키는 매질을 의미한다.

7-4
연속법이란 자화 중에 자분을 적용하는 방법이다.

정답 7-1 ① 7-2 ① 7-3 ③ 7-4 ①

핵심이론 08 자분탐상의 종류(Ⅱ)

① 자화전류의 종류에 따른 분류

㉠ 직류

- 전류밀도가 안쪽, 바깥쪽 모두 균일하다.
- 표면 근처의 내부결함까지 탐상이 가능하다.
- 통전시간은 1/4~1초이다.

㉡ 맥류

- 교류를 정류한 직류이다.
- 내부결함을 탐상할 수도 있다.

㉢ 충격전류

- 일정량 이상의 전류를 짧게 흐르게 한 후(1/120초 정도) 끊어 주는 형태의 전류이다.
- 잔류법에 사용한다.

㉣ 교류

- 표피효과(바깥쪽으로 갈수록 전류밀도가 커지는 효과)가 있다.
- 위상차가 지속적으로 발생하여 전류 차단 시 위상에 따라 결과가 계속 달라지므로 잔류법에는 사용할 수 없다.

② 자화방법에 따른 분류

㉠ 축통전법(EA) : 검사 대상체의 축 방향으로 직접 전류를 흐르게 한다.

㉡ 직각통전법(ER) : 검사 대상체의 축에 대하여 직각 방향으로 직접 전류를 흐르게 한다.

㉢ 전류관통법(B) : 검사 대상체의 구멍 등에 통과시킨 도체에 전류를 흐르게 한다.

㉣ 자속관통법(I) : 검사 대상체의 구멍 등에 통과시킨 자성체에 교류자속 등을 가함으로써 검사 대상체에 유도전류에 의한 자기장을 형성시킨다.

㉤ 코일법(C) : 검사 대상체를 코일에 넣고 코일에 전류를 흐르게 한다.

㉥ 극간법(M) : 검사 대상체 또는 검사할 부위를 전자석 또는 영구자석의 자극 사이에 놓는다.

㉦ 프로드법(P) : 검사 대상체 표면의 특정 지점에 2개의 전극(이것을 플롯이라 함)을 대어서 전류를 흐르게 한다.

10년간 자주 출제된 문제

8-1. 자분탐상검사 시 표피효과 등으로 인하여 표면 부근은 자화되지 않아 표면결함만을 연속법으로 탐상하기 위한 자화전류로 적합한 것은?

① 교류 ② 직류
③ 맥류 ④ 충격전류

8-2. 미세하고 깊이가 얕은 표면균열을 자분탐상검사로 검사할 때 다음 방법 중 가장 효과가 높은 검사법은?

① 교류-건식법 ② 직류-건식법
③ 교류-습식법 ④ 직류-습식법

8-3. 자화방법 중 검사 대상체에 직접 전극을 접촉시켜서 통전함에 따라 검사 대상체에 자기장을 형성하는 방식으로만 조합된 것은?

① 축통전법, 프로드법
② 자속관통법, 극간법
③ 전류관통법, 프로드법
④ 자속관통법, 전류관통법

|해설|

8-1

교류

- 표피효과(바깥쪽으로 갈수록 전류밀도가 커지는 효과)가 있다.
- 위상차가 지속적으로 발생하여 전류 차단 시 위상에 따라 결과가 계속 달라지므로 잔류법에는 사용할 수 없다.

8-2

표면균열은 표피효과로 인해 교류를 사용하면 좀 더 잘 나타나고, 미세균열은 습식법에서 검출이 양호하다.

8-3

직접 접촉 자화

- 축통전법 : 검사 대상체의 축 방향으로 직접 전류를 흐르게 한다.
- 직각통전법 : 검사 대상체의 축에 대하여 직각 방향으로 직접 전류를 흐르게 한다.
- 프로드법 : 검사 대상체 표면의 특정 지점에 2개의 전극(이것을 플롯이라 함)을 대어서 전류를 흐르게 한다.

정답 8-1 ① 8-2 ③ 8-3 ①

핵심이론 09 | 자분탐상의 종류 – 원형자화법

① 축통전법 · 직각통전법

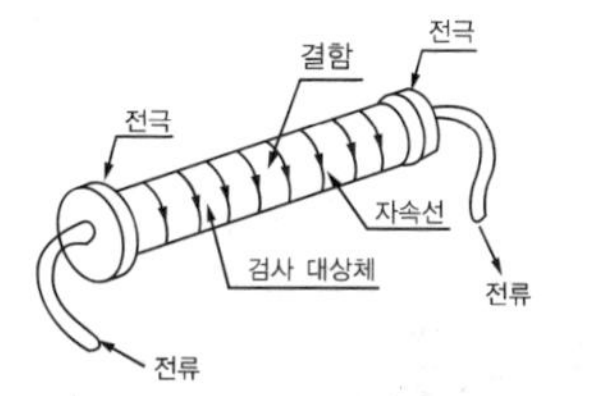

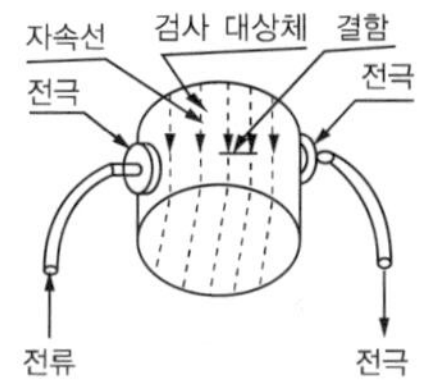

㉠ 직접 자화하는 방법이다.

㉡ 축통전법은 축과 평행한 방향의 결함 추적이 용이하다.

㉢ 직각통전법은 축과 직각 방향의 결함 추적이 용이하다.

㉣ 감도는 좋으나 탐상면 손상의 우려가 있다.

② 전류관통법 · 자속관통법

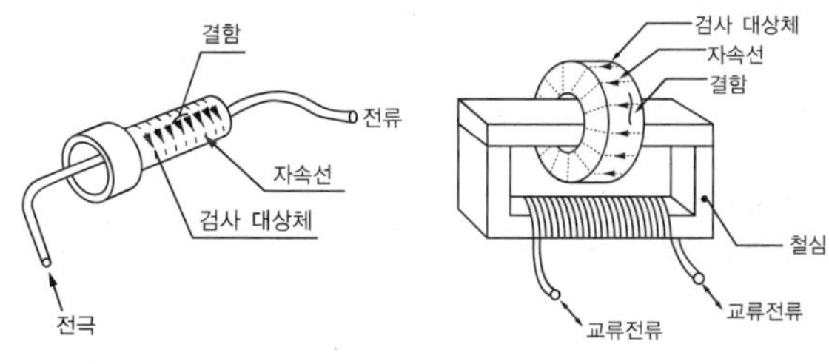

㉠ 검사 대상체의 구멍 등에 전선 · 자석을 관통시켜 자장계를 형성하여 시험체를 자화한다.

㉡ 전류관통법은 전선을 관통시켜 전류의 흐름과 직각 방향(원통축에 평행)의 결함 추적이 용이하다.

㉢ 자속관통법은 자석을 관통시켜 자장계와 직각 방향(원통축과 직각)의 결함 추적이 용이하다.

③ 프로드(Prod)법

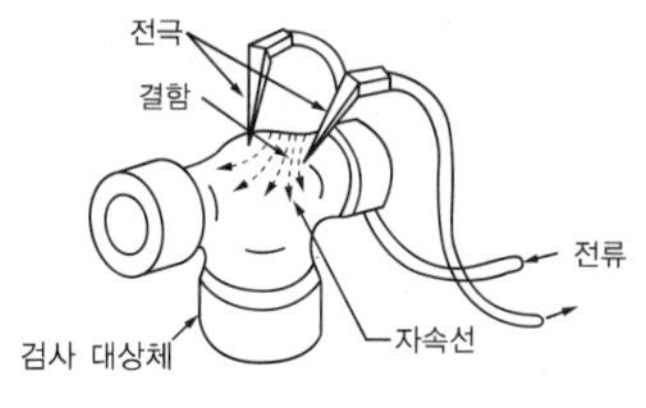

㉠ 검사 대상체에 직접 접촉하여 전극을 만들어 주는 꼬챙이를 프로드라 한다.

㉡ 복잡한 형상의 시험체에 필요한 부분의 시험에 적당하다.

㉢ 간극은 3~8inch 정도이다.

㉣ 프로드 사이를 이은 직선과 평행한 결함 추적에 용이하다.

㉤ 프로드 장비의 특징

- 연속 전류 조절이 가능하고, 1000, 1500, 2000 세 종류가 있다.
- 작고 가벼워 휴대가 편리하다.
- 교류 및 반파 정류를 사용할 수 있고 검사 후 탈자가 가능하며 탈자 시 분리가 불필요하다.
- 전류가 만드는 자계의 방향과 세기는 전극 사이에서의 위치에 따라 달라지므로 검출 가능한 결함의 방향도 위치에 따라 달라진다.
- 전극 간격이 클수록 자계 분포는 넓어지나 세기는 약해진다. 전극 간격은 203.2mm를 초과해서는 안 되고 76.2mm 이하이면 전극 주변에 자분이 응집되어 결함 검출이 어렵다.
- 시험체 표면에 아크 발생 및 전극열 발생을 막기 위해 전극은 깨끗하고 잘 통전되도록 유지한다.
- 넓은 시험면 시험 시, 미리 탐상에 필요한 자계가 작용하는 탐상 유효 범위를 A형 표준 시험편을 이용하여 조사한다.
- 전극 주위에 의사지시가 나타나는 부분이 있다. 불감대는 30mm 정도 된다.

10년간 자주 출제된 문제

9-1. 자분탐상검사에서 원형자화를 시키기 위한 방법의 설명으로 옳은 것은?

① 부품의 횡단면으로 코일을 감는다.
② 부품의 길이 방향으로 전류를 흐르게 한다.
③ 요크(Yoke)의 끝을 부품 길이 방향으로 놓는다.
④ 부품을 전류가 흐르고 있는 코일 가운데 놓는다.

9-2. 길이가 8인치이고 지름이 3인치인 봉재를 축통전법으로 검사를 한다면, 직류나 정류전류를 사용할 때 필요한 자화전류치는 얼마가 적당한가?

① 800A
② 1,200A
③ 2,700A
④ 7,450A

9-3. 자분탐상검사에서 검사 대상체에 전극을 접촉시켜 통전함에 따라 검사 대상체에 자기장을 형성하는 방식이 아닌 것은?

① 프로드법
② 자속관통법
③ 직각통전법
④ 축통전법

9-4. 대형 시험품이나 복잡한 형상의 시험품에 국부적으로 적용하기에 적합한 자화방법은?

① 축통전법
② 프로드법
③ 자속관통법
④ 전류관통법

|해설|

9-1
앙페르 오른손법칙에 따라 전류의 흐름과 자장의 방향을 이해할 수 있다.

9-2
직경 1mm당 20~40A 정도 적용하므로 3인치는 75mm 정도, 약 1,500~3,000A 수준에서 적용되므로 지름이 클수록 mm당 전류량을 작게 한다.

9-3
직접접촉법 : 축통전법, 직각통전법, 프로드법

9-4
프로드법
• 복잡한 형상의 검사 대상체에 필요한 부분의 시험에 적당하다.
• 간극은 3~8inch 정도이다.
• 프로드 사이를 이은 직선과 평행한 결함 추적에 용이하다.
• 프로드법으로 래미네이션을 검출하려면 결함 예상 지점에 단면검사를 실시하며 두께 방향으로 접촉시켜야 결함 검출이 가능하다.

정답 9-1 ② 9-2 ③ 9-3 ② 9-4 ②

핵심이론 10 | 자분탐상의 종류 - 선형자화법

① 선형자계(KS B 6752 Ⅵ편 7.3)

㉠ 선형자계의 자화전류

- L/D이 4 이상인 경우 계산된 암페어-턴 값의 ±10% 내에서 사용한다.

$$\text{Ampere}-\text{Turn}=\frac{35{,}000}{\frac{L}{D}+2}$$

예 길이 250mm, 지름 50mm인 부품
→ $L/D=5$

즉, $\text{Ampere}-\text{Turn}=\frac{35{,}000}{\frac{L}{D}+2}=\frac{35{,}000}{5+2}=5{,}000$

- L/D이 2 이상 4 미만인 경우 계산된 암페어-턴 값의 ±10% 내에서 사용한다.

$$\text{Ampere}-\text{Turn}=\frac{45{,}000}{\frac{L}{D}}$$

㉡ 선형자계의 자화전류값

$$\frac{\text{Ampere}-\text{Turn}}{\text{Turn}}$$

여기서, Turn : 감김 수

② 코일법

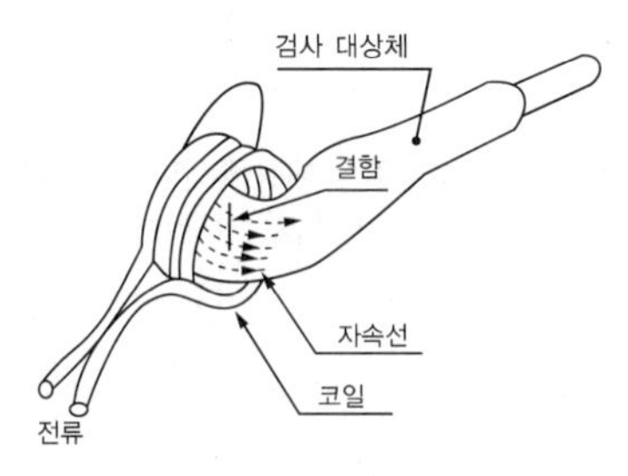

㉠ 검사 대상체를 코일 속에 넣고 전류를 흘려 검사 대상체를 관통하는 직선자기장을 만드는 방법이다.

㉡ 자기장과 직각 방향, 즉 코일 감은 방향의 결함 추적이 용이하다.

㉢ 비접촉식 검사법이며, 검사 대상체가 자화되어 검사 대상체 양끝이 자극되므로 양끝은 검사가 불가하다. 따라서 검사 대상체의 L(길이) : D(지름) 비, 즉 L/D이 2 미만이면 검사 대상체 검사 대상 부분이 거의 양극에 속하여 검사가 불가하다.

㉣ 반자기장(반자계)의 영향

- 검사 대상체 양 끝에 자극이 생기는 경우 반자기장(반자계)이 형성되어 시험 자계의 세기에 영향을 준다.
- 반자기장의 세기는 시험체의 L/D에 따라 달라진다. L/D이 2 미만일 때는 코일법이 부적당하다.
- 직류보다 교류를 사용하면 표피효과에 의해 반자기장의 영향이 줄어든다.
- 시험체 양 끝에 다른 도전체를 접속하여 자극을 멀리 형성하게 하면 반자기장의 영향이 줄어든다.
- 코일이 시험체에 비해 너무 짧으면 반자기장이 형성되므로 긴 시험체는 긴 코일을 사용한다.

③ 극간법

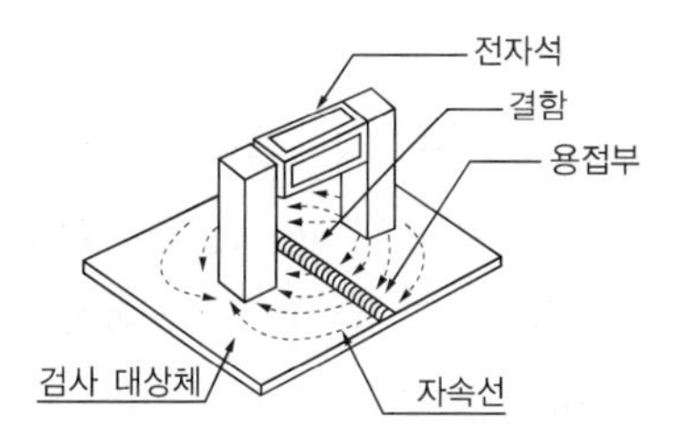

㉠ 두 자극 사이에 검사 부위를 넣어 직선자기장을 만드는 방법이다.

㉡ 두 자극과 직각방향의 결함 추적에 용이하다.

㉢ 자극을 사용하므로 접촉 시에도 스파크 우려가 없으며 비접촉으로도 검사가 가능하다.

㉣ 휴대성이 우수하고, 프로드법처럼 큰 검사 대상체의 국부 검사에 적당하다.

㉤ 극간법 장비(요크 장비)의 특징

- 장비의 점검 절차 : 자극 접촉부 점검 → 전원 연결부 점검 → 중간이음매 접촉 불량 점검 → 자화 성능 점검 → 탈자 성능 점검

- 극간법은 전자석의 철심 속에 일으킨 자속을 시험체에 투입하여 시험체를 자화시킨다. 따라서 시험체의 자속 밀도는 전자석의 전자속(철심 중 자속 총량)이 많을수록, 시험체 중 자속의 퍼짐이 적을수록 높아진다.
- 전자석의 전자속은 철심재의 포화 자속 밀도와 철심 단면적의 곱으로 정해지며, 전자석의 기자력(Ampere-Turn)을 높여도 증가하지 않는다.
- 영구 자석의 전자속은 잔류 자속 밀도와 철심 단면적의 곱으로 정한다.
- 자석의 자화 능력은 철심의 단면적에 의해 결정된다. 철심 단면적이 큰 자석은 자극 간격을 넓히는 효과가 있으나 휴대성이 낮다.
- 자극 간격이 넓을수록 자계 분포는 넓어지나, 자화 능력은 자극 간격에 반비례하여 감소한다.
- 자속회로의 단면적이 철심 단면적보다 커지면 시험체의 자속밀도가 낮아져 충분한 자화가 어렵다.
- 넓은 시험 면에서 자극 간 자속 분포는 양 자극에서 멀어질수록 넓어진다.
- 전자석 자극 주위에는 결함 검출이 안 되는 불감대가 있다. 그 점위는 자극 접촉부 틈이 클수록 증가하며 간격이 3~15mm 이상 된다. 불감대 크기는 자극 면의 접촉 상태 외에 자화 전류의 종류, 자분 종류, 자분 적용방식 등에 따라 다르다.

10년간 자주 출제된 문제

10-1. 선형자장이 형성되는 자분탐상검사방법은?

① 전류관통법 ② 프로드법
③ 코일법 ④ 축통전법

10-2. 길이 0.4m, 직경 0.08m인 검사 대상체를 코일법으로 자분탐상검사할 때 필요한 암페어-턴(Ampere-Turn) 값은?

① 4,000 ② 5,000
③ 6,000 ④ 7,000

10-3. 길이가 6인치, 직경이 2인치인 봉재를 권수가 3인 코일을 사용하여 선형자화법으로 검사하고자 할 때 이때 전류값은?

① 1,500A ② 2,000A
③ 3,000A ④ 5,000A

10-4. 선형자화에서 L/D의 비가 다음 중 어느 수치 미만에서 코일법은 적용되지 않는가?(단, L은 시험체의 길이, D는 시험체의 직경이다)

① 2 ② 3
③ 4 ④ 5

10-5. 야외 현장의 높은 곳에 위치한 용접부에 가장 적합한 자분탐상검사법은?

① 코일법 ② 극간법
③ 프로드법 ④ 전류관통법

|해설|

10-1
선형자화법에는 코일법과 극간법이 있다.

10-2
$$\frac{L}{D}=\frac{0.4}{0.08}=5$$
$$\text{Ampere}-\text{Turn}=\frac{35,000}{\frac{L}{D}+2}=\frac{35,000}{5+2}=5,000$$

10-3
$$\frac{L}{D}=\frac{6}{2}=3$$
$$\text{Ampere}-\text{Turn}=\frac{45,000}{\frac{L}{D}}=\frac{45,000}{3}=15,000$$
$$\text{Ampere}=\frac{\text{Ampere}-\text{Turn}}{\text{Turn}}=\frac{15,000}{3}=5,000$$

10-4
검사 대상체가 자화되어 검사 대상체 양끝이 자극이 되므로 양끝은 검사가 불가하다. 따라서 검사 대상체의 L(길이) : D(지름) 비, 즉 $\frac{L}{D}$이 2 미만이면 검사 대상체 검사 대상 부분이 거의 양극에 속하여 검사가 불가하다.

10-5
대형 구조물에 극간법과 프로드법이 사용 가능하며, 극간법은 두 자극만을 사용하므로 휴대성이 우수하다.

정답 10-1 ③ 10-2 ② 10-3 ④ 10-4 ① 10-5 ②

핵심이론 11 | KS D 0213의 개요 및 주요 용어

① **자분** : 검사에 사용되는 강자성체의 미세한 분말이다.

② **형광자분** : 자외선을 조사하였을 때 형광이 발생되도록 처리한 자분이다.

③ **비형광자분** : 형광이 발생되도록 처리를 하지 않은 자분이다.

④ **분산매** : 자분을 잘 분산시킨 상태로 검사 대상체의 표면에 적용하기 위한 매체가 되는 기체 또는 액체이다.

⑤ **검사액** : 습식법에 사용하는 자분을 분산 현탁시킨 액이다.

⑥ **유사모양** : 결함 이외의 원인에 의하여 나타나는 자분모양이다.

⑦ **자화전류** : 검사 대상체에 자속을 발생시키는 데 사용하는 전류이다.

⑧ **맥류** : 주기적으로 크기가 변화(다만, 극성은 불변)하는 자화전류(맥동률이 삼상전파정류 이하인 것은 직류로 본다)이다.

⑨ **충격전류** : 사이클로트론, 사일리스터 등을 사용하여 얻은 1펄스의 자화전류이다.

⑩ **정류식 장치** : 교류를 직류 또는 맥류로 바꾸어 자화전류를 공급하는 자화장치이다.

⑪ **도체패드(Pad)** : 검사 대상체의 국부적인 아크 손상을 방지할 목적으로, 검사 대상체와 전극 사이에 끼워서 사용하는 전도성이 좋은 매체이다.

⑫ **연속법** : 자화전류를 통하거나 영구자석을 접촉시킨 상태에서 자분 적용을 하는 방법이다.

⑬ **잔류법** : 자화전류를 단절시킨 후 자분 적용을 하는 방법이다.

⑭ **반자기장** : 검사 대상체를 자화시켰을 때 검사 대상체에 형성된 자극에 의하여 발생하며, 인가한 자기장의 세기를 감소시키는 자기장이다.

⑮ **유효자기장** : 검사하는 부분에 실제로 작용하고 있는 자기장을 말하며, 예를 들어 코일법의 경우 코일에 의해 형성되는 자기장에서 검사 대상체에서 형성된 반자기장을 뺀 자기장이다.

⑯ **탐상유효범위** : 목적으로 하는 결함에 필요한 자분 상태의 범위에서 1회의 자분적용조작에 의하여 결함자분모양이 형성되고, 그 결함자분모양이 관찰 조작으로 확실히 식별되는 범위이다.

⑰ **표피효과** : 검사 대상체에 가한 교류전류나 교류자속에 의해 검사 대상체의 표면 근처에만 자기장이 형성되는 현상이다.

10년간 자주 출제된 문제

11-1. 강자성재료의 자분탐상검사방법 및 자분모양의 분류(KS D 0213)에 의한 용어의 정의가 틀린 것은?

① 자화전류란 검사 대상체에 자속을 발생시키는 데 사용하는 전류를 말한다.
② 자분이란 검사에 사용되는 강자성체의 미세한 분말을 말한다.
③ 분산매란 자분이 여러 검사체에 잘 분산되는 정도의 매체가 되는 고체를 말한다.
④ 검사액이란 습식법에 사용하는 자분을 분산 현탁시킨 액을 말한다.

11-2. 강자성재료의 자분탐상검사방법 및 자분모양의 분류(KS D 0213)에 따라 시험하는 부분에 실제로 움직이는 자장을 무엇이라 하는가?

① 자속밀도 ② 반자기장
③ 유효자기장 ④ 탐상유효범위

11-3. 강자성재료의 자분탐상검사방법 및 자분모양의 분류(KS D 0213)에서 정류식 장치란?

① 주기적으로 크기가 변화하는 자화전류장치
② 검사 대상체에 자속을 발생시키는 데 사용하는 전류장치
③ 사이클로트론, 사일리스터 등을 사용하여 얻은 1펄스의 자화전류장치
④ 교류를 직류 또는 맥류로 바꾸어 자화전류를 공급하는 자화장치

|해설|

11-1

분산매 : 자분을 잘 분산시킨 상태로 검사 대상체의 표면에 적용하기 위한 매체가 되는 기체 또는 액체이다.

11-2

유효자기장 : 검사하는 부분에 실제로 작용하고 있는 자기장이다. 예를 들어 코일법의 경우 코일에 의해 형성되는 자기장에서 검사 대상체에서 형성된 반자기장을 뺀 자기장이다.

11-3

정류식 장치 : 교류를 직류 또는 맥류로 바꾸어 자화전류를 공급하는 자화장치이다.

정답 11-1 ③ 11-2 ③ 11-3 ④

핵심이론 12 | 장치(KS D 0213 5.1, 5.3)

① 검사장치

㉠ 검사장치는 원칙적으로 검사 대상체에 대하여 자화, 자분 적용, 관찰 및 탈자의 각 과정을 할 수 있는 것으로 한다. 다만, 탈자가 필요하지 않으면 탈자과정은 없어도 좋다.

㉡ 검사장치는 검사 대상체의 모양, 치수, 재질, 표면 상황 및 흠집의 성질(종류, 크기, 위치 및 방향)에 따라 적당한 감도로 능률적이고 안전하게 시험할 수 있는 것이어야 한다.

㉢ 자화를 하는 장치는 전류를 이용하는 방식과 영구자석을 이용하는 방식이 있으며, 전류를 이용하는 방식은 그 자화전류의 종류에 따라 직류식, 정류식, 교류식 및 충격전류식으로 분류한다.

㉣ 전류를 이용한 자화장치는 흠집을 검출하는 데 적당한 자기장의 강도를 검사 대상체에 가할 수 있는 것이어야 한다. 이를 위해 자화전류를 파고치로 표시하는 전류계를 갖추어야 한다. 다만, 전자석형은 이 계기를 생략해도 좋다.

㉤ 자석형의 장치에는 검사 대상체에 투입 가능한 최대자속을 표시하여야 한다. 다만, 전자석형의 장치는 전류의 종류 및 주파수를 함께 표시한다.

㉥ 습식법에서의 검사액의 적용장치는 검사액조에 교반장치를 갖추는 등 자분이 균일하게 분산된 검사액을 안정되게 시험체에 적용할 수 있는 것으로, 생성된 자분모양을 흩트리는 일이 없어야 한다.

㉦ 건식법에서 자분적용장치는 항상 잘 건조된 자분을 균일하게 분산시킨 상태에서 자분모양을 흩트리는 일 없이 안정되게 검사 대상체에 적용할 수 있는 것이어야 한다.

㉧ 형광자분을 사용하는 시험에는 자외선조사장치를 이용한다. 자외선조사장치는 주로 320~400nm까지의 근자외선을 통과시키는 필터를 가지며, 사용 상태에서 형광자분모양을 명료하게 식별할 수 있는

자외선강도(자외선조사장치의 필터면에서 38cm의 거리에서 800μW/cm^2 이상)를 가진 것이어야 한다.

㉧ 탈자장치는 잔류자기를 검사 대상체의 용도에 따라 필요한 한도까지 감소시킬 수 있는 것이어야 한다.

② 검사장치의 보수점검

㉠ 전류계 : 자화전류를 설정하기 위해 사용하는 전류계는 정기적으로 점검하여야 한다.

㉡ 타이머 : 자화전류의 지속시간을 제어하기 위한 타이머는 정기적으로 점검하여야 한다.

㉢ 자외선조사장치 : 자외선조사장치의 자외선강도는 자외선강도계를 사용하여 측정하고 필터면에서 38 cm 떨어진 위치에서 800μW/cm^2 미만인 경우 또는 수은등의 누설이 있을 경우는 수리 또는 폐기한다.

㉣ 점검주기 : 전류계, 타이머 및 자외선조사장치의 점검은 적어도 연 1회 실시하고, 1년 이상 사용하지 않을 경우에는 사용 시에 점검하여 성능을 확인한 것을 사용해야 한다.

10년간 자주 출제된 문제

12-1. 강자성재료의 자분탐상검사방법 및 자분모양의 분류(KS D 0213)에서 자화를 하는 장치 중 전류를 이용하는 방식은 자화전류의 종류에 따라 4가지로 분류한다. 이 4가지는?

① 직렬식, 병렬식, 직병렬식, 맥류식
② 직렬식, 충격전류식, 맥류식, 직병렬식
③ 직류식, 교류식, 직병렬식, 정류식
④ 직류식, 교류식, 정류식, 충격전류식

12-2. 강자성재료의 자분탐상검사방법 및 자분모양의 분류(KS D 0213)에 의한 검사장치의 설명으로 틀린 것은?

① 원칙적으로 자화, 자분 적용, 관찰 및 탈자의 각 과정을 할 수 있어야 한다.
② 전자석형 자화장치에는 자화전류를 파고치로 표시하는 전류계는 생략해도 된다.
③ 자석형 장치에는 검사 대상체에 투입 가능한 최대자속, 전류의 종류 및 주파수를 반드시 표시하여야 한다.
④ 형광자분을 사용하는 검사 대상체에는 자외선조사장치를 사용한다.

12-3. 강자성재료의 자분탐상검사방법 및 자분모양의 분류(KS D 0213)에서 시험 기록 시 시험조건 중 자화전류치에 대한 설명으로 옳은 것은?

① 자화전류치는 파고치로 기재한다.
② 파고치를 기재하는 경우는 코일법에 한한다.
③ 코일법인 경우 간격, 타래수를 부기한다.
④ 프로드법인 경우 치수, 코일의 권수를 부기한다.

12-4. 형광자분을 사용하는 자분탐상시험 시 광원으로부터 몇 cm 떨어진 시험체 표면에서 자외선등의 강도는 최소 800μW/cm^2 이상이어야 하는가?

① 15cm ② 38cm
③ 50cm ④ 72cm

|해설|

12-1
자화를 하는 장치는 전류를 이용하는 방식과 영구자석을 이용하는 방식이 있으며, 전류를 이용하는 방식은 그 자화전류의 종류에 따라 직류식, 정류식, 교류식 및 충격전류식으로 분류한다.

12-2
자석형의 장치에는 시험체에 투입 가능한 최대자속을 표시하여야 한다. 다만, 전자석형의 장치는 전류의 종류 및 주파수를 함께 표시한다.

12-3
전류를 이용한 자화장치는 흠집을 검출하는 데 적당한 자기장의 강도를 검사 대상체에 가할 수 있는 것이어야 한다. 이를 위해 자화전류를 파고치로 표시하는 전류계를 갖추어야 한다.

12-4
형광자분을 사용하는 시험에는 자외선조사장치를 이용한다. 자외선조사장치는 주로 320~400nm의 근자외선을 통과시키는 필터를 가지며, 사용 상태에서 형광자분모양을 명료하게 식별할 수 있는 자외선강도(자외선조사장치의 필터면에서 38cm의 거리에서 800μW/cm^2 이상)를 가진 것이어야 한다.

정답 12-1 ④ 12-2 ③ 12-3 ① 12-4 ②

핵심이론 13 | 자분 및 검사액(KS D 0213 5.2)

① 자분은 그 적용 시 분산매의 차이에 따라 건식용과 습식용으로 나누고, 다시 관찰방법의 차이에 따라 형광자분과 비형광자분으로 분류한다.

② 자분은 검사 대상체의 재질, 표면상황 및 흠집의 성질에 따라 적당한 자성, 입도, 분산성, 현탁성 및 색조를 가진 것을 사용하여야 한다.

③ 자분의 입도는 현미경 측정방법으로 입자의 정방향 지름을 측정하고 누적체상 20% 및 80%를 표시하는 입자지름의 범위로 나타낸다.

④ 습식법에는 KS M 2613에 규정하는 등유, 물 등을 분산매로 하여 필요에 따라 적당한 방청제 및 계면활성제를 넣은 검사액을 사용한다.

⑤ 검사액 속의 자분분산농도는 실제로 적용하는 위치에서의 검사액의 단위 용적(1L) 중에 포함되는 자분의 무게(g), 또는 단위 용적(100mL) 중에 포함되는 자분의 침전용적(mL)으로 나타내고 자분의 종류 및 입도를 고려하여 설정한다. 특히, 형광자분인 경우에는 자분의 입도 외에 자분의 적용시간 및 적용방법을 고려하여 자분분산농도를 정하고 과잉농도를 피하여야 한다.

⑥ 검사액 및 자분은 적당한 표준시험편 등을 사용하여 필요에 따라 그 성능을 확인하여야 한다.

10년간 자주 출제된 문제

13-1. 강자성재료의 자분탐상검사방법 및 자분모양의 분류(KS D 0213)에 따라 자분을 선택할 때 고려할 대상과 관계가 먼 것은?

① 시험체의 재질 ② 자분의 입도
③ 자분의 색조 ④ 전류의 크기

13-2. 강자성재료의 자분탐상검사방법 및 자분모양의 분류(KS D 0213)에서 자분을 건식과 습식으로 분류하는 기준은?

① 결함검출능 ② 자분의 입도
③ 자분적용시기 ④ 분산매 종류

13-3. 자분탐상검사에서 습식자분액의 농도가 균일하지 않을 때 나타나는 결과는?

① 지시의 강도가 변할 수 있기 때문에 지시의 판독 시 오판의 우려가 있다.
② 자화선 속이 균일하지 못하게 된다.
③ 유동성을 더욱 좋게 해 주어야 한다.
④ 부품을 자화시킬 수가 있다.

13-4. 습식자분을 물과 검사체에 균일하게 분산시키기 위해 첨가하는 것은?

① 방청제 ② 백등유
③ 용제 ④ 계면활성제

|해설|

13-1
자분은 검사 대상체의 재질, 표면상황 및 흠집의 성질에 따라 적당한 자성, 입도, 분산성, 현탁성 및 색조를 가진 것이어야 한다.

13-2
자분은 그 적용 시 분산매의 차이에 따라 건식용과 습식용으로 나누고, 다시 관찰방법의 차이에 따라 형광자분과 비형광자분으로 분류한다.

13-3
자분액의 농도가 짙으면 단위 부피당 자분이 많아서 진한 판독이 될 것이고, 옅으면 자분이 지시를 잘하지 못할 수도 있다. 적어도 지시의 강도는 영향을 받는다.

13-4
계면활성제는 물과 친하고 기름에도 녹기 쉬운 성분이다. 이에 따라 자분과 검사체 모두에게 배척되지 않는 성질이 있다.

정답 13-1 ④ 13-2 ④ 13-3 ① 13-4 ④

핵심이론 14 | 표준시험편(KS D 0213 6.1, 6.2)

① A형 표준시험편

A형 표준시험편은 장치, 자분, 검사액의 성능과 연속법에서의 검사 대상체 표면의 유효자기장의 세기 및 방향, 탐상유효범위, 시험조작의 적합 여부를 조사하는 것이다.

㉠ A형 표준시험편은 다음에 따른다.

명칭			재질
A1-7/50 (원형, 직선형)	A1-15/50 (원형, 직선형)	-	KS C 2504의 1종을 어닐링(불활성 가스 분위기 중 600℃ 1시간 유지, 100℃까지 분위기 중에서 서랭)한 것
A1-15/100 (원형, 직선형)	A1-30/100 (원형, 직선형)	-	
A2-7/50 (직선형)	A2-15/50 (직선형)	A2-30/50 (직선형)	KS C 2504의 1종의 냉간압연한 그대로의 것
A2-15/100 (직선형)	A2-30/100 (직선형)	A2-60/100 (직선형)	

- 시험편의 명칭 가운데 사선의 왼쪽은 인공 흠집의 깊이를, 사선의 오른쪽은 판의 두께를 나타내고 치수의 단위는 μm로 한다.
- 인공 흠집의 깊이의 공차는 $7\mu m$일 때 $\pm 2\mu m$, $15\mu m$일 때 $\pm 4\mu m$, $30\mu m$일 때 $\pm 8\mu m$, $60\mu m$일 때 $\pm 15\mu m$로 한다.
- 시험편의 명칭 가운데 괄호 안은 인공 흠집의 모양을 나타낸다.

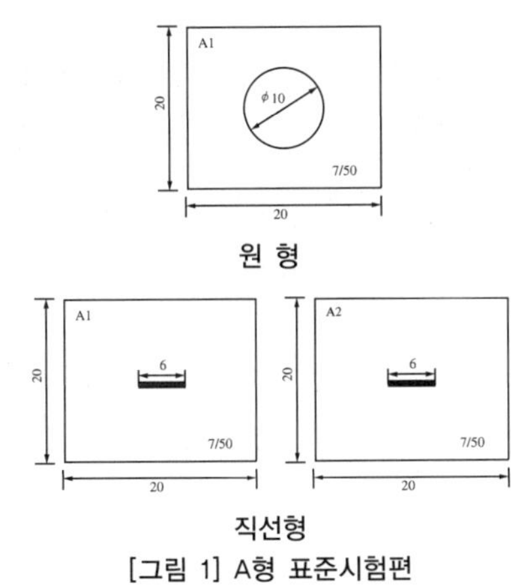

[그림 1] A형 표준시험편

㉡ A형 표준시험편의 A2는 A1보다 높은 유효자기장의 강도로 자분모양이 나타나고, 그 명칭의 분수치가 작은 것만큼 순차적으로 높은 유효자기장의 강도로 자분모양이 나타난다.

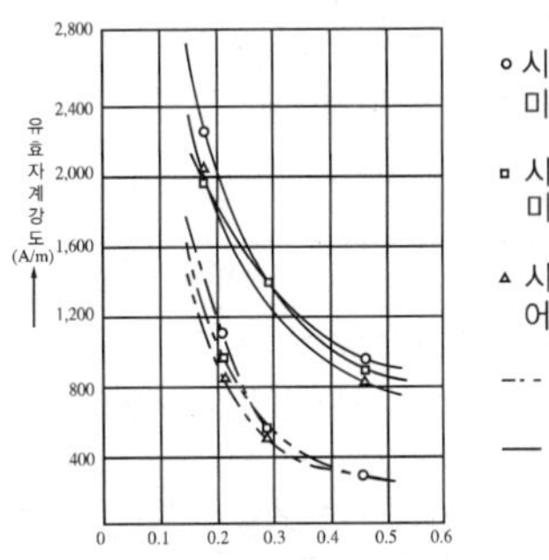

∘ 시험체가 SM10C 미어닐링재 $\phi45$ 환봉
▫ 시험체가 STC4 미어닐링재 $\phi45$ 환봉
▵ 시험체가 STC4 어닐링재 $\phi45$ 환봉
-·- 1류 A형 표준시험편
— 2류 A형 표준시험편

→ A형 표준시험편의 흠집의 깊이 / A형 표준시험편의 판 두께($50\mu m$)

A형 시험편의 종류와 유효자계의 관계. 실험치. KS D 0213. 해설 인용

㉢ A형 표준시험편은 자분탐상시험의 시방 또는 목적에 적당한 것을 선택하여 사용하고, 거기에 검출하고자 하는 흠집 방향의 자분모양이 확실하게 나타나는 것을 확인한다. 시방서에서 사용하는 A형 표준시험편의 명칭은 검출해야 할 흠집의 종류, 검사 대상체의 자기특성, 크기에 따라 정한다. 또한, A형 표준시험편의 자기장의 세기의 규제범위를 넘어서 보다 강한 유효자기장을 필요로 할 경우에는 표준시험편 명칭의 배수로 나타낸다(보기 : (A2-7/50) × 2, A2-7/50으로 자분모양을 얻을 수 있는 자화전류치 2배의 자화전류치로 검사하는 것을 나타낸다).

㉣ A형 표준시험편은 인공 흠집이 있는 면이 검사면에 잘 밀착되도록 적당한 점착성 테이프를 사용하여 검사면에 붙인다. 이 경우 점착성 테이프가 표준시험편 인공 흠집의 부분을 덮어서는 안 된다.

㉤ A형 표준시험편에의 자분의 적용은 연속법으로 한다.

㉥ 초기의 모양, 치수, 자기특성에 변화를 일으킨 경우 A형 표준시험편 사용이 불가하다.

② C형 표준시험편

용접부 그루브면 등의 좁은 부분에서 치수적으로 A형 표준시험편의 적용이 곤란한 경우 A형 표준시험편 대신 사용하는 것이다.

㉠ C형 표준시험편의 명칭 및 재료는 표 1에, 모양 및 치수는 그림 2에 나타낸다. 판의 두께는 50μm로 한다.

명칭	재질
C1	KS C 2504의 1종을 어닐링(불활성가스 분위기 중 600℃ 1시간 유지, 100℃ 이하까지 분위기 중에서 서랭)한 것
C2	KS C 2504의 1종의 냉간압연한 그대로의 것

[표 1] C형 표준시험편

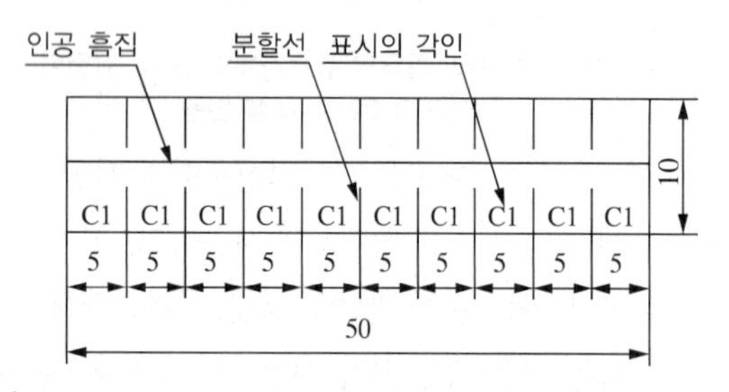

[그림 2] C형 표준시험편(표시는 C1의 경우)

㉡ C형 표준시험편의 인공 흠집의 치수는 깊이 8±1 μm, 너비 50±8μm로 한다.

㉢ C형 표준시험편의 C1은 A1-7/50, C2는 A2-7/50에 각각 가까운 값의 유효자기장에서 자분모양이 나타난다.

㉣ C형 표준시험편은 분할선에 따라 5×10mm의 작은 조각으로 분리하고 인공 흠집이 있는 면이 검사면에 잘 밀착하도록 적당한 양면 접착테이프 또는 접착제로 검사면에 붙여 사용한다. 이때 양면 접착테이프 등의 두께는 100μm 이하로 한다.

㉤ C형 표준시험편의 자분적용은 연속법으로 한다.

㉥ C형 표준시험편은 초기의 모양, 치수, 자기특성에 변화를 일으킨 경우에는 사용이 불가하다.

10년간 자주 출제된 문제

14-1. 강자성재료의 자분탐상검사방법 및 자분모양의 분류(KS D 0213)의 A형 표준시험편 명칭이 'A1-15/50'일 때 숫자 50이 의미하는 것은?

① 흠집의 깊이 ② 흠집의 길이
③ 시험편의 판두께 ④ 시험편의 세로길이

14-2. 강자성재료의 자분탐상검사방법 및 자분모양의 분류(KS D 0213)에서 A형 표준시험편에 관한 설명 중 옳은 것은?

① 시험편은 인공 흠집이 있는 면을 검사면에 붙인다.
② 검사면과 시험편의 간격은 약간 떨어지는 것이 좋다.
③ 시험편의 자분 적용은 잔류법으로 한다.
④ 시험편의 A1은 A2보다 높은 유효자기장에서 자분모양을 얻는다.

14-3. 자분탐상용 표준시험편 중 용접부의 그루브면 등 비교적 좁은 부분에서 사용하기 위한 것은?

① A1형 ② A2형
③ B형 ④ C형

14-4. 강자성재료의 자분탐상검사방법 및 자분모양의 분류(KS D 0213)에서 C형 표준시험편의 사용방법으로 적합하지 않은 것은?

① 용접부의 그루브면 등 좁은 부분에서 A형의 적용이 곤란한 경우에 사용한다.
② 판의 두께는 50μm로 한다.
③ 자분의 적용은 잔류법으로 한다.
④ 검사면에 잘 밀착되도록 적당한 양면 점착테이프로 검사면에 붙여 사용한다.

14-5. 강자성재료의 자분탐상검사방법 및 자분모양의 분류(KS D 0213)의 A형 표준시험편 중에서 A2-7/50(직선형)에 대한 설명 중 틀린 것은?

① 냉간압연 후 어닐링한 것이다.
② 인공 흠집의 깊이는 7μm이다.
③ 판의 두께는 50μm이다.
④ 인공 흠집의 길이는 6mm이다.

|해설|

14-1

시험편의 명칭 가운데 사선의 왼쪽은 인공 흠집의 깊이를, 사선의 오른쪽은 판의 두께를 나타내고 치수의 단위는 μm로 한다.

14-2

② A형 표준시험편은 인공 흠집이 있는 면이 검사면에 잘 밀착되도록 적당한 점착성 테이프를 사용하여 검사면에 붙이도록 한다.

③ 시험편의 자분 적용은 연속법으로 한다.

④ A형 표준시험편의 A2는 A1보다 높은 유효자기장의 강도로 자분모양이 나타난다.

※ 이 외의 A형 표준시험편의 특징이 지속적으로 출제되고 있다.

14-3

C형 표준시험편

용접부 그루브면 등의 좁은 부분에서 치수적으로 A형 표준시험편의 적용이 곤란한 경우 A형 표준시험편 대신 사용하는 것이다.

14-4

C형 표준시험편의 자분적용은 연속법으로 한다.

14-5

재질은 KS C 2504의 1종의 냉간압연한 그대로의 것이다.

정답 14-1 ③ 14-2 ① 14-3 ④ 14-4 ③ 14-5 ①

핵심이론 15 B형 대비시험편(KS D 0213 6.3)

① B형 대비시험편은 장치, 자분 및 검사액의 성능을 조사하는 데 사용한다.

② B형 대비시험편은 그림 3과 같은 것을 사용한다. B형 대비시험편은 원칙적으로 KS C 2503에 규정하는 재료를 사용하며, 용도에 따라 검사 대상체와 같은 재질 및 지름의 것을 사용할 수 있다.

[단위 : mm]

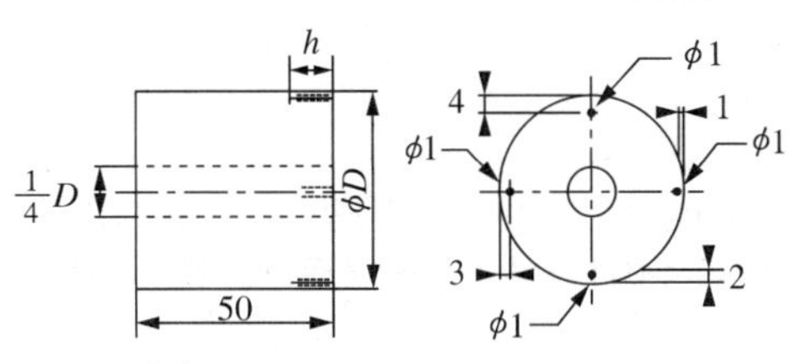

[그림 3] B형 대비시험편

③ B형 대비시험편은 피복한 도체를 관통구멍의 중심에 통과시켜 연속법으로 원통면에 자분을 적용해서 사용한다.

10년간 자주 출제된 문제

15-1. 강자성재료의 자분탐상검사방법 및 자분모양의 분류(KS D 0213)에 따른 B형 대비시험편의 사용용도와 가장 거리가 먼 것은?

① 장치의 성능조사
② 자분의 성능조사
③ 탐상유효범위조사
④ 검사액의 성능조사

15-2. 자분탐상검사용 표준시험편이 아닌 것은?

① A형 ② B형
③ C1형 ④ C2형

15-3. 강자성재료의 자분탐상검사방법 및 자분모양의 분류(KS D 0213)에서 B형 대비시험편의 사용 시 자분의 적용방법은?

① 잔류법 ② 침적법
③ 연속법 ④ 반사법

|해설|

15-1
B형 대비시험편은 장치, 자분 및 검사액의 성능을 조사하는 데 사용한다.

15-2
B형은 대비시험편이다.

15-3
B형 대비시험편은 피복한 도체를 관통구멍의 중심에 통과시켜 연속법으로 원통면에 자분을 적용해서 사용한다.

정답 15-1 ③ 15-2 ② 15-3 ③

핵심이론 16 검사방법의 분류 및 절차 (KS D 0213 8.1, 8.2)

① 검사방법의 분류

㉠ 자분의 적용시기에 따른 분류 : 연속법, 잔류법
㉡ 자분의 종류에 따른 분류 : 형광자분, 비형광자분
㉢ 자분의 분산매에 따른 분류 : 건식법, 습식법
㉣ 자화전류의 종류에 따른 분류 : 직류, 맥류, 교류, 충격전류
㉤ 자화방법에 따른 분류 : 축통전법(EA), 직각통전법(ER), 자속관통법(I), 전류관통법(B), 프로드법(P), 코일법(C), 극간법(M)

② 검사조작의 절차

전처리, 자화, 자분의 적용, 자분모양의 관찰, 기록 및 탈자의 조작으로 이루어지고 검사의 목적에 따라 적절히 조합한다.

10년간 자주 출제된 문제

16-1. 강자성재료의 자분탐상검사방법 및 자분모양의 분류(KS D 0213)에 따른 탐상검사의 조작 절차로 옳은 것은?

① 자화 → 관찰 → 자분적용 → 기록 및 탈자 → 전처리
② 전처리 → 기록 및 탈자 → 자화 → 관찰 → 자분적용
③ 자화 → 기록 및 탈자 → 전처리 → 관찰 → 자분적용
④ 전처리 → 자화 → 자분적용 → 관찰 → 기록 및 탈자

16-2. 강자성재료의 자분탐상검사방법 및 자분모양의 분류(KS D 0213)에서 자화방법 중 극간법의 부호로 옳은 것은?

① B ② M
③ I ④ P

16-3. 강자성재료의 자분탐상검사방법 및 자분모양의 분류(KS D 0213)에 규정된 자분탐상검사방법 중 자화방법에 따른 분류가 아닌 것은?

① 잔류법 ② 코일법
③ 극간법 ④ 전류관통법

10년간 자주 출제된 문제

16-4. 강자성재료의 자분탐상검사방법 및 자분모양의 분류(KS D 0213)에서 연속법일 때의 자화조작방법으로 옳은 것은?

① 자화조작 중에 자분적용을 완료한다.
② 탈자를 한 후에 자분적용을 완료한다.
③ 자화력을 제거한 후 자분적용을 완료한다.
④ 자화조작 종료 후에 자분적용을 완료한다.

|해설|

16-1

검사조작의 절차 : 전처리, 자화, 자분의 적용, 자분모양의 관찰, 기록 및 탈자의 조작으로 이루어지고 시험의 목적에 따라 적절히 조합한다.

16-2

자화방법에 따른 분류

축통전법(EA), 직각통전법(ER), 자속관통법(I), 전류관통법(B), 프로드법(P), 코일법(C), 극간법(M)

16-3

잔류법은 자분적용시기에 따른 분류에 속한다.

16-4

연속법과 잔류법은 자분적용시기에 따른 분류로 연속법은 자화조작 중 자분적용을 완료한다.

정답 16-1 ④ 16-2 ② 16-3 ① 16-4 ①

핵심이론 17 | 전처리(KS D 0213 8.3)

① 전처리의 범위는 검사범위보다 넓게 잡고, 용접부의 경우는 원칙적으로 검사범위에서 모재측으로 약 20 mm 넓게 잡는다.

② 검사 대상체는 원칙적으로 단일부품으로 분해하고, 자화되는 경우는 필요에 따라 탈자한다.

③ 검사 대상체에 부착된 유지, 오염, 그 밖의 부착물, 도료, 도금 등의 피막이 검사 정확도에 영향을 주는 경우 또는 검사액을 오염시킬 우려가 있는 경우는 이들을 제거한다.

④ 건식용 자분 사용 시 표면건조한다.

⑤ 아크 손상을 방지하고 전류를 잘 흐르게 하기 위하여 검사 대상체와 전극의 접촉 부분의 청결을 유지한다. 필요에 따라 전극에 도체패드를 부착한다.

⑥ 기름구멍, 그 밖의 구멍 등에서 시험 후 내부의 자분을 제거하는 것이 곤란한 곳은 검사 전 다른 무해물질로 채워 둔다.

10년간 자주 출제된 문제

다음 전처리에 대한 설명 중 옳지 않은 것은?

① 전처리의 범위는 시험범위보다 약간 좁게 설정한다.
② 시험체는 단일부품으로 분해하는 것이 원칙이다.
③ 건식용 자분을 사용할 때는 반드시 표면을 건조시켜야 한다.
④ 시험 후 내부 자분을 제거하는 것이 곤란한 구멍 등에는 미리 무해물질을 채워 둔다.

|해설|

전처리 범위는 시험범위보다 넓게 처리해 놓는 것이 안전하다.

정답 ①

핵심이론 18 자화(KS D 0213 8.4)

① 자화 시 장치의 특성, 검사 대상체의 자기특성, 모양, 치수, 표면 상태, 예측되는 흠집의 성질 등에 따라 자분의 적용시기와 필요한 자기장의 방향 및 세기를 결정하고 자화방법, 자화전류의 종류, 전류치 및 탐상유효범위를 선정한다. 자기장의 방향 및 세기를 확인할 필요가 있을 때에는 A형 표준시험편 혹은 C형 표준시험편, 가우스미터와 같은 자기측정기를 사용한다.

② 자화 시 고려사항

㉠ 자기장의 방향을 예측되는 흠집의 방향과 가능한 한 직각으로 한다.

㉡ 자기장의 방향을 검사면과 가능한 한 평행으로 한다.

㉢ 반자기장을 적게 한다.

㉣ 검사면이 타면 안 될 경우에는 검사 대상체에 직접 통전하지 않는 자화방법을 선택하는 것이 좋다.

③ 자화전류의 종류

㉠ 교류 및 충격전류를 사용하여 자화하는 경우 원칙적으로 표면 흠집의 검출에 한한다.

㉡ 교류를 사용하여 자화하는 경우 원칙적으로 연속법에 한한다.

㉢ 직류 및 맥류를 사용하여 자화하는 경우 표면의 흠집 및 표면 근처 내부의 흠집 검출이 가능하다.

㉣ 직류 및 맥류를 사용하여 자화하는 경우 연속법 및 잔류법에 사용이 가능하다.

㉤ 맥류는 그것에 포함되는 교류성분이 큰 만큼 내부 흠집의 검출성능이 낮다.

㉥ 교류는 표피효과의 영향으로 표면 아래의 자화가 직류와 비교하여 약하다.

㉦ 충격전류를 사용하는 경우는 잔류법에 한한다.

④ 자화전류 설정 시 자계강도

㉠ 연속법 중 일반적인 구조물 및 용접부의 경우 : 1,200~2,000A/m의 자기장의 세기

㉡ 연속법 중 주단조품 및 기계부품의 경우 : 2,400~3,600A/m의 자기장의 세기

㉢ 연속법 중 담금질한 기계부품의 경우 : 5,600A/m 이상의 자기장의 세기

㉣ 잔류법 중 일반적인 담금질한 부품의 경우 : 6,400~8,000A/m의 자기장의 세기

㉤ 잔류법 중 공구강 등의 특수재 부품의 경우 : 12,000A/m 이상의 자기장의 세기

㉥ 단, 여기서 자기장의 세기란 예측되는 결함의 방향에 대하여 직각 방향의 자기장의 세기를 의미한다.

⑤ 통전시간 설정

㉠ 연속법에서는 통전 중의 자분의 적용을 완료할 수 있는 통전시간을 설정한다.

㉡ 잔류법에서는 원칙적으로 1/4~1초이다. 다만, 충격전류인 경우에는 1/120초 이상으로 하고 3회 이상 통전을 반복하는 것으로 한다. 단, 충분한 기자력을 가할 수 있는 경우는 제외한다.

10년간 자주 출제된 문제

18-1. 강자성재료의 자분탐상검사방법 및 자분모양의 분류(KS D 0213)에 따라 검사를 수행할 때 자화전류의 적용에 관한 설명 중 틀린 것은?

① 충격전류를 사용하여 자화하는 경우 연속법에 한한다.
② 교류를 사용하여 자화하는 경우 원칙적으로 연속법에 한한다.
③ 교류 및 충격전류를 사용하여 자화하는 경우 원칙적으로 표면 흠집의 검출에 한한다.
④ 직류 및 맥류를 사용하여 자화하는 경우 표면의 흠집 및 표면 근처의 내부 흠집을 검출할 수 있다.

18-2. 강자성재료의 자분탐상검사방법 및 자분모양의 분류(KS D 0213)에서 잔류법에 있어서의 규정된 통전시간은?

① 1/4~1초　② 1~2초
③ 1/2~2초　④ 1/2~3초

10년간 자주 출제된 문제

18-3. 강자성재료의 자분탐상검사방법 및 자분모양의 분류(KS D 0213)에서 일반적인 구조물에 연속법으로 자화할 때 탐상에 필요한 자기장의 세기(A/m)의 범위 규정으로 옳은 것은?

① 1,200 이하
② 1,200~2,000
③ 2,500~3,500
④ 6,000~8,000

18-4. 강자성재료의 자분탐상검사방법 및 자분모양의 분류(KS D 0213)에 따른 시험장치의 강도조정을 할 때 고려할 사항과 거리가 먼 것은?

① 시험품의 모양과 치수
② 자극의 방향
③ 흠집의 성질
④ 시험품의 표면상황

|해설|

18-1
충격전류를 사용하는 경우는 잔류법에 한한다.

18-2
통전시간 설정
- 연속법에서는 통전 중의 자분의 적용을 완료할 수 있는 통전시간을 설정한다.
- 잔류법에서는 원칙적으로 1/4~1초이다. 다만, 충격전류인 경우에는 1/120초 이상으로 하고 3회 이상 통전을 반복하는 것으로 한다. 단, 충분한 기자력을 가할 수 있는 경우는 제외한다.

18-3
연속법 중 일반적인 구조물 및 용접부의 경우 : 1,200~2,000A/m의 자기장의 세기

18-4
자화할 때는 장치의 특성, 시험체의 자기특성, 모양, 치수, 표면상태, 예측되는 흠집의 성질 등에 따라 자분의 적용시기와 필요한 자계의 방향 및 강도를 결정하고 자화방법, 자화전류의 종류, 전류치 및 탐상유효범위를 선정한다.

정답 18-1 ① 18-2 ① 18-3 ② 18-4 ②

핵심이론 19 | 자분 적용(KS D 0213 8.5)

① 충분한 양의 자분을 균일한 상태에서 조용히 탐상유효범위의 검사면에 적용하여 흠집 부분에 흡착한다.
 ㉠ 검사면이 자분으로 오염되지 않도록 한다.
 ㉡ 자분의 농도는 원칙적으로 비형광습식법에서는 2~10g/L, 형광습식법에서는 0.2~2g/L의 범위로 한다.

② 연속법
 ㉠ 자화조작 중에 자분의 적용을 완료한다.
 ㉡ 자화조작 종료 후의 분산매의 흐름에 의해 형성된 자분모양이 사라지지 않도록 주의한다.

③ 잔류법
 ㉠ 자화과정을 종료한 후에 자분을 적용한다.
 ㉡ 자분의 적용 전에 다른 강자성체를 검사면에 접촉시키지 않도록 주의한다.

④ 건식법(건식분산매)
 ㉠ 자분 및 검사면이 충분히 건조되어 있는 것을 확인한 후에 적당량의 자분을 조용히 뿌리거나 살포한다.
 ㉡ 자분모양의 형성을 쉽게 하기 위해 가볍게 검사면에 진동을 가하거나 충분한 양의 자분을 적용한 후 조용한 공기흐름 등으로 잉여 자분을 제거할 수 있다.
 ㉢ 형성된 자분모양이 사라지지 않도록 주의한다.

⑤ 습식법(습식분산매-검사액 사용)
 ㉠ 검사면 전면이 검사액과 잘 접촉할 수 있는 상태가 되어 있는 것을 확인한 후에 검사 대상체에 검사액을 뿌린다.
 ㉡ 자분이 잘 분산되어 있는 검사액 속에 검사 대상체를 담근 후 조용히 꺼내 자분을 적용한다.
 ㉢ 검사면 위에서의 검사액의 유속이 너무 빨라지지 않도록 주의한다.
 ㉣ 검사액이 흐르지 않고 머물러 있는 경우 적당한 검사액의 흐름이 생기도록 한다.

10년간 자주 출제된 문제

19-1. 자분시험에 사용할 비형광습식자분의 농도(g/L)로 옳은 것은?

① 0.3 ② 1
③ 7 ④ 30

19-2. 강자성재료의 자분탐상검사방법 및 자분모양의 분류(KS D 0213)에 따른 자분적용 시 분산매의 차이에 따라 어떻게 분류하는가?

① 건식법과 습식법
② 연속법과 잔류법
③ 극간법과 프로드법
④ 형광자분과 비형광자분법

19-3. 강자성재료의 자분탐상검사방법 및 자분모양의 분류(KS D 0213)에 의한 자분탐상 시 건식법에서 자분살포와 관련된 내용으로 틀린 것은?

① 검사면이 충분히 건조되어 있는 것을 확인하고 젖어 있는 경우에는 시험해서는 안 된다.
② 충분히 건조되어 있지 않은 자분을 뿌리거나 살포해서는 안 된다.
③ 가볍게 검사면에 진동을 가하여 자분모양의 형성을 쉽게 할 수 있다.
④ 잉여자분을 조용한 공기 흐름으로 제거해서는 안 된다.

|해설|

19-1
자분의 농도는 원칙적으로 비형광습식법은 2~10g/L, 형광습식법은 0.2~2g/L이다.

19-2
분산매는 건식분산매와 검사액을 사용하는 습식분산매의 방법으로 나뉜다.

19-3
건식법(건식분산매)
- 자분 및 검사면이 충분히 건조되어 있는 것을 확인한 후에 적당량의 자분을 조용히 뿌리거나 살포한다.
- 자분모양의 형성을 위해 가벼운 검사면 진동이 잉여자분을 조용한 공기 흐름 등으로 제거가 가능하다.
- 형성된 자분모양이 사라지지 않도록 주의한다.

정답 19-1 ③ 19-2 ① 19-3 ④

핵심이론 20 자분모양의 관찰(KS D 0213 8.6)

① 자분모양의 관찰은 원칙적으로 자분모양이 형성된 직후 실시한다.

② 비형광자분을 사용한 경우는 자분모양을 충분히 식별할 수 있는 일광 또는 조명(관찰면의 밝기는 500lx 이상) 아래에서 관찰한다.

③ 형광자분을 사용한 경우
  ㉠ 자외선조사장치를 사용하여 형광자분모양을 충분히 식별할 수 있는 어두운(관찰면의 밝기는 20lx 이하) 곳에서 관찰한다.
  ㉡ 관찰면에서의 자외선강도는 $800\mu W/cm^2$ 이상이어야 한다.

④ 자분모양이 나타난 경우
흠집에 의한 자분모양인지 흠집에 의하지 않은 유사모양인지 확인한다.

⑤ 의사모양의 종류
  ㉠ 자기펜자국 : 자화된 시험체에 다른 강자성체가 접촉되거나 자화된 시험체가 서로 접촉하는 경우에 잔류자속이 누설되어 생기며, 예리한 선 모양으로 나타나는 의사지시이다.
  ㉡ 단면급변지시 : 단면이 급하게 변하는 볼트의 나사부위, 목 부위, 열쇠 홈 모양, 회전체의 단면지름이 급하게 다른 경우 선 모양의 자분모양 의사지시가 나타난다.
  ㉢ 전류지시 : 프로드법에서 자화 케이블이 탐상면에 접촉하거나 자화 케이블을 직접 시험체에 감아 코일법을 적용할 때 잘 생긴다.
  ㉣ 전극지시 : 전극의 자속에 의해 전극 주위로 자분이 방사형으로 나타나는 의사지시이다.
  ㉤ 자극지시 : 자극 접촉부, 모서리 부분 등에서 자속 밀도가 높아져 생기는 지시로, 자극의 위치를 변화시켜 확인할 수 있다.
  ㉥ 표면거칠기지시 : 표면이 거칠거나 오목한 곳에 자분이 채워지며 결함처럼 나타나는 지시이다. 산화된

부분, 부식면, 주물 표면, 바이트 자국 등에서 나타나며 전류를 낮추어 재시험으로 판단 가능하다.

㉦ 재질경계지시 : 투자성이 서로 다른 둘 이상의 재료가 접하는 경계에 나타나는 굵고 희미한 자분모양의 의사지시로, 재질 정보를 미리 획득하거나 재질시험 등으로 솎아낸다.

⑥ 자분모양은 필요에 따라 사진 촬영, 스케치, 전사(점착성 테이프, 자기 테이프 등)로 기록하고, 적당한 재료(투명 바니시, 투명 래커 등)로 검사면에 고정한다.

⑦ 자분모양에서 흠집의 깊이를 추정하는 것은 곤란하다.

10년간 자주 출제된 문제

20-1. 강자성재료의 자분탐상검사방법 및 자분모양의 분류(KS D 0213)에서 자분모양의 관찰에 대한 사항을 설명한 것 중 옳지 않은 것은?

① 형광자분을 사용한 경우에는 충분히 어두운 곳(관찰면 밝기 20lx 이하)에서 관찰해야 한다.
② 비형광자분을 사용한 경우에는 충분히 밝은 조명(관찰면 밝기 500lx 이상) 아래에서 관찰해야 한다.
③ 자분의 관찰은 원칙적으로 확실한 지시가 나타나도록 자분모양이 형성된 후 충분히 기다려 관찰해야 한다.
④ 자분모양에서 흠집의 깊이를 추정하는 것은 옳지 않다.

20-2. 강자성재료의 자분탐상검사방법 및 자분모양의 분류(KS D 0213)에서 비형광자분을 사용한 경우 자분모양을 충분히 관찰할 수 있는 일광 또는 조명의 관찰면의 밝기는?

① 500lx 이상 ② 300lx 이상
③ 100lx 이상 ④ 20lx 이상

20-3. 강자성재료의 자분탐상검사방법 및 자분모양의 분류(KS D 0213) KS 규격에 의한 시험결과 나타난 자분모양이 다음 중 유사모양인 것은?

① 불연속지시 ② 결함지시
③ 재질경계지시 ④ 관련지시

20-4. 강자성재료의 자분탐상검사방법 및 자분모양의 분류(KS D 0213)의 자분모양에 대한 설명으로 옳은 것은?

① 표면개구결함은 자분모양을 제거하고 나타난 흠집을 관찰하여도 균열인지 판정이 불가능하다.
② 자분모양은 깊이 방향 흠집의 치수에 관한 정보를 주지 않는다.
③ 자분모양이 확인되면 흠집 이외의 유사모양까지 모두 포함해 기록 관리한다.
④ 적정한 자화방법과 자분을 적용하여도 자분 길이는 실제 흠집 길이의 2배로 추정한다.

|해설|

20-1
자분모양의 관찰은 원칙적으로 자분모양이 형성된 직후 실시한다.

20-2
비형광자분을 사용한 경우는 자분모양을 충분히 식별할 수 있는 일광 또는 조명(관찰면의 밝기는 500lx 이상) 아래에서 관찰한다.

20-3
유사모양 종류 : 자기펜자국, 단면급변지시, 전류지시, 전극지시, 자극지시, 표면거칠기지시, 재질경계지시

20-4
자분탐상은 기본적으로 표면탐상이며 깊이 방향의 크기 등을 측정하기가 어렵다.

정답 20-1 ③ 20-2 ① 20-3 ③ 20-4 ②

핵심이론 21 자분모양의 분류(KS D 0213 9)

① 자분모양의 분류 순서

㉠ 자분모양의 분류는 전처리 → 자화 → 자분 적용 → 자분모양의 관찰 순서 따라 흠집을 검출한 후 실시한다.

㉡ 검사면에 생긴 자분모양이 유사모양이 아닌 것을 확인한 후 실시한다.

② 자분탐상시험에서 얻은 자분모양을 모양 및 집중성에 따라 다음과 같이 분류한다.

㉠ 균열에 의한 자분모양

㉡ 독립된 자분모양

- 선상의 자분모양 : 자분모양에서 그 길이가 너비의 3배 이상인 것이다.
- 원형상의 자분모양 : 자분모양에서 선상의 자분모양 이외의 것이다.

㉢ 연속된 자분모양 : 여러 개의 자분모양이 거의 동일 직선상에 연속하여 존재하고 서로의 거리가 2mm 이하인 자분모양이다. 자분모양의 길이는 특별히 지정이 없는 경우 자분모양 각각의 길이 및 서로의 거리를 합친 값으로 한다.

㉣ 분산된 자분모양 : 일정한 면적 내에 여러 개의 자분모양이 분산하여 존재하는 자분모양이다.

10년간 자주 출제된 문제

21-1. 강자성재료의 자분탐상검사방법 및 자분모양의 분류(KS D 0213)에 의한 자분모양은 어떤 내용에 따라 분류하는가?

① 자분의 수량
② 모양 및 집중성
③ 자분모양의 깊이와 폭
④ 자화방법과 자분의 농도

21-2. 강자성재료의 자분탐상검사방법 및 자분모양의 분류(KS D 0213)에 따라 자분모양을 분류할 때 선상의 자분모양은 그 길이가 너비의 몇 배 이상일 때인가?

① 1.5배 ② 2배
③ 3배 ④ 5배

21-3. 강자성재료의 자분탐상검사방법 및 자분모양의 분류(KS D 0213)에 따른 자분모양의 분류가 아닌 것은?

① 독립된 자분모양
② 연속된 자분모양
③ 기공에 의한 자분모양
④ 균열에 의한 자분모양

21-4. 강자성재료의 자분탐상검사방법 및 자분모양의 분류(KS D 0213)에 따라 다음 조건과 같은 경우 올바른 평가는?

|조건|
- 선형지시가 거의 일직선상에 놓여 있다.
- A, B, C, D인 선형지시의 길이는 각각 10, 15, 9, 13mm이다.
- 지시 A와 B 사이 거리는 3.5mm, B와 C 사이 거리는 1.5mm, C와 D 사이 거리는 3mm이다.
- 분류된 지시 길이가 25mm 이상인 경우 불합격으로 한다.

① 지시 A, B, C, D는 연속한 지시로 불합격이다.
② 지시 A는 합격이고, B, C, D는 연속한 지시이므로 불합격이다.
③ 지시 A와 D는 독립한 지시로 합격이고, B, C는 연속한 지시이나 길이가 24mm이므로 합격이다.
④ 지시 A와 D는 독립한 지시이므로 합격이고, B, C는 연속한 지시이므로 불합격이다.

|해설|

21-1
자분탐상시험에서 얻은 자분모양을 모양 및 집중성에 따라 분류한다(KS D 0213 9).

21-2
선상의 자분모양 : 자분모양에서 그 길이가 너비의 3배 이상인 것이다.

21-3
자분모양의 분류(KS D 0213 9)
- 균열에 의한 자분모양
- 독립된 자분모양
  - 선상의 자분모양
  - 원형상의 자분모양
- 연속된 자분모양
- 분산된 자분모양

21-4
B와 C는 간격이 2mm 이하이므로 연속이어서 15 + 9 + 1.5 = 25.5mm이므로 불합격이다.

정답 21-1 ② 21-2 ③ 21-3 ③ 21-4 ④

핵심이론 22 탈자(脫磁)(KS D 0213 8.7)

① 탈자가 필요한 경우
㉠ 계속하여 수행하는 검사에서 이전 검사의 자화에 의해 악영향을 받을 우려가 있을 경우
㉡ 검사 대상체의 잔류자기가 이후의 기계가공에 악영향을 미칠 우려가 있을 경우
㉢ 검사 대상체의 잔류자기가 계측장치 등에 악영향을 미칠 우려가 있을 경우
㉣ 검사 대상체가 마찰 부분 또는 그것에 가까운 곳에 사용되는 것으로 마찰 부분에 자분 등을 흡인하여 마모를 증가시킬 우려가 있을 경우
㉤ 그 밖의 필요할 경우

② 일반적으로 시험했을 때와 같은 자화방법으로 자기장의 방향을 교대로 바꾸면서 자기장의 세기를 줄이면서 탈자한다. 이때 자계의 강도는 자화했을 때보다 큰 값이거나 검사 대상체가 포화자화되는 값으로부터 영에 가까워야 한다. 탈자 후에는 필요에 따라 가우스미터 등을 사용하여 탈자된 것을 확인한다.

③ 탈자가 필요없는 경우
㉠ 더 큰 자력으로 후속 작업이 계획되어 있을 경우
㉡ 검사 대상체의 보자력이 작을 경우
㉢ 높은 열로 열처리할 계획이 있을 경우(열처리 시 자력 상실)
㉣ 검사 대상체가 대형품이고 부분 탐상을 하여 영향이 작을 경우

10년간 자주 출제된 문제

22-1. 자기장의 방향을 교대로 바꾸면서 자기장의 세기를 서서히 감쇠시켜 0에 가깝게 내리는 것은?

① 부품을 자화하는 것이다.
② 부품을 탈자하는 것이다.
③ 자장의 잔류를 유지하는 것이다.
④ 표면 깊은 곳의 결함 검출을 돕는 것이다.

22-2. 자분탐상검사 후 시험체의 탈자 여부를 확인하기 위하여 사용되는 기구가 아닌 것은?

① 가는 철핀 ② 자장지시계
③ 자기컴퍼스 ④ 표준시험편

22-3. 자분탐상검사에서 다음 중 탈자를 실시해야 할 경우는?

① 보자성이 아주 낮은 부품일 때
② 검사 후 500℃ 이상의 온도에서 열처리할 때
③ 잔류자기가 무의미한 큰 주물일 때
④ 자분탐상검사 후 자분 세척을 방해할 때

|해설|

22-1
탈자란 자화 상태에서 벗어나는 것이다.

22-2
자력이 사라졌는지를 확인하기 위해 붙을 만한 물체를 이용하거나 자극이 있는 자침 등을 사용한다.

22-3
핵심이론 22 ① 참조

정답 22-1 ② 22-2 ④ 22-3 ④

핵심이론 23 검사 시 주의사항(KS D 0213 8.8)

① 자화, 자분 적용, 관찰로 이어지는 1회의 연속되는 검사과정에 의해 검사면 전체를 검사할 수 없을 때 1회의 검사과정으로 검사할 수 있는 탐상유효범위를 설정하고 검사면을 적당하게 분할하여 필요한 횟수로 검사과정을 반복한다. 이때 인접하는 탐상유효범위는 그 끝부분의 일정 부분을 반드시 겹치도록 한다.

② 흠집의 방향을 예측할 수 없는 경우 및 여러 방향의 흠집을 검출해야 하는 경우에는 적어도 2방향 이상의 다른 방향의 자기장을 검사 대상체에 가하여 각 방향마다 각각 재검사를 해야 한다. 이때 검사 대상체를 여러 방향으로 차례로 반복하여 자화하고 연속법으로 동시에 검사할 수 있는 장치를 사용해도 좋다.

③ 잔류법을 사용 시 자화조작 후 자분모양의 관찰을 끝낼 때까지 검사면에 다른 검사 대상체 또는 그 밖의 강자성체를 접촉시켜서는 안 된다.

④ 여러 개의 검사 대상체를 동시에 검사할 때에는 검사 대상체의 배치, 자화방법, 자화전류 등을 특히 고려하여야 한다.

⑤ 자분모양이 흠집인지 판정이 어려울 때는 탈자를 하고 필요에 따라 표면 상태를 개선하여 재검사해 본다. 유사모양인지 아닌지는 다음에 따라 확인한다.
  ㉠ 자기펜자국은 탈자 후 재검사하면 자분모양이 사라진다.
  ㉡ 전류지시는 전류를 작게 하거나 잔류법으로 재검사하면 자분모양이 사라진다.
  ㉢ 표면거칠기지시는 검사면을 매끈하게 하여 재검사를 하면 자분모양이 사라진다.
  ㉣ 재질경계지시는 매크로검사, 현미경검사 등 자분탐상검사 이외의 검사로 확인할 수 있다.

⑥ 용접부의 시험
  ㉠ 용접부에 용접 후 열처리 등의 지정이 있을 때 합격 여부 판정을 위한 검사를 최종 열처리 후에 하여야 한다.

㉡ 용접부의 열처리 후 압력용기의 내압시험 종료 후 등에 하는 검사의 자화방법은 원칙적으로 극간법으로 하고, 프로드법을 사용하면 안 된다.

10년간 자주 출제된 문제

23-1. 강자성재료의 자분탐상검사방법 및 자분모양의 분류(KS D 0213)에서 압력용기의 내압시험 후에는 프로드법을 적용하지 못하도록 하고 있다. 그 이유로 가장 적합한 것은?

① 탈자가 불가능하므로
② 전류의 방향이 부적당하므로
③ 미세한 결함탐상에 부적합하므로
④ 전극의 아크로 인한 소손방지를 위하여

23-2. 강자성재료의 자분탐상검사방법 및 자분모양의 분류(KS D 0213)에 따르면 자분모양 분류 전에 유사모양 여부를 확인해야 한다. 유사모양 종류별 조치사항의 설명으로 옳은 것은?

① 자기펜자국은 자분을 다시 적용하면 자분모양이 사라진다.
② 표면거칠기지시는 탈자 후 재검사하면 자분모양이 사라진다.
③ 재질경계지시는 검사면을 매끈하게 하여 재검사하면 자분모양이 사라진다.
④ 전류지시는 전류를 작게 하거나 잔류법으로 재검사하면 자분모양이 사라진다.

|해설|

23-1
프로드법은 스파크 등 시험체 손상의 우려가 있다.

23-2
유사모양인지 아닌지는 다음에 따라 확인한다.
- 자기펜자국은 탈자 후 재시험하면 자분모양이 사라진다.
- 전류지시는 전류를 작게 하거나 잔류법으로 재검사하면 자분모양이 사라진다.
- 표면거칠기지시는 검사면을 매끈하게 하여 재검사를 하면 자분모양이 사라진다.
- 재질경계지시는 매크로검사, 현미경검사 등 자분탐상검사 이외의 검사로 확인할 수 있다.

정답 23-1 ④ 23-2 ④

핵심이론 24 | 검사기록(KS D 0213 10)

① 검사 대상체
품명, 치수, 열처리 상태 및 표면 상태를 기재한다.

② 검사조건
㉠ 검사장치 : 명칭, 형식 및 제조자명을 기재한다. 또한 자석형의 장치에 대해서는 시험장치사항 및 사용 시 자극 간격을 부기한다.
㉡ 자분의 모양 : 제조자명, 형번, 입도, 형광·비형광의 구별 및 색을 기재한다.
㉢ 자분의 분산매 및 검사액 속의 자분분산농도(예 습식법, 물 10g/L)
㉣ 자분의 적용시기 : 검사방법의 분류에 따라 기재한다.
㉤ 자화전류의 종류 : 검사방법의 분류에 따라 기재한다. 또한 맥류인 경우 정류방식도 부기한다.
예 맥류 : 단상반파정류방식
㉥ 자화전류값 및 통전시간
- 자화전류값은 파고값으로 기재한다.
- 코일법인 경우는 코일의 치수, 감긴 횟수를 부기한다.
- 프로드법의 경우는 프로드 간격을 부기한다.

㉦ 자화방법 : 자화방법의 분류에 따라 기재한다.
㉧ 표준시험편
- 사용한 표준시험편의 명칭 또는 검사면의 유효자기장의 세기를 기재한다.
- 필요에 따라 사용한 대비시험편을 명확하게 기재한다.

㉨ 검사결과
- 자분모양의 유무, 위치, 자분모양과 그 분류 등을 기재한다.
- 자분모양은 필요에 따라 사진 촬영, 스케치, 전사(점착성 테이프, 자기 테이프 등)로 기록한다.
- 자분모양의 분류에 따라 기재한다.

③ 기타

㉠ 검사기술자 : 검사를 담당한 기술자의 성명 및 자격을 기재한다.

㉡ 검사 연월일

㉢ 검사장소

10년간 자주 출제된 문제

24-1. 강자성재료의 자분탐상검사방법 및 자분모양의 분류(KS D 0213)에서 검사기록을 작성할 때 검사 대상체에 대하여 기록하여야 하는 사항이 아닌 것은?

① 치수 ② 품명
③ 제조자명 ④ 표면 상태

24-2. 강자성재료의 자분탐상검사방법 및 자분모양의 분류(KS D 0213)에 따라 검사기록을 작성할 때 기입되는 내용으로 잘못 설명된 것은?

① 검사 대상체는 품명, 치수, 열처리 상태 및 표면 상태를 기재한다.
② 자분의 모양은 제조자명, 형번, 입도, 형광·비형광의 구별 및 색을 기재한다.
③ 검사결과는 결함의 등급, 자분모양과 그 분류 등을 구분하여 기재한다.
④ 자화전류가 맥류인 경우 맥류·단상반파정류 방식 등을 부기한다.

24-3. 강자성재료의 자분탐상검사방법 및 자분모양의 분류(KS D 0213)에서 검사기록을 작성할 때 자화전류값은 파고값으로 기재한다. 코일법인 경우에는 (A)를 부기한다. 또 프로드법의 경우는 (B)을 부기한다. ( ) 안에 들어갈 내용은?

① A : 적용시기, B : 자화방법
② A : 검사기술자, B : 표준시험편
③ A : 코일의 치수, B : 프로드 간격
④ A : 검사장치, B : 자분모양

24-4. 강자성재료의 자분탐상검사방법 및 자분모양의 분류(KS D 0213)에 따른 자화전류값 및 통전시간을 시험기록에 작성할 때의 설명으로 옳은 것은?

① 자화전류값은 통전시간을 기재한다.
② 자화전류값은 암페어·턴으로 기재한다.
③ 코일법인 경우 코일명과 타래수를 부기한다.
④ 프로드법의 경우는 프로드 간격을 부기한다.

|해설|

24-1
검사 대상체 : 품명, 치수, 열처리 상태 및 표면 상태를 기재한다.

24-2
검사결과는 자분모양의 유무, 위치, 자분모양과 그 분류 등을 기재한다.

24-3
자화전류값 및 통전시간
- 자화전류값은 파고값으로 기재한다.
- 코일법인 경우는 코일의 치수, 감긴 횟수를 부기한다.
- 프로드법의 경우는 프로드 간격을 부기한다.

24-4
①, ② 자화전류값은 파고값으로 기재한다.
③ 코일법인 경우는 코일의 치수, 감긴 횟수를 부기한다.

정답 24-1 ③ 24-2 ③ 24-3 ③ 24-4 ④

핵심이론 25 | 압력용기 – 비파괴시험일반 (KS B 6752 Ⅳ편)

① 일반사항

㉠ 자분탐상시험법은 강자성체 재료의 표면 및 표면 직하에 존재하는 균열 및 기타 불연속부를 검출하는 데 적용된다.

㉡ 검출감도는 표면 불연속부에서 가장 크고, 표면에서의 불연속부의 깊이가 표면 아래로 깊어질수록 급격히 감소된다.

㉢ 검출 가능한 대표적 불연속부 종류는 균열, 겹침, 심(Seam), 탕계(Cold Shut)와 래미네이션이다.

㉣ 자속선과 수직 방향으로 존재하는 선형 불연속부에서 최대탐상감도가 나타난다.

㉤ 최적효과를 얻기 위해 각 부위는 최소 2회 시험하고, 첫 번째 시험에서의 자속선 방향과 두 번째 시험에서의 자속선 방향이 거의 수직이 되도록 한다.

② 절차서 요건

㉠ 요건 : 자분탐상시험은 최소한 다음 요건이 포함된 절차서에 따라 실시한다.

- 필수 변수
  - 자화기법
  - 자화전류형식이나 규정되었거나 이미 인정된 범위를 벗어나는 전류
  - 표면 전처리
  - 자분 종류
  - 자분적용방법
  - 과잉자분제거방법
  - 빛의 최소강도
  - 인정한 범위를 초과하는 피복 두께
  - 성능 검증
  - 자분제조자가 권고하였거나 미리 인정된 온도범위를 벗어나는 시험품의 표면온도
- 비필수 변수
  - 시험체의 형상 또는 크기
  - 동일한 종류의 장비
  - 온도
  - 탈자기법
  - 시험 후 처리기법
  - 시험 요원의 자격인정요건

㉡ 절차서 인정

- 관련 표준에 절차서 인정이 규정된 경우, 필수 변수 요건을 변경하기 위해서는 입증을 통한 절차서의 재인정이 요구된다.
- 비필수 변수로 분류된 요건을 변경하는 경우 절차서의 재인정이 필요 없다.
- 절차서에 규정된 모든 필수 변수 또는 비필수 변수를 변경하는 경우 해당 절차서의 개정이나 추록이 요구된다.

③ 기타 요건

㉠ 표면 전처리

- 보통 부품의 표면이 용접된 상태, 압연된 상태, 주조된 상태 또는 단조된 상태일 때 그 상태로 시험해도 만족스러운 결과를 얻을 수 있다.
- 불규칙한 표면으로 지시를 가릴 수 있을 경우는 연삭 또는 기계가공에 의한 표면처리가 필요할 수도 있다.
- 시험 전 시험해야 할 표면과 그 표면에 인접한 최소 25mm 이내 모든 부위를 건조시켜야 하고 먼지, 그리스, 보푸라기, 스케일, 용접 플럭스, 용접 스패터, 기름이나 시험을 방해하는 다른 이물질이 없도록 하여야 한다.
- 세척제, 유기용제, 스케일 제거제, 페인트 제거제, 증기탈지, 샌드 또는 그릿블라스팅, 초음파 세척 등을 이용하여 실시할 수 있다.
- 비자성 피복이 부품의 시험 부위에 남아 있다면, 적용되는 최대 피복 두께를 통과하여 지시가 검출될 수 있다는 실증이 필요하다.

㉡ 표면 콘트라스트의 증대

비자성 피복이 자분의 콘트라스트를 증가하는데 충분한 양만큼만 피복되지 않은 표면에 임시로 적용하였을 때 증가된 피복을 통과하여 지시가 검출될 수 있다는 것을 실증하여야 한다.

10년간 자주 출제된 문제

25-1. 압력용기-비파괴시험일반(KS B 6752)의 자분탐상검사 시 불연속부가 가장 정확하게 나타나는 표면 상태는?

① 건조되고 다른 이물질이 없는 표면
② 그리스가 발라진 표면
③ 용접 스패터가 있는 표면
④ 페인트가 칠해진 표면

25-2. 압력용기-비파괴시험일반(KS B 6752)의 자분탐상검사 시 이물질 등이 제거되어야 할 시험 부위로부터의 최소범위는?

① 5mm ② 10mm
③ 15mm ④ 25mm

25-3. 압력용기-비파괴시험일반(KS B 6752)에 따른 절차서의 개정이 필요한 경우는?

① 시험체의 형상 변경
② 검사자의 자격인정요건 변경
③ 인정한 범위를 초과하는 피복 두께
④ 시험 후 처리 기법의 변경

|해설|

25-1

자분탐상시험은 표면부 결함 검출에 유리한 방법이며, 이물질이나 코팅이 있으면 결함이 깊이 방향에 존재하는 것과 같게 볼 수 있다.

25-2

시험 전 시험해야 할 표면과 그 표면에 인접한 최소 25mm 이내 모든 부위를 건조시켜야 하고 먼지, 그리스, 보푸라기, 스케일, 용접 플럭스, 용접 스패터, 기름이나 시험을 방해하는 다른 이물질이 없도록 하여야 한다.

25-3

보기의 구성으로 보아서는 문제 중 '절차서의 개정'이란 재인정을 말하는 것으로 보이며, 필수 변수와 비필수 변수를 구분하는 문제이다. 인정한 범위를 초과하는 피복 두께는 필수 변수이므로, 이를 변경할 경우는 절차서의 재인정이 필요하다.

정답 25-1 ① 25-2 ④ 25-3 ③

핵심이론 26 압력용기 – 비파괴시험일반 (KS B 6752 Ⅵ편 7.4)

① 직접통전법

㉠ 시험할 부품에 전류를 통과시켜 자화한다.

㉡ 직류 또는 정류된 자화전류를 이용한다.

㉢ 자화전류는 바깥지름(mm)당 12~31A이어야 하고, 지름이 작을수록 큰 전류가 필요하다.

㉣ 요구되는 전류를 흘리지 못할 경우 확보할 수 있는 최대전류를 이용하고, 자장의 적합성은 따로 입증해야 한다.

② 중심도체법

㉠ 자화절차

- 원통 부품의 안쪽 표면에 가깝게 도체를 위치시킨다.
- 도체가 중심에 있지 않을 경우 부품의 원주를 구역으로 나누어 시험한다.

㉡ 자화전류

- 자장은 중공형 부품을 통과하는 중심도체 케이블의 감긴 횟수에 비례한다.
- 1회 감긴 중심도체를 사용하여 부품을 시험할 때 5,000A가 필요하다면, 5회 감김 관통케이블은 1,000A가 필요하다.

③ 오프셋 중심도체

㉠ 부품 안쪽을 통과하는 중심도체가 부품 안쪽 벽에 위치할 때 직접통전에 준하는 전류 수준을 적용해야 한다.

㉡ 효과적으로 자화되는 부품 원주부(외부)의 거리는 중심도체 지름의 4배로 해야 한다. 원주부 전체는 자장의 약 10%를 중첩하도록 중심도체에 부품을 회전시키면서 시험해야 한다.

④ 요크법

교류 또는 직류전자석요크나 영구자석요크를 사용하여야 한다.

⑤ 다축자화법

㉠ 자화절차 : 3개의 회로로 작동되는 고전류 전원함을 한 번에 하나씩 순차적이며 빠른 속도로 가압하여 자화한다. 여러 방향의 자화와 원형, 선형자장 형성이 가능하다.

㉡ 자장강도 : 3상의 전파 정류 전류만을 사용하여야 한다.

㉢ 자장의 적정성을 측정하기 위해 홀–효과 프로브 가우스미터를 사용하지 않아야 한다.

10년간 자주 출제된 문제

26-1. 압력용기–비파괴시험일반(KS B 6752)에서 직접통전법의 경우 사용할 수 없는 자화전류는?

① 직류 ② 교류
③ 반파정류 ④ 전파전류

26-2. 압력용기–비파괴시험일반(KS B 6752)에 따른 중심도체법에서 3회 감긴 관통케이블을 사용하여 시험하는 데 900A가 필요하다면, 1회 감은 관통케이블을 사용할 경우 필요한 전류는?

① 300A ② 900A
③ 1,800A ④ 2,700A

|해설|

26–1

직접통전법

- 시험할 부품에 전류를 통과시켜 자화한다.
- 직류 또는 정류된 자화전류를 이용한다.
- 자화전류는 바깥지름(mm)당 12~31A이고, 지름이 작을수록 큰 전류가 필요하다.

26–2

감은 수만큼 비례하여 전류가 덜 들어가므로, 같은 자장계를 만들려면 900A × 3회 = 2,700A가 필요하다.

정답 26-1 ② 26-2 ④

핵심이론 27 압력용기 – 비파괴시험일반 (KS B 6752 Ⅵ편 8)

① 자화장비의 교정

㉠ 교정주기 : 전류계가 부착된 자화장비는 최소한 1년에 한 번이나 장비의 중요 전기부품의 수리, 주기적인 정비 또는 손상을 입었을 때마다 교정해야 한다. 장비가 1년 이상 사용되지 않았다면 처음 사용하기 전에 교정을 실시해야 한다.

㉡ 교정절차 : 장치의 계기에 대한 정밀도는 국가표준에 따라 추적 가능한 장비를 이용하여 매년 입증되어야 한다. 사용 가능한 범위에 포함되는 최소한 3가지의 다른 전류 출력 수준을 비교하여 읽은값을 취해야 한다.

㉢ 허용오차 : 장치의 계기 읽은값은 시험 계기에 나타난 실제 전류값과의 차이가 전체 범위의 ±10% 이상 벗어나지 않아야 한다.

② 조도계의 교정

최소 1년 1회 또는 조도계 수리 시마다 교정하여야 한다.

③ 요크의 인상력 교정

㉠ 사용하기 전에 전자기요크의 자화력은 최소한 1년에 한 번은 점검해야 한다.

㉡ 영구자석요크의 자화력은 사용하기 전 매일 점검한다.

㉢ 모든 요크의 자화력은 요크의 손상 및 수리 시마다 점검한다.

㉣ 각 교류전자기요크는 사용할 최대극간거리에서 4.5kg 이상의 인상력을 가져야 한다.

㉤ 직류 또는 영구자석요크는 사용할 최대극간거리에서 18kg 이상의 인상력을 가져야 한다.

㉥ 인상력 측정용 추는 무게를 측정하여야 하고, 처음 사용하기 전에 해당 공칭무게를 추에 기록하여야 한다.

④ 가우스미터의 교정

홀-효과 프로브 가우스계는 최소 1년당 1회 또는 장비에 대한 중요 수리, 주기적 정비 또는 손상되었을 때마다 교정하고, 1년 이상 사용하지 않았다면 사용 전에 교정한다.

10년간 자주 출제된 문제

압력용기-비파괴시험일반(KS B 6752)에서 요크의 인상력에 대한 사항 중 틀린 것은?

① 교류요크는 최대극간거리에서 최대한 4.5kg의 인상력을 가져야 한다.
② 영구자석요크는 최대극간거리에서 최소한 18kg의 인상력을 가져야 한다.
③ 영구자석요크의 인상력은 사용 전 매일 점검하여야 한다.
④ 모든 요크는 수리할 때마다 인상력을 점검하여야 한다.

|해설|

교류요크는 최대극간거리에서 최소한 4.5kg의 인상력을 가져야 한다.

정답 ①

핵심이론 28 압력용기 – 비파괴시험일반 (KS B 6752 Ⅵ편 9)

① 예비시험

모든 표면 불연속 개구부의 위치 파악을 위한 표면점검이다.

② 자화 방향

각 부위에 대해 시험을 최소한 두 번 별도로 실시하여야 한다. 두 번째 시험에서 자화 방향은 첫 번째 시험에서의 자화 방향과 거의 수직이 되어야 한다.

③ 시험방법

㉠ 건식자분 : 시험 매체가 적용되고 모든 과잉 시험 매체를 제거하는 동안 자화전류를 유지시켜야 한다.

㉡ 습식자분 : 자분이 적용된 후 자화전류를 통전시켜야 한다. 자분의 유동은 자화전류의 적용과 함께 멈추어야 한다. 에어졸 분무용기로부터 적용된 습식자분은 자화전류가 적용되기 전 또는 후에 적용해도 된다. 자분을 시험 부위에 직접 적용하지 않고 시험 부위에 흘리거나 직접 적용하되 집적된 자분이 제거되지 않을 정도의 저속으로 적용한다면, 자화전류를 적용하면서 습식자분을 적용해도 된다.

④ 시험범위

시험범위가 100% 포함되도록 자장을 충분히 중첩하여 시험한다.

⑤ 정류전류

㉠ 자화전류로 직류가 요구될 때마다 정류전류가 사용될 수 있다.

㉡ 3상 전파정류전류에 요구되는 암페어 수는 평균전류를 측정하여 실증해야 한다.

㉢ 단상반파 정류전류에 요구되는 암페어 수는 반 사이클 동안의 평균출력전류를 측정하여 실증해야 한다.

㉣ 직류시험계로 반파정류전류를 측정할 때는 읽은값에 2배를 해야 한다.

⑥ 과잉자분의 제거

벌브 또는 주사기 모양 기기로부터 약한 공기로 제거하거나 저압 건조 공기로 제거한다. 시험전류 또는 전원은 유지한다.

⑦ 판독

㉠ 의사지시, 무관련지시, 관련지시인지를 식별한다.

㉡ 비형광자분

- 시험표면과 대비될 수 있는 자분의 집적으로 표면 불연속부를 나타낸다.
- 자분의 색상은 시험표면의 색과 현저히 달라야 한다.
- 적당한 감도를 보증하기 위해 시험할 표면에서 백색광의 최소 강도는 1,000lx가 필요하다.
- 백색광원, 사용된 기법, 조명 수준은 한 번 실증으로 입증되어야 하며, 서류에 기록하여 보관한다.

㉢ 형광자분

- 자외선등(공칭파장 365nm)을 사용한다.
- 어두운 곳에서 시험한다.
- 시험자는 눈이 어둠에 적응할 수 있도록 시험을 실시하기 전 최소한 5분 동안 어두운 장소에 있어야 한다.
- 자외선등은 사용하기 전 또는 방출된 자외선 빛의 강도를 측정하기 전 최소한 5분 동안 예열을 해야 한다. 반사경 및 필터는 사용할 때마다 매일 점검하고 청소해야 한다. 금이 가거나 깨진 필터는 즉시 교환해야 한다.
- 자외선등의 강도는 자외선 강도계로 측정해야 한다. 시험 표면에서 요구되는 자외선 강도는 최소 $1,000\mu W/cm^2$이다. 자외선등의 강도는 최소한 매 8시간에 한 번, 작업 장소가 바뀌거나 전구를 교환할 때마다 확인해야 한다.

⑧ 탈자

부품 내의 잔류 자장이 후속 공정 또는 후속 사용을 방해할 우려가 있는 경우, 시험 완료 후 적절할 때 그 부품을 탈자시켜야 한다.

⑨ 시험 후 세척

시험 후 처리가 요구되는 경우 부품에 악영향을 주지 않는 방법으로 가능한 한 빨리 실시하는 것이 바람직하다.

⑩ 평가

㉠ 모든 지시는 참조 규격의 합격 기준에 따라 평가해야 한다.

㉡ 표면 또는 표면 부근의 불연속부는 자분의 부착에 의해 지시가 나타난다. 그러나 기계가공 흔적 또는 기타 표면조건으로 인한 국부적인 표면 불규칙은 의사지시를 만들 수도 있다.

㉢ 불연속부의 지시를 가릴 수 있는 넓은 부위의 자분 집적을 피해야 하며, 그러한 부위는 세척하고 재시험해야 한다.

⑪ 문서화

㉠ 다축 자화법 스케치

기법 스케치는 시험품의 기하학적 형상, 케이블의 배열 및 접속, 각 회로의 자화전류와 적절한 자장 강도가 얻어진 시험 부위를 나타내는 시험품의 각각 다른 기하학적 형상에 대한 사항이 작성되어야 한다.

㉡ 지시의 기록

- 합격지시 : 참조 규격 규정에 따름
- 불합격지시 : 최소한 지시의 종류(선형 또는 원형), 위치 및 범위(길이 또는 지름 또는 선상)를 포함시켜야 한다.

㉢ 시험 기록

- 절차서 식별번호 및 개정번호
- 자분 탐상 장비 및 전류의 종류
- 자분(형광 또는 비형광, 습식 또는 건식)
- 시험 요원의 성명과 참조 규격에서 요구하는 경우 자격 인정 레벨
- 지시의 기록 또는 도면(Map)
- 재료 및 두께
- 조명기구
- 시험을 실시한 일자 및 시간

10년간 자주 출제된 문제

28-1. 압력용기-비파괴시험일반(KS B 6752)에서 시험감도를 보증하기 위한 시험체 표면에서의 백색광의 최소강도는?

① 500lx ② 1,000lx

③ 1,500lx ④ 2,000lx

28-2. 압력용기-비파괴시험일반(KS B 6752)에 따라 형광자분을 사용한 자분탐상검사에서 자외선등의 강도 측정에 관한 설명으로 틀린 것은?

① 시험 표면에서 요구되는 자외선강도는 최소 1,000μW/cm^2 이다.

② 자외선등의 강도는 최소한 매 10시간에 한 번 강도를 측정하여야 한다.

③ 작업 장소가 바뀌는 경우 자외선등의 강도를 측정하여야 한다.

④ 자외선등의 전구를 교환할 때 자외선등의 강도를 측정하여야 한다.

|해설|

28-1

압력용기만을 위한 비파괴시험 규격을 따로 제정한 것이 KS B 6752이며, 여기서는 최소강도를 1,000lx를 요구하였다.

28-2

자외선등의 강도는 최소한 매 8시간에 한 번, 작업 장소가 바뀌거나 전구를 교환할 때마다 확인해야 한다.

정답 28-1 ② 28-2 ②

핵심이론 29 | 자분탐상장치

① 자분탐상검사장치의 주요 기능에는 자화 기능, 자분 산포 기능, 자외선 조사 기능, 탈자 기능이 있다.

② 일반적으로 자분탐상장치는 자화 기능에 따라 구분하며 자분 산포, 자외선 조사, 탈자 기능을 가진 장치를 부속장치라 한다.

③ **휴대형 탐상기(Yoke형 탐상기)** : 소형 전자석을 사용한 자화기

㉠ 교류 극간식 탐상기

- 전자석의 자극을 시험체에 접촉하면 철심(Core)에 발생하는 자속이 시험체에 투입되어 시험체를 자화시킨다.
- 휴대성이 뛰어나 많이 보급되어 있다.
- 규소 강판을 여러 겹 쌓아 만든 철심에 구리선을 감은 코일로 교류 전자석을 사용한다.
- 코일의 Ampere-turn의 설계에 따라 자속밀도를 결정한다.
- 다음 그림처럼 코일을 철심에 감아 사용하며 다리의 간격, 철심의 크기에 따라 성능이 구분된다.

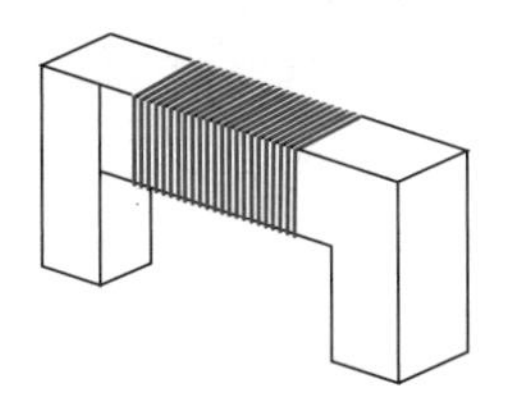

[철심을 중앙부에 감음]

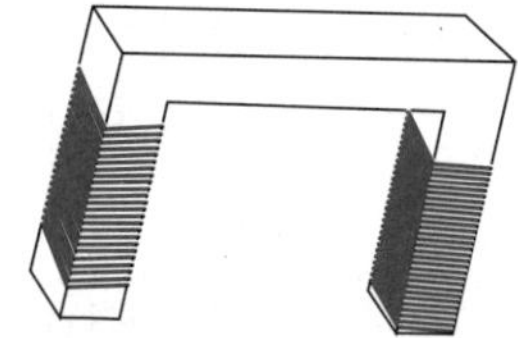

[철심을 다리부에 감음]

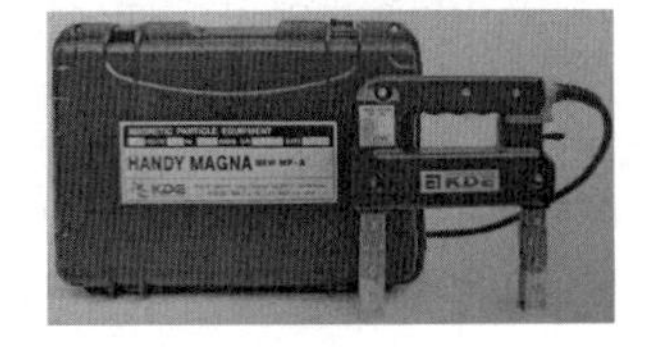

[요크형 탐상기]

㉡ 직류 극간식 탐상기

- 외형은 교류 탐상기와 같고, 철심은 연철판을 겹쳐 사용한다.
- 높은 자속밀도를 발생시킬 수 있다.
- 표피효과가 없어 자속의 유입 깊이가 깊다.
- 시험체의 두께가 두꺼우면 자속밀도가 흩어져 검출능력이 저하된다.

㉢ 영구자석 극간식 탐상기

- 전자석을 사용하는 탐상기에 비해 전원이 필요 없으며, 가볍고 소형이다.
- 탐상능력을 조절할 수 없고, 전자식에 비해 다소 약하다.
- 시험체에 자석이 붙으면 떼기 힘들어 작업이 쉽지 않다.
- 시험체의 두께가 두꺼우면 자속밀도가 흩어져 검출능력이 저하된다.

④ **설치형 탐상기**

- 대형 전자석을 이용한다.
- 시험체의 고정이 가능하다.
- 이동형 철심 사용이 가능하다.
- 극간법을 사용하는 경우 양 끝의 자속밀도가 높고, 코일법을 사용하는 경우 중앙부의 밀도가 높다.

⑤ 접촉식은 프로드가 존재하고, 비접촉식은 자화코일 등이 필요하다.

㉠ 접촉식 자화기

- 프로드 전극은 손잡이가 달린 한 쌍의 전극으로 되어 있고, 자화 케이블로 자화 전원부와 접속한다.
- 자화전류의 통전은 전극 손잡이에 부착된 원격 조작용 마이크로 스위치 또는 풋 스위치로 조작한다.
- 클램프 접촉기 : 집게 모양으로 시험체를 고정·유지할 수 있도록 되어 있다.

[집게형 클램프]

㉡ 비접촉식 자화기

• 자화코일
  - 구리선 또는 평각 동판을 코일 모양으로 감은 것을 사용한다.
  - 지름이 크고 길이가 짧은 것이 많아 자기장 세기 조절이 필요하다.
  - 코일을 단독으로 사용하기도 하지만, 횡형 접촉기를 끼워서 사용하거나 자화 케이블과 전원을 직접 접속하여 사용하기도 한다.

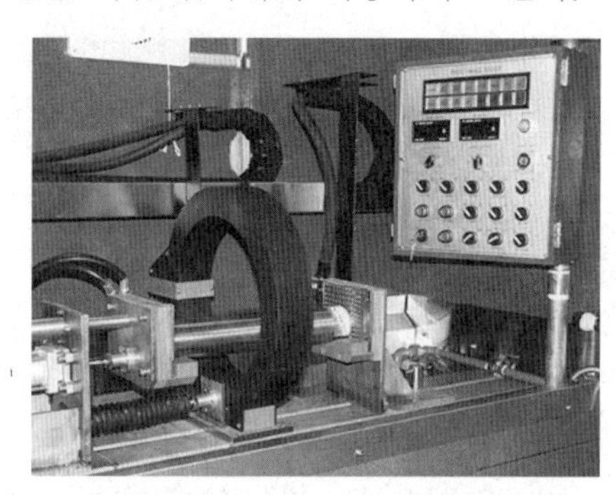

[자화코일이 설치된 거치형 자분탐상검사기]

• 전류 관통봉
  - 시험체의 구멍 등에 관통시키고 전류를 흘려 전류 주위에 발생하는 원형 자기장을 이용하여 시험체를 자화시킨다.
  - 전류 관통봉은 구리 또는 알루미늄 환봉을 사용한다.
  - 시험체에 따라 관통봉의 굵기를 선택하되 가능한 한 굵은 쪽으로 선택한다.
  - 관통봉이 시험체 앞쪽으로 10cm 정도 나오도록 선택한다.

㉣ 도체 패드

• 시험체의 국부 손상 방지 목적으로 시험체와 전극 사이에 삽입하여 사용하며, 전극판 접촉기로도 사용한다.

[도체 패드]

• 검사 시 아크 발생 등의 손상을 방지하고 전기 접촉을 좋게 하기 위해 전극에 부착 또는 삽입하여 사용한다.

⑥ 부속장치

㉠ 자외선조사장치

• 자외선조사등(고압수은등), 안성기, 자외선 투과 필터 등으로 구성된다.
• 휴대형, 설치형으로 구분한다.
• 최근 메탈 할라이드 램프, 자외선 LED 등도 사용한다.
• 자외선조사등은 시간 경과와 함께 열화되므로 정기적으로 점검한다. 또한, 점등 소등 시 가열·냉각이 필요하고 점등 횟수와 수명이 연관되므로 필요할 때 외에는 소·점등을 자제한다.
• 필터의 표면, 뒷면, 램프 앞면, 반사판 등의 먼지로 인해 성능이 감소할 수 있어 청소를 잘해야 한다.

㉡ 자분 산포기

• 습식용 자분 산포기 : 자분을 액체에 분산 및 현탁시켜서 탐상면에 적용한다.
  - 수동식 : 100~400ml 정도 내용물을 담을 플라스틱 용기에 파이프 모양의 노즐을 부착시킨다.
  - 수동식 취급법
    ⓐ 사용하기 직전에 검사액이 들어 있는 용기를 잘 흔들어 골고루 섞이게 한 후에 적용한다.
    ⓑ 다량으로 미리 만들어 준비해 둔 검사액을 용기에 보충하면서 사용하므로 항상 일정한 농도를 유지할 수 있도록 한다.
    ⓒ 노즐의 지름이 가늘면 검사액의 유속이 빨라져서 결함에 자분이 흡착되기 어렵게 하는 경향이 있으므로, 노즐 지름은 크게 해서 유속을 억제하는 것이 좋다.

ⓓ 소형 부품 및 대형 시험체의 부분탐상 및 판정이 곤란한 때의 재검사 등에 매우 효과적이다.

- 자동 순환식 : 교반장치가 내장된 검사액 통, 펌프, 호스, 노즐로 구성된다. 종류로는 순환교반식, 회전 브레이드식, 공기 분출식 등이 있다. 검사액을 시험체에 균일하게 적용해야 하므로 노즐 구멍 지름, 펌프의 유동 상태, 산포압력 등을 잘 선택한다. 검사액은 재사용한다.

• 건식용 자분 산포기 : 건식 자분을 풍압으로 산포한다. 대부분 단독장치로, 사용한 자분은 버린다.

- 수동식 : 고무 벌브나 회전 브레이드 등을 수동으로 움직여 바람으로 자분을 산포한다.
- 수동식 건식 자분 산포기 : 고무 벌브를 눌러 공기로 산포한다. 자분의 덩어리 산포를 막기 위해 거즈 등을 씌워 사용하기도 한다. 고무공 사용식, 회전 브레이드 사용식 등도 있다.
- 자동 송풍식 : 전동식, 콤프레서식이 있다.

ⓒ 침전계 : 검사액의 농도조사를 위한 게이지이다. 침전관에 잘 흔들어 분산시킨 검사액을 샘플로 100ml 넣고 30분간 받침대에 세워 놓은 후 침전관 바닥에 가라앉은 자분량의 용적으로 침전시험한다.

ⓓ 자외선강도계 : 자외선조사장치로부터 조사되는 자외선 강도를 측정한다.

ⓔ 조도계 : 광전소자를 사용하는 조도계로 밝기를 측정한다.

⑦ 자기계측기

㉠ 가우스미터 : 자속밀도를 측정한다.

㉡ 자속계 : 직류자속 변화량을 측정한다.

㉢ 자기검출기 : 누설자속을 감지한다.

㉣ 나침반(자기컴퍼스) : 자기장의 존재를 식별할 수 있다.

⑧ 탈자기

㉠ 교류식과 직류식이 있다.

㉡ 교류식은 교류가 만든 자기장을 탈자하고, 직류식은 표피효과 없이 깊은 곳까지 탈자한다.

㉢ 자기장 세기 감쇠법은 시험체를 자기장과 분리하는 방법(관통형, 평면형)과 전류 조작에 의해 감쇠하는 방법(감쇠형, 극간식)이 있다.

10년간 자주 출제된 문제

29-1. 지구의 남북 향을 지시하는 것으로, 자침이라고도 하며 누설자기(磁氣)의 발생부에 놓으면 자침이 움직여 자기의 존재를 알 수 있는 계측기는?

① 가우스미터(Gauss Meter)
② 자속계(Flux Meter)
③ 간이형 자기검출기(Field Indicator)
④ 자기컴퍼스(Compass Indicator)

29-2. 다음 중 자분탐상시험과 관련된 기기가 아닌 것은?

① 자장계 ② 침전계
③ 계조계 ④ 자외선등

|해설|

29-1
④ 나침반(자기컴퍼스) : 자기장의 존재를 식별할 수 있다.
① 가우스미터 : 자속밀도를 측정한다.
② 자속계 : 직류자속 변화량을 측정한다.
③ 자기검출기 : 누설자속을 감지한다.

29-2
③ 계조계 : 투과사진의 대비를 측정한다.
① 자장계 : 배율기, 분류기, 계기용 변성기 등 측정에 필요한 부품이 기기 안에 들어 있다.
② 침전계 : 검사액의 농도조사를 위한 게이지이다.
④ 자외선등 : 형광자분탐상 시 필요하다.

정답 29-1 ④ 29-2 ③

CHAPTER 03 금속재료 및 용접 일반

제1절 금속재료

핵심이론 01 금속의 일반적인 특징

① 상온에서 고체 상태이며 결정조직을 갖는다.
② 전기 및 열의 양도체이다.
③ 일반적으로 다른 기계재료에 비해 전연성이 좋다.
④ 소성변형성을 이용하여 가공하기 쉽다.
⑤ 금속은 각기 고유의 광택을 가지고 있다.
⑥ 비중 5 정도를 기준으로 중금속(重金屬)과 경금속(輕金屬)으로 나눈다.

10년간 자주 출제된 문제

금속의 일반적인 특징을 설명한 것 중 옳은 것은?

① 전기 및 열의 부도체이다.
② 전성은 좋으나 연성이 나쁘다.
③ 금속은 모두 은백색의 광택이 있다.
④ 수은을 제외한 금속은 고체 상태에서 결정구조를 가지고 있다.

|해설|

① 전기 및 열의 전도체이다.
② 일반적으로 다른 기계재료에 비해 전연성이 좋다.
③ 금속은 각기 고유의 광택이 있다.

정답 ④

핵심이론 02 금속의 성질

① 색상

금속은 고유의 색상이 있고, 귀한 금속일수록 고유의 색상을 변함없이 간직한다.

금속의 변색 정도
Sn > Ni > Al > Mn > Fe > Cu > Zn > Pt > Ag > Au
← 비금속 귀금속 →

② 비중

물과 비교했을 때에 몇 배의 무게를 갖고 있느냐를 말하는 척도이다.

③ 용융

모든 물체는 고체, 액체, 기체의 상태를 가질 수 있는데, 고체에서 액체 상태로의 상태 변화를 용융이라고 한다. 용융 시에는 용융잠열이라는 열이 있는데, 이 온도가 되면 가열을 해도 일정 열용량만큼 공급되기 전에 온도가 올라가지 않는다. 이는 숨어 있는 구조의 변형에너지로 사용되기 때문이다.

[각 금속의 비중과 용융점 비교]

금속명	비중	용융점(℃)	금속명	비중	용융점(℃)
Hg(수은)	13.65	−38.9	Cu(구리)	8.93	1,083
Cs(세슘)	1.87	28.5	U(우라늄)	18.7	1,130
P(인)	2	44	Mn(망간)	7.3	1,247
K(칼륨)	0.862	63.5	Si(규소)	2.33	1,440
Na(나트륨)	0.971	97.8	Ni(니켈)	8.9	1,453
Se(셀레늄)	4.8	170	Co(코발트)	8.8	1,492
Li(리튬)	0.534	186	Fe(철)	7.876	1,536
Sn(주석)	7.23	231.9	Pd(팔라듐)	11.97	1,552
Bi(비스무트)	9.8	271.3	V(바나듐)	6	1,726
Cd(카드뮴)	8.64	320.9	Ti(타이타늄)	4.35	1,727
Pb(납)	11.34	327.4	Pt(플래티늄)	21.45	1,769
Zn(아연)	7.13	419.5	Th(토륨)	11.2	1,845
Te(텔루륨)	6.24	452	Zr(지르코늄)	6.5	1,860
Sb(안티모니)	6.69	630.5	Cr(크로뮴)	7.1	1,920
Mg(마그네슘)	1.74	650	Nb(나이오븀)	8.57	1,950
Al(알루미늄)	2.7	660.1	Rh(로듐)	12.4	1,960
Ra(라듐)	5	700	Hf(하프늄)	13.3	2,230
La(란타넘)	6.15	885	Ir(이리듐)	22.4	2,442
Ca(칼슘)	1.54	950	Mo(몰리브데넘)	10.2	2,610
Ge(게르마늄)	5.32	958.5	Os(오스뮴)	22.5	2,700
Ag(은)	10.5	960.5	Ta(탄탈럼)	16.6	3,000
Au(금)	19.29	1,063	W(텅스텐)	19.3	3,380

④ 전도성

열이나 전기를 잘 전해 주는 성질을 말한다.

⑤ 이온화 경향

K > Ca > Na > Mg > Al > Zn > Fe > Co > Sb > Pb > (H) > Cu > Hg > Ag > Au의 순서이며, 수소를 기준으로 왼쪽이 수소를 방출한다.

10년간 자주 출제된 문제

2-1. 다음 중 금속의 이온화 경향에 대한 설명으로 옳은 것은?

① 금속원자가 전자를 잃고 음이온으로 되려는 성질을 이온화 경향이라 한다.
② 이온화 경향이 큰 금속은 환원력이 작아서 산화되기 어렵다.
③ 이온화 경향이 큰 것부터 나열하면 K > Ca > Na > Mg > Al 순이다.
④ 수소보다 이온화 경향이 큰 금속은 습기가 있는 대기 중에서 부식되기 어렵다.

2-2. 비중이 약 7.13, 용융점이 약 420℃이고, 조밀육방격자의 청백색 금속으로 도금, 건전지, 다이캐스팅용 등으로 사용되는 것은?

① Pt　　② Cu
③ Sn　　④ Zn

|해설|

2-1
③ K > Ca > Na > Mg > Al > Zn > Fe > Co > Sb > Pb > (H) > Cu > Hg > Ag > Au의 순서이며, 수소를 기준으로 왼쪽이 수소를 방출한다.
① 양이온이 되려는 성질이다.
② 산화되기 쉬운 순서대로 나열한다.
④ 수소보다 이온화 경향이 큰 금속은 습기를 만나면 수소와 치환되어 이온화되며 이에 따라 부식성이 커진다.

2-2
다이캐스팅용으로 널리 쓰이는 합금은 알루미늄과 아연합금뿐이다.

정답 2-1 ③ 2-2 ④

핵심이론 03 초전도현상

일반적인 금속선은 사용온도를 낮추면 전기저항이 다소 감소하기 시작한다. 이론적으로는 계속해서 온도를 낮추면 계속 저항이 감소하며 절대영도(0K, -273.15℃)에 이르러서는 저항이 없는 물체가 된다. 저항이 없어지면 손실 없이 전기를 전달할 수 있어 에너지과학적으로 매우 중요한 의미를 가진다. 또 어떤 금속은 이렇게 절대영도까지 낮추지 않더라도 어떤 임계온도에서는 저항이 극도로 낮아지는 현상을 갖는다. 이를 초전도현상이라 한다.

10년간 자주 출제된 문제

일정 온도에서 갑자기 전기저항이 0(Zero)이 되는 현상은?

① 초전도 ② 비정질
③ 클래드 ④ 부도체

정답 ①

핵심이론 04 금속의 결정

① 용융 상태의 순금속이 냉각하며 일정 온도가 되면 원자가 서로 결합하여 규칙적인 배열을 하면서 작은 결정핵이 발생하게 된다. 결정핵을 중심으로 점점 결정이 성장하여 이웃하는 결정과 만나게 되면 결정립계를 형성하게 된다. 이를 초정(Primary Crystal)이라고 한다.

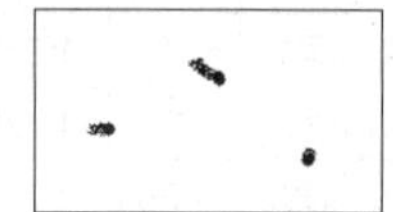
결정핵 생성

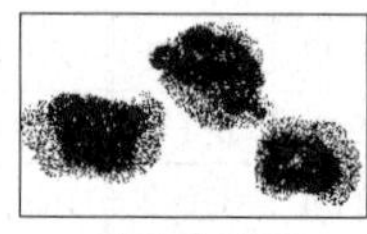
결정의 성장

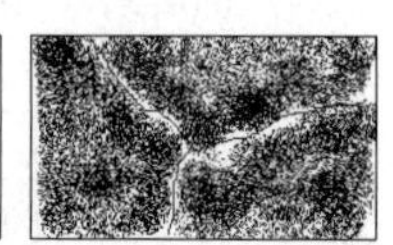
결정립계 형성

※ 수지상정 : 나뭇가지 상의 결정이라는 의미로 결정이 성장하는 단계에서 결정핵 생성 이후 빠르게 식어 결정이 맺어지는 부분의 모양이 마치 나뭇가지와 비슷하여 이름 붙인 결정상의 모양이다.

② 금속의 결정구조

㉠ 금속의 응고 중 결정핵이 1개로만 이루어진 것을 단결정이라 하며, 반도체에 쓰이는 실리콘 등이 이에 속한다.

㉡ 대부분의 금속은 무수히 많은 크고 작은 결정들이 모여 다결정체(Polycrystalline)를 이루고 있다.

㉢ 방사선으로 금속의 결정입자를 관찰해 보면 결정입자의 원자들은 금속마다 특유의 입체적이고 규칙적인 배열을 가지고 있는 것을 알 수 있다. 이 원자들의 중심을 연결해 보면 입체적인 격자가 되며 이를 공간격자(Space Lattice) 또는 결정격자(Crystal Lattice)라 한다.

㉣ 일반적으로 금속의 공간격자를 최소단위로 잘라 보면 세 가지 기본형으로 나뉜다.

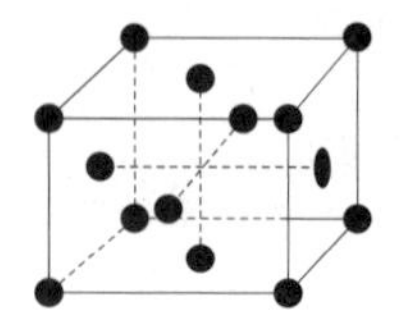
[면심입방격자]

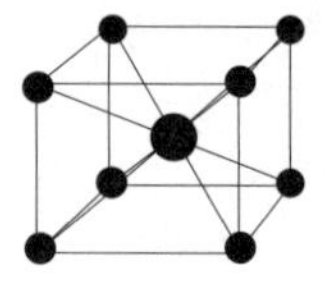
[체심입방격자]

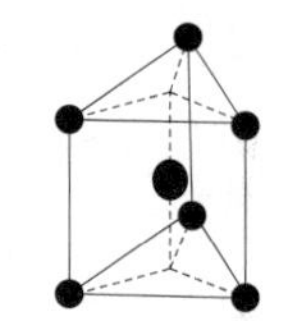
[조밀육방격자]

- 면심입방격자(FCC ; Face-Centered Cubic lattice)
  - 입방체의 각 모서리와 면의 중심에 각각 한 개 씩의 원자가 있고, 이것들을 규칙적으로 쌓이고 겹쳐져서 결정을 만든다.
  - 면심입방격자 금속은 전성과 연성이 좋으며, Au, Ag, Al, Cu, γ철이 속한다.
  - 단위 격자 내 원자의 수는 4개이며, 배위수는 12개이다.
- 체심입방격자(BCC ; Body-Centered Cubic lattice)
  - 입방체의 각 모서리에 1개씩의 원자와 입방체의 중심에 1개의 원자가 존재하는 매우 간단한 격자 구조를 이루고 있다.
  - 잘 미끄러지지 않는 원자 간 간섭 구조로 전연성이 잘 발생하지 않으며 Cr, Mo 등과 α철, δ철 등이 있다.
  - 단위 격자 수는 2개이며, 배위수 8개이다.
- 조밀육방격자(HCP ; Hexagonal Close Packed lattice)
  - 정육각기둥의 꼭짓점과 상하면의 중심과 정육각기둥을 형성하고 있는 6개의 정삼각기둥 중 1개 거른 삼각기둥 중심에 1개씩의 원자가 있는 격자이다.
  - Cd, Co, Mg, Zn 등이 이에 속하며 연성이 부족하다.
  - 단위 격자 수는 2개이며, 배위수는 12개이다.

10년간 자주 출제된 문제

4-1. 물질을 구성하고 있는 원자가 입체적으로 규칙적인 배열을 이루고 있는 것은?

① 입계　　② 결정
③ 격자　　④ 단위 격자

4-2. 용융금속이 응고할 때 작은 결정을 만드는 핵이 생기고, 이 핵을 중심으로 금속이 나뭇가지 모양으로 발달하는 것은?

① 입상정　　② 수지상정
③ 주상정　　④ 등축정

4-3. 면심입방격자(FCC)에 관한 설명으로 틀린 것은?

① 원자는 2개이다.
② Ni, Cu, Al 등은 면심입방격자이다.
③ 체심입방격자에 비해 전연성이 좋다.
④ 체심입방격자에 비해 가공성이 좋다.

4-4. 금속의 격자에서 원자의 수가 2개이며, 배위수가 8인 격자는?

① 체심입방격자　　② 면심입방격자
③ 조밀육방격자　　④ 조밀정방격자

4-5. 초정이란?

① 냉각 시 제일 늦게 석출하는 고용체를 말한다.
② 공정반응에서 공정반응 전에 정출한 결정을 말한다.
③ 고체상태에서 2가지 고용체가 동시에 석출하는 결정을 말한다.
④ 용액 상태에서 2가지 고용체가 동시에 정출하는 결정을 말한다.

|해설|

4-1
① 입계 : 입자와 입자의 경계이다.
③ 격자(Lattice) : 결정의 미시적 구조 중 같은 위상을 갖는 점들을 연결하여 만든 3차원 입체이다.
④ 단위 격자 : 격자 중 기본 단위를 삼을 수 있는 격자이다.

4-2
② 수지상정 : 나뭇가지 상의 결정이라는 의미로, 결정이 성장하는 단계에서 결정핵 생성 이후 빠르게 식어 결정이 맺어지는 부분의 모양이 마치 나뭇가지와 비슷하여 이름 붙인 결정상의 모양이다.
① 입상정 : 입체상 모양의 결정이라는 일반적인 용어이다.
③ 주상정 : 상이 맺어지는 모양이 기둥과 같다 하여 붙인 이름이다.
④ 등축정 : 각 축 방향으로 같은 상 모양을 맺은 결정을 일컫는 일반적인 용어이다.

4-3
면심입방격자(FCC) : 원자 여덟 개를 꼭짓점으로 하는 정육면체라고 생각했을 때 각면의 중심에 원자가 하나씩 더 들어가서 결정구조를 이루는 형태이다. 어느 방향으로 보아도 같은 면과 그 다음 면은 경계를 이루기 쉽게 되어 있어서, 이런 구조의 물질은 면 단위로 이동이 비교적 쉬워 전성이나 연성 등 가공성이 좋은 특징이 있다.

4-4
체심입방격자(BCC)는 단위 격자 수가 2개이며 배위수는 8개이다. 면심입방격자의 원자수는 4개이고 조밀육방격자는 배위수가 12개이다.

4-5
공정반응에서 공정반응 전에 정출한 결정으로 용융 상태에서 제일 먼저 나오는 결정을 의미한다.

정답 4-1 ② 4-2 ② 4-3 ① 4-4 ① 4-5 ②

핵심이론 05 금속 결정의 변화

① 금속 결정은 온도와 외부압력, 힘에 의해 그 조직과 성질, 심지어 자성(磁性)까지 변화를 일으킨다.

② 동소변태

다이아몬드와 흑연은 모두 탄소로만 이루어진 물질이지만 확연히 다른 상태로 존재하는 고체이다. 이처럼 동일 원소이지만 다르게 존재하는 물질을 동소체(Allotropy)라 하며, 어떤 원인에 의해 원자배열이 달라져 다른 물질을 변하는 것이다. 예를 들어 흑연에 적절한 열과 압력을 가하여 다이아몬드가 되는 변태를 동소변태 또는 격자변태라 한다.

③ 자기변태

Fe, Co, Ni 같은 강자성체(强磁性體)를 가열하면 일정 온도에서 금속의 결정구조는 변하지 않으나 자성을 잃고 상자성체(常磁性體)로 변하는 변태이다.

④ 변태 시 체적(부피)과 온도와의 관계를 보면 온도가 변태가 일어나는 시점에 체적이 감소한다고 가정했을 때 온도 t를 기준으로 온도 상승 시에는 기준 온도를 지나쳐서 변태가 일어나며, 온도 하강 시에도 역시 기준 온도를 지나쳐서 변태가 일어난다. 이를 일종의 열관성현상으로 이해한다.

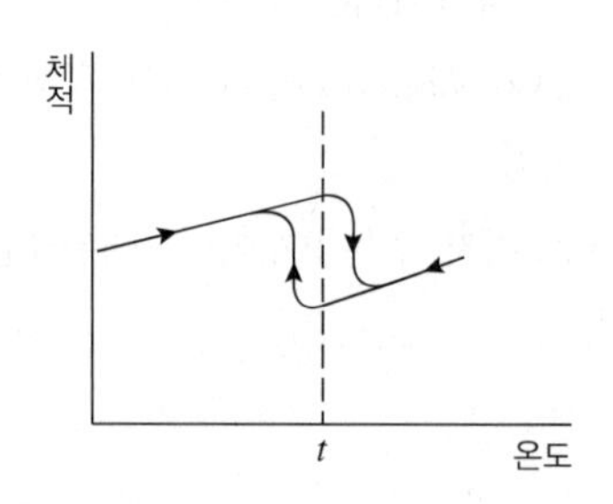

[동소변태 시 온도와 체적변화의 관계]

10년간 자주 출제된 문제

5-1. 다음 중 동소변태에 대한 설명으로 틀린 것은?

① 결정격자의 변화이다.
② 동소변태에는 A_3, A_4 변태가 있다.
③ 일정한 온도에서 급격히 비연속적으로 일어난다.
④ 자기적 성질을 변화시키는 변태이다.

5-2. 진공보다 작은 투자율을 가지는 물질을 나타내는 용어는?

① 반자성(Diamagnetic)
② 상자성(Paramagnetic)
③ 강자성(Ferromagnetic)
④ 페리자성(Ferrimagnetic)

5-3. 자기변태를 설명한 것으로 옳은 것은?

① 고체상태에서 원자배열의 변화이다.
② 일정온도에서 불연속적인 성질변화를 일으킨다.
③ 일정온도 구간에서 연속적으로 변화한다.
④ 고체상태에서 서로 다른 공간격자구조를 갖는다.

5-4. 고체상태에서 하나의 원소가 온도에 따라 그 금속을 구성하고 있는 원자의 배열이 변하여 두 가지 이상의 결정구조를 가지는 것은?

① 전위 ② 동소체
③ 고용체 ④ 재결정

|해설|

5-1
자기변태는 에너지 변화로 결정조직의 변화를 동반하지 않는다.

5-2
반자성(Diamagnetic) : 반자성을 나타내는 물질로 외부 자계에 의해서 자계와 반대방향으로 자화되는 물질을 말한다. 즉, 비투자율이 1보다 작은 재료로 자계에 반발하며, 자력선에 직각으로 나열되는 물질이다. 반자성체에 속하는 물질에는 Bi, C, Si, Ag, Pb, Zn, S, Cu 등이 있다.

5-3
자기변태 : 강자성체의 금속이 가열되면 일정한 온도 이상에서 금속의 결정구조는 변하지 않으나, 자성을 잃고 상자성체로 자성이 변한다. 이 변태는 결정구조가 바뀌지 않고 에너지적인 변화가 일어나므로 재구조화에 필요한 잠열구간을 두지 않는다.

5-4
동소체는 같은 원소를 이용한 결정구조라는 의미로 해석할 수 있다.

정답 5-1 ④ 5-2 ① 5-3 ③ 5-4 ②

핵심이론 06 금속결함

① 점결함(Point Defect)

㉠ 공공(Vacancy) : 원래 있었던 자리에 원자가 하나 또는 그 이상 빠져서 빈 공간이다.

㉡ 침입형 원자(Interstitial Atom) : Standard 조직 사이에 다른 원자가 끼어든 결함이다(격자 간 원자).

㉢ 치환(Substitution) : 기존 원자 자리에 다른 조직의 원자가 바뀌어 들어간다.

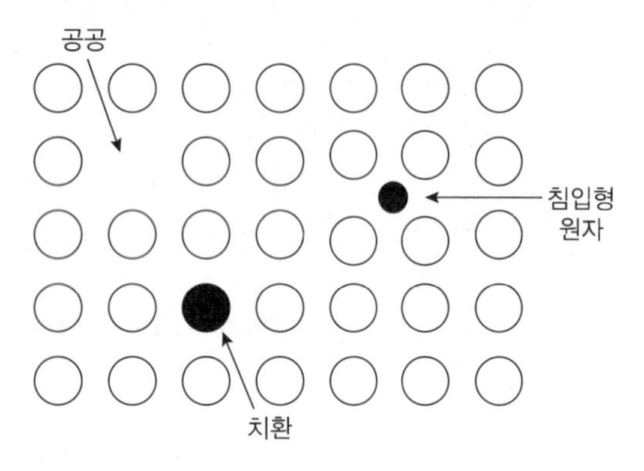

② 선결함(Line Defect)

㉠ 전위(Dislocation) : 공공(Vacancy)으로 인하여 전체 금속 이온의 위치가 밀리게 되고 그 결과로 인하여 구조적인 결함이 발생하는 결함이다.

㉡ 전위결함은 금속의 성질에 큰 영향을 주며 전위를 잘 이해하면 전성, 연성 등 금속의 성질을 이해하는 데 도움이 된다.

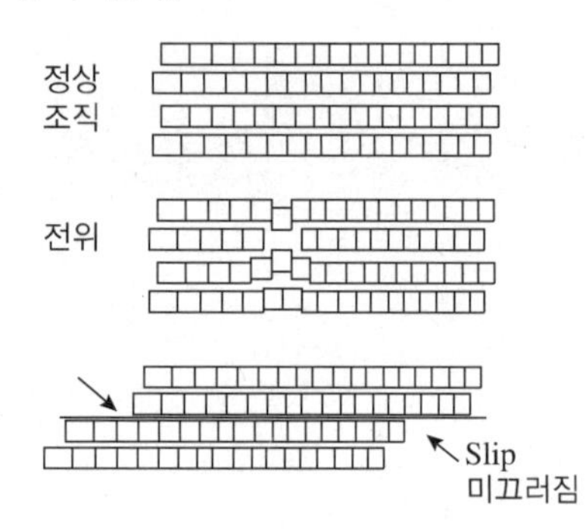

③ 면결함(Plane Defect)

㉠ 적층결함(Stacking Fault) : 2차원적인 전위로 층층이 쌓이는 순서가 틀어진다.

㉡ 쌍정(Twin) : 전위면을 기준으로 대칭이 일어난 경우를 말한다.

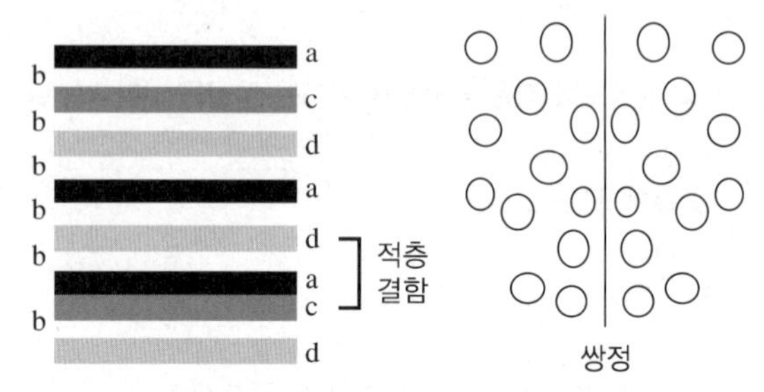

㉢ 결정립 경계를 결함으로 보기도 한다.

㉣ 슬립 : 미끄러짐을 뜻하는 결함으로 점층적 변형이 아닌, 원자밀도가 높은 격자면에서 일시에 힘을 받아 발생하는 결함이다.

④ 3차원적 결함(Volume Defect)

㉠ 석출(石出, Precipitate) : 용융액 속이나 다른 고체 조직 속에서 돌덩어리가 나올 때 석출이라 부른다.

㉡ 주조 시 나오는 수축공, 기공 등의 결함을 3차원 결함으로 본다.

⑤ 밀러지수

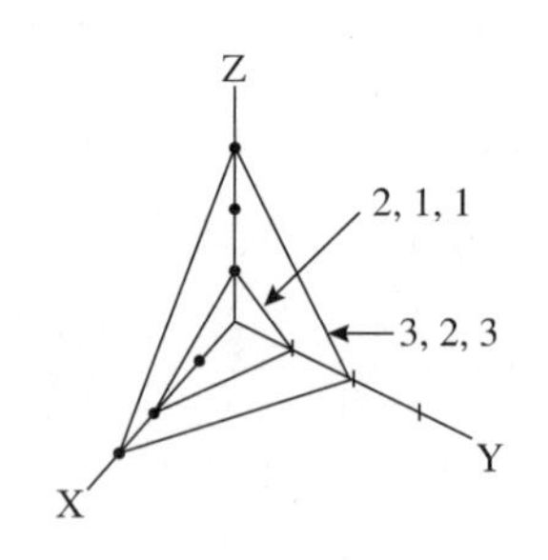

10년간 자주 출제된 문제

6-1. 다음 중 금속의 격자결함이 아닌 것은?

① 가로결함　② 면결함
③ 점결함　④ 공공

6-2. 원자반경이 작은 H, B, C, N 등의 용질원자가 용매원자의 결정격자 사이의 공간에 들어가는 것을 무엇이라 하는가?

① 규칙형 결정체　② 침입형 고용체
③ 금속 간 화합물　④ 기계적 혼합물

6-3. 결정구조결함의 일종인 빈자리(Vacancy)로 인하여 전체 금속 이온의 위치가 밀리게 되고 그 결과로 인하여 구조적인 결함이 발생하는 이러한 결함의 명칭은?

① 전위(Dislocation)　② 시효(Aging)
③ 산세(Pickling)　④ 석출(Precipitation)

6-4. 도면과 같은 금속결정 중의 원자면에서 (100)면을 나타내는 면은?

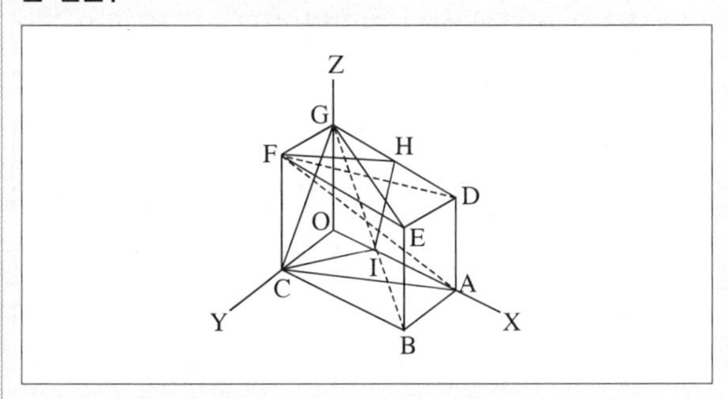

① (ACFD)　② (ACGD)
③ (ABED)　④ (FHIC)

6-5. 금속의 소성변형을 일으키는 원인 중 원자 밀도가 가장 큰 격자면에서 잘 일어나는 것은?

① 슬립　② 쌍정
③ 전위　④ 편석

6-6. 다음 중 슬립(Slip)에 대한 설명으로 틀린 것은?

① 원자 밀도가 최대인 방향으로 잘 일어난다.
② 원자 밀도가 가장 큰 격자면에서 잘 일어난다.
③ 슬립이 계속 진행하면 결정은 점점 단단해져 변형이 쉬워진다.
④ 다결정에서는 외력이 가해질 때 슬립방향이 서로 달라 간섭을 일으킨다.

|해설|

6-1
격자결함의 종류는 면결함(결정입계, 접합면, 적층결함 등), 선결함(어긋나기, 점결함의 직선배열), 점결함(불순물, 공공, 격자 간 원자) 등이 있다.

6-2
② 침입형 고용체 : 어떤 성분 금속의 결정격자 중에 다른 원자가 침입된 것으로 일반적으로 금속 상호 간에 일어나기보다는 비금속 원소가 함유되는 경우에 일어나는데 원소 간 입자의 크기가 다르기 때문에 일어난다.
③ 금속 간 화합물 : 친화력이 큰 성분 금속이 화학적으로 결합하면 각 성분 금속과는 현저하게 다른 성질을 가지는 독립된 화합물이다.

6-3
전위(Dislocation)
위치를 다시 잡는다는 의미로 빈 공간(Vacancy)에 차례로 원자가 이동하여 새롭게 위치를 잡는 것을 말한다.

6-4
(100)은 X = 1, Y = 0, Z = 0,
즉, X 좌표값이 1을 지나고 YZ에는 평행한 면이다.

6-5
① 슬립(Slip) : 결정계의 면과 면에서 미끄러짐이 반복되어 소성변형이 일어난다.
② 쌍정 : 결정면을 기준으로 조직이 대칭을 이루는 결함이다.
③ 전위(Dislocation) : 비어 있는 공공을 이용해서 원자가 위치를 바꾸는 현상이다.
④ 편석 : 재료 속에 하나의 성분이 한 부분에 몰려 결정되는 현상을 말한다.

6-6
슬립이 계속 진행되면 결정은 점점 단단해져 변형이 어려워진다. 즉, 이미 슬립이 많이 진행되었다면 점점 더 슬립하기가 어려워진다.

정답 6-1 ① 6-2 ② 6-3 ① 6-4 ③ 6-5 ① 6-6 ③

핵심이론 07 재료의 변형

① 훅의 법칙(Hook's Law)

㉠ 응력(Stress) : 재료에 작용하는 힘을 힘이 작용하는 면적으로 나눈 것으로, 마치 작용하는 힘을 미분한 개념이다. 수식으로 작용하는 힘(기호 : P , 단위 : N)을 단위 면적(기호 : A , 단위 : m^2)으로 나눈 값이다.

㉡ 변형률 : 힘이 작용하기 전 최초 길이에 대해 힘이 작용한 후 늘어난(또는 줄어든) 길이의 비율을 말한다.

$$\text{변형률 } \varepsilon = \frac{L_1 - L_0}{L_0} \times 100\%$$

여기서, L_1 : 나중 길이, L_0 : 처음 길이

㉢ 영계수(E) : 작용하는 응력과 변형률의 관계를 조사했을 때 일정구간에서 응력과 변형률은 서로 비례한다는 것을 알게 되었고, 재료에 따라 그 비율이 다르다는 것도 알게 되었다. 각 재료별로 작용하는 응력에 비해 변형률이 다르게 변하여 재료의 고유 성질을 나타낼 수도 있다.

$$\frac{\sigma}{\varepsilon} = E \text{ (재료 고유의 상수, 단위 : MPa 또는 GPa)}$$

여기서, σ : 응력, ε : 변형률

㉣ 탄성한도 : 물리량을 그래프로 정리하면 다음 그림과 같으며 O-P-Yu-N의 곡선은 연강의 변형곡선이고 O-B-X는 일반금속의 변형곡선이다. 연강의 O-P 범위, 일반금속의 O-S(O-B와 마찬가지이며) 범위를 탄성한도라 한다.

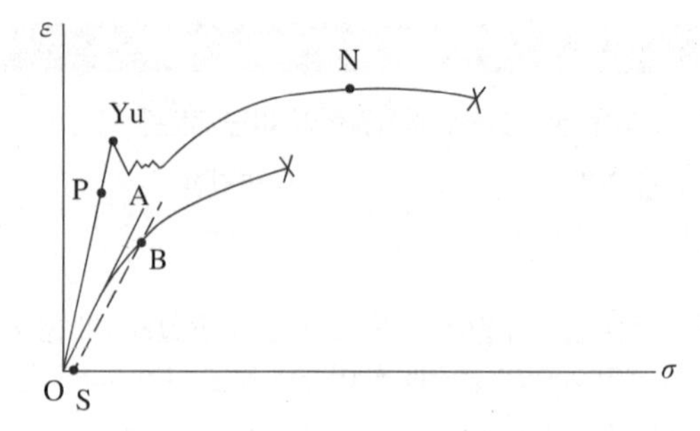

㉤ 탄성변형 : 탄성한도 내에서 응력 σ 가 작용하였다가 응력이 제거되면, 변형이 일어났다가 일어났던 변형이 제거되는데 이런 변형을 탄성변형이라 한다.

㉥ 항복변형 : 서로 비례하던 응력과 변형률의 관계는 일정 응력범위(Yu)가 지나면 비례하지 않고 갑자기 작용하는 힘이 별로 늘지 않아도 변형량이 늘게 되는데, 이 현상을 항복현상이라 하며 이때의 응력을 항복강도라고 한다.

㉦ 소성 : 연강이 아닌 일반적인 금속에서 O-B-X의 곡선에서 B 이상의 힘이 작용하면 모양이 회복되지 않는 실제 변형이 일어나는데 이런 성질을 소성이라 하며 이런 소성을 이용하여 마치 종이로 비행기를 접고, 찰흙으로 인형을 빚듯이, 금속에 힘을 가하여 구기거나 원하는 모양으로 밀거나 잡아당겨서 가공하는 방법을 소성가공이라 한다.

㉧ 열간가공과 냉간가공 : 소성가공에서 재결정온도 이상으로 가열하여 가공을 하면 좀 더 많은 양의 변형을 줄 수 있게 된다. 이렇게 가열하여 가공하는 방법을 열간가공이라 하고, 큰 변형이 필요 없거나 소성가공을 통해 일부러 가공경화를 일으켜 제품의 강도를 향상시킬 것을 목적으로 재결정온도 이하에서 가공하는 방법을 냉간가공이라 한다.

㉨ 가공경화 : 소성가공성을 이용하여 가공을 하면 재료 내부에 강제로 전위가 많이 일어나며 전위가 많아지면 내부의 가소성(可塑性)이 줄어들어 연성, 전성이 약해지고, 딱딱해지게 되는데 이를 가공경화라 한다.

10년간 자주 출제된 문제

7-1. 금속재료에 하중을 가하면, 응력이 증가함에 따라 처음에는 변형률이 직선적으로 증가하게 된다. 이 구간에서는 응력(σ)과 변형률(ε) 사이에 $\sigma = E \cdot \varepsilon$라는 관계가 성립한다. 이 식에서 비례상수 E는 무엇을 나타내는가?

① 영률 ② 연신율
③ 수축률 ④ 압축률

7-2. 금속의 소성가공을 재결정온도보다 낮은 온도에서 가공하는 것을 무엇이라고 하는가?

① 열간가공 ② 승온가공
③ 적열가공 ④ 냉간가공

7-3. 일반적으로 금속을 냉간가공하면 결정입자가 미세화되어 재료가 단단해지는 현상을 무엇이라고 하는가?

① 메짐 ② 가공저항
③ 가공경화 ④ 가공연화

7-4. 금속의 성질 중 전성(展性)에 대한 설명으로 옳은 것은?

① 광택이 촉진되는 성질
② 소재를 용해하여 접합하는 성질
③ 얇은 박(箔)으로 가공할 수 있는 성질
④ 원소를 첨가하여 단단하게 하는 성질

|해설|

7-1
문제에 설명한 이 관계를 Thomas Young이라는 학자가 설명하여 냈고, 이 비례관계의 기울기에 E 계수를 붙여서 부르게 되었다.
※ 응력과 변형률은 일정 구간에서 서로 비례한다.

7-2
소성가공 중 재결정온도를 기준으로 그보다 높은 온도에서 소성가공하는 것을 열간가공, 그보다 낮은 온도에서 가공하는 것을 냉간가공이라 한다.

7-3
소성가공 시 금속이 변형하면서 잔류응력을 남기게 되고 변형된 조직 부분이 조밀하게 되어 경화되는 현상을 가공경화라 한다.

7-4
금속의 성질 중 넓게 펴지는 성질을 전성이라고 한다. 일반적으로 연성이 높은 재료가 잘 펴지기도 하지만, 한 방향으로만 잘 늘어나는 재료도 있기에 연성과는 구별되는 성질이다.

정답 7-1 ① 7-2 ④ 7-3 ③ 7-4 ③

핵심이론 08 재료시험(인장시험, 파단시험)

① 인장시험

㉠ 시험편을 연속적이며 가변적인(조금씩 변하는) 힘으로 파단할 때까지 잡아당겨서 응력과 변형률과의 관계를 살펴보는 시험이다.

㉡ 이 시험을 통해 재료의 항복강도, 인장강도, 파단강도, 연신율, 단면수축률, 탄성계수, 내력 등을 구할 수 있다.

㉢ 연신율 구하는 방법 : 핵심이론 07의 변형률과 같은 내용으로 힘이 작용하기 전 최초 길이에 대해 힘이 작용한 후 늘어난(또는 줄어든) 길이의 비율을 구한다.

$$\text{연신율 } \varepsilon = \frac{L_1 - L_0}{L_0} \times 100\%$$

여기서, L_1 : 나중 길이, L_0 : 처음 길이

② 파단시험

비파괴검사와는 반대로 어떤 경우에 재료가 파단이 일어나는 지 시험편을 이용하여 직접 파단을 일으켜 보는 시험을 통틀어 말한다.

10년간 자주 출제된 문제

8-1. 시편의 원표점거리가 112mm이고, 늘어난 길이는 132mm일 때 연신율은 약 몇 %인가?

① 15.2 ② 17.9
③ 82.1 ④ 84.8

8-2. 봉재 인장시험편의 평행부 지름이 14mm인 철강재료를 인장시험한 결과 최대하중이 11,540kgf였다면 이 재료의 인장강도는 약 몇 kgf/mm^2인가?

① 54 ② 75
③ 87 ④ 103

8-3. 시험편의 최초 단면적이 $50mm^2$이던 것이 인장시험 후 $46mm^2$로 측정되었을 때 단면 수축률은?

① 4% ② 6%
③ 8% ④ 9%

|해설|

8-1

연신율은 원래 길이(L_0)와 늘어난 길이(L_1)의 비율

$$\frac{132-112}{112}\times 100 \fallingdotseq 17.9\%$$

8-2

$$단면적 = \frac{\pi D^2}{4} = \frac{\pi \times (14mm)^2}{4} = 153.94mm^2$$

$$인장강도 = \frac{P}{A} = \frac{11,540kgf}{153.94mm^2} \fallingdotseq 75kgf/mm^2$$

8-3

단면이 $50mm^2$에서 $46mm^2$로 $4mm^2$가 감소하여 처음 단면적에 비해 8% 감소하였다.

정답 8-1 ② 8-2 ② 8-3 ③

핵심이론 09 재료시험(피로시험, 충격시험, 크리프 시험, 경도시험)

① 피로시험

재료에 안전한 하중이라도 계속적, 지속적으로 반복하여 작용하였을 때 파괴가 일어나는지를 시험하는 방법이다. 피로시험은 가하는 외력의 종류에 따라 반복 인장압축시험, 반복 굽힘시험, 반복 비틀림시험, 반복 충격시험이 있다.

② 충격시험

㉠ 충격력에 대한 재료의 충격저항의 크기를 알아보기 위한 것이다(얼마만큼 큰 충격에 견디는가에 대한 시험).

㉡ 샤르피 충격시험 : 홈을 판 시험편에 해머를 들어올려 휘두른 뒤 충격을 주어, 처음 해머가 가진 위치에너지와 파손이 일어난 뒤 위치에너지의 차를 구하는 시험이다.

③ 크리프 시험

일정 응력 또는 하중하에서 시간의 경과와 함께 재료가 변형하는 현상을 측정하는 시험으로, 시간의 경과와 함께 증가하는 크리프 변형을 측정하고, 재료의 내크리프성의 정도를 나타내는 크리프 강도로 총칭되는 여러 성질을 구하는 시험방법이다.

④ 경도시험

㉠ 경도시험의 종류 : 압입 경도시험, 긋기 경도시험, 반발 경도시험 등

㉡ 브리넬 경도시험 : 일정한 지름 D(mm)의 강구압입체를 일정한 하중 P(N)로 시험편 표면에 누른 다음 시험편에 나타난 압입자국면적을 보고 경도값을 계산한다.

㉢ 로크웰 경도시험 : 처음 하중(10kgf)과 변화된 시험하중(60, 100, 150kgf)으로 눌렀을 때 압입 깊이 차로 결정된다.

㉣ 비커스 경도시험 : 원뿔형의 다이아몬드 압입체를 시험편의 표면에 하중 P로 압입한 다음, 시험편의 표면에 생긴 자국의 대각선 길이 d를 비커스 경도계에 있는 현미경으로 측정하여 경도를 구한다. 좁은 구역에서 측정할 때는 마이크로비커스 경도 측정을 한다. 도금층이나 질화층 등과 같이 얇은 층의 경도 측정에도 적합하다.

㉤ 쇼어 경도시험 : 강구의 반발 높이로 측정하는 반발 경도시험이다.

10년간 자주 출제된 문제

9-1. 시험편에서 일정한 온도와 하중을 가하고 시간의 경과와 더불어 변형의 증가를 측정하여 재료의 역학적 양을 결정하기 위한 시험은?

① 피로시험 ② 경도시험
③ 크리프 시험 ④ 충격시험

9-2. 재료에 안전하중의 작은 힘이라도 계속 반복하여 작용하였을 때 파괴를 일으키는 시험은?

① 피로시험 ② 커핑시험
③ 충격시험 ④ 에릭션 시험

9-3. 비커스 경도(HV)값을 옳게 나타낸 식은?

① $HV = \dfrac{\text{압입자 대면각}}{\text{압입자국의 표면적}}$

② $HV = \dfrac{\text{하중}}{\text{압입자국의 표면적}}$

③ $HV = \dfrac{\text{압입자의 대각선 길이}}{\text{압입자국의 표면적}}$

④ $HV = \dfrac{\text{표면적}}{\text{압입자국의 표면적}}$

9-4. 시험편에 압입자국을 남기지 않거나 시험편이 큰 경우 재료를 파괴시키지 않고 경도를 측정하는 경도기는?

① 쇼어 경도기
② 로크웰 경도기
③ 브리넬 경도기
④ 비커스 경도기

|해설|

9-1
크리프 시험은 일정 응력 또는 하중하에서 시간의 경과와 함께 재료가 변형하는 현상을 측정하는 시험으로, 시간의 경과와 함께 증가하는 크리프 변형을 측정하고, 재료의 내크리프성의 정도를 나타내는 크리프 강도로 총칭되는 여러 성질을 구하는 시험방법이다.

9-2
② 커핑시험 : 얇은 금속판의 전연성을 측정하는 시험이다.
③ 충격시험 : 충격력에 대한 재료의 충격 저항의 크기를 알아보기 위한 시험이다.
④ 에릭션 시험 : 강구를 이용한 일종의 커핑시험으로 전연성시험이다.

9-3
비커스 경도 측정 : 다이아몬드 압입자로 실험하여 대각선의 길이를 이용하여 표면적을 계산, 힘과의 비로 나타낸다.

9-4
- 브리넬 경도 측정 : 강구를 사용하여 면적과 하중의 관계로부터 계산한다.
- 로크웰 경도 측정 : 강구나 원뿔 다이아몬드의 압입자국의 깊이 차를 이용하여 계산한다.
- 비커스 경도 측정 : 다이아몬드 압입자로 실험하여 대각선의 길이를 이용하여 표면적을 계산, 힘과의 비로 나타낸다.
- 마이크로 비커스 경도 측정 : 좁은 영역에서 비커스 경도를 측정한다.
- 쇼어 경도 측정 : 강구를 떨어뜨려서 튀어 올라오는 높이를 이용하여 경도를 계산한다.

정답 9-1 ③ 9-2 ① 9-3 ② 9-4 ①

핵심이론 10 | 평형상태도 및 Fe-C 상태도($Fe-Fe_3C$ 상태도)

① 평형상태도

가로축을 A금속-B금속(또는 A합금, B합금)의 2원 조성(%)으로 하고 세로축을 온도(℃)로 하여 각 조성의 비율에 따라 나타나는 변태점을 연결하여 만든 도선이다.

※ 순수한 A금속과 A금속에 B금속이 조금 고용된 고용체인 α-고용체, 순수한 B금속과 B금속에 A금속이 조금 고용된 고용체인 β-고용체의 성분비와 온도에 따른 금속조직의 상태를 나타내는 평형상태도의 예

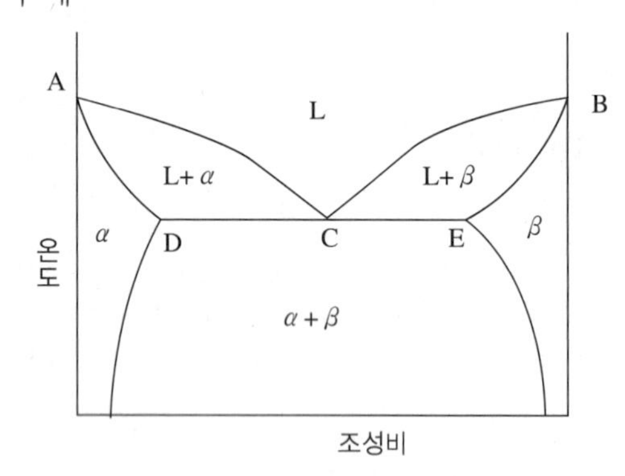

② $Fe-Fe_3C$ 상태도

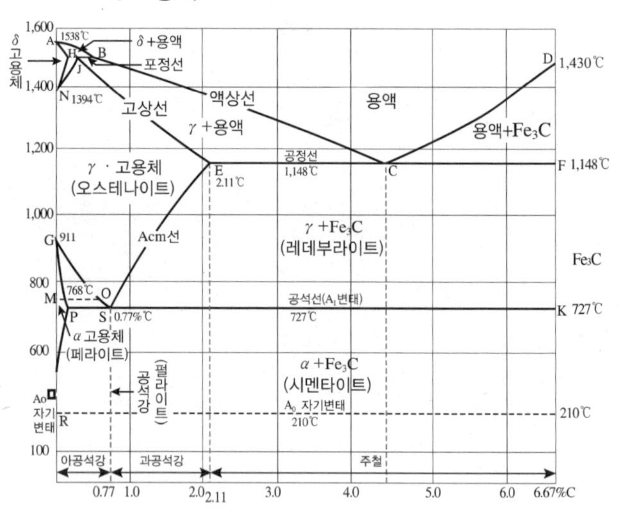

[$Fe-Fe_3C$ 평형상태도의 각 점과 각 선]

기호	내용
A	순철의 용융점, 1,538±3℃
AB	δ고용체의 정출 개시선(액상선)
AH	δ고용체의 정출 완료선(고상선)
B	점 H 및 J를 이은 선이 용액과 만나는 점, 0.53% C, 1,495℃
BC	γ고용체의 정출 개시선(액상선)
C	γ고용체와 시멘타이트가 동시에 정출되는 공정점, 4.3% C, 1,148℃
CD	시멘타이트(Fe_3C)의 정출 개시선(액상선)
D	시멘타이트의 용융점, 6.68% C, 1,430℃
E	γ고용체에 시멘타이트가 최대로 고용된 포화점, 1,148℃, 2.11% C
ECF	공정선, 1,148℃, 용액(C점) $\rightleftarrows$ γ고용체 + 시멘타이트
ES	γ고용체에서 시멘타이트 석출 개시선. 이 선을 특별히 A_{cm}이라고 하는데, 각 % C 지점에서, γ고용체(오스테나이트)에서 시멘타이트가 석출되는 온도가 열처리에서는 상당히 중요한 선이다.
F	시멘타이트의 공정점, 6.67% C, 1,148℃
G	순철의 A_3 변태점, 911℃
GO	온도가 하강하면서 γ고용체에서 α고용체가 석출을 시작하는 선
GP	온도가 하강하면서 γ고용체에서 α고용체가 석출을 종료하는 선
H	δ 고용체에서 탄소를 최대 고용하는 점, 0.09% C, 1,495℃
HJB	포정선, 용액(B)이 δ고용체(H)와 반응하여 γ고용체(J)로 되는 포정반응 시작선
J	포정점, 0.17% C, 1,495℃
JE	온도가 하강하면서 액상에서 γ고용체의 정출이 끝나는 선, 100% γ고용체
K	시멘타이트의 공석점, 6.67% C, 727℃
M	0.0000% C 순철의 자기변태점, 768℃, A_2 변태점
MO	α고용체의 자기 변태선, 768℃
N	순철의 A_4 변태점, 1,394℃
NH	온도가 하강하면서 δ고용체에서 γ고용체가 석출을 시작하는 선 A_4 변태시작
NJ	온도가 하강하면서 δ고용체에서 γ고용체가 석출을 마치는 선 A_4 변태종료
O	고용체의 자기 변태점, 0.67% C, 768℃
P	α고용체에 대한 탄소의 최대 고용 정도, 0.02% C, 727℃
PSK	공석선 727℃, A_1 변태점
R	α고용체의 A_0 변태점, 0.005% C, 210℃
S	γ고용체에서 펄라이트(페라이트 + 시멘타이트 = 동시 석출)가 석출되는 공석점 0.77% C, 727℃
T	시멘타이트의 A_0 변태점, 6.67% C, 210℃

10년간 자주 출제된 문제

10-1. 다음 중 순철의 변태가 아닌 것은?

① A_1 ② A_2
③ A_3 ④ A_4

10-2. 순철의 변태 중 A_2 변태는 결정구조의 변화 없이 강자성체가 상자성체로 변한다. 이러한 변태를 무엇이라고 하는가?

① 동소변태 ② 자기변태
③ 전단변태 ④ 마텐자이트변태

10-3. Fe-C계 평형상태도에서 냉각 시에 A_{cm} 선이란?

① δ 고용체에서 γ 고용체가 석출하는 온도선
② γ 고용체에서 시멘타이트가 석출하는 온도선
③ α 고용체에서 펄라이트가 석출하는 온도선
④ γ 고용체에서 α 고용체가 석출하는 온도선

10-4. α 고용체 + 용융액 ⇆ β 고용체의 반응을 나타내는 것은?

① 공석반응 ② 공정반응
③ 포정반응 ④ 편정반응

10-5. 공정점 4.3% C에서는 융액으로부터 γ 고용체와 시멘타이트가 동시에 정출한다. 이때의 공정 조직명은?

① 페라이트 ② 펄라이트
③ 오스테나이트 ④ 레데부라이트

|해설|

10-1
- A_1 변태 : 강의 공석변태를 말한다. γ 고용체에서 (α-페라이트) + 시멘타이트로 변태를 일으킨다.
- A_2 변태 : 순철의 자기변태를 말한다.
- A_3 변태 : 순철의 동소변태의 하나이며, α 철(체심입방격자)에서 γ 철(면심입방격자)로 변화한다.
- A_4 변태 : 순철의 동소변태의 하나이며, γ 철(면심입방정계)에서 δ 철(체심입방정계)로 변화한다.

10-2
- 동소변태 : 동일한 원소가 여러 형태로 존재가 가능한데, 이렇게 동일한 원소들이 환경의 변화에 따라 변태를 일으키는 것을 동소변태라고 한다.
- 마텐자이트 변태 : 탄소강을 A_3 변태점 이상으로 가열해 급랭한 때에 마텐자이트 생성물이 형성되는 상태의 변화이다.

10-3
A_{cm} : γ고용체에서 시멘타이트가 석출하는 개시선이다. 각 % C 지점에서, γ고용체(오스테나이트)에서 시멘타이트가 석출되는 온도가 열처리에서는 상당히 중요한 선이다.

10-4
α 고용체와 용융액이 냉각하며 전혀 다른 β 고용체가 나오는 경우는 냉각이 일어나는 경우이며 이런 반응을 포정반응(결정이 다른 결정을 둘러싼다고 해서 생기는 이름)이라고 한다.
※ 금속에 일어나는 여러 반응의 개념적인 이해가 필요한 용어들로 이를 돕기 위해 간단히 팁을 더하면 "정"은 결정조직이 발생하는 경우에 사용하고, "석"은 석출물, 딱딱한 물질이 용융액 속에 나오는 경우에 사용한다.

10-5
레데부라이트
4.3% C의 용융철이 1,148℃ 이하로 냉각될 때 2.11% C의 오스테나이트와 6.67% C의 시멘타이트로 정출되어 생긴 공정주철이며, A_1점 이상에서는 안정적으로 존재하는 조직으로 경도가 크고 메짐성이 크다.

정답 10-1 ① 10-2 ② 10-3 ② 10-4 ③ 10-5 ④

핵심이론 11 상태도 내 성분비 및 자유도

① 평형상태도 내에서 성분비를 구하는 방법은 용액상태에서부터 온도가 내려가면서 점점 고체상이 늘어나며, 어느 성분을 가진 고체상이 늘어나느냐에 따라 전체 성분비가 조정이 되는 것을 이해하여야 한다.

② 다음 평형상태도를 보면

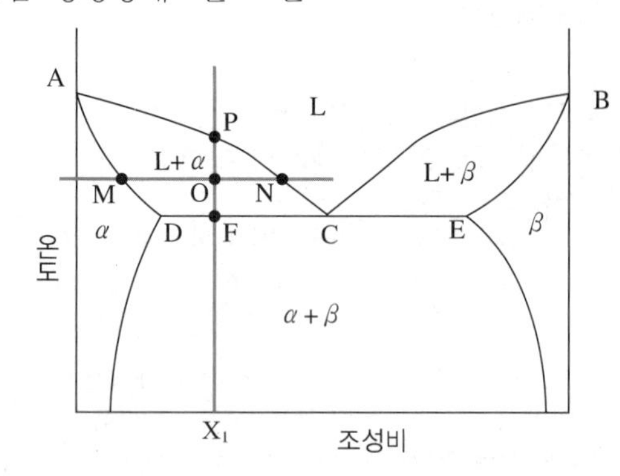

X_1의 조성을 가진 A, B 두 금속의 평형상태도를 보면, A금속에 B금속이 고용된 고용체를 α, B금속에 A금속이 고용된 고용체를 β라 하고 O점에서의 성분비를 보면 P점에서는 용액이 100%이다가, 점점 α 고용체가 생기기 시작한다. O점에 이르러서는 전체 용액에서 ON만큼의 α 고용체가 생기고, 나머지는 용액이다.

즉, α 고용체의 비율은 $\frac{ON}{MN}$, 용액의 비율은 $\frac{OM}{MN}$이다. 용액성분도 점점 고형화가 진행되어 공정선에 도달하면 $\frac{EF}{DE}$만큼의 α 고용체와 $\frac{DF}{DE}$만큼의 β 고용체 비율로 공정된다.

③ 물질의 상태도에서 각 상태의 자유도, 상률을 구하는 식

$$F = n + 2 - p$$

여기서, F : 자유도, n : 성분의 수, p : 상의 수

예 물의 경우 물, 얼음 및 수증기의 각 구역에서는 1상이므로 $F = 1 + 2 - 1 = 2$, 즉 자유도는 2이다.

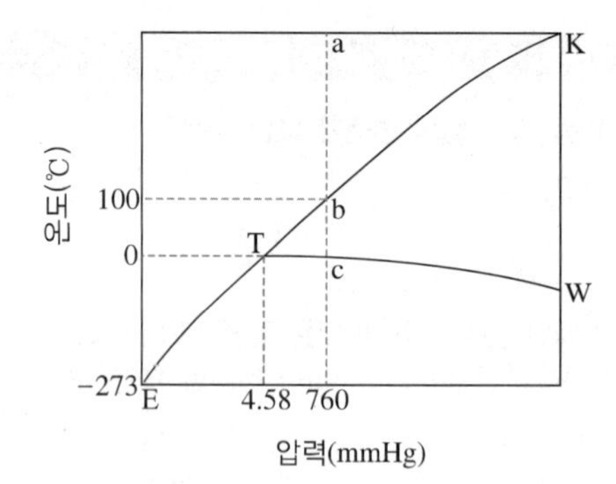

그리고 TK, TE, TW 선 위에서는 물과 수증기, 물과 얼음 및 얼음과 수증기의 2상이 공존하므로 F는

$F = 1 + 2 - 2 = 1$

즉, 자유도는 1이다. 그리고 T점(삼중점)에서의 자유도는

$F = 1 + 2 - 3 = 0$

즉, 변할 수 없다는 것이다.

10년간 자주 출제된 문제

11-1. 다음의 상태도를 보고 X선 조성이 가지는 액상이 냉각되어 T_E온도에 도달하였을 때 공정반응 이전의 α 상 : 액상(L)의 양은?

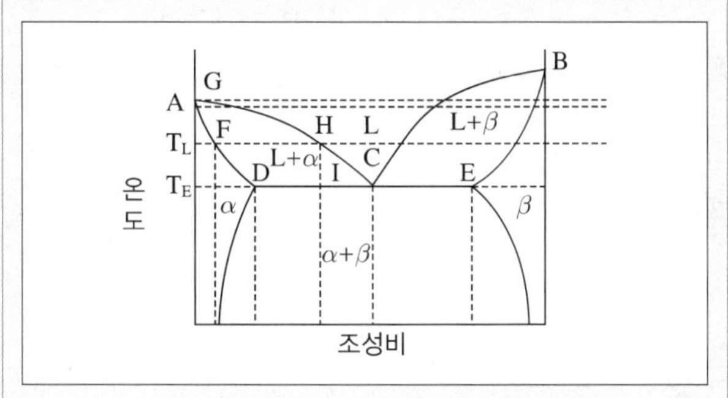

① DI : IC ② IC : DI
③ DC : CE ④ CE : DC

11-2. 1성분계인 물의 3중점에서 자유도는 얼마인가?

① 0 ② 1
③ 2 ④ 3

|해설|

11-1
C점에서 액상이 조성되므로 고상 α는 적은 쪽 IC 비율을 갖고 액상은 DI의 비율을 갖는다.

11-2
자유도 : 역학계에서 질점계의 위치, 방향을 정하는 좌표 중 독립적으로 변화할 수 있는 것의 수이다. 물의 3중점은 기체, 고체, 액체의 상태가 만나는 점으로 온도, 압력의 값이 정해져 있다.

정답 11-1 ② 11-2 ①

핵심이론 12 | 탄소강의 표준조직

★ 계속해서 핵심이론 10의 Fe-C 상태도를 참조하며 공부할 것

① 탄소강은 순철보다는 Fe_3C의 함유량이 많고, 대략 2.0% C까지의 철을 말한다.

② 실제 사용하는 탄소강은 1.2% C 이하의 철을 이용한다.

③ 0.77% C(Fe_3C 함유량으로는 0.8% C)의 철을 공석강이라고 한다.

★ 탄소는 Fe 중에서 C의 형태로 단독으로 존재하기 보다는 Fe_3C로 존재하는데, 따라서 Fe-C 상태도에서 Fe-C 상태를 볼 수도 있고, Fe-Fe_3C 상태도 볼 수 있다. 탄소함유량을 C의 함유량으로 보느냐 Fe_3C의 함유량으로 보느냐에 따라 약간의 탄소함유량 차이가 생기며, 기능사 시험에서는 일반적으로 Fe_3C 함유량 기준으로 표시하는 경향이다.

㉠ 공석강은 페라이트(α -고용체)와 시멘타이트(Fe_3C)가 동시에 석출되어 층층이 쌓인 펄라이트(Pearlite)라는 독특한 조직을 갖는다.

㉡ 따라서 0.8% C 이하의 탄소강은 페라이트(α -고용체) + 펄라이트의 조직으로, 0.8% C 이상의 탄소강은 펄라이트 + 시멘타이트(Fe_3C)의 조직이라고 본다.

④ 탄소강의 5대 불순물과 기타 불순물

㉠ 탄소(C) : 강도, 경도, 연성, 조직 등에 전반적인 영향을 미친다.

㉡ 규소(Si) : 페라이트 중 고용체로 존재하며, 단접성과 냉간가공성을 해친다(0.2% 이하로 제한).

㉢ 망간(Mn) : 강도와 고온가공성을 증가시킨다. 연신율 감소를 억제, 주조성, 담금질 효과 향상, 적열취성을 일으키는 황화철(FeS) 형성을 막아 준다.

㉣ 인(P) : 인화철 편석으로 충격값을 감소시켜 균열을 유발하고, 연신율을 감소시키며 상온취성을 유발시킨다.

㉤ 황(S) : 황화철을 형성하여 적열취성을 유발하나 절삭성을 향상시킨다.

㉥ 기타 불순물

- 구리(Cu) : Fe에 극히 적은 양이 고용되며, 열간가공성을 저하시키고, 인장강도와 탄성한도는 높여 주며 부식에 대한 저항도 높여 준다.

- 다른 개재물은 열처리 시 균열을 유발할 수 있다.
- 산화철, 알루미나, 규사 등은 소성가공 중 균열 및 고온메짐을 유발할 수 있다.

10년간 자주 출제된 문제

12-1. Fe-C 평형상태도에 존재하는 0.025~0.8% C를 함유한 범위에서 나타나는 아공석강의 대표적인 조직에 해당하는 것은?

① 페라이트와 펄라이트
② 펄라이트와 레데부라이트
③ 펄라이트와 마텐자이트
④ 페라이트와 레데부라이트

12-2. 공석조정을 0.8% C라고 하면, 0.2% C 강의 상온에서의 초석페라이트와 펄라이트의 비는 약 몇 %인가?

① 초석페라이트 75% : 펄라이트 25%
② 초석페라이트 25% : 펄라이트 75%
③ 초석페라이트 80% : 펄라이트 20%
④ 초석페라이트 20% : 펄라이트 80%

12-3. 선철 원료, 내화재료 및 연료 등을 통하여 강 중에 함유되며 상온에서 충격값을 저하시켜 상온메짐의 원인이 되는 것은?

① Si ② Mn
③ P ④ S

12-4. 탄소강 중에 포함된 구리(Cu)의 영향으로 옳은 것은?

① 내식성을 저하시킨다.
② Ar_1의 변태점을 저하시킨다.
③ 탄성한도를 감소시킨다.
④ 강도, 경도를 감소시킨다.

|해설|

12-1
0.8% C 공석강이 펄라이트 100%이고, 이보다 탄소함유량이 적은 구역에서는 α-페라이트가 펄라이트와 함께 나타난다.

12-2
공석강 상태에서 펄라이트 100%로 보고, 순철을 페라이트 100%로 본다면, 0.2% C는 페라이트 : 펄라이트 = 3 : 1 비율로 존재한다고 간주한다.

12-3
P(인)
인화철 편석으로 충격값을 감소시켜 균열을 유발하고, 연신율 감소, 상온취성을 유발시킨다.

12-4
구리(Cu)
Fe에 극히 적은 양이 고용되며, 열간가공성을 저하시키고, 인장강도와 탄성한도는 높여 주며 부식에 대한 저항도 높여 준다.

정답 12-1 ① 12-2 ① 12-3 ③ 12-4 ②

핵심이론 13 | 탄소강의 조직

① 페라이트(Ferrite, α-고용체)

㉠ 상온에서 최대 0.025% C까지 고용되어 있다.

㉡ HB 90 정도이며, 금속현미경으로 보면 다각형의 결정입자로 나타난다.

㉢ 다소 흰색을 띠며, 대단히 연하다. 또한 전연성이 크고 강자성체이다.

② 오스테나이트(Austenite, γ-고용체)

㉠ 보통 공정선 위에서 나타나고 최대 2.0% C까지 고용되어 있는 고용체이다.

㉡ 결정구조는 면심입방격자이며, 상태도의 A_1점 이상에서 안정적 조직이다.

㉢ 상자성체이며 HB 155 정도이고 인성이 크다.

③ 시멘타이트(Cementite, Fe_3C)

㉠ 6.67%의 C를 함유한 철탄화물이다.

㉡ 대단히 단단하고 취성이 커서 부스러지기 쉽다.

㉢ 1,130℃로 가열하면 빠른 속도로 흑연을 분리시킨다.

㉣ 현미경으로 보면 희게 보이고 페라이트와 흡사하다.

㉤ 순수한 시멘타이트는 210℃ 이상에서 상자성체이고 이 온도 이하에서는 강자성체이다. 이 온도를 A_0 변태, 시멘타이트의 자기변태라 한다.

④ 펄라이트(Pearlite)

㉠ 0.8% C(0.77% C)의 γ-고용체가 723℃에서 분해하여 생긴 페라이트와 시멘타이트의 공석정이며 혼합 층상조직이다.

㉡ 강도와 경도가 높고(HB 225 정도), 어느 정도 연성도 있다.

㉢ 현미경으로 봤을 때의 층상조직이 진주조개껍데기처럼 보인다 하여 Pearlite이다.

10년간 자주 출제된 문제

13-1. 철강은 탄소함유량에 따라 순철, 강, 주철로 구별한다. 순철과 강, 강과 주철을 구분하는 탄소량은 약 몇 %인가?

① 0.025%, 0.8%
② 0.025%, 2.0%
③ 0.80%, 2.0%
④ 2.0%, 4.3%

13-2. Fe_3C로 나타내며 철에 6.67%의 탄소가 함유된 철의 금속 간 화합물은?

① 페라이트
② 펄라이트
③ 시멘타이트
④ 오스테나이트

13-3. 공석강을 A_1 변태점 이상으로 가열했을 때 얻을 수 있는 조직으로, 비자성이며 전기 저항이 크고, 경도가 100~200HB 이며 18-8 스테인리스강의 상온에서도 관찰할 수 있는 조직은?

① 페라이트
② 펄라이트
③ 오스테나이트
④ 시멘타이트

|해설|

13-1

순철은 탄소함유량 0% 정도(0.025% 이하)의 철이고, 주철은 탄소함유량 2.0% 이상의 철이다. 그 사이에 든 철을 강(탄소강)이라 부른다.

13-2

시멘타이트는 Fe_3C의 조직으로 표현되고, 철에 불순물이 들어 있다기보다는 탄소와 철 3개가 각각 결합한 새로운 형태의 화합물로 생각하여 순철과 상태도를 나타내는 B금속으로 보는 것이 이해가 쉽다. 대단히 단단하고 경도가 높으며 높은 마모성과 좋은 주조성을 갖는 금속이지만, 취성이 크므로 이에 따르는 여러 약점을 갖는 금속이다.

13-3

오스테나이트

γ철에 탄소가 최대 2.11% 고용된 γ고용체이며, A_1 이상에서는 안정적으로 존재하나 일반적으로 실온에서는 존재하기 어려운 조직으로 인성이 크며 상자성체이다.

정답 13-1 ② 13-2 ③ 13-3 ③

핵심이론 14 | 탄소강의 강괴

① 금속제품을 만드는 원재료 또는 덩어리를 '괴', 원어로 '잉곳(Ingot)'이라 부르며, 금덩어리를 '금괴', 강덩어리를 '강괴'라 부른다.

② 강괴는 탈산의 정도에 따라 림드(Rimmed)강, 킬드(Killed)강, 세미킬드(Semikilled)강, 그리고 캡트(Capped)강으로 구분한다. 탈산제로 Fe-Mn, Fe-Si, Fe-Ti, Fe-Al 및 Mn, Si, Ti, Al 등이 주로 사용된다.

③ 림드강

㉠ 평로 또는 전로 등에서 용해한 강에 페로망간을 첨가하여 가볍게 탈산시킨 다음 주형에 주입한 것이다.

㉡ 주형에 접하는 부분의 용강이 더 응고되어 순도가 높은 층이 된다.

㉢ 탈산이 충분하지 않은 상태로 응고되어 CO가 많이 발생하고, 방출되지 못한 가스 기포가 많이 남아 있다.

㉣ 편석이나 기포는 제조과정에서 압착되어 결함은 아니지만, 편석이 많고 질소의 함유량도 많아서 좋은 품질의 강이라 할 수는 없다.

㉤ 수축에 의해 버려지는 부분이 적어서 경제적이다.

④ 킬드강

㉠ 용융철 바가지(Ladle) 안에서 강력한 탈산제인 페로실리콘(Fe-Si), 알루미늄 등을 첨가하여 충분히 탈산시킨 다음 주형에 주입하여 응고시킨다.

㉡ 기포나 편석은 없으나 표면에 헤어크랙(Hair Crack)이 생기기 쉬우며, 상부의 수축공 때문에 10~20%는 잘라낸다.

⑤ 세미킬드강

㉠ 탈산의 정도를 킬드강과 림드강의 중간 정도로 한 것이다.

㉡ 상부에 작은 수축공과 약간의 기포만 존재한다.

㉢ 경제성, 기계적 성질이 중간 정도이고, 일반 구조용강, 두꺼운 판의 소재로 쓰인다.

⑥ 캡트강

㉠ 페로망간으로 가볍게 탈산한 용강을 주형에 주입한 다음, 다시 탈산제를 투입하거나 주형에 뚜껑을 덮고 비등교반운동(Rimming Action)을 조기에 강제적으로 끝마치게 한 것이다.

㉡ 조용히 응고시킴으로써 내부를 편석과 수축공이 작은 상태로 만든 강이다.

㉢ 화학적 캡트강과 기계적 캡트강으로 구분한다.

10년간 자주 출제된 문제

14-1. 림드강에 관한 설명 중 틀린 것은?

① Fe-Mn으로 가볍게 탈산시킨 상태로 주형에 주입한다.
② 주형에 접하는 부분은 빨리 냉각되므로 순도가 높다.
③ 표면에 헤어크랙과 응고된 상부에 수축공이 생기기 쉽다.
④ 응고가 진행되면서 용강 중에 남은 탄소와 산소의 반응에 의하여 일산화탄소가 많이 발생한다.

14-2. 다음 중 진정강(Killed Steel)이란?

① 탄소(C)가 없는 강
② 완전 탈산한 강
③ 캡을 씌워 만든 강
④ 탈산제를 첨가하지 않은 강

14-3. 강괴의 종류에 해당되지 않는 것은?

① 쾌삭강 ② 캡트강
③ 킬드강 ④ 림드강

14-4. 다음 중 강괴의 탈산제로 부적합한 것은?

① Al ② Fe-Mn
③ Cu-P ④ Fe-Si

|해설|

14-1
표면에 헤어크랙이 생기기 쉬운 것은 킬드강이다.

14-2
철강은 주물과정에서 탈산과정을 거치게 되는데 그때 탈산의 정도에 따라 킬드강(완전 탈산), 세미킬드강(중간 정도 탈산), 림드강(거의 안 함)으로 나뉘게 된다.

14-3
쾌삭강은 합금강의 한 종류이다.

14-4
Fe-Mn, Fe-Si, Fe-Ti, Fe-Al 및 Mn, Si, Ti, Al 등이 주로 사용된다.

정답 14-1 ③ 14-2 ② 14-3 ① 14-4 ③

핵심이론 15 | 탄소강의 성질

① 물리 · 화학적 성질

㉠ 비중과 선팽창계수는 탄소의 함유량이 증가함에 따라 감소한다.

㉡ 비열, 전기저항, 보자력 등은 탄소의 함유량이 증가함에 따라 증가한다.

㉢ 탄소강의 내식성은 탄소량이 증가할수록 저하된다.

㉣ 시멘타이트는 페라이트보다 내식성이 우수하나 페라이트와 시멘타이트가 공존하면 페라이트의 부식을 촉진시킨다.

㉤ 탄소강은 알칼리에는 거의 부식되지 않으나 산에는 약하다. 0.2% C 이하의 탄소강은 산에 대한 내식성이 있으나 그 이상의 탄소강은 탄소가 많을수록 내식성이 저하된다.

② 기계적 성질

㉠ 아공석강에서는 탄소함유량이 많을수록 강도와 경도가 증가되지만 연신율과 충격값이 낮아진다.

㉡ 과공석강에서는 망상의 시멘타이트가 생기면서부터 변형이 잘 안 된다.

㉢ 탄소의 함유량이 많을수록 경도는 증가되나 강도가 감소되므로 냉간가공이 잘되지 않는다.

㉣ 온도를 높이면 강도가 감소하면서 연신율이 올라간다.

③ 청열취성(Blue Shortness)

탄소강이 200~300℃에서 상온일 때보다 인성이 저하하여 취성이 커지는 특성을 말한다.

④ 적열취성(Red Shortness)

황을 많이 함유한 탄소강이 약 950℃에서 인성이 저하하여 취성이 커지는 특성을 말한다.

⑤ 상온취성(Cold Shortness)

인을 많이 함유한 탄소강이 상온에서도 인성이 저하하여 취성이 커지는 특성을 말한다.

10년간 자주 출제된 문제

15-1. 탄소강의 청열메짐은 약 몇 ℃ 정도에서 일어나는가?

① 500~600℃ ② 200~300℃
③ 50~150℃ ④ 20℃ 이하

15-2. 탄소강에 관한 설명으로 틀린 것은?

① 비중과 선팽창계수는 탄소의 함유량이 증가함에 따라 감소한다.
② 탄소강의 내식성은 탄소량이 증가할수록 저하된다.
③ 탄소강은 알칼리에는 거의 부식되지 않으나 산에는 약하다.
④ 황을 많이 함유한 탄소강이 약 950℃에서 인성이 저하하여 취성이 커지는 특성을 청열취성이라 한다.

|해설|

15-1
탄소강은 200~300℃에서 상온일 때보다 인성이 저하하는 특성이 있는데, 이를 청열메짐이라고 한다. 또한 황을 많이 함유한 탄소강은 약 950℃에서 인성이 저하하는 특성이 있는데 이를 적열메짐이라고 한다. 그리고 탄소강이 온도가 상온 이하로 내려가면 강도와 경도가 증가되나 충격값은 크게 감소한다. 그런데 인(P)을 많이 함유한 탄소강은 상온에서도 인성이 낮게 되는데 이를 상온취성이라고 한다.

15-2
- 청열취성(Blue Shortness) : 탄소강이 200~300℃에서 상온일 때보다 인성이 저하하여 취성이 커지는 특성을 말한다.
- 적열취성(Red Shortness) : 황을 많이 함유한 탄소강이 약 950℃에서 인성이 저하하여 취성이 커지는 특성을 말한다.

정답 15-1 ② 15-2 ④

핵심이론 16 주철의 성질

① 주철은 평형상태도에서는 2.0~6.67% C Fe-C 합금이나 실제는 4.0% 이하로 한정된다.

② 주철 중 탄소는 용융상태에서는 전부 균일하게 용융되어 있으나, 응고될 때 급랭하면 탄소는 시멘타이트로, 서랭 시에는 흑연으로 석출된다.

③ 주철의 기계적 성질
   ㉠ 경도가 높고 인장강도는 다소 낮으며, 압축강도는 좋은 편이다.
   ㉡ 취성이 있어 충격에 약하고, 조직 내 있는 흑연의 윤활제 역할로 인해 내마멸성이 높다.
   ㉢ 절삭가공 시 흑연의 윤활작용으로 칩이 쉽게 파쇄되는 효과가 있다.

④ 주철의 고온에서의 성질
   ㉠ 주철의 성장 : 450~600℃에서 Fe과 흑연으로 분해가 시작되어 800℃ 정도에서 완성된다.
   ㉡ 주철은 400℃가 넘으면 내열성이 낮아진다.
   ㉢ 주철의 주조성 : 고온 유동성이 높고, 냉각 후 부피 변화가 일어난다.
   ㉣ 주철의 감쇠능 : 물체에 진동이 전달되면 흡수된 진동이 점차 작아지게 되는데 이를 진동의 감쇠능이라 하고, 회주철은 감쇠능이 뛰어나다.

10년간 자주 출제된 문제

16-1. 다음 중 주철의 성장 원인이라 볼 수 없는 것은?

① Si의 산화에 의한 팽창
② 시멘타이트의 흑연화에 의한 팽창
③ A_4 변태에서 무게 변화에 의한 팽창
④ 불균일한 가열로 생기는 균열에 의한 팽창

16-2. 주철에서 어떤 물체에 진동을 주면 진동에너지가 그 물체에 흡수되어 점차 약화되면서 정지하게 되는 것과 같이 물체가 진동을 흡수하는 능력은?

① 감쇠능 ② 유동성
③ 연신능 ④ 용해능

16-3. 주철의 물리적 성질을 설명한 것 중 틀린 것은?

① 비중은 C, Si 등이 많을수록 커진다.
② 흑연편이 클수록 자기감응도가 나빠진다.
③ C, Si 등이 많을수록 용융점이 낮아진다.
④ 화합탄소를 적게 하고 유리탄소를 균일하게 분포시키면 투자율이 좋아진다.

16-4. 주철의 주조성을 알 수 있는 성질로 짝지어진 것은?

① 유동성, 수축성 ② 감쇠능, 피삭성
③ 경도성, 강도성 ④ 내열성, 내마멸성

|해설|

16-1

주철의 성장 원인

- 주철 조직에 함유되어 있는 시멘타이트는 고온에서 불안정상태로 존재한다.
- 주철이 고온상태가 되어 450~600℃에 이르면 철과 흑연으로 분해하기 시작한다.
- 750~800℃에서 완전 분해되어 시멘타이트의 흑연화가 된다.
- 불순물로 포함된 Si의 산화에 의해 팽창한다.
- A_1 변태점 이상 온도에서 장시간 방치하거나 다시 되풀이하여 가열하면 점차로 그 부피가 증가되는 성질이 있는데 이러한 현상을 주철의 성장이라 한다.

16-2

주철의 감쇠능 : 물체에 진동이 전달되면 흡수된 진동이 점차 작아지게 되는데 이를 진동의 감쇠능이라 하고 회주철은 감쇠능이 뛰어나다.

16-3

① Fe의 비중이 C나 Si보다 높으므로 많을수록 비중이 내려간다.
② 흑연편은 주철 내부에 연필가루 같은 흑연이 조각되어 산입되어 있는 것이라고 생각하면 된다. 자성물질인 Fe에 비해 흑연이 많을수록 자기감응도는 낮아질 것이다.
③ C나 Si가 주철보다 용융점이 낮으므로 많을수록 용융점이 낮아진다.
④ 유리탄소란 유리(流離)되어 있는 탄소, 즉 별도로 떨어져 있는 탄소를 의미하므로 탄소를 화합하여 시멘타이트를 만드는 것보다 분리, 유리시키면 Fe과 C가 각각 존재하므로 투자율이 좋아진다.

16-4

주철의 주조성 : 고온 유동성이 높고, 냉각 후 부피변화가 일어난다.

정답 16-1 ③ 16-2 ① 16-3 ① 16-4 ①

핵심이론 17 주철의 불순물

① 주철은 주조성이 좋아서 용융상태에서 여러 금속, 비금속 원소를 첨가하여 다양한 종류의 주철을 만들 수 있다.

② 대표적인 불순물로 흑연, 규소, 구리, 망간, 황 등이 있으며 탄소강에서의 역할과 유사하다.

③ 흑연의 함유량과 형태는 주철의 성질을 결정하는 데 큰 영향을 준다.

④ **흑연의 구상화**

주철이 강에 비하여 강도와 연성 등이 나쁜 이유는 주로 흑연의 상이 편상으로 되어 있기 때문인데, 용융된 주철에 마그네슘(Mg), 세륨(Ce), 칼슘(Ca) 등을 첨가하여 흑연을 구상화하면 강도와 연성이 개선된다.

⑤ **마우러 조직도**

탄소함유량을 세로축, 규소함유량을 가로축으로 하고, 두 성분 관계에 따른 주철의 조직의 변화를 정리한 선도를 마우러 조직도라고 한다.

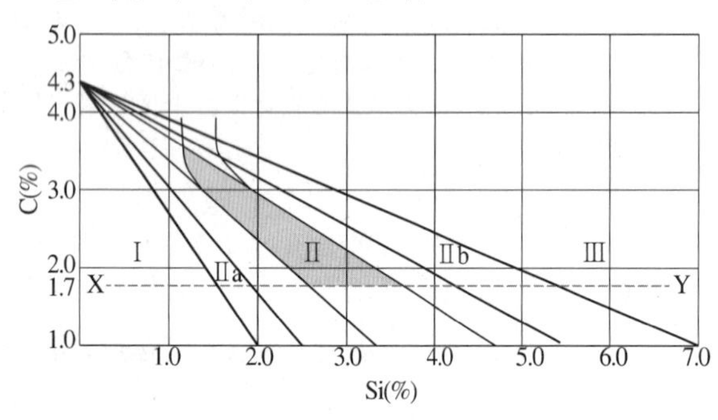

㉠ 영역

- I : 백주철(레데부라이트 + 펄라이트)
- IIa : 반주철(펄라이트 + 흑연)
- II : 펄라이트주철(레데부라이트 + 펄라이트 + 흑연)
- IIb : 회주철(펄라이트 + 흑연 + 페라이트)
- III : 페라이트주철(흑연 + 페라이트)

㉡ 펄라이트주철이 형성되는 탄소, 규소의 조합을 표시하여 질 좋은 펄라이트주철의 조성 영역을 찾는다.

10년간 자주 출제된 문제

17-1. 흑연을 구상화시키기 위해 선철을 용해하여 주입 전에 첨가하는 것은?

① Cs　② Cr
③ Mg　④ Na_2CO_3

17-2. 주철에 대한 설명으로 틀린 것은?

① 흑연은 메짐을 일으킨다.
② 흑연은 응고에 따라 편상과 괴상으로 구분한다.
③ 시멘타이트가 많으면 절삭성이 향상된다.
④ 주철의 조직은 C와 Si의 양에 의해 변화한다.

|해설|

17-1
주철 중 마그네슘의 역할은 흑연의 구상화를 일으키며 기계적 성질을 좋게 한다. 따라서 구상화주철은 구상화제로 마그네슘합금을 사용한다. 덧붙여, 크로뮴은 탄화물을 형성시키는 원소이므로 흑연함유량을 감소시키는 한편, 미세하게 하여 주물을 단단하게 한다. 그러나 시멘타이트의 분해가 곤란하므로 가단주철을 제조할 때에는 크로뮴의 함유량을 최소화하는 것이 좋다.

17-2
시멘타이트가 많으면 경도가 올라가고 취성이 높아진다.

정답 17-1 ③ 17-2 ③

핵심이론 18 | 주철의 종류

① 보통주철

㉠ 주철의 조성 : 3.2~3.8% C, 1.4~2.5% Si, 0.4~1.0% Mn, 0.3~0.8% P, 0.06% 이하의 S 정도이다.

㉡ 주철의 조직 : 주로 편상흑연과 페라이트 그리고 약간의 펄라이트

㉢ 주철의 용도 : 기계가공성이 좋고 값이 싸므로 일반 기계부품, 수도관, 난방용품, 가정용품, 농기구 등에 쓰인다. 특히 공작기계의 Bed, Frame 및 구조물의 몸체에 쓰인다.

② 고급주철

㉠ 인장강도가 245MPa 이상의 주철이다.

예 펄라이트주철

㉡ 미하나이트주철 : 저탄소, 저규소의 주철을 용해하고, 주입 전에 규소철(Fe-Si) 또는 칼슘-실리케이트(Ca-Si)로 접종(Inculation)처리하여 흑연을 미세화하여 강도를 높인 것이다. 연성과 인성이 대단히 크며, 두께의 차에 의한 성질의 변화가 아주 작다. 피스톤 링 등에 적용한다.

③ 합금주철

㉠ 고합금계·저합금계, 페라이트계·마텐자이트계·오스테나이트계·베이나이트계로 구분한다.

㉡ 고력합금주철

- 0.5~2.0% Ni을 첨가하거나 약간의 Cr, Mo을 배합하여 강도를 높인 것이다.
- 니켈-크로뮴계 주철은 기계구조용으로 가장 많이 사용되고 있으며 강인, 내마멸, 내식, 절삭성을 가진다.
- 침상주철 : 1~1.5% Mo, 0.5~4.0% Ni, 별도의 구리, 크로뮴을 소량 첨가한다. 흑연조직이 편상흑연이나 베이나이트 침상조직으로 된 것이며 인장강도는 440~637MPa, HB 300을 갖는다.

㉢ 내마멸주철 : 탄소 및 규소 함유량을 높여 흑연을 조대화시켜 흑연의 윤활작용을 이용한 것이다. 애시큘러주철은 내마멸용 주철로 보통주철에 Mo, Mn, 소량의 Cu 등을 첨가하여 강인성과 내마멸성이 높아 크랭크 축, 캠축, 실린더 등에 쓰인다.

㉣ 내열주철

- 니크로실랄(Nicrisilal, Ni-Cr-Si 주철)은 오스테나이트계 주철로서, 고온에서 성장 현상이 없고 내산화성이 우수하며 강도가 높고 열충격에 좋으며, 950℃ 내열성(보통은 400℃)을 갖는다.
- 니-레지스트(Ni-resist, Ni-Cr-Cu 주철)는 오스테나이트계로서 500~600℃에서의 안정성이 좋아 내열주철로 많이 사용한다.
- 고크로뮴주철은 내산화성이 우수하고 성장도 작다. 14~17% Cr은 강도가 높아 1,000℃에서도 견딘다.

㉤ 내산주철 : 회주철은 백주철보다 산류에 약하나, 내산주철은 흑연이 미세하거나 오스테나이트계이므로 내산성을 갖는다.

④ 특수용도 주철

㉠ 가단주철 : 주철의 결점인 여리고 약한 인성을 개선하기 위하여 먼저 백선철의 주물을 만들고, 이것을 장시간 열처리하여 탄소의 상태를 분해 또는 소실시켜 인성 또는 연성을 증가시킨 주철이다. 가단주철은 주강과 같은 정도의 강도를 가지며, 주조성과 피삭성이 좋고, 대량 생산에 적합하므로 자동차 부품, 파이프 이음쇠 등의 대량 생산에 많이 이용된다. 적은 양의 Si는 경도와 인장 강도를 다소 증가시키고, 함유량이 많아지면 내식성과 내열성을 증가시키며, 전자기적 성질을 개선한다.

- 백심가단주철 : 파단면이 흰색을 나타낸다. 백선 주물을 산화철 또는 철광석 등의 가루로 된 산화제로 싸서 900~1,000℃의 고온에서 장시간 가열하면 탈탄반응에 의하여 가단성이 부여되는 과정을 거친다. 이때 주철 표면의 산화가 빨라지고, 내부의 탄소확산상태가 불균형을 이루게 되면 표면에 산화층이 생긴다. 강도는 흑심가단주철보다 다소 높으나 연신율이 작다.
- 흑심가단주철 : 표면은 탈탄되어 있으나 내부는 시멘타이트가 흑연화되었을 뿐이지만 파단면이 검게 보인다. 백선 주물을 풀림상자 속에 넣어 풀림로에서 가열, 2단계의 흑연화처리를 행하여 제조된다. 흑심가단주철의 조직은 페라이트 중에 미세 괴상 흑연이 혼합된 상태로 나타난다.
- 펄라이트가단주철 : 입상 펄라이트 조직으로 되어 있다. 흑심가단주철을 제2단계 흑연화처리 중 제1단계 흑연화처리만 한 다음 500℃ 전후로 서랭하고, 다시 700℃ 부근에서 20~30시간 유지하여 필요한 조직과 성질로 조절한 것으로 그 조직은 흑심가단주철과 거의 같다. 뜨임된 탄소와 펄라이트가 혼재되어 있어서 인성은 약간 떨어지나 강력하고 내마멸성이 좋다.

㉡ 구상흑연주철 : 흑연을 구상화한 것으로 노듈러주철, 덕타일주철 등으로도 불린다.

㉢ 칠드주철 : 보통주철보다 규소함유량을 적게 하고 적당량의 망간을 가한 쇳물을 주형에 주입할 때, 경도를 필요로 하는 부분에만 칠 메탈(Chill Metal)을 사용하여 빨리 냉각시키면 그 부분의 조직만이 백선화되어 단단한 칠 층이 형성된다. 이를 칠드(Chilled)주철이라 한다.

※ Chill : 1. 냉기, 한기
2. 오싹한 느낌

10년간 자주 출제된 문제

18-1. 백선철을 900~1,000℃로 가열하여 탈탄시켜 만든 주철은?

① 칠드주철 ② 합금주철
③ 편상흑연주철 ④ 백심가단주철

18-2. 유도로, 큐폴라 등에서 출탕한 용탕을 레이들 안에 Mg, Ce, Ca을 첨가하여 제조한 주철은?

① 회주철 ② 백주철
③ 구상흑연주철 ④ 비스만테스주철

18-3. 보통주철(회주철) 성분에 0.7~1.5% Mo, 0.5~4.0% Ni을 첨가하고 별도로 Cu, Cr을 소량 첨가한 것으로 강인하고 내마멸성이 우수하여 크랭크축, 캠축, 실린더 등의 재료로 쓰이는 것은?

① 듀리론 ② 니-레지스트
③ 애시큘러주철 ④ 미하나이트주철

|해설|

18-2
구상흑연주철 : 주철이 강에 비하여 강도와 연성 등이 나쁜 이유는 주로 흑연의 상이 편상으로 되어 있기 때문이다. 이에 구상흑연주철은 용융상태의 주철 중에 마그네슘, 세륨 또는 칼슘 등을 첨가처리하여 흑연을 구상화한 것으로 노듈러주철, 덕타일주철 등으로도 불린다.
※ 주철은 주조상태에서 흑연이 많이 석출되어 그 파단면이 회색인 회주철과 탄화물이 많이 석출되어 그 파단면이 흰색을 띤 백주철 및 이들의 중간에 속하는 반주철로 나눈다. 일반적으로 주철이라 함은 회주철을 말한다.

18-3
애시큘러주철은 내마멸용 주철로 보통주철에 Mo, Mn, 소량의 Cu 등을 첨가하여 강인성과 내마멸성이 높아 크랭크축, 캠축, 실린더 등에 쓰인다.

정답 18-1 ④ 18-2 ③ 18-3 ③

핵심이론 19 | 주강

① 주철에 비해 주조의 어려움이 있으나 전반적인 기계적 성질이 좋고, 주조기술의 발달로 이용이 활발하다.

② 주강의 종류

㉠ 니켈주강 : 주강의 강인성을 높일 목적으로 1.0~5.0% Ni을 첨가한다. 연신율의 저하를 막으며 강도가 증가하고 내마멸성이 향상된다. 톱니바퀴, 차축, 철도용 및 선박용 설비에 사용한다.

㉡ 크로뮴주강 : 3% Cr 이하 첨가로 강도와 내마멸성이 증가하고 분쇄 기계, 석유 화학공업용 기계에 사용한다.

㉢ 니켈-크로뮴주강 : 1.0~4.0% Ni, 0.5~1.5% Cr을 함유한 저합금 주강이다. 강도가 크고 인성이 양호하며 피로한도와 충격값이 크다. 자동차, 항공기 부품, 톱니바퀴, 롤 등에 사용한다.

㉣ 망간주강 : 0.9~1.2% Mn 펄라이트계인 저망간주강은 열처리 후 제지용 롤에 이용한다. 0.9% C, 11~14% Mn을 함유하는 해드필드강은 고망간주강으로 레일의 포인트, 분쇄기 롤, 착암기의 날 등 광산 및 토목용 기계부품에 사용한다.

㉤ 주강은 페라이트가 결정면에서 평행으로 석출된 비트만슈테텐(Widmanmstetten) 조직 때문에 반드시 열처리해서 사용한다.

10년간 자주 출제된 문제

19-1. 합금주강에 관한 설명으로 옳은 것은?

① 니켈주강은 경도를 높일 목적으로 2.0~3.5% 정도 Ni을 첨가한 합금이다.
② 크로뮴주강은 보통 주강에 10% 이상의 Cr을 첨가하며 강인성을 높인 합금이다.
③ 니켈-크로뮴주강은 피로한도 및 충격값이 커 자동차, 항공기 부품 등에 사용한다.
④ 망간주강은 Mn을 11~14% 함유한 마텐자이트계인 저망간 주강은 뜨임처리하여 제지용 롤 등에 사용한다.

19-2. 주강과 주철을 비교 설명한 것 중 틀린 것은?

① 주강은 주철에 비해 용접이 쉽다.
② 주강은 주철에 비해 용융점이 높다.
③ 주강은 주철에 비해 탄소량이 적다.
④ 주강은 주철에 비해 수축률이 적다.

|해설|

19-1

③ 니켈강은 강도가 크나 경도는 그다지 높지 않다. 이를 보완하기 위해 니켈강에 크로뮴을 첨가시켜 만든 것이 니켈-크로뮴강이다. 강인성이 높고, 담금질성이 좋으므로 큰 단강재에 적당하다. 또 강도를 요하는 봉재, 판재, 파이프 및 여러 가지 단조품, 그리고 기계 동력을 전달하는 축, 기어, 캠, 피스톤, 핀 등에 널리 사용된다.
① 탄소강에 니켈을 합금하면 담금질성이 향상되고 인성이 증가한다.
② 크로뮴에 의한 담금질성과 뜨임에 의하여 기계적 성질을 개선한 합금강으로, 0.28~0.48%의 탄소강에 약 1~2%의 크로뮴을 첨가한 합금이다.
④ 망간주강은 0.9~1.2% C, 11~14% Mn을 함유하는 합금주강으로 해드필드강이라고 한다. 오스테나이트 입계에 탄화물이 석출하여 취약하지만, 1,000~1,100℃에 담금질을 하면 균일한 오스테나이트 조직이 되며, 강하고 인성이 있는 재질이 된다. 가공경화성이 극히 크며, 충격에 강하다. 레일크로싱, 광산, 토목용 기계부품 등에 쓰인다.

19-2

강은 주철에 비해 연성이 좋아 수축률도 높다.

정답 19-1 ③ 19-2 ④

핵심이론 20 금속의 열처리

① 강의 열처리

㉠ 불림, 노멀라이징(Normalizing)

- 조직을 가열하여 오스테나이트화한 후 조용한 공기 중에서 또는 약간 교반시킨 공기 중에서 냉각시키는 과정이다.
- 뒤틀어지고, 응력이 생기고, 불균일해진 조직을 균일화, 표준화하는 것이 가장 큰 목적이다.
- 주조조직을 미세화하고, 냉간가공, 단조 등에 의해 생긴 내부응력을 제거하여 결정조직, 기계적 성질, 물리적 성질 등을 표준화시키는 데 있다.
- 가열온도영역은 그림과 같다.

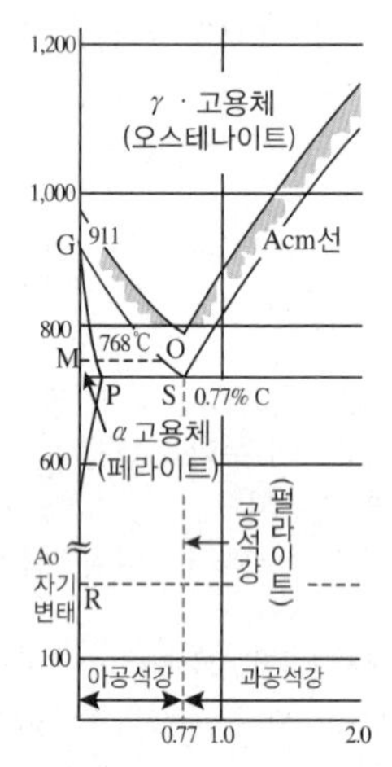

㉡ 완전풀림(Full Annealing)

- 일반적인 풀림이다. 주조조직이나 고온에서 오랜 시간 단련된 것은 오스테나이트의 결정입자가 크고 거칠어지며, 기계적인 성질이 나빠진다.
- 가열온도영역으로 일정시간 가열하여 γ고용체로 만든 다음, 노 안에서 서랭하면 변태로 인하여 새로운 미세결정입자가 생겨 내부응력이 제거되면서 연화된다.
- 아공석강은 페라이트 + 층상펄라이트, 공석강은 층상펄라이트, 과공석강은 시멘타이트 + 층상펄라이트의 이상적인 표준조직을 얻을 수 있다.
- 가열온도영역은 그림과 같다.

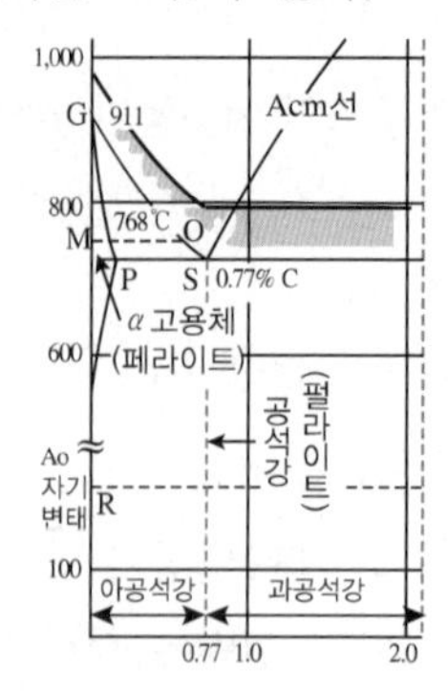

㉢ 항온풀림(Isothermal Annealing) : 짧은 시간 풀림처리를 할 수 있도록 풀림 가열영역으로 가열하였다가 노 안에서 냉각이 시작되어 변태점 이하로 온도가 떨어지면 A_1 변태점 이하에서 온도를 유지하여 원하는 조직을 얻은 뒤 서랭한다.

㉣ 응력제거풀림(Stress Relief Annealing)

- 금속재료의 잔류응력을 제거하기 위해서 적당한 온도에서 적당한 시간을 유지한 후에 냉각시키는 처리이다.
- 주조, 단조, 압연 등의 가공, 용접 및 열처리에 의해 발생된 응력을 제거한다.
- 주로 450~600℃ 정도에서 시행하므로 저온풀림이라고도 한다.

㉤ 연화풀림(Softening Annealing)

- 냉간가공을 계속하기 위해 가공 도중 경화된 재료를 연화시키기 위한 열처리로 중간풀림이라고도 한다.
- 온도 영역은 650~750℃이다.
- 연화과정 : 회복 → 재결정 → 결정립 성장

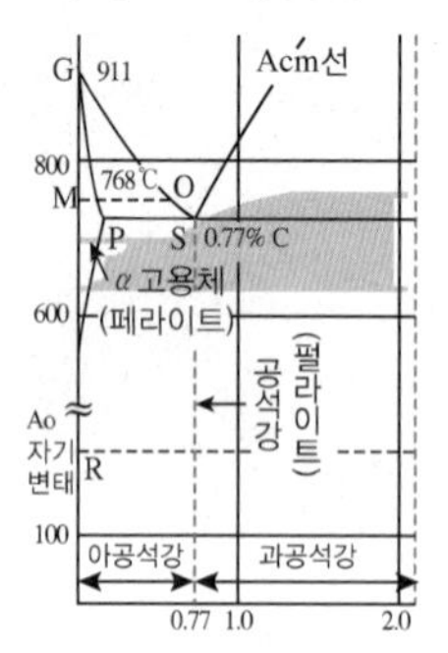

ⓗ 구상화풀림 : 과공석강에서 펄라이트 중 층상시멘타이트 또는 초석망상시멘타이트가 그대로 있으면 좋지 않으므로 소성가공이나 절삭가공을 쉽게 하거나 기계적 성질을 개선할 목적으로 탄화물을 구상화시키는 열처리를 말한다.

ⓢ 담금질(Quenching)

- 가열하여 오스테나이트화한 강을 급랭하여 마텐자이트로 변태시켜 경화시키는 조작이다. 전통적인 대장간의 풀무질 후 물에 담그는 급랭과정을 상상하면 좋겠다.
- 온도영역은 A_3 변태점 이상이다.

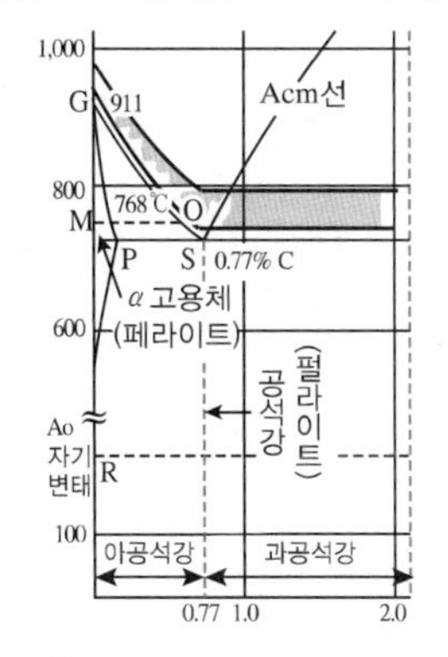

- 담금질 조직
  - 마텐자이트 : 급랭할 때만 나오는 조직으로 대단히 경하고 침상조직이며, 내식성이 강한 강자성체이다.
  - 트루스타이트 : 오스테나이트를 기름에 냉각할 때 500℃ 부근에서 생기며, 마텐자이트를 뜨임하면 생긴다. 마텐자이트보다 덜 경하며, 인성은 다소 높다.
  - 소르바이트 : 트루스타이트보다 약간 더 천천히 냉각하면 생기며 마텐자이트를 뜨임할 때 트루스타이트보다 조금 더 높은 온도영역(500~600℃)에서 뜨임하면 생긴다. 조금 덜 경하고, 강인성은 조금 더 좋다.
  - 잔류오스테나이트 : 냉각 후 상온에서도 채 변태를 끝내지 못한 오스테나이트가 조직 내에 남게 된다. 이런 오스테나이트는 조직 내에서 어울리지 못하여 문제가 되므로 심랭처리(0℃ 이하로 담금질, 서브제로, 과랭)하여 없애도록 한다.
  - 강도의 순서 : 마텐자이트 > 트루스타이트 > 소르바이트 > 오스테나이트

ⓞ 뜨임(Tempering) : 담금질과 연결해서 실시하는 열처리로 생각하면 좋겠다. 담금질 후 내부응력이 있는 강의 내부응력을 제거하거나 인성을 개선시켜 주기 위해 100~200℃ 온도로 천천히 뜨임하거나 500℃ 부근에서 고온으로 뜨임한다. 200~400℃ 범위에서 뜨임을 하면 뜨임메짐 현상이 발생한다.

② 항온열처리

㉠ TTT 선도 : A_1에서 냉각이 시작되어 수 초가 지나면 Ac′점을 지나게 된다. 우선 Ac′ 이하의 온도영역으로 급랭을 한 후 온도를 유지하면 개선된 품질의 담금질 강을 얻을 수 있는데, 이를 항온열처리라 하며 이 이해를 돕기 위해 변태의 시작선과 완료선을 시간과 온도에 따라 그린 선도를 TTT 선도라 한다. d에서 시작하여 a의 냉각은 마텐자이트변태, d에서 c로의 변태는 공랭에 의한 풀림이며, d에서 b로의 냉각이 마텐자이트가 생길 수 있는 최대속도인 임계냉각속도이며, BCD를 하부 임계냉각곡선이라 부른다.

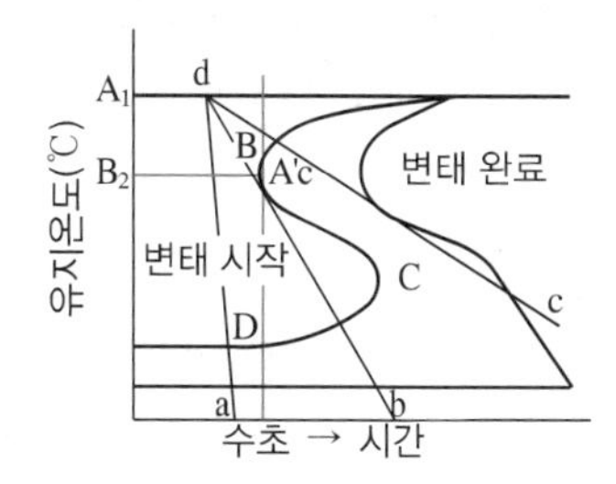

㉡ 마퀜칭 : D 윗점까지 급랭 후 안팎이 같은 온도가 될 때까지 항온을 유지하며, 이후 공기 중 냉각하는 방법이다.

㉢ 마템퍼링 : D점 이하까지 급랭 후 항온 유지 후 공랭하는 방법이다.

㉣ 오스템퍼링 : D 윗점까지 급랭 후 계속 항온을 유지하여 완전조직을 만든 후 냉각시키는 방법이다. 이 과정에서 나온 조직이 베이나이트이며 인성이 크고 강한 조직이 나온다.

㉤ 오스포밍 : D점 이하까지 급랭 후 항온을 유지하며, 소성가공을 실시하는 열처리이다.

㉥ 오스풀림 : B점 바로 위까지 급랭한 후 항온을 유지하여 변태완료선을 지난 후 공랭이다.

㉦ 항온뜨임 : 뜨임경화가 일어나는 고속도강이나 Die Steel의 뜨임에 적당하다. D점 위로 항온을 유지하여 베이나이트 조직을 얻는 조작이다.

10년간 자주 출제된 문제

20-1. A_3 또는 A_{cm} 변태점 이상 +30~50℃의 온도 범위로 일정한 시간 가열해서 미세하고 균일한 오스테나이트로 만든 후 공기 중에서 서랭하여 표준화된 조직을 얻는 열처리는?

① 오스템퍼링 ② 노멀라이징
③ 담금질 ④ 풀림

20-2. 철강을 A_1 변태점 이하의 일정 온도로 가열하여 인성을 증가시킬 목적으로 하는 조작을 무엇이라 하는가?

① 풀림 ② 뜨임
③ 담금질 ④ 노멀라이징

20-3. 냉간가공한 재료를 가열했을 때, 가열 온도가 높아짐에 따라 재료의 변화 과정을 순서대로 바르게 나열한 것은?

① 회복 → 재결정 → 결정립 성장
② 회복 → 결정립 성장 → 재결정
③ 재결정 → 회복 → 결정립 성장
④ 재결정 → 결정립 성장 → 회복

20-4. 다음 중 항온열처리방법에 속하는 것은?

① 오스템퍼링 ② 노멀라이징
③ 어닐링 ④ 퀜칭

20-5. 강의 서브제로 처리에 관한 설명으로 틀린 것은?

① 퀜칭 후의 잔류 오스테나이트를 마텐자이트로 변태시킨다.
② 냉각제는 드라이아이스 + 알코올이나 액체질소를 사용한다.
③ 게이지, 베어링, 정밀금형 등의 경년변화를 방지할 수 있다.
④ 퀜칭 후 실온에서 장시간 방치하여 안정화시킨 후 처리하면 더욱 효과적이다.

|해설|

20-1
문제에서 "표준화된 조직"을 얻는 열처리에서 노멀라이징을 연결한다. 노멀라이징은 보통으로 만든다는 것으로, 표준화한다는 언어적 의미를 갖고 있다.

20-2
뜨임
일반적으로 담금질 이후에 실시하는 열처리로 인성을 증가시키고 취성을 완화시키는 과정이다. 밥 지을 때 뜸 들이는 것을 상상하면 온도 영역대에 대한 이해가 가능할 것이다.

20-3
냉간가공 후 응력을 제거하기 위해 풀림처리를 하며 과정은 회복 → 재결정 → 결정립 성장의 과정을 거친다.

20-4
오스템퍼링(Austempering)
펄라이트 형성 온도보다는 낮고 마텐자이트 형성 온도보다는 높은 온도에서 행하는 철계합금의 항온변태이다.

20-5
심랭처리(0℃ 이하로 담금질, 서브제로)는 잔류오스테나이트를 처리하는 것이므로 방치 후 실시하나 바로 실시하나 크게 차이가 없다.

정답 20-1 ② 20-2 ② 20-3 ① 20-4 ① 20-5 ④

핵심이론 21 | 알루미늄과 그 합금

① Al의 성질

㉠ 물리적 성질

비중(20℃)	2.70
용융점(℃)	660.2
선팽창계수(20~100℃)	23.68×10^{-6}
비열(cal/g)	0.2226
전기 전도(%)	64.94
전기비저항($\mu\Omega \cdot$ cm)	2.6548
저항온도계수(상온)	0.00429

㉡ 알루미늄의 부식성

- 공기 중이나 물에서 천천히 산화하고, 산화된 피막을 알루미나라고 한다.
- 알루미나는 부식을 막는 피막역할을 하나, 바닷물(해수)에는 부식이 쉽고, 염산, 황산, 알칼리 등에도 잘 부식된다. 이를 해결하기 위해 주로 양극산화처리로 피막을 형성하며 수산법, 황산법, 크로뮴산법이 있다.

② 알루미늄합금

㉠ 알코아 : 주물용 Cu계 합금으로 Mg을 0.2~1.0% 첨가하여 내열기관의 크랭크 케이스, 브레이크 등에 사용한다.

㉡ 라우탈합금 : 알코아에 Si를 3~8% 첨가하면 주조성이 개선되며 금형주물로 사용된다.

㉢ 실루민(또는 알팍스)

- Al에 11.6% Si를 함유하며, 공정점이 577℃이다. 이러한 조성을 실루민이라 한다.
- 이 합금에 Na, F, NaOH, 알칼리 염류를 용탕에 넣어 처리하면 조직이 미세화되고 공정점도 조정되며 이를 개량처리라 한다.
- 주조용 알루미늄을 다이캐스팅하면 개량처리가 필요 없다.
- 실용합금 10~13%인 Si 실루민은 용융점이 낮고 유동성이 좋아 얇고 복잡한 주물에 적합하다.

㉣ 하이드로날륨

- 망간(Mn)을 함유한 Mg계 알루미늄합금을 말한다.
- 주조성은 좋지 않으나 비중이 작고 내식성이 매우 우수하여 선박용품, 건축용 재료에 사용된다.
- 내열성은 좋지 않아 내연기관에는 사용하지 않는다.

㉤ Y합금

- 4% Cu, 2% Ni, 1.5% Mg 등을 함유하는 Al 합금이다.
- 고온에 강한 것이 특징이며 모래형 또는 금형 주물 및 단조용 합금이다.
- 경도도 적당하고 열전도율이 크며, 고온에서 기계적 성질이 우수하다. 내연기관용 피스톤, 공랭 실린더 헤드 등에 널리 쓰인다.

㉥ Alloy사의 하이드미늄계 여러 합금이 있으며 그 중 RR50, RR53은 Cu와 Ni을 Y합금보다 적게 하고, 대신 Fe, Ti을 약간 함유한다. 주조성이 좋아 실린더 블록, 크랭크케이스 등 대형 주물과 강도가 큰 실린더 헤드에 사용한다.

㉦ 코비탈륨 : Y합금의 일종으로 Ti과 Cu를 0.2% 정도씩 첨가한 합금으로 피스톤의 재료이다.

㉧ Lo-Ex 합금 : 팽창률이 낮은(Low Expansion) 합금이다. 0.8~0.9% Cu, 1.0% Mg, 1.0~2.5% Ni, 11~ 14% Si, 1.0% Fe 등을 함유하고 내열, 내마멸성이 좋고, 피스톤용으로 쓰인다.

㉨ 두랄루민

- 단련용 Al합금이다. Al-Cu-Mg계이며 4% Cu, 0.5% Mg, 0.5% Mn, 0.5% Si를 함유한다.
- 시효경화성 Al합금으로 가볍고 강도가 크므로 항공기, 자동차, 운반기계 등에 사용된다.

※ 용체화처리
금속재료를 적정 온도로 가열하여 단상의 조직을 만든 후 급랭시켜 단상의 과포화 고용체를 만드는 현상을 용체화처리라고 한다. 설명을 위해서는 금속이 온도에 따른 불순물의 함유량이 달라지는 것을 이해하여야 하고, 상온에서 가질 수 없는 함유량을 갖게끔 처리하여, 시효경화를 실시하도록 한다. 꼭 그렇지는 않지만 시효 경화 전 단계로 이해하면 쉽겠다.

- 초두랄루민 : 보통 두랄루민에서 Mg을 다소 증가시킨다.
- 초초두랄루민 : 인장강도를 530MPa 이상으로 향상시킨 것을 의미하고 알코아 75S가 속하며 Al-Mg- Zn계에 균열방지로 Mn, Cr을 첨가한다. 석출경화의 과정을 거친다.

ㅊ 알민(Almin) : 내식용 알루미늄합금으로 1~1.5% Mn을 함유한다. 가공상태에서 비교적 강하고 내식성의 변화도 없다. 저장탱크, 기름탱크 등에 사용한다.

ㅋ 알드리 : Al-Mg-Si계 합금으로, 상온가공, 고온가공이 가능하며 내식성이 우수하고 전기전도율이 좋고 비중이 낮아서 송전선 등에 사용한다.

ㅌ 알클래드(Alclad) : 두랄루민에 Al 또는 Al합금을 피복한 것으로, 강도와 내식성을 증가시킨다.

ㅍ SAP(Al 분말소결체) : 특수한 방법으로 제조한 알루미나가루와 알루미늄가루를 압축성형하고, 소결한 후 열간에서 압출가공한 일종의 분산 강화형 합금이다.
500℃까지 재결정의 변화 없이 내산화성, 고온강도가 우수하며, 열과 전기 전도율, 내식성도 좋으므로 피스톤, 블레이드 등에 사용된다.

10년간 자주 출제된 문제

21-1. 알루미늄(Al)의 특성을 설명한 것 중 옳은 것은?

① 온도에 관계없이 항상 체심입방격자이다.
② 강(Steel)에 비하여 비중이 가볍다.
③ 주조품 제작 시 주입온도는 1,000℃이다.
④ 전기 전도율이 구리보다 높다.

21-2. Si가 10~13% 함유된 Al-Si계 합금으로 녹는점이 낮고 유동성이 좋아 크고 복잡한 사형주조에 이용되는 것은?

① 알민 ② 알드리
③ 실루민 ④ 알클래드

21-3. 4% Cu, 2% Ni 및 1.5% Mg이 첨가된 알루미늄 합금으로 내연기관용 피스톤이나 실린더 헤드 등으로 사용되는 재료는?

① Y합금
② Lo-Ex합금
③ 라우탈(Lautal)
④ 하이드로날륨(Hydronalium)

21-4. 알루미늄 합금 중 대표적인 단련용 Al합금으로 주요성분이 Al-Cu-Mg인 것은?

① 알민 ② 알드리
③ 두랄루민 ④ 하이드로날륨

21-5. 라우탈합금의 특징을 설명한 것 중 틀린 것은?

① 시효경화성이 있는 합금이다.
② 규소를 첨가하여 주조성을 개선한 합금이다.
③ 주조균열이 크므로 사형주물에 적합하다.
④ 구리를 첨가하여 절삭성을 좋게 한 합금이다.

|해설|

21-1

물리적 성질	알루미늄	구리	철
비중	2.699g/cm^3	8.93g/cm^3	7.86g/cm^3
녹는점	660℃	1,083℃	1,536℃
끓는점	2,494℃	2,595℃	2,861℃
비열	0.215kcal/kg · K	50kcal/kg · K	65kcal/kg · K
융해열	95kcal/kg	2,582kcal/kg	2,885kcal/kg

21-2

실루민(또는 알팍스)

- Al에 Si를 11.6% 함유하며 공정점이 577℃이다. 이러한 조성을 실루민이라 한다.
- 이 합금에 Na, F, NaOH, 알칼리 염류를 용탕에 넣어 처리하면 조직이 미세화되고 공정점도 조정되며 이를 개량처리라 한다.
- 주조용 알루미늄을 다이캐스팅하면 개량처리가 필요 없다.
- 실용합금 10~13%인 Si 실루민은 용융점이 낮고 유동성이 좋아 얇고 복잡한 주물에 적합하다.

21-3

① Y합금 : Cu 4%, Ni 2%, Mg 1.5% 정도이고 나머지가 Al인 합금이다. 내열용(耐熱用) 합금으로서 뛰어나고, 단조, 주조 양쪽에 사용된다. 주로 쓰이는 용도는 내연기관용 피스톤이나 실린더 헤드 등이다.

② Lo-Ex합금(Low Expansion alloy) : Al-Si 합금에 Cu, Mg, Ni을 소량 첨가한 것이다. 선팽창 계수가 작고 내열성이 좋으며, 주조성과 단조성이 뛰어나서 자동차 엔진 등의 피스톤재료로 사용된다.

③ 라우탈합금 : 금속재료도 여러모로 연구해서 적절한 성질을 가진 제품으로 시장에 내 놓는데, 라우탈이란 이름을 가진 사람에 의해서 고안된 알루미늄합금이다. 알루미늄에 구리 4%, 규소 5%를 가한 주조용 알루미늄합금으로, 490~510℃로 담금질한 다음 120~145℃에서 16~48시간 뜨임을 하면 기계적 성질이 좋아진다. 적절한 시효경화를 통해 두랄루민처럼 강도를 만들 수도 있다. 자동차, 항공기, 선박 등의 부품재로 공급된다.

④ 하이드로날륨 : 알루미늄에 10%까지의 마그네슘을 첨가한 내식(耐蝕) 알루미늄합금으로, 알루미늄이 바닷물에 약한 것을 개량하기 위하여 개발된 합금이다.

21-4

두랄루민

Cu 4%, Mn 0.5%, Mg 0.5% 정도이고, 이 합금은 500~510℃에서 용체화처리한 다음, 물에 담금질하여 상온에서 시효시키면 기계적 성질이 향상된다.

21-5

라우탈합금 : 알코아에 Si를 3~8% 첨가하면 주조성이 개선되며 금형주물로 사용된다.

정답 21-1 ② 21-2 ③ 21-3 ① 21-4 ③ 21-5 ③

핵심이론 22 구리와 그 합금

① 구리의 성질

㉠ 물리적 성질

구분	물리량
밀도(20℃, g/cm³)	8.89
용융점(℃)	1,083
끓는점(℃)	2,595
응고점(℃)	1,065
비열(cal/g,℃)	0.092
열팽창률(×10⁻⁶℃)	16.8
용융 숨은열(cal/g)	48.9
열전도율(cal/cm², 10m/s/℃)	0.934
도전율(IACS)	약 101
저항($\mu\Omega$ · cm)	1.71

㉡ Cu는 전기전도율, 열전도율이 높고 내식성이 우수하며 가공성이 양호할 뿐 아니라 인장강도도 크고, 용접 등에도 적당하다. 또한 아연, 주석과 합금하여 기계부품으로도 활용도가 높다. 이러한 성질 때문에 인류는 철보다 구리를 먼저 폭넓게 사용하였다.

㉢ 기계적 성질은 합금에 따라 많이 다르며, 기본적으로 면심입방격자의 구조를 갖는다. 화학적으로 CO_2가 있는 공기 중에서 탄산구리가 생겨 녹청색을 띤다. 해수에 부식이 되고 묽은 황산이나 염산에는 서서히 용해된다.

② 구리의 종류

㉠ 전기구리 : 전기분해에 의해 얻어지는 순도 높은 구리를 말한다.

㉡ 전해인성구리 : 99.9% Cu 이상이고, 0.02~0.05%의 O_2를 함유하며 선, 봉, 판 및 스트립 등을 제조하는 데 사용한다.

㉢ 무산소구리 : O_2나 탈산제를 품지 않는 구리를 말한다. O_2 함유량은 0.001~0.002% 정도이며 전도성이 좋고 수소 메짐성도 없고 가공성이 우수하여 전자기기에 사용한다.

㉣ 탈산구리 : 용해 때 흡수한 O_2를 P로 탈산하여 O_2는 0.01% 이하가 되고, 잔류 P의 양은 0.02% 정도로 조절한다. 환원기류 중에서 수소 메짐성이 없고, 고온에서 O_2를 흡수하지 않으며 연화온도도 약간 높으므로 용접용으로 적합하다.

③ 황동합금

㉠ 황동

- Cu와 Zn의 합금이다. Cu에 비하여 주조성, 가공성 및 내식성이 좋고 가격이 싸며 색깔이 아름다우므로 공업용으로 많이 사용한다.
- 보통 40% Zn이나 높은 온도에서 Zn이 탈출하는 현상이 발생할 수 있다(고온 탈아연).

㉡ 문쯔메탈 : 영국인 Muntz가 개발한 합금으로 6-4 황동이다. 적열하면 단조할 수가 있어서, 가단황동이라고도 한다. 배의 밑바닥 피막을 입히거나 그 외 해수에 직접 닿을 수 있는 장소의 볼트 및 리벳 등에 사용된다.

㉢ 탄피황동 : 7-3 Cu-Zn 합금으로 강도와 연성이 좋아 딥드로잉(Deep Drawing)용으로 사용된다.

㉣ 톰백(Tombac) : 8~20%의 아연을 구리에 첨가한 구리합금은 황동 중에서 금빛깔에 가장 가까우며, 소량의 납을 첨가하여 값이 싼 금색 합금을 만든다. 특히 금종이의 대용품으로서 서적의 금박 입히기, 금색 인쇄에 사용된다.

㉤ 납황동(Lead Brass) : 황동에 Sb을 1.5~3.7%까지 첨가하여 절삭성을 좋게 한 것으로, 쾌삭황동(Free Cutting Brass)이라 한다. 쾌삭황동은 정밀 절삭 가공을 필요로 하는 시계나 계기용 기어, 나사 등의 재료로 쓰인다.

㉥ 주석황동(Tin Brass) : 주석은 탈아연 부식을 억제하기 때문에 황동에 1% 정도의 주석을 첨가하면 내식성 및 내해수성이 좋아진다. 황동은 주석함유량의 증가에 따라 강도와 경도는 상승하지만, 고용한도 이상으로 넣으면 취약해지므로 인성을 요하는

때에는 0.7% Sn이 최대 첨가량이다.

ⓢ 애드미럴티황동 : 7-3황동에 Sn을 넣은 것이며 70% Cu, 29% Zn, 1% Sn이다. 전연성이 좋으므로 관 또는 판을 만들어 복수기, 증발기, 열교환기 등의 관에 이용한다.

ⓞ 네이벌황동(Naval Brass) : 6-4황동에 Sn을 넣은 것으로 62% Cu, 37% Zn, 1% Sn이다. 판, 봉 등으로 가공되어 복수기판, 용접봉, 밸브대 등에 이용한다.

ⓙ 알루미늄황동 : 알브락(Albrac)이 예이며, 고온가공으로 관을 만들어 복수기 관, 급수 가열기, 열교환기 관, 증류기 관 등으로 이용한다.

ⓒ 규소황동(Silizin Bronze) : 10~16% Zn 황동에 4~5% Si를 넣은 것이다. 주물을 만들기 쉽고, 내해수성이나 강도가 우수하고 값도 싸므로 선박부품 등의 주물에 사용된다.

ⓚ 망간황동 : 6-4황동에 Mn, Fe, Al, Ni 및 Sn 등을 첨가한 합금이다. 청동과 유사하여 Mn 청동이라고도 부르며 화학약품에 약하고 탈아연이 쉬우며, 내해수성은 비교적 크다. 프로펠러, 선박기계의 부품, 피스톤, 밸브 등에 많이 사용된다.

ⓣ 니켈황동 : 양은 또는 양백이라고도 하며, 7-3황동에 7~30% Ni을 첨가한 것이다. 예부터 장식용, 식기, 악기, 기타 Ag 대용으로 사용되었고, 탄성과 내식성이 좋아 탄성재료, 화학 기계용 재료에 사용된다. 30% Zn 이상이 되면 냉간가공성은 저하하나 열간가공성이 좋아진다.

ⓟ 델타메탈 : 6-4황동에 철을 1% 내외 첨가한 것으로 주조재, 가공재로 사용된다.

④ 청동합금

ⓖ 청동 : Cu-Sn합금 또는 Sn의 일부를 다른 원소로 바꾼 것을 의미하고 Sn 대신 Al이나 Si를 넣은 것도 청동이라 부른다. 황동보다 강하고 가벼우며, 내식성이나 마찰저항이 크다. 주조성이 좋고 광택이 있어, 고대부터 가구, 장신구, 동상, 종, 무기, 스프링, 기계 부품, 베어링재료, 미술 공예품 등으로 널리 사용된다.

ⓝ 포금 : 기계용 청동으로 기어, 밸브, 콕, 부싱, 플랜지, 프로펠러 등에 사용된다.

ⓓ 애드미럴티포금 : 88% Cu, 10% Sn, 2% An을 함유하며 물에 대한 내압력이 크다. 열처리 후 연성도 증가시킬 수 있다.

ⓡ 베어링용 청동 : 10~14% Sn 청동으로 경도가 크고 내마멸성이 특히 커서 베어링, 차축 등에 사용한다. 특히 5~15% Pb을 첨가한 것은 윤활성이 우수하여 철도 차량, 공작기계, 압연기 등의 고압용 베어링에 적당하다.

- 켈밋(Kelmet) : 28~42% Pb, 2% 이하의 Ni 또는 Ag, 0.8% 이하의 Fe, 1% 이하의 Sn을 함유한다. 고속회전용 베어링, 토목 광산기계에 사용한다.
- 소결 베어링용 합금 : Cu 분말에 8~12% Sn 분말과 4~5% 흑연 분말을 배합하여 압축성형하여 소결한 것이다. 오일리스 베어링이라고도 한다.

ⓜ 인청동 : Sn 청동 주조 시 P을 0.05~0.5% 남게 하여 용탕의 유동성 개선, 합금의 경도, 강도 증가, 내마멸성, 탄성 개선을 한 합금이다.

ⓑ 니켈청동 : Ni을 함유한 Cu-Sn 합금으로 동과 니켈에 다시 알루미늄이나 철, 망간 등을 첨가한 합금을 가리킨다. 이로 인하여 점성이 강하고 내식성도 크며, 표면의 평활한 합금이 된다.

ⓢ 규소청동 : Si는 탈산제로 첨가가 되었으며 잉여 Si가 있는 청동을 규소동, 규소청동이라 부른다. Si는 합금의 강도를 증가시킬 뿐만 아니라 내식성도 크게 한다. Si는 Cu의 전기 저항을 크게 하지 않고, 강도를 현저히 증가시키는 것이므로 Cu-Si 합금은 전신전화선 또는 전차의 트롤리선으로 주로 쓰인다.

ⓞ 베릴륨청동 : Cu에 2~3% Be을 첨가한 것이다. 시효경화성 강력한 구리합금으로 가장 큰 강도와 경도를 얻을 수 있다. 내식성, 도전성, 내피로성을 가지며 베어링, 스프링, 전기접전 및 전극재료로 쓰인다.

ⓩ 망간청동 : Mn 20% 정도이다. 보일러 연소실재료, 증기관, 증기밸브, 터빈 날개 등에 쓰인다. 또 망가닌(Manganin)은 전기저항 온도계수가 작아 정밀계기 부품에 많이 사용한다.

ⓒ 콜슨합금 : 금속 간 화합물 Ni_2Si의 시효경화성 합금이다. 열처리 후 인장강도가 개선되고 전도율이 커서 통신선, 스프링 등에 사용된다.

ⓚ 타이타늄청동 : 고강도합금이며 내열성도 좋으나 도전율이 낮다.

10년간 자주 출제된 문제

22-1. 구리에 대한 특성을 설명한 것 중 틀린 것은?

① 구리는 비자성체다.
② 전기전도율이 Ag 다음으로 좋다.
③ 공기 중에 표면이 산화되어 암적색이 된다.
④ 체심입방격자이며, 동소변태점이 존재한다.

22-2. 절삭성이 우수한 쾌삭황동(Free Cutting Brass)으로 스크루, 시계의 톱니 등으로 사용되는 것은?

① 납황동 ② 주석황동
③ 규소황동 ④ 망간황동

22-3. Cu에 Pb을 28~42%, 2% 이하의 Ni 또는 Ag, 0.8% 이하의 Fe, 1% 이하의 Sn을 함유한 Cu합금으로 고속 회전용 베어링 등에 사용되는 합금은?

① 켈밋메탈 ② 킬드강
③ 공석강 ④ 세미킬드강

22-4. 문쯔메탈(Muntz Metal)이라 하며, 탈아연 부식이 발생하기 쉬운 동합금은?

① 6-4황동 ② 주석청동
③ 네이벌황동 ④ 애드미럴티황동

22-5. Cu에 3~4% Ni 및 1% Si를 첨가한 합금으로 금속 간 화합물 Ni_2Si를 생성하며 시효경화성을 가진 합금은?

① 켈밋합금(Kelmet Alloy)
② 콜슨합금(Corson Alloy)
③ 망가닌합금(Manganin Alloy)
④ 애드미럴티포금(Admiralty Gun Metal)

22-6. 6-4황동에 Sn을 1% 첨가한 것으로 판, 봉으로 가공되어 용접봉, 밸브대 등에 사용되는 것은?

① 톰백 ② 니켈황동
③ 네이벌황동 ④ 애드미럴티황동

22-7. Zn을 5~20% 함유한 황동으로, 강도는 낮으나 전연성이 좋고, 색깔이 금색에 가까워 모조금이나 판 및 선 등에 사용되고 있는 황동은?

① 톰백 ② 주석황동
③ 7-3황동 ④ 문쯔메탈

|해설|

22-1
구리는 기본적으로 면심입방격자의 구조를 갖는다.

22-2
① 납황동 : 황동에 Sb을 1.5~3.7%까지 첨가하여 절삭성을 좋게 한 것으로, 쾌삭황동(Free Cutting Brass)이라 한다. 쾌삭황동은 정밀 절삭가공을 필요로 하는 시계나 계기용 기어, 나사 등의 재료로 쓰인다.
② 주석황동 : 주석은 탈아연 부식을 억제하기 때문에 황동에 1% 정도의 주석을 첨가하면 내식성 및 내해수성이 좋아진다. 황동은 주석함유량의 증가에 따라 강도와 경도는 상승하지만, 고용 한도 이상으로 넣으면 취약해지므로 인성을 요하는 때에는 0.7% Sn이 최대 첨가량이다.
④ 망간황동 : 이 합금은 황동에 소량의 망간을 첨가하여 인장강도, 경도 및 연신율을 증가시킨 것으로 고강도황동이라고도 한다. 종류에 따라 선박용 프로펠러, 베어링, 밸브 시트, 기계 부품 등에 쓰이거나 내마멸성을 요하는 슬라이더 부품, 대형 밸브, 기어 등에 사용된다.

22-3
켈밋(Kelmet)
28~42% Pb, 2% 이하의 Ni 또는 Ag, 0.8% 이하의 Fe, 1% 이하의 Sn을 함유한다. 고속 회전용 베어링, 토목 광산기계에 사용한다.

22-4
문쯔메탈
영국인 Muntz가 개발한 합금으로 6-4황동이다. 적열하면 단조할 수가 있어서 가단황동이라고도 한다. 배의 밑바닥 피막을 입히거나 그 외 해수에 직접 닿을 수 있는 장소의 볼트 및 리벳 등에 사용된다.

22-5
1927년 미국인 Corson이 발명한 Cu, Ni 3~4%, Si 0.8~1.0% 합금으로 담금질 시효경화가 큰 합금이다. 일명 C합금이라고도 한다. 강도가 크며 도전율이 양호하므로 군용 전화선과 산간에 가설하는 장거리 지점 전화선 등에 사용된다.

22-7
8~20%의 아연을 구리에 첨가한 구리합금은 황동 중에서 금빛깔에 가장 가까우며, 소량의 납을 첨가하여 값이 싼 금색합금을 만든다. 특히 금종이의 대용품으로서 서적의 금박 입히기, 금색 인쇄에 사용된다.

정답 22-1 ④ 22-2 ① 22-3 ① 22-4 ① 22-5 ② 22-6 ③ 22-7 ①

핵심이론 23 | 기타 비철금속과 그 합금

① 마그네슘합금
㉠ 특징 : 비중(1.74) 대 강도 비가 커서 항공기, 자동차 등에 사용된다. 주조용과 단조용이 있다.
㉡ 대표 합금 : 일렉트론(독일, Mg-Al계, Zn, Mn 첨가), 다우메탈(미국, Mg-Al계, Zn, Mn, Cu, Cd 첨가)
㉢ Mg-Al 합금
- 내식성의 개선방법으로 소량의 Mn을 첨가한다.
- Zn의 함량이 어느 정도 이상이 되면 주조성을 해친다.
- Al을 10% 정도까지 첨가한 것과 여기에 Zn을 첨가한 것이 일반적으로 사용된다.

② 주물용 마그네슘합금 용해 시 주의사항
㉠ 고온에서 산화하기 쉽고, 연소하기 쉬우므로 산화방지책이 필요하다.
㉡ 수소가스를 흡수하기 쉬우므로 탈가스처리를 하여야 한다.
㉢ 주물 조각을 사용할 때에는 모재를 잘 제거하여야 한다.
㉣ 주조 조직 미세화를 위하여 용탕온도를 적당히 조절하여야 한다.

③ Mg-R.E계
미슈메탈(52% Ce-18% Nd-5% Pr-1% Sm-24% La), 디디뮴(미슈메탈에서 Ce 제외)

④ Ni-Cu계 합금
콘스탄탄(55~60% Cu), 어드밴스(54% Cu-1% Mn-0.5% Fe), 모넬메탈(60~70% Ni), K모넬(고온에서 압연뜨임하여 인장강도 개선), R모넬, KR모넬(쾌삭성), H모넬, S모넬(경화성 및 강도)

⑤ Ni-Cr계 합금
㉠ 내식성과 내마멸성, 강도와 경도 등이 개선된다.
㉡ 스테인리스강의 주요 합금으로 사용된다.

ⓒ 크로멜 : Ni에 Cr을 첨가한 합금이다. 알루멜은 Ni에 Al을 첨가한 합금으로 크로멜-알루멜을 이용하여 열전대를 형성한다.

⑥ Ni-Fe계 합금

ⓐ 인바(Invar) : 불변강 표준자

ⓑ 엘린바(Elinvar) : 36% Ni, 12% Cr, 나머지 Fe, 각종 게이지

ⓒ 플래티나이트(Platinite) : 열팽창계수가 백금과 유사, 전등의 봉입선

ⓓ 니칼로이(Nicalloy) : 50% Ni, 50% Fe, 초투자율, 포화자기, 저출력 변성기, 저주파 변성기

ⓔ 퍼멀로이(Permalloy) : 70~90% Ni, 10~30% Fe, 투자율이 높다.

ⓕ 퍼민바(Perminvar) : 일정 투자율, 고주파용 철심, 오디오 헤드

⑦ 내식성 Ni 합금

ⓐ 하스텔로이 : 염산 내식성, 가공성, 용접성

ⓑ 인코넬 : 내열성, 내식성, 가공성, 고온에서 기계적 성질

ⓒ 인콜로이 : 고급 스테인리스강-Ni계 합금의 접점, 유전관, 인산제조용 관재, 공해 방지용 관

⑧ 화이트메탈

ⓐ Sn, Pb계의 베어링계 합금을 총칭한다.

ⓑ 배빗메탈 : Sn-Sb-Cu의 합금으로 주석계 화이트메탈이라고 부른다. 축과 친화력이 좋고, 국부적 하중에 대한 변형에 강하며, 유막이 잘 유지된다.

10년간 자주 출제된 문제

23-1. 다음 중 Mg합금에 해당하는 것은?

① 실루민 ② 문쯔메탈
③ 일렉트론 ④ 배빗메탈

23-2. 다음 중 Ni-Cu합금이 아닌 것은?

① 어드밴스 ② 콘스탄탄
③ 모넬메탈 ④ 니칼로이

23-3. Mg-희토류계 합금에서 희토류 원소를 첨가할 때 미시메탈(Misch-metal)의 형태로 첨가한다. 미시메탈에서 세륨(Ce)을 제외한 합금 원소를 첨가한 합금의 명칭은?

① 탈타늄 ② 디디뮴
③ 오스뮴 ④ 갈바늄

23-4. 주물용 마그네슘(Mg)합금을 용해할 때 주의해야 할 사항으로 틀린 것은?

① 주물 조각을 사용할 때에는 모재를 투입하여야 한다.
② 주조 조직의 미세화를 위하여 적절한 용탕온도를 유지해야 한다.
③ 수소가스를 흡수하기 쉬우므로 탈가스처리를 해야 한다.
④ 고온에서 취급할 때는 산화와 연소가 잘되므로 산화방지책이 필요하다.

|해설|

23-1
① 알루미늄계 합금
② 구리계 합금
④ 주석계 합금

23-2
니칼로이는 니켈, 망간, 철의 합금이다. 초투자율이 크고, 포화자기, 비저항이 크기 때문에 통신용이나 변압, 증폭기용으로 쓰인다.

23-3
② 디디뮴 : 네오디뮴과 프라세오디뮴의 혼합물이다. 합금의 강도를 증가시키기 위해 첨가하는 물질이다.
③ 오스뮴 : 이리듐 및 백금과 합금되기도 하는 희소 금속으로 펜촉, 베어링, 나침반 바늘, 보석 세공 등에 사용된다.
④ 갈바늄 : 알루미늄에 아연도금을 한 합금이다.

23-4
주물용 마그네슘합금 용해 시 주의사항
- 고온에서 산화하기 쉽고, 연소하기 쉬우므로 산화방지책이 필요하다.
- 수소가스를 흡수하기 쉬우므로 탈가스처리를 하여야 한다.
- 주물 조각을 사용할 때에는 모재를 잘 제거하여야 한다.
- 주조조직 미세화를 위하여 용탕온도를 적당히 조절하여야 한다.

정답 23-1 ③ 23-2 ④ 23-3 ② 23-4 ①

핵심이론 24 | 공구용 합금강

① 공구용 합금강의 조건
㉠ 탄소공구강에 Ni, Cr, Mn, W, V, Mo 등을 첨가하여 고속 절삭, 강력 절삭용을 제작한다.
㉡ 담금질 효과가 좋고 결정입자도 미세하며 경도와 내마멸성이 우수하다.

② 고속도 공구강
㉠ 500~600℃까지 가열하여도 뜨임에 의하여 연화되지 않고, 고온에서 경도의 감소가 작다.
㉡ 18% W, 4% Cr, 1% V이 표준고속도강, 1,250℃ 담금질, 550~600℃ 뜨임, 뜨임 시 2차 경화
㉢ W계 표준고속도강에 Co를 3% 이상 첨가하면 경도가 더 크게 되고, 인성이 증가된다.
㉣ Mo계는 W의 일부를 Mo로 대치할 수 있다. W계보다 가격이 싸고 인성이 높으며, 담금질 온도가 낮을 뿐 아니라 열전도율이 양호하여 열처리가 잘된다.

③ 서멧(Cermet)
세라믹 + 메탈로부터 만들어진 것으로, 금속조직(Metal Matrix) 내에 세라믹 입자를 분산시킨 복합 재료이다. 절삭공구, 다이스, 치과용 드릴 등과 같은 내충격, 내마멸용 공구로 사용된다.

④ 초경합금(초경질 공구강)
㉠ 절삭팁 등에 사용된다.
㉡ 주조 초경질 공구강
- 40~55% Co, 15~33% Cr, 10~20% W, 3% C, 5% Fe 등을 함유한 주조합금으로 Co를 주로 하는 고용체의 기지에 침상의 큰 탄화물로 조직된다.
- 대표는 Co-Cr-W-C계의 스텔라이트(Stellite)가 있다.
- 주조 후 연삭하여 사용한다.

㉢ 소결 초경질 공구강(일반적인 초경합금)
- WC(텅스텐카바이드), TiC 및 TaC 등에 Co를 점결제로 혼합하여 소결한 비철합금이다.

• 비디아(Widia) : WC 분말을 Co 분말과 혼합, 예비 소결 성형 후 수소 분위기에서 소결한다.
• 유사품 : 카볼로이(Carboloy), 미디아(Midia), 텅갈로이(Tungalloy)

⑤ 베어링강

㉠ 표면경화용 Cr강은 내충격성, 스테인리스강은 내식성과 내열성, 고속도 공구강 및 Ni-Co합금은 내고온성이 요구되는 베어링 재료이다.

㉡ 고탄소-크로뮴베어링강 : 0.95~1.10% C, 0.15~0.35% Si, 0.5% Mn 이하, 0.025% P 이하, 0.025% S 이하, 0.9~1.2% Cr

㉢ 오일리스 베어링 : Cu에 10% 정도의 Sn과 2% 정도의 흑연의 각 분말상을 윤활제나 휘발성 물질과 가압 소결 성형한 합금이다. 극압 상황에서 윤활제 없이 윤활이 가능한 재질이다.

10년간 자주 출제된 문제

24-1. 공구용 합금강 재료로서 구비해야 할 조건으로 틀린 것은?

① 강인성이 커야 한다.
② 내마멸성이 작아야 한다.
③ 열처리와 공작이 용이해야 한다.
④ 고온에서의 경도는 높아야 한다.

24-2. 다음은 고속도 공구강 중 W계와 Mo계를 설명한 것으로 틀린 것은?

① W계에 비해 Mo계의 비중이 높다.
② W계에 비해 Mo계의 공구강이 인성이 높다.
③ W계에 비해 Mo계의 공구강이 담금질 온도가 낮다.
④ W계에 비해 Mo계의 열전도율이 양호하여 열처리가 잘 된다.

24-3. 타이타늄탄화물(TiC)과 Ni 또는 Co 등을 조합한 재료를 만드는 데 응용하며, 세라믹과 금속을 결합하고 액상 소결하여 만들어진 절삭공구로도 사용되는 고경도 재료는?

① 서멧(Cermet)
② 인바(Invar)
③ 두랄루민(Duralumin)
④ 고속도강(High Speed Steel)

24-4. 분말상 Cu에 약 10% Sn 분말과 2% 흑연 분말을 혼합하고, 윤활제 또는 휘발성 물질을 가한 후 가압 성형하여 소결한 베어링 합금은?

① 켈밋메탈 ② 배빗메탈
③ 앤티프릭션 ④ 오일리스 베어링

24-5. 고탄소 크로뮴베어링강의 탄소함유량의 범위(%)로 옳은 것은?

① 0.12~0.17% ② 0.21~0.45%
③ 0.95~1.10% ④ 2.20~4.70%

|해설|

24-1
공구용 합금강은 내마멸성도 커야 한다.

24-2
Mo계 고속도강은 W계에 비해 낮은 가격에 가볍고 인성도 크다. 열처리 시 담금질 온도가 낮아 비용이 적게 들고 열전도성도 좋다.

24-3
① 서멧(Cermet) : 세라믹 + 메탈로부터 만들어진 것으로, 금속 조직(Metal Matrix) 내에 세라믹 입자를 분산시킨 복합 재료이다. 절삭 공구, 다이스, 치과용 드릴 등과 같은 내충격, 내마멸용 공구로 사용되고 있다.
② 인바(Invar) : 이 합금은 내식성이 좋고 열팽창 계수가 20℃에서 1.2μm/m・K으로서 철의 1/10 정도이다.
③ 두랄루민 : Cu 4%, Mn 0.5%, Mg 0.5% 정도이고, 이 합금은 500~510℃에서 용체화 처리한 다음, 물에 담금질하여 상온에서 시효시키면 기계적 성질이 향상된다.
④ 고속도강 : 고속도 공구강이라고도 하고 탄소강에 크로뮴(Cr), 텅스텐(W), 바나듐(V), 코발트(Co) 등을 첨가하면 500~600℃의 고온에서도 경도가 저하되지 않고 내마멸성이 크며, 고속도의 절삭작업이 가능하게 된다. 주성분은 0.8% C, 18% W, 4% Cr, 1% V로 된 18-4-1형이 있으며 이를 표준형으로 본다.

24-4
Cu에 10% 정도의 Sn과 2% 정도의 흑연의 각 분말상을 윤활제나 휘발성 물질과 가압 소결 성형한 합금이다. 극압 상황에서 윤활제 없이 윤활이 가능한 재질이다.

24-5
고탄소 크로뮴베어링강
볼이나 롤러 베어링에 사용하는 강을 베어링강이라고 하는데, 이중 보통 1% C와 1.5% Cr을 함유한 강을 고탄소・고크로뮴 베어링강(High Carbon Chromiun Bearing Steel)이라고 한다. 고탄소 크로뮴베어링 강은 780~850℃에서 담금질한 후 140~160℃로 뜨임처리하여 사용한다.

정답 24-1 ② 24-2 ① 24-3 ① 24-4 ④ 24-5 ③

핵심이론 25 | 스테인리스강 및 불변강

① 스테인리스강 : 강에 내식성이 좋은 Cr을 첨가하여 Cr_2O_3층을 형성하고 녹이 발생하는 것을 방지한 대표적인 합금강

㉠ 특징
- 피막이 맑고 치밀하여 외부 산소가 침투하기 어려우나, 산, 고온 방사선 등의 환경에서 피막이 파괴되면 녹이 슬 수 있다.
- 내식성을 향상시키기 위해 철에 Cr 또는 Cr-Ni을 함유시킨 고합금강이다. 보통 11% 이상의 Cr을 함유하고 있다.

㉡ 조직에 따른 분류 : 마텐자이트계, 페라이트계, 오스테나이트계, 오스테나이트-페라이트계, 석출경화계

㉢ 성분계에 따른 분류
- 200번 계열 : Cr-Ni-Mn계(오스테나이트계)
- 300번 계열 : Cr-Ni계(오스테나이트계, 2상계)
- 400번 계열 : Cr계(마텐자이트 및 페라이트계)
- 600번 계열 : Cr-Ni계(고강도 석출경화계)

예 STS304는 Cr-Ni계 스테인리스강이며 오스테나이트를 주성분으로 한다. STS430은 Cr계 스테인리스강이며 페라이트를 주성분으로 한다.

㉣ 크롬계 스테인리스강
- 마텐자이트계 : 크롬 13% 정도를 함유하며 대표적으로 STS410가 있다. 실온에서 조직이 마텐자이트이며 열처리에 의해 경화하고 담금질성을 가지는 특징이 있다. 강자성이며 담금질성으로 인해 기계부품, 칼, 메스, 밸브, 트림부품, 증기 터빈 블레이드 등에 사용된다.

• 페라이트계 : 크롬 18% 정도를 함유하며 대표적으로 STS430가 있다(Al이 함유된 STS405도 있다). 실온에서 페라이트 조직이며 열처리에 의해 경화되지 않는다. 페라이트계는 마텐자이트계에 비해 내식성이 뛰어나 가정용품, 건축, 장식, 주방기구, 식품공업 등에 널리 사용되며, 열경화성이 없어서 용접구조용으로도 사용된다.

ⓜ 오스테나이트계 스테인리스강

• 18Cr-8Ni 스테인리스강으로 고급강종이며 STS 304가 대표적이다. 가장 많은 종류의 스테인리스강이 있으며 성질이 좋아 다양한 종류의 제품을 제작하는 데 사용된다.

• 장점 : 비자성에 열경화성이 없고, 극저온에서도 취성이 없으며 고온강도와 크리프강도가 높다.

• 단점 : 인장강도에 비해 내력이 낮고, 가공경화성이 높아 소성가공이 어렵다. 열팽창률이 높아 열가공 시 잔류응력의 우려가 있다. 해수 등의 환경에서 응력부식균열이 일어나며 결정립계 균열의 우려도 있다.

ⓑ 특수 스테인리스강

• 고력 스테인리스강으로 석출경화원소로 Cu를 4% 첨가한 STS630과 Al을 1.2% 첨가한 STS631이 있다.

• 듀플렉스 스테인리스강 : 응력부식균열을 해결한 강으로 STS329J125, STS329J323, STS329J4L의 세 종류의 열간압연재가 있다.

• 슈퍼 페라이트계 스테인리스강 : 높은 응력부식균열에 견디고 강한 내식성을 가지지만 고가의 Ni을 함유하지 않은 저탄소계 Cr-Mo계 페라이트 스테인리스강이다. STS4471, STSXM27이 있다.

② 내열강

㉠ 탄소강에 Ni, Cr, Al, Si 등을 첨가하여 내열성과 고온 강도를 부여한 것이다. 내열강은 물리 화학적으로 조직이 안정해야 하며 일정 수준 이상의 기계적 성질을 요구한다.

㉡ 스테인리스강의 고온 사용한계는 700~800℃ 정도이고, 그 이상에서 Fe-Ni계 인콜로이(Incoloy), 또는 Ni계 인코넬(Inconel), 하스텔로이(Hastelloy)가 사용된다. 1,000℃가 넘으면 세라믹스나 서멧이 사용된다.

③ 불변강 : 온도 변화에 따른 선팽창계수나 탄성률의 변화가 없는 강이다.

㉠ 인바(Invar) : 35~36% Ni, 0.1~0.3% Cr, 0.4% Mn + Fe, 내식성 좋고 바이메탈, 진자, 줄자에 쓰인다.

㉡ 슈퍼인바(Superinvar) : Cr와 Mn 대신 Co, 인바에서 개선

㉢ 엘린바(Elinvar) : 36% Ni, 12% Cr, 나머지 Fe, 각종 게이지, 정밀부품

㉣ 코엘린바(Coelinvar) : 10~11% Cr, 26~58% Co, 10~16% Ni + Fe, 공기 중 내식성

㉤ 플래티나이트(Platinite) : 열팽창계수가 백금과 유사, 전등의 봉입선

④ 스텔라이트

비철합금공구재료의 일종이다. 2~4% C, 15~33% Cr, 10~17% W, 40~50% Co, 5% Fe의 합금으로 그 자체가 경도가 높아 담금질할 필요 없이 주조한 그대로 사용되고, 단조는 할 수 없으며 절삭공구, 의료기구에 적합하다.

⑤ 게이지용 강

팽창계수가 보통 강보다 작고 시간에 따른 변형이 없으며 담금질 변형이나 담금질 균형이 없어야 하고 HRC 55 이상의 경도를 갖추어야 한다.

10년간 자주 출제된 문제

25-1. 스테인리스강에 대한 설명으로 틀린 것은?

① 상자성체이다.
② 내식성이 우수하다.
③ 오스테나이트계이다.
④ 18% Cr-8% Ni의 합금이다.

25-2. 다음 중 불변강이 아닌 것은?

① 인바 ② 엘린바
③ 코엘린바 ④ 스텔라이트

25-3. 열팽창계수가 아주 작아 줄자, 표준자 재료에 적합한 것은?

① 인바 ② 센더스트
③ 초경합금 ④ 바이탈륨

25-4. 가공용 다이스나 발동기용 밸브에 많이 사용하는 특수 합금으로 주조한 그대로 사용되는 것은?

① 고속도강 ② 화이트메탈
③ 스텔라이트 ④ 하스텔로이

25-5. 다음 [보기]의 성질을 갖추어야 하는 공구용 합금강은?

|보기|
- HRC 55 이상의 경도를 가져야 한다.
- 팽창계수가 보통 강보다 작아야 한다.
- 시간이 지남에 따라서 치수변화가 없어야 한다.
- 담금질에 의하여 변형이나 담금질 균열이 없어야 한다.

① 게이지용 강
② 내충격용 공구강
③ 절삭용 합금 공구강
④ 열간 금형용 공구강

|해설|

25-1
18-8 스테인리스강
- HNO_3과 같은 산화성의 산뿐만 아니라 비산화성의 산에도 잘 견딘다.
- 크로뮴계 스테인리스강에 비해 내산성, 내식성이 우수하다.
- 변태점이 없어서 열처리에 의한 기계적 성질 개선이 쉽다.
- 오스테나이트 조직이므로 연성이 좋아서 판, 봉, 선 등으로 가공이 쉽다.
- 가공 경화성이 크므로 가공에 의해서 인성을 저하시키지 않고 강도를 현저히 높일 수 있다.
- 입계 부식성이 있어 부식의 우려가 있다.

25-2
- 스텔라이트 : 비철합금공구재료의 일종으로 2~4% C, 15~33% Cr, 10~17% W, 40~50% Co, 5% Fe의 합금이다. 그 자체가 경도가 높아 담금질할 필요 없이 주조한 그대로 사용되고, 단조는 할 수 없으며 절삭 공구, 의료 기구에 적합하다.
- 엘린바 : 36% Ni에 약 12% Cr이 함유된 Fe 합금으로 온도의 변화에 따른 탄성률 변화가 거의 없으며 지진계의 부품, 고급시계 재료로 사용된다.

25-3
Invar에서 Var를 일상으로 사용하는 막대(Bar), 기준 막대로 생각하면 좋겠다.

25-4
① 고속도강 : 고속도 공구강이라고도 하고 탄소강에 크로뮴(Cr), 텅스텐(W), 바나듐(V), 코발트(Co) 등을 첨가하면 500~600℃의 고온에서도 경도가 저하되지 않고 내마멸성이 크며, 고속도의 절삭작업이 가능하게 된다. 주성분은 0.8% C, 18% W, 4% Cr, 1% V로 된 18-4-1형이 있으며, 이를 표준형으로 본다.
② 화이트메탈(White Metal) : Pb-Sn-Sb계, Sn-Sb계 합금을 통틀어 부른다. 녹는점이 낮고 부드러우며 마찰이 작아서 베어링 합금, 활자 합금, 납 합금 및 다이캐스트 합금에 많이 사용된다.
④ 하스텔로이(Hastelloy) : 미국 Haynes Stellite 사의 특허품으로 A, B, C종이 있다. 내염산 합금이며 구성은 A의 경우 Ni : Mo : Mn : Fe = 58 : 20 : 2 : 20으로, B의 경우 Ni : Mo : W : Cr : Fe = 58 : 17 : 5 : 14 : 6으로, C의 경우 Ni : Si : Al : Cu = 85 : 10 : 2 : 3으로 구성되어 있다.

25-5
게이지용 강은 팽창계수가 보통 강보다 작고 시간에 따른 변형이 없으며 담금질 변형이나 담금질 균형이 없어야 하고 HR 55 이상의 경도를 갖추어야 한다.

정답 25-1 ① 25-2 ④ 25-3 ① 25-4 ③ 25-5 ①

핵심이론 26 비정질 합금

① 비정질이란 원자가 규칙적으로 배열된 결정이 아닌 상태를 말한다.

② 제조방법

㉠ 진공증착, 스퍼터(Sputter)법

㉡ 용탕에 의한 급랭법 : 원심급랭법, 단롤법, 쌍롤법

㉢ 액체급랭법 : 분무법(대량 생산의 장점)

㉣ 고체 금속에서 레이저를 이용하여 제조한다.

③ 특성

㉠ 구조적으로 규칙성이 없다.

㉡ 균질한 재료이며, 결정 이방성이 없다.

㉢ 광범위한 조성에 걸쳐 단상, 균질재료를 얻을 수 있다.

㉣ 전자기적, 기계적, 열적 특성이 조성에 따라 변한다.

㉤ 강도가 높고 연성이 양호하며 가공경화현상이 나타나지 않는다.

㉥ 전기저항이 크고, 저항의 온도 의존성은 낮다.

㉦ 열에 약하며, 고온에서는 결정화되어 비정질 상태를 벗어난다.

㉧ 얇은 재료에서 제조 가능하다.

10년간 자주 출제된 문제

26-1. 다음 중 비정질합금에 대한 설명으로 틀린 것은?

① 전기저항이 크다.
② 강도는 높고 연성도 크나 가공경화는 일으키지 않는다.
③ 비정질합금의 제조법에는 단롤법, 쌍롤법, 원심급랭법 등이 있다.
④ 액체급랭법에서 비정질재료를 용이하게 얻기 위해서는 합금에 함유된 이종원소의 원자반경이 같아야 한다.

26-2. 비정질합금의 제조법 중에서 기체급랭법에 해당되지 않는 것은?

① 진공증착법 ② 스퍼터링법
③ 화학증착법 ④ 스프레이법

26-3. 비정질재료의 제조방법 중 액체급랭법에 의한 제조법이 아닌 것은?

① 단롤법 ② 쌍롤법
③ 화학증착법 ④ 원심법

|해설|

26-1

비정질합금의 비정질성은 원자 배열의 불규칙성을 전제로 하므로 원자의 크기는 각기 다르거나 상관이 없다.

26-2

스프레이법은 액체급랭법에 해당한다.

26-3

화학증착법(Chemical Vapor Deposition Method)

화학기상성장법이라고도 불리는 것으로서 기체상태의 원료 물질을 가열한 기판 위에 송급하고, 기판 표면에서의 화학 반응에 따라서 목적으로 하는 반도체나 금속 간 화합물을 합성하는 방법이다. 열분해, 수소환원, 금속에 의한 환원이나 방전, 빛, 레이저에 의한 여기반응을 이용하는 등 여러 가지의 반응방식이 있다.

정답 26-1 ④ 26-2 ④ 26-3 ③

핵심이론 27 | 복합재료

① 복합재료란 어떤 목적을 위해 2종 또는 그 이상의 다른 재료를 서로 합하여 하나의 재료로 만든 것이다.

② 섬유강화금속 복합재료(FRM)

금속모재 중에 대단히 강한 섬유상의 물질을 분산시켜 요구되는 특성을 가지도록 만든 것이다.

③ 분산강화금속 복합재료(SAP, TD Ni)

기지금속 중에 0.01~0.1μm 정도의 산화물 등 미세한 분산 입자를 균일하게 분포시킨 재료이다. 고온 강도성에서 우수하여 주목받고 있다. 미립자분산방법으로 제조하며, 최근에는 MA(Mechanical Aloiing)법으로 제조한다.

④ 입자강화금속 복합재료(Cermet)

1~5μm 정도의 비금속입자가 금속이나 합금의 기지 중 분산되어 있는 재료이다.

⑤ 클래드(Clad)재료

2종 이상의 금속재료를 합리적으로 짝을 맞추어 각각의 소재가 가진 특성을 복합적으로 얻을 수 있는 재료이다. 일반적으로 얇은 특수 금속을 두껍고 저렴한 모재에 야금적으로 접합시킨 것이다.

⑥ 휘스커(Whisker)

전위 등의 내부결함이 적은 침상의 금속이나 무기물의 결정이다.

⑦ 용융금속침투법

용융금속을 섬유 사이에 침투시켜 복합재료를 제조하는 방법이다.

10년간 자주 출제된 문제

27-1. 재료의 강도를 높이는 방법으로 휘스커(Wisker) 섬유를 연성과 인성이 높은 금속이나 합금 중에 균일하게 배열시킨 복합재료는?

① 클래드 복합재료
② 분산강화금속 복합재료
③ 입자강화금속 복합재료
④ 섬유강화금속 복합재료

27-2. 다음 재료 중 1~5μm 정도의 비금속 입자가 금속이나 합금의 기지 중에 분산되어 있는 것은?

① 서멧재료 ② FRM재료
③ 클래드재료 ④ TD Ni재료

27-3. 분산강화금속 복합재료에 대한 설명으로 틀린 것은?

① 고온에서 크리프 특성이 우수하다.
② 실용재료로는 SAP, TD Ni이 대표적이다.
③ 제조방법은 일반적으로 단접법이 사용된다.
④ 기지 금속 중에 0.01~0.1μm 정도의 미세한 입자를 분산시켜 만든 재료이다.

|해설|

27-1

섬유강화금속 복합재료는 섬유상 모양의 휘스커를 금속 모재 중 분산시켜 금속에 인성을 부여한 재료이다.

27-2

서멧재료가 입자강화금속 복합재료이다.

27-3

분산강화금속 복합재료(SAP, TD Ni)

기지 금속 중에 0.01~0.1μm 정도의 산화물 등 미세한 분산 입자를 균일하게 분포시킨 재료이다. 고온 강도성에서 우수하여 주목받고 있다. 미립자분산방법으로 제조하며, 최근에는 MA(Mechanical Aloiing)법으로 제조한다.

정답 27-1 ④ 27-2 ① 27-3 ③

핵심이론 28 | 형상기억합금

① 특정온도 이상으로 가열하면 변형되기 이전의 원래 상태로 되돌아가는 현상이다.

② 역사

㉠ 1953년 일리노이 대학에서 Au-Cd 합금 발견

㉡ 1954년 In-Ti 합금 발견

㉢ 1963년 미 해군에서 Ni-Ti 합금을 발견한 후 상용화

③ 종류

㉠ 1방향 형상기억

㉡ 2방향 형상기억

④ 조직역학적 기구

열탄성 마텐자이트의 특성을 이용한다.

⑤ 특징

㉠ 마텐자이트 변태는 작은 구동력으로 일어나는 열탄성 변태이다.

㉡ 고온상은 대부분 규칙적 구조를 가지며, 저온상은 대칭이 낮은 결정구조를 가진다.

㉢ 탄소강의 마텐자이트 변태는 반드시 원래 위치로 되돌아오는 것이 아니라 자유에너지가 낮은 원자 배열의 모상으로 되돌아온다.

10년간 자주 출제된 문제

28-1. 처음에 주어진 특정한 모양의 것을 인장하거나 소성변형한 것이 가열에 의하여 원래의 상태로 돌아가는 현상은?

① 석출경화효과 ② 시효현상효과
③ 형상기억효과 ④ 자기변태효과

28-2. 다음 중 형상기억합금에 관한 설명으로 틀린 것은?

① 열탄성형 마텐자이트가 형상기억효과를 일으킨다.
② 형상기억효과를 나타내는 합금은 반드시 마텐자이트 변태를 한다.
③ 마텐자이트 변태를 하는 합금은 모두 형상기억효과를 나타낸다.
④ 원하는 형태로 변형시킨 후에 원래 모상의 온도로 가열하면 원래의 형태로 되돌아간다.

28-3. 다음 중 형상기억합금으로 가장 대표적인 것은?

① Fe-Ni ② Ni-Ti
③ Cr-Mo ④ Fe-Co

|해설|

28-1
일정한 온도대에서 이전의 형상을 기억하여 변형 후에도 원래 형상으로 돌아갈 수 있게끔 니켈과 타이타늄을 이용하여 제작한 합금을 형상기억합금이라 한다.

28-2
- 형상기억합금은 대개 고온에서 체심입방격자이나 M_s점 이하에서 마텐자이트로 변태된다. 이 상태의 합금을 변형하면 외견상 항복이 일어나나 다시 일정 온도 이상이 되면 회복이 일어나는 성질을 이용하는 것이 형상기억합금이다.
- 탄소강의 마텐자이트 변태는 반드시 원래 위치로 되돌아오는 것이 아니라 자유에너지가 낮은 원자 배열의 모상으로 되돌아온다.

28-3
Au-Cd합금, In-Ti합금 등이 있었으나 제일 대표적인 합금은 Ni-Ti 합금이다.

정답 28-1 ③ 28-2 ③ 28-3 ②

핵심이론 29 신소재

① 센더스트

㉠ Fe에 Si 및 Al을 첨가한 합금이다. 풀림상태에서 우수한 자성을 나타내는 고투자율 합금으로, 오디오 헤드용 재료로 사용되며 가공성은 나쁘다.

㉡ 알루미늄 5%, 규소 10%, 철 85%의 조성을 가진 고투자율(高透磁率)합금이다. 주물로 되어 있어 정밀교류계기의 자기차폐로 쓰이며, 또 무르기 때문에 지름 10μm 정도의 작은 입자로 분쇄하여, 절연체의 접착제로 굳혀서 압분자심(壓粉磁心)으로서 고주파용으로 사용한다.

② 리드프레임재료

IC(Integrated Circuit)의 리드를 받치는 틀 구조에 쓰이는 도전재료의 총칭이다. 이 재료는 발열을 방지하므로 전기 및 열전도도가 크고, 더구나 얇게 만드는 재료의 강도가 높다. 또 열팽창계수가 작고, 피로강도가 높은 것이 구해진다. 현재, Fe-Ni계와 Fe-Co계의 Fe 기합금과 Cu 기합금 등이 쓰인다. Fe 기합금은 강도는 높으나 전기 및 열전도도가 작고, Cu 기합금은 그 반대의 특성이 일반적이다. 그러므로 양합금의 장점을 겸비한 합금의 개발이 지향되고 있다.

③ 경질자성재료

㉠ 알니코 자석 : Fe에 Al, Ni, Ci를 첨가한 합금으로 주조 알니코와 소결 알니코, 이방성(異方性) 알니코, 등방성(等方性) 알니코가 있다.

㉡ 페라이트 자석 : 바륨 페라이트계, 스트론튬 페라이트 계. 가격은 바륨, 성능은 스트론튬. 분말야금에 의해 제조된다.

㉢ 희토류계 자석 : 희토류-Co계 자석으로 자기적 특성이 우수하여 영구 자석으로서 최고의 성능을 가지고 있다.

㉣ 네오디뮴 자석 : Co 대신 Fe과 화합할 희토류 중 Nd가 적당하다.

④ 연질자성재료

㉠ Si 강판 : 5% 미만의 Si를 첨가하였으며 전력의 송수신용 변압기의 철심으로 사용된다.

㉡ 퍼멀로이 : Ni-Fe계 합금이다. 78% Ni의 78% 퍼멀로이가 대표적이다. Mo 첨가한 슈퍼멀로이, Cr, Cu를 첨가한 미슈메탈 등도 있다. 퍼멀로이는 가공성이 양호하고 투자율이 높으므로, 특히 오디오용 헤드재료로서 가장 많이 사용된다.

㉢ 알펌(Alperm, Fe-Al 합금), 퍼멘더(Permendur 49% Co-2% V), 슈퍼멘들 등

⑤ 초소성 합금

금속이 변형하는 성질을 소성이라고 하는데 변형시키는 온도·속도를 적당하게 선택함으로써 통상의 수십배~수천 배의 연성(초소성)을 나타내는 합금이다. 초소성 합금에는 결정을 미세화하여 만든 미세립 초소성 합금과 결정구조의 변화를 이용하여 만든 변화 초소성 합금이 있다. 실용합금으로서는 Zn·22% Al합금 등 미세립 타입이 많고, 초소성 니켈기합금은 형상의 복잡한 터빈의 날개 등의 제조에 이용되고 있다.

10년간 자주 출제된 문제

29-1. Fe에 Si 및 Al을 첨가한 합금으로 풀림상태에서 대단히 우수한 자성을 나타내는 고투자율 합금으로 Si 5~11%, Al 3~8% 함유하고 있으며, 오디오 헤드용 재료로 사용되는 합금은?

① 센더스트 ② 해드필드강
③ 스프링강 ④ 오스테나이트강

29-2. 다음 중 연질자성재료가 아닌 것은?

① 알니코 자석 ② Si 강판
③ 퍼멀로이 ④ 센더스트

|해설|

29-1

① 센더스트 : 알루미늄 5%, 규소 10%, 철 85%의 조성을 가진 고투자율(高透磁率) 합금이다. 주물로 되어 있어 정밀교류계기의 자기차폐로 쓰이며, 또 무르기 때문에 지름 10μm 정도의 작은 입자로 분쇄하여, 절연체의 접착제로 굳혀서 압분자심(壓粉磁心)으로서 고주파용으로 사용한다.
② 해드필드강 : 1~3% C, 11.5~13% Mn을 함유한 고망간강으로 오스테나이트 계열이다. 냉간가공이나 표면 슬라이딩에 의해 경도와 내마모성이 증대하기 때문에, 파쇄기의 날, 버킷의 날, 레일, 레일의 포인트 등에 사용된다.
③ 스프링강 : 탄성한도가 높은 강의 일반적인 총칭이다. 높은 탄성한도, 피로한도, 크리프 저항, 인성 및 진동이 심한 하중과 반복하중에 잘 견딜 수 있는 성질을 요구한다.
④ 오스테나이트강 : 오스테나이트조직(FCC 결정구조)을 갖는 스테인리스강이다. Fe-Cr-Ni계에 대하여 1,050~1,100℃에서 급랭시키면 준안정한 오스테나이트조직이 나타난다. 17~20% Cr, 7~10%의 소위 18-8 스테인리스강이 대표적이다.

29-2

- 알니코 : Fe, Ni, Al계 자석(MK 자석)을 기초로 하여 발전시킨 영구자석이며 많은 종류가 있는데 실용자석 중 가장 다량으로 사용되고 있다. 대표적인 것으로는 Alnico 5가 있으며, Co 24%, Ni 14%, Al 8%, Cu 3%, Fe 나머지, Br 12,500~13,000G, Hc 0~700 Oe, (BH)max 5~6 × 10^6G Oe이다.
- 연질자성재료 : 일반적으로 투자율이 크고, 보자력이 작은 자성재료의 통칭으로, 고투자율 재료, 자심재료 등이 여기에 포함된다. 규소강판, 퍼멀로이, 전자 순철 등이 대표적인 것이며, 기계적으로 연하고, 변형이 작은 것이 요구되나 기계적 강도와는 큰 관계가 없다.

정답 29-1 ① 29-2 ①

핵심이론 30 주요 금속 및 합금원소의 성질

① 주요 금속의 성질

원소	키워드
Ni	강인성과 내식성, 내산성
Mn	내마멸성, 황
Cr	내식성, 내열성, 자경성, 내마멸성
W	고온경도, 고온강도
Mo	담금질 깊이가 커짐, 뜨임 취성 방지
V	크로뮴 또는 크로뮴-텅스텐
Cu	석출 경화, 오래전부터 널리 쓰임
Si	내식성, 내열성, 전자기적 성질을 개선, 반도체의 주재료
Co	고온경도와 고온인장강도를 증가
Ti	입자 사이의 부식에 대한 저항, 가벼운 금속
Pb	피삭성, 저용융성
Mg	가벼운 금속, 구상흑연, 산이나 열에 침식됨
Zn	황동, 다이캐스팅
S	피삭성, 주조결함
Sn	무독성, 탈색효과 우수, 포장형 튜브
Ge	저마늄(게르마늄), 1970년대까지 반도체에 쓰임
Pt	은백색, 전성·연성이 좋음, 소량의 이리듐을 더해 더 좋고 강한 합금이 됨

② 반자성체

반자성체란 자성을 만나 자계 안에 놓였을 때, 기존 자계와 반대방향의 자성을 얻어 자석으로부터 척력을 발생시키는 물질을 의미한다. 종류로는 비스무트, 안티모니, 인, 금, 은, 수은, 구리, 물과 같은 물질이 있다.

③ 철강 속의 망간의 영향

㉠ 연신율을 감소시키지 않고 강도를 증가시킨다.
㉡ 고온에서 소성을 증가시키며 주조성을 좋게 한다.
㉢ 황화망간으로 형성되어 S을 제거한다.
㉣ 강의 점성을 증가시키고, 고온가공을 쉽게 한다.
㉤ 고온에서의 결정 성장, 즉 거칠어지는 것을 감소시킨다.
㉥ 강도, 경도, 인성을 증가시켜 기계적 성질이 향상된다.
㉦ 담금질효과를 크게 한다.

10년간 자주 출제된 문제

30-1. 합금강에 함유된 합금원소와 영향이 옳게 짝지어진 것은?

① Ni - 뜨임메짐 방지
② Mo - 적열메짐 방지
③ Mn - 전자기적 성질 개선
④ W - 고온강도와 경도 증가

30-2. 특수강에서 함유량이 증가하면 자경성을 주는 원소로 가장 좋은 것은?

① Cr ② Mn
③ Ni ④ Si

30-3. 비중이 약 7.13, 용융점이 약 420℃이고, 조밀육방격자의 청백색 금속으로 도금, 건전지, 다이캐스팅용 등으로 사용되는 것은?

① Pt ② Cu
③ Sn ④ Zn

30-4. 강자성체에 해당하지 않는 것은?

① 철 ② 니켈
③ 금 ④ 코발트

30-5. 독성이 없어 의약품, 식품 등의 포장형 튜브 제조에 많이 사용되는 금속으로 탈색효과가 우수하며, 비중이 약 7.3인 금속은?

① 주석(Sn) ② 아연(Zn)
③ 망간(Mn) ④ 백금(Pt)

|해설|

30-4
반자성체 : 반자성체란 자성을 만나 자계 안에 놓였을 때, 기존 자계와 반대방향의 자성을 얻어 자석으로부터 척력을 발생시키는 물질을 의미한다. 종류로는 비스무트, 안티모니, 인, 금, 은, 수은, 구리, 물과 같은 물질이 있다.

정답 30-1 ④ 30-2 ① 30-3 ④ 30-4 ③ 30-5 ①

핵심이론 31 고용융합금 및 저용융합금

① 고용융점 금속

금속	융점(℃)	특징
금(Au)	1,063	• 침식, 산화되지 않는 귀금속이다. • 재결정온도는 40~100℃이다.
백금(Pt)	1,774	• 회백색이며 내식성, 내열성, 고온저항이 우수하다. • 열전대로 사용한다.
이리듐(Ir)	2,442	비중이 무겁고 백색의 금속으로 합금으로 사용한다.
팔라듐(Pd)	1,552	
오스뮴(Os)	2,700	
코발트(Co)	1,492	• 비중은 8.9이고 내열합금이다. • 영구자석, 촉매 등에 쓰인다.
텅스텐(W)	3,380	• 면심입방격자(FCC)이다. • 비중은 19.3이다. • 상온에서는 안정하나 고온에서는 산화·탄화된다.
몰리브데넘(Mo)	2,610	• 체심입방격자(BCC)이다. • 은백색을 띤다. • 비중은 10.2이며, 염산, 질산에 침식된다.

② 저용융점 금속

금속	융점(℃)	특징
아연(Zn)	419.5	• 청백색의 HCP 조직이다. • 비중은 7.1이다. • FeZn상이 인성을 나쁘게 한다.
납(Pb)	327.4	• 비중은 11.3이다. • 유연한 금속으로 방사선을 차단하고 상온재결정이다. • 합금, Eoa에 사용한다.
Cd(카드뮴)	320.9	• 중금속 물질이다. • 전연성이 대단히 좋다.
Bi(비스무트)	271.3	소량의 희귀 금속으로 합금에 사용한다.
주석(Sn)	231.9	은백색의 연한 금속으로 도금 등에 사용한다.
저용점 합금 : 납(327.4℃)보다 낮은 융점을 가진 합금의 총칭으로 대략 250℃ 정도 이하를 말하며 조성이 쉬워 분류를 한다.		

10년간 자주 출제된 문제

31-1. 저용융점 합금이란 약 몇 ℃ 이하에서 용융점이 나타나는가?

① 250℃ ② 350℃
③ 450℃ ④ 550℃

31-2. 저용융점 합금(Fusible Alloy)의 원소로 사용되는 것이 아닌 것은?

① W ② Bi
③ Sn ④ In

31-3. 다음의 금속 중 재결정온도가 가장 높은 것은?

① Mo ② W
③ Ni ④ Pt

|해설|

31-1
녹는점이 327.4℃인 납을 기준으로 납보다 더 낮은 용융점을 가진 금속들을 말하며, 보통 250℃ 정도 이하의 녹는점을 가진 금속을 말한다.

정답 31-1 ① 31-2 ① 31-3 ②

핵심이론 32 표면경화법

① 금속침투법

㉠ 세라다이징 : 아연을 침투, 확산시키는 것이다.

㉡ 칼로라이징 : 알루미늄분말에 소량의 염화암모늄(NH_4Cl)을 가한 혼합물과 경화되는 것이다.

㉢ 크로마이징 : 크로뮴은 내식, 내산, 내마멸성이 좋으므로 크로뮴 침투에 사용한다.

- 고체분말법 : 혼합분말 속에 넣어 980~1,070℃ 온도에서 8~15시간 가열한다.
- 가스 크로마이징 : 이 처리에 의해서 Cr은 강 속으로 침투하고, 0.05~0.15mm의 Cr 침투층이 얻어진다.

㉣ 실리코나이징 : 내식성을 증가시키기 위해 강철표면에 Si를 침투하여 확산시키는 처리이다.

- 고체분말법 : 강철부품을 Si분말, Fe-Si, Si-C 등의 혼합물 속에 넣고, 염소가스를 통과시킨다. 염소가스는 용기 안의 Si 카바이드 또는 Fe-Si와 작용하여 강철 속으로 침투, 확산한다.
- 펌프축, 실린더, 라이너, 관, 나사 등의 부식 및 마멸이 문제되는 부품에 효과가 있다.

㉤ 보로나이징 : 강철 표면에 붕소를 침투, 확산시켜 경도가 높은 보론화 층을 형성한다.

② 하드페이싱

소재의 표면에 스텔라이트나 경합금 등을 융접 또는 압접으로 융착시키는 표면경화법이다.

③ 전해경화법

전해액 속에 경화처리할 부품을 넣고 전해액을 (+)극에, 물품을 (−)극에 접속한 후 220~260V, 5~10A/cm^2, 5~10초 동안 처리하는 방법이다. 1~3mm 깊이까지 담금질 경화가 된다.

④ 금속착화법

표면에 각종 금속을 다양한 방법으로 입혀서 표면성질을 개선하는 방법이다.

※ 금속용사법 : 강의 표면에 용융상태 혹은 반용융상태의 미립자를 고속으로 분사시켜 강 표면에 매우 강력한 보호피막이 형성되게 하는 방법이다.

⑤ 화염경화법

표면에 불꽃을 염사하여 닿는 부위만 열처리되는 효과를 보고자 하는 표면경화법으로 국부 담금질이 가능하고, 온도조절이 쉬우며, 대상물의 크기나 형상에 제한이 없다. 그러나 균일한 가열이나 균일한 열처리에는 어려움이 있다.

⑥ 질화처리

가스침투법의 하나로 암모니아 가스를 이용하여 재질의 내마모성과 내식성을 부여하고 안정적인 고연경도를 부여하는 표면처리법이다.

10년간 자주 출제된 문제

32-1. 금속의 표면에 Zn을 침투시켜 대기 중 청강의 내식성을 증대시켜 주기 위한 처리법은?

① 세라다이징　② 크로마이징
③ 칼로라이징　④ 실리코나이징

32-2. 금속 표면에 스텔라이트, 초경합금 등의 금속을 용착시켜 표면 경화층을 만드는 방법은?

① 하드페이싱　② 전해경화법
③ 금속침투법　④ 금속착화법

32-3. 화염경화법의 특징을 설명한 것 중 틀린 것은?

① 국부 담금질이 가능하다.
② 가열온도의 조절이 쉽다.
③ 부품의 크기나 형상에 제한이 없다.
④ 일반 담금질에 비해 담금질 변형이 작다.

32-4. 암모니아 가스 분해와 질소의 내부 확산을 이용한 표면 경화법은?

① 염욕법　② 질화법
③ 염화바륨법　④ 고체침탄법

|해설|

32-1

금속침투법

- 세라다이징 : 아연을 침투, 확산시키는 것이다.
- 칼로라이징 : 알루미늄분말에 소량의 염화암모늄(NH_4Cl)을 가한 혼합물과 경화된다.
- 크로마이징 : 크로뮴은 내식, 내산, 내마멸성이 좋으므로 크로뮴 침투에 사용한다.
  - 고체분말법 : 혼합분말 속에 넣어 980~1,070℃ 온도에서 8~15시간 가열한다.
  - 가스 크로마이징 : 이 처리에 의해서 Cr은 강 속으로 침투하고, 0.05~0.15mm의 Cr 침투층이 얻어진다.
- 실리코나이징 : 내식성을 증가시키기 위해 강철표면에 Si를 침투하여 확산시키는 처리이다.
  - 고체분말법 : 강철부품을 Si 분말, Fe-Si, Si-C 등의 혼합물 속에 넣고, 염소가스를 통과시킨다. 염소가스는 용기 안의 Si 카바이드 또는 Fe-Si와 작용하여 강철 속으로 침투, 확산한다.
  - 펌프축, 실린더, 라이너, 관, 나사 등의 부식 및 마멸이 문제되는 부품에 효과가 있다.

32-2

① 하드페이싱 : 소재의 표면에 스텔라이트나 경합금 등을 용접 또는 압접으로 융착시키는 표면경화법이다.
② 전해경화법 : 전해액 속에 경화처리할 부품을 넣고 전해액을 +극에, 물품을 -극에 접속한 후, 220~260V, 5~10A/cm^2, 5~10초 동안 처리하는 방법이다. 1~3mm 깊이까지 담금질 경화가 된다.
③ 금속침투법 : 표면에 각종 금속을 다양한 방법으로 침투시켜 표면성질을 개선하는 방법이다.
④ 금속착화법 : 표면에 각종 금속을 다양한 방법으로 입혀서 표면성질을 개선하는 방법이다.

32-3

화염경화법은 표면에 불꽃을 염사하여 닿는 부위만 열처리되는 효과를 보고자 하는 표면경화법으로 국부 담금질이 가능하고, 온도조절이 쉬우며, 대상물의 크기나 형상에 제한이 없다. 그러나 균일한 가열이나 균일한 열처리에는 어려움이 있다.

32-4

질화처리 : 가스침투법의 하나로 암모니아 가스를 이용하여 재질의 내마모성과 내식성을 부여하고 안정적인 고연경도를 부여하는 표면처리법이다.

정답 32-1 ① 32-2 ① 32-3 ④ 32-4 ②

제2절 용접 일반

핵심이론 01 용접 일반

① 용접의 장점

㉠ 제품의 성능과 수명이 향상된다.

㉡ 이음형상을 자유롭게 할 수 있다.

㉢ 이음효율이 향상된다.

㉣ 재료 두께의 제한이 없다.

㉤ 이종(異種)재료도 접합할 수 있다.

② 용접의 단점

㉠ 열에 의한 변형, 수축 및 취성의 발생 우려가 있다.

㉡ 잔류응력에 의한 부식의 우려가 있다.

㉢ 품질검사가 어렵다.

㉣ 숙련도에 따라 작업자 요인이 많이 작용한다.

③ 환산용접길이

㉠ 용접 작업마다 조건이 달라서 용접시간을 계산하기 어려우므로 각 작업에 환산계수를 곱하여 현장용접길이로 환산한 용접길이를 말한다.

㉡ 판 두께 10mm짜리 맞대기 용접과 20mm짜리 용접의 두 작업을 각각 10m씩 한 경우, 10mm짜리는 환산계수가 1.32, 20mm짜리는 5.04라고 하면 판 두께 10mm짜리의 용접길이는 실제용접길이 10m × 환산계수 1.32 = 현장용접길이 13.2m, 판 두께 20mm짜리의 용접길이는 10m × 환산계수 5.04 = 현장용접길이 50.4m로 작업량을 비교할 수 있다.

④ 균열

㉠ 용접균열은 용접 부위가 열을 받고 냉각하는 사이에 모재의 열영향부와 영향을 받지 않은 부분의 열의 불균형에 의해 주로 발생하고, 불순물이나 용접불량 등에서도 발생한다.

㉡ 저온균열은 용접 부위가 상온으로 냉각되면서 생기는 균열을 말하며, 용접부에 수소의 침투나 경화에 의해 발생한다. 수소의 침투를 제한하기 위해 수분(H_2O)을 제거하거나 저수소계용접봉 등을 사용 또는 열충격을 낮추기 위해 가열부의 온도를 제한하는 방법을 고려할 수 있다.

10년간 자주 출제된 문제

1-1. 용접의 장점이 아닌 것은?

① 제품의 성능과 수명이 향상된다.
② 이음형상을 자유롭게 할 수 있다.
③ 기밀, 수밀은 우수하나 이음효율이 낮다.
④ 재료의 두께에 제한이 없다.

1-2. 저온균열을 방지하기 위한 대책으로 틀린 것은?

① 저수소계 용접봉을 사용한다.
② 용접봉을 건조하여 사용한다.
③ 냉각 속도를 느리게 한다.
④ 예열 온도를 낮게 한다.

|해설|

1-1
이음효율이란 원래 판재의 강도와 이음이 된 부분의 강도의 비율로서 용접은 거의 100%의 효율이 나오는 이음법이다.

1-2
저온균열은 용접 부위가 상온으로 냉각되면서 생기는 균열을 말하며, 용접부에 수소의 침투나 경화에 의해 발생한다. 수소의 침투를 제한하기 위해 수분(H_2O)을 제거하거나 저수소계용접봉 등을 사용 또는 열충격을 낮추기 위해 가열부의 온도를 제한하는 방법을 고려할 수 있다.

정답 1-1 ③ 1-2 ④

핵심이론 02 | 가스용접장치

① 가스용접 보호구 및 공구
- ㉠ 보호안경
- ㉡ 토치 라이터
- ㉢ 팁 클리너
- ㉣ 압력조정기 등

② 가스용접의 장단점
- ㉠ 열량 조절이 쉽고, 조작방법이 간편하다.
- ㉡ 설비비가 싸고 유해광선에 의한 피해가 적다.
- ㉢ 열원의 온도가 낮고 열의 집중성이 나쁘다.
- ㉣ 가열 시간이 길어 용접 변형이 크다.
- ㉤ 폭발 위험성이 크다.

③ 불꽃
- ㉠ 형태에 따른 불꽃의 종류 : 불꽃심(끝부분에서 가장 높은 온도), 속불꽃, 겉불꽃
- ㉡ 연소에 따른 불꽃의 종류 : 중성불꽃(연료 : 산소 = 1 : 1), 탄화불꽃(연료 多), 산화불꽃(산소 多)

④ 토치 취급 시 주의사항
- ㉠ 점화된 토치는 함부로 방치하지 않는다.
- ㉡ 토치를 망치나 꼬챙이, 막대 대용으로 사용하지 않는다.
- ㉢ 안전한 취급을 위해 열의 소거, 변형의 조정, 공급량 조정 등의 조절 시에는 밸브를 모두 잠근다.
- ㉣ 작업 중 역류, 역화, 인화 등에 항상 주의한다.

⑤ 역류, 인화, 역화
- ㉠ 역류(Counterflow) : 산소가 아세틸렌 발생기 쪽으로 흘러 들어가는 것이다(발생기 쪽 막힘 같은 경우).
- ㉡ 인화(Flash Back) : 혼합실(가스 + 산소 만나는 곳)까지 불꽃이 밀려들어가는 것이다. 팁 끝이 막히거나 작업 중 막는 경우 발생한다.
- ㉢ 역화(Backfire) : 가스 혼합, 팁 끝의 과열, 이물질의 영향, 가스 토출 압력 부적합, 팁의 죔 불완전 등으로 불꽃이 펑펑하며 팁 안으로 들어왔다 나갔다 하는 현상이다.

10년간 자주 출제된 문제

2-1. 다음 중 가스용접 토치 취급 시 주의사항으로 적합하지 않은 것은?

① 점화되어 있는 토치는 함부로 방치하지 않는다.
② 토치를 망치나 갈고리 대용으로 사용해서는 안 된다.
③ 팁이 가열되었을 때는 산소 밸브와 아세틸렌 밸브가 모두 열려 있는 상태로 물속에 담근다.
④ 작업 중에는 역류, 역화, 인화 등에 항상 주의하여야 한다.

2-2. 가스용접 보호구 및 공구가 아닌 것은?

① 보호안경 ② 토치 라이터
③ 팁 클리너 ④ 용접 홀더

2-3. 산소와 아세틸렌을 이론적으로 1 : 1 정도 혼합시켜 연소할 때 용접토치에서 얻는 불꽃은?

① 중성불꽃 ② 탄화불꽃
③ 산화불꽃 ④ 환원불꽃

|해설|

2-1
안전한 취급을 위해 열의 소거, 변형의 조정, 공급량 조정 등의 조절 시에는 밸브를 모두 잠근다.

2-3
연소는 산소와 연료가 만나서 일어나며 연료가 많으면 탄화(화학적으로는 환원이라고 본다)되고 산소가 많으면 산화된다. 산소와 아세틸렌이 1:1로 혼합되어 연소할 때 생성되는 불꽃은 중성불꽃이다.

정답 2-1 ③ 2-2 ④ 2-3 ①

핵심이론 03 | 가스용접용 가스

① 아세틸렌

㉠ 카바이드(CaC_2)를 석회(CaO)와 코크스를 혼합시켜 다량 제조한다.

㉡ 카바이드와 물을 반응시키면 이론적으로 순수한 카바이드 1kgf에 348L의 아세틸렌가스가 발생한다(실제는 230~300L).

㉢ 수소와 탄소의 화합물로 불안정하며, 냄새가 있다. 산소보다 가볍다.

㉣ 아세틸렌가스의 용해

- $1kgf/cm^2$하 : 물 1배, 터빈유 2배, 석유 2배, 순알코올 2배, 벤젠 4배, 아세톤 25배
- $12kgf/cm^2$하 : 아세톤에 300배(용적 25배 × 압력 12배)

㉤ 폭발성 : 150℃, 2기압하에서 완전 폭발하며 1.5기압 하에 약간 충격 폭발한다. 압력에 유의한다.

㉥ 아세톤 1kg은 905L의 부피를 갖는다.

㉦ 아세틸렌용기 취급 시 주의사항

- 반드시 세워서 사용한다.
- 충격이나 타격을 주지 않는다.
- 화기에 가까이 설치하지 않는다.
- 비눗물로 누설검사를 실시하여야 한다.

② 수소

오래 전부터 사용해 왔으며 불꽃이 무색이다. 납땜이나 수중 절단용으로 사용한다.

③ LPG

가압하여 부피가 250배 압축되므로 저장이 간편하다. 산화성 강한 불꽃이 생성된다.

④ 산소

㉠ 무색, 무취, 무미이고, 공기보다 무겁다. 액체산소는 청색이다.

㉡ 연소를 돕는 기체이다.

㉢ 물을 분해하여 얻거나 공기 중에서 냉각하여 분리한다.

㉣ 산소용기 내 일반적으로 $150kgf/cm^2$으로 압축 충전하며, $1kgf/cm^2$을 대기압으로 보고 150배 압축한 것이다.

㉤ 용접가능시간

$$\text{용접가능시간} = \frac{\text{산소용기 내 총산소량}}{\text{시간당 소비량}}$$

10년간 자주 출제된 문제

3-1. 충전 전 아세틸렌용기의 무게는 50kg이었다. 아세틸렌 충전 후 용기의 무게가 55kg이었다면 충전된 아세틸렌가스의 양은 몇 L인가?(단, 15℃, 1기압하에서 아세틸렌가스 1kg의 용적은 905L이다)

① 4,525　② 6,000
③ 4,500　④ 5,000

3-2. 15℃, $15kgf/cm^2$하에서 아세톤 30L가 들어있는 아세틸렌 용기에 용해된 최대 아세틸렌의 양은?

① 3,000L　② 4,500L
③ 6,750L　④ 11,250L

3-3. 용해 아세틸렌 취급 시 주의사항으로 틀린 것은?

① 용기는 수평으로 놓은 상태에서 사용한다.
② 저장실의 전기 스위치는 방폭 구조로 한다.
③ 토치 불꽃에서 가연성 물질을 가능한 한 멀리한다.
④ 용기 운반 전에 밸브를 꼭 잠근다.

3-4. 33.7L의 산소용기에 $150kgf/cm^2$로 산소를 충전하여 대기 중에서 환산하면 산소는 몇 L인가?

① 5,055　② 6,015
③ 7,010　④ 7,055

3-5. 내용적 50L 산소용기의 고압력계가 150기압(kgf/cm^2)일 때 프랑스식 250번 팁으로 사용압력 1기압에서 혼합비 1 : 1을 사용하면 몇 시간 작업할 수 있는가?

① 20시간　② 30시간
③ 40시간　④ 50시간

|해설|

3-1
충전된 아세틸렌의 무게는 5kg이고 1kg당 905L의 부피를 차지하므로 5kg은 5 × 905 = 4,525L의 부피를 차지한다.

3-2
아세틸렌은 그대로 보관하면 부피가 커서 용해시켜서 보관한다. 아세틸렌을 용해시키는 방법은, 아세틸렌용기 속에 목탄 또는 규조토 등의 다공성 물질을 먼저 충전시키고, 다공성 물질에 아세톤을 흡수시켜서 용해하여 보관한다. 아세톤에 아세틸렌은 25배 용해된다. 15kgf/cm^2이므로 15배 압축되어 있고 30L가 들어있으므로 최대 아세틸렌 용해량은 30L × 15 × 25 = 11,250L이다.

3-3
용기는 수직으로 세운다.

3-4
33.7L × 150배 = 5,055L(∵ 1kgf/cm^2을 대기압으로 보므로 대기압에 비해 150배 압축)

3-5
150배 압축된 양이 50L이므로 산소의 양은 7,500L

$$\text{용접가능시간} = \frac{\text{산소용기 내 총산소량}}{\text{시간당 소비량}}$$

250번 팁은 시간당 가스 소비량이 250L이므로

$\frac{7,500}{250} = 30$이다.

정답 3-1 ① 3-2 ④ 3-3 ① 3-4 ① 3-5 ②

핵심이론 04 가스용접봉과 용가제

① 가스용접봉은 P, S 원소만 규정되어 있고, 이 성분이 매우 적은 저탄소강이 사용된다.

② 첨가된 화학성분

성분	역할
C	강도, 경도를 증가시키고 연성, 전성을 약하게 한다.
Mn	산화물을 생성하여 비드면 위로 분리한다.
S	용접부의 저항을 감소시키며 기공발생과 열간균열의 우려가 있다.
Si	탈산작용을 하여 산화를 방지한다.

③ 가스용접봉의 지름

㉠ 연강판의 두께와 용접봉 지름

모재의 두께	용접봉 지름
2.5mm 이하	1.0~1.6mm
2.5~6.0mm	1.6~3.2mm
5~8mm	3.2~4.0mm
7~10mm	4~5mm
9~15mm	4~6mm

㉡ 용접봉의 지름 구하는 식

$$D = \frac{T}{2} + 1$$

여기서, T : 두께

10년간 자주 출제된 문제

4-1. 산소-아스틸렌가스 용접을 할 때 사용하는 연강용 가스용접봉의 재질에 첨가된 화학성분에 대하여 설명한 것 중 틀린 것은?

① 탄소(C) : 강의 강도는 증가하나 연신율과 굽힘성은 감소한다.
② 규소(Si) : 강도는 증가하나 기공이 발생한다.
③ 인(P) : 강에 취성을 주며, 가연성을 잃게 한다.
④ 유황(S) : 용접부의 저항력을 감소시킨다.

4-2. 다음 중 두께가 3.2mm인 연강판을 산소-아세틸렌가스 용접할 때 사용하는 용접봉의 지름은 얼마인가?(단, 가스용접봉 지름을 구하는 공식을 사용한다)

① 1.0mm ② 1.6mm
③ 2.0mm ④ 2.6mm

|해설|

4-1
망간과 규소는 용융금속 중의 산소와 화합하여 산화물이 생성되어 비드표면에 떠오르거나 탈산작용을 하여 산화를 방지한다.

4-2
용접봉의 지름 구하는 식 : $D=\frac{T}{2}+1$

$\therefore D=\frac{3.2}{2}+1=2.6\text{mm}$

정답 4-1 ② 4-2 ④

핵심이론 05 용접의 실제

① 가스용접의 토치 운봉법

㉠ 전진용접법 : 토치를 오른손, 용접봉을 왼손에 잡고, 토치의 팁이 향하는 방향(왼쪽)으로 용접비드를 놓아가는 방법이다. 용착금속이 모재의 용융되지 않은 부분에 내려앉으므로 비드와 모재가 분리된 불완전한 용접이 되기 쉬우나 방법이 쉬우므로 얇은 판에 많이 사용한다.

㉡ 후진용접법 : 전진용접법과 반대방향으로 진행하는 것으로 불꽃이 먼저 모재에 닿고 용착금속이 내려앉으므로 용입이 깊고, 접합이 좋으나 불편하다. 두꺼운 판에 적합하다.

② 맞대기 용접기호

맞대기 용접의 홈 형상에 비슷한 영문자를 따다 붙인 것이다.

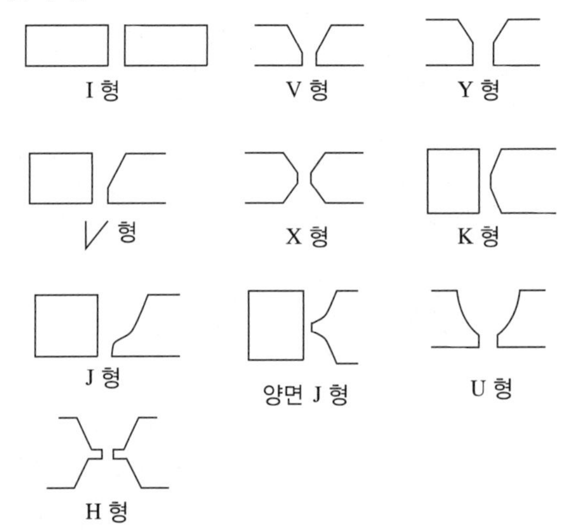

[맞대기 이음의 홈 모양]

③ 용접자세기호

㉠ F(Front) : 아래보기(위에서 아래 보기) 용접
㉡ V(Vertical) : 수직 용접
㉢ H(Horizontal) : 수평 용접
㉣ OH(Over Head) : 위보기(아래에서 위로 보기) 용접

10년간 자주 출제된 문제

5-1. 가스용접의 후진법 특징에 대한 설명 중 잘못된 것은?

① 비드모양이 아름답다.
② 열이용률이 좋다.
③ 용접변형이 작다.
④ 용접부의 산화가 적다.

5-2. 다음 중 맞대기 용접의 홈 형상이 아닌 것은?

① H형　　② I형
③ R형　　④ K형

|해설|

5-1
후진용접은 모재를 충분히 녹일 수 있어 용입이 깊고 열이용이 좋다. 용접봉을 녹인 후 비드를 다듬기가 어렵고, 용접이 다소 불편하다.

5-2
맞대기 용접의 홈 형상과 비슷한 영문자를 따다 붙인 것이다.

정답 5-1 ① 5-2 ③

핵심이론 06 잔류응력

① 용접은 열을 이용하므로 작업 후에 열변형에 의한 잔류응력이 남는다.
② 잔류응력을 제거하기 위해서는 열처리가 필요하며 응력제거를 위해서는 풀림처리를 한다.

10년간 자주 출제된 문제

용접에서 발생한 잔류응력을 제거하려면 어떠한 열처리를 하는 것이 가장 적합한가?

① 담금질을 한다.
② 불림처리를 한다.
③ 뜨임처리를 한다.
④ 풀림처리를 한다.

|해설|

담금질은 강화, 불림(노멀라이징)은 표준화, 뜨임은 담금질 후 조정, 응력제거에는 풀림처리를 시행한다.

정답 ④

핵심이론 07 아크 용접의 개요

① 아크용접은 교류 또는 직류 전압을 전극봉과 모재에 접속하여 아크를 발생시켜 용접한다.
② 아크(Arc)란 일종의 집중 방전현상으로 전극에서 전하가 공기 중으로 튀어나와 다른 전극으로 건너뛰는 현상을 말한다.
③ 접합부에서 모재와 녹아붙은 금속을 용착금속(Weld Metal)이라 한다.
④ 모재가 용융된 깊이를 용입(Penetrarion)이라 한다.
⑤ 모재 표면은 용착금속이 응고되어 파형모양을 띠게 되며 이를 비드(Bead)라고 부른다.
⑥ 피복아크용접, 불활성 가스아크용접(TIG, MIG), 서브머지드아크용접, CO_2용접, 플라스마아크용접 등이 있다.

10년간 자주 출제된 문제

피복아크용접에서 아크열에 의해 용접봉이 녹아 금속증기 또는 용적으로 되어 녹은 모재와 융합하여 용착금속을 만드는데 용융물이 모재에 녹아 들어간 깊이를 무엇이라 하는가?

① 용융지 ② 용입
③ 용착 ④ 용적

|해설|

모재가 용융된 깊이를 용입(Penetration)이라 한다.

정답 ②

핵심이론 08 용접아크의 특성

① 정전압특성

아크의 길이가 l_1에서 l_2로 변하면 아크전류가 I_1에서 I_2로 크게 변화하지만 아크전압에는 거의 변화가 나타나지 않는 특성을 정전압특성 또는 CP(Constant Petential) 특성이라 한다.

② 상승특성

아르곤이나 CO_2 아크자동 및 반자동용접과 같이 가는 지름의 전극와이어에 큰 전류를 흐르게 할 때의 아크는 상승특성을 나타내며, 여기에 상승특성이 있는 직류용접기를 사용하면 아크의 안정은 자동적으로 유지되어 아크의 자기 제어작용을 한다.

③ 부특성

전류밀도가 작은 범위에서 전류가 증가하면 아크저항은 감소하므로 아크전압도 감소하는 특성이다.

④ 아크용접의 비교

분류	장점	단점
직류아크용접	아크가 안정되고 전격의 위험이 적다.	구조가 복잡하고 아크쏠림이 일어난다.
교류아크용접	구조가 간단하고 아크쏠림이 없다.	아크가 불안정하고 전류가 높아 위험하다.

⑤ 직류정극성

정극성은 용접봉에서 전하가 튀어 나가도록 연결된 상황으로 (–)극에서 전하가 튀어 나간다. 즉, 용접봉 (–)극, 모재 (+)극으로 연결된다. 전하를 받는 쪽에서 마찰과 충격으로 인한 발열에너지가 발생하며 용접봉과 모재에 발생하는 에너지의 70%가 (+)쪽에서 발생한다.

⑥ 정극성과 역극성

㉠ 정극성 : 모재의 용입이 깊다. 비드폭이 좁다. 용접봉의 용융이 느리다.
㉡ 역극성 : 용입이 얕다. 비드가 상대적으로 넓고, 모재 쪽 용융이 느리다. 얇은 판에 유리하다.

⑦ 아크쏠림

㉠ 직류아크용접 중 아크가 극성이나 자기(Magnetic)에 의해 한쪽으로 쏠리는 현상이다.

㉡ 아크쏠림 방지대책

- 접지점을 용접부에서 멀리한다.
- 가용접을 한 후 후진법으로 용접을 한다.
- 아크의 길이를 짧게 유지한다.
- 직류용접보다는 교류용접을 사용한다.

⑧ 용접입열

용접부에 외부에서 주어지는 열량이다.

$$\text{용접입열 } H = \frac{60EI}{V} (\text{Joule/cm})$$

여기서, E : 아크전압, I : 아크전류, V : 용접속도(cm/min)

10년간 자주 출제된 문제

8-1. 아크전압의 특성은 전류밀도가 작은 범위에서는 전류가 증가하면 아크저항은 감소하므로 아크전압도 감소하는 특성이 있다. 이러한 특성을 무엇이라고 하는가?

① 정전압특성　② 정전류특성
③ 부특성　④ 상승특성

8-2. 피복아크용접에 관한 설명 중 틀린 것은?

① 용접봉에 (+)극을 연결하고 모재에 (−)극을 연결하는 역극성이라 한다.
② 직류정극성에서는 약 70%의 열이 양극에서 발생한다.
③ 피복아크용접은 직류보다 교류아크가 안정되어 있다.
④ 아크 발열이 가스의 연소열보다 온도가 높다.

8-3. 아크용접에서 아크쏠림 방지대책으로 틀린 것은?

① 접지점을 될 수 있는 대로 용접부에서 멀리 할 것
② 용접부가 긴 경우에는 전진법을 사용할 것
③ 직류용접으로 하지 말고 교류용접으로 할 것
④ 짧은 아크를 사용할 것

8-4. 아크전류 150A, 아크전압 25V, 용접속도 15cm/min일 경우 용접단위 길이 1cm당 발생하는 용접입열은 약 몇 Joule/cm인가?

① 15,000　② 20,000
③ 25,000　④ 30,000

8-5. 직류정극성의 열 분배는 용접봉 쪽에 몇 % 정도 열이 분배되는가?

① 30　② 50
③ 70　④ 80

|해설|

8-1

③ 부특성 : 전류밀도가 작은 범위에서 전류가 증가하면 아크저항은 감소하므로 아크전압도 감소하는 특성이다.

① 정전압특성 : 아크의 길이가 l_1에서 l_2로 변하면 아크전류가 I_1에서 I_2로 크게 변화하지만 아크전압에는 거의 변화가 나타나지 않는 특성을 정전압특성 또는 CP(Constant Potential) 특성이라 한다.

④ 상승특성 : 아르곤이나 CO_2 아크 자동 및 반자동용접과 같이 가는 지름의 전극와이어에 큰 전류를 흐르게 할 때의 아크는 상승특성을 나타내며, 여기에 상승특성이 있는 직류용접기를 사용하면 아크의 안정은 자동적으로 유지되어 아크의 자기제어작용을 한다.

8-2

직류아크용접에서 아크가 안정되고 전격의 위험이 적다.

8-3

용접부가 긴 경우 후진법을 사용한다.

8-4

용접입열 $H=\dfrac{60EI}{V}$(Joule/cm)

여기서, E : 아크전압

I : 아크전류

V : 용접속도(cm/min)

$$H=\frac{60\times25(\mathrm{V})\times150(\mathrm{A})}{15(\mathrm{cm/min})}=15{,}000\ \mathrm{Joule/cm}$$

8-5

정극성의 경우 용접봉의 전하가 튀어나와 모재 쪽에 충돌하므로 모재 쪽에 발열이 더 크다. (+)극에서 70% 정도의 발열이, (-)극에서 30% 정도의 발열이 발생한다.

정답 8-1 ③ 8-2 ③ 8-3 ② 8-4 ① 8-5 ①

핵심이론 09 | 아크용접기의 규격

① 교류아크용접기의 규격

종류		AW200	AW300	AW400	AW500
정격 2차 전류(A)		200	300	400	500
정격 사용률(%)		40	40	40	60
정격 부하 전압	저항강하(V)	30	35	40	40
	리액턴스 강하(V)	0	0	0	12
최고 2차 무부하 전압(V)		85 이하	85 이하	85 이하	95 이하
2차 전류 (A)	최댓값	200 이상 220 이하	300 이상 330 이하	400 이상 440 이하	500 이상 550 이하
	최솟값	35 이하	60 이하	80 이하	100 이하
사용되는 용접봉 지름		2.0~4.0	2.6~6.0	3.2~8.0	4.0~8.0

② 사용률

실제 용접 작업에서 어떤 용접기로 어느 정도 용접을 해도 용접기에 무리가 생기지 않는가를 판단하는 기준이다.

$$\text{사용률}=\frac{\text{아크발생시간}}{\text{아크발생시간}+\text{휴식시간}}\times100\%$$

③ 허용사용률

$$\text{허용사용률}=\left(\frac{\text{정격 2차 전류}}{\text{사용 용접 전류}}\right)^2\times\text{정격사용률}$$

※ 정격사용률 : 정격 2차 전류로 용접하는 경우의 사용률

④ 아크용접기구

㉠ 용접봉 홀더

㉡ 용접봉케이블

㉢ 접지클램프

㉣ 핸드실드와 헬멧

㉤ 케이블 커넥터

㉥ 장갑, 앞치마, 팔덮개, 발 커버

⑤ 아크용접기 부속장치

㉠ 고주파발생장치 : 아크 안정을 목적으로 사용한다.

㉡ 전격방지장치 : 감전재해에서 용접사를 보호할 목적으로 사용한다.

㉢ 원격제어장치 : 용접기에서 떨어져 작업위치의 전류를 조정한다.

㉣ 핫스타트장치 : 아크발생 초기, 입열 부족으로 아크 불안정이 생기기 때문에 아크 초기에만 전류를 크게 할 목적으로 사용한다.

10년간 자주 출제된 문제

9-1. AW240 용접기를 사용하여 용접했을 때 허용사용률은 약 얼마인가?(단, 실제 사용한 용접전류는 200A이었으며 정격사용률은 40%이다)

① 33.3%　② 48.0%
③ 57.6%　④ 83.3%

9-2. 핫스타트(Hot Start)장치의 사용 이점이 아닌 것은?

① 아크발생을 쉽게 한다.
② 비드모양을 개선한다.
③ 기공(Blow Hole)을 촉진한다.
④ 아크발생 초기 비드용입을 양호하게 한다.

9-3. AW300인 교류아크용접기의 규격상의 전류 조정범위로 가장 적합한 것은?

① 20~100A　② 40~220A
③ 60~330A　④ 80~440A

9-4. AW300 교류아크용접기를 사용하여 1시간 작업 중 평균 30분을 가동하였을 경우 용접기 사용률은?

① 7.5%　② 30%
③ 50%　④ 90%

|해설|

9-1

$$허용사용률 = \left(\frac{정격\ 2차\ 전류}{사용\ 용접\ 전류}\right)^2 \times 정격사용률$$

$$= \left(\frac{240}{200}\right)^2 \times 40\% = 57.6\%$$

9-2

핫스타트장치

- 아크가 발생하는 초기에만 용접전류를 특별히 커지게 만든 아크의 발생방법이다.
- 핫스타트장치의 장점
  - 아크발생을 쉽게 한다.
  - 블로 홀을 방지한다.
  - 비드의 이음을 좋게 한다.
  - 아크 발생 초기 비드의 용입을 좋게 한다.

9-3

종류	2차 전류(A)	
	최댓값	최솟값
AW200	200 이상 220 이하	35 이하
AW300	300 이상 330 이하	60 이하
AW400	400 이상 440 이하	80 이하
AW500	500 이상 550 이하	100 이하

9-4

사용률 : 실제 용접 작업에서 어떤 용접기로 어느 정도 용접을 해도 용접기에 무리가 생기지 않는가를 판단하는 기준

$$사용률 = \frac{아크발생시간}{아크발생시간 + 휴식시간} = \frac{30}{30+30} \times 100\% = 50\%$$

정답 9-1 ③ 9-2 ③ 9-3 ③ 9-4 ③

핵심이론 10 | 아크용접봉

① 피복제의 역할

㉠ 아크의 안정과 집중성을 향상시킨다.

㉡ 환원성과 중성 분위기를 만들어 대기 중의 산소나 질소의 침입을 막아 용융금속을 보호한다.

㉢ 용착금속의 탈산정련작용을 한다.

㉣ 용융점이 낮은 적당한 점성의 가벼운 슬래그를 만든다.

㉤ 용착금속의 응고속도와 냉각속도를 느리게 한다.

㉥ 용착금속의 흐름을 개선한다.

㉦ 용착금속에 필요한 원소를 보충한다.

㉧ 용적을 미세화하고 용착효율을 높인다.

㉨ 슬래그 제거를 쉽게 하고, 고운 비드를 생성한다.

㉩ 스패터링을 제어한다.

② 피복제의 주된 원소와 그 작용

㉠ 셀룰로스 : 가스 발생을 좋게 하고 환원분위기를 조성한다.

㉡ 산화타이타늄 : 아크를 안정하게 하고 슬래그를 좋게 한다.

㉢ 일미나이트 : 아크를 안정하게 하고 슬래그를 개선한다.

㉣ 산화철 : 슬래그를 좋게 하며 산화작용이 생긴다.

㉤ 이산화탄소 : 아크를 안정시키고 슬래그 생성과 산화작용에 간섭한다.

㉥ 페로망간 : 슬래그를 좋게 하고, 환원작용을 하며 합금효과가 있다.

㉦ 이산화망간 : 슬래그를 개선하고, 산화작용을 돕는다.

㉧ 규사 : 슬래그를 좋게 한다.

㉨ 규산칼륨 : 아크를 안정시키고 슬래그 생성을 좋게 한다. 피복의 고착에 관여한다.

㉩ 규산나트륨 : 슬래그를 좋게 하고 피복의 고착에 직접 관여한다.

③ 아크용접봉의 특성

구분	특성
일미나이트계 (E4301)	슬래그 생성식으로 전자세 용접이 되고, 외관이 아름답다.
고셀룰로스계 (E4311)	가장 많은 가스를 발생시키는 가스 생성식이며 박판용접에 적합하다.
고산화타이타늄계 (E4313)	아크의 안정성이 좋고, 슬래그의 점성이 커서 슬래그의 박리성이 좋다.
저수소계 (E4316)	슬래그의 유동성이 좋고 아크가 부드러워 비드의 외관이 아름다우며, 기계적 성질이 우수하다.
라임티타니아 (E4303)	슬래그의 유동성이 좋고 아크가 부드러워 비드가 아름답다.
철분 산화철계 (E4327)	스패터가 적고 슬래그의 박리성도 양호하며, 비드가 아름답다.
철분 산화타이타늄계 (E4324)	아크가 조용하고 스패터가 적으나 용입이 얕다.
철분 저수소계 (E4326)	아크가 조용하고 스패터가 적어 비드가 아름답다.

④ 용착금속의 중량

용착금속의 중량 = 용접봉의 중량 × 용착효율

10년간 자주 출제된 문제

10-1. 피복제에 첨가되어 아크를 안정시키는 성분이 아닌 것은?

① 규산칼륨 ② 규산나트륨
③ 석회석 ④ 규소철

10-2. 다음 중 균열에 대한 감수성이 특히 좋아서 두꺼운 판 구조물의 용접 혹은 구속도가 큰 구조물, 고장력강 및 탄소나 황의 함유량이 많은 강의 용접에 가장 적합한 용접봉은?

① 고셀룰로스계(E4311)
② 저수소계(E4316)
③ 일미나이트계(E4301)
④ 고산화타이타늄계(E4313)

10-3. 용접봉 지름이 6mm, 용착효율이 65%인 피복아크용접봉 200kg을 사용하여 얻을 수 있는 용착금속의 중량은?

① 130kg ② 200kg
③ 184kg ④ 1,200kg

|해설|

10-1
아크를 안정시키는 성분은 산화타이타늄, 일미나이트, 산화철, 이산화탄소, 규산칼륨, 규산나트륨이 있다.

10-3
용착금속의 중량 = 용접봉의 중량 × 용착효율
= 200 × 0.65
= 130

정답 10-1 ④ 10-2 ② 10-3 ①

핵심이론 11 | 피복아크용접의 결함

① 용접균열

가장 중대한 결함이며, 용접금속의 균열과 열영향부 균열로 나뉜다.

㉠ 용접금속의 균열

- 고온균열 : 필릿용접의 세로균열이나 크레이터 균열 등과 같이 용융금속이 수축할 때에 생기기 쉽다. 강재 속의 황, 인, 탄소가 원인이 된다.
- 저온균열 : 응력이 집중되는 부분에 생기기 쉬우며, 비드균열이 여기 속한다.

㉡ 열영향부 균열 : 비드 밑 균열, 토(Toe)균열, 비드 균열이 있다.

㉢ 균열 방지

- 적당한 모재를 선택한다.
- 저수소 용접봉을 사용한다.
- 적당한 예열과 후열을 한다.

② 기공

아크의 길이가 길 때, 피복제에 수분이 있을 때, 용접부의 냉각속도가 빠를 때 용착금속에 가스가 생긴다.

③ 스패터

용융금속의 기포나 용적이 폭발할 때 슬래그가 비산하여 발생한다. 과대 전류, 피복제의 수분, 긴 아크 길이가 원인이 된다.

④ 언더컷

모재와 비드의 경계 부분에 패인 홈이 생기는 것이다. 과대전류, 용접봉의 부적절한 운봉, 지나친 용접속도, 긴 아크 길이가 원인이 된다.

⑤ 오버랩

용융금속이 모재에 용착되는 것이 아니라 덮기만 하는 것을 말한다. 용접전류가 낮거나 속도가 느리거나, 맞지 않는 용접봉 사용 시 발생한다.

⑥ 용입 불량

모재가 녹아서 융합된 깊이를 용입이라 하고, 용입깊이가 얕은 경우를 말한다. 용접전류가 낮거나 용접속도가 빠를 때 발생하기 쉽다.

⑦ 슬래그 섞임

용착금속 안에 슬래그가 남아 있는 것이다. 슬래그 제거 불량이나 운봉 불량이 원인이 된다.

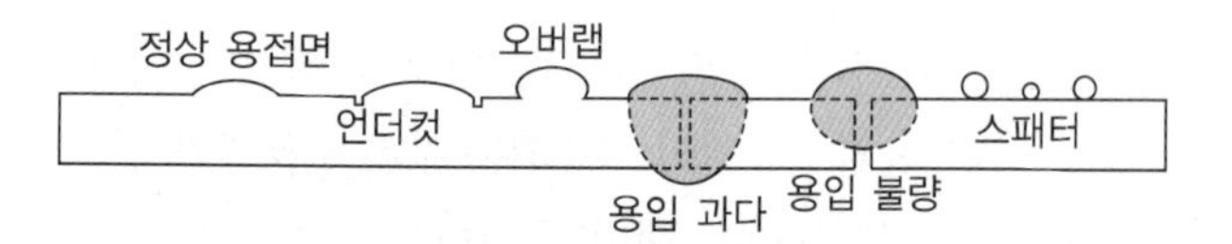

10년간 자주 출제된 문제

11-1. 피복아크용접에서 용입 불량의 주요원인 설명으로 가장 관계가 먼 것은?

① 용접속도가 너무 빠를 때
② 용접전류가 낮을 때
③ 이음 설계에 결함이 있을 때
④ 모재 가운데 황 함유량이 많을 때

11-2. 수직 자세나 수평필릿 자세에서 운봉법이 나쁘면 수직자세에서는 비드 양쪽, 수평필릿 자세에서는 비드 위쪽 토(Toe) 부에 모재가 오목한 부분이 생기는 것은?

① 오버랩 ② 스패터
③ 자기불림 ④ 언더컷

|해설|

11-1

용접전류가 낮거나 용접속도가 빠를 때 용입 불량이 일어난다. 황은 FeS을 생성하여 입계균열을 유발한다.

11-2

언더컷 : 모재와 비드의 경계부분에 패인 홈이 생기는 것이다. 과대전류, 용접봉의 부적절한 운봉, 지나친 용접속도, 긴 아크 길이가 원인이 된다.

정답 11-1 ④ 11-2 ④

핵심이론 12 피복아크용접의 기법

① 용착방법에 따른 분류

㉠ 전진법 : 비드를 뒤로 하고 비드를 쌓을 면을 계속 보면서 용접하는 방법이다.

㉡ 후진법 : 생성된 비드를 계속 보면서 용접봉을 뒤로 물러가며 용접하는 방법이다.

㉢ 대칭법 : 용접 부위 전체를 중심을 기준으로 좌우대칭 용접하는 방법으로 응력분산효과가 있다.

㉣ 스킵법 : 용접할 전체 부위를 5군데로 나누어 번호를 매겨 1-4-2-5-3 순으로 용접하는 방법으로, 잔류응력을 작게 할 때 사용한다.

② 용접층에 따른 분류

㉠ 덧살올림법 : 가장 일반적으로 비드 위에 비드를 쌓아 올려가며 쭉 이어 용접하는 방법이다.

㉡ 점진블록법 : 용접봉 하나를 소진하여 몇 층을 쌓을 양만큼, 즉 5층으로 쌓을 것이면 용접봉의 1/5을 소진하는 길이만큼 용접한 후 층 쌓기를 하는 방법이다.

㉢ 캐스케이드법 : 층을 쌓은 후 이동하며 용접하기를 반복하는 방법이다.

③ 위빙

비드를 움직여 쌓는 과정을 일컬으며 심선 지름의 2~3배 정도가 되면 너무 넓지 않게 힘을 받을 수 있도록 적당한 양이다.

10년간 자주 출제된 문제

용접작업에서의 용착법 중 박판용접 및 용접 후의 비틀림을 방지하는 데 가장 효과적인 것은?

① 전진법
② 후진법
③ 캐스케이드법
④ 스킵법

|해설|

스킵법은 얇고 응력의 영향이 있는 재료에 적합한 방법으로 전체를 몇 구역으로 나누어 띄엄띄엄 용접하는 방법이다.

정답 ④

핵심이론 13 | 그 밖의 용접

① 불활성 가스용접

불활성 가스 속에서 아크를 발생시켜 모재와 전극봉을 용융, 접합한다. TIG(Inert Gas shielded Tungsten arc welding)용접, MIG(Inert Gas shielded Metal arc welding)용접이 있다. 열집중이 높고 가스 이온이 모재 표면의 산화막을 제거하는 청정작용이 있으며 불활성 가스로 인해 산화, 질화가 방지된다.

② 서브머지드아크용접

뿌려둔 용제 속에서 아크를 발생시키고, 이 아크열로 용접한다. 슬래그가 덮여 있어 용입이 깊고, 이음 홈이 좁아 경제적이며 용접 중 용접부가 잘 보이지 않는다.

③ CO_2 아크용접

보호가스로 CO_2를 사용한다. 전류밀도가 높아 용융속도가 빠르며 아크가 보여서 시공이 편리하다.

④ 플라스마용접

전극과 모재 사이에 플라스마아크를 이용하여 용접한다. 열 집중이 우수하여 용입이 깊고 용접속도가 빠르다. 용접부가 대기로부터 보호된다.

⑤ 전자빔, 레이저빔용접

열 집중이 좋아 좁고 깊은 용입이 얻어진다. 레이저빔은 비금속재료의 용접에도 적합하다.

⑥ 스터드(Stud)용접

Stud(볼트, 환봉, 핀)와 모재 사이에 아크를 발생시켜 스터드와 모재를 적절히 녹인 뒤, 꾹 눌러 융합시키는 용접이다. 용접변형이 작고, 느린 냉각으로 균열이 적다.

⑦ 테르밋(Thermit)용접

미세한 알루미늄가루와 산화철가루를 3~4 : 1 중량으로 혼합한 테르밋제에 과산화바륨과 알루미늄(또는 마그네슘)의 혼합 가루로 된 점화제를 넣어 점화하고 화학반응에 의한 열을 이용한다. 이 반응을 테르밋 반응이라 한다.

㉠ 용융테르밋법 : 테르밋 반응에 의해 만들어진 용융 금속을 접합 또는 덧살올림용접을 한 것을 말한다.

㉡ 특징 : 기술 습득이 용이하고, 용접시간이 짧아 용접 후 변형이 작다.

⑧ 전기저항용접

㉠ 겹치기 저항용접 : 스폿(Spot)용접, 심(Seam)용접, 프로젝션(Projection)용접

㉡ 맞대기 저항용접 : 업셋(Upset)용접, 플래시(Flash) 용접

⑨ 퍼커션용접

충격용접법으로 피용접물이 상호 닿아 있는 상태에서 강한 에너지를 방출시켜 집중 가열, 강압 접합하는 용접방법이다. 가느다랗고 지름이 작은 물체의 접점용접 등에 사용된다.

10년간 자주 출제된 문제

13-1. 직류역극성에서 아르곤 가스를 사용하는 경우에 생기는 작용으로 아르곤의 이온이 모재와 충돌함으로써 모재 표면의 산화막을 제거하는 현상을 무엇이라 하는가?

① 산화작용 ② 청정작용
③ 폭발작용 ④ 드레싱작용

13-2. 테르밋용접에서 테르밋은 무엇과 무엇의 혼합물인가?

① 붕사와 붕산의 분말
② 알루미늄과 산화철의 분말
③ 알루미늄과 마그네슘의 분말
④ 규소와 납의 분말

13-3. 다음 중 용융속도와 용착속도가 빠르며 용입이 깊은 특징을 가지며, "잠호용접"이라고도 불리는 용접의 종류는?

① 저항용접 ② 서브머지드아크용접
③ 피복금속아크용접 ④ 불활성 가스 텅스텐아크

13-4. 피용접물이 상호 충돌되는 상태에서 용접이 되는 용접법은?

① 저항 점용접 ② 레이저용접
③ 초음파용접 ④ 퍼커션용접

|해설|

13-1
청정작용은 아르곤 가스용접 시에만 생겨난다.

13-2
테르밋용접
미세한 알루미늄 가루와 산화철 가루를 중량비로 3 : 1~4 : 1 정도로 혼합한 테르밋제에 과산화바륨과 알루미늄 또는 마그네슘의 혼합가루로 된 점화제로 점화하면, 화학반응(테르밋반응)에 의해 2,800℃ 이상의 열이 발생한다.

13-3
서브머지드아크용접
뿌려둔 용제 속에서 아크를 발생시키고, 이 아크열로 용접한다. 슬래그가 덮여 있어 용입이 깊고 이음 홈이 좁아 경제적이며, 용접 중 용접부가 잘 보이지 않는다.

13-4
퍼커션용접이란 충격용접법으로 피용접물이 상호 닿아 있는 상태에서 강한 에너지를 방출시켜 집중 가열, 강압 접합하는 용접방법이다. 가느다랗고 지름이 작은 물체의 접점용접 등에 사용된다.

정답 13-1 ② 13-2 ② 13-3 ② 13-4 ④

핵심이론 14 | 납땜

① 납땜

㉠ 모재가 녹지 않고 용융재를 녹여 모세관현상에 의해 접합한다.

㉡ 연납땜

- 인장강도 및 경도가 낮고 용융점(450℃)이 낮으므로 작업이 쉽다.
- 주석과 납을 5 : 5로 섞어서 많이 사용한다.
- 연납용 용제 : 염화아연, 염산, 염화암모늄이 대표적이다.

㉢ 경납땜

- 용융점(450℃) 이상의 납땜재를 경납이라 한다.
- 은납 : 구성성분이 95.5% Sn, 3.8% Ag, 0.7% Cu 정도이고 용융점이 낮고 과열에 의한 손상이 없으며 접합강도, 전연성, 전기전도도, 작업능률이 좋은 편이다.
- 황동납 : 진유납이라고도 말하며 구리와 아연의 합금으로 융점이 820~935℃ 정도이다.

② 납땜용제의 구비조건

㉠ 땜납재의 융점보다 낮은 온도에서 용해되어 산화물을 용해하고 슬래그로 제거될 것

㉡ 납땜 중 납땜부 및 땜납재의 산화를 방지할 것

㉢ 모재 및 땜납에 대한 부식작용이 작을 것

㉣ 용재의 유동성이 좋아 좁은 간극까지 침투할 것

10년간 자주 출제된 문제

14-1. 납땜을 연납땜과 경납땜으로 구분할 때의 융점온도는?

① 100℃ ② 212℃
③ 450℃ ④ 623℃

14-2. 진유납이라고도 말하며 구리와 아연의 합금으로 그 융점은 820~935℃ 정도인 것은?

① 은납 ② 황동납
③ 인동납 ④ 양은납

14-3. 납땜용제의 구비조건 중 틀린 것은?

① 땜납재의 융점보다 낮은 온도에서 용해되어 산화물을 용해하고 슬래그로 제거될 것
② 납땜 중 납땜부 및 땜납재의 산화를 방지할 것
③ 모재 및 납에 대한 부식 작용이 클 것
④ 용재의 유동성이 양호하여 좁은 간극까지 잘 침투할 것

|해설|

14-1
땜납은 그 용융온도에 따라 대체로 450℃ 이하인 연납과 450℃ 이상인 경납으로 구분한다.

14-2
용융점(450℃) 이상의 납땜재를 경납이라 하며 은납과 황동납이 예이다.
- 은납 : 구성성분이 95.5% Sn, 3.8% Ag, 0.7% Cu 정도이고 용융점이 낮고 과열에 의한 손상이 없으며 접합강도, 전연성, 전기전도도, 작업능률이 좋은 편이다.
- 황동납 : 진유납이라고도 말하며 구리와 아연의 합금으로 융점이 820~935℃ 정도이다.

14-3
모재나 땜납에 대해 부식을 일으키지 않아야 한다.

정답 14-1 ③ 14-2 ② 14-3 ③

핵심이론 15 | 절단

① 가스절단

강의 일부를 가열, 녹인 후 산소로 용융부를 불어내어 절단한다.

㉠ 절단 조건

- 드래그(입구면과 출구면의 수평거리차)가 가능한 작을 것
- 드래그 홈이 작고 노치가 없을 것
- 슬래그가 쉽게 빠져나갈 것
- 절단표면의 각이 예리할 것

㉡ 절단용 산소에 불순물이 증가되면 절단속도가 늦어지고, 이에 따라 많은 면이 절단되며, 같은 열량을 내는 데 많은 산소가 필요하고, 절단 개시 시간이 늦어져서 결국 슬래그가 천천히 빠져나가 표면이 좋지 않은 절단면을 생성할 수 있다.

㉢ 예열불꽃이 강할 때 절단부분 외에도 많은 부분이 열변형의 영향을 받아, 절단부 외의 주변부도 변형이 되어 모서리가 둥글게 되며, 실제 절단면은 거칠어진다.

㉣ 반대로 예열불꽃이 약하면 드래그가 증가하며, 절단속도가 느려지고, 충분히 녹지 않아 절단이 중단되기도 쉬우며, 토치부의 영향을 받아 역화 등이 일어날 수도 있다.

② 아크절단

㉠ 탄소아크절단 : 가장 간단한 절단법이다. 아크열을 발생시켜 용융, 절단할 수 있다.

㉡ 금속아크절단 : 탄소아크절단에 비해 절단면 폭을 좁게 할 수 있다.

㉢ 아크에어가우징 : 탄소아크절단에 압축 공기를 함께 사용하여 용접부의 홈파기, 용접 결함부의 제거 및 절단, 구멍뚫기에 이용한다.

㉣ 산소아크절단 : 가스절단과 결합한 고속절단법이다.

㉤ TIG 및 MIG 아크절단 : 특수 토치로 경합금, 구리합금 등 비철금속의 고속절단에 사용한다.

㉥ 플라스마아크절단 : 플라스마 빔을 생성하여 금속 및 비금속을 절단한다.

㉦ 스카핑(Scarfing) : 불꽃 가공의 일종으로 가스절단의 원리를 응용하여 강재의 표면을 비교적 낮고, 폭넓게 녹여 절삭하여 결함을 제거하는 방법이다. 이에 사용되는 가우징의 형상은 깊이와 폭의 비가 1 : 3~1 : 7 정도의 평평한 반타원형이다. 강괴와 강편 등의 표면 흠집, 균열, 비금속 개재물 또는 탈탄층을 제거하는 데 사용된다.

10년간 자주 출제된 문제

15-1. 가스절단작업에서 예열불꽃이 약할 때 생기는 현상으로 가장 거리가 먼 것은?

① 절단작업이 중단되기 쉽다.
② 절단속도가 늦어진다.
③ 드래그가 증가한다.
④ 모서리가 용융되어 둥글게 된다.

15-2. 강재표면의 흠집이나 개재물, 탈탄층 등을 제거하기 위하여 될 수 있는 대로 얇게 그리고 타원형 모양으로 표면을 깎아 내는 가공법은?

① 스카핑 ② 용사법
③ 원자 수소법 ④ 레이저 용접

|해설|

15-1

가스유량이 불충분하거나 예열불꽃이 약할 경우에는 절단면에 노치가 발생하기 쉽고, 산화반응의 지속이 어려워 절단이 중지되기도 한다. 예를 들어 표면에 스케일이나 불순물로 인해 강한 예열이 요구되는 상황에서 충분한 예열불꽃이 발생되지 않는 경우 절단이 중지되기도 한다. 반대로 예열불꽃이 너무 강하면 절단 홈 모서리부터 녹기 시작하며, 절단면이 깔끔하지 않게 된다.

15-2

스카핑(Scarfing)

불꽃가공의 일종으로 가스절단의 원리를 응용하여 강재의 표면을 비교적 낮고, 폭넓게 녹여 절삭하여 결함을 제거하는 방법이다. 이에 사용되는 가우징의 형상은 깊이와 폭의 비가 1 : 3~1 : 7 정도의 평평한 반타원형이다. 강괴와 강편 등의 표면 흠집, 균열, 비금속 개재물 또는 탈탄층을 제거하는 데 사용된다.

정답 15-1 ④ 15-2 ①

교육은 우리 자신의 무지를 점차 발견해 가는 과정이다.

– 윌 듀란트 –

2012~2016년	과년도 기출문제	회독 CHECK 1 2 3
2017~2023년	과년도 기출복원문제	회독 CHECK 1 2 3
2024년	최근 기출복원문제	회독 CHECK 1 2 3

※ 핵심이론과 기출문제에 나오는 KS 규격의 표준번호는 변경되지 않았으나, 일부 표준명과 용어가 변경된 부분이 있으므로 정확한 표준명과 용어는 국가표준인증통합정보시스템(e-나라 표준인증, https://www.standard.go.kr)에서 확인하시기 바랍니다.

PART 02

과년도+최근 기출복원문제

#기출유형 확인 #상세한 해설 #최종점검 테스트

2012년 제1회 과년도 기출문제

01 자분탐상시험에 사용되는 자분이 가져야 할 성질로 옳은 것은?

① 높은 투자율을 가져야 한다.
② 높은 보자력을 가져야 한다.
③ 높은 잔류자기를 가져야 한다.
④ 자분의 입도와 결함 크기와는 상관이 없다.

해설
자력을 투과시키기보다는 자력에 영향을 받아 자장계 안에서 반응해야 한다.

02 ASME Sec.XI에 따라 원자로용기의 사용 전 쉘, 헤드, 노즐 용접부의 100% 체적 검사 방법은?

① 초음파탐상검사(UT)
② 방사선투과검사(RT)
③ 자분탐상검사(MT)
④ 육안검사(VT)

해설
초음파탐상시험은 래미네이션이나 용접부의 결함을 찾아내는 데 유용한 시험이며 3차원적 위치확인이 가능한 검사이다.

03 예상되는 결함이 표면의 개구부와 표면직하의 비개구부인 비철재료에 대한 비파괴검사에 가장 적합한 방법은?

① 자기탐상검사
② 초음파탐상검사
③ 전자유도시험
④ 침투탐상검사

해설
전자유도시험은 와류탐상에 재질평가나 두께 측정까지 포함하여 말하며, 전도성이 있는 재료에 시행이 가능하다. 표면직하 비개구부에서 자기탐상도 가능하지만, 자성체에서 적합하므로, 비철재료라면 일반적으로 비자성체로 간주하는 것이 좋다.

04 비파괴검사 시스템에서 거짓지시란 무엇인가?

① 비파괴검사 시스템에 의해 결함이 반복되어 나타나는 것
② 비파괴검사 시스템에 의해 실제로는 결함이 없는 부위를 결함으로 판단하는 것
③ 비파괴검사 시스템에 의해 실제로 결함이 있는 부위를 무결함이라 나타내는 것
④ 비파괴검사 시스템의 장치적 문제로 나타나는 지시의 모양

해설
거짓지시는 의사지시라고도 한다. 결함처럼 보이게끔 하는 지시를 말한다.

1 ① 2 ① 3 ③ 4 ② 정답

05 침투탐상검사방법 중 FB-W의 시험순서로 맞는 것은?

① 전처리 → 침투처리 → 유화처리 → 세척처리 → 현상처리 → 건조처리 → 관찰 → 후처리

② 전처리 → 침투처리 → 세척처리 → 건조처리 → 현상처리 → 관찰 → 후처리

③ 전처리 → 침투처리 → 유화처리 → 세척처리 → 건조처리 → 현상처리 → 관찰 → 후처리

④ 전처리 → 침투처리 → 유화처리 → 세척처리 → 건조처리 → 관찰 → 후처리

해설

FB-W는 후유화성 형광침투액을 사용하고 수현탁성 습식현상을 하는 방법이므로 침투액 적용 후 유화처리하여 세척한 후 남은 침투액을 이용하여 습식현상한다.

시험 방법의 기호	사용하는 침투액과 현상법의 종류	시험의 순서(음영처리된 부분을 순서대로 시행)										
		전처리	침투처리	예비세척	유화처리	세척처리	제거처리	건조처리	현상처리	건조처리	관찰	후처리
FB-A	후유화성 형광침투액 -습식현상법(수용성)											
DFB-A	후유화성 이원성형광침투액 -습식현상법(수용성)	•	•	→	•	•	→	→	•	•	•	•
FB-W	후유화성 형광침투액 -습식현상법(수현탁성)											

06 와전류탐상검사를 수행할 때 시험 부위의 두께 변화로 인한 전도도의 영향을 감소시키기 위한 방법으로 가장 적합한 것은?

① 전압을 감소시킨다.

② 시험주파수를 감소시킨다.

③ 시험 속도를 증가시킨다.

④ 필 팩터(Fill Factor)를 감소시킨다.

해설

시험주파수를 낮추면 와전류의 침투깊이가 증가한다.

07 방사성 동위원소의 붕괴 형태가 아닌 것은?

① α입자의 방출

② β입자의 방출

③ 전자포획

④ 중성자 방출

해설

※ 저자의견 ③

방사성 동위원소란 동위원소 중 방사선을 내뿜으며 붕괴하여 질량을 조절하는 성질을 가진 동위원소를 말한다. 이런 붕괴의 형태는 α입자, β입자, γ입자를 방출하는 형태가 있으며 γ입자를 중성자라 한다.

08 침투탐상검사에서 시험체를 가열한 후 결함 속에 있는 공기나 침투제의 가열에 의한 팽창을 이용해서 지시모양을 만드는 현상법은?

① 건식현상법

② 속건식현상법

③ 특수현상법

④ 무현상법

해설

무현상법

- 고감도 수세성 형광침투탐상에서 사용
- 결함 검출도는 약한 편
- 결함 내부를 가열 팽창시켜 침투제를 밀어내어 현상

정답 5 ① 6 ② 7 ④ 8 ④

09 코일법으로 자분탐상시험을 할 때 요구되는 전류는 몇 A인가?(단, $\frac{L}{D}$은 3, 코일의 감은 수는 10회, 여기서 L은 봉의 길이며 D는 봉의 외경이다)

① 30A ② 700A
③ 1,167A ④ 1,500A

해설
$2 \leq L/D < 4$인 경우 계산된 암페어-턴 값의 ±10% 내에서 사용
계산식 : $Ampere-Turn = \frac{45,000}{\frac{L}{D}} = \frac{45,000}{3} = 15,000$

선형 자계의 자화전류값은
$\frac{Ampere-Turn}{Turn} = \frac{15,000}{10} = 1,500\text{A}$

10 두꺼운 금속제의 용기나 구조물의 내부에 존재하는 가벼운 수소화합물의 검출에 가장 적합한 검사 방법은?

① X-선투과검사
② 감마선투과검사
③ 중성자투과검사
④ 초음파탐상검사

해설
두꺼운 금속제 구조물 등에서 X-선은 투과력이 약하여 검사가 어렵다. 중성자시험은 두꺼운 금속에서도 깊은 곳의 작은 결함의 검출도 가능한 비파괴검사 탐상법이다.

11 초음파탐상검사에서 보통 10mm 이상의 초음파 빔 폭보다 큰 결함크기 측정에 적합한 기법은?

① DGS선도법
② 6dB 드롭법
③ 20dB 드롭법
④ TOFD법

해설
dB 드롭법 : 최대 에코 높이의 6dB 또는 10dB 아래인 에코높이 레벨을 넘는 탐촉자의 이동거리로부터 결함길이를 구함

12 결함부와 건전부의 온도정보의 분포패턴을 열화상으로 표시하여 결함을 탐지하는 비파괴검사법은?

① 중성자투과검사(NRT)
② 적외선검사(TT)
③ 음향방출검사(AET)
④ 와전류탐상검사(ECT)

해설
적외선검사
- 결함부와 건전부의 온도정보의 분포패턴을 열화상으로 표시
- 원격검사가 가능하고 결함의 시각적 표현과 관찰시야선택 가능

13 누설시험에서 압력 단위로 atm이 사용되는데 다음 중 1atm과 동일한 압력이 아닌 것은?

① 101.3kPa ② 760mmHg
③ 760torr ④ 147psi

해설
1기압, 1atm = 760mmHg = 760torr = 1.013bar = 1,013mbar
= 0.1013MPa = 10.33mAq = 1.03323kgf/cm^2
= 14.7psi
14.7psi란 14.7lb/in^{2}이고, 사무용 지우개 넓이 정도에 볼링공 정도가 올라간 압력이다. 이 정도의 힘이 1기압의 크기이다. 많은 학생들이 각종 단위를 공부할 때 암기보다는 단위에 대한 개념적인 감을 잡고 있으면 좋을 것 같다.

9 ④ 10 ③ 11 ② 12 ② 13 ④ 정답

14 침투탐상시험에서 접촉각과 적심성 사이의 관계를 옳게 설명한 것은?

① 접촉각이 클수록 적심성이 좋다.
② 접촉각이 작을수록 적심성이 좋다.
③ 접촉각이 적심성과는 관련이 없다.
④ 접촉각이 90°일 경우 적심성이 가장 좋다.

해설

• 접촉각이 작아서(90° 이하) 적심성이 높음

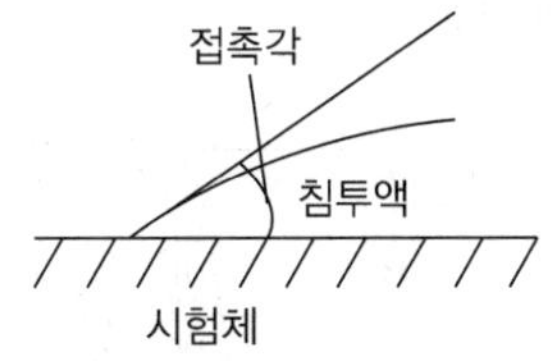

• 접촉각이 커서(90° 이상) 적심성이 낮음

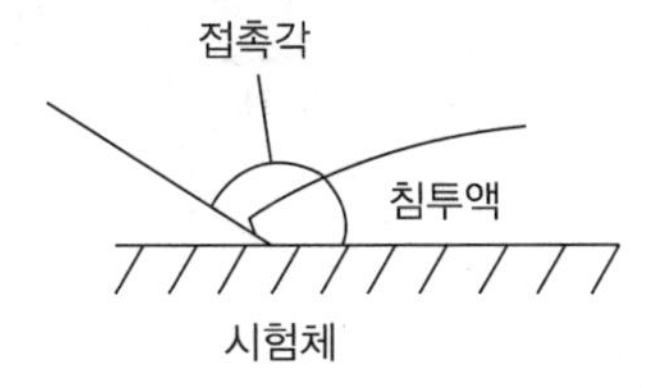

15 자분탐상시험 시 표면불연속부의 탐상에 가장 효과적인 전류는?

① 직류 ② 교류
③ 반파직류 ④ 전파직류

해설

교류성이 강할수록 큰 표피효과로 인하여 표면층 탐상에 유리하다.

16 원형자화에서는 자화력의 세기가 암페어단위로 표시된다. 선형자화에서는 어떻게 표시하고 있는가?

① 암페어
② 암페어-권선수
③ 쿨롱
④ 전압

해설

선형 자계의 자화전류값은

$$\frac{Ampere - Turn}{Turn}$$

여기서, $Turn$: 감김 수

17 다음 중 결함의 검출이 어려울 것으로 예상되는 것은?

① 봉강을 축통전법으로 검사하여 길이 방향의 결함을 검출하고자 할 때
② 프로드법으로 압연품의 적층(Lamination)을 검출하고자 할 때
③ 극간법(요크법)으로 극간에 대해 직각으로 존재하는 결함을 검출하고자 할 때
④ 베어링 하우징의 내면 결함을 중심도체법으로 검사할 때

해설

프로드법으로 래미네이션을 검출하려면 결함 예상 지점에 단면검사를 실시하며 두께 방향으로 접촉시켜야 결함 검출이 가능하다. 다른 보기는 모두 자계와 결함이 직각으로 위치한다.

정답 14 ② 15 ② 16 ② 17 ②

18 자계의 방향과 수직으로 놓여 있는 길이 1m의 도선에 1A의 전류가 흘러서 도선이 받는 힘이 1N이 될 때의 자계의 세기를 옳게 나타낸 것은?

① 1Weber(Wb)

② 1Henry(H)

③ 1Coulomb(C)

④ 1Tesla(T)

해설

$$T = \frac{N}{A \cdot m}$$

19 형광자분을 사용하는 자분탐상시험 시 광원으로부터 몇 cm 떨어진 시험체 표면에서 자외선등의 강도는 최소 $800\mu W/cm^2$ 이상이어야 하는가?

① 15cm

② 38cm

③ 50cm

④ 72cm

해설

형광자분을 사용하는 시험에는 자외선조사장치를 이용한다. 자외선조사장치는 주로 320~400nm의 근자외선을 통과시키는 필터를 가지며 사용상태에서 형광자분모양을 명료하게 식별할 수 있는 자외선 강도(자외선조사장치의 필터면에서 38cm의 거리에서 $800\mu W/cm^2$ 이상)를 가진 것이어야 한다.

20 다음 중 자기이력곡선(Hysteresis Curve)과 가장 관계가 깊은 것은?

① 자력의 힘과 투자율

② 자장의 강도와 자속밀도

③ 자장의 강도와 투자율

④ 자력의 힘과 자력의 강도

해설

자계의 세기(H)와 자속밀도(B)와의 관계를 나타내는 곡선을 자화곡선이라 한다.

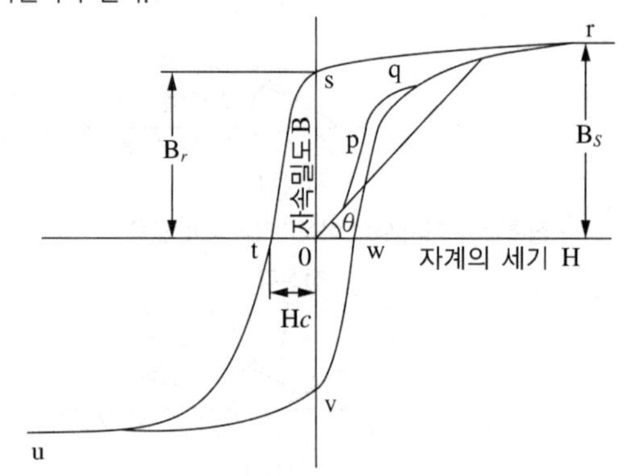

21 자분탐상시험에서 원형자화를 시키기 위한 방법의 설명으로 옳은 것은?

① 부품의 횡단면으로 코일을 감는다.

② 부품의 길이 방향으로 전류를 흐르게 한다.

③ 요크(Yoke)의 끝을 부품길이 방향으로 놓는다.

④ 부품을 전류가 흐르고 있는 코일 가운데 놓는다.

해설

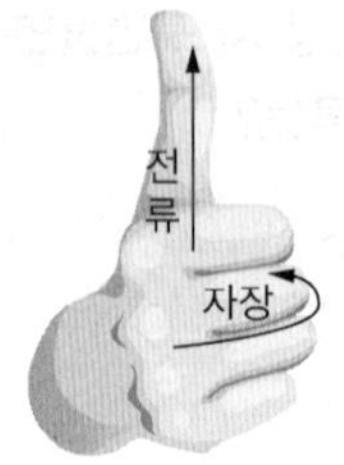

앙페르의 오른손 법칙에 따라 전류의 흐름과 자장의 방향을 이해할 수 있다.

18 ④ 19 ② 20 ② 21 ② 정답

22 **영구자석을 사용하는 극간법은 다음 중 어떤 시험에 가장 효과적인가?**

① 용접부 내부 균열시험
② 대형 구조물의 국부시험
③ 대형 주조품 시험
④ 소형 단조품 시험

해설
대형 구조물의 국부시험에 극간법과 프로드법이 사용 가능하며 극간법은 두 자극만을 사용하므로 휴대성이 우수하다.

23 **다음 중 자분탐상시험과 관련된 기기가 아닌 것은?**

① 자장계 ② 침전계
③ 계조계 ④ 자외선등

해설
③ 계조계 : 투과사진의 대비를 측정
① 자장계 : 배율기, 분류기, 계기용 변성기 등 측정에 필요한 부품이 기기 안에 들어있음
② 침전계 : 검사액의 농도조사를 위한 게이지
④ 자외선등 : 형광자분탐상 시 필요

24 **KS 규격의 자분탐상시험에 사용하는 A형 표준시험편에 대한 설명으로 옳지 않은 것은?**

① 연속법과 잔류법을 사용한다.
② 시험편의 인공 흠에는 직선형과 원형이 있다.
③ 시험편에 나타나는 자분모양은 주로 시험체 표면의 자계의 강도에 좌우된다.
④ 시험편 명칭 중 사선의 오른쪽은 판 두께를 나타낸다.

해설
시험편을 사용할 때는 연속법을 적용한다.

25 **사용 중 불연속으로, 보통 응력이 집중되는 부위 혹은 주변에 나타나는 결함은?**

① 피로 균열
② 연마 균열
③ 비금속 개재물
④ 단조 균열

해설
②, ③, ④는 제품 제작 시 생길 수 있는 결함이고, 피로 균열은 사용 중 생길 수 있는 결함이다.

26 **다음 중 자분탐상시험에서 의사지시(유사모양)가 나타나는 가장 큰 원인의 조합으로 옳은 것은?**

① 과도한 전류와 시험체 두께가 일정
② 능숙한 검사조작과 장비의 성능저하
③ 부적절한 검사조작과 자계의 불균일한 분포
④ 검사 대상체의 자기적 안정과 검사액(자분)의 오염

해설
유사모양 종류는 자기펜자국, 단면급변지시, 전류지시, 전극지시, 자극지시, 표면거칠기지시, 재질경계지시 등이며 부적절하게 검사를 시행하였거나 어떠한 이유로 자계가 불균일하게 분포하거나, 표면이 오염되었을 경우의 가능성이 높다.

정답 22 ② 23 ③ 24 ① 25 ① 26 ③

27 자분탐상검사에서 자분에 대한 설명 중 잘못된 것은?

① 자분은 형광 자분과 비형광 자분이 있다.
② 자분은 습식 자분과 건식 자분이 있다.
③ 자분은 적당한 크기, 모양, 투자성 및 보자성을 가진 선택된 자성체이다.
④ 자분 용액 제조 시 솔벤트나 케로신을 사용하고 물은 사용치 않는다.

해설
일반적으로 분산매로 물이나 등유를 사용하고, 검사한 자분이 그대로 남기를 원할 경우 휘발성이 강한 물질을 사용한다.

28 강자성재료의 자분탐상검사방법 및 자분모양의 분류(KS D 0213)에 의해 A형 표준시험편의 자기특성에 이상이 생겼을 때 어떻게 해야 하는가?

① 사용을 중지한다.
② 자화전류를 높여주면 된다.
③ 자분을 입도가 큰 것으로 사용한다.
④ 요크법을 사용하면 된다.

해설
초기의 모양, 치수, 자기특성에 변화를 일으킨 경우 A형 표준시험편 사용 불가

29 강자성재료의 자분탐상검사방법 및 자분모양의 분류(KS D 0213)에 따른 시험장치의 강도조정을 할 때 고려할 사항과 거리가 먼 것은?

① 시험품의 모양과 치수
② 자극의 방향
③ 흠집의 성질
④ 시험품의 표면상황

해설
자화할 때는 장치의 특성, 검사 대상체의 자기특성, 모양, 치수, 표면상태, 예측되는 흠집의 성질 등에 따라 자분의 적용시기와 필요한 자기장의 방향 및 강도를 결정하고 자화방법, 자화전류의 종류, 전류치 및 탐상유효범위를 선정한다.

30 강자성재료의 자분탐상검사방법 및 자분모양의 분류(KS D 0213)에서 자분모양의 관찰에 대한 사항을 설명한 것 중 옳지 않은 것은?

① 형광자분을 사용한 경우에는 충분히 어두운 곳(관찰면 밝기 20lx 이하)에서 관찰해야 한다.
② 비형광자분을 사용한 경우에는 충분히 밝은 조명(관찰면 밝기 500lx 이상) 아래에서 관찰해야 한다.
③ 자분의 관찰은 원칙적으로 확실한 지시가 나타나도록 자분모양이 형성된 후 충분히 기다려 관찰해야 한다.
④ 자분모양에서 흠집의 깊이를 추정하는 것은 옳지 않다.

해설
자분모양의 관찰은 원칙적으로 자분모양이 형성된 직후 실시한다.

27 ④ 28 ① 29 ② 30 ③ 정답

31 압력용기-비파괴시험일반(KS B 6752)에서 요크의 인상력에 대한 사항 중 틀린 것은?

① 교류 요크는 최대극간거리에서 최대한 4.5kg의 인상력을 가져야 한다.
② 영구자석 요크는 최대극간거리에서 최소한 18kg의 인상력을 가져야 한다.
③ 영구자석 요크의 인상력은 사용 전 매일 점검하여야 한다.
④ 모든 요크는 수리할 때마다 인상력을 점검하여야 한다.

해설

교류 요크는 최대극간거리에서 최소한 4.5kg의 인상력을 가져야 한다.

요크의 인상력의 교정

- 사용하기 전에 전자기 요크의 자화력은 최소한 1년에 한 번은 점검해야 한다.
- 영구자석요크의 자화력은 사용하기 전 매일 점검한다.
- 모든 요크의 자화력은 요크의 손상 및 수리 시마다 점검한다.
- 각 교류전자기요크는 사용할 최대극간거리에서 4.5kg 이상의 인상력을 가져야 한다.
- 직류 또는 영구자석요크는 사용할 최대극간거리에서 18kg 이상의 인상력을 가져야 한다.
- 인상력 측정용 추는 무게를 측정하여야 하고, 처음 사용하기 전에 해당 공칭무게를 추에 기록하여야 한다.

32 강자성재료의 자분탐상검사방법 및 자분모양의 분류(KS D 0213)에 따라 A형 표준시험편을 선택할 때 고려하지 않아도 되는 사항은?

① 검사 대상체의 자기특성
② 검출해야 할 흠집의 종류
③ 검출해야 할 흠집의 크기
④ 검사액의 농도

해설

- A형 표준시험편은 자분탐상시험의 시방 또는 목적에 적당한 것을 선택하여 사용하고, 거기에 검출하고자 하는 흠집 방향의 자분모양이 확실하게 나타나는 것을 확인할 것
- 시방서에서 사용하는 A형 표준시험편의 명칭은 검출해야 할 흠집의 종류, 검사 대상체의 자기특성, 크기에 따라 정할 것

33 압력용기-비파괴시험 일반(KS B 6752)에 따라 형광자분을 사용한 자분탐상시험에서 자외선등의 강도 측정에 관한 설명으로 틀린 것은?

① 시험 표면에서 요구되는 자외선 강도는 최소 1,000μW/cm^{2}이다.
② 자외선등의 강도는 최소한 매 10시간에 한 번 강도를 측정하여야 한다.
③ 작업 장소가 바뀌는 경우 자외선등의 강도를 측정하여야 한다.
④ 자외선등의 전구를 교환할 때 자외선등의 강도를 측정하여야 한다.

해설

압력용기만을 위한 비파괴시험 규격을 따로 제정한 것이 KS B 6752이다. 시험 표면에서 자외선의 강도는 최소한 1,000μW/cm^{2}가 바람직하며, 중단 또는 재시험 시 자외선 강도 재측정을 요구하였다.

34 압력용기-비파괴시험 일반(KS B 6752)의 자분탐상시험 시 이물질 등이 제거되어야 할 시험 부위로부터의 최소범위는?

① 5mm ② 10mm
③ 15mm ④ 25mm

해설

자분탐상시험

- 보통 부품 표면이 용접된 상태, 압연된 상태, 주조된 상태 또는 단조된 상태일 때 그 상태로 시험해도 만족스러운 결과를 얻을 수 있다.
- 표면 불규칙이 불연속부로부터의 지시를 가리게 되는 곳에서는 연삭 또는 기계가공에 의한 표면처리가 필요할 수도 있다.
- 시험 전에 시험할 표면과 그 표면에서 최소한 25mm 내에 인접한 모든 부위를 건조시켜야 하고 오물, 그리스, 보푸라기, 스케일, 용접 플럭스, 용접 스패터, 기름이나 시험을 방해하는 다른 이물질이 없어야 한다.
- 세척은 세척제, 유기용제, 스케일 제거제, 페인트 제거제, 증기탈지, 샌드 또는 그릿블라스팅, 초음부 세척 등을 이용하여 실시할 수 있다.

정답 31 ① 32 ④ 33 ② 34 ④

35 코일자화법에서 암페어 턴이 3,000이고, 3회 감긴 코일을 사용한다면 자화전류는?

① 1,000A ② 3,000A
③ 6,000A ④ 9,000A

해설

선형 자계의 자화전류값은

$$\frac{Ampere - Turn}{Turn} = \frac{3,000}{3} = 1,000$$

36 강자성재료의 자분탐상검사방법 및 자분모양의 분류(KS D 0213)에서 용접부의 열처리 후 또는 압력용기의 내압시험 종류 후에 하는 시험의 자화방법은 원칙적으로 어느 방법으로 하도록 규정하고 있는가?

① 극간법 ② 프로드법
③ 직각통전법 ④ 자속관통법

해설

극간법

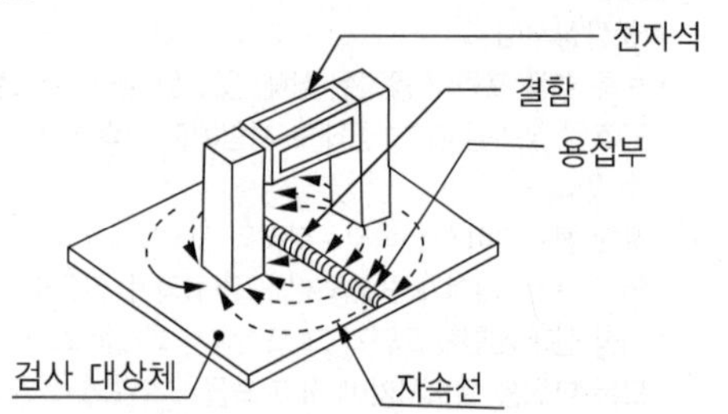

- 두 자극 사이에 검사 부위를 넣어 직선자계를 만드는 방법
- 두 자극과 직각 방향의 결함 추적에 용이
- 자극을 사용하므로 접촉 시에도 스파크 우려가 없으며 비접촉으로도 검사 가능
- 휴대성이 우수하고, 프로드법처럼 큰 시험체의 국부 검사에 적당

37 강자성재료의 자분탐상검사방법 및 자분모양의 분류(KS D 0213)에서 정류식 장치라 함은?

① 주기적으로 크기가 변화하는 자화전류장치
② 검사 대상체에 자속을 발생시키는 데 사용하는 전류장치
③ 사이클로트론, 사일리스터 등을 사용하여 얻을 1펄스의 자화전류장치
④ 교류를 직류 또는 맥류로 바꾸어 자화전류를 공급하게 하는 자화장치

해설

정류식 장치 : 교류를 직류 또는 맥류로 바꾸어 자화전류를 공급하는 자화장치

38 강자성재료의 자분탐상검사방법 및 자분모양의 분류(KS D 0213)에서 자화방법의 부호로 "C"가 의미하는 것은?

① 전류관통법
② 프로드법
③ 극간법
④ 코일법

해설

코일법(C), 축 통전법(EA), 직각통전법(ER), 전류관통법(B), 자속관통법(I), 극간법(M), 프로드법(P)

35 ① 36 ① 37 ④ 38 ④ 정답

39 **강자성재료의 자분탐상검사방법 및 자분모양의 분류(KS D 0213)에 따라 검사기록을 작성할 때 기입되는 내용으로 잘못 설명된 것은?**

① 검사 대상체는 품명, 치수, 열처리상태 및 표면상태를 기재한다.
② 자분의 모양은 제조자명, 형번, 입도, 형광・비형광의 구별 및 색을 기재한다.
③ 시험결과는 결함의 등급, 자분모양과 그 분류 등을 구분하여 기재한다.
④ 자화전류가 맥류인 경우 맥류・단상반파정류 방식 등을 부기한다.

해설
자분모양의 유무, 위치, 자분모양과 그 분류 등을 기재

40 **강자성재료의 자분탐상검사방법 및 자분모양의 분류(KS D 0213)에서 정의한 표피효과란?**

① 시험품에 가한 직류전류나 직류자속이 자분을 표면에 모이게 하는 현상
② 검사 대상체에 가한 교류전류나 교류자속에 의해 검사 대상체의 표면 근처에만 자기장이 형성되는 현상
③ 교류전류나 교류자속이 시험품의 표면에서 내부로 침투하려는 현상
④ 직류전류나 직류자속이 시험품의 표면 가까운 부분에서 자분을 모으는 현상

해설
표피효과 : 바깥쪽으로 갈수록 전류밀도가 커지는 효과

41 **강자성재료의 자분탐상검사방법 및 자분모양의 분류(KS D 0213)에서 검사결과를 기록하는 내용에 포함되지 않는 사항은?**

① 자분모양의 유무
② 자분모양의 위치
③ 자분모양의 분류
④ 자분모양의 등급

해설
자분모양의 유무, 위치, 분류 등을 기재

42 **항공우주용 자기탐상검사방법(KS W 4041)에서 비형광자분법을 사용 시 백색등(또는 가시광)을 검사 영역에 설치하여야 한다. 적절한 검사를 수행하기 위해서는 적어도 몇 룩스 이하의 백색등이 필요한가?**

① 500룩스　② 1,000룩스
③ 1,250룩스　④ 2,150룩스

해설
폐지된 KS W 4041의 4.4.1에서 비형광자분을 항공우주용 탐상에 적용할 때는 2,150lx 이상의 백색등을 요구하고 있다. 폐지된 규정이라 하여도 이젠 규정이 아닐 뿐이지 틀린 내용이라 볼 수 없기에 출제되는 내용을 중심으로 알아둘 필요가 있다.

정답 39 ③ 40 ② 41 ④ 42 ④

43 **다음 중 황동 합금에 해당되는 것은?**

① 질화강
② 톰백
③ 스텔라이트
④ 화이트 메탈

해설
톰백(Tombac) : 8~20%의 아연을 구리에 첨가한 구리합금은 황동 중에서 가장 금빛깔에 가까우며, 소량의 납을 첨가하여 값이 싼 금색 합금을 만든다. 특히 금종이의 대용품으로서 서적의 금박 입히기, 금색 인쇄에 사용된다.

44 **다음 중 슬립(Slip)에 대한 설명으로 틀린 것은?**

① 원자 밀도가 가장 큰 격자면에서 잘 일어난다.
② 원자 밀도가 최대인 방향으로 잘 일어난다.
③ 슬립이 계속 진행하면 결정은 점점 단단해져서 변형이 쉬워진다.
④ 다결정에서는 외력이 가해질 때 슬립방향이 서로 달라 간섭을 일으킨다.

해설
슬립 : 미끄러짐을 뜻하는 결함으로 점층적 변형이 아닌, 원자밀도가 높은 격자면에서 일시에 힘을 받아 발생하는 결함이다.

45 **공구용 재료로서 구비해야 할 조건이 아닌 것은?**

① 강인성이 커야 한다.
② 내마멸성이 작아야 한다.
③ 열처리와 공작이 용이해야 한다.
④ 상온과 고온에서의 경도가 높아야 한다.

해설
내마멸성이란 마모에 잘 견디는 성질을 말한다.

46 **Y합금의 일종으로 Ti과 Cu를 0.2% 정도씩 첨가한 합금으로 피스톤에 사용되는 합금의 명칭은?**

① 라우탈
② 엘린바
③ 두랄루민
④ 코비탈륨

해설
코비탈륨 : Y합금의 일종으로 Ti과 Cu를 0.2% 정도씩 첨가한 합금으로 피스톤의 재료이다.

47 **다음 중 Mg합금에 해당하는 것은?**

① 실루민
② 문쯔메탈
③ 일렉트론
④ 배빗메탈

해설
일렉트론(Elektron) : 독일에서 만든 마그네슘 합금 제품명으로 Coke가 콜라의 대명사이듯 일렉트론이 한동안 마그네슘 합금 제품의 대명사였을 정도이다. 자동차 소나타 시리즈가 많은 버전이 나온 것처럼 일렉트론도 많은 버전이 나왔다.
※ 마그네슘(Mg) 합금 : 비중(1.74) 대 강도 비가 커서 항공기, 자동차 등에 사용된다. 대표 합금으로 일렉트론(Mg-Al계, Zn, Mn 첨가), 다우메탈(Mg-Al계, Zn, Mn, Cu, Cd 첨가)이 있다.

43 ② 44 ③ 45 ② 46 ④ 47 ③ 정답

48 다음 중 두랄루민과 관련이 없는 것은?

① 용체화처리를 한다.
② 상온시효처리를 한다.
③ 알루미늄합금이다.
④ 단조경화합금이다.

해설
두랄루민은 시효경화합금이다.

49 주물용 Al–Si 합금 용탕에 0.01% 정도의 금속나트륨을 넣고 주형에 용탕을 주입함으로써 조직을 미세화 시키고 공정점을 이동시키는 처리는?

① 용체화처리
② 개량처리
③ 접종처리
④ 구상화처리

해설
Na, F, NaOH, 알칼리염류를 용탕에 넣어 처리하면 조직이 미세화되고 공정점도 조정되는데, 이를 개량처리라 한다.

50 독성이 없어 의약품, 식품 등의 포장형 튜브 제조에 많이 사용되는 금속으로 탈색효과가 우수하며, 비중이 약 7.3인 금속은?

① 주석(Sn) ② 아연(Zn)
③ 망간(Mn) ④ 백금(Pt)

해설

원소	키워드
Ni	강인성과 내식성, 내산성
Mn	내마멸성, 황
Cr	내식성, 내열성, 자경성, 내마멸성
W	고온 경도, 고온 강도
Mo	담금질 깊이가 커짐, 뜨임 취성 방지
V	크로뮴 또는 크로뮴–텅스텐
Cu	석출 경화, 오래전부터 널리 쓰임
Si	내식성, 내열성, 전자기적 성질을 개선, 반도체의 주재료
Co	고온 경도와 고온 인장 강도를 증가
Ti	입자 사이의 부식에 대한 저항, 가벼운 금속
Pb	피삭성, 저용융성
Mg	가벼운 금속, 구상흑연, 산이나 열에 침식됨
Zn	황동, 다이캐스팅
S	피삭성, 주조결함
Sn	무독성, 탈색효과 우수, 포장형 튜브
Ge	저마늄(게르마늄), 1970년대까지 반도체에 쓰임
Pt	은백색, 전성·연성 좋음 소량의 이리듐을 더해 더 좋고 강한 합금이 됨

51 금속 중에 0.01~0.1μm 정도의 산화물 등 미세한 입자를 균일하게 분포시킨 금속 복합 재료는 고온에서 재료의 어떤 성질을 향상시킨 것인가?

① 내식성 ② 크리프
③ 피로강도 ④ 전기전도도

해설
크리프현상이란 파단이나 변형을 일으키는 강도가 아닌 힘에도 일정 시간 힘이 작용했을 때 변형이 일어나는 현상을 말하며, 금속 중 미립자를 균일하게 분포시키면 마치 수레바퀴 밑에 돌이 괴어 들어가서 움직임을 어렵게 하듯, 미립자가 조직 내의 변형을 어렵게 하는 역할을 한다.

정답 48 ④ 49 ② 50 ① 51 ②

52 용탕을 금속 주형에 주입 후 응고할 때, 주형의 면에서 중심 방향으로 성장하는 나란하고 가느다란 기둥모양의 결정을 무엇이라고 하는가?

① 단결정 ② 다결정
③ 주상 결정 ④ 크리스탈 결정

해설
주상(柱像) 결정은 기둥모양의 결정이다. 금형에 용탕이 닿으면 닿은 부분이 일찍 냉각되어 중심방향으로 조직이 성장하며 결정의 방향성이 생겨 기계적 성질에는 부정적인 영향을 주게 된다.

53 다음 중 반도체 제조용으로 사용되는 금속으로 옳은 것은?

① W, Co ② B, Mn
③ Fe, P ④ Si, Ge

해설

원소	키워드
Ni	강인성과 내식성, 내산성
Mn	내마멸성, 황
Cr	내식성, 내열성, 자경성, 내마멸성
W	고온 경도, 고온 강도
Mo	담금질 깊이가 커짐, 뜨임 취성 방지
V	크로뮴 또는 크로뮴-텅스텐
Cu	석출 경화, 오래전부터 널리 쓰임
Si	내식성, 내열성, 전자기적 성질을 개선, 반도체의 주재료
Co	고온 경도와 고온 인장 강도를 증가
Ti	입자 사이의 부식에 대한 저항, 가벼운 금속
Pb	피삭성, 저용융성
Mg	가벼운 금속, 구상흑연, 산이나 열에 침식됨
Zn	황동, 다이캐스팅
S	피삭성, 주조결함
Sn	무독성, 탈색효과 우수, 포장형 튜브
Ge	저마늄(게르마늄), 1970년대까지 반도체에 쓰임
Pt	은백색, 전성·연성 좋음 소량의 이리듐을 더해 더 좋고 강한 합금이 됨

54 아공석강의 탄소함유량(% C)으로 옳은 것은?

① 0.025~0.8% C
② 0.8~2.0% C
③ 2.0~4.3% C
④ 4.3~6.67% C

해설
공석강의 탄소함유량은 0.8%이며 이보다 탄소함유량이 적은 탄소강을 아공석강이라고 한다.
※ CHAPTER 03 핵심이론 10의 Fe-Fe_3C 상태도 참조

55 강괴의 종류에 해당되지 않는 것은?

① 쾌삭강
② 캡드강
③ 킬드강
④ 림드강

해설
쾌삭강은 합금강의 한 종류이다.

정답 52 ③ 53 ④ 54 ① 55 ①

56 다음의 금속 상태도에서 합금 m을 냉각시킬 때 m2 점에서 결정 A와 용액 E의 양적 관계를 옳게 나타낸 것은?

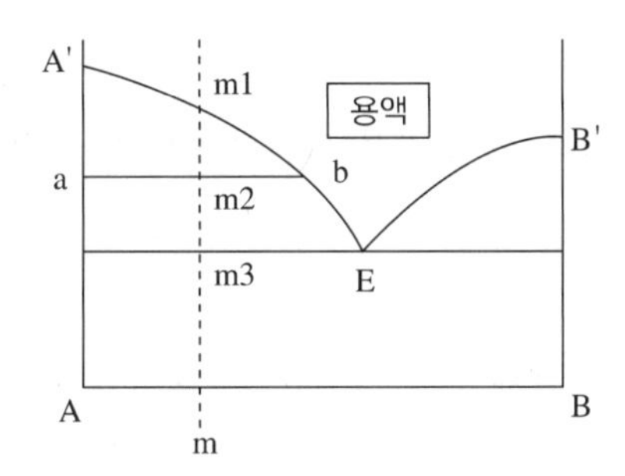

① 결정 A : 용액 E = m1 · b : m · A′

② 결정 A : 용액 E = m1 · A′ : m · b

③ 결정 A : 용액 E = m2 · a : m2 · b

④ 결정 A : 용액 E = m2 · b : m2 · a

해설

선분 ab와 m의 농도 표시선이 만나는 점 m2에서의 용액의 양적 관계를 살피기 위해서는 m1 바로 아래에서의 상태를 생각하면 판단하기 편한데, m1에서는 용액이 99.9%, 결정 A는 0.1%의 비율이 될 것이다. 선분 ab와 평행한 선분이 m1 점 바로 아래에 있다면 선분의 m1 오른쪽 영역이 결정 A의 분량일 것이고, 선분의 m1 왼쪽영역이 용액의 분량이 될 것이다. 점선 m을 따라 온도가 내려가면서 분량을 생각하면 오른쪽 결정 A 영역은 점점 늘어날 것이고, 선분 왼쪽의 용액 영역은 점점 줄어들다가 m3에 이르러서는 남은 용액이 한꺼번에 고형화하게 되고 이후 결정 B가 나타나게 된다.

57 구상흑연 주철품의 기호표시에 해당하는 것은?

① WMC 490

② BMC 340

③ GCD 450

④ PMC 490

해설

구상흑연품 기호로 KS에서는 FCD ... JIS에서는 GCD ...으로 표시한다.

※ KS D 4302 참조

58 용접기의 사용률 계산 시 아크 시간과 휴식 시간을 합한 전체시간은 몇 분을 기준으로 하는가?

① 10분 ② 20분

③ 40분 ④ 60분

해설

시간이 너무 길면 측정이 어렵기 때문에 10분으로 한다.

59 다음 중 가스 용접에서 사용되는 지연성 가스는?

① 아세틸렌(C_2H_2) ② 수소(H_2)

③ 메탄(CH_4) ④ 산소(O_2)

해설

지연성이란 연소를 지탱하는 성질을 말한다. 물론 연료가 없어도 연소가 되지 않겠지만, 연소를 지속시켜 주려면 산소가 필요하다.

60 다음 중 용융속도와 용착속도가 빠르며 용입이 깊은 특징을 가지며, "잠호용접"이라고도 불리는 용접의 종류는?

① 저항 용접

② 서브머지드 아크용접

③ 피복 금속 아크용접

④ 불활성 가스 텅스텐 아크용접

해설

서브머지드 아크용접

뿌려둔 용제 속에서 아크를 발생시키고, 이 아크열로 용접한다. 슬래그가 덮여 있어 용입이 깊고, 이음 홈이 좁아 경제적이며 용접 중 용접부가 잘 안 보인다.

정답 56 ④ 57 ③ 58 ① 59 ④ 60 ②

2013년 제 1 회 과년도 기출문제

01 열전달에서 일반적으로 열을 전달하는 방식이 아닌 것은?

① 전도　② 대류
③ 복사　④ 흡수

해설
고체에서는 열이 전도되고, 기체와 유체에서는 대류되며, 열에너지가 직접 전달되는 방식을 복사라고 한다.

02 누설가스가 매우 높은 속도에서 발생하는 흐름으로 레이놀즈 수 값에 좌우되는 흐름은?

① 층상흐름　② 교란흐름
③ 분자흐름　④ 전이흐름

해설
보기 중 레이놀즈 수 값에 좌우되는 흐름은 층상흐름, 교란흐름 두 가지이다. 레이놀즈 수는 $Re = \frac{vd}{\nu}$ [ν : 동점성계수, v : 유속, d : 유관(Pipe)의 지름)]로 표현되며 유속(누설가스의 속도)이 높아지면, 레이놀즈 수가 올라간다. Re < 2,320에서 층상흐름이고, 2,320 < Re일 때 난류(교란흐름)가 된다.

03 비파괴검사 방법 중 검지제의 독성과 폭발에 주의해야하는 것은?

① 누설검사　② 초음파탐상검사
③ 방사선투과검사　④ 열화상검사

해설
누설검사는 독성이 있는 가스를 사용하기도 하고, 폭발성이 있는 가스를 사용하기도 한다.

04 다음 중 육안검사의 장점이 아닌 것은?

① 검사가 간단하다.
② 검사 속도가 빠르다.
③ 표면결함만 검출 가능하다.
④ 피검사체의 사용 중에도 검사가 가능하다.

해설
표면결함만 가능한 것은 단점이다.

05 길이 0.4m, 직경 0.08m인 시험체를 코일법으로 자분탐상검사할 때 필요한 암페어-턴(Ampere-Turn) 값은?

① 4,000　② 5,000
③ 6,000　④ 7,000

해설
코일법에서 전류를 설정할 때는 시험체의 길이와 직경의 비에 따라

- $2 \le \frac{L}{D} < 4$: $Ampere-Turn = \frac{45,000}{\frac{L}{D}}$
- $4 \le \frac{L}{D}$: $Ampere-Turn = \frac{35,000}{\frac{L}{D}+2}$

따라서 $\frac{L}{D} = \frac{0.4}{0.08} = 5$이므로

$$Ampere-Turn = \frac{35,000}{\frac{L}{D}+2} = \frac{35,000}{5+2} = 5,000$$

1 ④　2 ②　3 ①　4 ③　5 ②　정답

06 방사선이 물질과의 상호작용에 영향을 미치는 것과 거리가 먼 것은?

① 반사 작용 ② 전리 작용
③ 형광 작용 ④ 사진 작용

해설
② 전리 작용 : 방사선은 물질을 통과하며 원자, 분자에 에너지를 주어 전리(전자-또는 원자의 박리 상태)를 만든다.
③ 형광 작용 : 방사선을 쬐면 물질은 특유의 빛을 방출한다.
④ 사진 작용 : 방사선을 사진필름 등에 조사시키면 방사선에 조사된 부분은 검게 변한다.

07 전류의 흐름에 대한 도선과 코일의 총 저항을 무엇이라 하는가?

① 유도리액턴스 ② 인덕턴스
③ 용량리액턴스 ④ 임피던스

해설
- 교류에서는 전류의 흐름의 양과 방향이 시시각각 변하여 저항 역할을 하는데 이를 리액턴스라 한다.
- 전류의 흐름은 자기력을 발생시키고 이 자기력은 다시 유도전류를 발생시키며, 이 전류는 본래의 전류의 흐름을 방해하는 방향으로 발생하여 저항 역할을 하게 되며 이를 인덕턴스라 한다.
- 임피던스는 저항과 인덕턴스의 총합으로 표현된다.

08 초음파의 특이성을 기술한 것 중 옳은 것은?

① 파장이 길기 때문에 지향성이 둔하다.
② 액체 내에서 잘 전파한다.
③ 원거리에서 초음파빔은 확산에 의해 약해진다.
④ 고체 내에서는 횡파만 존재한다.

해설
어떤 에너지이든 집중도가 높아질수록 에너지량이 크고, 확산되면 에너지량이 약해진다.

09 자분탐상시험에서 시험체에 전극을 접촉시켜 통전함에 따라 시험체에 자계를 형성하는 방식이 아닌 것은?

① 프로드법 ② 자속관통법
③ 직각통전법 ④ 축 통전법

해설
직접 접촉법 : 축 통전법, 직각통전법, 프로드법

10 수세성 형광 침투탐상검사에 대한 설명으로 옳은 것은?

① 유화처리 과정이 탐상감도에 크게 영향을 미친다.
② 얕은 결함에 대하여는 결함 검출감도가 낮다.
③ 거친 시험면에는 적용하기 어렵다.
④ 잉여 침투액의 제거가 어렵다.

해설
얕은 결함에서는 가급적 후유화성 검사를 실시하는 것이 좋다.

정답 6 ① 7 ④ 8 ③ 9 ② 10 ②

11 방사선발생장치에서 전자의 이동을 균일한 방향으로 제어하는 장치는?

① 표적물질

② 음극필라멘트

③ 진공압력 조절장치

④ 집속컵

해설

집속컵 : 음전하를 띤 몰리브데넘으로 만들어진 오목한 컵으로 필라멘트에서 방출된 열전자를 좁은 빔 형태로 만들어 양극 초점을 향하게 하는 장치이다.

12 후유화성 침투탐상검사에 대한 설명으로 옳은 것은?

① 시험체의 탐상 후에 후처리를 용이하게 하기 위해 유화제를 사용하는 방법이다.

② 시험체를 유화제로 처리하고 난 후에 침투액을 적용하는 방법이다.

③ 시험체를 침투처리하고 나서 유화제를 적용하는 방법이다.

④ 유화제가 함유되어 있는 현상제를 적용하는 방법이다.

해설

시험체에 침투제를 적용하고, 유화제를 적용하여 씻어내는 방법이 후유화성 침투탐상검사이다.

13 다음 중 액체 내에 존재할 수 있는 파는?

① 표면파 ② 종파

③ 횡파 ④ 판파

해설

초음파의 종류

구분	내용
종파	• 파를 전달하는 입자가 파의 진행방향에 대해 평행하게 진동하는 파장 • 고체, 액체, 기체에 모두 존재하며, 속도(5,900m/s 정도)가 가장 빠르다.
횡파	• 파를 전달하는 입자가 파의 진행방향에 대해 수직하게 진동하는 파장 • 액체, 기체에는 존재하지 않으며 속도는 종파의 반 정도이다. • 동일주파수에서 종파에 비해 파장이 짧아서 작은 결함의 검출에 유리하다.
표면파	• 매질의 한 파장 정도의 깊이를 투과하여 표면으로 진행하는 파장이다. • 입자의 진동방식이 타원형으로 진행한다. • 에너지의 반 이상이 표면으로부터 1/4파장 이내에서 존재하며, 한 파장 깊에서의 에너지는 대폭 감소한다.
판파	• 얇은 고체 판에서만 존재한다. • 밀도, 탄성특성, 구조, 두께 및 주파수에 영향을 받는다. • 진동의 형태가 매우 복잡하며, 대칭형과 비대칭형으로 분류된다.

11 ④ 12 ③ 13 ② 정답

14 알루미늄합금의 재질을 판별하거나 열처리 상태를 판별하기에 가장 적합한 비파괴검사법은?

① 적외선검사
② 스트레인측정
③ 와전류탐상검사
④ 중성자투과검사

해설
비파괴 검사별 주요 적용 대상

검사 방법	적용 대상
방사선투과검사	용접부, 주조품 등의 내부 결함
초음파탐상검사	용접부, 주조품, 단조품 등의 내부 결함 검출과 두께 측정
침투탐상검사	기공을 제외한 표면이 열린 용접부, 단조품 등의 표면 결함
와류탐상검사	철, 비철 재료로 된 파이프 등의 표면 및 근처 결함을 연속 검사
자분탐상검사	강자성체의 표면 및 근처 결함
누설검사	압력용기, 파이프 등의 누설 탐지
음향방출검사	재료 내부의 특성 평가

15 자분탐상시험에서 강봉에 전류를 통하였을 때 가장 잘 검출될 수 있는 불연속은?

① 전류방향과 평행한 불연속
② 지그재그식 날카로운 모양의 불연속
③ 불규칙한 모양의 개재물
④ 전류방향과 90도 각도를 갖는 불연속

해설
자속과 결함 방향이 직각이어야 결함검출이 쉬우며 자속선과 평행이면 검출이 어렵다.

16 길이가 6인치, 직경이 2인치인 봉재를 권수가 3인 코일을 사용하여 선형자화법으로 검사하고자 할 때 이때 전류값은?

① 1,500A ② 2,000A
③ 3,000A ④ 5,000A

해설
$L/D = 6/2 = 3$

$$Ampere - Turn = \frac{45{,}000}{\frac{L}{D}} = \frac{45{,}000}{3} = 15{,}000$$

$$Ampere = \frac{Ampere - Turn}{Turn} = \frac{15{,}000}{3} = 5{,}000$$

17 자분탐상시험 시 선형자장을 발생시키는 방법은?

① 코일법 ② 프로드법
③ 자속관통법 ④ 전류관통법

해설
선형 자화법 : 코일법과 극간법

18 야외 현장의 높은 곳에 위치한 용접부에 가장 적합한 자분탐상검사법은?

① 코일법 ② 극간법
③ 프로드법 ④ 전류관통법

해설
대형 구조물에 극간법과 프로드법이 사용 가능하며 극간법은 두 자극만을 사용하므로 휴대성이 우수하다.

정답 14 ③ 15 ① 16 ④ 17 ① 18 ②

19 프로드법에 대한 설명으로 옳은 것은?

① 자화전류 값은 전극 간격이 넓게 됨에 따라 감소시켜야 한다.

② 대형 시험체를 1회 통전으로 전체를 자화시키는 방법이다.

③ 시험체의 넓은 두 점에 전극을 설정하여 전면적에 전류를 흘리는 방법이다.

④ 전극에 가까울수록 자계는 강하고 양쪽 전극으로부터 멀어질수록 약하게 된다.

해설

프로드법

- 간격이 넓어지면 자화력을 크게 하여 주어야 한다.
- 잔류법은 작고 보자력이 큰 물체에 사용한다.
- 국부적으로 검사하는 방법이다.

20 자분탐상시험 시 표면 결함 자분지시와 비교하여 일반적으로 표면직하에 있는 결함의 자분지시는 어떤 형태로 나타나는가?

① 예리한 자분지시가 나타난다.

② 자분지시가 나타나지 않는다.

③ 항상 원형인 자분지시가 나타난다.

④ 약간 불명확하고 희미한 자분지시가 나타난다.

해설

표면에서 멀어질수록 자분의 지시가 약해진다. 표면 결함 검사이므로 내부의 결함은 발견하기 힘드나, 표면직하의 경우는 약간 희미한 자분지시로 판별이 가능하다.

21 그림은 자화곡선의 그래프이다. 0−p−q선이 나타내는 의미는?

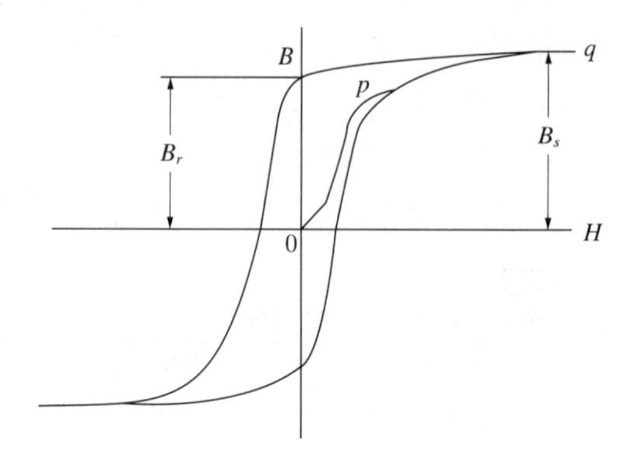

① 포화자속밀도

② 초기자화곡선

③ 최대투자곡선

④ 잔류자기곡선

해설

0에서 시작하는 곡선은 맨 처음 자화 때 한 번 나타나며 이를 초기자화곡선(처녀자화곡선)이라고도 한다.

22 자분탐상시험에 사용되는 자외선등의 필터(Filter)는 깨진 것을 사용하지 못하는 주된 이유는?

① 작업자의 눈에 실명할 정도로 손상을 입힐 우려가 있기 때문이다.

② 과도한 자외선 방출로 작업자가 방사선을 피폭받아 유전적인 피해가 우려되기 때문이다.

③ 시험체 표면에서 자외선의 강도가 너무 강하여 결함 검출을 전혀 할 수 없기 때문이다.

④ 작업자의 피부 손상 등을 방지하기 위해서다.

해설

오존층 파괴, 자외선 강도, 피부암 등이 연관된 뉴스를 자주 들었을 것이다. 강한 자외선에 장시간 노출은 피부를 심하게 손상시킨다.

19 ④ 20 ④ 21 ② 22 ④ 정답

23 형광습식법에 의한 연속법의 자분탐상시험 공정을 바르게 나타낸 것은?

① 전처리 → 자화 → 자분적용 → 자화종료 → 관찰
② 전처리 → 자분적용 → 자화 → 자화종료 → 관찰
③ 전처리 → 자화 → 자화종료 → 자분적용 → 관찰
④ 전처리 → 자분적용 → 자화 → 자화종료 → 후처리→ 관찰

해설
연속법이란 자화 중 자분을 적용하는 방법이다.

24 길이가 8인치이고 지름이 3인치인 봉재를 축통전법으로 검사를 한다면 직류나 정류전류를 사용할 때, 필요한 자화전류치는 얼마가 적당한가?

① 800A　　② 1,200A
③ 2,700A　　④ 7,450A

해설
직경 1mm당 20~40A 정도 적용하므로, 3인치는 75mm 정도, 약 1,500A~3,000A 수준에서 적용한다. 지름이 클수록 mm당 전류량을 작게 한다.

25 자분탐상검사에 대한 특징으로 올바른 것은?

① 자분모양 지시로 금속내부 조직을 알 수 있다.
② 시험체 표면균열의 검출능이 뛰어나다.
③ 비자성체는 잔류자장을 이용하면 결함 검출능이 우수하다.
④ 대형 부품인 경우에도 1회 통전으로 시험체 전체의 탐상에 효과적이다.

해설
자분탐상검사는 표면탐상검사에 해당한다.

26 자분탐상시험 시 자력선이 불연속과 평행하게 진행할 때 자분모양의 지시는?

① 선명한 자분지시가 나타난다.
② 선명한 의사지시가 나타난다.
③ 흩어진 자분지시가 나타난다.
④ 자분지시가 나타나지 않는다.

해설
자력선과 찾고자 하는 불연속 결함은 직각으로 배치되어 있어야 한다.

27 자분탐상시험의 기본 3대 요소가 아닌 것은?

① 준비 및 자화
② 탈자
③ 현상제 제거
④ 검사

해설
자분탐상에서는 자분이 현상제 역할을 한다. 자분을 제거하면 탐상을 할 수 없다.

정답 23 ① 24 ③ 25 ② 26 ④ 27 ③

28 강자성재료의 자분탐상검사방법 및 자분모양의 분류(KS D 0213)에 의해 자분탐상검사를 할 때 콘트라스트(Contrast)가 좋은 자분을 선택하는 이유는?

① 자분의 이동성 용이
② 자분의 관찰성 용이
③ 시험품의 통전성 용이
④ 시험품의 이동성 용이

해설
콘트라스트(Contrast)는 자분이 얼마나 시험체와 대비되는지를 의미한다. 관찰을 위해 요구하는 특성이다.

29 강자성재료의 자분탐상검사방법 및 자분모양의 분류(KS D 0213)에 따라 다음 조건과 같은 경우 올바른 평가는?

조건
- 선형지시가 거의 일직선상에 놓여 있다.
- A, B, C, D인 선형지시의 길이는 각각 10, 15, 9, 13mm이다.
- 지시 A와 B 사이 거리는 3.5mm,
  B와 C 사이 거리는 1.5mm,
  C와 D 사이 거리는 3mm이다.
- 분류된 지시 길이가 25mm 이상인 경우 불합격으로 한다.

① 지시 A, B, C, D는 연속한 지시로 불합격이다.
② 지시 A는 합격이고, B, C, D는 연속한 지시이므로 불합격이다.
③ 지시 A와 D는 독립한 지시로 합격이고, B, C는 연속한 지시이나 길이가 24mm이므로 합격이다.
④ 지시 A와 D는 독립한 지시이므로 합격이고, B, C는 연속한 지시이므로 불합격이다.

해설
B와 C는 간격이 2mm 이하이므로 연속이어서 $15+9+1.5=25.5$mm이므로 불합격이다.

30 강자성재료의 자분탐상검사방법 및 자분모양의 분류(KS D 0213)에서 C형 표준시험편의 인공결함에 관한 설명으로 옳은 것은?

① 인공 흠집은 짧은 곡선형으로 되어 있다.
② 인공 흠집은 $10\mu m$ 간격으로 수 개가 배열되어 있다.
③ 인공 흠집은 크기가 다른 수 개의 원형으로 되어 있다.
④ 인공 흠집의 치수는 깊이 $8\pm1\mu m$, 너비 $80\pm8\mu m$이다.

해설
① 인공 흠집은 짧은 직선형으로 되어 있다.
② 인공 흠집은 $5\mu m$ 간격으로 수 개가 배열되어 있다.
③ 인공 흠집은 크기가 같은 수 개의 직선으로 되어 있다.

31 강자성재료의 자분탐상검사방법 및 자분모양의 분류(KS D 0213)의 A형 표준시험편 중에서 A2-15/50(직선형)에 대한 설명으로 옳은 것은?

① 인공 흠집의 길이는 6mm이다.
② 잔류법으로 사용한다.
③ 시험편의 크기는 30×30mm이다.
④ 시험편의 두께는 $15\mu m$이다.

해설
A형 표준시험편에서 A2-15/50의 의미는 직선형 6mm 길이의 인공 흠집을 가지고, 깊이 $15\mu m$, 두께 $50\mu m$의 시험편을 의미한다. 시험편은 연속법을 적용한다.

28 ② 29 ④ 30 ④ 31 ① 정답

32 강자성재료의 자분탐상검사방법 및 자분모양의 분류(KS D 0213)에 의해 자분탐상시험 후 탈자를 해야 할 경우로 옳은 것은?

① 계속하여 수행하는 검사에서 이전 검사의 자화에 의해 악영향을 받을 우려가 있을 때
② 검사 대상체의 잔류자기가 이후의 기계가공에 악영향을 미칠 우려가 없을 때
③ 검사 대상체의 잔류자기가 계측장치 등에 악영향을 미칠 우려가 없을 때
④ 검사 대상체가 마찰 부분에 사용되는 것으로 자분 등을 흡인하여 마모의 증가 우려가 없을 때

해설

탈자가 필요한 경우
- 계속하여 수행하는 검사에서 이전 검사의 자화에 의해 악영향을 받을 우려가 있을 때
- 검사 대상체의 잔류자기가 이후의 기계가공에 악영향을 미칠 우려가 있을 때
- 검사 대상체의 잔류자기가 계측장치 등에 악영향을 미칠 우려가 있을 때
- 검사 대상체가 마찰부분 또는 그것에 가까운 곳에 사용되는 것으로 마찰부분에 자분 등을 흡인하여 마모를 증가시킬 우려가 있을 때
- 그 밖의 필요할 때

33 강자성재료의 자분탐상검사방법 및 자분모양의 분류(KS D 0213)에 의해 자화할 때 특히 고려하여야 할 사항으로 옳은 것은?

① 자계의 방향은 예측되는 흠의 방향에 대하여 가능한 한 직각으로 한다.
② 자계의 방향은 예측되는 흠의 방향에 대하여 가능한 한 평행하게 한다.
③ 자계의 방향을 시험면에 가능한 한 직각으로 한다.
④ 시험면을 태워서는 안 될 경우는 시험체에 직접 통전하는 자화방법을 선택한다.

해설

자화 시 고려사항
- 자기장의 방향을 예측되는 흠의 방향과 가능한 한 직각 배치
- 자기장의 방향을 시험면과 가능한 한 평행 배치
- 반자기장을 적게
- 검사면이 타면 안 될 경우 검사 대상체에 직접 통전하지 않는 자화방법 선택

34 강자성재료의 자분탐상검사방법 및 자분모양의 분류(KS D 0213)의 해설에 따라 근자외선의 조사등은 사용 상태에 따라 적시에 필터를 떼어 내고 청소를 하여야 하는 경우가 있다. 청소 부분에 해당되지 않는 것은?

① 필터의 표면
② 반사판
③ 램프의 분해 소재
④ 필터의 뒷면

해설

램프는 교환 대상이다.

정답 32 ① 33 ① 34 ③

35 강자성재료의 자분탐상검사방법 및 자분모양의 분류(KS D 0213)에 따른 B형 대비시험편의 사용 용도가 아닌 것은?

① 장치의 성능 조사
② 자분의 성능 조사
③ 검사액의 성능 조사
④ 잔류자기의 조사

해설
B형 대비시험편은 장치, 자분 및 검사액의 성능을 조사하는 데 사용한다.

36 강자성재료의 자분탐상검사방법 및 자분모양의 분류(KS D 0213)에 의해 검사 대상체를 자화할 때 자기장의 방향 및 강도를 확인하고자 사용되는 표준시험편이 아닌 것은?

① A1형 ② A2형
③ B형 ④ C형

해설
B형은 대비시험편이다.

37 강자성재료의 자분탐상검사방법 및 자분모양의 분류(KS D 0213)에 의해 표준(대비)시험편을 사용할 때 자분의 적용방법으로 옳은 것은?

① A형 시험편은 잔류법을 적용
② B형 시험편은 잔류법을 적용
③ A형과 B형은 연속법, C형은 잔류법을 적용
④ A형, B형 및 C형 모두 연속법을 적용

해설
시험편을 이용하여 검사할 때는 모두 연속법을 적용한다.

38 강자성재료의 자분탐상검사방법 및 자분모양의 분류(KS D 0213)에 의한 자분탐상시험에서 자외선 등의 점검주기로 맞는 것은?

① 적어도 월 1회 이상
② 적어도 연 1회 이상
③ 적어도 연 3회 이상
④ 매 측정 시마다 2회 이상

해설
점검주기
전류계, 타이머 및 자외선조사장치의 점검은 적어도 연 1회하고 1년 이상 사용하지 않을 경우에는 사용 시에 점검하여 성능을 확인한 것을 사용해야 한다.

39 강자성재료의 자분탐상검사방법 및 자분모양의 분류(KS D 0213)에 따른 통전시간 설정으로 옳은 것은?

① 충격전류는 1/60초 이상으로 한다.
② 잔류법은 원칙적으로 1/4~1초로 한다.
③ 충격전류는 일반적으로 1회 적용한다.
④ 연속법은 통전 완료 후 자분을 적용한다.

해설
① 충격전류는 1/120초 정도로 한다.
③ 충격전류는 3회 이상 통전을 반복하는 것으로 한다.
④ 연속법은 자화 중에 자분을 적용한다.

35 ④ 36 ③ 37 ④ 38 ② 39 ② 정답

40 강자성재료의 자분탐상검사방법 및 자분모양의 분류(KS D 0213) KS 규격에 의한 시험결과 나타난 자분모양이 다음 중 유사모양인 것은?

① 불연속지시
② 결함지시
③ 재질경계지시
④ 관련지시

해설
유사모양 종류 : 자기펜자국, 단면급변지시, 전류지시, 전극지시, 자극지시, 표면거칠기지시, 재질경계지시

41 강자성재료의 자분탐상검사방법 및 자분모양의 분류(KS D 0213)에서 C형 표준시험편의 사용방법으로 적합하지 않은 것은?

① 용접부의 그루브면 등 좁은 부분에서 A형의 적용이 곤란한 경우에 사용한다.
② 판의 두께는 50μm로 한다.
③ 자분의 적용은 잔류법으로 한다.
④ 시험면에 잘 밀착되도록 적당한 양면 점착테이프로 시험면에 붙여 사용한다.

해설
C형 표준시험편의 자분 적용은 연속법으로 할 것

42 강자성재료의 자분탐상검사방법 및 자분모양의 분류(KS D 0213)의 자분모양에 대한 설명으로 옳은 것은?

① 표면 개구 결함은 자분모양을 제거하고 나타난 흠집을 관찰하여도 균열인지 판정이 불가능하다.
② 자분모양은 깊이 방향 흠의 치수에 관한 정보를 주지 않는다.
③ 자분모양이 확인되면 흠집 이외의 유사모양까지 모두 포함해 기록 관리한다.
④ 적정한 자화방법과 자분을 적용하여도 자분길이는 실제 흠집 길이의 2배로 추정한다.

해설
자분탐상은 기본적으로 표면탐상이며, 깊이 방향의 크기 등을 측정하기 어렵다.
③ 자분모양이 확인되면 흠집에 의한 자분모양인지 흠집에 의하지 않은 유사모양인지 확인한다.

43 동일 조건에서 전기전도율이 가장 큰 것은?

① Fe
② Cr
③ Mo
④ Pb

해설
전도율은 Mo > Fe > Pb > Cr 순이다.

정답 40 ③ 41 ③ 42 ② 43 ③

44 **다음 중 청동과 황동 및 합금에 대한 설명으로 틀린 것은?**

① 청동은 구리와 주석의 합금이다.
② 황동은 구리와 아연의 합금이다.
③ 톰백은 구리에 5~20%의 아연을 함유한 것으로, 강도는 높으나 전연성이 없다.
④ 포금은 구리에 8~12% 주석을 함유한 것으로 포신의 재료 등에 사용되었다.

해설
톰백(Tombac) : 8~20%의 아연을 구리에 첨가한 구리합금은 황동 중에서 가장 금빛깔에 가까우며, 소량의 납을 첨가하여 값이 싼 금색 합금을 만든다. 특히 금종이의 대용품으로서 서적의 금박 입히기, 금색 인쇄에 사용된다.

45 **Ni–Fe계 합금인 인바(Invar)는 길이 측정용 표준자, 바이메탈, VTR 헤드의 고정대 등에 사용되는데 이는 재료의 어떤 특성 때문에 사용하는가?**

① 자성
② 비중
③ 전기저항
④ 열팽창계수

해설
인바(Invar)는 대표적인 불변강으로, 불변강은 온도 변화에 따른 선팽창계수나 탄성률의 변화가 없는 강이다.

46 **다음 중 순철의 자기변태 온도는 약 몇 ℃인가?**

① 100℃
② 768℃
③ 910℃
④ 1,400℃

해설
※ CHAPTER 03 핵심이론 10의 Fe–Fe_3C 상태도 참조

47 **Au의 순도를 나타내는 단위는?**

① K(Karat)
② P(Pound)
③ %(Percent)
④ μm(Micron)

해설
순금의 함도는 K를 사용하며 24K를 100% 금으로, 14K를 58.33% 금으로 표현한다. 다이아몬드에 사용하는 Carat과는 다른 단위이다.

48 **고체 상태에서 하나의 원소가 온도에 따라 그 금속을 구성하고 있는 원자의 배열이 변하여 두 가지 이상의 결정구조를 가지는 것은?**

① 전위
② 동소체
③ 고용체
④ 재결정

해설
② 동소체 : 같은 원소를 이용한 두 가지 이상의 결정구조를 가진다.

44 ③ 45 ④ 46 ② 47 ① 48 ② 정답

49 탄소강 중에 포함된 구리(Cu)의 영향으로 틀린 것은?

① 내식성을 향상시킨다.
② Ar_1의 변태점을 증가시킨다.
③ 강재 압연 시 균열의 원인이 된다.
④ 강도, 경도, 탄성한도를 증가시킨다.

해설

탄소강의 5대 불순물과 기타 불순물

- C(탄소) : 강도, 경도, 연성, 조직 등에 전반적인 영향을 미친다.
- Si(규소) : 페라이트 중 고용체로 존재하며, 단접성과 냉간가공성을 해친다(0.2% 이하로 제한).
- Mn(망간) : 강도와 고온가공성을 증가시킨다. 연신율 감소를 억제, 주조성, 담금질 효과 향상, 적열취성을 일으키는 황화철(FeS) 형성을 막아준다.
- P(인) : 인화철 편석으로 충격값을 감소시켜 균열을 유발하고, 연신율 감소, 상온취성을 유발시킨다.
- S(황) : 황화철을 형성하여 적열취성을 유발하나 절삭성을 향상시킨다.

기타 불순물

- Cu(구리) : Fe에 극히 적은 양이 고용되며, 열간가공성을 저하시키고, 인장강도와 탄성한도는 높여주며 부식에 대한 저항도 높여준다.
- 다른 개재물은 열처리 시 균열을 유발할 수 있다.
- 산화철, 알루미나, 규사 등은 소성가공 중 균열 및 고온메짐을 유발할 수 있다.

50 주강과 주철을 비교 설명한 것 중 틀린 것은?

① 주강은 주철에 비해 용접이 쉽다.
② 주강은 주철에 비해 용융점이 높다.
③ 주강은 주철에 비해 탄소량이 적다.
④ 주강은 주철에 비해 수축률이 적다.

해설

강은 주철에 비해 연성이 좋아 수축률도 높다.

51 내마멸용으로 사용되는 애시큘러 주철의 기지(바탕) 조직은?

① 베이나이트 ② 소르바이트
③ 마텐자이트 ④ 오스테나이트

해설

베이나이트는 열처리에 따른 변형이 적고, 경도가 높으면서 인성이 커서 기계적 성질이 우수한 조직이다. 소르바이트는 열처리된 조직 가운데 성질이 중간적인 형태이며, 마텐자이트는 매우 경도가 높은 조직이다. 오스테나이트는 열처리 중 나타나는 조직이다.

52 다음 중 비중이 가장 가벼운 금속은?

① Mg ② Al
③ Cu ④ Ag

해설

주요 금속의 비중, 용융점 비교

금속명	비중	용융점(℃)
Li(리튬)	0.534	186
Mg(마그네슘)	1.74	650
Al(알루미늄)	2.70	660.1
Zn(아연)	7.13	419.5
Sn(주석)	7.23	231.9
Fe(철)	7.88	1,536
Ni(니켈)	8.90	1,453
Cu(구리)	8.93	1,083
Mo(몰리브데넘)	10.20	2,610
Ag(은)	10.50	960.5
Pb(납)	11.34	327.4
Hg(수은)	13.65	−38.9
Ta(탄탈럼)	16.60	3,000
Au(금)	19.29	1,063
Pt(플래티늄)	21.45	1,769
Ir(이리듐)	22.40	2,442
Os(오스뮴)	22.50	2,700

정답 49 ② 50 ④ 51 ① 52 ①

53 **다음 중 비정질 합금에 대한 설명으로 틀린 것은?**

① 균질한 재료이고 결정이방성이 없다.
② 강도는 높고 연성도 크나 가공경화는 일으키지 않는다.
③ 제조법에는 단롤법, 쌍롤법, 원심 급랭법 등이 있다.
④ 액체 급랭법에서 비정질재료를 용이하게 얻기 위해서는 합금에 함유된 이종원소의 원자반경이 같아야 한다.

해설
비정질재료를 얻기 위해 합금 재료의 원자지름이 같을 필요는 없다. 오히려 서로 다른 원자반경을 갖는 편이 비정질을 만들기 용이하다.

54 **다음의 금속 결함 중 체적 결함에 해당되는 것은?**

① 전위
② 수축공
③ 결정립계 경계
④ 침입형 불순물 원자

해설
3차원적 결함(Volume Defect-체적 결함)
- 석출(Precipitate) : 돌 석(石) 나올 출(出), 돌이, 용융액 속이나 다른 고체 조직 속에서 돌덩이리가 나올 때 석출이라 부른다.
- 주조 시 나오는 수축공, 기공 등의 결함을 3차원 결함으로 본다.

55 **탄소가 0.50~0.70%이고, 인장강도는 590~690 MPa이며 축, 기어, 레일, 스프링 등에 사용되는 탄소강은?**

① 톰백
② 극연강
③ 반연강
④ 최경강

해설
탄소강은 그 함유량에 따라 강도가 달라지며, 용도에 따라 명칭을 달리 한다. 보통 0.2% C 이하 정도를 연강이라 하며 일부 영역에서 0.15% C 이하를 극연강이라 구분하여 사용한다. 또한 강 중 강도가 높은 강을 일반적으로 탄소공구강이라 하며 최경강이라고도 한다. 보통 0.7% C 이하 정도의 강을 사용한다.

56 **니켈-크로뮴 합금 중 사용한도가 1,000℃까지 측정할 수 있는 합금은?**

① 망가닌
② 우드메탈
③ 배빗메탈
④ 크로멜 - 알루멜

해설
④ 크로멜 – Ni에 Cr을 첨가한 합금, 알루멜은 Ni에 Al을 첨가한 합금으로 크로멜-알루멜을 이용하여 열전대를 형성한다.
① 망가닌 – 구리에 12%의 망가니즈와 4%의 니켈을 첨가한 합금으로 구리에 대한 열기전력이 작고 전기저항의 온도계수가 아주 작으므로, 표준저항선으로 사용된다.
② 우드메탈 – Bi 40~50%, Pb 25~30%, Sn 12.5~15.5%, Cd 12.5%의 합금으로 전기용 퓨즈, 고압용 화재 안전장치, 모형 제작, 파이프의 굽힘 가공 시의 충전재 등에 쓰인다.
③ 배빗메탈 – 주석(Sn) 80~90%, 안티모니(Sb) 3~12%, 구리(Cu) 3~7%의 합금으로 경도가 작고 국부적 하중에 대한 변형이 되지 않고, 유막이 있다.

53 ④ 54 ② 55 ④ 56 ④ 정답

57 **고온에서 사용하는 내열강 재료의 구비조건에 대한 설명으로 틀린 것은?**

① 기계적 성질이 우수해야 한다.

② 조직이 안정되어 있어야 한다.

③ 열팽창에 대한 변형이 커야 한다.

④ 화학적으로 안정되어 있어야 한다.

해설

탄소강에 Ni, Cr, Al, Si 등을 첨가하여 내열성과 고온 강도를 부여한 것. 내열강은 물리·화학적으로 조직이 안정해야 하며 일정 수준 이상의 기계적 성질을 요구한다.

58 **산소와 아세틸렌을 이론적으로 1 : 1 정도 혼합시켜 연소할 때 용접토치에서 얻는 불꽃은?**

① 중성 불꽃

② 탄화 불꽃

③ 산화 불꽃

④ 환원 불꽃

해설

연소는 산소와 연료가 만나서 일어나며 연료가 많으면 탄화(화학적으로는 환원이라고 본다)되고 산소가 많으면 산화된다. 산소와 아세틸렌이 1:1로 혼합되어 연소할 때 생성되는 불꽃은 중성불꽃이다.

59 **정격 2차 전류가 200A, 정격 사용률이 40%인 아크용접기로 150A의 전류 사용 시 허용 사용률은 약 얼마인가?**

① 58%

② 71%

③ 60%

④ 82%

해설

$$\text{허용 사용률} = \left(\frac{\text{정격 2차 전류}}{\text{사용용접 전류}}\right)^2 \times \text{정격 사용률}$$

$$\text{허용 사용률} = \left(\frac{200\text{A}}{150\text{A}}\right)^2 \times 40\% \fallingdotseq 71\%$$

60 **TIG 용접에서 직류정극성으로 용접이 가능한 재료는?**

① 스테인리스강

② 마그네슘 주물

③ 알루미늄 판

④ 알루미늄 주물

해설

직류정극성이라 함은 모재에 직류정극(+극), 용접봉에 직류음극(−극)을 연결한 것을 말한다. 어느 연결이든 음극에서 전자가 방전되어 정극 쪽의 재료가 많은 에너지를 받는 원리를 생각하면 직류정극성은 모재가 강하거나 두꺼울 때 가능하므로, 보기 중에서는 스테인리스 강에서 가능하다.

정답 57 ③ 58 ① 59 ② 60 ①

2014년 제1회 과년도 기출문제

01 다음 재료 중 자분탐상검사를 적용하기 어려운 것은?

① 순철 ② 니켈합금
③ 탄소강 ④ 알루미늄합금

해설
강자성체가 아니면 자분탐상검사가 어렵다. 알루미늄합금은 투자율이 1에 가까운 상자성체이다.

02 다음 중 폐수처리 설비를 갖추어야 하는 비파괴검사법은?

① 암모니아 누설검사
② 수세성 형광 침투탐상검사
③ 초음파탐상검사 수침법
④ 초음파회전튜브검사법

해설
수세성이 물로 씻어낸다는 의미이다. 수침법은 물에 담가서 검사하는 방법이며, 오염물질이 생기지는 않는다.

03 방사선 동위원소의 선원 크기가 2mm, 시험체의 두께 25mm, 기하학적 불선명도 0.2mm일 때 선원 시험체 간 최소 거리는 얼마인가?

① 150mm ② 200mm
③ 250mm ④ 300mm

해설
기하학적 불선명도 : 초점(선원)의 크기(F), 시험체-필름 간 거리(d), 선원-시험체 간 거리(D)로 인하여 생기는 방사선 투과사진상에 나타나는 반음영 부분

$U_g = \frac{Fd}{D}$, $0.2\text{mm} = \frac{2(\text{mm}) \times 25(\text{mm})}{D}$, $D = 250\text{mm}$

04 초음파탐상검사에 의한 가동 중 검사에서 검출 대상이 아닌 것은?

① 부식피로균열
② 응력부식균열
③ 기계적 손상
④ 슬래그 개재물

해설
가동 중 검사(In-service Inspection)
다음 검사까지의 기간에 안전하게 사용 가능한가 여부를 평가하는 검사를 말한다. 기계적 손상은 기계를 멈추고 검사해야 한다.

05 육안검사의 원리는 어떤 물리적 현상을 이용하는가?

① 방사선의 원리
② 음향의 원리
③ 광학의 원리
④ 열의 원리

해설
육안검사
- 비용이 저렴하고, 검사가 간단하며, 작업 중 검사가 가능하다.
- 광학의 원리를 이용한다.
- 표면검사만 가능하며, 수량이 많을 경우 시간이 걸린다.

1 ④ 2 ② 3 ③ 4 ④ 5 ③ 정답

06 다음 중 육안검사의 장점이 아닌 것은?

① 비용이 저렴하다.
② 검사 속도가 느리다.
③ 검사가 간단하다.
④ 사용 중에도 검사가 가능하다.

해설
검사가 느린 것은 단점이다.

07 자분탐상시험의 특징에 대한 설명으로 틀린 것은?

① 표면 및 표면직하 균열의 검사에 적합하다.
② 자속은 가능한 한 결함면에 수직이 되도록 하여야 검사에 유용하다.
③ 자분은 시험체 표면의 색과 구별이 잘되는 색을 선정하여야 대비가 잘된다.
④ 시험체의 두께 방향으로 발생된 결함 깊이와 형상에 관한 정보를 얻기가 쉽다.

해설
자분탐상검사는 표면결함검사이므로 결함의 깊이 정보를 얻기 어렵다.

08 다음 누설검사 방법 중 누설위치를 검출하기 위해 적용하기 어려운 것은?

① 암모니아 누설검사
② 기포누설 시험 – 감압법
③ 기포누설 시험 – 가압법
④ 헬륨질량분석 시험

해설
헬륨질량분석은 누설이 되었는가만 알 수 있다.

09 다음 중 보일–샤를의 법칙을 고려하여야 하는 비파괴 검사법은?

① 초음파탐상검사 ② 자기탐상검사
③ 와전류탐상검사 ④ 누설검사

해설
보일–샤를의 정리 : 기체의 압력과 부피, 온도의 상관관계를 정리한 식
$PV=(m)RT$(P : 압력, V : 부피, R : 기체상수, T : 온도, m : 질량(단위질량을 사용할 경우 생략))

10 와전류탐상시험에서 와전류의 침투깊이를 설명한 내용으로 틀린 것은?

① 주파수가 낮을수록 침투깊이가 깊다.
② 투자율이 낮을수록 침투깊이가 깊다.
③ 전도율이 높을수록 침투깊이가 얕다.
④ 표피효과가 작을수록 침투깊이가 얕다.

해설
와전류의 침투깊이를 구하는 식
$\delta=\frac{1}{\sqrt{\pi f\mu\sigma}}$ (f : 주파수, μ : 도체의 투자율, σ : 도체의 전도도)
④ 표피효과가 클수록 침투깊이가 얕다.

정답 6 ② 7 ④ 8 ④ 9 ④ 10 ④

11 1eV(electron Volt)의 의미를 옳게 나타낸 것은?

① 물질파 파장의 단위
② Lorentz 힘의 크기의 단위
③ 1V 전위차가 있는 전자가 받는 에너지의 단위
④ 원자질량 단위로써 정지하고 있는 전자 1개의 질량

해설
1개의 전자를 전기장 내에 놓았을 때, 전자가 극판의 방향으로 받는 힘은 eV로 표현한다.
$1eV = 1.602 \times 10^{-19}(C \cdot V) = 1.602 \times 10^{-19}(J)$

12 횡파를 이용하여 강 용접부를 초음파탐상할 때 결함의 깊이 측정이 가능한 탐상법은?

① 수직탐상법 ② 경사각탐상법
③ 국부수침법 ④ 전몰수침법

해설
경사각탐상법은 횡파를 이용하여 결함의 깊이 측정이 가능하다.

13 와전류탐상시험에서 시험체에 침투되는 와전류의 표준 침투깊이에 영향을 미치지 않는 것은?

① 주파수 ② 전도율
③ 투자율 ④ 기전력

해설
와전류의 침투깊이를 구하는 식
$\delta = \frac{1}{\sqrt{\pi f \mu \sigma}}$ (f : 주파수, μ : 도체의 투자율, σ : 도체의 전도도)

14 폭이 넓고 깊이가 얕은 결함의 검사에 후유화성 침투탐상검사가 적용되는 이유는?

① 침투액의 형광휘도가 높기 때문이다.
② 수세성 침투액에 비해 시험비용이 저렴하기 때문이다.
③ 수세성 침투액에 비해 침투액이 결함에 침투하기 쉽기 때문이다.
④ 수세성 침투액에 비해 과세척될 염려가 적기 때문이다.

해설
폭이 넓고 깊이가 얕으면 침투액이 침투 후 마찰력의 영향을 적게 받으므로 세척되기가 쉬운데, 유화제를 도포한 후 세척하면 유화제와 접한 부분만 세척이 되므로 수세성 침투액에 비해 과세척의 우려가 적다.

15 자화방법 중 시험체에 직접 전극을 접촉시켜서 통전함에 따라 시험체에 자계를 형상하는 방식으로만 조합된 것은?

① 축통전법, 프로드법
② 자속관통법, 극간법
③ 전류관통법, 프로드법
④ 자속관통법, 전류관통법

해설
직접 접촉법 : 축통전법, 직각통전법, 프로드법

정답 11 ③ 12 ② 13 ④ 14 ④ 15 ①

16 투자율이 다른 재질이나 금속조직의 경계의 누설 자속에 의해 형성되는 의사지시의 원인으로 틀린 것은?

① 용접부의 용접금속과 모재의 경계
② 띠 모양으로 존재하는 금속조직부
③ 냉간가공의 표면가공도가 다른 부분
④ 피로균열이 있는 부분

해설
피로균열은 결함이고, 그 지시는 결함에 의한 지시이다.

17 자분탐상시험 시 전도체에서 표피효과로 인하여 표면결함을 탐지하는데 효과적인 자화전류는?

① 교류
② 직류
③ 반파정류 직류
④ 삼상정류 직류

해설
교류성이 강할수록 큰 표피효과로 인하여 표면층 탐상에 유리하다.

18 자화전류를 제거한 후에도 잔류자기를 갖는 자성체의 성질은?

① 투자성 ② 반자성
③ 포화점 ④ 보자성

해설
자성을 보존하는 성질로 이해하면 좋겠다. 항자력을 갖는 성질이다.

19 수동아크 용접부의 중앙에 미세한 그물모양 자분지시가 건식법으로 잘 나타나지 않으나 습식법에서는 선명하게 나타났다면 이는 무슨 결함인가?

① 융합 불량 ② 기공
③ 크레이터 균열 ④ 언더컷

해설
융합 불량, 기공, 언더컷은 결함모양이 점 형태이거나 작은 혹만한 공기주머니 형태이고, 그물모양으로 가느다란 결함이 올 수 있는 것은 보기 중 크레이터 균열 결함이다. 미세한 결함은 습식법에서 더 잘 잡힌다.

20 다음 설명 중 틀린 것은?

① 전류가 흐르는 도체 내에는 자력선이 존재하지 않는다.
② 자석 안에서의 자력선은 남극에서 북극으로 흐른다.
③ 불연속이 없는 자화된 링타입 부품은 자극이 없다.
④ 불연속에 의해 형성된 자장을 누설자장이라 한다.

해설
① 전류가 흐르는 도체 안에도 자력선이 작용을 한다.
② 자력선은 N극으로 나와 S극으로 들어가고 내부에서는 S극에서 다시 N극으로 순환한다.
③ 끝단이 만들어지면 극성이 발현된다.

정답 16 ④ 17 ① 18 ④ 19 ③ 20 ①

21 자분탐상시험 시 일반적으로 형광자분을 사용하는 것이 비형광자분을 사용하는 것보다 좋은 점은?

① 세척성이 양호하다.
② 검출성이 양호하다.
③ 제거성이 양호하다.
④ 자화성이 양호하다.

해설
형광자분은 자외선 장치와 암실 등의 장비가 필요하지만, 결함을 식별하는데 더 탁월하다.

22 코일 내에 자장의 세기를 강하게 하기 위한 방법으로 옳은 것은?

① 코일의 전류를 일정하게 유지한다.
② 코일의 전류는 가능한 한 작게 한다.
③ 코일의 권수를 많게 한다.
④ 코일의 전류를 증가시키고 권수는 감소시킨다.

해설
자장의 세기는 자기회로의 1m당 기자력의 크기로 표현하며, 기자력은 전류와 감은 수의 곱으로 표현한다.

23 프로드법을 이용하여 강용법부를 자분탐상검사할 경우 결함을 가장 잘 검출할 수 있는 경우는?

① 검출하고자 하는 결함과 수직방향으로 2개의 전극 위치
② 검출하고자 하는 결함과 평행한 방향으로 2개 전극 위치
③ 검출하고자 하는 결함과 45°로 교차하여 2회 전극 배치
④ 검출하고자 하는 결함과 60°로 교차하여 2회 자극 배치

해설
프로드 사이를 이은 직선과 평행한 결함 추적에 용이하다.

24 다음 중 어떤 재료가 자화력에 의해 반발되는가?

① 상자성 재료
② 강자성 재료
③ 자석강 재료
④ 반자성 재료

해설
반자계를 형성하는 성질을 가진 재료를 반자성체라 하며 반자계란 자계 형성 시 반대 방향의 자계모멘트를 형성하는 성질을 말한다.

25 사용 중인 부품의 보수검사 시 예상되는 결함의 종류는?

① 수축공 ② 언더컷
③ 피로균열 ④ 토균열

해설
수축공이나 언더컷, 토균열은 주조품이나 용접품된 제품에서 예상되는 결함인 까닭에 신제품에서 발견하여야 하며 피로균열은 사용상의 피로응력에 의해 부식되거나 균열이 생기는 결함이다.

21 ② 22 ③ 23 ② 24 ④ 25 ③ **정답**

26 다음 중 프로드의 간격으로 가장 적당한 것은?

① 1~2인치

② 2~3인치

③ 3~8인치

④ 10~15인치

해설

프로드 간격이 3인치 이내이면 자분이 너무 집중되어 결함 식별이 어렵고, 8인치가 넘어가면 자력선의 간격이 너무 넓어진다.

27 코일법으로 자화할 경우 시험체 중의 자계의 세기는 코일의 권수와 코일 길이-지름의 비(L/D)에 의해 결정된다. 다음 중 가장 옳은 것은?

① 코일법은 축방향의 결함 검출에 좋다.

② 코일의 전류값과 권선수는 반비례한다.

③ L/D이 작을수록 권선수를 감소시킨다.

④ L/D이 2 이하인 것은 적용하지 않는 것이 좋다.

해설

코일법

- 시험체를 코일 속에 넣고 전류를 흘려 시험체를 관통하는 직선 자계를 만드는 방법이다.
- 자계와 직각 방향, 즉 코일 감은 방향의 결함 추적이 용이하다.
- 비접촉식 검사법이며, 시험체가 자화되어 시험체 양끝이 자극이 되므로 양끝은 검사가 불가하다. 따라서 시험체의 L(길이) : D(지름) 비, 즉 L/D이 2 미만이면 시험체 검사 대상 부분이 거의 양극에 속하여 검사가 불가하다.

※ 출제 당시 정답은 ④번이었으나, KS B 6752 개정으로 "L/D이 2 미만인 부품은 코일자화법을 적용할 수 없다."로 변경되었다.

28 강자성재료의 자분탐상검사방법 및 자분모양의 분류(KS D 0213)에서 A형 표준시험편에 관한 설명 중 옳은 것은?

① 시험편은 인공 흠집이 있는 면을 검사면에 붙인다.

② 검사면과 시험편의 간격은 약간 떨어지는 것이 좋다.

③ 시험편의 자분의 적용은 잔류법으로 한다.

④ 시험편은 A1은 A2보다 높은 유효자기장에서 자분모양을 얻는다.

해설

② A형 표준시험편은 인공 흠집이 있는 면이 시험면에 잘 밀착되도록 적당한 점착성 테이프를 사용하여 검사면에 붙이도록 한다.

③ 시험편의 자분의 적용은 연속법으로 한다.

④ A형 표준시험편의 A2는 A1보다 높은 유효자기장의 강도로 자분모양이 나타난다.

29 강자성재료의 자분탐상검사방법 및 자분모양의 분류(KS D 0213)에 따른 B형 대비시험편의 사용 용도와 가장 거리가 먼 것은?

① 장치의 성능 조사

② 자분의 성능 조사

③ 탐상유효범위 조사

④ 검사액의 성능조사

해설

B형 대비시험편은 장치, 자분 및 검사액의 성능을 조사하는 데 사용한다.

정답 26 ③ 27 ④ 28 ① 29 ③

30 강자성재료의 자분탐상검사방법 및 자분모양의 분류(KS D 0213)에 따른 자화전류의 선택 시 원칙적으로 표면 흠의 검출에 한하여 사용되는 전류는?

① 직류 및 맥류
② 교류 및 충격전류
③ 직류 및 충격전류
④ 교류 및 직류

해설

자화전류의 종류

- 교류 및 충격전류를 사용하여 자화하는 경우, 원칙적으로 표면 흠집의 검출에 한한다.
- 교류를 사용하여 자화하는 경우, 원칙적으로 연속법에 한한다.
- 직류 및 맥류를 사용하여 자화하는 경우, 표면의 흠집 및 표면 근처 내부의 흠집을 검출할 수 있다.
- 직류 및 맥류를 사용하여 자화하는 경우, 연속법 및 잔류법에 사용할 수 있다.
- 맥류는 그것에 포함되는 교류성분이 큰 만큼 내부 흠집의 검출성능이 낮다.
- 교류는 표피효과의 영향으로 표면 아래의 자화가 직류와 비교하여 약하다.
- 충격전류를 사용하는 경우는 잔류법에 한한다.

31 강자성재료의 자분탐상검사방법 및 자분모양의 분류(KS D 0213)에서 모양 및 집중성에 따라 자분모양을 분류한 것은?

① 균열에 의한 자분모양
② 용입 부족에 의한 자분모양
③ 기공에 의한 자분모양
④ 개재물 혼입에 의한 자분모양

해설

자분모양의 분류

- 균열에 의한 자분모양
- 독립된 자분모양
  - 선상의 자분모양
  - 원형상의 자분모양
- 연속된 자분모양
- 분산된 자분모양

32 강자성재료의 자분탐상검사방법 및 자분모양의 분류(KS D 0213)에 따라 자외선조사장치를 이용한 형광자분탐상시험을 할 경우 일반 빛(일광 또는 조명)을 차단하여야 하는데 그 제한되는 밝기는?

① 500lx 이하
② 1,000lx 이하
③ 20lx 이하
④ 50lx 이하

해설

KS D 0213에 따라 형광 검출 매체를 사용한 경우 자외선 조사장치를 사용하여 형광 지시를 충분히 식별할 수 있는 어두운(관찰면의 밝기가 20lx 이하) 곳에서 관찰하여야 한다.

33 압력용기-비파괴시험 일반(KS B 6752)의 자분탐상시험 시 불연속부가 가장 정확하게 나타나는 표면 상태는?

① 건조되고 다른 이물질이 없는 표면
② 그리스가 발라진 표면
③ 용접스패터가 있는 표면
④ 페인트가 칠해진 표면

해설

자분탐상시험은 표면부 결함 검출에 유리한 방법이며 이물질이나 코팅이 있으면 결함이 깊이 방향에 존재하는 것과 같게 볼 수 있다.

30 ② 31 ① 32 ③ 33 ① 정답

34 강자성재료의 자분탐상검사방법 및 자분모양의 분류(KS D 0213)에서 “A1-7/50” 표준시험편의 인공 흠집에는 직선형과 원형이 있다. 각각의 인공 흠집 크기(mm)로 옳은 것은?

① 원형의 직경 : 5mm, 직선형의 길이 : 6mm
② 원형의 직경 : 10mm, 직선형의 길이 : 6mm
③ 원형의 직경 : 10mm, 직선형의 길이 : 10mm
④ 원형의 직경 : 5mm, 직선형의 길이 : 10mm

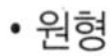
해설

• 원형

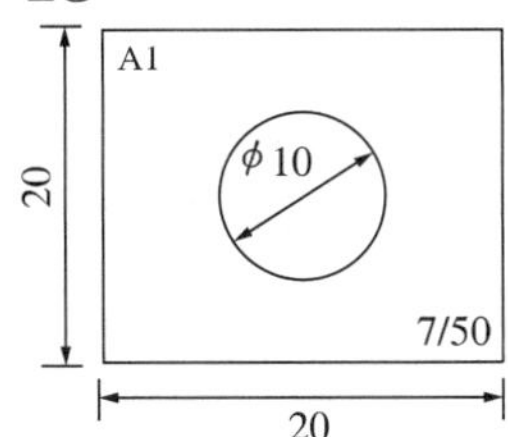

• 직선형

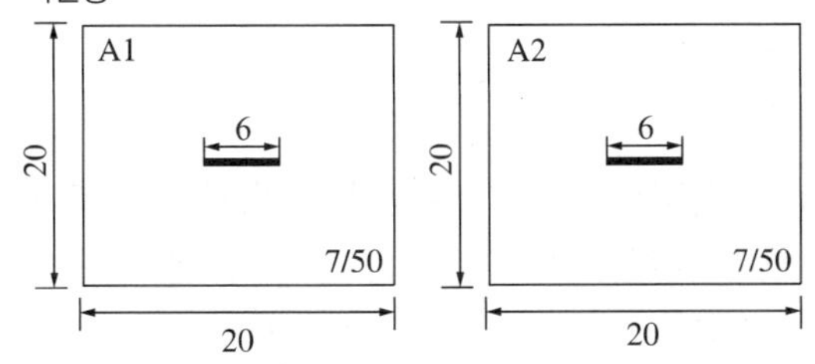

[A형 표준시험편(KS D 0213 인용)]

35 강자성재료의 자분탐상검사방법 및 자분모양의 분류(KS D 0213)에 따라 다음 중 탈자가 필요한 경우는?

① 외부 누설 자장이 없는 경우
② 더 높은 자력으로 자분탐상검사를 해야 하는 경우
③ 용접물, 대형 주강품, 보일러 등의 부품에 잔류자기가 사라진 경우
④ 자화에 의해 부품이 사용 중 영향을 받는 경우

해설

탈자가 필요한 경우
• 계속하여 수행하는 검사에서 이전 검사의 자화에 의해 악영향을 받을 우려가 있을 때
• 검사 대상체의 잔류자기가 이후의 기계가공에 악영향을 미칠 우려가 있을 때
• 검사 대상체의 잔류자기가 계측장치 등에 악영향을 미칠 우려가 있을 때
• 검사 대상체가 마찰부분 또는 그것에 가까운 곳에 사용되는 것으로 마찰부분에 자분 등을 흡인하여 마모를 증가시킬 우려가 있을 때
• 그 밖의 필요할 때

36 강자성재료의 자분탐상검사방법 및 자분모양의 분류(KS D 0213)에 따르면 탐상검사 시 교류는 내부 흠집의 검출성능이 매우 나쁘다. 어떤 이유 때문인가?

① 광전효과 때문
② 표피효과 때문
③ 충전율 변화 때문
④ 잔류자속밀도가 높기 때문

해설

표피효과란 바깥쪽으로 갈수록 전류밀도가 커지는 효과를 말한다.

정답 34 ② 35 ④ 36 ②

37 압력용기-비파괴시험 일반(KS B 6752)에 따른 절차서의 개정이 필요한 경우는?

① 시험체의 형상 변경
② 검사자의 자격인정요건 변경
③ 인정범위를 초과하는 피복두께
④ 시험 후처리 기법의 변경

해설
보기의 구성으로 보아 문제의 질문 중 "절차서의 개정"이란 재인정을 말하는 것이며, 필수 변수와 비필수 변수를 구분하는 문제이다. 인정한 범위를 초과하는 피복 두께는 필수요소이므로, 이를 변경할 경우는 절차서의 재인정이 필요하다.
절차서 요건(KS B 6752 4.1)

- 요건 : 자분탐상시험은 최소한 아래 요건이 포함된 절차서에 따라 실시한다.
  - 필수 변수 : 자화기법 / 자화전류형식이 규정되었거나 이미 인정된 범위를 벗어나는 전류 / 표면 전처리 / 자분 종류 / 자분 적용방법 / 과잉자분제거방법/빛의 최소강도/인정한 범위를 초과하는 피복 두께 / 성능 검증 / 자분제조자가 권고하였거나 미리 인정된 온도 범위를 벗어나는 시험품의 표면온도
  - 비필수 변수 : 시험체의 형상 또는 크기 / 동일한 종류의 장비 / 온도 / 탈자기법 / 시험 후 처리기법 / 시험요원의 자격인정 요건
- 절차서 인정
  - 관련 표준에 절차서 인정이 규정된 경우, 위의 필수 변수 요건의 변경을 위해 입증을 통한 절차서의 재인정이 요구된다.
  - 비필수 변수로 분류된 요건을 변경하는 경우, 절차서의 재인정이 필요 없다.
  - 절차서에 규정된 모든 필수 변수 또는 비필수 변수를 변경하는 경우, 해당 절차서의 개정이나 추록이 요구된다.

38 압력용기-비파괴시험 일반(KS B 6752)에 따른 코일자화법을 사용할 수 없는 시험체는?

① 지름 50mm이고, 길이 75mm인 제품
② 지름 50mm이고, 길이 100mm인 제품
③ 지름 50mm이고, 길이 125mm인 제품
④ 지름 50mm이고, 길이 150mm인 제품

해설
시험체의 L(길이) : D(지름) 비, 즉 L/D가 2 미만이면 시험체 검사 대상 부분이 거의 양극에 속하여 검사가 불가함

39 강자성재료의 자분탐상검사방법 및 자분모양의 분류(KS D 0213)에 따른 자분모양의 관찰에 관한 설명으로 가장 올바른 것은?

① 재질경계지시는 관찰하는 데 유의할 필요는 없다.
② 비형광자분으로 탐상할 때는 자외선등을 사용한다.
③ 형광자분일 때는 밝은 조명에서 관찰하는 것이 좋다.
④ 자분모양의 관찰은 원칙적으로 자분모양이 형성된 직후에 하는 것이 좋다.

해설
① 의사지시 중 재질경계지시가 있다.
② 형광자분 시 자외선등을 사용한다.
③ 비형광자분일 때 밝은 조명에서 관찰한다.

40 강자성재료의 자분탐상검사방법 및 자분모양의 분류(KS D 0213)에 따른 자화방법 중 부호 M의 의미는?

① 축통전법　② 프로드법
③ 전류관통법　④ 극간법

해설
자화방법에 따른 분류

- 축통전법(EA) : 검사 대상체의 축방향으로 직접 전류를 흐르게 한다.
- 직각통전법(ER) : 검사 대상체의 축에 대하여 직각방향으로 직접 전류를 흐르게 한다.
- 전류관통법(B) : 검사 대상체의 구멍 등에 통과시킨 도체에 전류를 흐르게 한다.
- 자속관통법(I) : 검사 대상체의 구멍 등에 통과시킨 자성체에 교류자속 등을 가함으로써 검사 대상체에 유도전류에 의한 자기장을 형성시킨다.
- 코일법(C) : 검사 대상체를 코일에 넣고 코일에 전류를 흐르게 한다.
- 극간법(M) : 검사 대상체 또는 검사할 부위를 전자석 또는 영구자석의 자극 사이에 놓는다.
- 프로드법(P) : 검사 대상체 표면의 특정 지점에 2개의 전극(이것을 플롯이라 함)을 대어서 전류를 흐르게 한다.

37 ③ 38 ① 39 ④ 40 ④ 정답

41 강자성재료의 자분탐상검사방법 및 자분모양의 분류(KS D 0213)에서 "사이클로트론, 사일리스터 등을 사용하여 얻은 1펄스의 자화전류"를 무엇이라 하는가?

① 교류 ② 직류
③ 맥류 ④ 충격전류

해설
개정된 KS D 0213 3.16에서 충격전류를 문제의 큰 따옴표 안처럼 정의하였다.

42 압력용기-비파괴시험 일반(KS B 6752)에 따른 중심도체법에서 3회 감긴 관통케이블을 사용하여 시험하는데 900A가 필요하였다면, 1회 감은 관통케이블을 사용할 경우 필요한 전류는?

① 300A ② 900A
③ 1,800A ④ 2,700A

해설
감긴 수만큼 비례하여 전류가 덜 들어가므로, 같은 자장계를 만들려면 900A × 3회 = 2,700A가 필요하다.

43 보통 주철(회주철) 성분에 0.7~1.5% Mo, 0.5~4.0% Ni을 첨가하고 별도로 Cu, Cr을 소량 첨가한 것으로 강인하고 내마멸성이 우수하여 크랭크축, 캠축, 실린더 등의 재료로 쓰이는 것은?

① 듀리론 ② 니-레지스트
③ 애시큘러 주철 ④ 미하나이트 주철

해설
애시큘러 주철은 내마멸용 주철로 보통 주철에 Mo, Mn, 소량의 Cu 등을 첨가하여 강인성과 내마멸성이 높아 크랭크축, 캠축, 실린더 등에 쓰인다.

44 다음 중 형상기억합금으로 가장 대표적인 것은?

① Fe-Ni
② Ni-Ti
③ Cr-Mo
④ Fe-Co

해설
Au-Cd합금, In-Ti합금 등이 있으나 제일 대표적인 합금은 Ni-Ti 합금이다.

45 다음 중 합금 중에서 알루미늄 합금에 해당되지 않는 것은?

① Y합금
② 콘스탄탄
③ 라우탈
④ 실루민

해설
콘스탄탄은 니켈 40~50%와 동의 합금이다.

정답 41 ④ 42 ④ 43 ③ 44 ② 45 ②

46 다음 중 볼트, 너트, 전동기축 등에 사용되는 것으로 탄소함량이 약 0.2~0.3% 정도인 기계구조용 강재는?

① SM25C ② STC4
③ SKH2 ④ SPS8

해설
① SM(Steel for Marine) : 기계, 조선 구조용 강재, 25C는 0.25% Carbon
② STC(Steel for Tool-Carbon)4 : 탄소공구강 4번
③ SKH(Steel for K-High speed)2 : 고속도 공구 강재 2번
④ SPS(Steel for Press Structure)8 : 압연 구조용 강재 8번

47 주철의 물리적 성질을 설명한 것 중 틀린 것은?

① 비중은 C, Si 등이 많을수록 커진다.
② 흑연편이 클수록 자기 감응도가 나빠진다.
③ C, Si 등이 많을수록 용융점이 낮아진다.
④ 화합탄소를 적게 하고 유리탄소를 균일하게 분포시키면 투자율이 좋아진다.

해설
① Fe의 비중이 C나 Si보다 높으므로 많을수록 비중이 내려간다.
② 흑연편은 주철 내부에 연필가루 같은 흑연이 조각되어 산입되어 있는 것이라고 생각하자. 자성물질인 Fe에 비해 흑연이 많을수록 자기 감응도는 낮아질 것이다.
③ C나 Si가 주철보다 용융점이 낮으므로 많을수록 용융점이 낮아진다.
④ 유리탄소란 유리(流離)되어 있는 탄소, 즉 별도로 떨어져 있는 탄소를 의미하므로 탄소를 화합하여 시멘타이트를 만드는 것보다 분리, 유리시키면 Fe과 C가 각각 존재하므로 투자율이 좋아진다.

48 탄소강 중에 포함된 구리(Cu)의 영향으로 옳은 것은?

① 내식성을 저하시킨다.
② Ar_1의 변태점을 저하시킨다.
③ 탄성한도를 감소시킨다.
④ 강도, 경도를 감소시킨다.

해설
Cu(구리) : Fe에 극히 적은 양이 고용되며, 열간 가공성을 저하시키고, 인장강도와 탄성한도는 높여주며 부식에 대한 저항도 높여준다.

49 6 : 4 황동에 철을 1% 내외 첨가한 것으로 주조재, 가공재로 사용되는 합금은?

① 인바 ② 라우탈
③ 델타메탈 ④ 하이드로날륨

해설
③ 델타메탈 : 6 : 4 황동에 철을 1% 내외 첨가한 것으로 주조재, 가공재로 사용된다.
① 인바 : 35~36% Ni, 0.1~0.3% Cr, 0.4% Mn+Fe, 내식성이 좋고, 바이메탈, 진자, 줄자
② 라우탈 : 알코아에 Si을 3~8% 첨가하면 주조성이 개선되며 금형주물로 사용된다.
④ 하이드로날륨 : Mn(망간)을 함유한 Mg계 알루미늄 합금으로 주조성은 좋지 않으나 비중이 작고 내식성이 매우 우수하여 선박용품, 건축용 재료에 사용되고, 내열성은 좋지 않아 내연기관에는 사용하지 않는다.

50 다음 중 소성가공에 해당되지 않는 가공법은?

① 단조 ② 인발
③ 압출 ④ 표면처리

해설
표면처리는 여러 가지 목적으로 표면을 경화하거나 강화하거나 하는 처리방법을 의미한다.

46 ① 47 ① 48 ② 49 ③ 50 ④ 정답

51 체심입방격자(BCC)의 근접 원자 간 거리는?(단, 격자정수는 a이다)

① a
② $\frac{1}{2}a$
③ $\frac{1}{\sqrt{2}}a$
④ $\frac{\sqrt{3}}{2}a$

해설

체심입방격자

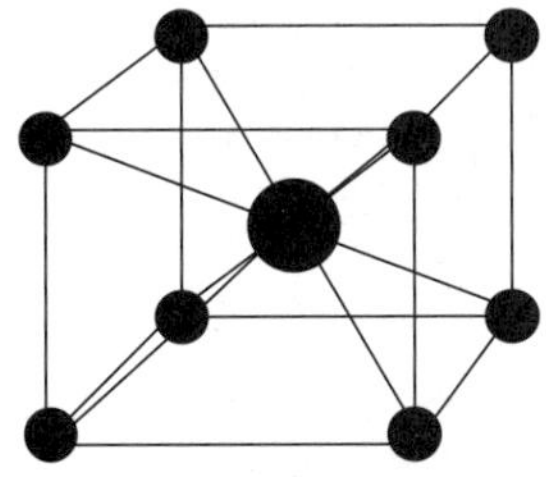

체심입방격자의 구조는 정육면체의 가운데에 중심 원자가 있는 형태이다. 따라서 근접 원자 간의 거리는 정육면체 대각선 길이의 반이다. 정육면체 대각선 길이는 한변을 a라 할 때 $\sqrt{3}a$라는 것은 알려져 있으므로, 근접 원자 간 거리는 $\frac{\sqrt{3}}{2}a$이다.

52 분말상 Cu에 약 10% Sn 분말과 2% 흑연 분말을 혼합하고, 윤활제 또는 휘발성 물질을 가한 후 가압 성형하여 소결한 베어링 합금은?

① 켈밋메탈
② 배빗메탈
③ 앤티프릭션
④ 오일리스 베어링

해설

오일리스 베어링

Cu에 10% 정도의 Sn과 2% 정도의 흑연의 각 분말상을 윤활제나 휘발성 물질과 가압 소결 성형한 합금으로 극압 상황에서 윤활제 없이 윤활이 가능한 재질이다.

53 주철에서 어떤 물체에 진동을 주면 진동에너지가 그 물체에 흡수되어 점차 약화되면서 정지하게 되는 것과 같이 물체가 진동을 흡수하는 능력은?

① 감쇠능
② 유동성
③ 연신능
④ 용해능

해설

주철의 감쇠능

물체에 진동이 전달되면 흡수된 진동이 점차 작아지게 하는 능력이 있는데 이를 진동의 감쇠능이라 하고 회주철은 감쇠능이 뛰어나다.

54 Fe-C 평행상태도에서 자기변태만으로 짝지어진 것은?

① A_0 변태, A_1 변태
② A_1 변태, A_0 변태
③ A_0 변태, A_2 변태
④ A_3 변태, A_4 변태

해설

- A_0 : α고용체의 자기변태점
- A_2 : 순철의 자기변태점

55 다음 중 슬립(Slip)에 대한 설명으로 틀린 것은?

① 슬립이 계속 진행하면 변형이 어려워진다.
② 원자밀도가 최대인 방향으로 슬립이 잘 일어난다.
③ 원자밀도가 가장 큰 격자면에서 슬립이 잘 일어난다.
④ 슬립에 의한 변형은 쌍정에 의한 변형보다 매우 작다.

해설

- 적층결함(Stacking Fault) : 2차원적인 전위, 층층이 쌓이는 순서가 틀어진다.
- 쌍정(Twin) : 전위면을 기준으로 대칭이 일어날 때 결정립 경계를 결함으로 보기도 한다.
- 슬립 : 미끄러짐을 뜻하는 결함으로 점층적 변형이 아닌, 원자밀도가 높은 격자면에서 일시에 힘을 받아 발생하는 결함이다.

정답 51 ④ 52 ④ 53 ① 54 ③ 55 ④

56 다음 중 시효경화성이 있는 합금은?

① 실루민　② 알팍스
③ 문쯔메탈　④ 두랄루민

해설

두랄루민

- 단련용 Al합금으로 Al-Cu-Mg계이며 4% Cu, 0.5% Mg, 0.5% Mn, 0.5% Si를 함유한다.
- 시효경화성 Al합금으로 가볍고 강도가 크므로 항공기, 자동차, 운반기계 등에 사용된다.

57 비중 7.14, 용융점 약 419℃이며 다이캐스팅용으로 많이 이용되는 조밀육방격자 금속은?

① Cr　② Cu
③ Zn　④ Pb

해설

다이캐스팅용으로 널리 쓰이는 합금은 알루미늄(Al)과 아연(Zn)합금뿐이다.

58 산소-아세틸렌 가스용접기로 두께가 2mm인 연강판의 용접에 적합한 가스용접용의 이론적인 지름(mm)은?

① 1　② 2
③ 3　④ 4

해설

용접봉의 지름 구하는 식 : $D=\frac{T}{2}+1$

$D=\frac{2}{2}+1=2$

59 진유납이라고도 말하며 구리와 아연의 합금으로 그 융점은 820~935℃ 정도인 것은?

① 은납　② 황동납
③ 인동납　④ 양은납

해설

용융점(450℃) 이상의 납땜재를 경납이라 하며 은납과 황동납이 예이다.

- 은납 : 구성성분이 Sn 95.5%, Ag 3.8%, Cu 0.7% 정도이고 용융점이 낮고 과열에 의한 손상이 없으며, 접합강도, 전연성, 전기전도도, 작업능률이 좋은 편이다.
- 황동납 : 진유납이라고도 말하며 구리와 아연의 합금으로 융점이 820~935℃ 정도이다.

60 셀룰로스(유기물)를 20~30% 정도 포함하고 있어 용접 중 가스를 가장 많이 발생하는 용접봉은?

① E4311　② E4316
③ E4324　④ E4327

해설

아크용접봉의 특성

종류	특성
일미나이트계 (E4301)	슬래그 생성식으로 전자세 용접이 되고, 외관이 아름답다.
고셀룰로스계 (E4311)	가장 많은 가스를 발생시키는 가스 생성식이며 박판 용접에 적합하다.
고산화타이타늄계 (E4313)	아크의 안정성이 좋고, 슬래그의 점성이 커서 슬래그의 박리성이 좋다.
저수소계 (E4316)	슬래그의 유동성이 좋고 아크가 부드러워 비드의 외관이 아름다우며, 기계적 성질이 우수하다.
라임티타니아계 (E4303)	슬래그의 유동성이 좋고 아크가 부드러워 비드가 아름답다.
철분 산화철계 (E4327)	스패터가 적고 슬래그의 박리성도 양호하며, 비드가 아름답다.
철분 산화타이타늄계 (E4324)	아크가 조용하고 스패터가 적으나 용입이 얕다.
철분 저수소계 (E4326)	아크가 조용하고 스패터가 적어 비드가 아름답다.

56 ④　57 ③　58 ②　59 ②　60 ①　정답

2014년 제4회 과년도 기출문제

01 강자성체의 자기적 성질에서 자계의 세기를 나타내는 단위는?

① Wb(Weber)
② S(Stokes)
③ A/m(Ampere/meter)
④ N/m(Newton/meter)

해설

자기 관련 단위

- Weber(Wb) : 자기력선의 단위이며 $1m^2$에 1T의 자속이 지나가면 1Wb이다. Vs(Volt second)를 사용하기도 한다.
- Henry(H) : 인덕턴스를 표시하는 단위이며 초당 1A의 전류변화에 의해 1V의 유도기전력이 발생하면 1H이다.

$$H = \frac{m^2 \cdot kg}{s^2 A^2} = \frac{Wb}{A} = \frac{T \cdot m^2}{A} = \frac{V \cdot s}{A} = \frac{m^2 \cdot kg}{C^2}$$

- Tesla(T) : 공간 어느 지점의 자속밀도의 크기
  $T = Wb/m^2 = kg/(s^2 A) = N/(A \cdot m) = kg/(s \cdot C)$
- Coulomb(C) : 1A의 전류가 1초 동안 이동시키는 전기량
- A/m(Ampere/meter) : 자장의 세기를 나타내는 단위로, 자기회로의 1m당 기자력의 크기이다. 기자력은 전류와 감은 수의 곱으로 표현한다.

02 후유화성 침투탐상시험법으로 시험체를 탐상할 때 결함의 검출감도에 미치는 영향이 가장 큰 것은?

① 침투시간 ② 유화시간
③ 건조시간 ④ 현상시간

해설

유화제의 주된 역할은 침투력이 좋은 후유화성 침투제를 사용한 경우, 잉여 침투제를 제거하기 위해서는 유화제를 사용하여 세척할 수 있도록 하는 것이다. 침투액의 침투시간과 현상시간, 건조시간 모두 영향을 주지만, 유화시간이 길어지면 결함에 침투된 침투액도 씻겨 나갈 수 있다.

03 음향방출검사(AE)에서 나타나는 신호파형 중, 재료의 균열이나 변형에 수반하여 나타나는 것은?

① 1차 AE－연속형
② 1차 AE－돌발형
③ 2차 AE－연속형
④ 2차 AE－돌발형

해설

- 음향방출시험은 재료 내부의 급격한 조직 변화 시 생기는 탄성파(AE파)를 모니터하고 있다가 AE파가 발생하면 결함의 성질과 상태를 파악하는 검사이다.
- 이 검사에 사용되는 음원은 1차 AE, 2차 AE로 구분된다.
  - 1차 AE는 재료의 균열이나 변형에 의해 발생된다.
  - 2차 AE는 유체의 누설이나 마찰 등에 의해 발생한다.
- 발생시킨 음원에 의해 검출되는 신호
  - 1차 AE에 의한 경우, 일시에 발생되고 검출되므로 돌발형이라 한다.
  - 2차 AE에 의한 경우, 연속적으로 발생하므로 연속형이라 한다(누설이 단발형으로 누설되는 것보다 연속적으로 되는 것이 더 개연성이 있다).

04 자분탐상시험에서 불연속의 위치가 표면에 가까울수록 나타나는 현상의 설명으로 옳은 것은?

① 자분모양이 더 명확하게 된다.
② 자분모양이 희미한 상태로 된다.
③ 누설자속 자장이 더 희미하게 된다.
④ 표면으로부터의 깊이와는 무관하다.

해설

불연속에서 자극이 발생되는 것을 이해한다면 자극에 가까울수록 자분의 집중도가 높아지는 것을 쉽게 이해할 수 있다.

정답 1 ③ 2 ② 3 ② 4 ①

05 와전류탐상시험에 대한 설명으로 옳은 것은?

① 자성인 시험체, 베크라이트나 목재가 적용 대상이다.

② 전자유도시험이라고도 하며 적용 범위는 좁으나 결함깊이와 형태의 측정에 이용된다.

③ 시험체의 와전류 흐름이나 속도가 변하는 것을 검출하여 결함의 크기, 두께 등을 측정하는 것이다.

④ 기전력에 의해 시험체 중에 발생하는 소용돌이 전류로 결함이나 재질 등의 영향에 의한 변화를 측정한다.

해설

① 목재는 적용 대상이 아니다.
② 형태 측정을 하지 않는다.
③ 두께가 아니라 피막을 측정한다.

06 공기 중에서 초음파의 주파수 5MHz일 때 물속에서의 파장은 몇 mm가 되는가?(단, 물에서의 초음파 음속은 1,500m/s이다)

① 0.2　　② 0.3
③ 0.4　　④ 0.5

해설

주파수란 1초당 떨림 횟수이므로, 공기 중 500만 번 떨리면서 340m(공기 중 음속 340m/s) 이동하므로 한 번당 0.068mm(파장의 길이)의 같은 떨림 수를 갖고 있고, 음속만 다르면 파장당 길이가 1,500 : 340으로 길어지므로

$$0.068\text{mm}\times\left(\frac{1,500}{340}\right)=0.3\text{mm}$$

07 음향방출 시험장치의 설정 기본항목이 아닌 것은?

① 검사시간　　② 게인
③ 문턱값　　④ 불감시간

해설

음향방출시험은 충분한 시간을 두고 탐상하는 시험이므로 검사시간은 기본 설정 항목이라 볼 수 없다.

08 압력변화시험에서 주의하여야 할 환경 요인은?

① 습도변화　　② 대기압 변화
③ 온도 변화　　④ 풍속 변화

해설

제한된 공간에 있는 기체는 온도가 올라가면 활동성이 높아져 압력상승의 요인이 된다. 원하는 압력에서와 다른 결과를 볼 수 있으므로 온도의 변화에 유의하여야 한다.

※ 저자의견

보기의 요소들이 모두 약간 씩은 압력 변화에 영향을 주는 요인이나, 문제가 요구하는 역학관계는 온도–압력 간의 관계를 요구한 것으로 이해한다.

09 비파괴검사 방법 중 광학의 원리를 이용한 것은?

① 액체침투탐상검사
② 방사선투과검사
③ 초음파탐상검사
④ 음향방출검사

해설

형광침투액을 사용하는 경우, 자외선을 방사하여 침투액의 발광현상을 이용한다.

5 ④ 6 ② 7 ① 8 ③ 9 ① 정답

10 전원 시설이 없어도 검사가 가능한 비파괴검사법은?

① X선 투과시험
② 염색침투탐상시험
③ 와전류탐상시험
④ 중성자투과시험

해설
염색침투탐상시험은 밝은 곳에서 육안으로 검사한다.

11 자분탐상시험과 와전류탐상시험을 비교한 내용 중 틀린 것은?

① 검사 속도는 일반적으로 자분탐상시험보다는 와전류탐상시험이 빠른 편이다.
② 일반적으로 자동화의 용이성 측면에서 자분탐상시험보다는 와전류탐상시험이 용이하다.
③ 검사할 수 있는 재질로 자분탐상시험은 강자성체, 와전류탐상시험은 전도체이어야 한다.
④ 원리상 자분탐상시험은 전자기유도의 법칙, 와전류탐상시험은 자력선 유도에 의한 법칙이 적용된다.

해설
원리상 자분탐상시험이 자력선 유도를 사용하고, 와전류탐상이 전자기유도 원리를 사용한다.

12 초음파탐상시험에서 표준이 되는 장치나 기기를 조정하는 과정을 무엇이라 하는가?

① 감쇠　　② 교정
③ 상관관계　　④ 경사각탐상

해설
② 교정(Calibration) : 초음파탐상시험에서 표준이 되는 장치나 기기를 조정하는 과정

13 필름에 입사된 빛의 강도가 100이고 필름을 투과한 빛의 강도가 10이라면, 방사선 투과사진의 농도는?

① 1　　② 2
③ 3　　④ 4

해설
방사선 투과사진의 농도

$D = \log_{10}\frac{A}{B}$

$= \log_{10}\frac{100}{10} = \log_{10}10 = 1$

(D : 투과농도, A : 빛의 강도, B : 필름에 투과되는 빛의 강도)

14 대형 석유저장 탱크의 밑판을 검사할 수 있는 누설시험법은?

① 기포누설시험-가압발포액법
② 기포누설시험-진공상자법
③ 헬륨질량분석시험-가압법
④ 헬륨질량분석시험-진공법

해설
기포누설시험은 큰 시험체의 일부를 탐상하는 데 적합하다. 진공상자법은 바깥쪽에 음압을 주어 기포를 살피는 방법이고, 가압법은 안쪽에 압력을 주는 방법이다. 내부가 밀폐된 시험체라면 안쪽에 가압하는 편이 유리하고, 큰 시험체라면 음압을 걸어주는 쪽이 유리하다.

정답 10 ② 11 ④ 12 ② 13 ① 14 ②

15 자분탐상시험에서 다음 중 탈자를 실시해야 할 경우는?

① 보자성이 아주 낮은 부품일 때
② 검사 후 500℃ 이상의 온도에서 열처리할 때
③ 잔류자기가 무의미한 큰 주물일 때
④ 자분탐상검사 후 자분 세척을 방해할 때

해설
탈자가 필요한 경우
- 계속하여 수행하는 검사에서 이전 검사의 자화에 의해 악영향을 받을 우려가 있을 때
- 검사 대상체의 잔류자기가 이후의 기계가공에 악영향을 미칠 우려가 있을 때
- 검사 대상체의 잔류자기가 계측장치 등에 악영향을 미칠 우려가 있을 때
- 검사 대상체가 마찰부분 또는 그것에 가까운 곳에 사용되는 것으로 마찰부분에 자분 등을 흡인하여 마모를 증가시킬 우려가 있을 때
- 그 밖의 필요할 때

탈자가 필요 없는 경우
- 더 큰 자력으로 후속 작업이 계획되어 있을 때
- 검사 대상체의 보자력이 작을 때
- 높은 열로 열처리할 계획이 있을 때(열처리 시 자력 상실)
- 검사 대상체가 대형품이고 부분 탐상을 하여 영향이 작을 때

16 자분탐상시험에서 형광자분을 사용할 때 지켜야 할 사항이 아닌 것은?

① 식별성을 높이기 위하여 조사광을 사용하여 관찰면의 밝기를 20lx 이상으로 하여야 한다.
② 파장이 320~400nm인 자외선을 시험면에 조사하여야 한다.
③ 시험면에 필요한 자외선 강도는 $800\mu W/cm^2$ 이상이어야 한다.
④ 관찰할 때는 유효한 자외선 강도의 범위 내에서만 관찰하여야 한다.

해설
① 20lx 이하로 가능한 한 어두워야 한다.

17 선형자장이 형성되는 자분탐상검사 방법은?

① 전류관통법
② 프로드법
③ 코일법
④ 축통전법

해설
선형 자화법에는 코일법과 극간법이 있다.

18 자분탐상시험 시 직류로 검사하여 나타난 지시가 표면결함인지, 표면아래 결함인지 확인하는 방법은?

① 탈자 후 교류로 다시 검사한다.
② 잔류 자장을 측정해 본다.
③ 습식법을 적용 시 건식법으로 다시 검사한다.
④ 표면결함은 직류로 검출되지 않으므로 탈자 후 서지법으로 다시 검사한다.

해설
교류시험에서는 표면 아래 결함이 나타나지 않기 때문이다.

15 ④ 16 ① 17 ③ 18 ① 정답

19 자분탐상시험 시 부품의 자화 가능성 여부를 알기 위한 가장 간단한 방법은?

① 자석을 사용하여 끌리는지 점검한다.
② 자장 측정기를 사용한다.
③ 같은 금속끼리 서로 끌리는지 시험한다.
④ 쇳가루를 부품에 뿌려본다.

해설
질문은 자화 가능성, 즉 자화가 가능할 지를 묻는 것이고, 자석에 붙는 금속은 자화가 되는 성질을 가진 금속이다.

20 자분탐상시험 후 시험체의 탈자 여부를 확인하기 위하여 사용되는 기구가 아닌 것은?

① 가는 철핀
② 자장지시계
③ 자기컴퍼스
④ 표준시험편

해설
자력이 사라졌는지를 확인하기 위해 붙을 만한 물체를 이용하거나 자극이 있는 자침 등을 사용한다.

21 대형 시험품이나 복잡한 형상의 시험품에 국부적으로 적용하기에 적합한 자화방법은?

① 축통전법
② 프로드법
③ 자속관통법
④ 전류관통법

해설
프로드법
- 복잡한 형상의 시험체에 필요한 부분의 시험에 적당
- 간극은 3~8inch 정도
- 프로드 사이를 이은 직선과 평행한 결함 추적에 용이

22 자분탐상시험에서 의사지시가 나타날 수 있는 가장 큰 원인은?

① 부적절한 검사조작과 자계의 불균일한 분포
② 적절한 전류와 검사품 두께의 변화
③ 완숙한 검사조작과 장비의 성능 저하
④ 검사품의 자기적 충격과 새로운 검사액(자분) 적용

해설
의사지시란 결함이 아닌데 불연속지시가 나타나는 형태의 지시로, 전류가 과도하거나 장비의 성능 저하, 부적절한 검사 조작, 자계의 불균일, 검사액의 오염 등에 의해 발생한다.

23 "자화장치"라 함은 검사품에 필요한 자장을 걸어주어 자화시킬 수 있는 것을 말한다. 자화전류를 발생시키는 자화전원부의 종류가 아닌 것은?

① 전류 직통식
② 펄스 통전식
③ 강압 변압기식
④ 극간식

해설
전류를 관통시키는 부분은 전원부가 아니고 자화부에 속한다.
자화장치
- 자화전원부
- 자화부
- 부속장치

정답 19 ① 20 ④ 21 ② 22 ① 23 ①

24 **비형광자분과 비교하여 형광자분의 장점을 설명한 것으로 옳은 것은?**

① 일반적으로 습식법 및 건식법에 모두 사용된다.
② 밝은 장소에서 검사가 가능하다.
③ 결함의 검출감도가 높다.
④ 거친 결함에 사용하는 것이 효과적이다.

해설
비형광자분은 육안으로 식별해야 함에 반해, 형광자분은 형광자분이 눈에 훨씬 잘 식별되기에 검출감도가 높다.

25 **자분탐상시험에서 원통형 코일의 단면적과 검사부위 단면적의 비를 무엇이라 하는가?**

① 충전율(Fill Factor)
② 전도율(Conductivity)
③ 비투자율(Relative Permeability)
④ 자기 유도율(Manetic Induction Ratio)

해설
내삽코일의 충전율(Fill Factor) 식
$\eta=\left(\frac{D}{d}\right)^2\times 100\%$($D$: 코일의 평균 직경, d : 관의 내경)

26 **자분탐상시험에서 자분적용 시기에 관한 설명으로 옳은 것은?**

① 연속법은 자화가 종료될 때까지 계속한다.
② 연속법은 잔류자기가 많은 재료에만 사용한다.
③ 잔류법은 연철 등의 저탄소강에 적용한다.
④ 잔류법은 검사속도가 느리다.

해설
연속법
- 자화전류를 통하거나, 영구자석을 접촉시켜 주는 중에 자분의 적용을 완료하는 방법이다.
- 자분 적용 중 통전을 정지하면 자분모양이 형성되지 않는다.
- 감도가 높은 편이다.

잔류법
- 자화전류를 단절시킨 후 자분의 적용을 하는 방법이다.
- 보자력이 높은 금속(공구용 탄소강, 고탄소강 등)에 적절하다.
- 상대적으로 누설자속밀도가 적다.
- 검사가 간단하고 의사지시가 적다.

27 **의사지시 중 재질경계지시가 생기는 부위가 아닌 것은?**

① 투자율이 다른 시험체의 경계부위
② 용접부위와 모재의 경계부위
③ 금속조직의 경계부위
④ 모재 두께의 급격한 변화가 있는 부위

해설
두께가 변화되어도 재질이 달라지지는 않는다.

24 ③ 25 ① 26 ① 27 ④ **정답**

28 강자성재료의 자분탐상검사방법 및 자분모양의 분류(KS D 0213)에서 연속법일 때의 자화조작 방법으로 옳은 것은?

① 자화조작 중에 자분적용을 완료한다.
② 탈자를 한 후에 자분적용을 완료한다.
③ 자화력을 제거한 후 자분적용을 완료한다.
④ 자화조작 종료 후에 자분적용을 완료한다.

해설
연속법과 잔류법은 자분적용시기에 따른 분류로 연속법은 자화조작 중 자분적용을 완료한다.

29 강자성재료의 자분탐상검사방법 및 자분모양의 분류(KS D 0213)에서 잔류법에 있어서의 규정된 통전시간은?

① 1/4~1초 ② 1~2초
③ 1/2~2초 ④ 1/2~3초

해설
통전시간 설정
- 연속법에서는 통전 중 자분 적용을 완료할 수 있는 통전시간을 설정한다.
- 잔류법에서는 원칙적으로 1/4~1초이다. 다만, 충격전류인 경우에는 1/120초 이상으로 하고 3회 이상 통전을 반복하는 것으로 한다. 단, 충분한 기자력을 가할 수 있는 경우는 제외한다.

30 강자성재료의 자분탐상검사방법 및 자분모양의 분류(KS D 0213)에서 규정한 비형광자분을 사용한 탐상시험 시 관찰면의 밝기로 옳은 것은?

① 20룩스 이하 ② 250룩스 이하
③ 300룩스 이상 ④ 500룩스 이상

해설
비형광자분
- 형광이 발생하는 처리를 하지 않은 자분
- 육안으로 관찰하여야 하므로 500lx 이상 밝기가 필요

※ 잘 기억이 나지 않을 때, 가장 밝아야 하는 경우는 가장 큰 값, 가장 어두워야 하는 경우는 가장 작은 값을 고르면 정답일 가능성이 높다. 꼭 그런 건 아니지만, 출제자가 정답 시비를 피하기 위해 이런 식으로 배치를 하는 경우가 많다. 예를 들어 위의 질문이라면, ③번 보기가 500lx 다음 ④번에 600lx가 있다면 600lx 이상의 밝기가 틀리는 것이 아니게 되기 때문이다. 그러나 모쪼록 이 정도는 알고 풀 수 있어야 할 것으로 기대한다.

31 강자성재료의 자분탐상검사방법 및 자분모양의 분류(KS D 0213)에 의한 자분탐상 시 건식법에서 자분 살포와 관련된 내용으로 틀린 것은?

① 검사면이 충분히 건조되어 있는 것을 확인하고 젖어 있는 경우에는 시험해서는 안 된다.
② 충분히 건조되어 있지 않은 자분을 뿌리거나 살포해서는 안 된다.
③ 가볍게 검사면에 진동을 가하여 자분모양의 형성을 쉽게 할 수 있다.
④ 잉여 자분을 조용한 공기흐름으로 제거해서는 안 된다.

해설
건식법(건식분산매)
- 자분 및 검사면이 충분히 건조되어 있는 것을 확인한 후에 적당량의 자분을 조용히 뿌리거나 살포한다.
- 자분모양의 형성을 위해 가벼운 검사면 진동이나 잉여 자분을 조용한 공기흐름 등으로 제거 가능하다.
- 형성된 자분모양이 사라지지 않도록 주의한다.

정답 28 ① 29 ① 30 ④ 31 ④

32 항공 우주용 자기탐상검사방법(KS W 4041)에서 비형광자분법을 사용할 때 백색등을 검사영역에 설치하는 경우 적절한 검사를 시행하기 위한 밝기는 적어도 몇 lx 이상이 필요하다고 규정하고 있는가?

① 300　　② 1,024
③ 1,550　　④ 2,150

해설

폐지된 KS W 4041의 4.4.1에서 비형광자분을 항공 우주용 탐상에 적용할 때는 2,150lx 이상의 백색등을 요구하고 있다. 폐지된 규정이라 하여도 이젠 규정이 아닐 뿐이지 틀린 내용이라 볼 수 없기에 출제되는 내용을 중심으로 알아둘 필요가 있다.

33 강자성재료의 자분탐상검사방법 및 자분모양의 분류(KS D 0213)에 규정된 자분탐상검사방법 중 자화방법에 따른 분류가 아닌 것은?

① 잔류법　　② 코일법
③ 극간법　　④ 전류관통법

해설

시험방법의 분류
- 자분의 적용시기에 따라 : 연속법, 잔류법
- 자분의 종류에 따라 : 형광자분, 비형광자분
- 자분의 분산매에 따라 : 건식법, 습식법
- 자화전류의 종류에 따라 : 직류, 맥류, 교류, 충격전류
- 자화 방법에 따라 : 축통전법(EA), 직각통전법(ER), 자속관통법(I), 전류관통법(B), 프로드법(P), 코일법(C), 극간법(M)

34 강자성재료의 자분탐상검사방법 및 자분모양의 분류(KS D 0213)에 의한 자외선조사장치의 보수점검에 사용되는 자외선의 파장범위로 옳은 것은?

① 200~300nm　　② 320~400nm
③ 400~520nm　　④ 520~600nm

해설

형광자분을 사용하는 시험에는 자외선조사장치를 이용한다. 자외선조사장치는 주로 320~400nm의 근자외선을 통과시키는 필터를 가지며 사용 상태에서 형광자분모양을 명료하게 식별할 수 있는 자외선 강도(자외선조사장치의 필터면에서 38cm의 거리에서 800μW/cm^2 이상)를 가진 것이어야 한다.

35 강자성재료의 자분탐상검사방법 및 자분모양의 분류(KS D 0213)에서 자분모양을 분류할 때의 기준은?

① 위치 및 크기　　② 무게 및 크기
③ 종류 및 거리　　④ 모양 및 집중성

해설

자분탐상검사에서 얻은 자분모양을 모양 및 집중성에 따라 분류한다(KS D 0213 9).

36 항공 우주용 자기탐상검사방법(KS W 4041)에 따르면, 형광 자분 검사는 어두운 곳에서 실시하는데 주위의 조도는 얼마 이하여야 하는가?

① 10.7lx(1ft · cd)　　② 21.5lx(2ft · cd)
③ 107.5lx(10ft · cd)　　④ 860lx(80ft · cd)

해설

폐지된 KS W 4041의 4.4.2에서 21.5lx(2ft 거리에서 1cd의 밝기 : 팔뚝 하나 들어갈 만큼의 거리에서 촛불 한 개를 켠 정도로 볼 수 있는 밝기)를 요구하였다. 21.5lx 이하이므로 10.7lx도 해당된다고 생각할 수 있어 30번의 설명처럼 가장 작은 값을 선택할 수도 있으나 이는 규정이기 때문에 ②번의 정확한 값을 선택하여야 한다. 물론 시비거리가 될 수 있다. 규정은 이미 폐지되었고, 어두울수록 좋기 때문이다.

32 ④ 33 ① 34 ② 35 ④ 36 ② 정답

37 강자성재료의 자분탐상검사방법 및 자분모양의 분류(KS D 0213)에 의한 용어의 정의가 틀린 것은?

① 자화전류란 검사 대상체에 자속을 발생시키는데 사용하는 전류를 말한다.
② 자분이란 검사에 사용되는 강자성체의 미세한 분말을 말한다.
③ 분산매란 자분이 여러 검사체에 잘 분산되는 정도의 매체가 되는 고체를 말한다.
④ 검사액이란 습식법에 사용하는 자분을 분산 현탁시킨 액을 말한다.

해설
분산매 : 자분을 잘 분산시킨 상태로 검사 대상체의 표면에 적용하기 위한 매체가 되는 기체 또는 액체

38 강자성재료의 자분탐상검사방법 및 자분모양의 분류(KS D 0213)에서 A형 표준시험편에 “7/50”이라고 표시된 수치가 있을 때 사선의 왼쪽 수치는 무엇을 나타내는 것인가?

① 판의 두께
② 탐지 가능한 결함 수
③ 통전 시간
④ 인공 흠집의 깊이

해설
시험편의 명칭 가운데 사선의 왼쪽은 인공 흠집의 깊이를, 사선의 오른쪽은 판의 두께를 나타내고 치수의 단위는 μm로 한다.

39 강자성재료의 자분탐상검사방법 및 자분모양의 분류(KS D 0213)에 의한 시험장치의 설명으로 틀린 것은?

① 원칙적으로 자화, 자분의 적용, 관찰 및 탈자의 각 과정을 할 수 있어야 한다.
② 전자석형 자화장치에는 자화전류를 파고치로 표시하는 전류계는 생략해도 된다.
③ 자석형 장치에는 검사 대상체에 투입 가능한 최대 자속, 전류의 종류 및 주파수를 반드시 명기하여야 한다.
④ 형광자분을 사용하는 검사 대상체에는 자외선조사장치를 사용한다.

해설
자석형의 장치에는 검사 대상체에 투입 가능한 최대 자속을 표시하여야 한다. 다만, 전자석형의 장치는 전류의 종류 및 주파수를 함께 표시한다.

40 강자성재료의 자분탐상검사방법 및 자분모양의 분류(KS D 0213)에 규정된 유사모양이 아닌 것은?

① 자기펜자국
② 갈라짐지시
③ 재질경계지시
④ 단면급변지시

해설
KS D 0213 8.6.4의 설명을 인용하면 유사모양에는 다음과 같은 것이 있다.
- 자기펜자국
- 단면급변지시
- 전류지시
- 전극지시
- 자극지시
- 표면거칠기지시
- 재질경계지시

정답 37 ③ 38 ④ 39 ③ 40 ②

41 **강자성재료의 자분탐상검사방법 및 자분모양의 분류(KS D 0213)에서 자화방법의 부호 중 ER은 어느 자화 방법을 가리키는 것인가?**

① 축통전법
② 직각통전법
③ 전류관통법
④ 자속관통법

해설
- 축통전법 : EA
- 직각통전법 : ER
- 자속관통법 : I
- 전류관통법 : B
- 프로드법 : P
- 코일법 : C
- 극간법 : M

42 **강자성재료의 자분탐상검사방법 및 자분모양의 분류(KS D 0213)에 따라 검사하는 부분에 실제로 움직이는 자장을 무엇이라 하는가?**

① 자속밀도
② 반자기장
③ 유효자기장
④ 탐상유효범위

해설
KS D 0213 3.22에서 "유효자기장은 검사하는 부분에 실제로 움직이고 있는 자장을 말하며, 예를 들어 코일법의 경우 코일에 의해 형성되는 자기장에서 검사 대상체에서 형성된 반자기장을 뺀 자기장"이라고 설명하고 있다.

43 **담금질한 강은 뜨임 온도에 의해 조직이 변화하는데 250~400℃ 온도에서 뜨임하면 어떤 조직으로 변화하는가?**

① α-마텐자이트 ② 트루스타이트
③ 소르바이트 ④ 펄라이트

해설
담금질한 강의 조직을 설명하면 다음과 같다.

담금질 조직
- 마텐자이트 : 급랭할 때만 나오는 조직으로 대단히 경하고 침상 조직이며 내식성이 강한 강자성체이다.
- 트루스타이트 : 오스테나이트를 기름에 냉각할 때 500℃ 부근에서 생기며, 마텐자이트를 뜨임하면 생긴다. 마텐자이트보다 덜 경하며, 인성이 다소 높다.
- 소르바이트 : 트루스타이트보다 약간 더 천천히 냉각하면 생기며 마텐자이트를 뜨임할 때 트루스타이트보다 조금 더 높은 온도영역(500~600℃)에서 뜨임하면 생긴다. 조금 덜 경하고, 강인성은 조금 더 좋다.
- 잔류오스테나이트 : 냉각 후 상온에서도 채 변태를 끝내지 못한 오스테나이트가 조직 내에 남게 된다. 이런 오스테나이트는 조직 내에서 어울리지 못하여 문제가 되므로 심랭처리(0℃ 이하로 담금질, 서브제로, 과랭)하여 없애도록 한다.

강도의 순서
마텐자이트 > 트루스타이트 > 소르바이트 > 오스테나이트

41 ② 42 ③ 43 ② 정답

44 탄소강에 함유된 원소가 철강에 미치는 영향으로 옳은 것은?

① S : 저온메짐의 원인이 된다.

② Si : 연신율 및 충격값을 감소시킨다.

③ Cu : 부식에 대한 저항을 감소시킨다.

④ P : 적열메짐의 원인이 된다.

해설

탄소강의 5대 불순물과 기타 불순물

- C(탄소) : 강도, 경도, 연성, 조직 등에 전반적인 영향을 미친다.
- Si(규소) : 페라이트 중 고용체로 존재하며, 단접성과 냉간가공성을 해친다(0.2% 이하로 제한).
- Mn(망간) : 강도와 고온가공성을 증가시킨다. 연신율 감소를 억제, 주조성, 담금질 효과 향상, 적열취성을 일으키는 황화철(FeS) 형성을 막아준다.
- P(인) : 인화철 편석으로 충격값을 감소시켜 균열을 유발하고, 연신율 감소, 상온취성을 유발시킨다.
- S(황) : 황화철을 형성하여 적열취성을 유발하나 절삭성을 향상시킨다.
- 기타 불순물
  - Cu(구리) : Fe에 극히 적은 양이 고용되며, 열간 가공성을 저하시키고, 인장강도와 탄성한도는 높여주며 부식에 대한 저항도 높여준다.
  - 다른 개재물은 열처리 시 균열을 유발할 수 있다.
  - 산화철, 알루미나, 규사 등은 소성가공 중 균열 및 고온메짐을 유발할 수 있다.

45 다음 중 가장 높은 용융점을 갖는 금속은?

① Cu ② Ni

③ Cr ④ W

해설

각 금속의 비중, 용융점 비교

금속명	비중	용융점(℃)	금속명	비중	용융점(℃)
Hg(수은)	13.65	−38.9	Cu(구리)	8.93	1,083
Cs(세슘)	1.87	28.5	U(우라늄)	18.7	1,130
P(인)	2	44	Mn(망간)	7.3	1,247
K(칼륨)	0.862	63.5	Si(규소)	2.33	1,440
Na(나트륨)	0.971	97.8	Ni(니켈)	8.9	1,453
Se(셀레늄)	4.8	170	Co(코발트)	8.8	1,492
Li(리튬)	0.534	186	Fe(철)	7.876	1,536
Sn(주석)	7.23	231.9	Pd(팔라듐)	11.97	1,552
Bi(비스무트)	9.8	271.3	V(바나듐)	6	1,726
Cd(카드뮴)	8.64	320.9	Ti(타이타늄)	4.35	1,727
Pb(납)	11.34	327.4	Pt(플래티늄)	21.45	1,769
Zn(아연)	7.13	419.5	Th(토륨)	11.2	1,845
Te(텔루륨)	6.24	452	Zr(지르코늄)	6.5	1,860
Sb(안티모니)	6.69	630.5	Cr(크로뮴)	7.1	1,920
Mg(마그네슘)	1.74	650	Nb(나이오븀)	8.57	1,950
Al(알루미늄)	2.7	660.1	Rh(로듐)	12.4	1,960
Ra(라듐)	5	700	Hf(하프늄)	13.3	2,230
La(란타넘)	6.15	885	Ir(이리듐)	22.4	2,442
Ca(칼슘)	1.54	950	Mo(몰리브데넘)	10.2	2,610
Ge(게르마늄)	5.32	958.5	Os(오스뮴)	22.5	2,700
Ag(은)	10.5	960.5	Ta(탄탈럼)	16.6	3,000
Au(금)	19.29	1,063	W(텅스텐)	19.3	3,380

정답 44 ② 45 ④

46 탄소강의 표준조직으로 Fe_3C로 나타내며 6.67%의 C와 Fe의 화합물은?

① 오스테나이트(Austenite)
② 시멘타이트(Cementite)
③ 펄라이트(Pearlite)
④ 페라이트(Ferrite)

해설
시멘타이트(Cementite, Fe_3C)
- 6.67%의 C를 함유한 철탄화물이다.
- 매우 단단하고 취성이 커서 부스러지기 쉽다.
- 1,130℃로 가열하면 빠른 속도로 흑연을 분리시킨다.
- 현미경으로 보면 희게 보이고 페라이트와 흡사하다.
- 순수한 시멘타이트는 210℃ 이상에서 상자성체이고 이 온도 이하에서는 강자성체이다. 이 온도를 A_0 변태, 시멘타이트의 자기변태라고 한다.

47 주석을 함유한 황동의 일반적인 성질 및 합금에 관한 설명으로 옳은 것은?

① 황동에 주석을 첨가하면 탈아연부식이 촉진된다.
② 고용한도 이상의 Sn 첨가 시 나타나는 Cu_4Sn 상은 고연성을 나타내게 한다.
③ 7-3황동에 1% 주석을 첨가한 것이 애드미럴티(Admiralty) 황동이다.
④ 6-4황동에 1% 주석을 첨가한 것이 플래티나이트(Platinite)이다.

해설
애드미럴티 황동은 7-3 황동에 Sn을 넣은 것이며 70% Cu, 29% Zn, 1% Sn이다. 전연성이 좋으므로 관 또는 판을 만들어 복수기, 증발기, 열교환기 등의 관에 이용한다.
플래티나이트는 Ni-Fe계 합금이고 황동은 수분에 닿으면 탈아연부식이 촉진된다.

48 게이지용 공구강이 갖추어야 할 조건에 대한 설명으로 틀린 것은?

① HRC 40 이하의 경도를 가져야 한다.
② 팽창계수가 보통 강보다 작아야 한다.
③ 시간이 지남에 따라 치수변화가 없어야 한다.
④ 담금질에 의한 균열이나 변형이 없어야 한다.

해설
게이지용 강
팽창계수가 보통 강보다 작고 시간에 따른 변형이 없으며 담금질 변형이나 균형이 없어야 하고 HR 55 이상의 경도를 갖추어야 한다.

49 Al-Cu계 합금에 Ni와 Mg를 첨가하여 열전도율, 고온에서의 기계적 성질이 우수하여 내연기관용, 공랭 실린더 헤드 등에 쓰이는 합금은?

① Y합금 ② 라우탈
③ 알드리 ④ 하이드로날륨

해설
Y합금
- 4% Cu, 2% Ni, 1.5% Mg 등을 함유하는 Al합금이다.
- 고온에 강한 것이 특징이다. 모래형 또는 금형 주물 및 단조용 합금이다.
- 경도도 적당하고 열전도율이 크며, 고온에서 기계적 성질이 우수하다. 내연기관용 피스톤, 공랭 실린더 헤드 등에 널리 쓰인다.

50 다음 중 베어링용 합금이 아닌 것은?

① 켈밋 ② 배빗메탈
③ 문쯔메탈 ④ 화이트메탈

해설
③ 문쯔메탈 : 영국인 Muntz가 개발한 합금으로 6-4황동이다. 적열하면 단조할 수가 있어서, 가단 황동이라고도 한다. 배의 밑바닥 피막을 입히거나 그 외 해수에 직접 닿을 수 있는 장소의 볼트 및 리벳 등에 사용된다. 베어링용 합금은 미끄럼베어링에 사용되는 합금으로 켈밋, 배빗메탈, 화이트메탈, 모넬메탈 등이 있다.

정답: 46 ② 47 ③ 48 ① 49 ① 50 ③

51 현미경 조직 검사를 할 때 관찰이 용이하도록 평활한 측정면을 만드는 작업이 아닌 것은?

① 거친 연마　② 미세 연마
③ 광택 연마　④ 마모 연마

해설
마모는 닳게 한다는 뜻이고 연마는 갈아서 닳게 하는 공작이다. 문제를 위해 만든 용어인 듯하다.

52 다음 중 주철에서 칠드 층을 얇게 하는 원소는?

① Co　② Sn
③ Mn　④ S

해설
코발트는 내마모성 합금을 만드는데 많이 쓰이며, 철, 니켈과 함께 3대 강자성체이다. 칠드 층을 얇게 해도 충분한 금속성이 발현된다.

53 구리에 대한 특성을 설명한 것 중 틀린 것은?

① 구리는 비자성체다.
② 전기전도율이 Ag 다음으로 좋다.
③ 공기 중에 표면이 산화되어 암적색이 된다.
④ 체심입방격자이며, 동소변태점이 존재한다.

해설
구리는 기본적으로 면심입방격자 구조를 갖는다.

54 과랭(Super Cooling)에 대한 설명으로 옳은 것은?

① 실내온도에서 용융상태인 금속이다.
② 고온에서도 고체 상태인 금속이다.
③ 금속이 응고점보다 낮은 온도에서 용해되는 것이다.
④ 응고점보다 낮은 온도에서 응고가 시작되는 현상이다.

해설
급랭이라고도 하며 조직 내의 잔류오스테나이트를 없애기 위해 응고점보다 아주 낮은 온도로 냉각시켜 응고시키는 방법으로 강도와 경도가 높아지는 장점이 있다. 아주 낮은 온도로 냉각시키는 이유는 문제의 보기에서처럼 응고점보다 낮은 온도에서 응고가 시작되는 부분이 재료 안에 분명히 있기 때문이다.

55 비중이 약 1.74, 용융점이 약 650℃이며, 비강도가 커서 휴대용 기기나 항공우주용 재료로 사용되는 것은?

① Mg　② Al
③ Zn　④ Sb

해설
① 마그네슘 : 매우 가볍고 단단한 재료이며, 마그네슘 합금은 플라스틱만큼 가벼우면서도 강철만큼 단단하기 때문에 자동차나 항공기 부품, 자전거 뼈대, 노트북 컴퓨터 등 각종 휴대용 전자제품에 활용된다.

정답 51 ④ 52 ① 53 ④ 54 ④ 55 ①

56 재료의 강도를 높이는 방법으로 휘스커(Wisker) 섬유를 연성과 인성이 높은 금속이나 합금 중에 균일하게 배열시킨 복합재료는?

① 클래드 복합재료
② 분산강화 금속 복합재료
③ 입자강화 금속 복합재료
④ 섬유강화 금속 복합재료

해설
섬유강화 금속 복합재료는 섬유 상 모양의 휘스커를 금속 모재 중 분산시켜 금속에 인성을 부여한 재료이다.

57 다음 중 체심입방격자(BCC)의 배위수(최근 접원자수)는?

① 4개 ② 8개
③ 12개 ④ 24개

해설
체심입방격자(BCC, Body-Centered Cubic lattice)
- 입방체의 각 모서리에 1개씩의 원자와 입방체의 중심에 1개의 원자가 존재하는 매우 간단한 격자 구조를 이루고 있다.
- 잘 미끄러지지 않는 원자 간 간섭 구조로 전연성이 잘 발생하지 않으며 Cr, Mo 등과 α철, δ철 등이 있다.
- 단위격자 수는 2개이며, 배위수는 8개이다.

58 아크 용접에서 아크쏠림 방지대책으로 틀린 것은?

① 짧은 아크를 사용할 것
② 용접부가 긴 경우에는 전진법을 사용할 것
③ 직류용접으로 하지 말고 교류용접으로 할 것
④ 접지점을 될 수 있는 대로 용접부에서 멀리 할 것

해설
아크쏠림
- 직류아크용접 중 아크가 극성이나 자기(Magnetic)에 의해 한쪽으로 쏠리는 현상이다.
- 아크쏠림 방지대책
  - 접지점을 용접부에서 멀리 한다.
  - 가용접을 한 후 후진법으로 용접을 한다.
  - 아크의 길이를 짧게 유지한다.
  - 직류용접보다는 교류용접을 사용한다.

59 응력제거 열처리법 중 노 내 및 국부 풀림의 유지온도와 시간으로 가장 적당한 것은?(단, 판두께 25mm의 보일러용 압연강재이다)

① 유지온도 400±25℃, 유지시간 1시간
② 유지온도 400±25℃, 유지시간 2시간
③ 유지온도 625±25℃, 유지시간 1시간
④ 유지온도 625±25℃, 유지시간 2시간

해설
※ 저자의견 : 열처리는 가열 온도와 가열 속도, 냉각 속도를 조절하여 조직을 원하는 상태로 만드는 매우 전문적이고 제품을 생산하는 기업 노하우에 해당하는 영역이 될 수 있다. 다만 학습자 입장에서 금속 조직을 이해하기 위해 열처리에 따른 조직의 변화를 학습하는 것이다. 따라서 일반적인 열처리의 방법이나 일반적인 열처리 목적에 따른 가열 온도대 등을 물을 수는 있어도 세부적인 어떤 열처리를 시행할 때 온도는 몇 도인가라는 기계적인 질문이 성립할 수 있는 지에 대한 의문은 있다. 더구나 기능사 수준에서 맞는 문제인지는 더더욱 의문이다. 그러나 전에 설명했듯 기출문제는 당 회 시험자에게는 변별의 의도가, 차 회 수험자에게는 학습 가이드로서 역할을 하므로, 응력제거 열처리 중 노 내 및 국부 풀림의 유지 온도와 시간은 "유지온도 625±25℃, 유지시간 1시간"으로 학습하도록 한다.

60 산소-아세틸렌가스용접에서 연강 판의 두께가 4.4mm일 경우 사용되는 용접봉의 지름으로 적당한 것은?

① 1.0mm ② 1.6mm
③ 3.2mm ④ 5.0mm

해설
가스용접봉의 지름

용접봉의 지름 구하는 식 : $D=\frac{T}{2}+1$

$D=\frac{4.4}{2}+1=3.2$

56 ④ 57 ② 58 ② 59 ③ 60 ③ 정답

2014년 제5회 과년도 기출문제

01 전몰수침법을 이용하여 초음파탐상검사를 수행할 때의 장점이 아닌 것은?

① 주사속도가 빠르다.
② 결함의 표면 분해능이 좋다.
③ 탐촉자 각도의 변형이 용이하다.
④ 부품의 크기에 관계없이 검사가 가능하다.

해설
전몰수침법은 시험체를 물에 완전히 담가 시험하는 방법이므로 물에 담글 수 있는 크기이어야 한다.

02 자분탐상검사에 사용되는 극간법에 대한 설명으로 옳은 것은?

① 두 자극과 직각인 결함 검출감도가 좋다.
② 원형자계를 형성한다.
③ 자속의 침투깊이는 직류보다 교류가 깊다.
④ 잔류법을 적용할 때 원칙적으로 교류자화를 한다.

해설
자분탐상에서 결함은 자계와 직각 방향 시 검출이 용이하다.

03 방사선에 대한 외부피폭 방어를 위해 차폐체를 설치하려고 한다. 가장 효과적인 차폐 물질은?

① 선흡수계수가 큰 물질
② 반가층이 큰 물질
③ 열전도율이 큰 물질
④ 충격값이 큰 물질

해설
방사선의 감쇠
$I = I_0 \cdot e^{-\mu T}$ (μ : 선흡수계수, T : 시험체의 두께)

04 반영구적인 기록과 거의 모든 재료에 적용이 가능하지만 인체에 대한 안전관리가 요구되는 비파괴검사법은?

① 초음파탐상검사(UT)
② 방사선투과검사(RT)
③ 와전류탐상검사(ECT)
④ 침투탐상검사(PT)

해설
방사선투과시험은 방사선이 투과되는 모든 재료에서 검사가 가능하고 시각적 결과물을 볼 수 있는 장점이 있으나 방사선 자체가 인체에 유해하다.

정답 1 ④ 2 ① 3 ① 4 ②

05 적외선 열화상법의 장점이 아닌 것은?

① 원격 검사가 가능
② 단시간에 광범위한 검사가 가능
③ 결함의 형상을 시각적으로 추정 가능
④ 측정시야의 변경이 자유로움

해설

한번 설정한 시야 범위 내에서 검사가 가능하여, 큰 물체의 전체를 검사할 때는 여러 구역으로 나누어 관찰하여야 한다.

06 와전류탐상시험에서 코일의 임피던스에 영향을 미치는 인자와 거리가 먼 것은?

① 전도율 ② 표피효과
③ 투자율 ④ 도체의 치수변화

해설

코일 임피던스에 영향을 주는 인자는 시험주파수(와류시험을 할 때 이용하는 교류전류의 주파수), 전도율, 투자율, 시험체의 형상과 치수 등이다.

07 전자유도의 법칙을 이용하여 표면 또는 표면 가까운 부분(Sub-Surface)의 균열을 탐상하는 시험법은?

① 침투탐상시험 ② 방사선투과시험
③ 초음파탐상시험 ④ 와전류탐상시험

해설

와전류탐상시험

- 전자유도현상에 따른 와전류 분포 변화를 이용하여 검사
- 표면 및 표면 직하 검사 및 도금 층의 두께 측정에 적합
- 파이프 등의 표면 결함 고속검출에 적합
- 전자유도현상이 가능한 도체에서 시험이 가능

08 침투탐상시험에 사용되는 현상제에서 습식현상제와 비교할 때 건식현상제의 장점으로 틀린 것은?

① 소량의 부품에 빠르고 적용이 쉽다.
② 대형부품에 적용이 용이하다.
③ 자동분무식에 의한 적용이 용이하다.
④ 표면이 매끄러운 부분에 효과적이다.

해설

- 표면이 거친 경우는 건식현상제에 적합하고 매끄러운 경우는 습식현상제가 적절하다.
- 시험체의 수량이 많은 경우에는 습식현상제가 적합하고 시험체의 크기가 대형인 경우에는 건식현상제가 적절하다.

09 다음 침투탐상시험 중 자외선조사장치가 필요한 경우는?

① 수세성 염색침투액을 적용할 때
② 후유화성 염색침투액을 적용할 때
③ 용제제거성 염색침투액을 적용할 때
④ 수세성 형광침투액을 적용할 때

해설

자외선조사장치는 형광물질을 발광시키는 역할을 한다.

정답: 5 ② 6 ② 7 ④ 8 ④ 9 ④

10 전도성이 있는 재질에 효과적으로 검사할 수 있는 비파괴검사 방법은 무엇인가?

① 방사선투과검사
② 초음파탐상검사
③ 누설검사
④ 와전류탐상검사

해설
와전류탐상검사는 자유도현상에 따른 와전류분포 변화를 이용하여 검사하므로 전도성이 있는 재질에 효과적이다.

11 누설검사(LT)의 방법을 크게 2가지로 나누면?

① 기포누설시험과 추적가스법
② 추적가스법과 내압시험
③ 내압시험과 기밀시험
④ 기밀시험과 기포누설시험

해설
누설검사는 크게 특정 가스가 새는 지를 측정하는 기밀시험과, 내부에 압력을 주었을 때 내부 기체가 밖으로 밀려 나오는 지를 측정하는 내압시험으로 나눈다.

12 초음파탐상검사의 근거리 음장에 대한 설명으로 잘못된 것은?

① 근거리 음장은 진동자 직경이 크면 길어진다.
② 근거리 음장은 주파수가 높으면 짧아진다.
③ 근거리 음장은 초음파 속도가 빠르면 짧아진다.
④ 근거리 음장은 초음파의 파장이 길면 짧아진다.

해설
근거리 음장(音場)은, 언어적으로는 음압의 초음파 빔의 영역을 의미하며 수리적으로는 $x_0 = \frac{D^2}{4\lambda}$($D$: 진동자 직경, λ : 파장)으로 계산된다.
$C = f\lambda$의 관계를 고려하면 근거리 음장은 진동자 직경(D)이 크면 길어지고, C가 같은 상태에서 주파수(f)가 높아지면 파장(λ)이 짧아지므로 근거리 음장이 길어지고, 초음파의 속도가 빠르다는 것은 주파수가 높거나 파장이 길어진 것인데, 파장이 길어진 경우는 근거리 음장이 짧아진다.

13 다음 중 자분탐상으로 검사할 수 없는 재료는?

① 니켈
② 구리
③ 탄소강
④ 코발트

해설
자분탐상은 강자성체에서 가능하며 구리(Cu)는 반자성체이다.

정답 10 ④ 11 ③ 12 ② 13 ②

14 **비파괴검사방법에 따라 검출할 수 있는 결함의 종류로 옳은 것은?**

① MT-균열이나 표면검사에 유리
② PT-균열이나 체적검사에 유리
③ UT-미세한 기공 검출에 유리
④ ECT-융합불량, 개재물에 유리

해설
① MT : 자기탐상검사
② PT : 침투탐상검사
③ UT : 초음파검사
④ ECT : 와전류검사

비파괴검사별 주요 적용 대상

검사 방법	적용 대상
방사선투과검사	용접부, 주조품 등의 내부 결함
초음파탐상검사	용접부, 주조품, 단조품 등의 내부 결함 검출과 두께 측정
침투탐상검사	기공을 제외한 표면이 열린 용접부, 단조품 등의 표면 결함
와류탐상검사	철, 비철 재료로 된 파이프 등의 표면 및 근처 결함을 연속 검사
자분탐상검사	강자성체의 표면 및 근처 결함
누설검사	압력용기, 파이프 등의 누설 탐지
음향방출검사	재료 내부의 특성 평가

15 **선형자화에서 L/D의 비가 다음 중 어느 수치 이하에서 코일법은 적용되지 않는가?(단, L은 시험체의 길이, D는 시험체의 직경이다)**

① 2 ② 3
③ 4 ④ 5

해설
시험체가 자화되어 시험체 양끝이 자극이 되므로 양끝은 검사가 불가하다. 따라서 시험체의 L(길이) : D(지름) 비, 즉 L/D가 2 미만이면 시험체 검사 대상 부분이 거의 양극에 속하여 검사가 불가하다.
※ 출제 당시 정답은 ①번이었으나, KS B 6752 개정으로 “L/D이 2 미만인 부품은 코일자화법을 적용할 수 없다.”로 변경되었다.

16 **자분탐상검사 후 습식자분에 대한 후처리작업이 필요한 가장 큰 이유는?**

① 자분 제거를 위하여
② 잔류자화 제거를 위하여
③ 자분의 유동성을 높이기 위하여
④ 전류를 원활히 하기 위하여

해설
질문은 “습식자분에 대한 후처리작업”이므로 잉여자분의 처리를 말하는 것이다.

17 **형광자분탐상시험에 자외선조사등을 사용하는 가장 큰 이유는?**

① 검사자의 눈을 보호하기 위하여
② 자기의 강도를 더 높이기 위하여
③ 자분지시를 더 선명하게 보기 위하여
④ 자기장을 육안으로 식별이 가능하도록 하기 위하여

해설
자외선을 조사하여 형광자분의 형광물질을 발광시키도록 한다.

18 **자분탐상시험 시 시험코일에 흐르는 전류의 성질에 관한 설명으로 잘못된 것은?**

① 시험코일의 전류는 코일의 저항이 작을수록 많이 흐르게 된다.
② 시험코일의 전류는 오직 코일 자체의 전도도에만 관계된다.
③ 시험코일의 전류는 자장을 만든다.
④ 코일 주위에 발생하는 자장의 영향을 받는다.

해설
시험코일의 전류에 영향을 주는 요소는 코일의 저항, 권선수, 지름, 형태 등이 있다.

14 ① 15 ① 16 ① 17 ③ 18 ② 정답

19 다음 중 직류의 사용이 가장 곤란한 자화법은?

① 극간법 ② 잔류법
③ 자속관통법 ④ 프로드법

해설
자속관통을 할 때 사용하는 전자석은 교류자석을 사용한다.

20 자분지시모양 기록 중 접착테이프에 그대로 붙여 보존하는 방식을 무엇이라 하는가?

① 판박이 ② 전사
③ 각인 ④ 복사

해설
자분모양은 필요에 따라 사진촬영, 스케치, 전사(점착성 테이프, 자기 테이프 등)로 기록하고, 적당한 재료(투명 바니시, 투명 래커 등)로 시험면에 고정한다.

21 제철소 생산라인에서 압연품의 적층(Lamination)이나 압출품의 파이프와 같은 결함의 검출을 위한 자분탐상검사법은?

① 축통전법으로 전면을 동시에 검사한다.
② 프로드나 극간법으로 두께 방향의 단면을 검사한다.
③ 프로드법으로 전면을 나누어 검사한다.
④ 검사부품을 분리하여 내부를 광학장치로 검사한다.

해설
프로드법으로 래미네이션을 검출하려면 결함 예상 지점에 단면검사를 실시하며 두께 방향으로 접촉시켜야 결함 검출이 가능하다.

22 적은 전류값으로 한정된 부분검사에 필요한 자계를 형성시킬 수 있는 자화법은?

① 직각통전법
② 자속관통법
③ 프로드법
④ 전류관통법

해설
프로드법
- 복잡한 형상의 시험체에 필요한 부분의 시험에 적당하다.
- 간극은 3~8inch 정도이다.
- 프로드 사이를 이은 직선과 평행한 결함 추적에 용이하다.

23 자성체의 자기적 성질을 표현하기 위하여 자력의 힘과 자계의 강도와의 관계를 표시한 것을 무엇이라 하는가?

① 자속밀도
② 포화곡선
③ 자력선속
④ 자기이력곡선

해설
자계의 세기(H)와 자속밀도(B)와의 관계를 나타내는 곡선을 자화곡선(자기이력곡선)이라 한다.

정답 19 ③ 20 ② 21 ② 22 ③ 23 ④

24 자분탐상시험에서 불연속 검출능에 큰 영향을 미치는 검사액이 갖추어야 할 성질로 틀린 것은?

① 휘발성이 낮고 인화점이 높아야 한다.

② 시험면에 대한 적심성이 좋아야 한다.

③ 검사액의 현탁성은 장시간 유지되어야 한다.

④ 검사액은 형광성이어야만 한다.

해설

검사액이 형광성이면 자분을 탐상하는데 심각한 어려움을 준다.

25 잔류법으로 검사를 수행하는 과정에서 시험품 표면에 날카로운 선 모양이 관찰되어, 의사지시 여부를 확인하기 위하여 탈자 후 재검사를 수행하였을 때는 지시가 나타나지 않았다. 이러한 지시를 발생시키는 원인은?

① 자기펜 자국

② 단면 급변지시

③ 재질 경계 지시

④ 표면거칠기지시

해설

자기펜 자국

전류를 끊고 남은 자력을 이용하므로, 이후 다른 자력의 영향을 받으면 흔적이 생긴다.

26 중앙이 빈 원통형의 시험편으로써 인공적으로 드릴구멍을 표면에서 일정한 깊이 간격으로 가공하여 표면하의 불연속을 측정하는데 사용되는 시험편은?

① 링 시험편

② 자장지시계

③ A형 표준시험편

④ C형 표준시험편

해설

그림과 같은 링 시험편을 이용하여 전류관통법을 이용해 어느 깊이까지 불연속 검출이 가능한 지 알아보는 시험이다.

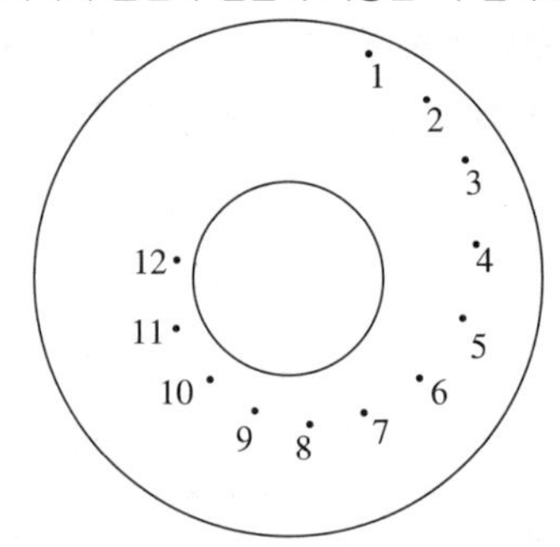

27 다음 중 자분탐상시험의 특징으로 잘못된 설명은?

① 연속법은 모든 강자성체에 적용이 가능하다.

② 건식법의 분산매로는 공기를 사용한다.

③ 잔류법의 자화전류는 교류로만 사용 가능하다.

④ 잔류법은 보자력이 큰 재료에만 적용이 가능하며, 연속법에 비해 검출능력이 떨어진다.

해설

③ 잔류법은 직류를 사용한다.

②의 분산매란 자분을 분산시키는 매질을 의미한다.

정답 24 ④ 25 ① 26 ① 27 ③

28 **강자성재료의 자분탐상검사방법 및 자분모양의 분류(KS D 0213)에서 자분의 적용을 B형 대비시험편에는 연속법으로 제한하는 이유는?**

① 대비시험편의 인공 흠집이 시험면에서 깊은 곳에 있는 내부 흠집이기 때문이다.

② 대비시험편이 사각으로 만들어져 있어 잔류법을 적용하기 어렵기 때문이다.

③ 건식법을 대비시험편 관통구멍의 흠집에 사용할 수 없기 때문이다.

④ 습식 자분의 사용 시 대비시험편에 잔류법을 사용할 수 없기 때문이다.

해설

- 전류관통법으로 자화를 할 경우 도체와 구멍의 편심이 커지면 원둘레면 위의 자기장 강도의 불균일이 현저해지고 한결같은 자화상태를 얻을 수 없다.
- 자분의 적용을 연속법에 한정한 것은 인공 흠집이 검사면에서 꽤 깊은 곳에 있는 내부 흠집이기 때문이다.

29 **강자성재료의 자분탐상검사방법 및 자분모양의 분류(KS D 0213)에 따라 "검사 대상체에 가한 교류 전류나 교류 자속이 표면의 가까운 부분에 모이는 현상"을 무엇이라 하는가?**

① 교류효과

② 모서리효과

③ 표피효과

④ 자속효과

해설

교류성이 강할수록 큰 표피효과로 인하여 표면층 탐상에 유리하다.

30 **항공우주용 자기탐상검사방법(KS W 4041)에 따른 검사를 수행하는 시기에 관한 사항으로 틀린 것은?**

① 제조공정 중에서 단조공정을 포함한 경우에는 단조공정을 거친 다음에 검사를 시행한다.

② 제조공정 중에서 용접공정을 포함한 경우에는 용접공정을 거친 다음에 검사를 시행한다.

③ 제조공정 중에서 두꺼운 전기 크로뮴도금공정을 포함한 경우에는 도금공정을 거친 다음에 검사를 시행한다.

④ 제고공정 중에서 기계가공공정을 포함한 경우에는 기계가공공정을 거친 다음에 검사를 시행한다.

해설

KS W 4041은 미군기술표준에 따라 폐기되었다. 그러나 자기비파괴검사 시 전혀 무시되는 사항은 아니므로, 기출된 문제영역을 중심으로 알아둘 필요가 있다. 두꺼운 크로뮴도금을 하는 재료의 경우, 도금 후 검사를 하게 되면 크로뮴도금면에 대한 검사로 검사 목적이 달라진다. 원 가공제품에 대한 결함검사는 도금 공정 이전에 검사를 실시하여야 한다.

31 **강자성재료의 자분탐상검사방법 및 자분모양의 분류(KS D 0213)에 따른 다음 표준시험편 중 자분모양을 나타내기 위하여 가장 높은 유효자기장강도가 필요한 것은?**

① A1-15/50 ② A1-7/50

③ A2-15/50 ④ A2-7/50

해설

- 실험에 의해 A2가 A1의 약 2배의 유효자기장강도를 요구한다.
- 호칭명의 분수치가 작을수록 강한 유효자기장을 요구한다.

정답 28 ① 29 ③ 30 ③ 31 ④

32 항공우주용 자기탐상검사방법(KS W 4041)에 따른 검사기록에 관한 사항으로 틀린 것은?

① 기록된 모든 결과는 식별·분류하여야 한다.
② 검사한 각각의 부품과 로트까지도 추적할 수 있어야 한다.
③ 기록 보존기간은 2년이다.
④ 열처리 전과 후에 검사한 경우, 전의 기록은 필요 없다.

해설
검사를 하고 기록하는 이유는 결함을 찾고, 결함의 원인을 추적하기 위함이다. 예를 들어 열처리 후의 검사에서 결함이 발생된 경우, 열처리 전의 기록을 살펴 열처리 중 원인을 추적하여야 하는지 이전 과정에서 결함을 추적하여야 하는지 판단할 수 있다.

33 강자성재료의 자분탐상검사방법 및 자분모양의 분류(KS D 0213)에 의한 검사조건의 특성상 검사 대상체를 잔류법으로 검사해야 하는 경우, 가능하면 사용하지 않아야 할 자화전류의 종류는?

① 교류
② 직류
③ 맥류
④ 충격전류

해설
잔류법에서 교류를 사용하면 전류가 끊겼을 때의 위상에 따라 결과가 다르게 나온다.

34 강자성재료의 자분탐상검사방법 및 자분모양의 분류(KS D 0213)에서 자화방법 중 극간법의 부호를 나타내는 것으로 옳은 것은?

① C ② M
③ I ④ P

해설
- 축통전법(EA) : 검사 대상체의 축방향으로 직접 전류를 흐르게 한다.
- 직각통전법(ER) : 검사 대상체의 축에 대하여 직각방향으로 직접 전류를 흐르게 한다.
- 전류관통법(B) : 검사 대상체의 구멍 등에 통과시킨 도체에 전류를 흐르게 한다.
- 자속관통법(I) : 검사 대상체의 구멍 등에 통과시킨 자성체에 교류자속 등을 가함으로써 검사 대상체에 유도전류에 의한 자기장을 형성시킨다.
- 코일법(C) : 검사 대상체를 코일에 넣고 코일에 전류를 흐르게 한다.
- 극간법(M) : 검사 대상체 또는 검사할 부위를 전자석 또는 영구자석의 자극 사이에 놓는다.
- 프로드법(P) : 검사 대상체 표면의 특정 지점에 2개의 전극(이것을 플롯이라 함)을 대어서 전류를 흐르게 한다.

35 강자성재료의 자분탐상검사방법 및 자분모양의 분류(KS D 0213)에서 일반적인 강 용접부를 연속법으로 탐상할 때 필요한 자기장의 강도는?

① 1,200~2,000A/m
② 2,400~3,600A/m
③ 3,800~5,600A/m
④ 6,400~8,000A/m

해설
자화전류 설정 시 자기장의 강도

시험방법	시험체	자계의 강도(A/m)
연속법	일반적인 구조물 및 용접부	1,200~2,000
	주단조품 및 기계부품	2,400~3,600
	담금질한 기계부품	5,600 이상
잔류법	일반적인 담금질한 부품	6,400~8,000
	공구강 등의 특수재 부품	12,000 이상

32 ④ 33 ① 34 ② 35 ① 정답

36 강자성재료의 자분탐상검사방법 및 자분모양의 분류(KS D 0213)에 따른 자화전류의 종류에 대한 설명으로 옳은 것은?

① 충격전류를 사용하여 자화하는 경우는 잔류법만으로 한다.

② 교류를 사용하여 자화하는 경우 원칙적으로 잔류법에 한한다.

③ 직류 및 맥류를 사용하여 자화하는 경우 연속법만을 사용할 수 있다.

④ 교류 및 충격전류를 사용하여 자화하는 경우 원칙적으로 내부 흠집의 검출에 한한다.

해설

② 교류는 연속법에 적용한다.
③ 직류는 연속법과 잔류법에 모두 사용 가능하다.
④ 내부 흠집은 직류에서 검출 가능하다.

37 강자성재료의 자분탐상검사방법 및 자분모양의 분류(KS D 0213)에 의한 형광자분탐상검사를 실시할 때 암실의 조도에 대한 설명으로 옳은 것은?

① 관찰면의 밝기가 20lx 이하이어야 한다.

② 관찰면의 밝기가 90lx 이하이어야 한다.

③ 암실의 조도는 220lx 이하이어야 한다.

④ 암실의 조도는 350lx 이하이어야 한다.

해설

형광자분시험은 가급적 어두워야 한다(20lx 이하).

38 항공우주용 자기탐상검사방법(KS W 4041)에 따른 자분 현탁액에 관한 사항으로 틀린 것은?

① 비형광 자분의 용량은 규격에서 규정하는 농도시험으로(1.0~2.4mL)/100mL이어야 한다.

② 형광 자분의 용량은 규격에서 규정하는 농도시험으로(0.1~0.5mL)/100mL이어야 한다.

③ 현탁액의 점도는 최대 $5.0mm^2/s$ 이하여야 한다.

④ 조도가 변하는 조건인 경우 형광 자성물질과 비형광 자성물질 두 가지를 모두 포함한 현탁액을 사용해야 한다.

해설

KS W 4041은 미군기술표준에 따라 폐기되었으나 내용을 알아둘 필요가 있다.

39 강자성재료의 자분탐상검사방법 및 자분모양의 분류(KS D 0213)에서 검사기록을 작성할 때 자화전류치는 파고치로 기재한다. 코일법인 경우에는 (A)를 부기한다. 또 프로드법의 경우는 (B)을 부기한다. (   ) 안에 들어갈 내용은?

① A : 적용시기, B : 자화방법

② A : 검사기술자, B : 표준시험편

③ A : 코일의 치수, 권수, B : 프로드 간격

④ A : 검사장치, B : 자분모양

해설

자화전류치 및 통전시간
- 자화전류치는 파고치로 기재
- 코일법인 경우는 코일의 치수, 권수를 부기
- 프로드법의 경우는 프로드 간격을 부기

정답 36 ① 37 ① 38 ④ 39 ③

40 강자성재료의 자분탐상검사방법 및 자분모양의 분류(KS D 0213)에서 길이가 서로 다른 3개의 선형 지시가 거의 일직선상에서 검출되었다. 순서대로 지시1의 길이는 15mm, 지시2는 3mm, 지시3은 10mm, 이 지시들 사이의 간격은 순서대로 4mm, 3mm일 때 기준에 의한 지시2의 길이는?

① 3mm ② 13mm
③ 16mm ④ 28mm

해설
불연속지시를 연속으로 간주할 수 있는 간격의 범위는 2mm이다.

41 강자성재료의 자분탐상검사방법 및 자분모양의 분류(KS D 0213)에 따른 탐상의 적용범위에 해당되지 않는 재료는?

① 주강품 ② 세라믹
③ 철강품 ④ 강용접부

해설
자분탐상은 강자성체에서 적용한다.

42 항공우주용 자기탐상검사방법(KS W 4041)의 조명장치 및 조도에 대한 [보기] 내용 중 ( ) 안에 알맞은 수치는?

보기
백색등의 조도측정 최대허용간격은 (A)일이며, 블랙라이트의 사용 시에는 최대 (B)주간의 간격으로 규정된 조도를 측정해야 한다.

① A : 30, B : 1
② A : 60, B : 1
③ A : 90, B : 2
④ A : 180, B : 2

43 36% Ni에 약 12% Cr이 함유된 Fe 합금으로 온도의 변화에 따른 탄성률 변화가 거의 없으며 지진계의 부품, 고급 시계 재료로 사용되는 합금은?

① 인바(Invar)
② 코엘린바(Coelinvar)
③ 엘린바(Elinvar)
④ 슈퍼인바(Superinvar)

해설
Ni-Fe계 합금의 종류
- 인바(Invar) : 불변강 표준자
- 엘린바(Elinvar) : 36% Ni-12% Cr-나머지 Fe, 각종 게이지
- 플래티나이트(Platinite) : 열팽창계수가 백금과 유사, 전등의 봉입선
- 니칼로이(Nickally) : 50% Ni-50% Fe, 초투자율, 포화자기, 저출력 변성기, 저주파 변성기
- 퍼멀로이 : 70~90% Ni-10~30% Fe, 투자율이 높다.
- 퍼민바(Perminvar) : 일정 투자율, 고주파용 철심, 오디오 헤드

불변강의 종류
- 인바(Invar) : 35~36% Ni, 0.1~0.3% Cr, 0.4% Mn + Fe, 내식성 좋고, 바이메탈, 진자, 줄자
- 슈퍼인바(Superinvar) : Cr와 Mn 대신 Co, 인바에서 개선
- 엘린바(Elinvar) : 36% Ni-12% Cr-나머지 Fe, 각종 게이지, 정밀부품
- 코엘린바(Coelinvar) : 10~11% Cr, 26~58% Co, 10~16% Ni + Fe, 공기 중 내식성
- 플래티나이트(Platinite) : 열팽창계수가 백금과 유사, 전등의 봉입선

40 ① 41 ② 42 전항정답 43 ③ **정답**

44 결정구조의 변화 없이 전자의 스핀 작용에 의해 강자성체인 α-Fe이 상자성체인 α-Fe로 변태되는 자기변태에 해당하는 것은?

① A_1 변태　② A_2 변태
③ A_3 변태　④ A_4 변태

해설
CHAPTER 03 핵심이론 10의 Fe–Fe_3C 상태도를 참조한다. 그림과 표는 자주 끈기 있게 봐서 눈에 익혀두도록 한다.

45 감쇠능이 커서 진동을 많이 받는 방직기의 부품이나 기어 박스 등에 많이 사용되는 재료는?

① 연강　② 회주철
③ 공석강　④ 고탄소강

해설
주철의 감쇠능
물체에 진동이 전달되면 흡수된 진동이 점차 작아지게 하는 능력이 있는데 이를 진동의 감쇠능이라 하며 회주철은 감쇠능이 뛰어나다.

46 주철, 탄소강 등은 질화에 의해서 경화가 잘 되지 않으나 어떤 성분을 함유할 때 심하게 경화시키는지 그 성분들로 옳게 짝지어진 것은?

① Al, Cr, Mo
② Zn, Mg, P
③ Pb, Au, Cu
④ Au, Ag, Pt

해설
질화처리란 표면처리가 잘되지 않으나 Al, Mn, Cr, Mo, W을 첨가하면 경화가 잘된다.

47 공구용 재료로서 구비해야 할 조건이 아닌 것은?

① 강인성이 커야 한다.
② 마멸성이 커야 한다.
③ 열처리와 공작이 용이해야 한다.
④ 상온과 고온에서의 경도가 높아야 한다.

해설
마멸성은 잘 닳아 없어지는 성질이다. 워낙 고가의 제품이어서 공작품을 보호해야 하는 경우 공작물보다 약한 공구를 사용할 수는 있겠으나 일반적으로 공구는 내마멸성을 요구한다.

48 금속의 격자결함이 아닌 것은?

① 가로결함　② 적층결함
③ 전위　④ 공공

해설
② 적층결함(Stacking Fault) : 2차원적인 전위, 층층이 쌓이는 순서가 틀어진다.
③ 전위(Dislocation) : 공공(Vacancy)으로 인하여 전체 금속 이온의 위치가 밀리게 되고 그 결과로 인하여 구조적인 결함이 발생하는 결함
④ 공공(Vacancy) : 원래 있었던 자리에 원자가 하나 또는 그 이상 빠져서 빈 공간

정답 44 ② 45 ② 46 ① 47 ② 48 ①

49 철강은 탄소함유량에 따라 순철, 강, 주철로 구별한다. 순철과 강, 강과 주철을 구분하는 탄소량은 약 몇 %인가?

① 0.025%, 0.8%

② 0.025%, 2.0%

③ 0.80%, 2.0%

④ 2.0%, 4.3%

해설

순철은 탄소함유량 0% 정도(0.025% 이하)의 철이고, 주철은 탄소함유량 2.0% 이상의 철이다. 그 사이에 든 철을 강(탄소강)이라 부른다.

50 재료가 지니고 있는 질긴 성질을 무엇이라 하는가?

① 취성 ② 경성

③ 강성 ④ 인성

해설

① 취성 : 잘 깨지는 성질

② 경성, ③ 강성 : 경성은 딱딱한 성질이고, 강성은 강한 성질이다. 딱딱한 성질과 강한 성질은 구분하여야 한다.

51 높은 온도에서 증발에 의해 황동의 표면으로부터 Zn이 탈출되는 현상은?

① 응력 부식 탈아연 현상

② 전해 탈아연 부식 현상

③ 고온 탈아연 현상

④ 탈락 탈아연 메짐 현상

해설

고온 탈아연 현상

보통 40% Zn이나 높은 온도에서 Zn이 탈출하는 현상이 발생할 수 있다.

52 재료를 실온까지 온도를 내려서 다른 형상으로 변형시켰다가 다시 온도를 상승시키면 어느 일정한 온도 이상에서 원래의 형상으로 변화하는 성질을 이용한 합금으로 대표적인 합금이 Ni-Ti계인 합금의 명칭은?

① 형상기억합금

② 비정질합금

③ 클래드합금

④ 제진합금

해설

형상기억합금은 그 이름의 매력성 때문인지, 비파괴에서의 비중은 그렇게 크지 않음에도 상당히 자주 출제되고 있다. 문제는 형상기억합금의 내용을 설명하고 있다.

※ 형상기억 : 힘에 의해 변형되더라도 특정 온도에 도달하면 본래의 모양으로 되돌아가는 현상

53 냉간 가공한 7 : 3 황동판 또는 봉 등을 185~260℃에서 응력제거풀림을 하는 이유는?

① 강도 증가

② 외관 향상

③ 산화막 제거

④ 자연균열 방지

해설

응력제거풀림

저온풀림이라고도 하는데 열가공, 소성가공 등에서 생긴 잔류응력의 조직을 연화하여 제거하는데 목적이 있다. 응력제거만을 목적으로 하기 때문에 고온으로 가열하지 않는다. 잔류응력이 작용하고 있으면 마치 피로응력을 지속적으로 받고 있는 것과 같은 영향을 주어 어떤 특별한 외력이 작용하지 않았음에도 재료 일부의 강도가 약해질 수 있다. 따라서 보기 ①의 강도 증가도 큰 틀에서 틀리지는 않으나, 객관식 선답형에서는 질문에 알맞은 답을 골라야 한다.

49 ② 50 ④ 51 ③ 52 ① 53 ④ 정답

54 Al–Si계 합금의 설명으로 틀린 것은?

① 10~13%의 Si가 함유된 합금을 실루민이라 한다.
② Si의 함유량이 증가할수록 팽창계수와 비중이 높아진다.
③ 다이캐스팅 시 용탕이 급랭되므로 개량처리하지 않아도 조직이 미세화된다.
④ Al–Si계 합금 용탕에 금속나트륨이나 수산화나트륨 등을 넣고 10~50분 후에 주입하면 조직이 미세화된다.

해설

② 이 합금에 Na, F, NaOH, 알칼리염류를 용탕에 넣어 처리하면 조직이 미세화되고 공정점도 조정되며 이를 개량처리라 한다.
① Al에 Si 11.6%, 577℃는 공정점이며 이 조성을 실루민이라 한다.
③ 주조용 알루미늄을 다이캐스팅하면 개량처리가 필요 없다.
④ 실용합금 10~13% Si 실루민은 용융점이 낮고 유동성이 좋아 엷고 복잡한 주물에 적합하다.

55 18–4–1형 고속도 공구강의 주요 합금 원소가 아닌 것은?

① Cr　② V
③ Ni　④ W

해설

18W–4Cr–1V의 표준 고속도강 1,250℃ 담금질, 550~600℃ 뜨임, 뜨임 시 2차 경화

56 선철 원료, 내화 재료 및 연료 등을 통하여 강 중에 함유되며 상온에서 충격값을 저하시켜 상온메짐의 원인이 되는 것은?

① Si　② Mn
③ P　④ S

해설

탄소강의 5대 불순물과 기타 불순물

- C(탄소) : 강도, 경도, 연성, 조직 등에 전반적인 영향을 미친다.
- Si(규소) : 페라이트 중 고용체로 존재하며, 단접성과 냉간 가공성을 해친다(0.2% 이하로 제한).
- Mn(망간) : 강도와 고온가공성을 증가시킨다. 연신율 감소를 억제, 주조성, 담금질 효과 향상, 적열취성을 일으키는 황화철(FeS) 형성을 막아준다.
- P(인) : 인화철 편석으로 충격값을 감소시켜 균열을 유발하고, 연신율 감소, 상온취성을 유발시킨다.
- S(황) : 황화철을 형성하여 적열취성을 유발하나 절삭성을 향상시킨다.
- 기타 불순물
  - Cu(구리) : Fe에 극히 적은 양이 고용되며, 열간 가공성을 저하시키고, 인장강도와 탄성한도는 높여주며 부식에 대한 저항도 높여준다.
  - 다른 개재물은 열처리 시 균열을 유발할 수 있다.
  - 산화철, 알루미나, 규사 등은 소성가공 중 균열 및 고온메짐을 유발할 수 있다.

57 네이벌 황동(Naval Brass)이란?

① 6 – 4 황동에 Sn을 약 0.75~1% 정도 첨가한 것
② 7 – 3 황동에 Mn을 약 2.85~3% 정도 첨가한 것
③ 3 – 7 황동에 Pb를 약 3.55~4% 정도 첨가한 것
④ 4 – 6 황동에 Fe를 약 4.95~5% 정도 첨가한 것

해설

네이벌 황동(Naval Brass)

6 – 4 황동에 Sn을 넣은 것이다. 62% Cu–37% Zn–1% Sn이며, 판, 봉 등으로 가공되어 복수기판, 용접봉, 밸브대 등에 이용한다.

정답 54 ② 55 ③ 56 ③ 57 ①

58 다음 중 점용접 조건의 3요소가 아닌 것은?

① 전류의 세기　　② 통전시간
③ 너깃　　④ 가압력

해설

- 스폿용접(점용접)은 겹치기 용접의 하나로 양쪽에서 전극을 갖다 대고 세게 누르면서 강한 전류를 흘려 한 점 한 점 붙이는 형태의 용접이다. 전류의 세기와 통전시간에 따라 용접부와 주변부가 영향을 받으며 얼마나 강하게 누르냐에 따라 용접 정도가 영향을 받는다.
- 너깃은 점용접이 시행되어 양쪽 모재가 녹아 다음 그림과 같이 치킨 너겟 같은 모양으로 접합이 된 부분을 말한다.

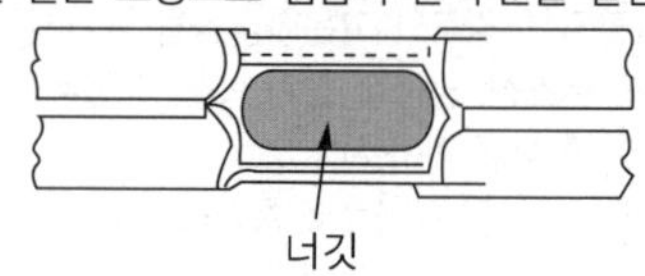

59 납땜용제의 구비조건 중 틀린 것은?

① 땜납재의 융점보다 낮은 온도에서 용해되어 산화물을 용해하고 슬래그로 제거될 것
② 납땜 중 납땜부 및 땜납재의 산화를 방지할 것
③ 모재 및 납에 대한 부식 작용이 클 것
④ 용재의 유동성이 양호하여 좁은 간극까지 잘 침투할 것

해설

모재나 땜납에 대해 부식을 일으키지 않아야 한다.

60 아크전류 150A, 아크전압 30V, 용접속도 10cm/min인 경우 용접의 단위길이당 발생하는 용접입열은 약 몇 Joule/cm인가?

① 27,000　　② 90,000
③ 9,000　　④ 45,000

해설

용접입열 : 용접부에 외부에서 주어지는 열량

용접입열 $H = \frac{60EI}{V}(\text{J/cm})$

$= \frac{60 \times 30(\text{V}) \times 150(\text{A})}{10(\text{cm/min})} = 27,000(\text{J/cm})$

(E : 아크전압, I : 아크전류, V : 용접속도(cm/min))

58 ③　59 ③　60 ① 정답

2015년 제1회 과년도 기출문제

01 침투탐상검사에서 과잉침투액을 제거한 후 시험체를 가열하여 침투액을 팽창시킴으로써 결함지시모양을 형성시키는 방법은?

① 가열현상법
② 팽창현상법
③ 무현상법
④ 가압현상법

해설
무현상법
- 고감도 수세성 형광침투탐상에서 사용
- 결함검출도는 약한 편
- 결함 내부를 가열팽창시켜 침투제를 밀어내는 현상

02 다른 비파괴검사법과 비교하여 와전류탐상시험의 특징이 아닌 것은?

① 시험을 자동화할 수 있다.
② 비접촉 방법으로 할 수 있다.
③ 시험체의 도금두께 측정이 가능하다.
④ 형상이 복잡한 것도 쉽게 검사할 수 있다.

해설
와전류탐상시험
- 전자유도현상에 따른 와전류분포 변화를 이용하여 검사
- 표면 및 표면 직하 검사 및 도금층의 두께 측정에 적합
- 파이프 등의 표면 결함 고속검출에 적합
- 전자유도현상이 가능한 도체에서 시험이 가능

03 비파괴검사의 목적에 대한 설명과 거리가 먼 것은?

① 결함이 존재하지 않는 완벽한 제품을 생산한다.
② 제품의 결함 유무 또는 결함의 정도를 파악, 신뢰성을 향상시킨다.
③ 시험결과를 분석, 검토하여 제조 조건을 보완하므로 제조기술을 발전시킬 수 있다.
④ 적절한 시기에 불량품을 조기 발견하여 수리 또는 교체를 통해 제조 원가를 절감한다.

해설
①과 ②의 보기가 서로 상치된다. 완벽한 제품을 생산하기보다는 결함 정도를 파악하는 것이다.

04 특성 X-선에 관해 설명한 것 중 틀린 것은?

① 재료의 물성분석에 이용된다.
② 단일 에너지를 가진다.
③ 파장은 관전압이 바뀌어도 변하지 않는다.
④ 연속 스펙트럼을 가진다.

해설
X-선은 특정 파장을 이용하므로 연속 스펙트럼을 갖지는 않는다.

정답 1 ③ 2 ④ 3 ① 4 ④

05 와전류탐상시험 기기에서 게인(Gain) 조정 장치의 역할로 옳은 것은?

① 위상(Phase) 조정
② 평형(Balance) 조정
③ 감도(Sensitivity) 조정
④ 진동수(Frequency) 조정

해설
와류탐상기의 설정
- 시험 주파수 : 주파수 절환스위치(FREQ)로 조정이 가능하고 여러 종류의 주파수를 선택할 수 있다.
- 브리지 밸런스(Bridge Valence) : R과 X의 두 개의 스위치가 있다. 이 두 스위치를 적절히 조정하여 모니터 상의 SPOT이 원점에 오도록 조정한다. AUTO가 되는 자동평형장치도 있다.
- 위상(Phase) : 원형의 PHASE 조정노브(Nob)로 설정이 가능하다.
- 감도 : Gain은 어느 정도 dB로 표시하며 감도의 정도를 묻는다.

06 누설검사에 사용되는 가압 기체가 아닌 것은?

① 헬륨 ② 질소
③ 포스겐 ④ 공기

해설
누설검사에서는 유독가스를 사용하지 않는다.

07 다음 중 비금속 물질의 표면 불연속을 비파괴검사할 때 가장 적합한 시험법은?

① 자분탐상시험법
② 초음파탐상시험법
③ 침투탐상시험법
④ 중성자투과시험법

해설
표면검사로서 대표적인 것은 자분탐상, 와전류탐상, 침투탐상이며 침투탐상은 재료의 구애를 받지 않는다.

08 음향방출검사 시 계측순서 중 계측감도의 교정 항목이 아닌 것은?

① 변환자
② 변환자를 접착한 상태
③ 피검체의 음속감속
④ 문턱값

해설
문턱값은 계측을 위해 조정할 수 있는 값이 아니다.

09 초음파탐상시험방법에 속하지 않는 것은?

① 공진법
② 외삽법
③ 투과법
④ 펄스반사법

해설
와전류 코일을 밖에 두는지 안에 두는 지에 따라 외삽, 내삽으로 나뉜다.
초음파 탐상법의 종류
- 초음파 형태에 따라 : 펄스파법, 연속파법
- 송수신방식에 따라 : 반사법, 투과법, 공진법
- 접촉방식에 따라 : 직접접촉, 국부수침, 전몰수침법
- 진동방식에 따라 : 수직법, 사각법, 표면파법, 판파법, 크리핑파법, 누설표면파법 등

5 ③ 6 ③ 7 ③ 8 ④ 9 ② 정답

10 **기포누설시험을 할 때 감도를 저해하는 요소로 가장 거리가 먼 것은?**

① 표면오염물
② 부적절한 정도
③ 빠른 누설
④ 과도한 진공

해설
누설이 감지해야 하는 대상이다.

11 **자분탐상시험에서 시험체 외부의 도체로 통전함으로써 자계를 주는 방법은?**

① 전류관통법
② 극간법
③ 자속관통법
④ 축통전법

해설
문제는 외부에서 전류를 관통하도록 주입하는 전류관통법을 설명하고 있다.

12 **일반적으로 오스테나이트계 스테인리스강 용접부 검사에서 적용이 불가능한 시험방법은?**

① 방사선투과시험
② 자분탐상시험
③ 누설탐상시험
④ 초음파탐상시험

해설
방사선투과시험은 대부분의 재료에서 검사 가능하고, 누설탐상과 초음파탐상은 재질의 영향을 거의 받지 않으나, 자분탐상시험은 자성체에서 검사가 가능하다. 오스테나이트는 철이 비자성 성질을 띠게 되는 조직이다.

13 **강자성체 및 비자성 재료에서도 균열의 깊이 정보를 알 수 있는 비파괴검사 방법은?**

① 와전류탐상검사
② 자분탐상검사
③ 자기기록탐상검사
④ 침투탐상검사

해설
와전류탐상검사는 전도체에서 표피효과를 이용하여 검사하는 표면탐상검사로 결함 깊이의 정보도 얻을 수 있다.

14 **자분탐상검사에서 자화 방법을 선택할 때 고려해야 할 사항과 거리가 먼 것은?**

① 검사 환경
② 검사원의 기량
③ 시험체의 크기
④ 예측되는 결함의 방향

해설
검사원의 기량이 전혀 고려대상이 아닌 것은 아니지만, 검사환경, 시험체의 크기, 예측되는 결함의 방향에 비하여 중요한 고려사항은 아니다. 예를 들어 시험체의 크기가 크거나 전기를 사용하기 위험한 환경이라면 극간법 등을 고려해 볼 수 있고, 예측되는 결함의 방향에 따라 자계를 선형화할지 원형화할지 고려할 수 있다.

정답 10 ③ 11 ① 12 ② 13 ① 14 ②

15 자분탐상시험에서 다음 중 의사지시모양으로 분류된 것이 아닌 것은?

① 자기펜자국
② 단면 급변지시
③ 재질 경계지시
④ 희미한 자분지시

해설
희미하다면 약간 깊이가 있는 결함일 가능성이 높다.

16 자장의 세기와 자속밀도 사이의 관계식으로 다음 중 맞는 것은?(단, B : 자속밀도, μ : 투자율, H : 자장의 세기이다)

① $B=\mu\times H$
② $B=H$
③ $B=\frac{\mu}{H}$
④ $B=\frac{1}{H}$

해설
투자율은 자계세기와 자속밀도 그래프의 기울기에 해당한다. 즉, $B=\mu\times H$의 관계성을 갖는다.

17 자분탐상시험에서 형광자분을 사용하는 이유로 옳은 것은?

① 자외선등을 사용하지 않게 하기 위하여
② 검사용액을 교환하는 시기를 길게 하기 위하여
③ 염색자분보다 정밀한 검사를 하기 위하여
④ 형광자분은 밝은 곳에서 사용이 편리하므로

해설
형광자분을 사용할 경우, 자외선조사장치가 필요하고, 암실이 필요하지만, 식별하는 능력이 탁월하다.

18 제품에 대한 자분탐상시험 중 탐상기의 고장이 발견 되었을 때 이의 대처방법으로 가장 적합한 것은?

① 탐상기를 교정 검사한 날짜 이후의 모든 제품을 재검사한다.
② 탐상기의 고장이 발생한 시점을 추정하여 이후를 재검사한다.
③ 탐상기로 측정된 것 중 합격된 것만 재검사한다.
④ 탐상기로 측정된 것 중 불합격된 것만 재검사한다.

해설
② 탐상기의 고장이 발생한 시점을 추정하여 이후를 재검사하면 시점의 오차에 의해 검사를 놓치는 대상품이 생길 수 있다.
③ 탐상기로 측정된 것 중 합격된 것만 재검사하는 방법도 적절한 방법이나, 너무 많은 양의 검사를 하게 될 것이다.
④ 탐상기로 측정된 것 중 불합격된 것만 재검사한다면 합격된 제품은 재검사를 하지 않게 되는데, 기기 신뢰도가 떨어진 상황이므로 재검사해야 마땅하다.

15 ④ 16 ① 17 ③ 18 ① **정답**

19 자화장치의 전기아크 발생원인에 대한 설명으로 가장 관계가 먼 것은?

① 과도한 자화전류 및 자화장치의 Head와의 접촉 불량
② 자화장비를 예열시키지 않고 사용했을 때
③ 프로드와 시험체의 접촉불량 또는 프로드가 미끄러졌을 때
④ 아크용접 장비와 같은 전원으로 전류를 끌어 사용했을 때

해설
자화장치를 예열까지 할 필요는 없다.

20 다음 중 자분탐상시험 후 탈자에 일반적으로 사용하는 전류는?

① 교류 ② 직류
③ 반파직류 ④ 충격전류

해설
표층부 탈자에는 일반적으로 교류를 사용하며, 내부까지 탈자를 요구할 때는 직류를 사용한다.

21 자화된 시험체에 자분을 적용했을 때 강자성체와의 접촉으로 인한 지시모양은 무슨 지시인가?

① 자기펜자국 ② 자극지시
③ 전류지시 ④ 전극지시

해설
② 자극지시 : 극간법 같은 시험 시 자극 주변에 생기는 지시
③ 전류지시 : 높은 전류가 흐르는 전선이 시험면에 접촉할 때 그 부위가 국부자화되어 생기는 지시
④ 전극지시 : 프로드법 같은 시험 시 전극 주변에 생기는 지시

22 용접부의 검사 시 개선면과 용접완료면의 결함 검출을 위해 흔히 사용되는 자화방법은?

① 코일법 ② 극간법
③ 전류관통법 ④ 자속관통법

해설
극간법
- 두 자극 사이에 검사 부위를 넣어 직선자계를 만드는 방법
- 두 자극과 직각 방향의 결함 추적에 용이
- 자극을 사용하므로 접촉 시에도 스파크 우려가 없으며 비접촉으로도 검사 가능
- 휴대성이 우수하고, 프로드법처럼 큰 시험체의 국부 검사에 적당

23 직선도선에 흐르는 전류 값이 120A일 때 도체의 중심에서 반경 20cm인 곳에서의 자계의 세기는 얼마인가?

① 1.2Oe ② 1.2A/m
③ 0.478A/m ④ 0.478Oe

해설
직선전류에서 $H=\frac{I}{2\pi r}=\frac{120\text{A}}{2\pi\times0.2\text{m}}=\frac{600}{2\pi}\text{A/m}$이므로

$\frac{600}{2\pi}\times1\text{A/m}=\frac{600}{2\pi}\times\frac{4\pi}{1,000}\text{Oe}=1.2\text{Oe}$

※ $1\text{Oe}=\frac{1,000}{4\pi}\text{A/m}=79.6\text{A/m}$

$1\text{A/m}=\frac{4\pi}{1,000}\text{Oe}$

24 환상의 도체에 바퀴모양으로 균일하게 도선을 감은 원형 코일에 다음의 [조건]으로 자화했을 때 이 환상코일 내부의 도체에 흐르는 자계의 세기는? (단, 코일 축이 만드는 원의 반지름 : 10cm, 도선 감은 수 : 10회, 환상코일에 흐르는 전류 : 100A이다)

① 1.59A/m ② 15.91A/m
③ 159.15A/m ④ 1591.55A/m

해설
환상코일 내부에서 $H = nI$(n : 1m당 감은 수)
$2\pi r = 2 \times 3.14 \times 0.1\text{m} = 0.628\text{m}$, 즉 한번 감으려면 0.628m가 필요하고, 1m로는 1.59회 감을 수 있다.
$H = 1.59 \times 100\text{A/m} = 159\text{A/m}$,
이걸 10번 감았으므로 약 1,590A/m이다.

25 원형자화법에 의하여 자화된 부품을 탈자할 때 첫 단계로 무엇을 해야 하는가?

① 직접 탈자해야 한다.
② 부품 내에 전류자장을 형성해야 한다.
③ 부품 내에 종축자장을 형성해야 한다.
④ 부품 내에 회전자장을 형성해야 한다.

26 다음 중 자분탐상시험의 3가지 기본탐상 순서로 옳게 나열된 것은?

① 관찰 → 자분적용 → 탈자
② 탈자 → 자분적용 → 관찰
③ 자화 → 자분적용 → 관찰
④ 자화 → 세척처리 → 관찰

해설
자화 후 자분을 적용하면, 결함에 따른 지시가 발생하고, 그것을 관찰하도록 한다.

27 강관에 대한 누설자속탐상 시 축방향의 결함을 검출하기 위한 가장 적절한 자화 방법은?

① 극간법으로, 원주방향으로 자화
② 코일법으로, 원주방향으로 자화
③ 극간법으로, 축방향으로 자화
④ 코일법으로, 축방향으로 자화

해설
결함과는 자속이 직각방향으로 형성되도록 자화하여야 하고, 원주방향으로 자화하려면 코일법으로는 너무 어렵다.

28 강자성재료의 자분탐상검사방법 및 자분모양의 분류(KS D 0213)에 따라 3개의 선형지시가 1mm 간격으로 일직선상에서 검출되었고 검출된 지시의 길이는 10mm로 동일했다면 지시의 길이는 어떻게 해석하여야 하는가?

① 10mm
② 12mm
③ 연속한 지시이므로 32mm
④ 연속한 지시이므로 33mm

해설
연속한 자분모양
여러 개의 자분모양이 거의 동일 직선상에 연속하여 존재하고 서로의 거리가 2mm 이하인 자분모양이다. 자분모양의 길이는 특별히 지정이 없는 경우, 자분모양의 각각의 길이 및 서로의 거리를 합친 값으로 한다.
10 + 1 + 10 + 1 + 10 = 32mm

24 ④ 25 ③ 26 ③ 27 ① 28 ③ 정답

29 강자성재료의 자분탐상검사방법 및 자분모양의 분류(KS D 0213)에서 검사기록의 기호 표시가 다음과 같을 때 "^"의 의미는?

C^3000

① 충격전류　　② 교류전류
③ 직류전류　　④ 맥류전류

해설
개정된 KS D 0213에서는 빠져 있으나, 역시 개정 전 표준이 내용적으로 유효하다고 가정하고 KS D 0213 : 1994 해설서를 보면 "자화전류의 종류의 기호는 교류인 경우에는 ~, 직류(맥류를 포함한다)인 경우에는 —를 사용한다. 충격전류는 ^의 부호를 붙인다. 자화전류치는 암페어 단위로 표시한다. 탈자필의 기호는 Ⓓ의 부호를 붙인다."로 되어 있다. 기호를 붙이는 방법에 대한 설명으로 역시 "EA~2000 : 축 통전법을 사용하여 교류 2,000A의 전류를 흐르게 하였다." 등으로 예시하였다. 따라서 C^3000은 코일법을 사용하여 3,000A의 충격전류를 흐르게 하였다고 해석해야 한다.

30 강자성재료의 자분탐상검사방법 및 자분모양의 분류(KS D 0213)에 따른 C형 표준시험편에 관한 사항으로 틀린 것은?

① B형 대비시험편의 적용이 곤란한 경우 대신 사용한다.
② C1형과 C2형으로 나눈다.
③ 인공 흠집이 있는 면이 검사면에 잘 밀착되도록 붙인다.
④ 자분의 적용은 연속법으로 한다.

해설
C형 표준시험편
용접부의 그루브면 등의 좁은 부분에서 치수적으로 A형 표준시험편의 적용이 곤란한 경우에, A형 표준시험편 대신 사용하는 것

31 강자성재료의 자분탐상검사방법 및 자분모양의 분류(KS D 0213)에서 자분은 (　　)에 따라 적당한 자성, 입도, 분산성 및 색조를 갖추어야 한다. (　　) 안에 적합하지 않은 것은?

① 흠의 성질
② 시험체의 위치
③ 시험체의 표면 상태
④ 시험체의 재질

해설
검출매체(KS D 0213 5.2.b)
자분(검출매체)은 시험체의 재질, 표면상황 및 흠집의 성질에 따라 적당한 자성, 입도, 분산성, 현탁성 및 색조를 가진 것이어야 한다.

32 강자성재료의 자분탐상검사방법 및 자분모양의 분류(KS D 0213)에서 전류계, 타이머 및 자외선조사장치의 최소 점검주기로 바른 것은?

① 3개월　　② 6개월
③ 1년　　④ 2년

해설
전류계, 타이머 및 자외선조사장치의 점검은 적어도 연 1회하고 1년 이상 사용하지 않을 경우에는 사용 시에 점검하여 성능을 확인한 것을 사용해야 한다.

33 압력용기-비파괴시험 일반(KS B 6752)에서 직접 통전법의 경우 사용할 수 없는 자화전류는?

① 직류　　② 교류
③ 반파정류　　④ 전파정류

해설
직접통전법
• 시험할 부품에 전류를 통과시켜 자화한다.
• 직류 또는 정류된 자화전류를 이용한다.
• 자화전류는 바깥지름(mm)당 12~31A이고, 지름이 작을수록 큰 전류가 필요하다.
• 요구되는 최대 전류를 흘리지 못할 경우 확보할 수 있는 최대 전류를 이용하고, 자장의 적합성은 따로 입증해야 한다.

정답 29 ① 30 ① 31 ② 32 ③ 33 ②

34 **강자성재료의 자분탐상검사방법 및 자분모양의 분류(KS D 0213)에서 정하는 탐상유효범위는?**

① 1회의 자분 적용 조작 범위에 의해 결함 자분모양이 형성되고 관찰 조작으로 확실히 식별되는 범위

② 1회의 자분 적용 조작 범위에 의해 결함 자분모양이 형성되나 일반 관찰 조작으로는 확실히 식별되지 않는 범위

③ 2회의 자분 적용 조작 범위에 의해 결함 자분모양이 형성되고 관찰 조작으로 확실히 식별되는 범위

④ 2회의 자분 적용 조작 범위에 의해 결함 자분모양이 형성되나 일반 관찰 조작으로는 확실히 식별되지 않는 범위

해설

KS D 0213 3. 21 탐상유효범위 : 목적으로 하는 결함에 필요한 자분 상태의 범위에서 1회의 자분 적용 조작에 의하여 결함 자분모양이 형성되고, 그 결함 자분모양이 관찰 조작으로 확실히 식별되는 범위

35 **강자성재료의 자분탐상검사방법 및 자분모양의 분류(KS D 0213)에 의한 자분모양은 어떤 내용에 따라 분류하는가?**

① 자분의 수량

② 모양 및 집중성

③ 자분모양의 깊이와 폭

④ 자화방법과 자분의 농도

해설

자분탐상시험에서 얻은 자분모양을 모양 및 집중성에 따라 다음과 같이 분류한다.

- 균열에 의한 자분모양
- 독립된 자분모양
  - 선상의 자분모양
  - 원형상의 자분모양
- 연속된 자분모양
- 분산된 자분모양

36 **강자성재료의 자분탐상검사방법 및 자분모양의 분류(KS D 0213)에서 자화방법과 분류기호의 연결이 옳지 않은 것은?**

① 직각통전법 : ER

② 전류관통법 : I

③ 극간법 : M

④ 축통전법 : EA

해설

I는 자속관통법, 전류관통법은 B이다.

37 **강자성재료의 자분탐상검사방법 및 자분모양의 분류(KS D 0213)에 따른 자분의 자성을 측정하는 방법에 해당되지 않는 것은?**

① 자기천칭을 사용하는 방법

② 말굽자석에 붙은 자분의 깊이를 측정하는 방법

③ 솔레노이드 코일을 사용하는 방법

④ 자기히스테리시스 곡선을 구하는 방법

해설

자성의 측정 방법

- 자기히스테리시스 곡선을 구하는 방법
- 자기천칭을 사용하는 방법
- 솔레노이드 코일을 사용하는 방법
- 표준자석에 붙인 자분모의 길이를 측정하는 방법

34 ① 35 ② 36 ② 37 ② 정답

38 강자성재료의 자분탐상검사방법 및 자분모양의 분류(KS D 0213)에서 검사기록을 작성할 때 검사 대상체에 대하여 기재하여야 하는 사항이 아닌 것은?

① 치수 ② 품명
③ 제조자명 ④ 표면 상태

해설
검사기록 시 검사 대상체에 대해서는 품명, 치수, 열처리 상태 및 표면 상태를 기재한다.

39 강자성재료의 자분탐상검사방법 및 자분모양의 분류(KS D 0213)에 따라 동일 직선상에 길이가 다른 4개의 선상자분모양이 다음과 같이 검출되었다. 옳게 분류된 것은?

- 순서대로 지시 ⓐ의 길이 5mm, 지시 ⓑ의 길이 30mm, 지시 ⓒ의 길이 10mm, 지시 ⓓ의 길이 20mm
- 지시들 사이의 간격은 순서대로
  지시 ⓐ과 지시 ⓑ 사이의 길이 5mm
  지시 ⓑ와 지시 ⓒ 사이의 길이 1mm
  지시 ⓒ과 지시 ⓓ 사이의 길이는 3mm이다.

① 지시 ⓑ, ⓒ, ⓓ는 연속한 자분모양이며, 그 길이는 60mm이다.
② 지시 ⓑ, ⓒ, ⓓ는 연속한 자분모양이며, 그 길이는 64mm이다.
③ 지시 ⓐ과 ⓓ는 독립된 자분모양이며, 결함 ⓑ와 ⓒ은 연속한 자분모양으로 그 길이는 40mm이다.
④ 지시 ⓐ과 ⓓ는 독립된 자분모양이며, 결함 ⓑ와 ⓒ은 연속한 자분모양으로 그 길이는 41mm이다.

해설
지시간격 2mm를 기준으로 그 이하면 연속이지만 식별이 되지 않은 것으로, 그 이하면 끊어진 것으로 분류한다.

40 강자성재료의 자분탐상검사방법 및 자분모양의 분류(KS D 0213)에 따라서 연속법으로 검사할 때, 다음 검사 대상체 중 탐상에 필요한 자기장 강도가 가장 높게 요구되는 시험체는 무엇인가?

① 일반적 구조물
② 일반적 용접부
③ 주단조품
④ 담금질한 기계부품

해설
탐상에 필요한 자계의 강도

시험방법	시험체	자계의 강도(A/m)
연속법	일반적인 구조물 및 용접부	1,200~2,000
	주단조품 및 기계부품	2,400~3,600
	담금질한 기계부품	5,600 이상
잔류법	일반적인 담금질한 부품	6,400~8,000
	공구강 등의 특수재 부품	12,000 이상

정답 38 ③ 39 ④ 40 ④

41 강자성재료의 자분탐상검사방법 및 자분모양의 분류(KS D 0213)에 따른 전처리에 관한 사항으로 맞는 것은?

① 전처리 범위는 용접부의 경우 검사범위에서 모재측으로 약 20mm 넓게 잡는다.
② 검사 대상체는 원칙적으로 조립된 최종 상태에서 검사한다.
③ 시험정밀도와 관련 없이 도금 층은 제거하지 않도록 조심한다.
④ 기름구멍 등에 자분이 잘 들어가도록 깨끗이 닦아 놓아야 한다.

해설

전처리(KS D 0213 8.3)

- 전처리의 범위는 검사범위보다 넓게 잡고, 용접부의 경우는 원칙적으로 시험범위에서 모재측으로 약 20mm 넓게 잡는다.
- 검사 대상체는 원칙적으로 단일부품으로 분해하고, 자화되는 경우는 필요에 따라 탈자한다.
- 검사 대상체에 부착된 유지, 오염, 그 밖의 부착물, 도료, 도금 등의 피막이 검사 정확도에 영향을 주는 경우 또는 검사액을 오염시킬 우려가 있는 경우는 이들을 제거한다.
- 건식용 자분을 사용 시 표면 건조한다.
- 열영향 방지 및 전류 흐름을 위해 검사 대상체와 전극의 접촉부분의 청결을 유지하고 필요에 따라 전극에 도체패드를 부착한다.
- 기름구멍, 그 밖의 구멍 등에서 시험 후 내부의 자분을 제거하는 것이 곤란한 곳은 시험 전 다른 무해물질로 채워 둔다.

42 강자성재료의 자분탐상검사방법 및 자분모양의 분류(KS D 0213)에서 검사 기록에 기본적으로 포함할 사항이 아닌 것은?

① 검사 장치 및 자분모양
② 자화 전압
③ 자화전류의 종류
④ 표준시험편

해설

자화 전압은 기본 사항은 아니며 대신 자화전류치 및 통전시간을 기재하여야 한다(KS D 0213 10 참조).

43 용융금속을 주형에 주입할 때 응고하는 과정을 설명한 것으로 틀린 것은?

① 나뭇가지 모양으로 응고하는 것은 수지상정이라 한다.
② 핵 생성 속도가 핵 성장 속도보다 빠르면 입자가 미세해 진다.
③ 주형에 접한 부분이 빠른 속도로 응고하고 차차 내부로 가면서 천천히 응고한다.
④ 주상 결정 입자 조직이 생성된 주물에서는 주상 결정 입계 부분에 불순물이 집중하므로 메짐이 생긴다.

해설

주상 결정이란 기둥(柱)모양(像)의 결정을 의미하며 주형에 닿는 부분부터 냉각이 시작되어 생기는 결정이다. 입계부분에 불순물이 집중하여 균열이 생긴다.

※ 저자의견 : ④번의 설명이 딱히 틀리다고 보기에는 어려움이 있으나, 다른 보기에 비해 정확하지는 않다고 보아 답을 골라내야 한다.

44 4% Cu, 2% Ni 및 1.5% Mg이 첨가된 알루미늄 합금으로 내연기관용 피스톤이나 실린더 헤드 등에 사용되는 재료는?

① Y합금
② 라우탈(Lautal)
③ 알클래드(Alclad)
④ 하이드로날륨(Hydronalium)

해설

Y합금

- 4% Cu, 2% Ni, 1.5% Mg 등을 함유하는 Al합금
- 고온에 강한 것이 특징. 모래형 또는 금형 주물 및 단조용 합금
- 경도도 적당하고 열전도율이 크며, 고온에서 기계적 성질이 우수하다. 내연기관용 피스톤, 공랭 실린더 헤드 등에 널리 쓰인다.

41 ① 42 ② 43 ④ 44 ① 정답

45 구리 및 구리합금에 대한 설명으로 옳은 것은?

① 구리는 자성체이다.
② 금속 중에 Fe 다음으로 열전도율이 높다.
③ 황동은 주로 구리와 주석으로 된 합금이다.
④ 구리는 이산화탄소가 포함되어 있는 공기 중에서 녹청색 녹이 발생한다.

해설
구리는 비자성체이며 철보다 열전도율이 높고, 황동은 구리와 아연의 합금이다.

46 Y합금의 일종으로 Ti과 Cu를 0.2% 정도씩 첨가한 합금으로 피스톤에 사용되는 합금의 명칭은?

① 라우탈 ② 엘린바
③ 문쯔메탈 ④ 코비탈륨

해설
코비탈륨 : Y합금의 일종으로 Ti과 Cu를 0.2% 정도씩 첨가한 합금으로 피스톤의 재료이다.

47 다음 중 비중(Specific Gravity)이 가장 작은 금속은?

① Mg ② Cr
③ Mn ④ Pb

해설
마그네슘합금의 특성은 비중에 비해 상당히 강한 합금이다. 금속의 비중을 알고 있어서도 풀 수 있지만, 보기의 금속들은 주요 합금원소들로서 각각의 특징을 학습해서도 풀 수 있다.
※ 마그네슘(Mg) 비중 : 1.74
크로뮴(Cr) 비중 : 7.1
망간(Mn) 비중 : 7.3
납(Pb) 비중 : 11.3

48 특수강에서 다음 금속이 미치는 영향으로 틀린 것은?

① Si : 전자기적 성질을 개선한다.
② Cr : 내마멸성을 증가시킨다.
③ Mo : 뜨임메짐을 방지한다.
④ Ni : 탄화물을 만든다.

해설

원소	키워드
Ni	강인성과 내식성, 내산성
Mn	내마멸성, 황
Cr	내식성, 내열성, 자경성, 내마멸성
W	고온 경도, 고온 강도
Mo	담금질 깊이가 커짐, 뜨임 취성 방지
V	크로뮴 또는 크로뮴-텅스텐
Cu	석출 경화, 오래전부터 널리 쓰인다.
Si	내식성, 내열성, 전자기적 성질을 개선, 반도체의 주재료
Co	고온 경도와 고온 인장 강도를 증가
Ti	입자 사이의 부식에 대한 저항, 가벼운 금속
Pb	피삭성, 저용융성
Mg	가벼운 금속, 구상흑연, 산이나 열에 침식됨
Zn	황동, 다이캐스팅
S	피삭성, 주조결함
Sn	무독성, 탈색효과 우수, 포장형 튜브
Ge	저마늄(게르마늄), 1970년대까지 반도체에 쓰인다.
Pt	은백색, 전성·연성 좋음, 소량의 이리듐을 더해 더 좋고 강한 합금이 된다.

49 공석강의 탄소함유량은 약 얼마인가?

① 0.15% ② 0.8%
③ 2.0% ④ 4.3%

해설
철에서 탄소는 시멘타이트로 존재하는 것이 안정적이며 시멘타이트의 함량으로 0.8% 정도가 공석강이다.

정답 45 ④ 46 ④ 47 ① 48 ④ 49 ②

50 **제진 재료에 대한 설명으로 틀린 것은?**

① 제진 합금으로는 Mg-Zr, Mn-Cu 등이 있다.
② 제진 합금에서 제진 기구는 마텐자이트 변태와 같다.
③ 제진 재료는 진동을 제어하기 위하여 사용되는 재료이다.
④ 제진 합금이란 큰 의미에서 두드려도 소리가 나지 않는 합금이다.

해설
제진 기구는 내부에 존재하는 충격흡수조직에 있다. 회주철 등은 흑연 등이 제진 기구 역할을 한다.

51 **저용융점 합금의 용융 온도는 약 몇 ℃ 이하인가?**

① 250℃ 이하 ② 450℃ 이하
③ 550℃ 이하 ④ 650℃ 이하

52 **금속의 결정구조를 생각할 때 결정면과 방향을 규정하는 것과 관련이 가장 깊은 것은?**

① 밀러지수 ② 탄성계수
③ 가공지수 ④ 전이계수

해설
밀러지수

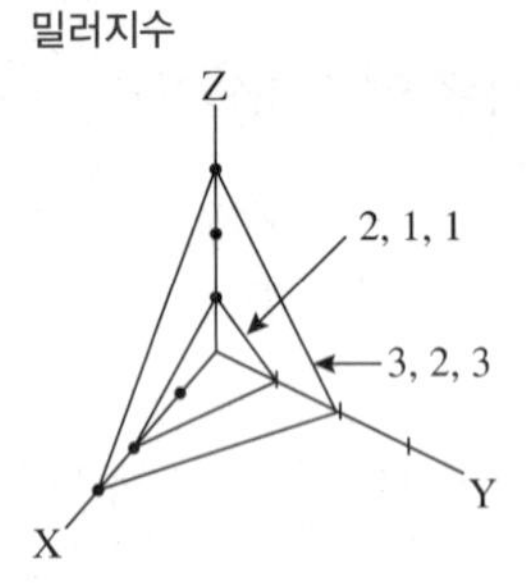

53 **기체 급랭법의 일종으로 금속을 기체 상태로 한 후에 급랭하는 방법으로 제조되는 합금으로서 대표적인 방법은 진공 증착법이나 스퍼터링법 등이 있다. 이러한 방법으로 제조되는 합금은?**

① 제진 합금
② 초전도 합금
③ 비정질 합금
④ 형상 기억 합금

해설
비정질 합금
- 비정질이란 원자가 규칙적으로 배열된 결정이 아닌 상태
- 제조방법
  - 진공증착, 스퍼터(Sputter)법
  - 용탕에 의한 급랭법 : 원심급랭법, 단롤법, 쌍롤법
  - 액체급랭법 : 분무법(대량생산의 장점)
  - 고체 금속에서 레이저를 이용하여 제조

54 **그림과 같은 소성가공법은?**

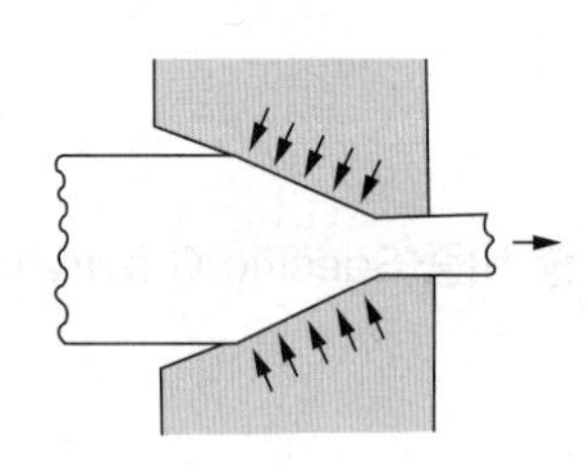

① 압연가공
② 단조가공
③ 인발가공
④ 전조가공

해설
힘을 가하는 지점의 표시가 불명확하여 인발인지 압출인지는 식별이 불가능하나, 보기 중에는 인발 밖에 없다. 앞에서 잡아당기면 인발, 뒤에서 밀어내면 압출이다.

50 ② 51 ① 52 ① 53 ③ 54 ③ 정답

55 오스테나이트계 스테인리스강에 첨가되는 주성분으로 옳은 것은?

① Pb−Mg　② Cu−Al
③ Cr−Ni　④ P−Sn

해설
니켈과 크로뮴의 합금, 일명 니크로뮴은 내식성이 우수하고 자기적 성질이 뛰어난 특징을 가지고 있다.

56 다음 비철금속 중 구리가 포함되어 있는 합금이 아닌 것은?

① 황동　② 톰백
③ 청동　④ 하이드로날륨

해설
하이드로날륨
- Mn(망간)을 함유한 Mg계 알루미늄 합금을 말한다.
- 주조성은 좋지 않으나 비중이 작고 내식성이 매우 우수하여 선박용품, 건축용 재료에 사용된다.
- 내열성은 좋지 않아 내연 기관에는 사용하지 않는다.

57 다음 철강재료에서 인성이 가장 낮은 것은?

① 회주철　② 탄소공구강
③ 합금공구강　④ 고속도공구강

해설
인성이란 잡아당기는 힘에 대한 견디는 능력으로 보기의 재료 중 회주철이 가장 취성이 큰 재료이다. 일반적으로 철강재료에서 탄소의 함유량이 적을수록 인성이 크다고 본다.

58 다음 중 두께가 3.2mm인 연강 판을 산소·아세틸렌가스 용접할 때 사용하는 용접봉의 지름은 얼마인가?

① 1.0mm　② 1.6mm
③ 2.0mm　④ 2.6mm

해설
연강판의 두께와 용접봉 지름

모재의 두께	용접봉 지름
2.5mm 이하	1.0~1.6mm
2.5~6.0mm	1.6~3.2mm
5~8mm	3.2~4.0mm
7~10mm	4~5mm
9~15mm	4~6mm

용접봉의 지름 구하는 식 : $D=\frac{T}{2}+1=\frac{3.2}{2}+1=2.6$

59 부하전류가 증가하면 단자 전압이 저하하는 특성으로서 피복아크 용접 등 수동 용접에서 사용하는 전원특성은?

① 정전압특성　② 수하특성
③ 부하특성　④ 상승특성

해설
① 정전압특성 : 부하전류가 변화되어도 단자의 전압이 거의 변화하지 않는 용접 전원의 특성
③ 부하특성 : 부하가 작용하는 상황에서 특정 성질의 특성
④ 상승특성 : 대전류가 작용하면서 전압의 대전류 특성이 상승하는 특성

60 다음 중 압접의 종류에 속하지 않는 것은?

① 저항 용접　② 초음파 용접
③ 마찰 용접　④ 스터드 용접

해설
압접이란 눌러 붙이는 것을 의미하며 스터드 용접은 융접으로 분류하는 것이 더 옳다.

정답 55 ③ 56 ④ 57 ① 58 ④ 59 ② 60 ④

2015년 제4회 과년도 기출문제

01 수세성 형광 침투탐상검사가 후유화성 형광 침투탐상검사보다 좋은 점은?

① 과세척의 위험성이 적다.
② 형상이 복잡한 시험체도 탐상이 가능하다.
③ 얕은 결함이나 폭이 넓은 결함을 검출한다.
④ 수분의 혼입으로 인한 침투액의 성능저하가 적다.

해설
얕은 결함이나 폭이 넓은 결함을 검출하고, 수분 혼입으로 인한 침투액의 성능저하가 적은 것은 후유화성 침투검사의 경우이다. 과세척의 위험이 큰 것은 단점이다.

02 기포누설시험 중 가압법의 설명으로 틀린 것은?

① 압력 유지시간은 최소한 15분간을 유지한다.
② 눈과 시험체 표면과의 거리는 300mm 이내가 되어야 한다.
③ 관찰각도는 제품 평면에 수직한 상태에서 30° 이내를 유지하여 관찰한다.
④ 관찰 속도는 75cm/min를 초과하지 않는다.

해설
눈과 시험체 표면과의 거리는 600mm 이상이어야 한다.

03 알루미늄 용접부의 표면에 크레이터 균열의 발생 유무를 알아보고자 할 때 적합한 검사 방법은?

① 누설자속검사
② 헬륨누설검사
③ 침투탐상검사
④ 자분탐상검사

해설
표면 균열은 침투탐상검사가 적합하다.

04 표면처리 방법 중 부식을 방지하는 동시에 미관을 주기위한 목적으로 행해지는 방법은?

① 산화피막
② 도장
③ 피복
④ 코팅

해설
페인트칠 등이 해당되는 도장은 제품 표면에 안료가 섞인 적절한 혼합재를 바르는 작업을 의미한다.

정답 1 ② 2 ② 3 ③ 4 ②

05 **다른 비파괴검사법과 비교했을 때 와전류탐상검사의 장점으로 틀린 것은?**

① 고속으로 자동화된 전수검사에 적합하다.
② 고온 하에서 가는 선의 검사가 불가능하다.
③ 비접촉법으로 검사속도가 빠르고 자동화에 적합하다.
④ 결함크기 변화, 재질변화 등의 동시 검사가 가능하다.

해설

와전류탐상시험

- 전자유도현상에 따른 와전류분포 변화를 이용하여 검사
- 표면 및 표면 직하 검사 및 도금층의 두께 측정에 적합
- 파이프 등의 표면 결함 고속검출에 적합
- 전자유도현상이 가능한 도체에서 시험이 가능
- 와전류 시험은 철, 비철 재료의 파이프, 와이어 등 표면 또는 표면 근처 결함을 검출하는 데 적합하다.

06 **와전류탐상시험으로 시험체를 탐상한 경우 검사 결과를 얻기 어려운 경우는?**

① 치수 검사
② 피막두께 측정
③ 표면직하의 결함 위치
④ 내부결함의 깊이와 형태

해설

표피효과로 인해 표면검사에 적합하다.

07 **자분탐상시험법에 대한 설명으로 틀린 것은?**

① 자분탐상시험은 강자성체에 적용된다.
② 비철재료의 내부 및 표면 직하 균열에 검출 감도가 높다.
③ 제한적이지만 표면이 열리지 않은 불연속도 검출할 수 있다.
④ 시험체가 매우 큰 경우 여러 번으로 나누어 검사할 수 있다.

해설

자분탐상시험은 자성체에서 적용이 가능한데, 상용화된 제품 금속 중 대부분 합금철이나 철 금속에서 자성을 띠므로 일반적으로 자분탐상시험은 철강제품에 적용한다고 생각하여도 크게 다르지 않다.

08 **다음 중 전자파가 아닌 것은?**

① 가시선　　② 자외선
③ 감마선　　④ 전자선

해설

전자파의 종류 : Radio Wave, Micro Wave, 적외선, 가시광선, 자외선, X선, 감마선

09 **비파괴검사법 중 분해능과 관련이 있는 검사법은?**

① 초음파탐상검사(UT), 방사선투과검사(RT)
② 초음파탐상검사(UT), 자기탐상검사(MT)
③ 초음파탐상검사(UT), 침투탐상검사(PT)
④ 초음파탐상검사(UT), 와전류탐상검사(ECT)

정답 5 ② 6 ④ 7 ② 8 ④ 9 ④

10 초음파탐상검사에 사용되는 탐촉자의 표시방법에서 수정 진동자 재료의 기호는?

① C ② M
③ Q ④ Z

해설

진동자 재료	수정	Q
	지르콘, 타이타늄산납계자기	Z
	압전자기일반	C
	압전소자일반	M

11 자분탐상 시 지시모양의 기록방법 중 정확성이 다소 떨어지는 방법은?

① 전사에 의한 방법
② 스케치에 의한 방법
③ 사진촬영에 의한 방법
④ 래커(Lacquer)를 이용하여 고착시키는 방법

해설
손을 이용하는 방법이 보기 중에서는 정확성이 떨어진다.

12 적외선 열화상 검사에 대한 설명 중 틀린 것은?

① 적외선 열화상 카메라는 시험체의 열에너지를 측정한다.
② 적외선 환경에서는 −100℃를 초과한 온도의 모든 사물이 열을 방출한다.
③ 적외선 에너지는 원자의 진동과 회전으로 발생한다.
④ 적외선 에너지는 파장이 너무 길어 육안으로 탐지가 불가능하다.

해설
0K 이상의 모든 물체는 적외선을 방출한다.

13 규정된 누설검출기에 의해서 감지할 수 있는 누설부위를 통과하는 가스는?

① 추적가스 ② 불활성가스
③ 지연성가스 ④ 가연성가스

해설
누설검사에 사용하는 가스를 추적가스라 칭한다.

14 방사선투과검사 필름 현상 및 건조 후 확인결과 기준보다 높은 필름 농도의 원인과 가장 거리가 먼 것은?

① 기준의 2배 노출시간
② 30℃ 현상액 온도
③ 기준의 2배 현상시간
④ 기준의 2배 정착시간

해설
기준에 비해 높은 노출시간, 높은 온도, 높은 현상시간은 높은 필름 농도를 유발한다.

10 ③ 11 ② 12 ② 13 ① 14 ④ 정답

15 **자분탐상검사에 사용하는 장치에 대한 설명 중 옳은 것은?**

① 코일법을 사용 시 코일의 형태는 자장의 강도와는 관계없다.
② 자계는 전류계의 실효치로 표시한다.
③ 분산 노즐에서 검사액의 분무압력은 자분막 형성에 영향을 준다.
④ 비형광자분을 사용하는 시험에는 자외선조사장치가 필요하다.

해설
① 코일법을 사용 시 코일의 형태는 자장의 강도에 영향을 준다.
② 자계는 단위길이당 전류량으로 표시한다.
④ 비형광자분을 사용하는 시험에는 자외선조사장치가 필요 없다.

16 **코일 내에 발생하는 유도 자장에 영향을 주는 요인과 가장 거리가 먼 것은?**

① 코일에 흐르는 전류
② 코일의 권선 수
③ 코일의 직경
④ 코일의 색상

해설
코일의 색상과는 무관하다.

17 **자속밀도(Magnetic Flux Density)에 대한 설명으로 맞는 것은?**

① 자속에 대한 저항 값을 말한다.
② 단위는 헨리/미터(H/m)이다.
③ 단위 면적당의 자속수를 말한다.
④ 초기 자화곡선을 의미한다.

해설
자속밀도란 자속선이 일정 공간 안에 얼마나 많이 지나가는가를 표현하는 개념으로 단위는 G나 T를 사용한다.

18 **다른 비파괴검사법과 비교하여 자분탐상검사의 단점에 대한 설명이 아닌 것은?**

① 시험체의 심부결함 검출이 불가능하다.
② 상자성체 이외 재료의 검사가 불가능하다.
③ 불연속의 방향과 자속 방향이 평행한 경우 검출이 어렵다.
④ 전기 접점에서 시험체에 손상을 주는 경우가 있다.

해설
강자성체 이외 재료의 검사가 어렵다.

19 **자분탐상시험에서 축통전법으로 자화하고자 할 때 자화전류량은 주로 무엇에 의하여 결정되는가?**

① 시험품의 재질　② 시험품의 직경
③ 시험품의 모양　④ 시험품의 길이

해설
자화전류가 강해질수록 자화되는 시험체의 자계가 커지므로, 시험체의 크기(자계의 영향반경)에 따라 자화전류를 결정한다.

정답 15 ③ 16 ④ 17 ③ 18 ② 19 ②

20 다음 중 자분탐상검사를 수행할 때의 안전관리 대책을 설명한 것 중 틀린 것은?

① 프로드법을 사용할 때에는 감전사고에 대비하기 위하여 안전장구를 구비해야 한다.
② 극간법을 사용한 건식법을 시행할 때에는 자분이 습식법보다 무겁기 때문에 방진 대책이 필요 없다.
③ 자외선조사등을 사용할 때에는 보안경을 착용해야 한다.
④ 건식자분보다 습식자분을 사용할 때에 더욱 화재의 위험에 대비해야 한다.

해설
자분탐상검사에서는 진동이 자분에 영향을 줄 수 있으므로 방진 대책이 필요하다.

21 자분탐상검사에서 검사기록 작성 시 기재 사항이 아닌 것은?

① 검사 대상체의 명칭
② 탐상방법
③ 전처리방법
④ 자분의 적용방법

해설
기록작성 사항
- 검사 대상체 : 품명, 치수, 열처리 상태 및 표면상태를 기재
- 검사조건 : 검사장치, 자분의 모양, 자분의 분산매 및 검사액 속의 자분 분산 농도, 자분의 적용시기, 자화전류의 종류, 자화전류치 및 통전시간, 자화 방법, 표준시험편, 시험 결과
- 기타 : 검사 기술자, 검사 연월일, 검사 장소

22 다음은 일반적인 자분탐상시험의 조작 순서를 나타낸 것이다. 올바른 순서는?

전처리 → (ⓐ) → (ⓑ) → (ⓒ) → (ⓓ) → (ⓔ) → 탈자 → 후처리

① ⓐ 자화조작 ⓑ 자분의 적용 ⓒ 자분모양의 관찰 ⓓ 판정 ⓔ 기록
② ⓐ 자화조작 ⓑ 자분의 적용 ⓒ 자화전류치의 설정 ⓓ 자분모양의 관찰 ⓔ 기록
③ ⓐ 자분의 적용 ⓑ 자화전류치의 설정 ⓒ 자화조작 ⓓ 자분모양의 관찰 ⓔ 판정
④ ⓐ 자화조작과 자분의 적용(동시) ⓑ 자화전류치의 설정 ⓒ 통전시간 선택 ⓓ 자분모양의 관찰 ⓔ 판정

해설
자분탐상은 자화를 시킨 후 자분을 적용하여 그 모양을 관찰, 판정 후 기록한다. 시험이 끝나면 탈자 후 후처리를 한다.

23 자력선이 시험품의 길이 방향과 평행한 자화 방법은?

① 선형자화법
② 원형자화법
③ 프로드자화법
④ 중심도체법

해설
자력선이 일직선 모양의 길쭉한 선형으로 자화된다고 하여 선형자화법이다.

20 ② 21 ③ 22 ① 23 ① **정답**

24 **다음은 앙페르(Ampere)의 오른손 법칙을 설명한 것이다. (　) 안에 알맞은 말은?**

> 도선을 오른손으로 거머쥘 때 엄지손가락이 가리키는 방향이 (　　)이며, 네 손가락이 가리키는 방향이 (　　)이다.

① 진행 방향, 힘의 방향
② N극, S극
③ 전류의 방향, 자계의 방향
④ 자계의 세기, 자계의 방향

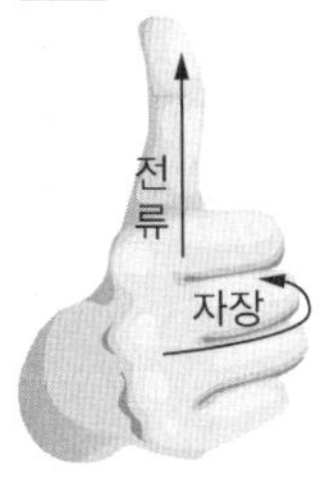

25 **암페어턴(Ampere-Turn)에 대한 설명으로 옳은 것은?**

① 코일의 직경을 결정한다.
② 코일의 수명을 결정한다.
③ 코일의 탈자전류치를 계산한다.
④ 코일의 자화전류치를 계산한다.

해설
이 코일의 용도는 전류를 흘려 전자기 효과를 이용하는 데 있다. 즉, 내부에 들어 있는 시험체를 자화시키는 데 있다.

26 **기자력이 일정한 극간법 장비의 자화력을 규정하는 것은?**

① 기전력(Electromotive Force)
② 인상력(Lifting Power)
③ 자계의 세기(Intensity of Magnetic Field)
④ 자화전류(Magnetizing Current)

해설
극간법은 영구자석을 사용하는 방법으로 들어올리는 힘(Lifting Power)로 자력의 세기를 판단할 수 있다.

27 **자분탐상시험으로 시험체의 구멍 주위의 방사형 결함을 검출하기에 가장 적합한 방법은?**

① 접촉대(Head Stock)를 이용한 원형자화
② 중심도체를 이용한 원형자화
③ 코일을 이용한 선형자화
④ 프로드(Prod)를 이용한 원형자화

해설
시험체의 구멍 주위 방사형 결함이라면 그림과 같은 모습을 생각할 수 있다.

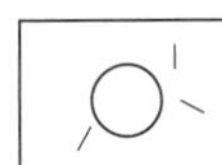

그렇다면 자력선은 동심원 형태가 되어야 하고 이런 자력선을 만드는 자화는 중심도체를 이용한 원형자화여야 한다.

28 **강자성재료의 자분탐상검사방법 및 자분모양의 분류(KS D 0213)에서 검사의 적용에서 필요시 생략할 수 있는 공정은?**

① 자화　　② 자분의 적용
③ 관찰　　④ 탈자

해설
검사 장치(KS D 0213 5.1.a)
검사 장치는 원칙적으로 시험체에 대하여, 자화, 자분 적용, 관찰 및 탈자의 각 과정을 할 수 있는 것으로 한다. 다만, 탈자가 필요하지 않으면 탈자과정은 없어도 된다.

정답 24 ③ 25 ④ 26 ② 27 ② 28 ④

29 압력용기-비파괴시험 일반(KS B 6752)에서 시험 감도를 보증하기 위한 시험체 표면에서의 백색광의 최소강도는?

① 500lx
② 1,000lx
③ 1,500lx
④ 2,000lx

해설
압력용기만을 위한 비파괴시험 규격을 따로 제정한 것이 KS B 6752이며, 여기서는 백색광의 최소 강도를 1,000lx 요구하였다.

30 강자성재료의 자분탐상검사방법 및 자분모양의 분류(KS D 0213)에 따른 자분모양의 분류가 아닌 것은?

① 독립된 자분모양
② 연속된 자분모양
③ 기공에 의한 자분모양
④ 균열에 의한 자분모양

해설
자분탐상시험에서 얻은 자분모양을 모양 및 집중성에 따라 다음과 같이 분류한다.
- 균열에 의한 자분모양
- 독립된 자분모양 : 선상의 자분모양, 원형상의 자분모양
- 연속된 자분모양
- 분산된 자분모양

31 강자성재료의 자분탐상검사방법 및 자분모양의 분류(KS D 0213)에서 기호를 M으로 표시하며 검사 대상체 또는 시험할 부위를 전자석 또는 영구자석의 자극 사이에 놓아 자화하는 시험방법을 무엇이라 하는가?

① 극간법
② 축통전법
③ 전류관통법
④ 직각통전법

해설
극간법은 영구자석을 사용하여 자화장치 없이 시험체에 자계를 부여하여 시험한다.

32 강자성재료의 자분탐상검사방법 및 자분모양의 분류(KS D 0213)에 따르면 검사액의 자분 분산농도는 어떻게 나타내는가?

① 검사액의 단위 용적(1L) 중에 포함되는 자분의 무게(g)
② 검사액의 단위 용적(1L) 중에 포함되는 자분의 침전용적(mL)
③ 검사액의 단위 용적(100mL) 중에 포함되는 자분의 무게(g)
④ 검사액의 단위 용적(100mL) 중에 포함되는 자분의 침전무게(mg)

해설
KS D 0213 5.2에 검사액 속의 자분 분산농도는 실제로 적용하는 위치에서의 검사액의 단위 용적(1L) 중에 포함되는 자분의 무게(g), 또는 단위용적(100mL) 중에 포함되는 자분의 침전용적(mL)으로 나타내고 자분의 종류 및 입도를 고려하여 설정한다. 특히, 형광자분인 경우에는 자분의 입도 외에 자분의 적용시간 및 적용방법을 고려하여 자분 분산농도를 정하고 과잉농도를 피하여야 한다고 설명하고 있다.

29 ② 30 ③ 31 ① 32 ① 정답

33 강자성재료의 자분탐상검사방법 및 자분모양의 분류(KS D 0213)에서 A형 표준시험편의 사용방법을 설명한 것으로 옳은 것은?

① 인공 흠집이 있는 면을 바깥쪽에 놓고 사용한다.
② 인공 흠집이 없는 면을 검사면에 놓고 사용한다.
③ 인공 흠집이 없는 면이 검사면에 밀착되도록 적당한 점착성 테이프를 사용하여 검사면에 붙인다.
④ 인공 흠집이 있는 면이 검사면에 밀착되도록 적당한 점착성 테이프를 사용하여 검사면에 붙인다.

해설

A형 표준시험편은 인공 흠집이 있는 면이 검사면에 잘 밀착되도록 적당한 점착성 테이프를 사용하여 검사면에 붙이도록 한다. 이 경우 점착성 테이프가 표준시험편의 인공 흠집의 부분을 덮어서는 안 된다.

34 강자성재료의 자분탐상검사방법 및 자분모양의 분류(KS D 0213)에서 선상의 자분모양이란 자분모양의 길이가 너비의 몇 배 이상인 것을 말하는가?

① 1배　② 2배
③ 3배　④ 4배

해설

독립된 자분모양
- 선상의 자분모양 : 자분모양에서 그 길이가 너비의 3배 이상인 것
- 원형상의 자분모양 : 자분모양에서 선상의 자분모양 이외의 것

35 강자성재료의 자분탐상검사방법 및 자분모양의 분류(KS D 0213)에 따른 탐상 수행 시 다음 중 사용 가능한 검사장치 또는 자재는?

① 자분의 농도가 1g/L인 비형광 습식자분
② 인공 흠집의 너비가 57μm인 C형 표준시험편
③ 인공 흠집의 깊이가 10μm인 Al-15/50 시험편
④ 자분의 농도가 100g/L인 형광 습식자분

해설

② C형 표준시험편의 인공 흠집의 치수는 깊이 8±1μm, 너비 50±8μm로 한다.
①, ④ 자분의 농도는 원칙적으로 비형광 습식법에서는 2~10g/L, 형광습식법에서는 0.2~2g/L의 범위로 한다.
③ 시험편의 명칭 가운데 사선의 왼쪽은 인공 흠집의 깊이를, 사선의 오른쪽은 관의 두께를 나타내고 치수의 단위는 μm로 한다. 따라서 Al-15/50 시험편은 인공 흠집의 깊이가 15μm이다.

36 강자성재료의 자분탐상검사방법 및 자분모양의 분류(KS D 0213)에서 자화전류의 분류방법으로 틀린 것은?

① 교류　② 직류
③ 반파직류　④ 충격전류

해설

교류를 정류한 전류 중 반파정류가 있고, 이 전류는 교류의 한쪽 극성만 인가한 형태의 전류이다.

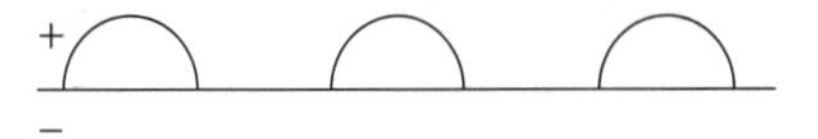

정답 33 ④ 34 ③ 35 ② 36 ③

37 **강자성재료의 자분탐상검사방법 및 자분모양의 분류(KS D 0213)에서 용접부의 경우 전처리는 원칙적으로 검사부위에서 모재측으로 약 몇 mm 넓게 잡아야 하는가?**

① 5mm ② 10mm
③ 15mm ④ 20mm

해설
KS D 0213 8.3에 의하면 전처리의 범위는 검사범위보다 넓게 잡아야 한다. 용접부의 경우는 원칙적으로 검사범위에서 모재측으로 약 20mm 넓게 잡는다.

38 **강자성재료의 자분탐상검사방법 및 자분모양의 분류(KS D 0213)에서 그림과 같은 자화 방법은?**

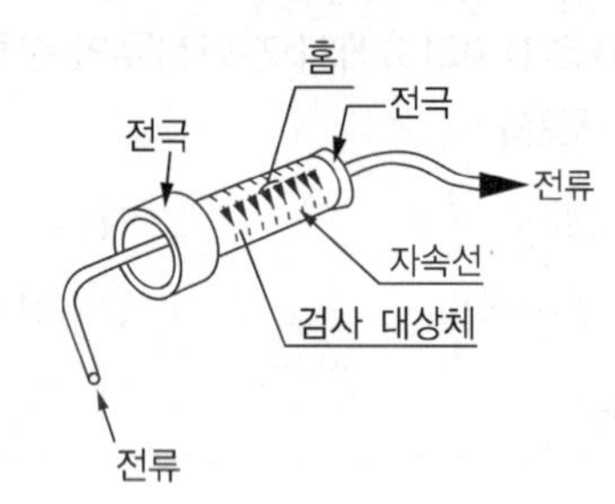

① 축통전법 ② 직각통전법
③ 프로드법 ④ 전류관통법

해설
② 직각통전법

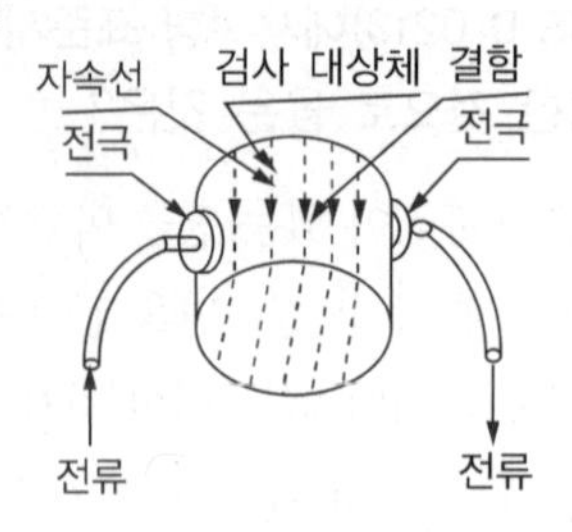

③ 프로드법

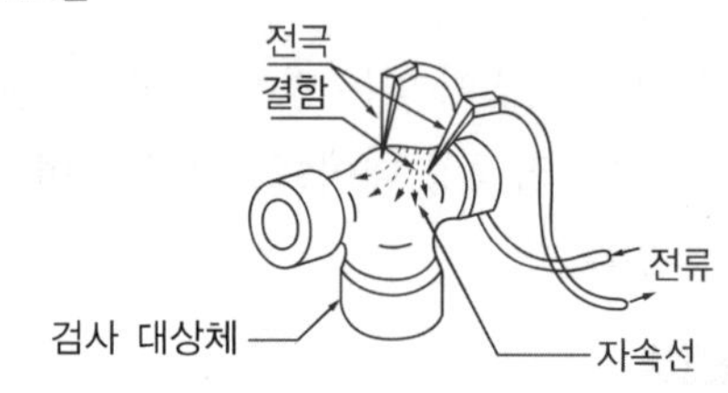

④ 전류관통법

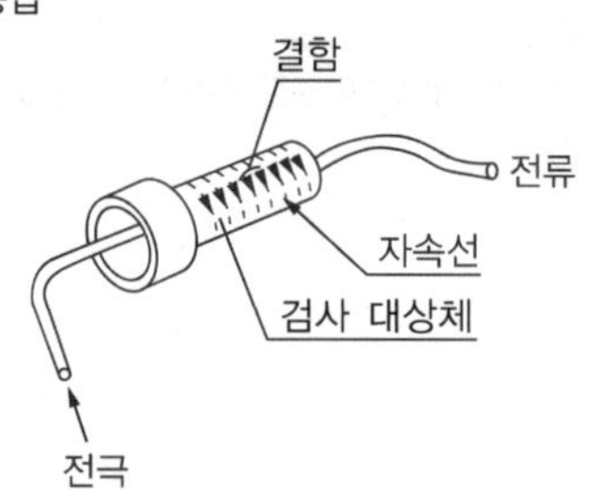

39 **강자성재료의 자분탐상검사방법 및 자분모양의 분류(KS D 0213)에서 자화 시 고려할 항목이 아닌 것은?**

① 자기장의 방향을 예측되는 흠집의 방향에 대하여 가능한 한 직각으로 한다.
② 자기장의 방향을 검사면에 가능한 한 평행으로 한다.
③ 검사면을 태워서는 안 될 경우 직접 통전하지 않는 방법을 선택한다.
④ 반자기장을 크게 한다.

해설
반자기장이란 자기장을 형성할 때 생기는 역방향 자기장으로서 가능한 한 형성되지 않도록 해야 한다.

정답 37 ④ 38 ① 39 ④

40 강자성재료의 자분탐상검사방법 및 자분모양의 분류(KS D 0213)에서 압력용기의 내압시험 종료 후에 탐상하는 자화방법은 어떻게 규정하고 있는가?

① 극간법 ② 관통법
③ 코일법 ④ 프로드법

해설
KS D 0213 8.8에 의하면 "용접부의 열처리 후 압력용기의 내압시험 종료 후 등에 하는 시험의 자화방법은 원칙적으로 극간법으로 하고, 프로드법을 사용하면 안 된다."라고 규정되어 있다.

41 강자성재료의 자분탐상검사방법 및 자분모양의 분류(KS D 0213)에서 검사 대상체의 용접부 그루브면이 좁아 A형 표준시험편을 사용할 수 없는 경우 대신 사용할 수 있는 표준시험편으로 옳은 것은?

① B형 ② C형
③ D형 ④ E형

해설
C형 표준시험편은 용접부의 그루브면 등의 좁은 부분에서 치수적으로 A형 표준시험편의 적용이 곤란한 경우에 A형 표준시험편 대신 사용하는 것으로, 권위 있는 기관에서 검정받은 것이어야 한다.

42 강자성재료의 자분탐상검사방법 및 자분모양의 분류(KS D 0213)에 따른 자화전류의 종류에 대한 내용 중 틀린 것은?

① 교류 및 충격전류를 사용하여 자화하는 경우는 원칙적으로 표면 흠집의 검출에 한한다.
② 교류 및 충격전류를 사용하여 자화하는 경우는 원칙적으로 연속법에 한한다.
③ 직류 및 맥류를 사용하여 자화하는 경우는 표면 흠집 및 표면 근처의 내부의 흠집을 검출할 수 있다.
④ 직류 및 맥류를 사용하여 자화하는 경우는 연속법 및 잔류법에 사용할 수 있다.

해설
충격전류로 자화하는 경우는 잔류법에 해당한다.

43 다음 중 전기 저항이 0(Zero)에 가까워 에너지 손실이 거의 없기 때문에 자기부상열차, 핵자기공명 단층 영상 장치 등에 응용할 수 있는 것은?

① 제진 합금
② 초전도 재료
③ 비정질 합금
④ 형상 기억 합금

해설
전기가 흐르는 현상 중 모든 도체 또는 부도체에는 전도를 많이 넣었다.
※ 초전도 : 전기저항이 어느 온도 이하에서 0이 되는 현상

정답 40 ① 41 ② 42 ② 43 ②

44 다음 비철합금 중 비중이 가장 가벼운 것은?

① 아연(Zn)합금

② 니켈(Ni)합금

③ 알루미늄(Al)합금

④ 마그네슘(Mg)합금

해설

마그네슘합금의 특성은 비중에 비해 상당히 강한 합금이다. 금속의 비중을 알고 있어서도 풀 수 있지만, 보기의 금속들은 주요 합금원소들로서 각각의 특징을 학습해서도 풀 수 있다.

※ 마그네슘(Mg) 비중 : 1.74
알루미늄(Al) 비중 : 2.7
아연(Zn) 비중 : 7.13
니켈(Ni) 비중 : 8.9

45 오스테나이트계 스테인리스강에 대한 설명으로 틀린 것은?

① 대표적인 합금에 18% Cr-8% Ni 강이 있다.

② Ti, V, Nb 등을 첨가하면 입계부식이 방지된다.

③ 1,100℃에서 급랭하여 용체화처리를 하면 오스테나이트 조직이 된다.

④ 1,000℃로 가열한 후 서랭하면 $Cr_{23}C_6$ 등의 탄화물이 결정입계에 석출하여 입계부식을 방지한다.

해설

1,000℃로 가열한 후 서랭하면 $Cr_{23}C_6$ 등의 탄화물이 결정립계에 석출되어 입계부식이 발생한다.

46 Al-Si계 합금으로 공정형을 나타내며, 이 합금에 금속나트륨 등을 첨가하여 개량처리한 합금은?

① 실루민

② Y합금

③ 로엑스

④ 두랄루민

해설

실루민(또는 알팍스)

- Al에 Si 11.6%, 577℃는 공정점이며 이 조성을 실루민이라 한다.
- 이 합금에 Na, F, NaOH, 알칼리염류를 용탕에 넣어 처리하면 조직이 미세화되고 공정점도 조정되는데 이를 개량처리라 한다.
- 주조용 알루미늄을 다이캐스팅하면 개량처리가 필요 없다.
- 실용합금 10~13% Si 실루민은 용융점이 낮고 유동성이 좋아 얇고 복잡한 주물에 적합하다.

47 알루미늄에 대한 설명으로 옳은 것은?

① 알루미늄 비중은 약 5.2이다.

② 알루미늄은 면심입방격자를 갖는다.

③ 알루미늄 열간가공온도는 약 670℃이다.

④ 알루미늄은 대기 중에서는 내식성이 나쁘다.

해설

알루미늄의 비중은 2.7이며 면심입방격자의 구조를 갖는다. 공기 중이나 물에서 천천히 산화되는 특징이 있다.

44 ④ 45 ④ 46 ① 47 ② 정답

48 림드강에 관한 설명 중 틀린 것은?

① Fe-Mn으로 가볍게 탈산시킨 상태로 주형에 주입한다.

② 주형에 접하는 부분은 빨리 냉각되므로 순도가 높다.

③ 표면에 헤어 크랙과 응고된 상부에 수축공이 생기기 쉽다.

④ 응고가 진행되면서 용강 중에 남은 탄소와 산소의 반응에 의하여 일산화탄소가 많이 발생한다.

해설

림드강

- 평로 또는 전로 등에서 용해한 강에 페로망간을 첨가하여 가볍게 탈산시킨 다음 주형에 주입한 것이다.
- 주형에 접하는 부분의 용강이 더 응고되어 순도가 높은 층이 된다.
- 탈산이 충분하지 않은 상태로 응고되어 CO가 많이 발생하고, 방출되지 못한 가스 기포가 많이 남아 있다.
- 편석이나 기포는 제조과정에서 압착되어 결함은 아니지만, 편석이 많고 질소의 함유량도 많아서 좋은 품질의 강이라 할 수는 없다.
- 수축에 의해 버려지는 부분이 적어서 경제적이다.

49 구상흑연주철의 조직상 분류가 틀린 것은?

① 페라이트형

② 마텐자이트형

③ 펄라이트형

④ 시멘타이트형

해설

구상흑연주철의 조직상 분류는 페라이트형, 시멘타이트형과 이 둘을 적절히 조합 조직한 형태인 펄라이트형으로 나뉠 수 있다.

50 다음 중 동소변태에 대한 설명으로 틀린 것은?

① 결정격자의 변화이다.

② 동소변태에는 A_3, A_4 변태가 있다.

③ 자기적 성질을 변화시키는 변태이다.

④ 일정한 온도에서 급격히 비연속적으로 일어난다.

해설

자기적 성질을 변화시키는 변태를 자기변태라 한다.

51 구리를 용해할 때 흡수한 산소를 인으로 탈산시켜 산소를 0.01% 이하로 남기고 인을 0.02%로 조절한 구리는?

① 전기 구리

② 탈산 구리

③ 무산소 구리

④ 전해 인성 구리

해설

탈산 구리 : 용해 때 흡수한 O_2를 P로 탈산하여 O_2는 0.01% 이하가 되고, 잔류 P의 양은 0.02% 정도로 조절한다. 환원기류 중에서 수소 메짐성이 없고, 고온에서 O_2를 흡수하지 않으며 연화온도도 약간 높으므로 용접용으로 적합하다.

52 담금질(Quenching)하여 경화된 강에 적당한 인성을 부여하기 위한 열처리는?

① 뜨임(Tempering)

② 풀림(Annealing)

③ 노멀라이징(Normalizing)

④ 심랭처리(Sub-zero Treatment)

해설

뜨임 : 담금질과 연결해서 실시하는 열처리로 생각하면 좋겠다. 담금질 후 내부응력이 있는 강의 내부 응력을 제거하거나 인성을 개선시켜주기 위해 100~200℃ 온도로 천천히 뜨임하거나 500℃ 부근에서 고온으로 뜨임한다. 200~400℃ 범위에서 뜨임을 하면 뜨임메짐 현상이 발생한다.

정답 48 ③ 49 ② 50 ③ 51 ② 52 ①

53 분말상의 구리에 약 10%의 주석 분말과 2%의 흑연 분말을 혼합하고 윤활제 또는 휘발성 물질을 가한 다음 가압 성형하고 제조하여 자동차, 시계, 방적 기계 등의 급유가 어려운 부분에 사용하는 합금은?

① 자마크
② 하스텔로이
③ 화이트메탈
④ 오일리스베어링

해설
오일리스베어링
윤활유를 사용하지 않는 베어링이라는 의미를 가진 제품으로 극압 상황이 되면 공극 사이에 스며들어있던 고형윤활성분이 유화되어 윤활유 역할을 할 수 있도록 만들어진 제품이다.

54 다음 중 탄소 함유량이 가장 낮은 순철에 해당하는 것은?

① 연철
② 전해철
③ 해면철
④ 카보닐철

해설
순도 높은 금속을 얻기 위해 행하는 전해 과정에 의해 생산한 철이 전해철이다.

55 시험편에 압입 자국을 남기지 않거나 시험편이 큰 경우 재료를 파괴시키지 않고 경도를 측정하는 경도기는?

① 쇼어 경도기
② 로크웰 경도기
③ 브리넬 경도기
④ 비커스 경도기

해설
로크웰, 브리넬, 비커스 시험은 모양은 다르지만 압입자를 사용하나 쇼어 경도시험은 반발력을 이용하여 경도시험을 한다.

56 다음 그림은 면심입방격자이다. 단위격자에 속해 있는 원자의 수는 몇 개인가?

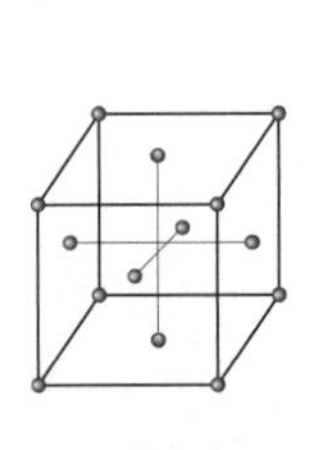
단위격자

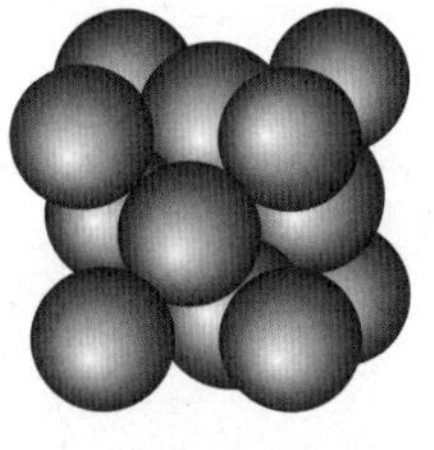
원자배열

① 2 ② 3
③ 4 ④ 5

해설
단위격자를 문제의 그림과 같이 선정하였다고 해도 그대로 생각하면 안 되고, 저런 모양이 연속되어 있다고 보고 판단해야 한다. 정삼각뿔모양의 조그만 격자가 계속 상하좌우로 얹어져 있는 형상을 상상하면 단위격자의 수를 쉽게 찾을 수 있다.
※ 면심입방격자 구조에서 단위격자 내 원자수는 4개이며, 배위수는 12개이다.

53 ④ 54 ② 55 ① 56 ③ **정답**

57 금속재료의 일반적인 설명으로 틀린 것은?

① 구리(Cu)보다 은(Ag)의 전기전도율이 크다.

② 합금이 순수한 금속보다 열전도율이 좋다.

③ 순수한 금속일수록 전기전도율이 좋다.

④ 열전도율의 단위는 J/m・s・K이다.

해설

합금 내의 다른 원소가 전도율의 변화를 지속적으로 가져오므로 이는 전도에 있어서 저항의 역할을 하게 된다. 따라서 일반적으로는 순수한 금속이 전기전도율이 좋다. 열전도율의 경우, 자유전자를 전달하는 전기전도율과는 달리 진동력을 전달하는 것이다. 따라서 원자의 크기가 서로 다른 물질이 섞여 있는 경우 공극이 적게 되어 밀집성이 더 좋고 진동의 전달은 더 잘 이루어진다.

58 AW 300인 교류 아크 용접기의 규격상의 전류 조정범위로 가장 적합한 것은?

① 20~110A　　② 40~220A

③ 60~330A　　④ 80~440A

해설

종류		AW200	AW300	AW400	AW500
정격 2차 전류(A)		200	300	400	500
정격 사용률(%)		40	40	40	60
정격 부하 전압	저항강하(V)	30	35	40	40
	리액턴스 강하(V)	0	0	0	12
최고 2차 무부하 전압(V)		85 이하	85 이하	85 이하	95 이하
2차 전류(A)	최댓값	200 이상 220 이하	300 이상 330 이하	400 이상 440 이하	500 이상 550 이하
	최솟값	35 이하	60 이하	80 이하	100 이하
사용되는 용접봉 지름		2.0 ~4.0	2.6 ~6.0	3.2 ~8.0	4.0 ~8.0

59 저항 용접법 중 모재에 돌기를 만들어 겹치기 용접으로 시공하는 것은?

① 업셋 용접

② 플래시 용접

③ 퍼커션 용접

④ 프로젝션 용접

해설

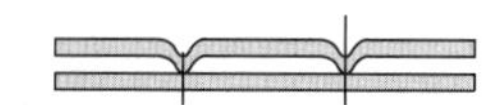

그림과 같이 돌기를 만들어서 압력을 가하며 저항 용접하는 방법이 프로젝션 용접이다.

60 저수소계 용접봉의 건조온도 및 시간으로 다음 중 가장 적당한 것은?

① 70~100℃로 30분 정도

② 70~100℃로 1시간 정도

③ 200~300℃로 30분 정도

④ 300~350℃로 2시간 정도

해설

용접봉은 70~100℃로 30분~1시간 정도 건조하여서 사용하며 저수소계 용접봉의 경우는 높은 온도에서 더 오랜 시간 건조해서 사용한다.

정답 57 ② 58 ③ 59 ④ 60 ④

2015년 제5회 과년도 기출문제

01 와전류탐상검사에서 내삽코일을 사용하여 관의 보수검사를 수행할 때, 관의 내경이 10mm이고 코일의 평균 직경이 9mm라고 하면 충전율은?

① 90% ② 81%
③ 75% ④ 56%

해설
내삽코일의 충전율 식
$\eta = \left(\frac{D}{d}\right)^2 \times 100\% = \left(\frac{9}{10}\right)^2 \times 100\% = 81\%$
(D : 코일의 평균 직경, d : 관의 내경)

02 시험체의 내부와 외부의 압력차에 의해 유체가 결함을 통해 흘러 들어가거나 나오는 것을 감지하는 방법으로 압력용기나 배관 등에 주로 적용되는 비파괴검사법은?

① 누설검사 ② 침투탐상검사
③ 자분탐상검사 ④ 초음파탐상검사

해설
관통된 결함, 즉 새는 부분을 검사하는 시험이 누설검사이다.

03 침투탐상검사에 대한 설명으로 가장 옳은 것은?

① 전기설비를 반드시 필요로 한다.
② 다공성의 재질에만 적용한다.
③ 흡수성이 좋은 재료만 적용한다.
④ 검사원의 기량에 따라 검사결과가 좌우될 수 있다.

해설
① 육안 검사로 진행하기도 한다.
② 재질은 크게 관련이 없다.
③ 흡수성도 크게 관련이 없다.

04 방사선투과시험에 사용되는 X선은?

① 흡수 X선 ② 연속 X선
③ 산란 X선 ④ 특성 X선

해설
연속 X선은 여러 파장을 모두 품고 있고, 어떤 특정 파장만을 이용하면 특성 X선이다. 어떤 원소에 부딪혀 산란된 X선이 산란 X선이고, 이때 특유의 X선이 발생한다. 방사선투과시험에서는 연속 X선을 사용한다.

1 ② 2 ① 3 ④ 4 ② 정답

05 누설검사에 추적가스로 사용되는 불활성 기체의 성질 중 방전관에서 방전시켰을 때 나타나는 발광색과의 연결이 틀린 것은?

① 헬륨(He) – 황백색
② 네온(Ne) – 주황색
③ 크립톤(Kr) – 황자색
④ 아르곤(Ar) – 적색

해설
과거 거리에서 많이 보던 네온사인의 네온(Ne)은 주황색 발광을 하고, 헬륨(He)은 백색에 가깝고, 아르곤(Ar)은 붉은색을 띠며, 산소(O_2)는 오렌지색, 질소는 노란색이다. 크립톤(Kr)은 영화 '슈퍼맨'에 나오는 것처럼 푸른색 발광을 한다.

06 표면결함의 검출을 목적으로 하는 검사법 중 강자성체 및 비자성체에 어느 도체에도 적용이 가능하고, 고온부의 탐상이 가능한 검사법은?

① 와전류탐상검사(ECT)
② 자분탐상검사(MT)
③ 누설자속탐상검사(MFLT)
④ 침투탐상검사(PT)

해설
와전류시험은 자속을 요구하는 것이 아니고 교류의 표피효과를 이용하여 검사한다. 침투탐상검사도 대략 문제의 조건에 부합하나, 굳이 도체라고 물은 것과 고온부 탐상으로 물은 것을 근거하여 문제에 맞게 보기를 골라내면 좋을 것 같다.

07 자분탐상시험으로 발견될 수 있는 대상으로 가장 적합한 것은?

① 비자성체의 다공성 결함
② 철편에 있는 탄소 함유량
③ 강자성체에 있는 피로균열
④ 배관 용접부 내의 슬래그 개재물

해설
자분탐상은 강자성체에 적용하기 적합한 시험이다.

08 초음파탐상검사에 대한 설명으로 틀린 것은?

① 일반적으로 펄스-에코 반사법이 적용된다.
② 표피효과가 발생하기도 한다.
③ 시험체의 두께 측정이 가능하다.
④ 용접부, 주조품 등의 내부 결함 검출에 이용된다.

해설
초음파탐상검사는 용접부, 주조품, 단조품 등의 내부결함 검출과 두께 측정하는데 사용되는 검사방법이다. 표피효과는 시험체 내에 흐르는 전류나 자속이 표피에 집중되는 효과를 말한다.

09 높은 원자번호를 갖는 두꺼운 재료의 검사에 적용하는 비파괴검사 방법은?

① 적외선검사(IRT)
② 중성자검사(NRT)
③ 방사선투과검사(RT)
④ 스트레인 측정(ST)

해설
두꺼운 금속제 구조물 등에는 X선은 투과력이 약하여 검사가 어렵다. 중성자 시험은 두꺼운 금속에서도 깊은 곳의 작은 결함의 검출도 가능한 비파괴검사 탐상법이다.

정답 5 ③ 6 ① 7 ③ 8 ② 9 ②

10 누설검사의 1atm을 다른 단위로 환산한 것 중 틀린 것은?

① 14.7psi ② 760torr

③ 980kg/cm^2 ④ 101.3kPa

해설

1기압

1atm = 760mmHg = 760torr = 1.013bar = 1,013mbar

= 0.1013MPa = 10.33mAq = 1.03323kgf/cm^2 = 14.7psi

14.7psi란 14.7lb/in^2이고, 사무용 지우개 넓이 정도에 볼링공 정도가 올라간 압력이다. 이 정도의 힘이 1기압의 크기이다. 많은 학생들이 각종 단위를 공부할 때 암기하기보다는 단위에 대한 개념적인 감을 잡고 있으면 좋을 것 같다.

11 자분탐상검사에 사용되는 자분이 가져야 할 자기 특성은?

① 높은 투자율, 낮은 잔류자기 및 낮은 보자력

② 높은 투자율, 높은 잔류자기 및 높은 보자력

③ 낮은 투자율, 낮은 잔류자기 및 높은 보자력

④ 낮은 투자율, 높은 잔류자기 및 높은 보자력

해설

투자율은 자속을 투과시키는 능력이고, 보자력은 자력을 품고 있는 능력이다. 자속이 잘 투과되어야 양질의 검사가 이루어지고 검사 후에는 자속이 쉽게 사라져야 후의 공정에 영향을 주지 않는다.

12 다음 결함 중 침투탐상시험으로 발견이 불가능한 것은?

① 갈라짐

② 내부 기공

③ 언더컷

④ 분화구형 균열

해설

침투탐상검사는 표면탐상검사이다.

13 강용접부를 통상의 방법으로 초음파탐상검사 할 때 가장 검출이 곤란한 것은?

① 블로홀

② 홈면 융합불량

③ 내부 용입불량

④ 종균열

해설

초음파탐상시험

- 초음파의 짧은 파장과 고체 내의 전파성, 반사성을 이용하여 검사
- 래미네이션(내부에 생긴 불연속, 겹층, 이물) 결함을 검출하는데 적합
- 한쪽 면에서 검사 가능
- 내부의 결함을 검출 가능

14 각종 비파괴검사에서 평가할 수 있는 항목과 거리가 먼 것은?

① 시험체 내의 결함 검출

② 시험체의 내부구조 평가

③ 시험체의 물리적 특성 평가

④ 시험체의 내부의 결함 발생 시기

해설

결함이 언제 생겼느냐에 따라 검사를 구분하지는 않는다.

10 ③ 11 ① 12 ② 13 ① 14 ④ 정답

15 자분탐상시험에서 전도체에 흐르는 전류는 어떠한 작용을 하는가?

① 전도체 주위에 동심 자장을 만든다.
② 전도체 내부에 자극을 만든다.
③ 전도체를 부도체로 변화시킨다.
④ 전도체 외부에 자극을 만든다.

16 다음 중 건식자분의 특성으로 가장 옳은 것은?

① 대량부품 검사에 좋다.
② 미세결함 검출에 좋다.
③ 표면결함 탐지에 좋다.
④ 과잉의 자분은 공기를 불어 제거할 수 있다.

해설
건식자분은 과잉 시 살살 불어내어 제거가 가능하다.

17 극간법으로 용접라인을 검사하기 위하여 극간위치를 서로 90°로 교차시켜 중첩하여 검사를 한다. 이때 자계의 방향과 용접라인의 방향은 몇 도로 유지하여 검사를 수행하는 것이 효과적인가?

① 0° ② 45°
③ 60° ④ 80°

18 프로드법으로 자분탐상시험할 때 소요 전류의 산정을 어떻게 하는가?

① 부품의 종류
② 프로드의 간격
③ 부품의 직경
④ 부품의 길이

해설
프로드의 간격이 길수록 자장 형성을 위해 소요 전류를 높여줘야 한다.

19 자분탐상시험의 극간법과 프로드법을 비교한 것으로 틀린 것은?

① 극간법은 탐상면에 손상을 주지 않는다.
② 프로드법은 대형구조물의 국부검사에 좋다.
③ 화재의 위험이 있을 시에는 극간법을 적용한다.
④ 극간법에서는 전극지시의 의사지시모양이 나타난다.

해설
극간법에서는 전극지시가 발생하지 않는다.

정답 15 ① 16 ④ 17 ② 18 ② 19 ④

20 다음 중 자분탐상검사로 검출하기 가장 어려운 결함은?

① 자력선의 방향에 수직한 표면 균열
② 자력선의 방향에 평행한 표면 균열
③ 자력선의 방향에 수직한 표면 직하의 균열
④ 선류의 흐름방향에 평행한 표면 직하의 균열

해설
평행하면 검출 자체가 어려울 수 있다. 자력선과 직각으로 맞서는 결함을 가지고 있는 제품에 적합하다.

21 자분탐상시험에서 원형자화를 시키기 위한 방법의 설명으로 옳은 것은?

① 부품의 횡단면으로 코일을 감는다.
② 부품의 길이 방향으로 전류를 흐르게 한다.
③ 요크(Yoke)의 끝을 부품길이 방향으로 놓는다.
④ 부품을 전류가 흐르고 있는 코일 가운데 놓는다.

해설
선형자화를 하려면 코일을 이용하고, 원형자화를 하려면 전류를 직선형태로 흘려야 한다.

22 자분탐상시험에서 습식연속법으로 시험할 때 현탁자분을 적용하는 시기는?

① 전류를 통전시킨 직후
② 전류를 통전시키기 직전
③ 전류가 통전되고 있는 동안
④ 전류를 통전시키기 30초 전

해설
연속법은 전류를 흘려주는 중에 자화와 관찰을 하는 검사 방법이다.

23 다음 중 탈자 여부를 확인할 수 있는 것이 아닌 것은?

① 자장지시계(Magnetic Field Indicator)
② 테슬러 미터(Tesla Meter)
③ 자기컴퍼스(Magnetic Compass)
④ 암미터(Ammeter)

해설
탈자 후는 필요에 따라 붙을 만한 물체나 자침, 가우스미터 등을 이용하여 탈자된 것을 확인할 것

24 자외선조사장치에 대한 설명으로 틀린 것은?

① 자외선의 강도 측정은 조도계로 측정한다.
② 자외선조사장치는 광원이 안정된 후 측정한다.
③ 자외선조사장치에서 나오는 자외선의 파장은 320~400nm의 영역으로서 근자외선이다.
④ 자외선조사장치는 일반적으로 고압 수은등에 필터가 부착된 조사등과 안정기로 구성되어 있다.

해설
자외선조사장치의 자외선 강도는 자외선 강도계를 사용하여 측정

정답 20 ② 21 ② 22 ③ 23 ④ 24 ①

25 다음 중 자분탐상검사의 주요 3과정에 속하지 않는 것은?

① 자화
② 전처리
③ 자분 적용
④ 자분모양에 의한 관찰 및 기록

해설
자분탐상검사의 주요 3과정은 자화, 자분 적용, 관찰 및 기록

26 다음 중 원형자장을 발생시키는 자화 방법이 아닌 것은?

① 축통전법
② 직각통전법
③ 전류관통법
④ 극간법

해설
극간법은 영구자석을 이용하여 선형자화를 하는 방법이다.

27 길이 10인치, 직경이 4인치인 시험체의 선형자화 전류를 구하면?(단, L/D가 2 이상이며 4 미만인 부품이며, 코일의 감은 횟수는 5회이다)

① 450A ② 900A
③ 1,800A ④ 3,600A

해설
$2 \le L/D < 4$인 경우 계산된 암페어-턴 값의 ±10% 내에서 사용

계산식 : $Ampere-Turn = \dfrac{45,000}{\dfrac{L}{D}} = \dfrac{45,000}{\dfrac{10}{4}} = 18,000$

$Turn$이 5회이므로 $\dfrac{18,000}{5} = 3,600$

28 강자성재료의 자분탐상검사방법 및 자분모양의 분류(KS D 0213)에 따라 자분을 선택할 때 고려할 대상과 관계가 먼 것은?

① 검사 대상체의 재질
② 자분의 입도
③ 자분의 색조
④ 전류의 크기

해설
전류의 크기에 따라 자화의 정도가 정해지지만 자분의 종류와는 크게 관련이 없다.

29 강자성재료의 자분탐상검사방법 및 자분모양의 분류(KS D 0213)에 의한 자화 방법으로 검사 대상체 또는 검사할 부위를 전자석 또는 영구자석의 자극 사이에 놓고 검사하는 방법의 부호는?

① P ② M
③ C ④ I

해설
축통전법(EA), 직각 통전법(ER), 자속 관통법(I), 전류 관통법(B), 프로드법(P), 코일법(C), 극간법(M)

정답 25 ② 26 ④ 27 ④ 28 ④ 29 ②

30 강자성재료의 자분탐상검사방법 및 자분모양의 분류(KS D 0213)에 따라 일반적인 담금질한 부품에 잔류법 적용 시 필요한 자기장 강도(A/m)는?

① 1,200~2,000
② 2,400~3,600
③ 6,400~8,000
④ 12,000 이상

해설
탐상에 필요한 자기장의 강도

시험방법	검사 대상체	자기장의 강도 (A/m)
연속법	일반적인 구조물 및 용접부	1,200~2,000
	주단조품 및 기계부품	2,400~3,600
	담금질한 기계부품	5,600 이상
잔류법	일반적인 담금질한 부품	6,400~8,000
	공구강 등의 특수재 부품	12,000 이상

31 강자성재료의 자분탐상검사방법 및 자분모양의 분류(KS D 0213)에서 C형 표준시험편 판 두께(μm)로 옳은 것은?

① 10 ② 20
③ 30 ④ 50

해설
C형 표준시험편(KS D 0213 6.2)
판의 두께는 50μm로 한다.

32 강자성재료의 자분탐상검사방법 및 자분모양의 분류(KS D 0213)에 따르면, 전류를 이용한 자화장치는 전류계를 갖추도록 되어 있다. 다만 어떤 경우에 이 계기를 생략할 수 있는가?

① 코일형 자화장치
② 전자석형 자화장치
③ 통전형 자화장치
④ 프로드형 자화장치

해설
KS D 0213 5.1
전류를 이용한 자화장치는 흠집을 검출하는 데 적당한 자기장의 강도를 검사 대상체에 가할 수 있는 것이어야 한다. 이를 위해 자화전류를 파고치로 표시하는 전류계를 갖추어야 한다. 다만, 전자석형은 이 계기를 생략해도 좋다.

33 강자성재료의 자분탐상검사방법 및 자분모양의 분류(KS D 0213)에 의한 축통전법에서 도체패드(Pad)에 관한 설명으로 틀린 것은?

① 검사 대상체와 전극 사이에 끼워서 사용한다.
② 전류를 잘 전도하는 것이어야 한다.
③ 시험코인의 내면에 부착시켜 사용한다.
④ 검사 대상체의 국부적 소손을 방지하는 역할을 한다.

34 강자성재료의 자분탐상검사방법 및 자분모양의 분류(KS D 0213)에 따른 자분탐상검사를 할 때 자기장의 방향을 교대로 바꾸면서 자기장의 강도를 감쇄시키는 것을 무엇이라고 하는가?

① 탈자 ② 자화
③ 통전 ④ 관찰

해설
탈자란 자화 상태에서 벗어나는 것이다.

30 ③ 31 ④ 32 ② 33 ③ 34 ① 정답

35 압력용기-비파괴시험 일반(KS B 6752)에서 요크의 인상력에 대한 사항 중 틀린 것은?

① 교류 요크는 최대극간거리에서 최대한 4.5kg의 인상력을 가져야 한다.
② 영구자석 요크는 최대극간거리에서 최소한 18kg의 인상력을 가져야 한다.
③ 영구자석 요크의 인상력은 사용 전 매일 점검하여야 한다.
④ 모든 요크는 수리할 때마다 인상력을 점검하여야 한다.

해설
교류 요크는 최대극간거리에서 최소한 4.5kg의 인상력을 가져야 한다.

36 강자성재료의 자분탐상검사방법 및 자분모양의 분류(KS D 0213)에 따라 검사를 수행할 때 사용할 수 없는 시험장치는?

① 직류식 자화장치
② 영구자석을 이용한 자화장치
③ 자외선의 파장이 320~400nm인 자외선조사장치
④ 필터면 10cm의 거리에서 자외선강도가 80μW/cm^{2}인 자외선조사장치

해설
자외선의 강도가 너무 약하다.

37 강자성재료의 자분탐상검사방법 및 자분모양의 분류(KS D 0213)에서 C형 표준시험편을 검사면에 밀착할 때 사용되는 양면 점착테이프의 두께의 최대치는 얼마인가?

① 10μm ② 30μm
③ 50μm ④ 100μm

해설
C형 표준시험편은 분할선에 따라 5×10mm의 작은 조각으로 분리하고 인공 흠집이 있는 면이 시험면에 잘 밀착하도록 적당한 양면 점착테이프 또는 접착제로 시험면에 붙여 사용한다. 이때 양면 점착테이프 등의 두께는 100μm 이하로 한다.

38 강자성재료의 자분탐상검사방법 및 자분모양의 분류(KS D 0213)에 따르면 잔류법을 사용하는 경우에 자화 조작 후 자분모양의 관찰을 끝낼 때까지 검사면에 다른 검사 대상체 또는 그 밖의 강자성체를 접촉시키면 안 되는 이유는?

① 자기펜자국이 생긴다.
② 전류지시가 생긴다.
③ 전극지시가 생긴다.
④ 자극지시가 생긴다.

해설
전류를 끊고 남은 자력을 이용하므로, 이후 다른 자력의 영향을 받으면 흔적이 생긴다. 이를 자기펜자국이라 한다.

정답 35 ① 36 ④ 37 ④ 38 ①

39 강자성재료의 자분탐상검사방법 및 자분모양의 분류(KS D 0213)에 따른 A형 시험편에 A1-7/50(원형)이라고 쓰여 있을 때 7/50의 의미로 옳은 것은?

① 사선의 왼쪽은 판의 두께, 사선의 오른쪽은 인공 흠집의 깊이, 숫자의 단위는 mm이다.
② 사선의 왼쪽은 인공 흠집의 가로 길이, 사선의 오른쪽은 인공 흠집의 세로길이, 숫자의 단위는 mm이다.
③ 사선의 왼쪽은 인공 흠집의 깊이, 사선의 오른쪽은 판의 두께, 숫자의 단위는 μm이다.
④ 사선의 왼쪽은 판의 두께, 사선의 오른쪽은 인공 흠집의 깊이, 숫자의 단위는 μm이다.

해설
사선 왼쪽에 인공 흠집의 깊이, 즉 7μm이고, 오른쪽은 판의 두께, 즉 50μm이다.

40 강자성재료의 자분탐상검사방법 및 자분모양의 분류(KS D 0213)에서 잔류법에 일반적으로 적용하는 통전시간은?

① $\frac{1}{20}$~$\frac{1}{10}$초　② $\frac{1}{4}$~1초
③ 1~3초　④ 5~10초

해설
자화(KS D 0213 8.4.e)
통전시간의 설정은 다음을 고려하여 정한다.
- 연속법에서는 통전 중의 자분의 적용을 완료할 수 있는 통전시간을 설정하여야 한다.
- 잔류법에서는 원칙적으로 1/4~1초로 한다. 다만, 충격전류인 경우에는 1/120초 이상으로 하고 3회 이상 통전을 반복하는 것으로 하는데 충분한 기자력을 가할 수 있는 경우는 제외한다.

41 강자성재료의 자분탐상검사방법 및 자분모양의 분류(KS D 0213)에 의거 형광자분을 사용하여 자분탐상할 때 관찰면에서의 자외선 강도로 적절하지 않는 것은?

① 500μW/cm^2
② 1,000μW/cm^2
③ 1,100μW/cm^2
④ 1,150μW/cm^2

해설
800μW/cm^2 이상이어야 한다.

42 강자성재료의 자분탐상검사방법 및 자분모양의 분류(KS D 0213)에 따른 탐상 시 주의사항을 옳게 설명한 것은?

① 자기펜자국의 유사모양은 축통전법 사용 시 발생하므로 프로드법을 사용하면 사라진다.
② 유사모양인 전류지시는 전류를 작게 하거나 잔류법으로 재검사하면 자분모양이 사라진다.
③ 충격전류를 사용할 때는 일반적으로 통전시간이 매우 길기 때문에 연속법을 사용하여야 한다.
④ 잔류법 사용 시 자화조작 후 자분모양을 관찰할 때 다른 검사 대상체를 접촉시키면 좋은 효과가 있다.

해설
의사지시 중 전류지시는 전류가 지나는 선이 검사 대상체에 접하여 생긴 것으로 잔류법을 사용하면 검사 중 전류가 흐르지 않으므로 의사지시를 없앨 수 있다.

39 ③ 40 ② 41 ① 42 ② 정답

43 게이지용 강이 갖추어야 할 성질을 설명한 것 중 옳은 것은?

① 팽창계수가 보통 강보다 커야 한다.
② HRC 45 이하의 경도를 가져야 한다.
③ 시간이 지남에 따라 치수 변화가 커야 한다.
④ 담금질에 의하여 변형이나 담금질 균열이 없어야 한다.

해설
게이지용 강 : 팽창계수가 보통 강보다 작고 시간에 따른 변형이 없으며 담금질 변형이나 담금질 균열이 없어야 하고 HR 55 이상의 경도를 갖추어야 한다.

44 황동의 합금 조성으로 옳은 것은?

① Cu + Ni ② Cu + Sn
③ Cu + Zn ④ Cu + Al

해설
구리 주석합금이 청동, 구리 아연합금이 황동이다.

45 베어링(Bearing)용 합금의 구비조건에 대한 설명 중 틀린 것은?

① 마찰계수가 작고 내식성이 좋을 것
② 충분한 취성을 가지며 소착성이 클 것
③ 하중에 견디는 내압력과 저항력이 클 것
④ 주조성 및 절삭성이 우수하고 열전도율이 클 것

해설
베어링용 합금 : 경도가 크고 내마멸성이 특히 커서 베어링, 차축 등에 사용한다. 윤활성이 우수하여 철도 차량, 공작기계, 압연기 등의 고압용 베어링에 적당하다.

46 다음 중 산과 작용하였을 때 수소 가스가 발생하기 가장 어려운 금속은?

① Ca ② Na
③ Al ④ Au

해설
금(Au)은 쉽게 산화되지 않기 때문이다.

47 용융 금속의 냉각곡선에서 응고가 시작되는 지점은?

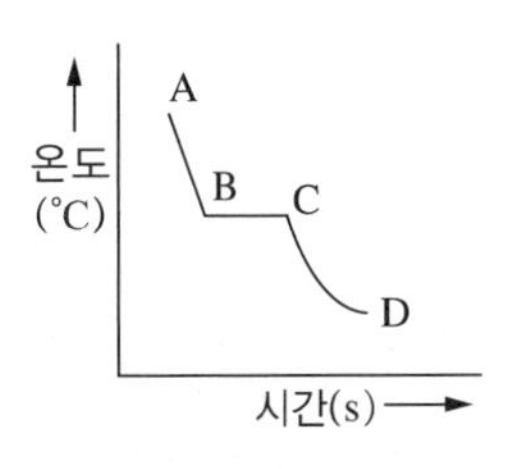

① A ② B
③ C ④ D

해설
B–C 구간에서 냉각응고가 진행되므로 시작되는 지점은 B이다.

정답 43 ④ 44 ③ 45 ② 46 ④ 47 ②

48 **태양열 이용 장치의 적외선 흡수재료, 로켓 연료 연소 효율 향상에 초미립자 소재를 이용한다. 이 재료에 관한 설명 중 옳은 것은?**

① 초미립자 제조는 크게 체질법과 고상법이 있다.
② 체질법을 이용하면 청정 초미립자 제조가 가능하다.
③ 고상법은 균일한 초미립자 분체를 대량 생산하는 방법으로 우수하다.
④ 초미립자의 크기는 100nm의 콜로이드(Colloid) 입자의 크기와 같은 정도의 분체라 할 수 있다.

해설
금속 분말을 이용한 여러 가지 기술이 발전하고 있다. 단위 중량당 표면적이 매우 커서 자기적 특성을 이용하는데 유리하다. 초립자의 기준은 0.1μm, 즉 100nm 이하이다.

49 **다음의 조직 중 경도가 가장 높은 것은?**

① 시멘타이트
② 페라이트
③ 오스테나이트
④ 트루스타이트

해설
시멘타이트(Cementite, Fe_3C)
- 6.67%의 C를 함유한 철탄화물이다.
- 대단히 단단하고 취성이 커서 부스러지기 쉽다.
- 1,130℃로 가열하면 빠른 속도로 흑연을 분리시킨다.
- 현미경으로 보면 희게 보이고 페라이트와 흡사하다.
- 순수한 시멘타이트는 210℃ 이상에서 상자성체이고, 이 온도 이하에서는 강자성체이다. 이 온도를 A_0 변태, 시멘타이트의 자기변태라 한다.

50 **스텔라이트(Stellite)에 대한 설명으로 틀린 것은?**

① 열처리를 실시하여야만 충분한 경도를 갖는다.
② 주조한 상태 그대로를 연삭하여 사용하는 비철합금이다.
③ 주요 성분은 40~55% Co, 25~33% Cr, 10~20% W, 2~5% C, 5% Fe이다.
④ 600℃ 이상에서는 고속도강보다 단단하며, 단조가 불가능하고, 충격에 의해서 쉽게 파손된다.

해설
스텔라이트 : 비철 합금 공구 재료의 일종으로 2~4% C, 15~33% Cr, 10~17% W, 40~50% Co, 5% Fe의 합금이다. 그 자체가 경도가 높아 담금질할 필요 없이 주조한 그대로 사용되고, 단조는 할 수 없고, 절삭 공구, 의료 기구에 적합하다.

51 **금속의 소성변형에서 마치 거울에 나타나는 상이 거울을 중심으로 하여 대칭으로 나타나는 것과 같은 현상을 나타내는 변형은?**

① 쌍정변형 ② 전위변형
③ 벽계변형 ④ 딤플변형

해설
쌍정(Twin) : 전위면을 기준으로 대칭이 일어날 때의 면결함을 쌍정이라 한다.

48 ④ 49 ① 50 ① 51 ① 정답

52 Al-Si계 주조용 합금은 공정점에서 조대한 육각 판상 조직이 나타난다. 이 조직의 개량화를 위해 첨가하는 것이 아닌 것은?

① 금속납　② 금속나트륨
③ 수산화나트륨　④ 알칼리염류

해설
실루민(또는 알팍스)
- Al에 Si 11.6%, 577℃는 공정점이며 이 조성을 실루민이라 한다.
- 이 합금에 Na, F, NaOH, 알칼리염류를 용탕에 넣어 처리하면 조직이 미세화되고 공정점도 조정되며 이를 개량처리라 한다.
- 주조용 알루미늄을 다이캐스팅하면 개량처리가 필요 없다.
- 실용합금 10~13% Si 실루민은 용융점이 낮고 유동성이 좋아 엷고 복잡한 주물에 적합하다.

53 10~20% Ni, 15~30% Zn에 구리 약 70%의 합금으로 탄성재료나 화학기계용 재료로 사용되는 것은?

① 양백　② 청동
③ 엘린바　④ 모넬메탈

해설
니켈 황동 : 양은 또는 양백이라고도 하며, 7-3 황동에 7~30% Ni을 첨가한 것이다. 예부터 장식용, 식기, 악기, 기타 Ag 대용으로 사용되었고, 탄성과 내식성이 좋아 탄성 재료, 화학 기계용 재료에 사용된다. 30% Zn 이상이 되면 냉간가공성은 저하하나 열간가공성이 좋아진다.

54 Y합금의 일종으로 Ti과 Cu를 0.2% 정도씩 첨가한 것으로 피스톤용 재료로 사용되는 합금은?

① 라우탈　② 코비탈륨
③ 두랄루민　④ 하이드로날륨

해설
코비탈륨 : Y합금의 일종으로 Ti과 Cu를 0.2% 정도씩 첨가한 합금으로 피스톤의 재료이다.

55 물과 같은 부피를 가진 물체의 무게와 물의 무게와의 비는?

① 비열　② 비중
③ 숨은열　④ 열전도율

해설
문제의 질문은 비중(比重)의 정의이다.

56 용강 중에 기포나 편석은 없으나 중앙 상부에 큰 수축공이 생겨 불순물이 모이고, Fe-Si, Al분말 등의 강한 탈산제로 완전 탈산한 강은?

① 킬드강　② 탭드강
③ 림드강　④ 세미킬드강

해설
킬드강
- 용융철 바가지(Ladle) 안에서 강력한 탈산제인 페로실리콘(Fe-Si), 알루미늄 등을 첨가하여 충분히 탈산시킨 다음 주형에 주입하여 응고시킨다.
- 기포나 편석은 없으나 표면에 헤어크랙(Hair Crack)이 생기기 쉬우며, 상부의 수축공 때문에 10~20%는 잘라낸다.

정답 52 ① 53 ① 54 ② 55 ② 56 ①

57 강과 주철을 구분하는 탄소의 함유량은 약 몇 %인가?

① 0.1% ② 0.5%
③ 1.0% ④ 2.0%

해설
탄소함유량 2.0% 이상을 주철이라 하며, 최경강의 경우 탄소함유량 0.7% 정도이며 보통 그 이하를 사용한다.

58 정격 2차 전류 200A, 정격 사용률 40%의 아크 용접기로 150A의 용접전류를 사용하여 용접하는 경우 허용 사용률은 약 몇 %인가?

① 22.5 ② 60
③ 71 ④ 80

해설

$$\text{허용 사용률} = \left(\frac{\text{정격 2차 전류}}{\text{사용용접 전류}}\right)^2 \times \text{정격사용률}$$

$$= \left(\frac{200\text{A}}{150\text{A}}\right)^2 \times 40\% \fallingdotseq 71\%$$

59 비교적 큰 용적이 단락되지 않고 옮겨가는 형식이며, 서브머지드 아크 용접과 같이 대전류 사용 시에 볼 수 있으며, 일명 핀치 효과형인 용적이행은?

① 단락형 ② 글로뷸러형
③ 스프레이형 ④ 펄스형

해설
용적이행은 용접봉이 녹아 용융지를 옮아가는 현상을 말하며, 차폐가스와 용접전류 및 전압, 용접봉 조성, 굵기 등에 따라 발생한다.
② 글로뷸러형 이행(입상 이행) : CO_2 용접 시에 와이어보다 큰 용융물이 이행되는 형태를 말한다.
① 단락 이행 : 와이어 끝에 만들어진 용적이 용융지에 직접 접촉되어 이행되는 형태로 낮은 용접 전류, 전압에서의 CO_2 용접에서 발견된다.
③ 분무형 이행(Spray) : 용접 와이어보다 작은 크기의 용적이 이행되는 것으로 아르곤 가스 분위기에서 볼 수 있다.

60 가스용접에서 용접봉과 모재와의 관계식으로 옳은 것은?(단, T : 모재의 두께(mm), D : 용접봉의 지름(mm))

① $D=\frac{T}{2}+1$ ② $D=\frac{2}{T}+1$
③ $D=\frac{T}{2}-1$ ④ $D=\frac{2}{T}-1$

해설
연강판의 두께와 용접봉 지름

모재의 두께	용접봉 지름
2.5mm 이하	1.0~1.6mm
2.5~6.0mm	1.6~3.2mm
5~8mm	3.2~4.0mm
7~10mm	4~5mm
9~15mm	4~6mm

용접봉의 지름 구하는 식 : $D=\frac{T}{2}+1$

57 ④ 58 ③ 59 ② 60 ① 정답

2016년 제1회 과년도 기출문제

01 다음 중 절대온도의 척도인 켈빈(K) 온도는?

① K = ℃ + 273 ② K = ℃ − 273
③ K = ℃ × 237 ④ K = ℃ ÷ 237

해설
켈빈이 발견한 온도로, 온도가 에너지를 발현한 물리값이라면 에너지가 발산되지 않을 때의 온도가 0이지 않겠는가라는 생각으로 찾은 값을 0℃로 해서 세운 온도 체계이다. 일반적으로 사용하는 섭씨온도로 영하 273.15℃(−273.15℃)를 0K로 한다.

02 표면 또는 표면직하 결함검출을 위한 비파괴검사법과 거리가 먼 것은?

① 중성자투과검사 ② 자분탐상검사
③ 침투탐상검사 ④ 와전류탐상검사

해설
비파괴검사별 주요 적용 대상

검사 방법	적용 대상
침투탐상검사	기공을 제외한 표면이 열린 용접부, 단조품 등의 표면결함이다.
와류탐상검사	철, 비철재료로 된 파이프 등의 표면 및 근처 결함을 연속검사한다.
자분탐상검사	강자성체의 표면 및 근처 결함이다.
중성자투과검사	X선은 두꺼운 금속제 구조물 등에 투과력이 약하여 검사가 어렵다. 중성자시험은 두꺼운 금속에서도 깊은 곳의 작은 결함의 검출도 가능한 비파괴검사탐상법이다.

03 누설검사법 중 미세한 누설에 검출률이 가장 높은 것은?

① 기포누설검사법 ② 헬륨누설검사법
③ 할로겐누설검사법 ④ 암모니아누설검사법

04 자분탐상시험에서 시험의 순서가 옳은 것은?

① 전처리 → 자화 → 자분의 적용 → 관찰 → 판정 → 기록 → 탈자 → 후처리
② 전처리 → 자화 → 전류의 선정 → 자분의 적용 → 관찰 → 판정 → 후처리 → 기록
③ 전처리 → 자분의 적용 → 자화 → 판정 → 관찰 → 기록 → 탈자 → 후처리
④ 전처리 → 자분의 적용 → 자화 → 관찰 → 탈자 → 판정 → 후처리 → 기록

해설
자분탐상시험이란 시험체를 자화시키고, 자장이 깨진 부분을 결함으로 확인하는 시험방법이다. 따라서 전처리 후 자화를 하게 되면, 자분을 적용하고, 관찰하며 판정하여 기록하는 과정으로 진행된다.

05 자분탐상시험 후 탈자를 하지 않아도 지장이 없는 것은?

① 자분탐상시험 후 열처리를 해야 할 경우
② 자분탐상시험 후 페인트칠을 해야 할 경우
③ 자분탐상시험 후 전기 아크용접을 실시해야 할 경우
④ 잔류자계가 측정계기에 영향을 미칠 우려가 있을 경우

해설
탈자란 자화된 시험체에 시험 후에도 남아 있는 잔류자기를 제거하는 과정을 말한다.
탈자가 필요 없는 경우
- 더 큰 자력으로 후속 작업이 계획되어 있을 때
- 검사 대상체의 보자력이 작을 때
- 높은 열로 열처리할 계획이 있을 때(열처리 시 자력 상실)
- 검사 대상체가 대형품이고 부분탐상을 하여 영향이 작을 때

정답 1 ① 2 ① 3 ② 4 ① 5 ①

06 와전류탐상검사에서 미소한 결함의 검출에 적합한 시험코일은?

① 단일방식의 시험코일
② 자기비교방식의 시험코일
③ 표준비교방식의 시험코일
④ 상호비교방식의 시험코일

해설
와전류탐상에서 시험코일은 사용방식에 따라 단일방식의 시험코일(절대형 코일), 비교방식의 코일(차동형 코일), 표준비교방식의 코일로 구분한다. 자기비교방식의 시험코일을 이용하는 경우, 조그만 구멍과 같은 국부적인 변화에도 두 코일의 자기가 달라지므로 신호가 발생하며, 따라서 미소한 결함 검출에 적합하다.

07 초음파탐상시험할 때 일상점검이 아닌 특별점검이 요구되는 시기와 거리가 먼 것은?

① 탐촉자 케이블을 교환했을 때
② 장비에 충격을 받았다고 생각될 때
③ 일일작업 시작 전 장비를 점검할 때
④ 특수 환경에서 장비를 사용하였을 때

해설
특별점검은 일상적으로 일어날 수 있는 상황이 아닌 경우 시행하는 점검을 의미한다. 일일작업 시작 전 장비점검은 늘 할 수 있는 것이다.

08 비행회절법을 이용한 초음파탐상검사법은?

① TOFD ② MFLT
③ IRIS ④ EMAT

해설
- IRIS : 초음파튜브검사로 초음파탐촉자가 튜브의 내부에서 회전하며 검사
- EMAT : 전자기 원리를 이용하는 초음파검사법
- PAUT : 위상배열초음파검사로 여러 진폭을 갖는 초음파를 이용하여 실시간 검사
- TOFD : 결함 높이를 고정밀도로 측정하는 방법으로 회절파를 이용
- MFLT : 자속누설시험을 의미

09 침투탐상시험의 원리에 대한 설명으로 옳은 것은?

① 시험체 내부에 있는 결함을 눈으로 보기 쉽도록 시약을 이용하여 지시모양을 관찰하는 방법이다.
② 결함부에 발생하는 자계에 의한 자분의 부착을 이용하여 관찰하는 방법이다.
③ 결함부에 현상제를 투과시켜 그 상을 재생하여 내부결함의 실상을 관찰하는 방법이다.
④ 시험체 표면에 열린 결함을 눈으로 보기 쉽도록 시약을 이용하여 확대된 지시모양을 관찰하는 방법이다.

해설
① 시험체 내부에 있는 결함을 찾는 시험은 아니다.
②, ③ 침투액의 침투현상을 이용하여 표면결함을 찾아 관찰하는 방법이다.

6 ② 7 ③ 8 ① 9 ④ 정답

10 **와전류탐상시험의 특징을 설명한 것 중 옳은 것은?**

① 결함의 종류, 형상, 치수를 정확하게 판별하기 쉽다.

② 탐상 및 재질검사 등 복수 데이터를 동시에 얻을 수 없다.

③ 표면으로부터 깊은 곳에 있는 내부결함의 검출이 쉽다.

④ 복잡한 형상을 갖는 시험체의 전면탐상에는 능률이 떨어진다.

해설

와전류탐상검사의 특징

장점	단점
• 관, 선, 환봉 등에 대해 비접촉으로 탐상이 가능하기 때문에, 고속으로 자동화된 전수검사를 실시할 수 있다. • 고온 하에서의 시험, 가는 선, 구멍 내부 등 다른 시험방법으로 적용할 수 없는 대상에 적용하는 것이 가능하다. • 지시를 전기적 신호로 얻으므로 그 결과를 결함크기의 추정, 품질관리에 쉽게 이용할 수 있다. • 탐상 및 재질검사 등 복수 데이터를 동시에 얻을 수 있다. • 데이터를 보존할 수 있어 보수검사에 유용하게 이용할 수 있다.	• 표층부 결함 검출에 우수하지만 표면으로부터 깊은 곳에 있는 내부결함의 검출은 곤란하다. • 지시가 이송진동, 재질, 치수 변화 등 많은 잡음인자의 영향을 받기 쉽기 때문에 검사과정에서 해석상의 장애를 일으킬 수 있다. • 결함의 종류, 형상, 치수를 정확하게 판별하는 것은 어렵다. • 복잡한 형상을 갖는 시험체의 전면탐상에는 능률이 떨어진다.

11 **다음 중 적외선열화상검사의 장점이 아닌 것은?**

① 동작 중단 없이 신속히 문제를 찾아낸다.

② 유지보수와 고장수리에 대해 최소 예방이 가능하다.

③ 정확한 거동에 대한 우선순위를 매김하기 어렵다.

④ 생산자 보증하에 결함 장치의 확인이 가능하다.

해설

적외선열화상검사는 얼마 전 메르스 등을 검역하기 위해 공항에서 사용했던 발열시험장치 등을 상상하면 이해하기 쉽다.

12 **누설검사(LT)-헬륨질량분석기 누설시험에서 시험체 내부를 감압(진공)하는 시험법이 아닌 것은?**

① 진공분무법　　② 진공후드법

③ 진공적분법　　④ 진공용기법

해설

진공용기를 사용하면 시험체 외부가 감압이 되고 상대적으로 시험체 내부의 압력이 높아진다.

13 **방사선투과시험에 사용되는 투과도계에 대한 설명으로 옳은 것은?**

① 투과도계의 재질은 시험체의 재질과 동일해야 한다.

② 투과도계는 선(Wire)형과 별(Star)형으로 구성된다.

③ 투과도계는 결함의 형태를 구분하는 계기이다.

④ 투과도계는 결함의 크기를 측정하는 계기이다.

해설

투과도계는 촬영된 방사선투과사진의 감도를 알기 위해 시편 위에 함께 놓고 촬영하므로 시험체의 재질과 동일해야 한다.

정답 10 ④ 11 ③ 12 ④ 13 ①

14 **용제제거성 형광침투탐상검사의 장점이 아닌 것은?**

① 수도시설이 필요 없다.
② 구조물의 부분적인 탐상이 가능하다.
③ 표면이 거친 시험체에 적용할 수 있다.
④ 형광침투탐상검사방법 중에서 휴대성이 가장 좋다.

해설
침투탐상검사는 일반적으로 표면이 거친 시험체에는 적용하기 적당하지 않다.

15 **자속밀도와 자장의 관계로 옳은 것은?(단, μ : 투자율, σ : 도전율, B : 자속밀도, H : 자장의 세기이다)**

① $B=\frac{\mu}{H}$
② $B=(\mu+H)$
③ $B=\sigma\times\mu\times H$
④ $B=\mu\times H$

해설
자기이력곡선을 참고하도록 한다. 자속밀도와 자장의 관계는 비례관계이며 그 비례 정도가 투자율이다.

16 **어떤 시험체를 20,000A · T(Ampere Turn)으로 자화시킬 때의 방법 중 옳은 것은?**

① 권선수 5인 코일에 400A를 통하면 된다.
② 권선수 10인 코일에 2,000A를 통하면 된다.
③ 전류와 무관하게 권선수 20인 코일만이 필요하다.
④ 권선수 5인 코일과 특수 전압조절기로 400A가 필요하다.

해설
20,000Ampere Turn은 권선수와 전류의 곱이 20,000이 되어야 한다.
10Turn × 2,000A = 20,000Ampere Turn

17 **자분탐상시험의 습식 연속법을 가장 옳게 설명한 것은?**

① 자화전류를 흘리고 있는 동안 자분을 적용한다.
② 전류를 차단한 후에 자분을 적용한다.
③ 저탄소강에는 부적합하다.
④ 잔류자기가 큰 부품에 효과적이다.

해설
습식법은 자분을 적당한 액체에 현탁하여 사용하는 방법이고, 연속법은 자화전류를 흘리고 있는 동안 자분을 적용하는 방법이다.

18 **다음 재료 중 자분탐상시험으로 결함을 검출할 수 있는 것은?**

① 마그네슘 ② 황동
③ 탄소강 ④ 알루미늄

해설
보기 중 강자성체는 탄소강($Fe-Fe_3C$)이다.

14 ③ 15 ④ 16 ② 17 ① 18 ③ **정답**

19 **자분탐상시험에서 강봉에 전류를 통하였을 때 가장 잘 검출될 수 있는 불연속은?**

① 전류방향과 평행한 불연속
② 지그재그식 날카로운 모양의 불연속
③ 불규칙한 모양의 개재물
④ 전류방향과 90° 각도를 갖는 불연속

해설
강봉에 전류를 관통시키면 자장은 봉의 원주방향으로 형성되며 자속에 직각인 전류방향과 평행한 불연속을 검출하기에 적당하다.

20 **자분탐상시험 시 전류관통법(통전법)으로 자화할 때 자속밀도가 최대가 되는 곳은?**

① 시험체 내부 중심부
② 자화된 시험체의 외부표면
③ 시험체의 외부표면 바깥 공간
④ 자화된 시험체의 내부표면

해설
$H=\frac{I}{2\pi r}$가 적용되므로 전류량이 크고 r이 작은 곳이다. 전류관통법은 중심부의 공간이 있는 곳을 관통하므로 ①이 될 수는 없다. 따라서 자화된 시험체의 내부표면이 r이 가장 작은 곳이다.

21 **자분탐상시험에 사용되는 자외선등의 필터(Filter)는 깨진 것을 사용하지 못하는 주된 이유는?**

① 작업자의 눈이 즉시 실명할 정도로 손상을 입힐 우려가 있기 때문이다.
② 과도한 자외선 방출로 작업자가 방사선을 피폭받아 유전적인 피해가 우려되기 때문이다.
③ 시험체 표면에서 자외선의 강도가 너무 강하여 결함 검출을 전혀 할 수 없기 때문이다.
④ 작업자의 피부 손상 등을 방지하기 위해서이다.

해설
자외선등은 자외선을 사용하며, 자외선을 많이 쪼이면 피부손상 등을 일으킬 수 있다.

22 **형광자분 농도의 범위로 알맞은 것은?**

① 0.2~2.0g/L
② 1.0~5.0g/L
③ 5.0~10.0g/L
④ 10.0~20.0g/L

해설
자분의 농도는 원칙적으로 비형광습식법은 2~10g/L, 형광습식법은 0.2~2g/L이다(KS D 0213 8.5).

정답 19 ① 20 ④ 21 ④ 22 ①

23 길이가 6인치, 직경이 2인치인 봉재를 권수가 3인 코일을 사용하여 선형자화법으로 검사하고자 할 때 전류값은?

① 1,500A　② 2,000A
③ 3,000A　④ 5,000A

해설
길이와 직경의 비가 3이므로 $2 \le L/D < 4$인 경우

$$Ampere-Turn=\frac{45,000}{\frac{L}{D}}=15,000$$

$$Ampere=\frac{Ampere-Turn}{Turn}=\frac{15,000}{3}=5,000\text{A}$$

24 자분탐상시험에서 직접접촉법에 의한 자화방법인 것은?

① 코일법
② 전류관통법
③ 직각통전법
④ 자속관통법

해설
직접접촉법 : 축통전법, 직각통전법, 프로드법

25 자분탐상시험에서 자분을 선택할 때 고려할 대상과 가장 거리가 먼 것은?

① 비자성체의 크기
② 시험체의 표면상황
③ 탐상장치
④ 입도 및 분산성

해설
자분을 선택할 때는 염색된 자분인지 형광을 입힌 자분인지, 표면의 상태에 따라 자분의 분산은 어떻게 할지, 양은 어떻게 할지를 결정하여야 한다.

26 자분탐상시험 시 부품의 검사를 명확히 하기 위해서 결함 방향에 따라 다양하게 검사를 해야 되는 경우 다음 중 옳은 검사방법은?

① 원형자화 후 선형자화를 한다.
② 선형자화 후 원형자화를 한다.
③ 원형잔류자기법과 연속법을 병행한다.
④ 선형잔류자기법과 연속법을 병행한다.

해설
다양한 검사를 시행할 때는 저항하는 상자극을 형성하지 않도록 유의하며, 시험체에 영향을 덜 미치는 방법부터 시행하도록 한다.

27 사용 중 불연속으로서 보통 응력이 집중되는 부위 혹은 주변에 나타나는 결함은?

① 피로 균열　② 연마 균열
③ 비금속 개재물　④ 단조 균열

해설
피로 균열이란 견딜 수 있는 범위의 응력일지라도 지속적 또는 반복적으로 응력을 받았을 때 생기는 균열을 의미한다. 따라서 응력이 집중되는 곳에서 가장 먼저 발생한다.

23 ④ 24 ③ 25 ① 26 ① 27 ① 정답

28 압력용기-비파괴시험일반(KS B 6752)에서 자분탐상시험을 적용하는 방법을 설명한 것 중 잘못된 것은?

① 습식자분은 자화전류를 통전시킨 후 적용한다.
② 시험은 연속법으로 실시해야 한다.
③ 건식자분은 과잉자분을 제거하는 동안 자화전류가 유지되어야 한다.
④ 형광 또는 비형광자분을 적용해도 무방하다.

해설
습식자분
자분을 적용한 후 자화전류를 통전시켜야 하며, 자화전류의 적용과 함께 자분의 유동이 정지되어야 한다. 자분을 시험 부위에 직접 적용하지 않고 시험 부위 위로 유동시키거나 직접 적용하되 집적된 자분이 제거되지 않을 정도의 저속으로 적용한다면, 자화전류를 적용하면서 습식자분을 적용해도 된다(KS B 6752. 9).

29 강자성재료의 자분탐상검사방법 및 자분모양의 분류(KS D 0213)에 따른 자화전류치 및 통전시간을 검사기록에 작성할 때의 설명으로 옳은 것은?

① 자화전류치는 통전시간을 기재한다.
② 자화전류치는 암페어·턴으로 기재한다.
③ 코일법인 경우 코일명과 타래수를 부기한다.
④ 프로드법의 경우는 프로드 간격을 부기한다.

해설
자화전류치 및 통전시간(KS D 0213 10)
• 자화전류치는 파고치로 기재
• 코일법인 경우는 코일의 치수, 권수를 부기
• 프로드법의 경우는 프로드 간격을 부기

30 강자성재료의 자분탐상검사방법 및 자분모양의 분류(KS D 0213)에 따른 일반적인 검사조건으로 볼 때, 다음 중 1회 검사에 필요한 순수한 통전시간이 가장 짧은 것은?

① 직류를 사용한 연속법
② 교류를 사용한 연속법
③ 직류를 사용한 잔류법
④ 충격전류를 사용한 잔류법

해설
충격전류는 짧은 시간동안 전류를 주어 남아 있는 잔류자장을 이용하는 방법이다.

31 강자성재료의 자분탐상검사방법 및 자분모양의 분류(KS D 0213)의 자분모양 분류에서 동일 직선상에 3mm, 4mm 길이의 자분모양이 1.5mm 간격으로 존재할 때 자분모양의 총길이는?

① 4mm
② 7mm
③ 8.5mm
④ 10mm

해설
연속한 자분모양
여러 개의 자분모양이 거의 동일 직선상에 연속하여 존재하고 서로의 거리가 2mm 이하인 자분모양이다. 자분모양의 길이는 특별히 지정이 없는 경우, 자분모양의 각각의 길이 및 서로의 거리를 합친 값으로 한다. 따라서 자분모양의 총길이는 $3+4+1.5=8.5$mm이다.

정답 28 ① 29 ④ 30 ④ 31 ③

32 강자성재료의 자분탐상검사방법 및 자분모양의 분류(KS D 0213)에서 분류된 자분모양이 아닌 것은?

① 선상의 자분모양
② 탕계에 의한 자분모양
③ 연속한 자분모양
④ 균열에 의한 자분모양

해설

자분모양의 분류(KS D 0213 9)
- 균열에 의한 자분모양
- 독립된 자분모양
  - 선상의 자분모양
  - 원형상의 자분모양
- 연속된 자분모양
- 분산된 자분모양

33 강자성재료의 자분탐상검사방법 및 자분모양의 분류(KS D 0213)에서 자화방법 중 극간법의 부호로 옳은 것은?

① C
② M
③ I
④ P

해설

- 축통전법(EA) : 검사 대상체의 축방향으로 직접 전류를 흐르게 한다.
- 직각통전법(ER) : 검사 대상체의 축에 대하여 직각방향으로 직접 전류를 흐르게 한다.
- 전류관통법(B) : 검사 대상체의 구멍 등에 통과시킨 도체에 전류를 흐르게 한다.
- 자속관통법(I) : 검사 대상체의 구멍 등에 통과시킨 자성체에 교류자속 등을 가함으로써 검사 대상체에 유도전류에 의한 자기장을 형성시킨다.
- 코일법(C) : 검사 대상체를 코일에 넣고 코일에 전류를 흐르게 한다.
- 극간법(M) : 검사 대상체 또는 검사할 부위를 전자석 또는 영구자석의 자극 사이에 놓는다.
- 프로드법(P) : 검사 대상체 표면의 특정 지점에 2개의 전극(이것을 플롯이라 함)을 대어서 전류를 흐르게 한다.

34 강자성재료의 자분탐상검사방법 및 자분모양의 분류(KS D 0213)에 따르면 자분모양 분류 전에 유사모양 여부를 확인해야 한다. 유사모양 종류별 조치사항의 설명으로 옳은 것은?

① 자기펜자국은 자분을 다시 적용하면 자분모양이 사라진다.
② 표면거칠기지시는 탈자 후 재검사하면 자분모양이 사라진다.
③ 재질경계지시는 검사면을 매끈하게 하여 재검사하면 자분모양이 사라진다.
④ 전류지시는 전류를 작게 하거나 잔류법으로 재시험하면 자분모양이 사라진다.

해설

유사모양인지 아닌지는 다음에 따라 확인한다.
- 자기펜자국은 탈자 후 재검사하면 자분모양이 사라진다.
- 전류지시는 전류를 작게 하거나 잔류법으로 재검사하면 자분모양이 사라진다.
- 표면거칠기지시는 검사면을 매끈하게 하여 재검사를 하면 자분모양이 사라진다.
- 재질경계지시는 매크로검사, 현미경검사 등 자분탐상검사 이외의 검사로 확인할 수 있다.

정답 32 ② 33 ② 34 ④

35 강자성재료의 자분탐상검사방법 및 자분모양의 분류(KS D 0213)에서 A형 표준시험편에 A1-15/100이라 표시되어 있을 때 사선의 왼쪽이 나타내는 숫자의 의미는?

① 인공 흠집의 깊이 ② 인공 흠집의 길이
③ 판의 두께 ④ 판의 길이

해설
A형 표준시험편

<table>
<tr><th colspan="3">명칭</th><th>재질</th></tr>
<tr><td>A1-7/50
(원형,
직선형)</td><td>A1-15/50
(원형,
직선형)</td><td>-</td><td rowspan="2">KS C 2504의 1종을 어닐링(불활성가스 분위기 중 600 ℃ 1시간 유지, 100 ℃까지 분위기 중에서 서랭)한 것</td></tr>
<tr><td>A1-15/100
(원형,
직선형)</td><td>A1-30/100
(원형,
직선형)</td><td>-</td></tr>
<tr><td>A2-7/50
(직선형)</td><td>A2-15/50
(직선형)</td><td>A2-30/50
(직선형)</td><td rowspan="2">KS C 2504의 1종의 냉간압연한 그대로의 것</td></tr>
<tr><td>A2-15/100
(직선형)</td><td>A2-30/100
(직선형)</td><td>A2-60/100
(직선형)</td></tr>
</table>

- 시험편의 명칭 가운데 사선의 왼쪽은 인공 흠집의 깊이를, 사선의 오른쪽은 판의 두께를 나타내고 치수의 단위는 μm로 한다.
- 인공 흠집의 깊이의 공차는 7μm일 때 ±2μm, 15μm일 때 ±4μm, 30μm일 때 ±8μm, 60μm일 때 ±15μm로 한다.
- 시험편의 명칭 가운데 괄호 안은 인공 흠집의 모양을 나타낸다.

36 강자성재료의 자분탐상검사방법 및 자분모양의 분류(KS D 0213)에서 '현탁성이 좋다'는 의미의 설명으로 옳은 것은?

① 입자의 침강속도가 빠르다.
② 침전되지 않은 입자량이 많다.
③ 검사액의 밀도가 낮아 투명하다.
④ 검사액의 색깔이 밝고 깨끗하다.

해설
현탁성이 좋다는 것은 침전되지 않은 자분이 잘 섞여 있다는 의미이다.

37 강자성재료의 자분탐상검사방법 및 자분모양의 분류(KS D 0213)에서 규정한 잔류법의 통전시간은?

① $\frac{1}{4}$~1초 ② 10~30초
③ 1~2분 ④ 10~30분

해설
통전시간 설정
- 연속법에서는 통전 중의 자분의 적용을 완료할 수 있는 통전시간을 설정한다.
- 잔류법에서는 원칙적으로 1/4~1초이다. 다만, 충격전류인 경우에는 1/120초 이상으로 하고 3회 이상 통전을 반복하는 것으로 한다. 단, 충분한 기자력을 가할 수 있는 경우는 제외한다.

38 강자성재료의 자분탐상검사방법 및 자분모양의 분류(KS D 0213)에서 형광자분의 분산농도의 설정 시 고려할 사항이 아닌 것은?

① 자분의 적용방법
② 자분의 종류
③ 자분의 입도
④ 미세결함 검출 시 높은 분산농도 사용

해설
형광자분인 경우에는 자분의 입도 외에 자분의 적용시간 및 적용방법을 고려하여 자분 분산농도를 정하고 과잉농도를 피하여야 한다.

정답 35 ① 36 ② 37 ① 38 ④

39 **강자성재료의 자분탐상검사방법 및 자분모양의 분류(KS D 0213)에 규정된 B형 대비시험편의 특성을 잘못 설명한 것은?**

① 시험편의 외경은 50, 100, 200mm가 있다.
② 피복한 도체를 관통구멍의 중심에 통과시킨다.
③ 시험편 단면부에 자분을 잔류법으로 적용하여 사용한다.
④ 용도에 따라 대상 검사체와 같은 재질 및 지름의 것을 사용할 수도 있다.

해설
B형 대비시험편은 피복한 도체를 관통구멍의 중심에 통과시켜, 연속법으로 원통면에 자분을 적용해서 사용한다.

40 **강자성재료의 자분탐상검사방법 및 자분모양의 분류(KS D 0213)의 A형 표준시험편 중에서 A2-7/50(직선형)에 대한 설명 중 틀린 것은?**

① 냉간압연 후 어닐링한 것이다.
② 인공흠의 깊이는 7μm이다.
③ 판의 두께는 50μm이다.
④ 인공흠의 길이는 6mm이다.

해설
재질은 KS C 2504의 제1종의 냉간압연한 그대로의 것이다.
※ 시험편의 명칭 가운데 사선의 왼쪽은 인공 흠집의 깊이를, 사선의 오른쪽은 판의 두께를 나타내고 치수의 단위는 μm로 한다.

41 **강자성재료의 자분탐상검사방법 및 자분모양의 분류(KS D 0213)에서 자분모양의 분류에 대한 설명 중 틀린 것은?**

① 자분모양의 분류는 '자분적용 → 전처리 → 자화 → 자분모양의 관찰'의 순서로 흠집을 검출한 후에 실시한다.
② 자분모양의 분류는 시험면에 생긴 자분모양이 유사모양이 아닌 것을 확인한 다음에 실시한다.
③ 독립한 자분모양은 선상과 원형상의 2종류로 분류된다.
④ 거의 동일 직선상에 연속으로 존재하고 서로의 거리가 2mm 이하인 자분모양은 연속한 자분모양으로 분류된다.

해설
자분모양의 분류 순서
- 자분모양의 분류는 전처리 → 자화 → 자분적용 → 자분모양의 관찰에 따라 흠집을 검출한 후 실시한다.
- 자분모양이 유사모양이 아닌 것을 확인한 후 실시한다.

42 **강자성재료의 자분탐상검사방법 및 자분모양의 분류(KS D 0213)에서 자분을 건식과 습식으로 분류하는 기준은 무엇인가?**

① 결함검출능
② 자분의 입도
③ 자분적용 시기
④ 분산매 종류

해설
자분은 그 적용 시의 분산매의 차이에 따라 건식용과 습식용으로 나누고 다시 관찰방법의 차이에 따라 형광자분과 비형광자분으로 분류한다.

39 ③ 40 ① 41 ① 42 ④ **정답**

43 Fe–C 평형상태도에서 레데부라이트의 조직은?

① 페라이트
② 페라이트 + 시멘타이트
③ 페라이트 + 오스테나이트
④ 오스테나이트 + 시멘타이트

해설
레데부라이트
4.3% C의 용융철이 1,148℃ 이하로 냉각될 때 2.11% C의 오스테나이트와 6.67% C의 시멘타이트로 정출되어 생긴 공정주철이며, A_1점 이상에서는 안정적으로 존재하는 조직으로 경도와 메짐성이 크다.

44 Ti 금속의 특징을 설명한 것 중 옳은 것은?

① Ti 및 그 합금은 비강도가 낮다.
② 저용융점 금속이며, 열전도율이 높다.
③ 상온에서 체심입방격자의 구조를 갖는다.
④ Ti은 화학적으로 반응성이 없어 내식성이 나쁘다.

해설
※ 저자의견
②를 답으로 하고자 한 문항으로 보이나, 답지 ①, ③, ④가 상황에 따라 답이 되지 않을 것이 없다 보고 전항정답처리한 것으로 보인다. 이런 문항은 폐기될 것이므로 Ti을 기출문제에서 다루었다는 것에 대해 학습하는 기회만 갖도록 한다.

45 다음 중 슬립(Slip)에 대한 설명으로 틀린 것은?

① 원자 밀도가 최대인 방향으로 잘 일어난다.
② 원자 밀도가 가장 큰 격자면에서 잘 일어난다.
③ 슬립이 계속 진행하면 결정은 점점 단단해져 변형이 쉬워진다.
④ 다결정에서는 외력이 가해질 때 슬립방향이 서로 달라 간섭을 일으킨다.

해설
슬립이 계속 진행되면 결정이 점점 단단해져 변형이 어려워진다. 이미 슬립이 많이 진행되었다면 슬립하기가 점점 더 어려워진다.

46 강에 탄소량이 증가할수록 증가하는 것은?

① 경도　② 연신율
③ 충격값　④ 단면수축률

해설
탄소량이 많아질수록 더 딱딱해진다.

47 Al–Si계 합금에 관한 설명으로 틀린 것은?

① Si 함유량이 증가할수록 열팽창계수가 낮아진다.
② 실용합금으로는 10~13%의 Si가 함유된 실루민이 있다.
③ 용융점이 높고 유동성이 좋지 않아 복잡한 모래형 주물에는 이용되지 않는다.
④ 개량처리를 하게 되면 용탕과 모래 수분과의 반응으로 수소를 흡수하여 기포가 발생된다.

해설
Al–Si계 합금은 유동성이 좋아 주물용으로 사용된다.

정답 43 ④ 44 전항정답 45 ③ 46 ① 47 ③

48 고속도강의 대표 강종인 SKH 2 텅스텐계 고속도강의 기본조성으로 옳은 것은?

① 18% Cu-4% Cr-1% Sn
② 18% W-4% Cr-1% V
③ 18% Cr-4% Al-1% W
④ 18% W-4% Cr-1% Pb

해설
18W-4Cr-1V이 표준 고속도강이다.

49 다음의 합금원소 중 함유량이 많아지면 내마멸성을 크게 증가시키고, 적열메짐을 방지하는 것은?

① Ni ② Mn
③ Si ④ Mo

해설
주요 금속, 합금원소의 성질

원소	키워드
Ni	강인성, 내식성, 내산성
Mn	내마멸성, 황
Cr	내식성, 내열성, 자경성, 내마멸성
W	고온경도, 고온강도
Mo	담금질 깊이가 커짐, 뜨임 취성 방지
V	크로뮴 또는 크로뮴-텅스텐
Cu	석출 경화, 오래전부터 널리 쓰임
Si	내식성, 내열성, 전자기적 성질을 개선, 반도체의 주재료
Co	고온 경도와 고온 인장 강도를 증가
Ti	입자 사이의 부식에 대한 저항, 가벼운 금속
Pb	피삭성, 저용융성
Mg	가벼운 금속, 구상흑연, 산이나 열에 침식됨
Zn	황동, 다이캐스팅
S	피삭성, 주조결함
Sn	무독성, 탈색효과 우수, 포장형 튜브
Ge	저마늄(게르마늄), 1970년대까지 반도체에 쓰임
Pt	은백색, 전성·연성이 좋음, 소량의 이리듐을 더해 더 좋고 강한 합금이 됨
Sn	무독성, 탈색효과 우수, 포장형 튜브

50 문쯔메탈(Muntz Metal)이라 하며 탈아연 부식이 발생하기 쉬운 동합금은?

① 6-4 황동
② 주석 청동
③ 네이벌 황동
④ 애드미럴티 황동

해설
문쯔메탈
영국인 Muntz가 개발한 합금으로 6-4 황동이다. 적열하면 단조할 수가 있어서, 가단 황동이라고도 한다. 배의 밑바닥 피막을 입히거나 그 외 해수에 직접 닿을 수 있는 장소의 볼트 및 리벳 등에 사용된다.

51 분산강화금속 복합재료에 대한 설명으로 틀린 것은?

① 고온에서 크리프 특성이 우수하다.
② 실용재료로는 SAP, TD Ni이 대표적이다.
③ 제조방법은 일반적으로 단접법이 사용된다.
④ 기지금속 중에 0.01~0.1μm 정도의 미세한 입자를 분산시켜 만든 재료이다.

해설
분산강화금속 복합재료(SAP, TD Ni)
기지금속 중에 0.01~0.1μm 정도의 산화물 등의 미세한 분산입자를 균일하게 분포시킨 재료로 고온 강도성에서 우수하여 주목받고 있다. 미립자분산방법으로 제조하며, 최근에는 MA(Mechanical Aloeing)법으로 제조한다.

48 ② 49 ② 50 ① 51 ③ 정답

52 Al에 1~1.5%의 Mn을 합금한 내식성 알루미늄 합금으로 가공성, 용접성이 우수하여 저장탱크, 기름탱크 등에 사용되는 것은?

① 알민 ② 알드리
③ 알클래드 ④ 하이드로날륨

해설
알민(Almin)
내식용 알루미늄 합금으로 1~1.5% Mn을 함유하고 있다. 가공상태에서 비교적 강하고 내식성의 변화도 없다. 저장탱크, 기름탱크 등에 사용한다.

53 비중 7.3, 용융점 232℃, 13℃에서 동소변태하는 금속으로 전연성이 우수하며, 의약품, 식품 등의 포장용 튜브, 식기, 장식기 등에 사용되는 것은?

① Al ② Ag
③ Ti ④ Sn

해설
주석은 용융점이 낮고 동소변태(동일한 원소를 가지고 변태하는 현상)를 한다.
※ 49번 해설 참조

54 반자성체에 해당하는 금속은?

① 철(Fe) ② 니켈(Ni)
③ 안티모니(Sb) ④ 코발트(Co)

해설
Diamagnetic : 반자성을 나타내는 물질이다. 외부 자계에 의해서 자계와 반대 방향으로 자화되는 물질을 말한다. 즉, 비투자율이 1보다 작은 재료로 자계에 반발하며, 자력선에 직각으로 나열되는 물질이다. 반자성체에 속하는 물질에는 Sb, Bi, C, Si, Ag, Pb, Zn, S, Cu 등이 있다.

55 금(Au)의 일반적인 성질에 대한 설명 중 옳은 것은?

① 금(Au)은 내식성이 매우 나쁘다.
② 금(Au)의 순도는 캐럿(K)으로 표시한다.
③ 금(Au)은 강도, 경도, 내마멸성이 높다.
④ 금(Au)은 조밀육방격자에 해당하는 금속이다.

해설
금(Au)은 변하지 않는 금속의 상징이며, 비강도, 경도, 내마멸성이 좋은 금속이다. 금은 역사에서 유래한 캐럿(K)이라는 단위로 순도를 표시한다.

56 다음 중 강괴의 탈산제로 부적합한 것은?

① Al
② Fe-Mn
③ Cu-P
④ Fe-Si

해설
Fe-Mn, Fe-Si, Fe-Ti, Fe-Al 및 Mn, Si, Ti, Al 등이 주로 사용된다.

정답 52 ① 53 ④ 54 ③ 55 ② 56 ③

57 **주철의 기계적 성질에 대한 설명 중 틀린 것은?**

① 경도는 C + Si의 함유량이 많을수록 높아진다.
② 주철의 압축강도는 인장강도의 3~4배 정도이다.
③ 고 C, 고 Si의 크고 거친 흑연편을 함유하는 주철은 충격값이 작다.
④ 주철은 자체의 흑연이 윤활제 역할을 하며, 내마멸성이 우수하다.

해설
C+Si의 함유량이 많을수록 유동성이 높아진다.

58 **AW 300 교류아크 용접기를 사용하여 1시간 작업 중 평균 30분을 가동하였을 경우 용접기 사용률은?**

① 7.5% ② 30%
③ 50% ④ 90%

해설
사용률
실제 용접 작업에서 어떤 용접기로 어느 정도 용접을 해도 용접기에 무리가 생기지 않는가를 판단하는 기준이다.

$$\text{사용률} = \frac{\text{아크발생시간}}{\text{아크발생시간} + \text{휴식시간}} \times 100$$

$$= \frac{30}{30+30} \times 100 = 50\%$$

59 **산소-아세틸렌 가스용접 작업에서 후진법과 비교한 전진법의 설명으로 옳은 것은?**

① 열 이용률이 좋다.
② 홈 각도가 크다.
③ 용접속도가 빠르다.
④ 용접변형이 작다.

해설
후진법을 사용하면 용접봉이 미리 가열되어 열 이용률이 좋고 용접속도가 빠르며 모재에 열 닿는 시간이 상대적으로 짧으므로 용접변형이 작게 된다. 후진법에 비해 전진법은 깊은 홈을 충분히 가열할 때 적당하다.

60 **피용접물이 상호 충돌되는 상태에서 용접이 되는 용접법은?**

① 저항점 용접
② 레이저 용접
③ 초음파 용접
④ 퍼커션 용접

해설
퍼커션 용접이란 충격 용접법으로 피용접물이 상호 닿아 있는 상태에서 강한 에너지를 방출시켜 집중 가열, 강압 접합하는 용접 방법이다. 가느다랗고 지름이 작은 물체의 접점 용접 등에 사용된다.

57 ① 58 ③ 59 ② 60 ④ 정답

2016년 제4회 과년도 기출문제

01 **항공기 터빈블레이드의 균열검사에 적용할 수 있는 와전류탐상코일은 무엇인가?**

① 표면형 코일
② 내삽형 코일
③ 회전형 코일
④ 관통형 코일

해설
항공기검사에서는 표면형 코일을 많이 사용한다. 내삽형 코일은 코일을 시험체 내부에 삽입하여 와전류를 유도하고, 관통형 코일은 코일 내부에 시험체를 삽입하여 검사하는 방법이다.

02 **시험체의 양면이 서로 평행해야만 최대의 효과를 얻을 수 있는 비파괴검사법은?**

① 방사선투과시험의 형광투시법
② 자분탐상시험의 선형자화법
③ 초음파탐상시험의 공진법
④ 침투탐상시험의 수세성형광침투법

해설
자분탐상시험과 침투탐상시험은 시험체의 양면을 이용할 필요가 거의 없다. 방사선투과시험의 형광투시법은 시험체의 양면이 아닌 시험장비의 앞판과 뒷판이 마주 볼 필요가 있는 시험법이다. 초음파탐상시험에서 공진법은 시험편의 두께에 맞춰 공진이 일어나도록 주파수를 변화시키므로 시험체의 두께가 일정할 때, 즉 양면이 평행할 때 최대의 효과를 얻을 수 있다.

03 **자분탐상시험에서 결함의 검출에 영향을 미치는 인자가 아닌 것은?**

① 시험면의 거칠기
② 자화
③ 검사 시기
④ 자분의 적용

해설
시험면이 거칠면 자장에 따른 자분의 이동에 영향을 줄 수도 있다. 자화 정도와 자분을 어떻게 적용했는지 역시 영향을 미친다.

04 **표면으로부터 표준침투깊이의 시험체 내면에서의 와전류 밀도는 시험체 표면 와전류 밀도의 몇 %인가?**

① 5%
② 17%
③ 27%
④ 37%

해설
표준침투깊이 : 와전류 밀도가 표면의 37%가 되는 깊이

정답 1 ① 2 ③ 3 ③ 4 ④

05 **누설검사에 대한 설명 중 틀린 것은?**

① 외부에서 기밀장치로 다른 유체가 유입되는 것을 누설이라고 한다.

② 누설검사 중 누설의 유무, 누설위치 및 누설량을 검출하는 것을 특히 '누설검지방법'이라고 한다.

③ 방치법은 시험체를 가압하거나 감압하면서 일정 시간 경과 후 압력변화를 계측해서 누설을 검지하는 방법이다.

④ 기포누설검사는 간단하고 검출감도가 비교적 양호하지만, 발포에 영향을 주는 표면의 유분이나 오염의 제거 등 전처리가 중요하다.

해설

계측은 누설검사 중 누설의 유무, 누설의 위치 및 누설량을 검출하는 것이다.

06 **고압용기, 석유탱크 등의 정기적 보수검사에서 유해한 결함 중의 하나인 표면균열의 검출에 가장 적합한 비파과검사법은?**

① 초음파검사

② 누설검사

③ 침투탐상검사

④ 음향방출검사

해설

표면탐상검사에는 침투탐상, 자분탐상, 와전류탐상 등이 있고, 침투탐상시험은 열린 결함만 검출 가능하다.

07 **방사선투과검사를 하는 10m 거리에서 선량률이 80mR/h였다면 40m 거리에서의 선량률(mR/h)은 얼마인가?**

① 5　　② 7.5

③ 10　　④ 20

해설

$$\frac{C_1\text{에서의 방사선노출}}{C_2\text{에서의 방사선노출}} = \frac{C_2\text{까지의 거리}^2}{C_1\text{까지의 거리}^2}$$

방사선의 노출 = 방사선강도 × 노출시간

∴ C_2에서의 방사선노출

$$= \frac{C_1\text{까지의 거리}^2}{C_2\text{까지의 거리}^2} \times C_1\text{에서의 방사선노출}$$

$$= \frac{1}{4^2} \times 80 = 5$$

08 **액체가 고체 표면을 적시는 능력을 무엇이라고 하는가?**

① 밀도　　② 적심성

③ 점성　　④ 표면장력

해설

적심성(Wettability)은 얼마나 잘 적시느냐를 나타내는 성질이다.

09 **다음 중 누설검사법에 해당되지 않는 것은?**

① 가압법　　② 감압법

③ 수직법　　④ 진공법

해설

누설탐상은 시험체 주변의 압력에 따라 시험체에 압력을 가하는 가압법과 시험체 주변의 압력을 제거하는 감압법의 일종인 진공법으로 나뉜다.

5 ② 6 ③ 7 ① 8 ② 9 ③ 정답

10 원리가 다른 시험방법으로 조합된 것은?

① RT, CT : 방사선의 원리
② MT, ET : 전자기의 원리
③ AE, LT : 음향의 원리
④ VT, PT : 광학 및 색채학의 원리

해설

비파괴시험(NDT ; NonDestruction Testing)의 약어 정리

- RT(Radiographic Testing) : 방사선투과검사
- CT(Computer Tomography) : 컴퓨터단층촬영
- MT(Magnetic paricle Testing) : 자분탐상검사
- ET(Eddy current Testing) : 와전류탐상검사
- AE(Acoustic Emission) : 음향방출
- LT(Leak Testing) : 누설검사
- VT(Visual Testing) : 육안검사
- PT(liquid Penetrant Testing) : 침투탐상검사

11 방사성 동위원소 중 중성자투과검사에 주로 사용되는 원소는?

① ^{252}CF　② ^{96}Pb
③ ^{235}U　④ ^{137}CS

12 강재 내에서 굴절된 종파가 90°로 되어 전부 반사하려면 아크릴 수지에서의 입사각이 몇 °이어야 하는가?(단, 아크릴 수지 내에서 종파속도는 2,730 m/s, 강재 내에서 종파속도는 5,900m/s이다)

① 약 23.6°　② 약 27.6°
③ 약 62.4°　④ 약 66.4°

해설

초음파의 속도와 굴절각과의 관계

$$\frac{\sin\alpha}{\sin\beta}=\frac{V_1}{V_2}$$

굴절된 각을 β라 하고 sin90° = 1, $\sin\alpha=\frac{V_1}{V_2}=\frac{2,730}{5,900}$

$$\alpha=\sin^{-1}\frac{2,730}{5,900}\fallingdotseq 27.6°$$

13 적외선 서모그래피로 얻어진 영상을 무엇이라 하는가?

① 토모그래피　② 홀로그래피
③ C-스코프　④ 열화상

해설

서모그래피(Thermography)는 열을 그래프화하여 화상으로 만들어낸 그림 또는 그 장치를 일컫는다.

14 X선과 물질의 상호작용이 아닌 것은?

① 광전효과
② 카이저효과
③ 톰슨산란
④ 콤프턴산란

해설

② 카이저효과 : 이미 응력을 받은 재료는 그 이상의 응력을 받아야 음향을 방출한다.
① 광전효과 : 빛이 쪼이면 전자가 튀어나오는 효과이다.
③, ④ 톰슨산란/콤프턴 산란 : X선을 어떤 원자를 향해 쏘면 원자의 전자는 이에 상응하여 산란하는데 이때 완전 탄성산란하는 산란을 톰슨산란, 비탄성산란을 콤프턴산란이라 한다.

정답 10 ③　11 전항정답　12 ②　13 ④　14 ②

15 자화된 물질이나 전류가 흐르는 도체의 내 · 외부 공간을 무엇이라 하는가?

① 자계 ② 상자성
③ 강자성 ④ 포화점

해설
①에 대해서는 문제가 곧 해설이 되며 상자성은 반대 자성을 띠는 성질, 강자성은 강한 자성, 포화점은 어떤 성질이나 용매가 꽉찬 상황에 이르렀음을 설명한다.

16 자분탐상검사에서 나타난 자분모양의 지시를 해석할 때 고려하여야 할 사항이 아닌 것은?

① 자장의 방향
② 누설자장의 강도
③ 지시의 모양과 방향
④ 검사체의 밀도

해설
검사체의 밀도와 자분지시모양은 별 관련이 없다.

17 자분탐상검사와 관련된 기기가 아닌 것은?

① 자장계 ② 침전계
③ 계조계 ④ 자외선등

해설
③ 계조계 : 투과사진의 대비를 측정한다.
① 자장계 : 배율기, 분류기, 계기용 변성기 등 측정에 필요한 부품이 기기 안에 들어 있다.
② 침전계 : 검사액의 농도조사를 위한 게이지이다.
④ 자외선등 : 형광자분탐상 시 필요하다.

18 20Oe에서 자분모양이 나타나는 A형 표준시험편을 검사체에 놓고 자화전류를 서서히 증가하여 400A에서 자분모양이 나타났다면 자계의 강도가 40Oe가 되는 전류값은 몇 A가 되는가?

① 200 ② 400
③ 600 ④ 800

해설
Oe : 자계의 크기
1Oe = 1,000/4π
A/m = 79.6A/m
$H = \frac{I}{2r}(\mathrm{A/m})$, 즉 전류값과 자장의 세기는 정비례한다.
자장의 세기가 2배이므로, 자화전류도 2배이다.

19 자분탐상검사에서 불규칙적인 방향이고 깊이가 깊은 선으로 나타나는 균열은?

① 열영향부 균열
② 열처리 균열
③ 피로 균열
④ 연마 균열

해설
재료의 자성에 가장 영향을 많이 준 요인을 찾도록 한다. 다소 시비가 있을 수는 있으나, 열영향부는 열처리에 비해 규칙적인 방향성을 갖게 될 가능성이 많다. 보통 용접에 의한 열영향 등을 생각해 볼 수 있고, 용접작업은 일정한 방향성을 갖고 작업을 한다. 피로 균열과 연마 균열은 전체적인 자성에 영향을 미치는 양은 적다.

15 ① 16 ④ 17 ③ 18 ④ 19 ② 정답

20 형광습식법에 의한 연속법의 자분탐상검사 공정을 바르게 나타낸 것은?

① 전처리 → 자화 → 자분적용 → 자화종료 → 관찰
② 전처리 → 자분적용 → 자화 → 자화종료 → 관찰
③ 전처리 → 자화 → 자분종료 → 자화적용 → 관찰
④ 전처리 → 자분적용 → 자화 → 자화종료 → 후처리 → 관찰

해설
연속법은 자화 중 자분을 적용하는 방법이다.

21 습식잔류법에 의해 부품을 검사할 때 자분용액은 언제 적용하는가?

① 자화되고 있는 동안
② 자화전류를 가하기 직전
③ 자화전류를 차단시킨 직후
④ 자화전류의 공급과 동시

해설
잔류법은 자화를 마친 후 잔류자성을 이용하여 검사를 한다.

22 자분탐상검사 시 표면 가까이 있는 결함을 탐지하기에 가장 적합한 전류의 형태는?

① 직류 ② 교류
③ 반파정류 ④ 충격전류

해설
※ 저자의견 ②
확정답안은 ①번으로 발표되었지만 오류가 아닌가 한다. 표면 가까이 있는 결함을 탐지하기 위해서는 표피효과가 있는 쪽이 유리하며 교류의 경우 더 표피효과가 있다.

23 프로드(Prod)를 사용하여 자분탐상검사할 때 일반적으로 가장 적절한 프로드(Prod) 사이의 거리는?

① 2~5인치 ② 6~8인치
③ 8~12인치 ④ 15인치 이상

해설
프로드(Prod)법
- 시험체에 직접 접촉하여 전극을 만들어 주는 꼬챙이를 프로드라 한다.
- 복잡한 형상의 시험체에 필요한 부분의 시험에 적당하다.
- 간극은 3~8inch 정도이다.
- 프로드 간격이 3인치 이내이면 자분이 너무 집중되어 결함 식별이 어렵고, 8인치가 넘어가면 자력선의 간격이 너무 넓어진다.

24 자분탐상검사에서 습식자분액의 농도가 균일하지 않을 때 나타나는 결과는?

① 지시의 강도가 변할 수 있기 때문에 지시의 판독 시 오판의 우려가 있다.
② 자화선 속이 균일하지 못하게 된다.
③ 유동성을 더욱 좋게 해 주어야 한다.
④ 부품을 자화시킬 수가 있다.

해설
자분액의 농도가 짙으면 단위 부피당 자분이 많아서 진한 판독이 될 것이고, 옅으면 자분이 지시를 잘하지 못할 수도 있다. 적어도 지시의 강도에는 영향을 받는다.

정답 20 ① 21 ③ 22 ① 23 ② 24 ①

25 **자분탐상검사 시 주의해야 할 사항으로 옳은 것은?**

① 비형광 자분탐상검사는 어두워야 하므로 모든 빛을 차단하여야 한다.
② 자외선은 인체의 눈에 치명적 손상을 주므로 검사체를 직접 눈으로 관찰하는 것은 금지되어야 한다.
③ 가연성 물질을 사용하므로 항상 추운 곳에서 검사를 실시해야 한다.
④ 탐상장치의 전기회로에 대한 절연 여부를 일상 점검하여야 한다.

해설
① 형광자분탐상의 경우가 어두워야 한다.
② 문장이 어색하다. 자외선에 대해 설명하다가 육안검사를 설명하고 있다.
③ 가연성 물질을 사용하지 않고, 온도는 사용 환경에서 검사될 수 있도록 한다.

26 **침투탐상검사와 비교한 자분탐상검사의 설명으로 틀린 것은?**

① 침투탐상검사에 비해 검사표면이 다소 거칠어도 결함검출이 가능하다.
② 침투탐상검사에 비해 검사표면이 얇게 도금되어 있어도 검사가 가능하다.
③ 침투탐상검사에 비해 모든 재질에 대한 검사 감도가 우수하다.
④ 침투탐상검사에 비해 표면결함과 표면하에 존재하는 어느 정도의 결함검출이 가능하다.

해설
자분탐상검사는 재료가 자성을 띠거나 자성에 영향을 줄 수 있어야 한다.

27 **습식자분을 물과 검사체에 균일하게 분산시키기 위해 첨가하는 것은?**

① 방청제 ② 백등유
③ 용제 ④ 계면활성제

해설
계면활성제는 물과도 친하고 기름에도 녹기 쉬운 성분이다. 이에 따라 자분과 검사체 양쪽에 배척되지 않는 친한 성질이 있다.

28 **강자성재료의 자분탐상검사방법 및 자분모양의 분류(KS D 0213)의 목적은?**

① 검사 대상체 표면의 래미네이션 등 초음파탐상으로 검사가 어려운 결함을 검출하는 목적
② 부도체에 관계없이 표면의 결함을 검출하는 목적
③ 검사 대상체 내부의 기공 및 용입 부족을 검출하는 목적
④ 검사 대상체의 표면 및 표면 부근에 있는 균열, 기타 흠집을 검출하는 목적

해설
KS D 0213은 검사 내상제의 표면 및 표면 부근에 있는 균열, 기타 흠집을 검출하는 것을 목적으로 한다.

29 **강자성재료의 자분탐상검사방법 및 자분모양의 분류(KS D 0213)에 따른 형광습식법에 사용되는 자분의 농도범위로 맞는 것은?**

① 0.2~2g/L ② 2~4g/L
③ 4~6g/L ④ 6~8g/L

해설
KS D 0213. 8.5에서 자분의 농도는 원칙적으로 비형광습식법은 2~10g/L, 형광습식법은 0.2~2g/L의 범위를 갖는다.

25 ④ 26 ③ 27 ④ 28 ④ 29 ① 정답

30 강자성재료의 자분탐상검사방법 및 자분모양의 분류(KS D 0213)에서 정류식 장치라 함은?

① 주기적으로 크기가 변화하는 자화전류장치
② 검사 대상체에 자속을 발생시키는 데 사용하는 전류장치
③ 사이클로트론, 사일리스터 등을 사용하여 얻을 1펄스의 자화전류장치
④ 교류를 직류 또는 맥류로 바꾸어 자화전류를 공급하는 자화장치

해설
KS D 0213 3.17에서 정류식 자화장치는 교류를 직류 또는 맥류로 바꾸어 자화전류를 공급하는 자화장치를 말한다.

31 강자성재료의 자분탐상검사방법 및 자분모양의 분류(KS D 0213)의 A형 표준시험편에 대한 설명으로 올바른 것은?

① A2는 A1보다 높은 유효자기장의 강도로 자분모양이 나타난다.
② 직선형 인공 흠집의 길이는 8mm이다.
③ A형 표준시험편은 가로, 세로 각 변이 15mm 크기이다.
④ 분수치가 큰 것만큼 순차적으로 높은 유효자기장의 강도로 자분모양이 나타난다.

해설
② 직선형 인공 흠집의 길이는 6mm이다.
③ A형 시험편은 가로, 세로 각 변이 20mm이다.
④ A형 표준시험편의 A2는 A1보다 높은 유효자기장의 강도로 자분모양이 나타나고 또한 그 명칭의 분수치가 작은 것만큼 순차적으로 높은 유효자기장의 강도로 자분모양이 나타난다.

32 강자성재료의 자분탐상검사방법 및 자분모양의 분류(KS D 0213)에 따른 B형 대비시험편의 사용 목적이 아닌 것은?

① 장치의 성능 확인
② 자분의 성능 확인
③ 유효자기장 강도 확인
④ 검사액의 성능 확인

해설
B형 대비시험편은 장치, 자분 및 검사액의 성능을 조사하는 데 사용한다.

33 강자성재료의 자분탐상검사방법 및 자분모양의 분류(KS D 0213)에서 "I"로 표시하는 자화방법은?

① 극간법
② 축통전법
③ 자속관통법
④ 직각통전법

해설
- 축통전법(EA) : 검사 대상체의 축방향으로 직접 전류를 흐르게 한다.
- 직각통전법(ER) : 검사 대상체의 축에 대하여 직각방향으로 직접 전류를 흐르게 한다.
- 전류관통법(B) : 검사 대상체의 구멍 등에 통과시킨 도체에 전류를 흐르게 한다.
- 자속관통법(I) : 검사 대상체의 구멍 등에 통과시킨 자성체에 교류자속 등을 가함으로써 검사 대상체에 유도전류에 의한 자기장을 형성시킨다.
- 코일법(C) : 검사 대상체를 코일에 넣고 코일에 전류를 흐르게 한다.
- 극간법(M) : 검사 대상체 또는 검사할 부위를 전자석 또는 영구자석의 자극 사이에 놓는다.
- 프로드법(P) : 검사 대상체 표면의 특정 지점에 2개의 전극(이것을 플롯이라 함)을 대어서 전류를 흐르게 한다.

정답 30 ④ 31 ① 32 ③ 33 ③

34 강자성재료의 자분탐상검사방법 및 자분모양의 분류(KS D 0213)의 A형 표준시험편 중에서 A2-15/50(직선형)에 대한 설명으로 옳은 것은?

① 인공 흠집의 길이는 6mm이다.
② 잔류법으로 사용한다.
③ 시험편의 크기는 30×30mm이다.
④ 시험편의 두께는 15μm이다.

해설
② 자분 적용은 연속법으로 한다.
③ 시험편의 크기는 20×20mm이다.
④ 인공 흠집의 깊이 60μm일 때의 공차가 15μm이다.

35 압력용기-비파괴시험일반(KS B 6752)의 파이형 자장지시계에 대한 설명 중 틀린 것은?

① 8개의 저탄소강 파이조각으로 구성되어 있다.
② 자장강도의 적합성을 확인하는 데 사용한다.
③ 최대자장강도를 측정할 수 있다.
④ 건식자분과 사용하는 것이 가장 좋다.

해설
8개의 저탄소강 조각을 노 내에서 경납땜하고 동으로 도금한 자장지시계는 동(Cu)으로 도금되지 않은 면이 시험표면에서 떨어져 있도록 시험해야 할 표면에 위치시켜야 한다. 자화력을 발생시킴과 동시에 자분을 살포했을 때 자장지시계의 동 도금면을 가로질러 선명한 자분의 경계선이 형성되면 자장강도가 적합한 것이다. 자분의 선명한 경계선이 형성되지 않을 경우, 필요에 따라 자화기법을 변경하여야 한다. 파이형 자장지시계는 건식자분 절차에 적용하는 것이 가장 좋고, 눈금게이지를 이용한 강도측정은 하지 않는다.

36 강자성재료의 자분탐상검사방법 및 자분모양의 분류(KS D 0213)에서 탈자를 해야 하는 경우의 설명으로 틀린 것은?

① 계속해서 시험할 자화방향이 전회의 자화에 의하여 영향을 받을 가능성이 있을 때
② 검사 대상체의 잔류자기가 이후의 기계가공과 계측장치 등에 악영향을 줄 가능성이 있을 때
③ 마찰부가 있는 검사 대상체로서 마찰부분에 자분 등을 흡인해서 마모를 증가시킬 가능성이 있을 때
④ 항상 자분탐상시험을 행한 후에는 반드시 탈자를 해야 함

해설
탈자가 필요한 경우
- 계속하여 수행하는 검사에서 이전 검사의 자화에 의해 악영향을 받을 우려가 있을 때
- 검사 대상체의 잔류자기가 이후의 기계가공에 악영향을 미칠 우려가 있을 때
- 검사 대상체의 잔류자기가 계측장치 등에 악영향을 미칠 우려가 있을 때
- 검사 대상체가 마찰부분 또는 그것에 가까운 곳에 사용되는 것으로 마찰부분에 자분 등을 흡인하여 마모를 증가시킬 우려가 있을 때
- 그 밖의 필요할 때

37 강자성재료의 자분탐상검사방법 및 자분모양의 분류(KS D 0213)에서 형광자분을 사용할 경우, 자외선조사장치의 자외선강도는 자외선강도계로 측정할 때 필터면에서 38cm 떨어진 위치에서 몇 $\mu W/cm^2$ 이상이어야 하는가?

① 500 ② 800
③ 1,000 ④ 1,500

해설
형광자분을 사용하는 시험에는 자외선조사장치를 이용한다. 자외선조사장치는 주로 320~400nm의 근자외선을 통과시키는 필터를 가지며 사용 상태에서 형광자분모양을 명료하게 식별할 수 있는 자외선강도(자외선조사장치의 필터면에서 38cm의 거리에서 800$\mu W/cm^2$ 이상)를 가진 것이어야 한다.

34 ① 35 ③ 36 ④ 37 ② 정답

38 강자성재료의 자분탐상검사방법 및 자분모양의 분류(KS D 0213)에서 일반적인 용접부를 연속법으로 탐상시험할 때 예측되는 결함의 방향에 대하여 직각인 방향의 자기장 강도(A/m) 범위는 얼마로 규정하고 있는가?

① 70~115
② 500~1,000
③ 1,200~2,000
④ 2,400~3,600

해설

자화전류 설정 시 자기장의 강도

- 연속법 중 일반적인 구조물 및 용접부의 경우 1,200~2,000A/m의 자기장 강도
- 연속법 중 주단조품 및 기계부품의 경우 2,400~3,600A/m의 자기장 강도
- 연속법 중 담금질한 기계부품의 경우 5,600A/m 이상의 자기장 강도
- 잔류법 중 일반적인 담금질한 부품의 경우 6,400~8,000A/m의 자기장 강도
- 잔류법 중 공구강 등의 특수재 부품의 경우 12,000A/m 이상의 자기장 강도

※ 단, 여기서 자기장의 강도란 예측되는 결함의 방향에 대하여 직각방향의 자기장 강도를 의미한다.

39 강자성재료의 자분탐상검사방법 및 자분모양의 분류(KS D 0213)에서 자분모양이 다음과 같을 때 지시 길이는 어떻게 판정하는가?

> 일직선상에 길이가 2mm와 3mm인 선상의 자분모양이 있고 사이 거리는 1.8mm이다.

① 2mm와 3mm 각각 2개의 지시 길이로 판정한다.
② 3.8mm와 3mm 각각 2개의 지시 길이로 판정한다.
③ 연속한 1개의 지시로 간주되며 그 길이는 5mm이다.
④ 연속한 1개의 지시로 간주되며 그 길이는 6.8mm이다.

해설

연속한 자분모양

여러 개의 자분모양이 거의 동일 직선상에 연속하여 존재하고 서로의 거리가 2mm 이하인 자분모양을 말한다. 자분모양의 길이는 특별히 지정이 없는 경우, 자분모양의 각각의 길이 및 서로의 거리를 합친 값으로 한다.

따라서, 2 + 3 + 1.8 = 6.8mm이다.

40 강자성재료의 자분탐상검사방법 및 자분모양의 분류(KS D 0213)에서 자분의 적용에 대한 설명으로 옳은 것은?

① 검사면과 대비가 좋은 자분모양을 형성시켜야 한다.
② 검사 대상체의 크기와 치수는 고려할 필요가 없다.
③ 연속법에서 자화 조작 종료 후에는 분산매의 흐름이 있어도 무관하다.
④ 습식법에서는 자화 시 검사액이 흐르지 않도록 해야 한다.

해설

② 검사 대상체의 크기와 치수에 따라 적용방법을 고려한다.
③ 자화 조작 종료 후의 분산매의 흐름에 의해 형성된 자분모양이 사라지지 않도록 주의한다.
④ 검사액이 흐르지 않고 머물러 있는 경우, 적당한 검사액의 흐름이 생기도록 한다.

정답 38 ③ 39 ④ 40 ①

41 강자성재료의 자분탐상검사방법 및 자분모양의 분류(KS D 0213)에서 A형 표준시험편에 표준으로 사용되는 인공결함의 모양에 대한 조합으로 옳은 것은?

① 십자형, 원형
② 원형, 직선형
③ 오목형, 돌출형
④ 코나형, 장방형

해설
인공 흠집의 모양은 원형과 직선형으로 한다.

42 강자성재료의 자분탐상검사방법 및 자분모양의 분류(KS D 0213)에 규정한 잔류법에 원칙적으로 적용하는 통전시간은 몇 초인가?

① 4~6초
② 2~3초
③ $\frac{1}{4}\sim 1$초
④ $\frac{1}{100}\sim\frac{1}{50}$초

해설
잔류법에서는 원칙적으로 1/4~1초로 한다. 다만, 충격전류인 경우에는 1/120초 이상으로 하고 3회 이상 통전을 반복하는 것으로 한다. 단, 충분한 기자력을 가할 수 있는 경우는 제외한다.

43 마그네슘(Mg)의 성질을 설명한 것 중 틀린 것은?

① 용융점은 약 650℃ 정도이다.
② Cu, Al보다 열전도율은 낮으나 절삭성은 좋다.
③ 알칼리에는 부식되나 산이나 염류에는 침식되지 않는다.
④ 실용 금속 중 가장 가벼운 금속으로 비중이 약 1.74 정도이다.

해설
마그네슘은 비중 1.74, 용융점 650℃, 열전도율이 좋고 절삭성이 좋은 금속이다. 마그네슘은 수소(+)이온을 방출하며 산화를 잘 유도한다.

44 열팽창 계수가 상온 부근에서 매우 작아 길이의 변화가 거의 없어 측정용 표준자, 바이메탈 재료 등에 사용되는 Ni-Fe합금은?

① 인바 ② 인코넬
③ 두랄루민 ④ 콜슨합금

해설
인바(Invar)는 불변강, 표준자에 사용한다.

45 전기전도도와 열전도도가 가장 우수한 금속으로 옳은 것은?

① Au ② Pb
③ Ag ④ Pt

해설
전기와 열의 전도도가 가장 좋은 금속은 은이다.
열전도율
- 은 : 429W/m·k
- 금 : 318W/m·k

41 ② 42 ③ 43 ③ 44 ① 45 ③ 정답

46 주철에서 Si가 첨가될 때, Si의 증가에 따른 상태도의 변화로 옳은 것은?

① 공정온도가 내려간다.
② 공석온도가 내려간다.
③ 공정점은 고탄소측으로 이동한다.
④ 오스테나이트에 대한 탄소 용해도가 감소한다.

해설

마우러 조직도

탄소함유량을 세로축, 규소함유량을 가로축으로 하고, 두 성분 관계에 따른 주철의 조직 변화를 정리한 선도를 마우러 조직도라고 한다.

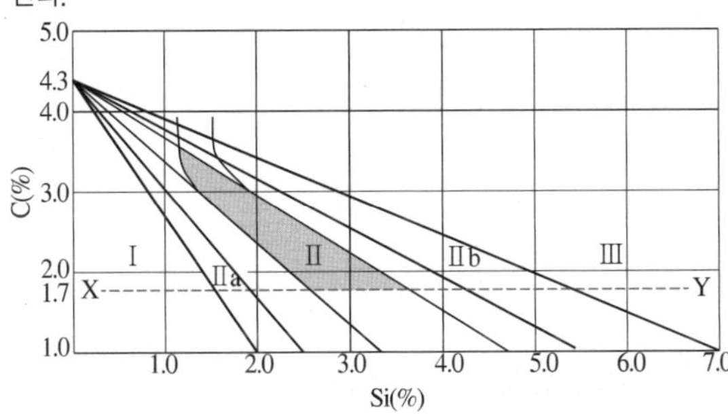

영역

- Ⅰ : 백주철(레데부라이트 + 펄라이트)
- Ⅱa : 반주철(펄라이트 + 흑연)
- Ⅱ : 펄라이트주철(레데부라이트 + 펄라이트 + 흑연)
- Ⅱb : 회주철(펄라이트 + 흑연 + 페라이트)
- Ⅲ : 페라이트주철(흑연 + 페라이트)

그림을 보면 Si가 많아질수록 같은 조직을 유지하도록 할 때 탄소의 함량이 줄어들어야 함을 알 수 있다.

47 공랭식 실린더 헤드(Cylinder Head) 및 피스톤 등에 사용되는 Y합금의 성분은?

① Al−Cu−Ni−Mg ② Al−Si−Na−Pb
③ Al−Cu−Pb−Co ④ Al−Mg−Fe−Cr

해설

Y합금

- 4% Cu, 2% Ni, 1.5% Mg 등을 함유하는 Al합금이다.
- 고온에 강한 것이 특징이며, 모래형 또는 금형 주물 및 단조용 합금이다.
- 경도도 적당하고 열전도율이 크며, 고온에서 기계적 성질이 우수하다. 내연기관용 피스톤, 공랭 실린더 헤드 등에 널리 쓰인다.

48 금속을 냉간가공하면 결정입자가 미세화되어 재료가 단단해지는 현상은?

① 가공경화 ② 전해경화
③ 고용경화 ④ 탈탄경화

해설

가공경화 : 소성가공성을 이용하여 가공을 하면 재료 내부에 강제로 전위가 많이 일어나며 전위가 많아지면 내부의 가소성(可塑性)이 줄어들어 연성, 전성이 약해지고, 딱딱해지게 되는데 이를 가공경화라 한다.

49 다음 중 베어링용 합금이 갖추어야 할 조건 중 틀린 것은?

① 마찰계수가 클 것
② 충분한 점성과 인성이 있을 것
③ 내식성 및 내소착성이 좋을 것
④ 하중에 견딜 수 있는 경도와 내압력을 가질 것

해설

베어링은 마찰이 가급적 적어야 하는 기계요소이다.

50 라우탈(Lautal) 합금의 특징을 설명한 것 중 틀린 것은?

① 시효경화성이 있는 합금이다.
② 규소를 첨가하여 주조성을 개선한 합금이다.
③ 주조 균열이 크므로 사형 주물에 적합하다.
④ 구리를 첨가하여 절삭성을 좋게 한 합금이다.

해설

라우탈 합금 : 알코아에 Si을 3~8% 첨가하면 주조성이 개선되며 금형 주물로 사용된다.

정답 46 ④ 47 ① 48 ① 49 ① 50 ③

51 초정(Primary Crystal)이란 무엇인가?

① 냉각 시 가장 늦게 석출하는 고용체를 말한다.
② 공정반응에서 공정반응 전에 정출한 결정을 말한다.
③ 고체 상태에서 2가지 고용체가 동시에 석출하는 결정을 말한다.
④ 용액 상태에서 2가지 고용체가 동시에 정출하는 결정을 말한다.

해설

공정반응에서 공정반응 전에 정출한 결정으로 용융상태에서 가장 먼저 나오는 결정을 의미한다.

52 순철을 상온에서부터 가열하여 온도를 올릴 때 결정구조의 변화로 옳은 것은?

① BCC → FCC → HCP
② HCP → BCC → FCC
③ FCC → BCC → FCC
④ BCC → FCC → BCC

해설

- A_1 변태 : 강의 공석변태를 말한다. γ고용체에서 (α-페라이트) + 시멘타이트로 변태를 일으킨다.
- A_2 변태 : 순철의 자기변태를 말한다.
- A_3 변태 : 순철의 동소변태의 하나이며, α철(체심입방격자)에서 γ철(면심입방격자)로 변화한다.
- A_4 변태 : 순철의 동소변태의 하나이며, γ철(면심입방정계)에서 δ철(체심입방정계)로 변화한다.

53 용융금속이 응고할 때 작은 결정을 만드는 핵이 생기고, 이 핵을 중심으로 금속이 나뭇가지 모양으로 발달하는 것은?

① 입상정
② 수지상정
③ 주상정
④ 등축정

해설

② 수지상정 : "나뭇가지 상의 결정"이라는 의미로 결정이 성장하는 단계에서 결정 핵 생성 이후 빠르게 식어 결정이 맺어지는 부분의 모양이 마치 나뭇가지와 비슷하다 하여 이름 붙인 결정 상의 모양을 말한다.

① 입상정 : 입체 상 모양의 결정이라는 일반적인 용어이고, 주상정은 "상이 맺어지는 모양이 기둥과 같다"하여 붙인 이름이며, 등축정은 각 축 방향으로 같은 상 모양을 맺은 결정을 일컫는 일반적인 용어이다.

54 물과 얼음이 평형상태에서 자유도는 얼마인가?

① 0
② 1
③ 2
④ 3

해설

물질의 상태도에서 각 상태의 자유도, 상률을 구하는 식

$F=n+2-p$

$=1+2-2=1$

(여기서, F : 자유도, n : 성분의 수, p : 상의 수)

55 다음 중 면심입방격자의 원자수로 옳은 것은?

① 2
② 4
③ 6
④ 12

해설

면심입방격자(FCC ; Face-Centered Cubic lattice)

- 입방체의 각 모서리와 면의 중심에 각각 한 개씩의 원자가 있고, 이것들이 규칙적으로 쌓이고 겹쳐져서 결정을 만든다.
- 면심입방격자 금속은 전성과 연성이 좋으며, Au, Ag, Al, Cu, γ철이 속한다.
- 단위 격자 내 원자의 수는 4개이며, 배위수는 12개이다.

51 ② 52 ④ 53 ② 54 ② 55 ② 정답

56 Sn-Sb-Cu의 합금으로 주석계 화이트메탈이라고 하는 것은?

① 인코넬 ② 콘스탄탄
③ 배빗메탈 ④ 알클래드

해설
배빗메탈 : Sn-Sb-Cu의 합금으로 주석계 화이트메탈이라고 부른다. 축과 친화력이 좋고, 국부적 하중에 대한 변형에 강하며, 유막이 잘 유지된다.

57 다음의 자성재료 중 연질 자성재료에 해당되는 것은?

① 알니코 ② 네오디뮴
③ 센더스트 ④ 페라이트

해설
센더스트
알루미늄 5%, 규소 10%, 철 85%의 조성을 가진 고투자율(高透磁率)합금이다. 주물로 되어 있어 정밀교류계기의 자기차폐로 쓰이며, 또 무르기 때문에 지름 10μm 정도의 작은 입자로 분쇄하여, 절연체의 접착제로 굳혀서 압분자심(壓粉磁心)으로서 고주파용으로 사용한다.

58 팁 끝이 모재에 닿아 순간적으로 팁 끝이 막히거나 팁의 과열, 사용 가스의 압력이 부적당할 때 팁 속에서 폭발음이 나며 불꽃이 꺼졌다가 다시 나타나는 현상은?

① 역류 ② 역화
③ 인화 ④ 취화

해설
역류, 역화, 인화
- 역류(Contraflow) : 산소가 아세틸렌 발생기 쪽으로 흘러 들어가는 것이다(발생기 쪽 막힘 같은 경우).
- 인화(Flash Back) : 혼합실(가스+산소 만나는 곳)까지 불꽃이 밀려들어가는 것이다. 팁 끝이 막히거나 작업 중 막히는 경우 발생한다.
- 역화(Backfire) : 가스 혼합, 팁 끝의 과열, 이물질의 영향, 가스 토출 압력 부적합, 팁의 죔 불완전 등으로 불꽃이 '펑펑'하며 팁 안으로 들어왔다 나갔다 하는 현상을 말한다.

59 아크전류가 150A, 아크전압은 25V, 용접속도가 15cm/min인 경우 용접의 단위 길이 1cm당 발생하는 용접입열은 약 몇 Joule/cm인가?

① 15,000 ② 20,000
③ 25,000 ④ 30,000

해설
용접입열$(H) = \frac{60EI}{V}$(Joule/cm)

$$= \frac{60 \times 25\text{V} \times 150\text{A}}{15\text{cm/min}} = 15,000\text{J/cm}$$

(여기서, E : 아크전압, I : 아크전류, V : 용접속도(cm/min))

60 연강용 피복 아크 용접봉 중 수소함유량이 다른 용접봉에 비해 적고 기계적 성질 및 내균열성이 우수한 용접봉은?

① 저수소계
② 고산화타이타늄계
③ 라임티타니아계
④ 고셀룰로스계

해설
아크 용접봉의 특성

일미나이트계 (E4301)	슬래그 생성식으로 전자세 용접이 되고, 외관이 아름답다.
고셀룰로스계 (E4311)	가장 많은 가스를 발생시키는 가스 생성식이며 박판 용접에 적합하다.
고산화타이타늄계 (E4313)	아크의 안정성이 좋고, 슬래그의 점성이 커서 슬래그의 박리성이 좋다.
저수소계 (E4316)	슬래그의 유동성이 좋고 아크가 부드러워 비드의 외관이 아름다우며, 기계적 성질이 우수하다.
라임티타니아계 (E4303)	슬래그의 유동성이 좋고 아크가 부드러워 비드가 아름답다.
철분 산화철계 (E4327)	스패터가 적고 슬래그의 박리성도 양호하며, 비드가 아름답다.
철분 산화타이타늄계 (E4324)	아크가 조용하고 스패터가 적으나 용입이 얕다.
철분 저수소계 (E4326)	아크가 조용하고 스패터가 적어 비드가 아름답다.

정답 56 ③ 57 ③ 58 ② 59 ① 60 ①

2017년 제1회 과년도 기출복원문제

※ 2017년부터는 CBT(컴퓨터 기반 시험)로 진행되어 수험자의 기억에 의해 문제를 복원하였습니다. 실제 시행문제와 일부 상이할 수 있음을 알려드립니다.

01 다음 중 비파괴 검사가 아닌 것은?

① 중성자투과시험
② 초음파탐상시험
③ 가스누설시험
④ 충격시험

해설
충격시험, 인장시험, 전단시험 등은 파괴검사이다.

02 다음 중 내부기공 결함 검출에 가장 적합한 비파괴 검사는?

① 방사선투과검사
② 가스누설시험
③ 침투탐상시험
④ 와전류탐상시험

해설
가스누설시험은 내·외부 관통부가 있어야 하며, 침투탐상은 개방된 표면의 검사, 와전류탐상은 표면 근처의 결함에 대한 검사가 가능하다.

03 다음 중 광학의 원리를 이용한 검사로만 묶인 것은?

① 육안검사, 침투탐상검사
② 방사선검사, 초음파검사
③ 자분탐상검사, 와류탐상시험
④ 적외선 열화상 검사, 누설검사

해설
육안검사는 가시광선을 이용하고, 침투탐상검사는 가시광선과 자외선을 이용한다.

04 다음 중 가동 중 검사가 가능한 것은?

① 침투탐상검사 ② 음향방출검사
③ 자분탐상검사 ④ 누설검사

해설
음향방출검사는 가동 장비에 시험기구를 장착 후 응력파의 발생을 감지하여 검사하는 방법으로 대표적인 가동 중 검사이다.

05 거의 모든 재료에 적용이 가능하고 현장적용에 편리하며 제품의 크기나 형상에 제한을 받지 않는 검사는?

① 자분탐상검사 ② 침투탐상검사
③ 와전류탐상검사 ④ 누설검사

해설
자분탐상검사와 와전류탐상검사는 자화 가능한 재료에 가능하며, 누설검사는 형상의 모양이 제한적이며 크기에 제한이 있다.

정답 1 ④ 2 ② 3 ① 4 ② 5 ②

06 시험체의 양면이 서로 평행해야만 최대의 효과를 얻을 수 있는 비파괴검사법은?

① 방사선투과시험의 형광투시법
② 자분탐상시험의 선형자화법
③ 초음파탐상시험의 공진법
④ 침투탐상시험의 수세성 형광침투법

해설
공진법 : 시험체의 고유 진동수와 초음파의 진동수가 일치할 때 생기는 공진현상을 이용하여 시험체의 두께 측정에 주로 적용하는 방법

07 높은 원자번호를 갖는 두꺼운 재료나 핵 연료봉과 같은 물질의 결함검사에 적용되는 비파괴검사법은?

① 적외선검사(TT)
② 음향방출검사(AET)
③ 중성자투과검사(NRT)
④ 초음파탐상검사(UT)

해설
중성자투과검사란 중성자가 물질을 투과할 때 생기는 감쇠현상을 이용한 검사법으로, 수소화합물 검출에 주로 사용된다.

08 누설검사에 사용되는 단위인 1atm과 값이 다른 것은?

① 760mmHg
② 760torr
③ 10.33kg/cm^2
④ 1,013mbar

해설
표준 대기압 : 표준이 되는 기압
대기압 = 1기압(atm) = 760mmHg = 1.0332kg/cm^2
= 1,013.25mbar = 101.325kPa = 760torr

09 와전류탐상시험의 탐상코일 중 외삽코일과 같은 의미에 속하는 것은?

① 내삽코일(Inner Coil)
② 표면코일(Surface Coil)
③ 프로브코일(Probe Coil)
④ 관통코일(Encircling Coil)

해설
관통코일(Encircling Coil)
시험체를 시험코일 내부에 넣고 시험하는 코일로 고속 전수검사, 선 및 봉, 관의 자동검사에 이용

10 초음파탐상검사에 대한 설명으로 틀린 것은?

① 펄스반사법을 많이 이용한다.
② 내부조직에 따른 영향이 작다.
③ 불감대가 존재한다.
④ 미세균열에 대한 감도가 높다.

해설
초음파탐상의 장단점
- 장점
  - 감도가 높아 미세 균열 검출이 가능
  - 투과력이 좋아 두꺼운 시험체의 검사 가능
  - 불연속(균열)의 크기와 위치를 정확히 검출 가능
  - 시험 결과가 즉시 나타나 자동검사가 가능
  - 시험체의 한쪽 면에서만 검사 가능
- 단점
  - 시험체의 형상이 복잡하거나, 곡면, 표면 거칠기에 영향을 많이 받음
  - 시험체의 내부 구조(입자, 기공, 불연속 다수 분포)에 따라 영향을 많이 받음
  - 불연속 검출의 한계가 있음
  - 시험체에 적용되는 접촉 및 주사 방법에 따른 영향이 있음
  - 불감대가 존재(근거리 음장에 대한 분해능이 떨어짐)

정답 6 ③ 7 ③ 8 ③ 9 ④ 10 ②

11 비행회절법을 이용한 초음파탐상검사법은?

① TOFD
② MFLT
③ IRIS
④ EMAT

해설
비행회절법(Time Of Flight Diffraction technique)
결함 끝부분의 회절초음파를 이용하여 결함의 높이를 측정하는 것

12 결함부와 건전부의 온도정보의 분포패턴을 열화상으로 표시하여 결함을 탐지하는 비파괴검사법은?

① 중성자투과검사(NRT)
② 적외선검사(TT)
③ 음향방출검사(AET)
④ 와전류탐상검사(ECT)

해설
적외선검사(서모그래피)는 적외선 카메라를 이용해 비접촉식으로 온도 이미지를 측정하여 구조물의 이상 여부를 탐상하는 시험이다.

13 제품이나 부품의 동적결함 발생에 대한 전체적인 모니터링(Monitoring)에 적합한 비파괴검사법은?

① 육안시험
② 적외선검사
③ X선투과시험
④ 음향방출시험

해설
음향방출시험이란 재료의 결함에 응력이 가해졌을 때 음향을 발생시키고 불연속 펄스를 방출하게 되는데 이러한 미소음향방출신호들을 검출·분석하는 시험으로 내부 동적 거동을 평가하는 시험이다.

14 자기장의 세기에 대한 자속밀도의 비율로, $\mu = \dfrac{B}{H}$로 정의되는 개념은?

① 자기 저항
② 자기 포화
③ 보자력
④ 투자율

해설
① 자기 저항은 자기회로에서 기자력과 자속의 비이다.
② 자기 포화는 자기장의 세기를 증가시켜도 자속밀도가 증가하지 않는 현상을 말한다.
③ 보자력은 강자성체를 포화될 때까지 자화시킨 후 자속밀도를 0으로 감소시키는 데 필요한 역방향의 자기장의 세기를 말한다.

15 다음 설명하는 원리로 옳은 것은?

- 저항에 전압을 가하면 $I = V/R$의 전류가 흐른다.
- 저항에 전류가 흐르고 있을 때 그 저항의 양끝에는 $V = I \cdot R$의 전위차가 생긴다.

① 플레밍의 오른손 법칙
② 플레밍의 왼손 법칙
③ 앙페르의 오른 나사의 법칙
④ 옴의 법칙

해설
① 플레밍의 오른손 법칙 : 전류와 자기력선의 방향, 운동 방향의 관계를 나타냄
② 플레밍의 왼손 법칙 : 전류와 자기력선의 방향, 힘의 방향의 관계를 나타냄
③ 앙페르의 오른 나사 법칙 : 전류의 방향에 따른 자기장의 방향의 관계를 나타냄

11 ① 12 ② 13 ④ 14 ④ 15 ④ **정답**

16 자기탐상검사의 특징으로 틀린 것은?

① 시험체의 크기, 형상 등에 거의 제한을 받지 않는다.
② 표면에서 깊이 있는 결함도 검출할 수 있다.
③ 핀 홀과 같은 점 모양이나 공 모양의 결함은 검출이 어렵다.
④ 전극이 접촉되는 부분은 표면이 상할 수도 있다.

해설
표면에서 2~3mm 정도의 결함이 검출 가능하며, 너무 깊은 결함은 검출이 어렵다.

17 C형 표준시험편의 사용방법으로 옳지 않은 것은?

① 분할선을 따라 작은 조각으로 분리하여 접착제로 탐상면에 붙여 사용한다.
② 자분의 적용은 잔류자기법을 사용한다.
③ 자기 특성에 변화를 일으킨 경우에는 사용해서는 안 된다.
④ 1회용이므로 재사용해서는 안 된다.

해설
자분의 적용은 연속법을 사용한다.

18 강자성재료의 자분탐상검사방법 및 자분모양의 분류(KS D 0213)에 규정된 B형 대비시험편의 특성을 잘못 설명한 것은?

① 시험편의 외경은 50, 100, 200mm가 있다.
② 피복한 도체를 관통구멍의 중심에 통과시킨다.
③ 시험편 단면부에 자분을 잔류법으로 적용하여 사용한다.
④ 용도에 따라 검사 대상체와 같은 재질 및 지름의 것을 사용할 수도 있다.

해설
B형 대비시험편은 피복한 도체를 관통구멍의 중심에 통과시켜 연속법으로 원통면에 자분을 적용해서 사용한다.

19 강자성재료의 자분탐상검사방법 및 자분모양의 분류(KS D 0213)의 A형 표준시험편 중에서 A2–15/50(직선형)에 대한 설명으로 옳은 것은?

① 인공 흠집의 길이는 6mm이다.
② 잔류법으로 사용한다.
③ 시험편의 크기는 30×30mm이다.
④ 시험편의 두께는 15μm이다.

해설
A형 표준시험편에서 A2–15/50은 직선형 6mm 길이의 인공 흠집을 가지고, 깊이 15μm, 두께 50μm의 시험편을 의미한다. 시험편은 연속법을 적용한다.

정답 16 ② 17 ② 18 ③ 19 ①

20 **형광자분을 사용하는 자분탐상시험 시 광원으로부터 몇 cm 떨어진 검사 대상체 표면에서 자외선 강도를 확인하는가?**

① 15cm

② 38cm

③ 50cm

④ 72cm

해설

형광자분을 사용하는 시험에는 자외선조사장치를 이용한다. 자외선조사장치는 주로 320~400nm의 근자외선을 통과시키는 필터를 가지며 사용 상태에서 형광자분 모양을 명료하게 식별할 수 있는 자외선 강도(자외선조사장치의 필터면에서 38cm의 거리에서 800μW/cm^2 이상)를 가진 것이어야 한다.

21 **자력선에 대한 설명으로 옳지 않은 것은?**

① 자기장 방향과 평행하다.

② N극에서 나와 S극으로 들어간다.

③ 한 극에서 나온 자력선은 다른 극으로 들어갈 때까지 소멸되지 않는다.

④ 자력선의 간격이 멀수록 자기장의 세기가 세다.

해설

자력선

자계의 상태를 알기 쉽게 하기 위해 가상으로 그린 선을 말한다. N극에서 나와 S극으로 들어가고 내부에서는 S극에서 N극의 순환이며 접선은 자계의 방향, 밀도는 자계의 세기를 나타낸다. 즉, 자력선의 간격이 촘촘할수록 자기장의 세기가 세다.

22 **그림과 같은 영구 자석에 형성되는 자장의 모양은?**

①

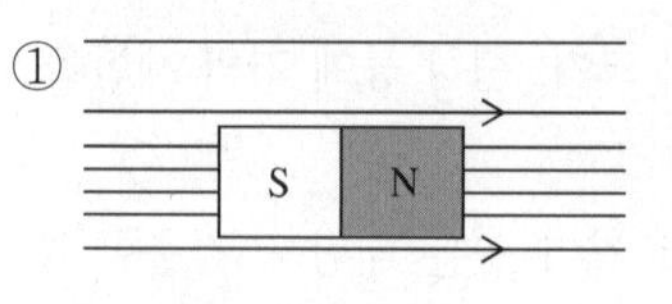

②

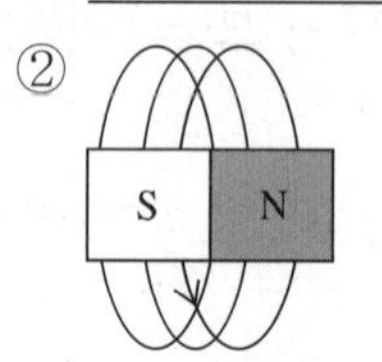

③

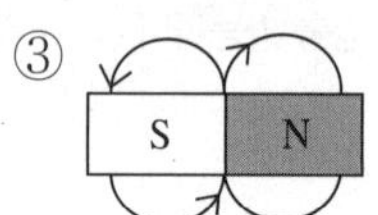

④

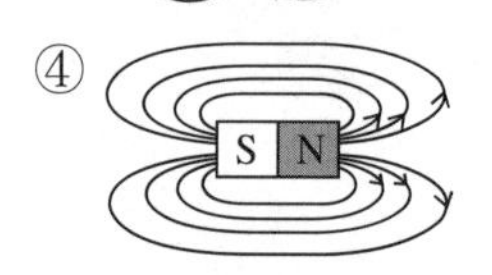

해설

영구 자석의 자력선은 N극에서 나와서 연속되어 S극으로 들어간다.

23 **자기이력곡선의 B에서의 B_r이 의미하는 것은?**

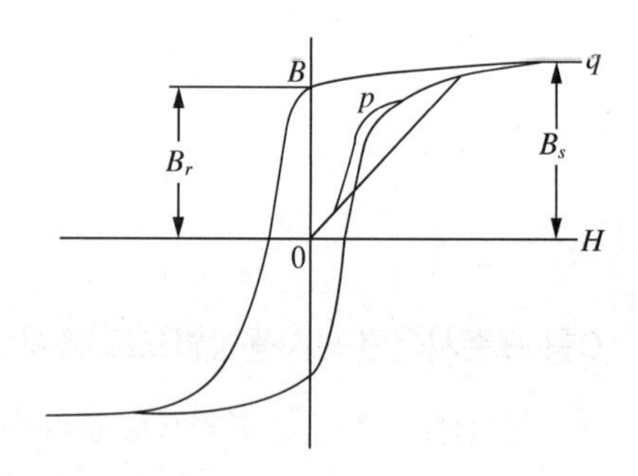

① 포화자기밀도

② 잔류자속밀도

③ 초기자화밀도

④ 투자율

해설

처녀자화로 포화자화되었다가 자기세기를 0으로 해도 그림에서 0_s가 남게 되는 이를 잔류자속밀도(B_r)라고 한다.

20 ② 21 ④ 22 ④ 23 ② 정답

24 연속법에서 일반적인 구조물 및 용접부에 적용하는 자기장의 강도(A/m)는?

① 1,200~2,000　② 2,400~3,600
③ 5,600~6,400　④ 6,400~8,000

해설
자계의 강도(A/m)

시험방법	검사 대상체	자기장의 강도(A/m)
연속법	일반적인 구조물 및 용접부	1,200~2,000
	주단조품 및 기계부품	2,400~3,600
	담금질한 기계부품	5,600 이상
잔류법	일반적인 담금질한 부품	6,400~8,000
	공구강 등의 특수재 부품	12,000 이상

25 형광자분을 적용한 자기탐상방법 중 기준거리에서 필요한 자외선의 강도($\mu W/cm^2$)는?

① 200　② 500
③ 800　④ 1,000

해설
- 형광자분법에서 요구되는 자외선 강도 : 38cm 거리에서 800 $\mu W/cm^2$
- 비형광자분법에서 요구되는 조도 : 500lx

26 자화전류 중 표피효과가 가장 크게 유발되는 전류는?

① 직류　② 맥류
③ 충격전류　④ 교류

해설
교류
- 표피효과(바깥쪽으로 갈수록 전류밀도가 커지는 효과)가 있다.
- 위상차가 지속적으로 발생하여 전류차단 시 위상에 따라 결과가 계속 달라지므로 잔류법에는 사용할 수 없다.

27 잔류법에 사용되는 전류는?

① 직류　② 맥류
③ 충격전류　④ 교류

해설
잔류법에는 일정한 자장이 형성되는 직류를 사용한다.
직류
- 전류밀도가 안쪽, 바깥쪽 모두 균일하다.
- 표면근처의 내부 결함까지 탐상이 가능하다.
- 통전시간은 1/4~1초이다.

28 자화방법의 분류 중 전류관통법의 기호는?

① C　② P
③ B　④ I

해설
자화방법 기호
- 축통전법 – EA
- 직각통전법 – ER
- 전류관통법 – B
- 자속관통법 – I
- 코일법 – C
- 극간법 – M
- 프로트법 – P

정답 24 ① 25 ③ 26 ④ 27 ① 28 ③

29 M 기호를 갖는 자화방법에 대한 설명으로 옳은 것은?

① 축에 대하여 직각방향으로 직접 전류를 흐르게 한다.
② 교류로 자속을 형성시킨 자성체를 시험체의 구멍 등에 관통시킨다.
③ 시험체 국부에 2개의 전극을 대어서 흐르게 한다.
④ 시험체를 영구 자석 사이에 놓는다.

해설
M 기호는 극간법의 기호이고, 극간법은 시험체를 영구 자석 사이에 놓고 자화하는 방법이다.
①은 직각통전법, ②는 자속관통법, ③은 프로드법이다.

30 강자성재료의 자분탐상검사방법 및 자분모양의 분류(KS D 0213)에서 검사기록을 작성할 때 자화전류치는 파고치로 기재한다. 코일법인 경우에는 (A)를 부기한다. 또 프로드법의 경우는 (B)을 부기한다. ( ) 안에 들어갈 수 있는 내용은?

① A : 적용시기, B : 자화방법
② A : 검사기술자, B : 표준시험편
③ A : 코일의 치수, B : 프로드 간격
④ A : 검사장치, B : 자분모양

해설
자화전류치 및 통전시간
- 자화전류치는 파고치로 기재
- 코일법인 경우는 코일의 치수, 권수를 부기
- 프로드법의 경우는 프로드 간격을 부기

31 선형자장이 형성되는 자분탐상검사방법은?

① 전류관통법 ② 프로드법
③ 코일법 ④ 축통전법

해설
선형자화법은 코일법과 극간법이 있다.

32 코일이 적용되기 어려운 검사 대상체의 길이 대 검사 대상체의 지름의 비(L/D)는?

① 1 ② 3
③ 5 ④ 7

해설
코일법으로 검사 대상체가 자화되었을 때 검사 대상체는 양 끝에 자극이 생성되어 끝부분은 검사가 불가능하다. 따라서 L/D의 비가 2 미만인 짧은 검사 대상체는 코일법을 적용하기 어렵다.

33 프로드법에 대한 설명으로 옳지 않은 것은?

① 대형 구조물 검사에 적합하다.
② 국부 전류를 사용한다.
③ 전극에 연결한 선과 직각방향의 결함 검출에 적합하다.
④ 복잡한 형상의 검사 대상체의 부분 검사에 적합하다.

해설
자분탐상검사에서는 자속선에 직각인 방향의 결함이 검출되기 쉽다. 프로드법에서 자속선은 전극 간을 연결한 가상의 선과 직각방향으로 형성되므로 전극과 평행한 결함을 검출하는 데 적합하다.

29 ④ 30 ③ 31 ③ 32 ① 33 ③ 정답

34 자분에 요구되는 성질로 옳은 것은?

① 높은 투자율을 가져야 한다.
② 높은 보자력을 가져야 한다.
③ 많은 잔류자기를 남겨야 한다.
④ 높은 응집성을 가져야 한다.

해설
자분은 높은 투자율과 낮은 보자력을 요구하며 보자력이 높으면 잔류자기가 많아진다. 자분은 분산성과 흡착성이 좋아야 한다.

35 대전류가 흐르고 있는 자화 케이블 등이 탐상면과 접촉하여 자화케이블 주변에 발생하는 자속에 의해 생기는 의사지시는?

① 긁힘지시
② 자극지시
③ 전류지시
④ 자기펜자국

해설
③ 전류지시 : 프로드법에서 자화 케이블이 탐상면에 접촉하거나 자화 케이블을 직접 시험체에 감아 코일법 적용할 때 잘 생김
① 긁힘지시 : 탐상면에 생긴 긁히거나 부딪힌 흠에 의해 형성된 지시, 스크래치
② 자극지시 : 모서리 부분 등에서 자속밀도가 높아져 생기는 지시
④ 자기펜자국 : 자화된 검사 대상체에 다른 강자성체가 접촉되거나 자화된 검사 대상체가 서로 접촉하는 경우에 잔류자속이 누설되어 생김

36 강자성재료의 자분탐상검사방법 및 자분모양의 분류(KS D 0213)에 따라 다음 조건과 같은 경우 올바른 평가는?

조건
- 선형지시가 거의 일직선상에 놓여 있다.
- A, B, C, D인 선형지시의 길이는 각각 10, 15, 9, 13mm이다.
- 지시 A와 B 사이 거리는 3.5mm, B와 C 사이 거리는 1.5mm, C와 D 사이 거리는 3mm이다.
- 분류된 지시 길이가 25mm 이상인 경우 불합격으로 한다.

① 지시 A, B, C, D는 연속한 지시로 불합격이다.
② 지시 A는 합격이고, B, C, D는 연속한 지시이므로 불합격이다.
③ 지시 A와 D는 독립한 지시로 합격이고, B, C는 연속한 지시이나 길이가 24mm이므로 합격이다.
④ 지시 A와 D는 독립한 지시이므로 합격이고, B, C는 연속한 지시이므로 불합격이다.

해설
B와 C는 간격이 2mm 이하로 연속이어서 15 + 9 + 1.5 = 25.5mm이므로 불합격이다.

37 강자성재료의 자분탐상검사방법 및 자분모양의 분류(KS D 0213)에 따른 자분모양의 분류가 아닌 것은?

① 독립된 자분모양
② 연속된 자분모양
③ 기공에 의한 자분모양
④ 균열에 의한 자분모양

해설
자분모양의 분류(KS D 0213 9)
- 균열에 의한 자분모양
- 독립된 자분모양
  - 선상의 자분모양
  - 원형상의 자분모양
- 연속된 자분모양
- 분산된 자분모양

정답 34 ① 35 ③ 36 ④ 37 ③

38 탈자가 필요한 경우는?

① 검사 대상체의 보자력이 작을 경우
② 높은 열로 열처리할 계획이 있을 경우
③ 검사 대상체가 대형품이고 부분 탐상을 하여 영향이 적을 경우
④ 마찰부분에 자분 등을 흡인하여 마모를 증가시킬 우려가 있을 경우

해설
탈자가 필요 없는 경우
- 더 큰 자력으로 후속 작업이 계획되어 있을 경우
- 검사 대상체의 보자력이 작을 경우
- 높은 열로 열처리할 계획이 있을 경우(열처리 시 자력 상실)
- 검사 대상체가 대형품이고 부분 탐상을 하여 영향이 작을 경우

39 강자성체의 자기적 성질에서 자계의 세기를 나타내는 단위는?

① Wb(Weber)
② S(Stokes)
③ A/m(Ampere/meter)
④ N/m(Newton/meter)

해설
자기 관련 단위
- Weber(Wb) : 자기력선의 단위로 $1m^2$에 1T의 자속이 지나가면 1Wb이다. Vs(Volt second)를 사용하기도 한다.
- Henry(H) : 인덕턴스를 표시하는 단위, 초당 1A의 전류변화에 의해 1V의 유도기전력이 발생하면 1H이다.
  $$H = \frac{m^2 \cdot kg}{s^2 A^2} = \frac{Wb}{A} = \frac{T \cdot m^2}{A} = \frac{V \cdot s}{A} = \frac{m^2 \cdot kg}{C^2}$$
- Tesla(T) : 공간 어느 지점의 자속밀도의 크기
  $T = Wb/m^2 = kg/s^2 \cdot A = N/A \cdot m = kg/s \cdot C$
- Coulomb(C) : 1A의 전류가 1초 동안 이동시키는 전기량
- A/m(Ampere/meter) : 자장의 세기를 나타내는 단위, 자기회로의 1m당 기자력의 크기이다. 기자력은 전류와 감은 수의 곱으로 표현한다.

40 다음 중 고유의 빛깔을 가장 오래 간직하는 귀한 금속은?

① Sn ② Al
③ Fe ④ Zn

해설
주요 금속의 변색 정도를 순서대로 나타내면
Sn > Ni > Al > Mn > Fe > Cu > Zn > Pt > Ag > Au

41 자분의 농도로 옳은 것은?

① 형광 습식법에서 2~10g/L
② 비형광 습식법에서 2~10g/L
③ 형광 습식법에서 0.2~20g/L
④ 비형광 습식법에서 0.2~20g/L

해설
자분의 농도는 형광 습식법에서 0.2~2g/L, 비형광 습식법에서 2~10g/L이다.

42 강자성재료의 자분탐상검사방법 및 자분모양의 분류(KS D 0213)에 따른 검사를 할 때의 주의사항으로 옳지 않은 것은?

① 한 번에 시험할 수 없을 때는 여러 번 나누어서 시행한다.
② 흠집의 방향을 예측할 수 없을 때는 2방향 이상으로 시행한다.
③ 잔류법을 사용하는 경우 자분 모양이 잘 나타나지 않으면 다시 자화한다.
④ 지시를 판정하기 어려울 때는 표면을 개선하고 재시험한다.

해설
잔류법 시행 시 다른 자력이나 전류를 접하지 않도록 한다.

38 ④ 39 ③ 40 ④ 41 ② 42 ③ 정답

43 강자성재료의 자분탐상검사방법 및 자분모양의 분류(KS D 0213)에 따른 검사 기록 대상 중 기타 대상에 해당하지 않는 것은?

① 검사 장소 ② 검사 날짜
③ 검사 기술자 ④ 검사 주관기관

해설
검사 기록 대상 중 기타 대상은 검사 장소, 검사 날짜, 검사 기술자이다.

44 압력용기–비파괴시험일반(KS B 6752)의 자분탐상시험의 직접 통전법에서 자화 전류의 크기는?

① 안지름 1mm당 5~20A
② 안지름 1mm당 12~31A
③ 바깥지름 1mm당 5~20A
④ 바깥지름 1mm당 12~31A

해설
KS에 따른 기준이며 숙지하고 있는 것이 좋다. 기준은 바깥지름이며 전류는 12~31A이고, 지름이 작을수록 큰 전류가 필요하다.

45 다음 설명하는 탄소강 조직은?

- 상온에서 0.025% C 이하
- HB 90 정도이며, 금속현미경으로 보면 다각형의 결정
- 다소 흰색을 띠며, 대단히 연하고 전연성이 큰 강자성체

① 페라이트 ② 오스테나이트
③ 시멘타이트 ④ 펄라이트

해설
상온에서 0.025% C 이하이면 순철 조직이다.
오스테나이트는 최대 2.0% C, 시멘타이트는 6.67% C이며, 펄라이트는 0.8% C 정도이다.

46 어떤 원인에 의해 원자배열이 달라져 다른 물질로 변하는 것을 일컫는 용어는?

① 다결정화 ② 동소변태
③ 자기변태 ④ 금속결합

해설
동소변태 : 다이아몬드와 흑연은 모두 탄소로만 이루어진 물질이지만 확연히 다른 상태로 존재하는 고체이다. 이처럼 동일 원소이지만 다르게 존재하는 물질을 동소체(Allotropy)라 하며, 어떤 원인에 의해 원자배열이 달라져 다른 물질로 변하는 것, 예를 들어 흑연에 적절한 열과 압력을 가하여 다이아몬드가 되는 변태를 동소변태 또는 격자변태라 한다.

47 탈산이 충분하지 않은 상태로 응고되어 CO가 많이 발생하고, 방출되지 못한 가스 기포가 많이 남아 있는 강괴는?

① 림드강 ② 킬드강
③ 세미킬드강 ④ 캡트강

해설
림드강
- 평로 또는 전로 등에서 용해한 강에 페로망간을 첨가하여 가볍게 탈산시킨 다음 주형에 주입한 것이다.
- 주형에 접하는 부분의 용강이 더 응고되어 순도가 높은 층이 된다.
- 탈산이 충분하지 않은 상태로 응고되어 CO가 많이 발생하고, 방출되지 못한 가스 기포가 많이 남아 있다.
- 편석이나 기포는 제조과정에서 압착되어 결함은 아니지만, 편석이 많고 질소의 함유량도 많아서 좋은 품질의 강이라 할 수는 없다.
- 수축에 의해 버려지는 부분이 적어서 경제적이다.

정답 43 ④ 44 ④ 45 ① 46 ② 47 ①

48 **면심입방격자 구조에 대한 설명으로 옳지 않은 것은?**

① 입방체의 각 모서리와 면의 중심에 각각 한 개씩의 원자가 있다.
② 체심입방격자 구조보다 전연성이 떨어진다.
③ Au, Ag, Al, Cu, γ철이 속한다.
④ 단위 격자 내 원자의 수는 4개이며, 배위수는 12개이다.

해설
면심입방격자 구조는 면층 간 미끄러짐이 좋아 전연성이 좋다.

49 **일정한 지름 D(mm)의 강구 압입체를 일정한 하중 P(N)로 시험편 표면에 누른 다음 시험편에 나타난 압입자국 면적을 보고 경도값을 계산하는 시험 방법은?**

① 쇼어 시험 ② 브리넬 시험
③ 로크웰 시험 ④ 비커스 시험

해설
① 쇼어 경도 시험 : 강구의 반발 높이로 측정하는 반발경도 시험이다.
③ 로크웰 경도 시험 : 처음 하중(10kgf)과 변화된 시험하중(60, 100, 150kgf)으로 눌렀을 때 압입 깊이 차로 결정된다.
④ 비커스 경도 시험 : 원뿔형의 다이아몬드 압입체를 시험편의 표면에 하중 P로 압입한 다음, 시험편의 표면에 생긴 자국의 대각선 길이 d를 비커스 경도계에 있는 현미경으로 측정하여 경도를 구한다. 좁은 구역에서 측정할 때는 마이크로 비커스 경도 측정을 한다. 도금층이나 질화층 등과 같이 얇은 층의 경도 측정에도 적합하다.

50 **레데부라이트의 공정온도는?**

① 210℃ ② 727℃
③ 1,148℃ ④ 1,394℃

해설
CHAPTER 03 핵심이론 10의 Fe-C 상태도 참조

51 **Fe-C 상태도에서 자기변태점은?**

① A_0 변태 ② A_1 변태
③ A_{cm} 변태 ④ A_3 변태

해설
자기변태점은 A_0 변태와 A_2 변태이다.
★ 짝수로 기억하자.

52 **다음 중 순철의 변태가 아닌 것은?**

① A_1 변태 ② A_2 변태
③ A_3 변태 ④ A_4 변태

해설
① A_1 변태 : 강의 공석 변태를 말한다. γ고용체에서(α-페라이트) + 시멘타이트로 변태를 일으킨다.
② A_2 변태 : 순철의 자기변태를 말한다.
③ A_3 변태 : 순철의 동소 변태의 하나이며, α철(체심입방격자)에서 γ철(면심입방격자)로 변화한다.
④ A_4 변태 : 순철의 동소 변태의 하나이며, γ철(면심입방정계)에서 δ철(체심입방정계)로 변화한다.

정답 48 ② 49 ② 50 ③ 51 ① 52 ①

53 탄소강의 청열메짐이 일어나는 온도(℃)는?

① 500~600
② 200~300
③ 50~1,500
④ −20~20

해설

탄소강은 200~300℃에서 상온일 때보다 인성이 저하하는 특성이 있는데, 이를 청열메짐이라고 한다. 또 황을 많이 함유한 탄소강은 약 950℃에서 인성이 저하하는 특성이 있는데 이를 적열메짐이라고 한다. 그리고 탄소강 온도가 상온 이하로 내려가면 강도와 경도가 증가되나 충격값은 크게 감소한다. 그런데 인(P)을 많이 함유한 탄소강은 상온에서도 인성이 낮게 되는데 이를 상온 취성이라고 한다.

54 주철에 들어있는 불순물이 아닌 것은?

① 흑연
② 납
③ 구리
④ 황

해설

대표적인 불순물로 흑연, 규소, 구리, 망간, 황 등이 있으며 탄소강에서의 역할과 유사하다.

55 고속베어링에 적합한 것으로 주요 성분이 Cu와 Pb인 합금은?

① 톰백 ② 포금
③ 켈밋 ④ 인청동

해설

③ 켈밋(Kelmet) : 강(Steel) 위에 청동을 용착시켜 마찰이 많은 곳에 사용하도록 만든 베어링용 합금이다.
① 톰백(Tombac) : 8~20%의 아연을 구리에 첨가한 구리합금은 황동 중에서 가장 금빛에 가까우며, 소량의 납을 첨가하여 값이 싼 금색 합금을 만든다. 특히 금종이의 서적의 금박 입히기, 금색 인쇄에 사용된다.
② 포금(Gun Metal) : 8~12% Sn에 1~2% Zn이 함유된 구리 합금으로 과거 포신(砲身)을 제조할 때 사용했다 하여 포금이라 부른다. 단조성이 좋고 강력하며, 내식성이 있어 밸브, 콕, 기어, 베어링 부시 등의 주물에 널리 사용된다. 또 내해수성이 강하고, 수압, 증기압에도 잘 견디므로 선박 등에 널리 사용된다. 이 중 애드미럴티 포금(Admiralty Gun Metal)은 주조성과 절삭성이 뛰어나다.
④ 인청동(Phosphor Bronze) : 청동에 1% 이하의 인(P)을 첨가한 것이다. 인은 주석 청동의 용융 주조 시에 탈산제로 사용되며, 인 첨가량을 많게 하여 합금 중에 인을 0.05~0.5% 잔류시키면 구리 용융액의 유동성이 좋아지고, 강도, 경도 및 탄성률 등 기계적 성질이 개선될 뿐만 아니라, 내식성이 좋아진다. 봉은 기어, 캠, 축, 베어링 등에 사용되며, 선은 코일 스프링, 스파이럴 스프링 등에 사용된다.

56 구리와 니켈의 합금으로 연성이 뛰어나고, 내식성도 우수하여 선박응축기 등에서 활용이 가능한 재료는?

① 황동 ② 청동
③ 백동 ④ 금동

해설

백동은 황동, 청동보다 내식성이 뛰어나서 선박부품에 많이 활용되며 또한 얇게 만들 수 있어서 군사용으로도 쓰인다.

정답 53 ② 54 ② 55 ③ 56 ③

57 아르곤이나 CO_2 아크자동 및 반자동 용접과 같이 가는 지름의 전극 와이어에 큰 전류를 흐르게 할 때의 아크특성은?

① 정전압 특성
② 정전류 특성
③ 부득성
④ 상승 특성

해설
① 정전압 특성 : 아크의 길이가 l_1 에서 l_2 로 변하면 아크 전류가 I_1 에서 I_2 로 크게 변화하지만 아크 전압에는 거의 변화가 나타나지 않는 특성을 정전압 특성 또는 CP(Constant Potential)특성이라 한다.
③ 부특성 : 아크 전압의 특성은 전류밀도가 작은 범위에서는 전류가 증가하면 아크 저항은 감소하므로 아크 전압도 감소하는 특성이다.

58 주조, 단조, 압연 등의 가공, 용접 및 열처리에 의해 발생된 응력을 제거하는 것으로 주로 450~600℃ 정도에서 시행하므로 저온 풀림이라고도 하는 것은?

① 구상화 풀림
② 담금질
③ 응력제거풀림
④ 연화 풀림

해설
① 구상화 풀림 : 과공석강에서 펄라이트 중 층상시멘타이트 또는 초석 망상 시멘타이트가 그대로 있으면 좋지 않으므로 소성 가공이나 절삭 가공을 쉽게 하거나 기계적 성질을 개선할 목적으로 탄화물을 구상화시키는 열처리
④ 연화 풀림 : 냉간가공을 계속하기 위해 가공 도중 경화된 재료를 연화시키기 위한 열처리로 중간 풀림이라고도 함

59 8~20%의 아연을 구리에 첨가한 구리합금으로 황동 중에서 가장 금빛깔에 가까우며, 소량의 납을 첨가하여 값이 싼 금색 합금을 만든 것은?

① 탄피황동
② 톰백
③ 주석황동
④ 납황동

해설
② 톰백 : 8~20%의 아연을 구리에 첨가한 구리합금은 황동 중에서 가장 금빛깔에 가까우며, 소량의 납을 첨가하여 값이 싼 금색 합금을 만든다. 특히 금종이의 대용품으로서 서적의 금박 입히기, 금색 인쇄에 사용된다.
④ 납황동 : 황동에 Sb 1.5~3.7%까지 첨가하여 절삭성을 좋게 한 것으로, 쾌삭황동(Free Cutting Brass)이라 한다. 쾌삭황동은 정밀 절삭 가공을 필요로 하는 시계나 계기용 기어, 나사 등의 재료로 쓰인다.

60 2종 이상의 금속 재료를 합리적으로 짝을 맞추어 각각의 소재가 가진 특성을 복합적으로 얻을 수 있는 재료는?

① FRM
② SAP
③ Cermet
④ Clad

해설
- 섬유강화금속 복합재료(FRM) : 금속 모재 중에 대단히 강한 섬유상의 물질을 분산시켜 요구되는 특성을 가지도록 만든 것이다.
- 분산강화금속 복합재료(SAP, TD Ni) : 기지 금속 중에 0.01~0.1 μm 정도의 산화물 등의 미세한 분산 입자를 균일하게 분포시킨 재료이다.
- 입자강화금속 복합재료(Cermet) : 1~5μm 정도의 비금속 입자가 금속이나 합금의 기지 중 분산되어 있는 재료이다.

57 ④ 58 ③ 59 ② 60 ④ 정답

2017년 제2회 과년도 기출복원문제

01 **비파괴 검사의 시점에 따른 분류 중 제작된 제품이 규격 또는 시방을 만족하고 있는가를 확인하기 위한 검사는?**

① 사용 전 검사
② 사용 후 검사
③ 가동 중 검사
④ 상시 검사

해설
비파괴 검사의 시기에 따른 구분
- 사용 전 검사는 제작된 제품이 규격 또는 시방을 만족하고 있는가를 확인하기 위한 검사이다.
- 가동 중 검사(In-Service Inspection)는 다음 검사까지의 기간에 안전하게 사용 가능한가 여부를 평가하는 검사를 말한다.
- 위험도에 근거한 가동 중 검사(Risk Informed In-Service Inspection)는 가동 중 검사 대상에서 제외할 것은 과감히 제외하고 위험도가 높고 중요한 부분을 더 강화하여 실시하는 검사이다.
- 상시감시 검사(On-Line Monitoring)는 기기・구조물의 사용 중에 결함을 검출하고 평가하는 모니터링 기술이다.

02 **다음 중 전자기의 원리를 이용한 검사로만 묶인 것은?**

① 육안검사, 침투탐상검사
② 방사선검사, 초음파검사
③ 자분탐상검사, 와류탐상시험
④ 적외선 열화상 검사, 누설검사

해설
자분탐상검사는 자화현상을 이용하고, 와류탐상시험은 전류의 자장을 이용한다.

03 **다음 중 열의 원리를 이용한 검사 방법은?**

① 방사선투과검사　② 자분탐상검사
③ 초음파탐상검사　④ 적외선 열화상 검사

해설
적외선 열화상 검사는 적외선을 이용하여 온도 분포를 확인하는 검사이다.

04 **용접부, 단조품 등의 비기공성 재료에 대한 표면개구 결함 검사는?**

① 침투탐상검사　② 음향방출검사
③ 자분탐상검사　④ 누설검사

해설
표면 검사에는 침투탐상검사와 자분탐상검사가 가능하며, 자분탐상시험은 기공성 재료에도 적합하므로 정답은 ①번이다.

05 **다른 비파괴검사법과 비교하여 방사선투과시험의 장점으로 옳은 것은?**

① 결함의 종류를 판별하기 용이하다.
② 결함의 깊이를 정확히 측정하기 쉽다.
③ 균열성 미세 선결함 검사에 유리하다.
④ 시험체의 두께에 관계없이 측정이 용이하다.

해설
방사선탐상의 장점
- 시험체를 한번에 검사 가능
- 시험체 내부의 결함탐상 가능
- 금속, 비금속, 플라스틱 등 모든 종류의 재료에 적용 가능
- 기록성 및 정확성 우수
- 투과 방향에 대해 두께 차가 나는 결함(개재물, 기공, 수축공)탐상 수월

정답 1 ① 2 ③ 3 ④ 4 ① 5 ①

06 납과 같이 비중이 높은 재료의 내부결함 검출에 가장 적합한 검사법은?

① 적외선시험(IRT)
② 음향방출시험(AET)
③ 와전류탐상시험(ET)
④ 중성자투과시험(NRT)

해설
내부탐상검사에는 초음파탐상, 방사선탐상, 중성자투과 등이 있으나 비중이 높은 재료에는 중성자투과시험이 사용된다.

07 자분탐상시험과 와전류탐상시험을 비교한 내용 중 틀린 것은?

① 검사 속도는 일반적으로 자분탐상시험보다는 와전류탐상시험이 빠른 편이다.
② 일반적으로 자동화의 용이성 측면에서 자분탐상시험보다는 와전류탐상시험이 용이하다.
③ 검사할 수 있는 재질로 자분탐상시험은 강자성체, 와전류탐상시험은 전도체이어야 한다.
④ 원리상 자분탐상시험은 전자기유도의 법칙, 와전류탐상시험은 자력선 유도에 의한 법칙이 적용된다.

해설
자분탐상시험은 누설자장에 의하여, 와전류탐상시험은 전자유도 현상에 의한 법칙이 적용된다.

08 관의 보수검사를 위해 와전류탐상검사를 수행할 때 관의 내경을 d, 시험코일의 평균직경을 D라고 하면 내삽코일의 충전율을 구하는 식은?

① $\left(\frac{D}{d}\right)^2 \times 100\%$ ② $\left(\frac{D}{d}\right) \times 100\%$
③ $\left(\frac{D}{d+D}\right) \times 100\%$ ④ $\left(\frac{d+D}{D}\right) \times 100\%$

해설
$$충전율 = \left(\frac{D}{d}\right)^2 \times 100\%$$
$$= \left(\frac{내삽코일의\ 평균직경}{시험체의\ 내경 - 시험체의\ 두께}\right)^2 \times 100\%$$

09 와전류탐상시험의 기본 원리로 옳은 것은?

① 누설흐름의 원리
② 전자유도의 원리
③ 인장강도의 원리
④ 잔류자계의 원리

해설
와전류탐상은 전자유도에 의한 법칙이 적용되며, 표면 및 표면 직하까지 검출 가능하다.

10 초음파탐상시험방법에 속하지 않는 것은?

① 공진법 ② 외삽법
③ 투과법 ④ 펄스반사법

해설
초음파 탐상법의 종류
- 초음파 형태에 따라 : 펄스파법, 연속파법
- 송수신방식에 따라 : 반사법, 투과법, 공진법
- 접촉방식에 따라 : 직접접촉, 국부수침, 전몰수침법
- 진동방식에 따라 : 수직법, 사각법, 표면파법, 판파법, 크리핑파법, 누설표면파법 등

6 ④ 7 ④ 8 ① 9 ② 10 ② **정답**

11 초음파의 성질에 관한 설명으로 틀린 것은?

① 일반적으로 20,000Hz 이상의 주파수를 초음파라고 정의한다.
② 강(Steel)에서의 횡파음속은 대략 5,900m/s이다.
③ 초음파의 속도는 재질의 밀도 및 탄성률에 의해 주로 기인한다.
④ 음속은 초음파 탐상 시 탐상거리와 깊은 관계가 있다.

해설
강(Steel)에서의 횡파음속은 대략 3,200m/s이다.

12 적외선 열화상 검사에 대한 설명 중 틀린 것은?

① 적외선 열화상 카메라는 시험체의 열에너지를 측정한다.
② 적외선 환경에서는 −100℃를 초과한 온도의 모든 사물이 열을 방출한다.
③ 적외선 에너지는 원자의 진동과 회전으로 발생한다.
④ 적외선 에너지는 파장이 너무 길어 육안으로 탐지가 불가능하다.

해설
모든 대상체들은 대상체의 온도에 따른 단파장의 전자기 방사선을 방출하며 방사선의 주파수는 온도에 반비례한다.

13 고체가 소성 변형하면서 발생하는 탄성파를 검출하여 결함의 발생, 성장 등 재료 내부의 동적 거동을 평가하는 비파괴검사법은?

① 누설검사 ② 음향방출시험
③ 초음파탐상시험 ④ 와전류탐상시험

해설
음향방출시험 : 재료의 결함에 응력이 가해졌을 때 음향을 발생시키고 불연속 펄스를 방출하게 되는데 이러한 미소 음향방출 신호들을 검출·분석하는 시험으로 내부 동적 거동을 평가하는 시험이다.

14 균일하게 자화된 재료에서 단위 면적을 수직으로 지나는 자력선의 수를 뜻하는 용어는?

① 자기선속 ② 자속밀도
③ 자화 ④ 잔류자기

해설
① 자기선속은 자기회로에서의 자력선의 총수이다.
③ 자화는 자성체가 자기장을 띤 상태를 말한다.
④ 잔류자기는 자화된 물체에 자기를 제거해도 남아 있는 자기를 의미한다.

15 자기탐상검사의 특징으로 틀린 것은?

① 시험체는 강자성체이다.
② 어느 강도 이상의 자기장을 적용시켜야 한다.
③ 자분은 표면색과 같은 색을 사용하여야 한다.
④ 페인트나 도금 등 두꺼운 표면처리는 제거하고 검사한다.

해설
자분은 표면색과 대비가 잘되는 색을 사용하도록 한다.

정답 11 ② 12 ② 13 ② 14 ② 15 ③

16 용접부의 개선 면 등의 좁은 부분에서 치수적으로 다른 시험편이 사용이 곤란한 장소에 사용하기 위하여 전자 연철판에 흠을 만든 시험편은?

① A형 ② B형
③ C형 ④ D형

해설
- C형 시험편 : 용접부의 그루부면 등의 좁은 부분에서 치수적으로 A형 표준시험편의 적용이 곤란한 경우에, A형 표준시험편 대신 사용하는 것이다.
- A형 시험편 : 장치, 자분, 검사액의 성능과 연속법에서의 시험체 표면의 유효자계 강도 및 방향, 탐상유효범위, 시험조작의 적합 여부를 조사하는 것이다.
- B형 시험편 : 원통모양으로 피복한 도체를 관총구멍의 중심에 통과시켜 연속법을 사용하여 장치, 자분 및 검사액의 성능을 조사하는 데 사용한다.

17 강자성재료의 자분탐상검사방법 및 자분모양의 분류(KS D 0213)에 따른 B형 대비시험편의 사용 목적이 아닌 것은?

① 장치의 성능 확인
② 자분의 성능 확인
③ 유효 자기장 강도 확인
④ 검사액의 성능 확인

해설
B형 대비시험편은 장치, 자분 및 검사액의 성능을 조사하는 데 사용한다.

18 강자성재료의 자분탐상검사방법 및 자분모양의 분류(KS D 0213)에서 A형 표준시험편에 'A1-15/100'이라 표시되어 있을 때 사선의 왼쪽이 나타내는 숫자의 의미는?

① 인공 흠집의 깊이 ② 인공 흠집의 길이
③ 판의 두께 ④ 판의 길이

해설
A형 표준시험편

명칭			재질
A1-7/50 (원형, 직선형)	A1-15/50 (원형, 직선형)	-	KS C 2504의 1종을 어닐링(불활성가스 분위기 중 600℃ 1시간 유지, 100℃까지 분위기 중에서 서랭)한 것
A1-15/100 (원형, 직선형)	A1-30/100 (원형, 직선형)	-	
A2-7/50 (직선형)	A2-15/50 (직선형)	A2-30/50 (직선형)	KS C 2504의 1종의 냉간압연한 그대로의 것
A2-15/100 (직선형)	A2-30/100 (직선형)	A2-60/100 (직선형)	

※ 비고
- 시험편의 명칭 가운데 사선의 왼쪽은 인공 흠집의 깊이를, 사선의 오른쪽은 판의 두께를 나타내고 치수의 단위는 μm로 한다.
- 인공 흠집의 깊이의 공차는 7μm일 때 ±2μm, 15μm일 때 ±4μm, 30μm일 때 ±8μm, 60μm일 때 ±15μm로 한다.
- 시험편의 명칭 가운데 괄호 안은 인공 흠집의 모양을 나타낸다.

19 자외선조사장치에 대한 설명으로 틀린 것은?

① 방사되는 자외선은 320~400nm 범위의 파장을 갖고 있다.
② 관찰에 필요한 자외선의 강도는 검사면에서 800 $\mu W/cm^2$ 이상이다.
③ 고압 수은등은 초기 광량의 50% 정도까지 열화되면 교체해야 한다.
④ 수은등의 전원스위치를 끄면 다시 점등하는데 5~6분 정도 걸린다.

해설
고압 수은등은 초기 광량의 20% 정도까지 열화되면 교체해야 한다.

16 ③ 17 ③ 18 ① 19 ③ 정답

20 구조물의 기계적, 구조적 상태를 검사하는 것으로 구조물, 부품의 외형적 결함과 기계적 작동 여부 및 기능의 적절성을 검사하는 육안 검사법의 종류는?

① VT-1 ② VT-2
③ VT-3 ④ VT-4

해설
VT-3
- 구조물의 기계적, 구조적 상태를 검사하는 것으로 구조물, 부품의 외형적 결함과 기계적 작동 여부 및 기능의 적절성을 검사한다.
- 볼트 연결부, 용접부, 결합부, 파편, 부식, 마모 등 구조적 영역을 확인하며 원격이 가능하다.

21 굵은 전선에 전류가 A의 방향으로 흐를 때 자력선의 방향과 모양으로 옳은 것은?

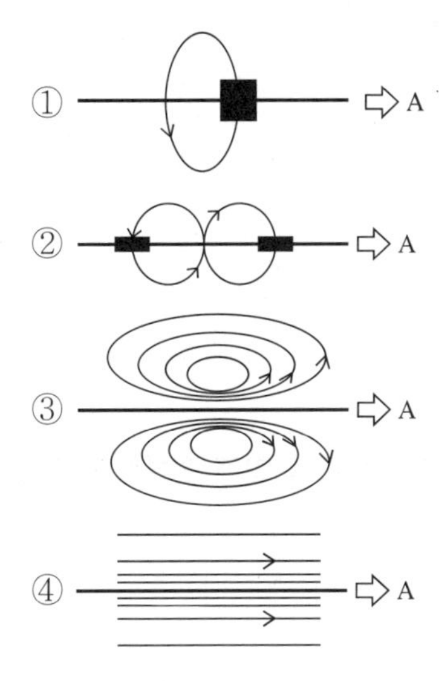

해설
앙페르의 오른손 법칙에 따라 자장이 형성된다.

22 0−p−q가 나타내는 것이 초기자화곡선이라면 이 그림의 이름은?

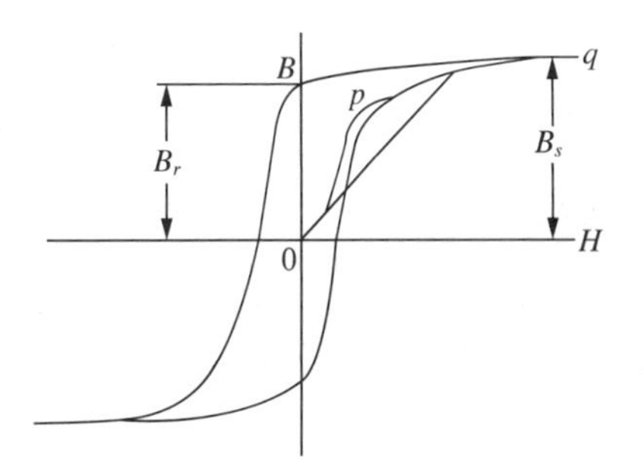

① 최대투자곡선
② 잔류자기곡선
③ 자기이력곡선
④ 초기자화곡선

해설
그림과 같이 자계의 세기(H)와 자속밀도(B)와의 관계를 나타내는 곡선을 자기이력곡선(자화곡선)이라 한다.

23 자분적용시기에 따른 자분탐상방법의 분류로 자화전류를 단절시킨 후 자분을 적용하는 방법은?

① 비형광자분법
② 건식법
③ 연속법
④ 잔류법

해설
잔류법
- 자화전류를 단절시킨 후 자분의 적용을 하는 방법이다.
- 전류를 끊고 남은 자력을 이용하므로 이후 다른 자력의 영향을 받으면 흔적이 생긴다(이를 자기펜자국이라 한다).
- 보자력이 높은 금속(공구용탄소강, 고탄소강 등)에 적절하다.
- 상대적으로 누설자속밀도가 작다.
- 검사가 간단하고 의사지시가 적다.
- 강한 자속밀도로 자화된다.

정답 20 ③ 21 ① 22 ③ 23 ④

24 비형광자분을 적용한 자기탐상방법에서 필요한 조도(lx)로 적당한 것은?

① 200　　② 500
③ 800　　④ 1,000

해설
- 형광자분법에서 요구되는 자외선 강도 : 38cm 거리에서 800 $\mu W/cm^2$
- 비형광자분법에서 요구되는 조도 : 500lx

25 자화전류 중 일정량 이상의 전류를 짧게 흐르게 한 후 끊어 주는 형태의 전류는?

① 직류　　② 맥류
③ 충격전류　　④ 교류

해설
충격전류
- 일정량 이상의 전류를 짧게 흐르게 한 후(1/120초 정도) 끊어 주는 형태의 전류이다.
- 잔류법에 사용한다.

26 미세하고 깊이가 얕은 표면균열을 자분탐상시험으로 검사할 때 다음 방법 중 가장 효과가 높은 검사법은?

① 교류–건식법
② 직류–건식법
③ 교류–습식법
④ 직류–습식법

해설
표면균열은 표피효과로 인해 교류를 사용하면 더 잘 나타나고, 미세균열은 습식법에서 검출이 양호하다.

27 자화방법 기호 EA인 자화방법에 대한 설명으로 옳은 것은?

① 직접 자화하는 방법이다.
② 전선을 관통시켜 원통축에 평행한 결함 추적에 용이하다.
③ 자석을 관통시켜 원통축과 직각의 결함 추적에 용이하다.
④ 복잡한 형상의 시험체에 필요한 부분의 시험에 적당하다.

해설
EA는 축통전법이며 설명은 ①에 해당한다.
②는 전류관통법(B)에 대한 설명이고, ③은 자속관통법(I)에 대한 설명이며 ④는 프로드법(P)에 대한 설명이다.

28 시험체를 코일에 넣고 코일에 전류를 흐르게 하는 방법의 기호는?

① C
② M
③ B
④ I

해설
① C : 코일법
② M : 극간법
③ B : 전류관통법
④ I : 자속관통법

24 ② 25 ③ 26 ③ 27 ① 28 ① 정답

29 자분지시모양 기록 중 점착테이프에 그대로 붙여 보존하는 방식을 무엇이라 하는가?

① 판박이 ② 전사
③ 각인 ④ 복사

해설
자분모양은 필요에 따라 사진촬영, 스케치, 전사(점착성 테이프, 자기 테이프 등)로 기록하고, 적당한 재료(투명 바니시, 투명래커 등)로 시험면에 고정한다.

30 다음 중 극간법에 대한 설명으로 옳지 않은 것은?

① 두 자극 사이에 검사 부위를 넣어 직선자계를 만드는 방법이다.
② 두 자극과 평행방향의 결함 추적에 용이하다.
③ 자극을 사용하므로 접촉 시에도 스파크 우려가 없으며 비접촉으로도 검사가 가능하다.
④ 휴대성이 우수하고, 프로드법처럼 큰 시험체의 국부검사에 적당하다.

해설
두 자극과 직각방향의 결함 추적에 용이하다.

31 길이 0.4m, 직경 0.08m인 시험체를 코일법으로 자분탐상검사할 때 필요한 암페어-턴(Ampere-Turn) 값은?

① 4,000 ② 5,000
③ 6,000 ④ 7,000

해설
$L/D = 0.4/0.08 = 5$

Ampere-Turn $= \dfrac{35,000}{\dfrac{L}{D}+2} = \dfrac{35,000}{5+2} = 5,000$

32 검사 대상체의 길이(L)와 지름(D)의 비가 2 미만일 때는 코일법의 적용이 바람직하지 않은 까닭은?

① 자기장의 세기가 너무 약하다.
② 선형 자기장이 생기기 때문이다.
③ 축방향의 결함을 발견하기 어렵게 되기 때문이다.
④ 검사 대상체가 자화되어 검사 대상체 양끝이 자극이 되므로 양끝은 검사가 불가하기 때문이다.

해설
길이와 지름비가 작을수록, 그리고 자화 정도가 강할수록 반자기장이 강해진다. 반자기장은 코일 속에서 검사 대상체를 자화할 때 검사 대상체의 양 끝에 자극이 생기게 되어 발생한다.

33 강자성재료의 자분탐상검사방법 및 자분모양의 분류(KS D 0213)에 따른 자화전류치 및 통전시간을 시험기록에 작성할 때의 설명으로 옳은 것은?

① 자화전류치는 통전시간을 기재한다.
② 자화전류치는 암페어·턴으로 기재한다.
③ 코일법인 경우 코일명과 타래수를 부기한다.
④ 프로드법의 경우는 프로드 간격을 부기한다.

해설
자화전류치 및 통전시간(KS D 0213 10)
- 자화전류치는 파고치로 기재
- 코일법인 경우는 코일의 치수, 권수를 부기
- 프로드법의 경우는 프로드 간격을 부기

정답 29 ② 30 ② 31 ② 32 ④ 33 ④

34 **다음 중 자분탐상검사에 좋은 자분은?**

① 현탁시키면 잘 가라앉는 자분
② 작은 입도의 자분을 큰 결함탐상에 적용
③ 여러 입도의 자분을 섞어 작은 결함탐상에 사용
④ 결함부에 잘 응집되는 자분

해설
좋은 자분은 현탁시키면 탐상면에 가라앉음이 더디어 분산성과 현탁성이 우수해야 한다. 큰 결함에는 큰 입자의 자분, 작은 결함에는 작은 입자의 자분이 적절하다.

35 **모서리 부분 등에서 자속밀도가 높아져 생기는 의사지시는?**

① 긁힘지시 ② 자극지시
③ 전류지시 ④ 자기펜자국

해설
② 자극지시 : 모서리 부분 등에서 자속밀도가 높아져 생기는 지시
① 긁힘지시 : 탐상면에 생긴 긁히거나 부딪힌 흠에 의해 형성된 지시, 스크래치
③ 전류지시 : 프로드법에서 자화 케이블이 탐상면에 접촉하거나 자화 케이블을 직접 검사 대상체에 감아 코일법 적용할 때 잘 생김
④ 자기펜자국 : 자화된 검사 대상체에 다른 강자성체가 접촉되거나 자화된 검사 대상체가 서로 접촉하는 경우에 잔류자속이 누설되어 생김

36 **강자성재료의 자분탐상검사방법 및 자분모양의 분류(KS D 0213)의 자분모양 분류에서 동일 직선상에 3mm, 4mm 길이의 자분모양이 1.5mm 간격으로 존재할 때 자분모양의 총길이는?**

① 4mm ② 7mm
③ 8.5mm ④ 10mm

해설
연속한 자분모양
여러 개의 자분 모양이 거의 동일 직선상에 연속하여 존재하고 서로의 거리가 2mm 이하인 자분모양이다. 자분모양의 길이는 특별히 지정이 없는 경우, 자분모양의 각각의 길이 및 서로의 거리를 합친 값으로 한다. 따라서 자분모양의 총길이는 3 + 4 + 1.5 = 8.5mm이다.

37 **탈자가 필요한 경우가 아닌 것은?**

① 높은 열로 열처리할 계획이 있을 경우
② 검사 대상체의 잔류자기가 이후의 기계가공에 악영향을 미칠 우려가 있을 경우
③ 검사 대상체의 잔류자기가 계측장치 등에 악영향을 미칠 우려가 있을 경우
④ 검사 대상체가 마찰부분 또는 그것에 가까운 곳에 사용되는 것으로 마찰부분에 자분 등을 흡인하여 마모를 증가시킬 우려가 있을 경우

해설
높은 열로 열처리하는 경우 열에 의해 자력이 상실된다.

34 ④ 35 ② 36 ③ 37 ① 정답

38 자기 관련 단위로 옳지 않은 것은?

① 1Wb : $1m^2$에 1T의 자속이 지나가는 값
② 1H : 초당 1A의 전류변화에 1V의 기전력이 발생하는 값
③ 1T : $1Wb/m^2$
④ 1Oe : 1A/m

해설

Oe는 자계의 크기를 말하며 $1Oe = \frac{1,000}{4\pi}$ A/m = 79.6A/m이다.

39 강자성재료의 자분탐상검사방법 및 자분모양의 분류(KS D 0213)에 따른 전처리에 관한 설명으로 옳은 것은?

① 전처리 범위는 검사범위보다 좁게 잡아야 한다.
② 검사 대상체는 원칙적으로 결합된 상태로 자화한다.
③ 습식용 자분을 사용하는 경우 표면을 잘 건조시켜 둔다.
④ 검사 후 내부 자분 제거가 어려운 곳은 검사 전 해가 없는 물질로 채워 둔다.

해설

① 전처리 범위는 검사범위보다 넓게 잡아야 한다.
② 검사 대상체는 원칙적으로 단일부품으로 분해하고, 자화되는 경우는 필요에 따라 탈자한다.
③ 건식용 자분을 사용 시 표면건조한다.

40 "A1-15/50(원형, 직선형)"이라고 기재되었다면 이에 대한 설명 중 옳지 않은 것은?

① A형 표준시험편을 사용한다.
② 인공 흠집의 깊이는 15μm이다.
③ 시험편의 두께는 50mm이다.
④ 시험편의 인공 흠집의 모양은 원형이거나 직선형이다.

해설

시험편의 명칭 가운데 사선의 왼쪽은 인공 흠집의 깊이를, 사선의 오른쪽은 판의 두께를 나타내고 치수의 단위는 μm로 한다. 인공 흠집의 깊이의 공차는 7μm일 때 ±2μm, 15μm일 때 ±4μm, 30μm일 때 ±8μm, 60μm일 때 ±15μm로 한다.

41 외경이 24mm이고, 두께가 2mm인 검사 대상체를 평균 직경이 18mm인 내삽형 코일로 와전류탐상검사를 할 때 충전율은 얼마인가?

① 67% ② 75%
③ 81% ④ 90%

해설

★ 이 문항은 같은 수치로 여러 번 나오므로 값을 알고 있도록 한다.

$$\eta = \left(\frac{D}{d}\right)^2 \times 100\% = \left(\frac{18}{24-2\times2}\right)^2 \times 100\% = 81\%$$

(여기서, D : 코일의 평균직경, d : 관의 내경)

42 강자성재료의 자분탐상검사방법 및 자분모양의 분류(KS D 0213)에 따른 검사 기록 대상에 해당하지 않는 것은?

① 검사 대상체의 치수
② 자분 적용 시기
③ 검사 결과
④ 총검사 시간

정답 38 ④ 39 ④ 40 ③ 41 ③ 42 ④

43 압력용기-비파괴시험일반(KS B 6752)의 자분탐상시험 시 이물질 등이 제거되어야 할 시험부위로부터의 최소범위는?

① 5mm　② 10mm
③ 15mm　④ 25mm

해설
시험 전 시험해야 할 표면과 그 표면에 인접한 최소 25mm 이내 모든 부위를 건조시켜야 하고 먼지, 그리스, 보푸라기, 스케일, 용접 플럭스, 용접 스패터, 기름이나 시험을 방해하는 다른 이물질이 없도록 하여야 한다.

44 강자성재료의 자분탐상검사방법 및 자분모양의 분류(KS D 0213)에서 일반적이 구조물에 연속법으로 자화할 때 탐상에 필요한 자기장 강도(A/m)의 범위 규정으로 옳은 것은?

① 1,200 이하
② 1,200~2,000
③ 2,500~3,500
④ 6,000~8,000

해설
탐상에 필요한 자계의 강도

시험방법	시험체	자계의 강도(A/m)
연속법	일반적인 구조물 및 용접부	1,200~2,000
	주단조품 및 기계부품	2,400~3,600
	담금질한 기계부품	5,600 이상
잔류법	일반적인 담금질한 부품	6,400~8,000
	공구강 등의 특수재 부품	12,000 이상

45 공석강을 A_1변태점 이상으로 가열했을 때 얻을 수 있는 조직으로써, 비자성이며 전기 저항이 크고, 경도가 100~200HB이며 18-8 스테인리스강의 상온에서도 관찰할 수 있는 조직은?

① 페라이트
② 펄라이트
③ 오스테나이트
④ 시멘타이트

해설
오스테나이트 : γ철에 탄소가 최대 2.11% 고용된 γ고용체이며, A_1 이상에서는 안정적으로 존재하나 일반적으로 실온에서는 존재하기 어려운 조직으로 인성이 크며 상자성체이다.

46 원자밀도가 높은 격자면에서 일시에 힘을 받아 발생하는 결함은?

① 적층결함　② 쌍정
③ 결정립 경계　④ 슬립

해설
① 적층결함(Stacking Fault) : 2차원적인 전위, 층층이 쌓이는 순서가 틀어진다.
② 쌍정(Twin) : 전위면을 기준으로 대칭이 일어날 때 생긴다.
③ 결정립 경계 : 결정립 사이의 경계면을 의미한다.

47 금속 격자에서 단위 격자가 2개이며, 배위수는 12개인 격자는?

① 체심입방격자
② 면심입방격자
③ 조밀육방격자
④ 체심정방격자

해설
면심입방격자의 원자수는 4개이고, 체심육방격자는 배위수가 8개이다.

43 ④ 44 ② 45 ③ 46 ④ 47 ③ 정답

48 처음 길이가 50mm이고 인장시험 후 길이가 50.5 mm일 때 인장율은?

① 0.99% ② 1%
③ 9.9% ④ 10%

해설

$$\varepsilon = \frac{L_1 - L_0}{L_0} \times 100\% = \frac{50.5 - 50}{50} \times 100\% = 1\%$$

여기서, L_1 : 나중 길이
L_0 : 처음 길이

49 홈을 판 시험편에 해머를 들어 올려 휘두른 뒤 충격을 주어, 처음 해머가 가진 위치에너지와 파손이 일어난 뒤의 위치에너지 차를 구하는 시험은?

① 샤르피 시험
② 브리넬 시험
③ 로크웰 시험
④ 비커스 시험

해설

샤르피 시험은 충격시험이며 ②, ③, ④는 경도시험이다.

50 순철에 해당하는 금속만으로 묶인 것은?

① α철, β철, γ철
② α철, β철, δ철
③ β철, δ철, γ철
④ α철, δ철, γ철

해설

β철은 탄소함유량이 대단히 높은 금속을 가상하여 지칭한다.

51 순철의 성질이 아닌 것은?

① 0.025%C까지 고용하고 있다.
② HB 90 정도이다.
③ 다소 흰색이며 대단히 연하다.
④ 전연성이 큰 비자성체이다.

해설

전연성이 큰 강자성체이다.

52 다음 설명하는 강으로 옳은 것은?

- 탈산의 정도를 중간 정도로 한 것이다.
- 상부에 작은 수축공과 약간의 기포만 존재한다.
- 경제성, 기계적 성질이 중간 정도이고, 일반 구조용 강, 두꺼운 판의 소재로 쓰인다.

① 림드강 ② 세미킬드강
③ 킬드강 ④ 캡트강

해설

강은 탈산의 정도에 따라 완전 탈산한 킬드강에서 림드강으로 나누고, 캡트강은 조용히 응고시킴으로써 내부를 편석과 수축공이 적은 상태로 만든 강이다.

정답 48 ② 49 ① 50 ④ 51 ④ 52 ②

53 해드필드(Had Field)강에 해당되는 것은?

① 저 P강

② 저 Ni강

③ 고 Mn강

④ 고 Si강

해설

망간주강은 0.9~1.2% C, 11~14% Mn을 함유하는 합금주강으로 Had Field강이라고 한다. 오스테나이트 입계에 탄화물이 석출하여 취약하지만, 1,000~1,100℃에 담금질을 하면 균일한 오스테나이트 조직이 되며, 강하고 인성이 있는 재질이 된다. 가공경화성이 극히 크며, 충격에 강하다. 레일크로싱, 광산, 토목용 기계부품 등에 쓰인다.

54 백선철을 900~1,000℃로 가열하여 탈탄시켜 만든 주철은?

① 칠드주철

② 합금주철

③ 편상흑연주철

④ 백심가단주철

해설

백심가단주철

파단면이 흰색을 나타낸다. 백선 주물을 산화철 또는 철광석 등의 가루로 된 산화제로 싸서 900~1,000℃의 고온에서 장시간 가열하면 탈탄반응에 의하여 가단성이 부여되는 과정을 거친다. 이때 주철 표면의 산화가 빨라지고, 내부의 탄소의 확산 상태가 불균형을 이루게 되면 표면에 산화층이 생긴다. 강도는 흑심가단주철보다 다소 높으나 연신율이 작다.

55 진유납이라고도 말하며 구리와 아연의 합금으로 그 융점은 820~935℃ 정도인 것은?

① 은납

② 황동납

③ 인동납

④ 양은납

해설

경납땜의 재료

- 황동납 : Cu에 Zn 34~67%을 첨가 용융하여 제조한다. 융점은 820~935℃ 정도로 진유납이라고도 부른다.
- 은납 : Ag-Cu-Sn 합금이며 주석 대신 카드뮴이나 아연이 첨가되기도 한다. 융점은 720~855℃ 정도이다.
- 양은납 : Cu-Ni-Zn 합금이며, 황동, 모넬메탈, 백동 등에 적용한다. 높은 온도의 융점을 갖는다.
- 인동납 : P-Cu의 합금이며 구리합금에 쓰인다.

56 아크 전압의 특성은 전류밀도가 작은 범위에서는 전류 가 증가하면 아크 저항은 감소하므로 아크 전압도 감소하는 특성이 있다. 이러한 특성을 무엇이라고 하는가?

① 정전압 특성

② 정전류 특성

③ 부특성

④ 상승 특성

해설

① 정전압 특성 : 아크의 길이가 l_1에서 l_2 변하면 아크 전류가 I_1에서 I_2로 크게 변화하지만 아크 전압에는 거의 변화가 나타나지 않는 특성을 정전압 특성 또는 CP(Constant Potential) 특성이라 한다.

④ 상승 특성 : 아르곤이나 CO_2 아크 자동 및 반자동 용접과 같이 가는 지름의 전극 와이어에 큰 전류를 흐르게 할 때의 아크는 상승 특성을 나타내며, 여기에 상승 특성이 있는 직류 용접기를 사용하면, 아크의 안정은 자동적으로 유지되어, 아크의 자기 제어작용을 한다.

53 ③ 54 ④ 55 ② 56 ③ **정답**

57 200kg의 용접봉을 사용하여 65%의 용착률을 보였다면 용착금속은 얼마인가?

① 120kg
② 130kg
③ 1,200kg
④ 1,300kg

해설
$200 \times 0.65 = 130$

58 다음 중 심랭처리 이후 담금질 조직이 아닌 것은?

① 마텐자이트
② 트루스타이트
③ 소르바이트
④ 오스테나이트

해설
심랭처리는 잔류 오스테나이트를 제거하는 처리이다.

59 균질한 재료이며 결정 이방성이 없고, 구조적으로 규칙성이 없으며 강도가 높고 연성이 양호하고 가공경화가 나타나지 않는 재료는?

① 스테인리스 강
② 비정질 합금
③ 제진 합금
④ FRM

해설
비정질 합금의 특성
- 구조적으로 규칙성이 없다.
- 균질한 재료이며, 결정 이방성이 없다.
- 광범위한 조성에 걸쳐 단상, 균질 재료를 얻을 수 있다.
- 전자기적, 기계적, 열적 특성이 조성에 따라 변한다.
- 강도가 높고 연성이 양호, 가공경화현상이 나타나지 않는다.
- 전기 저항이 크고, 저항의 온도 의존성은 낮다.
- 열에 약하며, 고온에서는 결정화되어 비정질 상태를 벗어난다.
- 얇은 재료에서 제조 가능하다.

60 AW 240 용접기를 사용하여 용접했을 때 허용사용률은 약 얼마인가?(단, 실제 사용한 용접전류는 200A이었으며 정격사용률은 40%이다)

① 33.3% ② 48.0%
③ 57.6% ④ 83.3%

해설

$$\text{허용 사용률} = \left(\frac{\text{정격 2차 전류}}{\text{사용용접 전류}}\right)^2 \times \text{정격사용률}$$

$$= \left(\frac{240\text{A}}{200\text{A}}\right)^2 \times 40\% = 57.6\%$$

정답 57 ② 58 ④ 59 ② 60 ③

2018년 제1회 과년도 기출복원문제

01 다음 설명하는 비파괴시험은?

> • 내부 깊은 결함, 압력용기 용접부의 슬래그 혼입의 검출, 체적검사가 가능하다.
> • 거의 대부분의 검출이 가능하나 장비와 비용이 많이 소요된다.
> • 다량 노출 시 인체에 유해하므로 관리가 필요하다.

① 방사선시험 ② 초음파탐상시험
③ 침투탐상시험 ④ 와전류탐상시험

해설
방사선시험
• 내부 깊은 결함, 압력용기 용접부의 슬래그 혼입의 검출, 체적검사가 가능하다.
• 거의 대부분의 검출이 가능하나 장비와 비용이 많이 소요된다.
• 다량 노출 시 인체에 유해하므로 관리가 필요하다.
• 물질의 원자번호나 밀도가 큰 텅스텐, 납 등에는 중성자선을 사용한다.

02 와전류탐상시험의 특징을 설명한 것 중 틀린 것은?

① 결함의 종류, 형상, 치수를 정확하게 판별하기 어렵다.
② 탐상 및 재질검사 등 복수 데이터를 동시에 얻을 수 없다.
③ 표면으로부터 깊은 곳에 있는 내부결함의 검출은 곤란하다.
④ 복잡한 형상을 갖는 시험체의 전면탐상에는 능률이 떨어진다.

해설
와전류탐상은 표면탐상검사에 속한다.

03 초음파의 특이성을 기술한 것 중 옳은 것은?

① 파장이 길기 때문에 지향성이 둔하다.
② 액체 내에서 잘 전파한다.
③ 원거리에서 초음파빔은 확산에 의해 약해진다.
④ 고체 내에서는 횡파만 존재한다.

해설
어떤 에너지이든 집중도가 높아질수록 에너지량이 크고, 확산되면 에너지량이 약해진다.

04 수세성 형광침투탐상검사에 대한 설명으로 옳은 것은?

① 유화처리 과정이 탐상감도에 크게 영향을 미친다.
② 얕은 결함에 대하여는 결함 검출감도가 낮다.
③ 거친 시험면에는 적용하기 어렵다.
④ 잉여 침투액의 제거가 어렵다.

해설
얕은 결함에서는 가급적 후유화성 검사를 실시하는 것이 좋다.

1 ① 2 ② 3 ③ 4 ② 정답

05 누설시험에서 압력 단위로 atm이 사용되는데 다음 중 1atm과 동일한 압력이 아닌 것은?

① 101.3kPa

② 760mmHg

③ 760torr

④ 147psi

해설

1기압 = 1atm = 760mmHg = 760torr = 1.013bar = 1,013mbar
= 0.1013MPa = 10.33mAq = 1.03323kgf/cm^2 = 14.7psi

14.7psi란 14.7lb/in^{2}이고, 사무용 지우개 넓이 정도에 볼링공 정도가 올라간 압력이다. 이 정도의 힘이 1기압의 크기이다. 많은 학생들이 각종 단위를 공부할 때 암기보다는 단위에 대한 개념적인 감을 잡고 있으면 좋을 것 같다.

06 침투탐상시험에서 접촉각과 적심성 사이의 관계를 옳게 설명한 것은?

① 접촉각이 클수록 적심성이 좋다.

② 접촉각이 작을수록 적심성이 좋다.

③ 접촉각이 적심성과는 관련이 없다.

④ 접촉각이 90°일 경우 적심성이 가장 좋다.

해설

• 접촉각이 작아서(90° 이하) 적심성이 높음

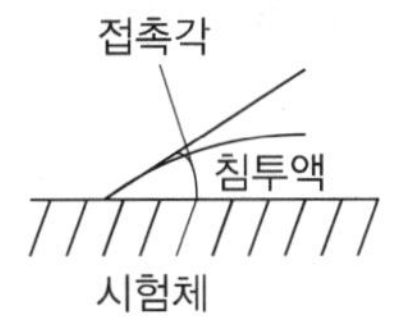

• 접촉각이 커서(90° 이상) 적심성이 낮음

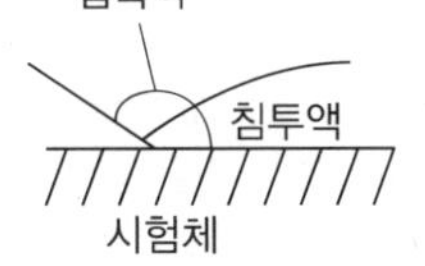

07 전류의 흐름에 대한 도선과 코일의 총저항을 무엇이라 하는가?

① 유도 리액턴스　　② 인덕턴스

③ 용량 리액턴스　　④ 임피던스

해설

• 교류에서는 전류 흐름의 양과 방향이 시시각각 변하여 저항역할을 하는데 이를 리액턴스라 한다.
• 전류의 흐름은 자기력을 발생시키고 이 자기력은 다시 유도전류를 발생시키며, 이 전류는 본래의 전류의 흐름을 방해하는 방향으로 발생하여 저항역할을 하게 되며 이를 인덕턴스라고 한다.
• 임피던스는 저항과 인덕턴스의 총합으로 표현된다.

08 다음 중 고체, 액체, 기체에 존재 가능하며, 속도가 가장 빠른 파장은?

① 종파　　② 판파

③ 횡파　　③ 표면파

해설

초음파의 종류

• 종파
  - 파를 전달하는 입자가 파의 진행 방향에 대해 평행하게 진동하는 파장이다.
  - 고체, 액체, 기체에 모두 존재하며, 속도(5,900m/s 정도)가 가장 빠르다.
• 횡파
  - 파를 전달하는 입자가 파의 진행 방향에 대해 수직하게 진동하는 파장이다.
  - 액체, 기체에는 존재하지 않으며 속도는 종파의 반 정도이다.
  - 동일주파수에서 종파에 비해 파장이 짧아서 작은 결함의 검출에 유리하다.
• 표면파
  - 매질의 한 파장 정도의 깊이를 투과하여 표면으로 진행하는 파장이다.
  - 입자의 진동방식이 타원형으로 진행한다.
  - 에너지의 반 이상이 표면으로부터 1/4 파장 이내에서 존재하며, 한 파장 깊에서의 에너지는 대폭 감소한다.
• 판파
  - 얇은 고체판에서만 존재한다.
  - 밀도, 탄성특성, 구조, 두께 및 주파수에 영향을 받는다.
  - 진동의 형태가 매우 복잡하며, 대칭형과 비대칭형으로 분류된다.

정답 5 ④ 6 ② 7 ④ 8 ①

09 **표면 또는 표면직하 결함검출을 위한 비파괴검사법과 거리가 먼 것은?**

① 중성자투과검사
② 자분탐상검사
③ 침투탐상검사
④ 와전류탐상검사

해설

비파괴검사별 주요 적용 대상
- 침투탐상검사 : 기공을 제외한 표면이 열린 용접부, 단조품 등의 표면결함이다.
- 와류탐상검사 : 철, 비철재료로 된 파이프 등의 표면 및 근처 결함을 연속검사한다.
- 자분탐상검사 : 강자성체의 표면 및 근처 결함이다.
- 중성자투과검사 : X선은 두꺼운 금속제 구조물 등에 투과력이 약하여 검사가 어렵다. 중성자시험은 두꺼운 금속에서도 깊은 곳의 작은 결함의 검출도 가능한 비파괴검사탐상법이다.

10 **누설검사에 추적가스로 사용되는 불활성 기체의 성질 중 방전관에서 방전시켰을 때 나타나는 발광색과의 연결이 틀린 것은?**

① 헬륨(He) – 황백색
② 네온(Ne) – 주황색
③ 크립톤(Kr) – 황자색
④ 아르곤(Ar) – 적색

해설

과거 거리에서 많이 보던 네온사인의 네온(Ne)은 주황색 발광을 하고, 헬륨(He)은 백색에 가깝고, 아르곤(Ar)은 붉은색을 띠며, 산소(O_2)는 오렌지색, 질소는 노란색이다. 크립톤(Kr)은 영화 '슈퍼맨'에 나오는 것처럼 푸른색 발광을 한다.

11 **초음파탐상시험방법에 속하지 않는 것은?**

① 공진법 ② 외삽법
③ 투과법 ④ 펄스반사법

해설

와전류 코일을 밖에 두는지 안에 두는지에 따라 외삽, 내삽으로 나뉜다.

12 **자분탐상검사 시 원형자장을 형성시키는 특성을 설명한 것으로 옳은 것은?**

① 시험체의 길이 방향으로 직접 전류를 통한다.
② 전류가 흐르는 코일 내에 시험체를 놓는다.
③ 요크형 마그넷(Magnet)을 사용한다.
④ 전류가 흐르는 코일 바로 외부에 시험체를 놓는다.

해설

앙페르 오른손 법칙에 따라 전류의 흐름과 자장의 방향을 이해할 수 있다.

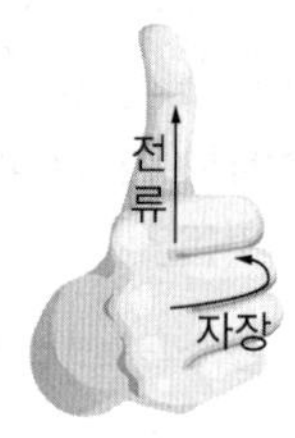

13 **자분이나 시험체에 자속을 흐르게 하는 일을 일컫는 용어는?**

① 자분 적용 ② 자극
③ 투자 ④ 자화

해설

① 자분 적용 : 자분에 자속을 띠게 하는 것
② 자극 : 자성체가 가지고 있는 극성으로 같은 극끼리 밀어내는 척력과 서로 다른 극을 잡아당기는 인력이 작용하는 시점
③ 투자 : 자속이 통과하는 현상

9 ① 10 ③ 11 ② 12 ① 13 ④ **정답**

14 강자성체의 자기적 성질에서 자기장의 세기를 나타내는 단위는?

① Wb(Weber)
② S(Stokes)
③ A/m(Ampere/meter)
④ N/m(Newton/meter)

해설
A/m(Ampere/meter) : 자장의 세기를 나타내는 단위이며 자기회로의 1m당 기자력의 크기를 나타낸다. 기자력은 전류와 감은 수의 곱으로 표현한다.

15 항자력(Coercive Force)이란?

① 자화를 유지하려는 성질로서 자성체의 물리적 특성치에 의존한다.
② 투자성의 반대 의미를 갖는 것으로서 전도체에 발생하는 저항과 유사한 의미를 갖는다.
③ 탈자 시 잔류자기를 제거하는 데 소요되는 역방향의 자계강도이다.
④ 자력이 제거된 후에도 남아 있는 자기의 세기이다.

해설
남은 자기가 제거되는 데 저항하는 성질을 말한다.

16 다음 〈보기〉에서 설명하는 자화전류의 종류는?

보기
교류의 한 극성이 흐른 후 다음 극성을 뒤집어서 연속된 한 극성만 갖는 전류로 직류에 가깝게 만든 전류

① 직류 ② 삼상정류
③ 단상정류 ④ 전파정류

해설
① 직류 : 극성이 변하지 않고 전류량, 전압의 세기가 일정한 전류
② 삼상정류 : 파동 셋을 정류한 것이다.
③ 단상정류 : 하나의 파동만을 정류하여 낸 전류이다.

17 강자성재료의 자분탐상검사방법 및 자분 모양의 분류(KS D 0213)에 따라 직류 및 맥류를 사용하는 경우 자분의 적용법으로 옳은 것은?

① 건식법
② 습식법
③ 연속법 및 잔류법
④ 자분탐상에는 적합하지 않다.

해설
자화전류의 종류
• 교류 및 충격전류를 사용하여 자화하는 경우, 원칙적으로 표면 흠집의 검출에 한한다.
• 교류를 사용하여 자화하는 경우, 원칙적으로 연속법에 한한다.
• 직류 및 맥류를 사용하여 자화하는 경우, 표면의 흠집 및 표면 근처 내부의 흠집을 검출할 수 있다.
• 직류 및 맥류를 사용하여 자화하는 경우, 연속법 및 잔류법에 사용할 수 있다.
• 맥류는 그것에 포함되는 교류성분이 큰 만큼 내부 흠집의 검출성능이 낮다.
• 교류는 표피효과의 영향으로 표면 아래의 자화가 직류와 비교하여 약하다.
• 충격전류를 사용하는 경우는 잔류법에 한한다.

정답 14 ③ 15 ③ 16 ④ 17 ③

18 비형광자분과 비교하여 형광자분의 장점을 설명한 것으로 옳은 것은?

① 일반적으로 습식법 및 건식법에 모두 사용된다.
② 밝은 장소에서 검사가 가능하다.
③ 결함의 검출감도가 높다.
④ 거친 결함에 사용하는 것이 효과적이다.

해설
형광자분은 자외선장치와 암실 등의 장비가 필요하지만, 결함을 식별하는 데는 더 탁월하다.

19 자기력선과 결함이 놓인 위치가 가장 검출이 잘되는 경우의 각도는?

① 평행(0°) ② 직각(90°)
③ 정사각(45°) ④ 30°

해설
결함은 자기력선과 직각 방향(90°)으로 놓여 있을 때 검출이 잘 된다.

20 인덕턴스를 표시하는 단위로 옳지 않은 것은?

① H (Henry) ② $\frac{\text{Wb}}{\text{A}}$
③ $\frac{\text{T m}}{\text{A}}$ ④ $\frac{\text{m}^2 \cdot \text{kg}}{\text{C}^2}$

해설
$$\text{H} = \frac{\text{m}^2 \cdot \text{kg}}{\text{s}^2\text{A}^2} = \frac{\text{Wb}}{\text{A}} = \frac{\text{T} \cdot \text{m}^2}{\text{A}} = \frac{\text{V} \cdot \text{s}}{\text{A}} = \frac{\text{m}^2 \cdot \text{kg}}{\text{C}^2}$$

21 다음 그림의 자기이력곡선에 대한 설명으로 옳지 않은 것은?

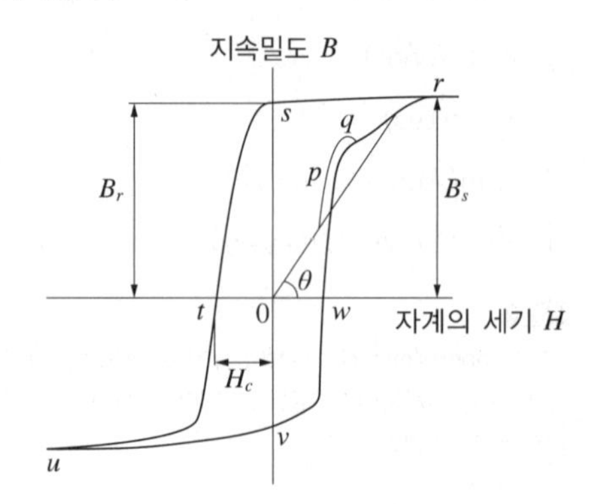

① 가로축은 자계의 세기(H), 세로축은 자속밀도(B)를 나타낸다.
② 0과 곡선상 임의의 점을 잇는 직선의 기울기를 투자율이라 한다.
③ 자속밀도가 0이 되려면 $0t$만큼 반대 세기를 가해야 하는데 이를 항자력이라고 한다.
④ B_r을 포화자화밀도라 한다.

해설
- B_r : 잔류자화밀도
- B_s : 포화자화밀도

22 영구자석을 사용하는 극간법은 다음 중 어떤 시험에 가장 효과적인가?

① 용접부 내부 균열시험
② 대형 구조물의 국부시험
③ 대형 주조품 시험
④ 소형 단조품 시험

해설
대형 구조물의 국부시험에 극간법과 프로드법이 사용 가능하며 극간법은 두 자극만을 사용하므로 휴대성이 우수하다.

18 ③ 19 ② 20 ③ 21 ④ 22 ② 정답

23 KS 규격의 자분탐상시험에 사용하는 A형 표준시험편에 대한 설명으로 옳지 않은 것은?

① 연속법과 잔류법을 사용한다.
② 시험편의 인공 흠집에는 직선형과 원형이 있다.
③ 시험편에 나타나는 자분 모양은 주로 검사 대상체 표면의 자계의 강도에 좌우된다.
④ 시험편 명칭 중 사선의 오른쪽은 판 두께를 나타낸다.

해설
시험편을 사용할 때는 연속법을 적용한다.

24 강자성재료의 자분탐상검사방법 및 자분 모양의 분류(KS D 0213)에 따른 B형 대비시험편의 사용 용도와 가장 거리가 먼 것은?

① 장치의 성능 조사
② 자분의 성능 조사
③ 탐상유효범위 조사
④ 검사액의 성능 조사

해설
B형 대비시험편은 장치, 자분 및 검사액의 성능을 조사하는 데 사용한다.

25 강자성재료의 자분탐상검사방법 및 자분 모양의 분류(KS D 0213)에 따른 자화전류의 선택 시 원칙적으로 표면 흠집의 검출에 한하여 사용되는 전류는?

① 직류 및 맥류
② 교류 및 충격전류
③ 직류 및 충격전류
④ 교류 및 직류

해설
자화전류의 종류
- 교류 및 충격전류를 사용하여 자화하는 경우, 원칙적으로 표면 흠집의 검출에 한한다.
- 교류를 사용하여 자화하는 경우, 원칙적으로 연속법에 한한다.
- 직류 및 맥류를 사용하여 자화하는 경우, 표면의 흠집 및 표면 근처 내부의 흠집을 검출할 수 있다.
- 직류 및 맥류를 사용하여 자화하는 경우, 연속법 및 잔류법에 사용할 수 있다.
- 맥류는 그것에 포함되는 교류성분이 큰 만큼 내부 흠집의 검출성능이 낮다.
- 교류는 표피효과의 영향으로 표면 아래의 자화가 직류와 비교하여 약하다.
- 충격전류를 사용하는 경우는 잔류법에 한한다.

26 연속법에 대한 설명으로 옳은 것은?

① 자기펜자국을 유의하여야 한다.
② 보자력이 높은 금속에 유리하다.
③ 누설자속밀도가 작다.
④ 감도가 높은 편이다.

해설
연속법
- 자화전류를 통하거나 영구자석을 접촉시켜 주는 중에 자분의 적용을 완료하는 방법이다.
- 자분적용 중 통전을 정지하면 자분 모양이 형성되지 않는다.
- 감도가 높은 편이다.
- 포화자속밀도의 80% 정도의 세기로 자화된다.

정답 23 ① 24 ③ 25 ② 26 ④

27 잔류법을 이용하여 공구강 등 특수재 부품을 탐상할 때 필요한 자계의 강도는?

① 1,200~2,000A/m
② 2,400~3,600A/m
③ 6,400~8,000A/m
④ 12,000A/m 이상

해설

연속법

- 일반적인 구조물 및 용접부 : 1,200~2,000A/m
- 주단조품 및 기계부품 : 2,400~3,600A/m
- 담금질한 기계부품 : 5,600A/m 이상

잔류법

- 일반적인 담금질한 부품 : 6,400~8,000A/m
- 공구강 등의 특수재 부품 : 12,000A/m 이상

28 형광자분탐상 시 암실에서 자외선조사장치와의 거리가 38cm인 경우 자외선 강도는?

① 300μW/cm^2
② 50μW/cm^2
③ 800μW/cm^2
④ 1,000μW/cm^2

해설

- 자외선의 조사에 따라 형광을 발생하도록 처리한 자분이다.
- 암실에서 작업하며 자외선조사장치가 필요하다.
- 요구 자외선 강도 : 자외선조사장치와의 거리 38cm에서 800μW/cm^2

29 잔류법으로 검사를 수행하는 과정에서 시험품 표면에 날카로운 선 모양이 관찰되어, 의사지시 여부를 확인하기 위하여 탈자 후 재검사를 수행하였을 때는 지시가 나타나지 않았다. 이러한 지시를 발생시키는 원인은?

① 자기펜자국
② 단면급변지시
③ 재질경계지시
④ 표면거칠기지시

해설

전류를 끊고 남은 자력을 이용하므로, 이후 다른 자력의 영향을 받으면 흔적이 생긴다. 이를 자기펜자국이라고 한다.

30 다음 〈보기〉에서 설명하는 전류의 종류는?

보기

- 일정량 이상의 전류를 짧게 흐르게 한 후(1/120초 정도) 끊어 주는 형태의 전류이다.
- 잔류법에 사용한다.

① 직류 ② 맥류
③ 교류 ④ 충격전류

해설

자화전류의 종류에 따른 분류

- 직류
  - 전류밀도가 안쪽, 바깥쪽 모두 균일하다.
  - 표면 근처의 내부 결함까지 탐상이 가능하다.
  - 통전시간은 1/4~1초이다.
- 맥류
  - 교류를 정류한 직류이다.
  - 내부 결함을 탐상할 수도 있다.
- 충격전류
  - 일정량 이상의 전류를 짧게 흐르게 한 후(1/120초 정도) 끊어 주는 형태의 전류이다.
  - 잔류법에 사용한다.
- 교류
  - 표피효과(바깥쪽으로 갈수록 전류밀도가 커지는 효과)가 있다.
  - 위상차가 지속적으로 발생하여 전류 차단 시 위상에 따라 결과가 계속 달라지므로 잔류법에는 사용할 수 없다.

27 ④ 28 ③ 29 ① 30 ④ 정답

31 기호가 B인 자화방법은?

① 축통전법 ② 전류관통법
③ 자속관통법 ④ 코일법

해설
① EA
③ I
④ C

32 프로드(Prod)를 사용하여 자분탐상검사할 때 일반적으로 가장 적절한 프로드(Prod) 사이의 거리는?

① 2~5인치 ② 6~8인치
③ 8~12인치 ④ 15인치 이상

해설
프로드(Prod)법
- 검사 대상체에 직접 접촉하여 전극을 만들어 주는 꼬챙이를 프로드라고 한다.
- 복잡한 형상의 검사 대상체에 필요한 부분의 시험에 적당하다.
- 간극은 3~8inch 정도이다.
- 프로드 간격이 3인치 이내이면 자분이 너무 집중되어 결함 식별이 어렵고, 8인치가 넘어가면 자력선의 간격이 너무 넓어진다.

33 자분탐상검사에서 습식자분액의 농도가 균일하지 않을 때 나타나는 결과는?

① 지시의 강도가 변할 수 있기 때문에 지시의 판독 시 오판의 우려가 있다.
② 자화선속이 균일하지 못하게 된다.
③ 유동성을 더욱 좋게 해 주어야 한다.
④ 부품을 자화시킬 수가 있다.

해설
자분액의 농도가 짙으면 단위 부피당 자분이 많아서 진한 판독이 될 것이고, 옅으면 자분이 지시를 잘하지 못할 수도 있다. 적어도 지시의 강도에는 영향을 받는다.

34 다음 중 직접 접촉하지 않는 자화방법은?

① 축통전법 ② 직각통전법
③ 프로드법 ④ 전류관통법

해설
전류 관통법은 전류를 관통시키며 접촉은 하지 않는다.

35 자분탐상시험에서 원형자화를 시키기 위한 방법의 설명으로 옳은 것은?

① 부품의 횡단면으로 코일을 감는다.
② 부품의 길이 방향으로 전류를 흐르게 한다.
③ 요크(Yoke)의 끝을 부품 길이 방향으로 놓는다.
④ 부품을 전류가 흐르고 있는 코일 가운데 놓는다.

해설
앙페르 오른손법칙에 따라 전류의 흐름과 자장의 방향을 이해할 수 있다.

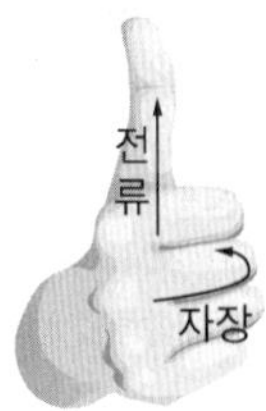

36 **어떤 시험체를 20,000A·T(Ampere Turn)으로 자화시킬 때의 방법 중 옳은 것은?**

① 권선수 5인 코일에 400A를 통하면 된다.

② 권선수 10인 코일에 2,000A를 통하면 된다.

③ 전류와 무관하게 권선수 20인 코일만이 필요하다.

④ 권선수 5인 코일과 특수 전압조절기로 400A가 필요하다.

해설
선형자계의 자화전류값
$\frac{\text{Ampere}-\text{Turn}}{\text{Turn}}$ (여기서, Turn : 감김수)
① $\frac{20,000}{5}=4,000\text{A}$
② $\frac{20,000}{10}=2,000\text{A}$

37 **다음 〈보기〉에서 설명하는 용어는?**

보기
자분을 잘 분산시킨 상태로 검사 대상체의 표면에 적용하기 위한 매체가 되는 기체 또는 액체를 말한다.

① 분산매　② 검사액
③ 비형광자분　④ 도체패드

해설
① 분산매 : 자분을 잘 분산시킨 상태로 검사 대상체의 표면에 적용하기 위한 매체가 되는 기체 또는 액체를 말한다.
② 검사액 : 습식법에 사용하는 자분을 분산 현탁시킨 액이다.
③ 비형광자분 : 형광이 발생되도록 처리를 하지 않은 자분이다.
④ 도체패드(Pad) : 검사 대상체의 국부적인 아크 손상을 방지할 목적으로, 검사 대상체와 전극 사이에 끼워서 사용하는 전도성이 좋은 매체이다.

38 **강자성재료의 자분탐상검사방법 및 자분 모양의 분류(KS D 0213)에 따라 검사하는 부분에 실제로 움직이는 자장을 무엇이라 하는가?**

① 자속밀도

② 반자기장

③ 유효자기장

④ 탐상유효범위

해설
유효자기장 : 검사하는 부분에 실제로 작용하고 있는 자기장을 말하며, 예를 들어 코일법의 경우 코일에 의해 형성되는 자기장에서 검사 대상체에서 형성된 반자기장을 뺀 자기장이다.

39 **강자성재료의 자분탐상검사방법 및 자분 모양의 분류(KS D0213)에서 검사 기록 시 검사조건 중 자화전류치에 대한 설명으로 옳은 것은?**

① 자화전류치는 파고치로 기재한다.

② 파고치를 기재하는 경우는 코일법에 한한다.

③ 코일법인 경우 간격, 타래수를 부기한다.

④ 프로드법인 경우 치수, 코일의 권수를 부기한다.

해설
전류를 이용한 자화장치는 흠집을 검출하는 데 적당한 자기장의 강도를 검사 대상체에 가할 수 있는 것이어야 한다. 이를 위해 자화전류를 파고치로 표시하는 전류계를 갖추어야 한다.

40 **강자성재료의 자분탐상검사방법 및 자분 모양의 분류(KS D 0213)의 A형 표준시험편 중에서 A2-7/50(직선형)에 대한 설명 중 틀린 것은?**

① 냉간압연 후 어닐링한 것이다.

② 인공 흠집의 깊이는 $7\mu\text{m}$이다.

③ 판의 두께는 $50\mu\text{m}$이다.

④ 인공 흠집의 길이는 6mm이다.

해설
재질은 KS C 2504의 제1종의 냉간압연한 그대로의 것이다.

36 ② 37 ① 38 ③ 39 ① 40 ① 정답

41 **강자성재료의 자분탐상검사방법 및 자분 모양의 분류(KS D 0213)에서 연속법일 때의 자화조작방법으로 옳은 것은?**

① 자화 조작 중에 자분적용을 완료한다.
② 탈자를 한 후에 자분적용을 완료한다.
③ 자화력을 제거한 후 자분적용을 완료한다.
④ 자화조작 종료 후에 자분적용을 완료한다.

해설
연속법과 잔류법은 자분적용시기에 따른 분류로 연속법은 자화조작 중 자분적용을 완료한다.

42 **압력용기–비파괴시험 일반(KS B 6752)에서 시험감도를 보증하기 위한 시험체 표면에서의 백색광의 최소강도는?**

① 500lx ② 1,000lx
③ 1,500lx ④ 2,000lx

해설
압력용기만을 위한 비파괴시험 규격을 따로 제정한 것이 KS B 6752이며, 여기서는 백색광의 최소 강도를 1,000lx 요구하였다.

43 **실용되고 있는 주철의 탄소 함유량(%)으로 가장 적합한 것은?**

① 0.5~1.0 ② 1.0~1.5
③ 1.5~2.0 ④ 3.2~3.8

해설
탄소 함유량 2.0%를 기준으로 그보다 미량일 경우 강, 그보다 다량일 경우 철로 구분하며 강의 경우 탄소 함유량 0.78%를 기준으로 재구분한다.

44 **로크웰 경도를 시험할 때 처음 기준하중은 몇 kgf로 하는가?**

① 5 ② 10
③ 30 ④ 50

해설
로크웰 경도시험 : 처음 하중(10kgf)과 변화된 시험하중(60, 100, 150kgf)으로 눌렀을 때 압입 깊이의 차로 결정된다.

45 **금속에 열을 가하여 액체 상태로 한 후에 고속으로 급랭하면 원자가 규칙적으로 배열되지 못하고 액체 상태로 응고되어 고체금속이 된다. 이와 같이 원자들이 배열이 불규칙한 상태의 합금을 무엇이라 하는가?**

① 비정질합금
② 형상기억합금
③ 제진합금
④ 초소성합금

해설
- 비정질 : 원자가 규칙적으로 배열된 결정이 아닌 상태
- 제조방법
  - 진공증착, 스퍼터법
  - 용탕에 의한 급랭법 : 급랭법, 단롤법, 쌍롤법
  - 액체급랭법(분무법) : 대량 생산에 장점
  - 고체금속에서 레이저를 이용하여 제조

정답 41 ① 42 ② 43 ④ 44 ② 45 ①

46 담금질 조직의 강도 순서로 옳은 것은?

① 마텐자이트 > 트루스타이트 > 소르바이트 > 오스테나이트
② 오스테나이트 > 마텐자이트 > 소르바이트 > 트루스타이트
③ 트루스타이트 > 소르바이트 > 오스테나이트 > 마텐자이트
④ 마텐자이트 > 소르바이트 > 트루스타이트 > 오스테나이트

해설

담금질 조직의 강도 순서
마텐자이트 > 트루스타이트 > 소르바이트 > 오스테나이트
(암기법 : 마트에 가서 소고기, 오징어 담아 오시오)

47 뜨임 시 뜨임메짐현상이 발생하는 온도 영역은?

① 100~200℃ ② 200~400℃
③ 400~450℃ ④ 450~500℃

해설

뜨임(Tempering) : 담금질과 연결해서 실시하는 열처리로 생각하면 좋다. 담금질 후 내부응력이 있는 강의 내부응력을 제거하거나 인성을 개선시켜 주기 위해 100~200℃ 온도로 천천히 뜨임하거나 500℃ 부근에서 고온으로 뜨임한다. 200~400℃ 범위에서 뜨임을 하면 뜨임메짐현상이 발생한다.

48 분말상의 구리에 약 10%의 주석 분말과 2%의 흑연 분말을 혼합하고 윤활제 또는 휘발성 물질을 가한 다음 가압성형하고 제조하여 자동차, 시계, 방적기계 등의 급유가 어려운 부분에 사용하는 합금은?

① 자마크 ② 하스텔로이
③ 화이트메탈 ④ 오일리스베어링

해설

오일리스베어링
윤활유를 사용하지 않는 베어링이라는 의미를 가진 제품으로 극압 상황이 되면 공극 사이에 스며들어 있던 고형 윤활성분이 유화되어 윤활유 역할을 할 수 있도록 만들어진 제품이다.

49 탄소강 중에 포함된 구리(Cu)의 영향으로 틀린 것은?

① 내식성을 향상시킨다.
② Ar의 변태점을 증가시킨다.
③ 강재 압연 시 균열의 원인이 된다.
④ 강도, 경도, 단성한도를 증가시킨다.

해설

탄소강의 5대 불순물과 기타 불순물
- C(탄소) : 강도, 경도, 연성, 조직 등에 전반적인 영향을 미친다.
- Si(규소) : 페라이트 중 고용체로 존재하며, 단접성과 냉간가공성을 해친다(0.2% 이하로 제한).
- Mn(망간) : 강도와 고온가공성을 증가시킨다. 연신율 감소를 억제, 주조성, 담금질 효과 향상, 적열취성을 일으키는 황화철(FeS) 형성을 막아 준다.
- P(인) : 인화철 편석으로 충격값을 감소시켜 균열을 유발하고, 연신율 감소, 상온취성을 유발시킨다.
- S(황) : 황화철을 형성하여 적열취성을 유발하나 절삭성을 향상시킨다.
- 기타 불순물
  - Cu(구리) : Fe에 극히 적은 양이 고용되며, 열간가공성을 저하시키고, 인장강도와 탄성한도는 높여 주며 부식에 대한 저항도 높여 준다.
  - 다른 개재물은 열처리 시 균열을 유발할 수 있다.
  - 산화철, 알루미나, 규사 등은 소성가공 중 균열 및 고온메짐을 유발할 수 있다.

50 주철에서 어떤 물체에 진동을 주면 진동에너지가 그 물체에 흡수되어 점차 약화되면서 정지하게 되는 것과 같이 물체가 진동을 흡수하는 능력은?

① 감쇠능
② 유동성
③ 연신능
④ 용해능

해설

주철의 감쇠능 : 물체에 진동이 전달되면 흡수된 진동이 점차 작아지게 되는데 이를 진동의 감쇠능이라 하고, 회주철은 감쇠능이 뛰어나다.

46 ① 47 ② 48 ④ 49 ② 50 ① 정답

51 다음 〈보기〉의 성질을 갖추어야 하는 공구용 합금 강은?

보기
- HRC 55 이상의 경도를 가져야 한다.
- 팽창계수가 보통 강보다 작아야 한다.
- 시간이 지남에 따라서 치수 변화가 없어야 한다.
- 담금질에 의하여 변형이나 담금질 균열이 없어야 한다.

① 게이지용 강
② 내충격용 공구강
③ 절삭용 합금 공구강
④ 열간 금형용 공구

해설
문제의 〈보기〉는 게이지강에 대한 설명이다. 게이지용 강은 공구강 중 측정기(Gage)에 사용되는 강을 의미한다.

52 구조용 특수강 중 Cr-Mo 강에서 Mo의 역할 중 가장 옳은 것은?

① 내식성을 향상시킨다.
② 산화성을 향상시킨다.
③ 절삭성을 양호하게 한다.
④ 뜨임취성을 없앤다.

해설
Mo이 첨가되면 일반적으로 담금질 깊이가 커지고 뜨임취성을 방지한다.

53 7-3 황동에 주석을 1% 첨가한 것으로 전연성이 좋아 관 또는 판을 만들어 증발기, 열교환기 등의 재료로 사용되는 것은?

① 양은 ② 델타메탈
③ 네이벌 황동 ④ 애드미럴티 황동

해설
애드미럴티 황동
7-3 황동에 주석을 넣은 것이며 70% Cu, 29% Zn, 1% Sn이다. 전연성이 좋으므로 관 또는 판을 만들어 복수기, 증발기, 열교환기 등의 관에 이용한다.

54 다음 중 대표적인 시효경화성 합금은?

① 주강 ② 두랄루민
③ 화이트메탈 ④ 흑심가단주철

해설
두랄루민
- 단련용 Al합금이다. Al-Cu-Mg계이며 4% Cu, 0.5% Mg, 0.5% Mn, 0.5% Si를 함유한다.
- 시효경화성 Al합금으로 가볍고 강도가 크므로 항공기, 자동차, 운반기계 등에 사용된다.

55 원자반경이 작은 H, B, C, N 등의 용질원자가 용매원자의 결정격자 사이의 공간에 들어가는 것을 무엇이라 하는가?

① 규칙형 결정체 ② 침입형 고용체
③ 금속 간 화합물 ④ 기계적 혼합물

해설
- 침입형 고용체 : 어떤 성분 금속의 결정격자 중에 다른 원자가 침입한 것으로 일반적으로 금속 상호 간에 일어나기보다는 비금속 원소가 함유되는 경우에 일어나는데 원소 간 입자의 크기가 다르기 때문에 일어난다.
- 금속 간 화합물 : 친화력이 큰 성분금속이 화학적으로 결합하면 각 성분금속과는 현저하게 다른 성질을 가지는 독립된 화합물이다.

정답 51 ① 52 ④ 53 ④ 54 ② 55 ②

56 고온에서 사용하는 내열강 재료의 구비조건에 대한 설명으로 틀린 것은?

① 기계적 성질이 우수해야 한다.
② 조직이 안정되어 있어야 한다.
③ 열팽창에 대한 변형이 커야 한다.
④ 화학적으로 안정되어 있어야 한다.

해설
내열강은 탄소강에 Ni, Cr, Al, Si 등을 첨가하여 내열성과 고온강도를 부여한 것으로, 물리·화학적으로 조직이 안정해야 하며 일정 수준 이상의 기계적 성질을 요구한다.

57 정격 2차 전류가 200A, 정격 사용률이 40%인 아크용접기로 150A의 전류 사용 시 허용 사용률은 약 얼마인가?

① 58% ② 71%
③ 60% ④ 82%

해설

$$\text{허용 사용률} = \left(\frac{\text{정격 2차 전류}}{\text{사용용접 전류}}\right)^2 \times \text{정격사용률}$$

$$= \left(\frac{200\text{A}}{150\text{A}}\right)^2 \times 40\% \fallingdotseq 71\%$$

58 저항용접법 중 모재에 돌기를 만들어 겹치기 용접으로 시공하는 것은?

① 업셋 용접 ② 플래시 용접
③ 퍼커션 용접 ④ 프로젝션 용접

해설
다음 그림과 같이 돌기를 만들어서 압력을 가하며 저항용접하는 방법이 프로젝션 용접이다.

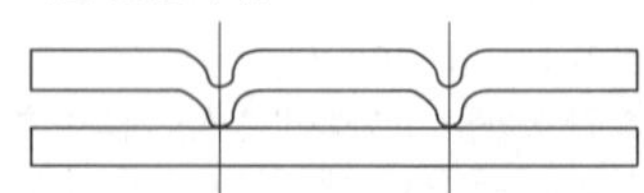

59 다음 중 두께가 3.2mm인 연강판을 산소-아세틸렌가스 용접할 때 사용하는 용접봉의 지름은 얼마인가?(단, 가스용접봉 지름을 구하는 공식을 사용한다)

① 1.0mm ② 1.6mm
③ 2.0mm ④ 2.6mm

해설
용접봉의 지름 구하는 식

$$D = \frac{T}{2} + 1$$

$$= \frac{3.2}{2} + 1 = 2.6\text{ mm}$$

60 다음 〈보기〉에서 설명하는 현상은?

보기
- 모재와 비드의 경계 부분에 패인 홈이 생기는 것이다.
- 과대전류, 용접봉의 부적절한 운봉, 지나친 용접속도, 긴 아크 길이가 원인이 된다.

① 스패터 ② 언더컷
③ 오버랩 ④ 용입불량

해설
① 스패터 : 용융금속의 기포나 용적이 폭발할 때 슬래그가 비산하여 발생한다. 과대전류, 피복제의 수분, 긴 아크 길이가 원인이 된다.
③ 오버랩 : 용융금속이 모재에 용착되는 것이 아니라 덮기만 하는 것을 말한다. 용접전류가 낮거나, 속도가 느리거나, 맞지 않는 용접봉 사용 시 발생한다.
④ 용입불량 : 모재가 녹아서 융합된 깊이를 용입이라고 하고, 용입 깊이가 얕은 경우가 용입불량이다. 용접전류가 낮거나 용접속도가 빠를 때 발생하기 쉽다.

56 ③ 57 ② 58 ④ 59 ④ 60 ② 정답

2018년 제2회 과년도 기출복원문제

01 초음파탐상시험방법에 속하지 않는 것은?

① 공진법 ② 외삽법
③ 투과법 ④ 펄스반사법

해설
와전류 코일을 밖에 두는지, 안에 두는지에 따라 외삽, 내삽으로 나뉜다.
초음파 탐상법의 종류
• 초음파 형태에 따라 : 펄스파법, 연속파법
• 송수신방식에 따라 : 반사법, 투과법, 공진법
• 접촉방식에 따라 : 직접접촉, 국부수침, 전몰수침법
• 진동방식에 따라 : 수직법, 사각법, 표면파법, 판파법, 크리핑파법, 누설표면파법 등

02 초음파탐상검사 시 탐촉자 내의 진동판에서 초음파를 발생시키는 원리와 관계가 깊은 것은?

① 압전효과
② 간섭현상
③ 자기유도현상
④ 광전효과

해설
압전효과 : 기계적인 에너지를 가하면 전압이 발생하고, 전압을 가하면 기계적인 변형이 발생하는 현상으로, 어떤 소재에 힘을 가하였을 경우 표면에 전압이 발생하고, 반대로 전압을 걸어 주면 소자가 이동하거나 힘이 발생한다.

03 강자성체의 자기적 성질에서 자계의 세기를 나타내는 단위는?

① Wb(Weber)
② S(Stokes)
③ A/m(Ampere/meter)
④ N/m(Newton/meter)

해설
A/m(Ampere/meter) : 자장의 세기를 나타내는 단위이며 자기회로의 1m당 기자력의 크기를 나타낸다. 기자력은 전류와 감은 수의 곱으로 표현한다.

04 음향방출시험에서 계측시스템에 해당되지 않는 것은?

① 필터
② 증폭기
③ AE 변환자
④ 스트레인 게이지

해설
스트레인 게이지는 응력 스트레인법에서 사용한다.

05 자분탐상검사로 알기 어려운 것은?

① 결함의 존재 여부
② 결함의 깊이
③ 결함의 길이
④ 결함의 형상

해설
자분탐상검사는 표면검사에 속한다.

정답 1 ② 2 ① 3 ③ 4 ④ 5 ②

06 필름상의 농도차를 이용하여 검사하는 비파괴검사 방법은?

① 초음파탐상검사(UT)
② 방사선투과검사(RT)
③ 자분탐상검사(MT)
④ 침두탐상검사(PT)

해설
방사선시험
- X-선이나 γ-선 등 투과성을 가진 전자파를 이용하여 검사한다.
- 내부의 깊은 결함, 압력용기 용접부의 슬래그 혼입의 검출, 체적 검사 등이 가능하다.
- 거의 대부분의 검출이 가능하나 장비와 비용이 많이 소요된다.
- 다량 노출 시 인체에 유해하므로 관리가 필요하다.
- 물질의 원자번호나 밀도가 큰 텅스텐, 납 등에는 중성자선을 사용한다.

07 전자유도시험의 적용 분야로 적합하지 않은 것은?

① 세라믹 내의 미세 균열
② 비철금속재료의 재질시험
③ 철강재료의 결함탐상시험
④ 비전도체의 도금막 두께 측정

해설
세라믹은 비전도체여서 적용이 어렵고 도금막이 전도체이므로 적용이 가능하다.

08 침투탐상시험은 다공성인 표면을 검사하는 데 적합한 시험방법이 아니다. 그 이유로 가장 옳은 것은?

① 누설시험이 가장 좋은 방법이기 때문에
② 다공성인 경우 지시의 검출이 어렵기 때문에
③ 초음파탐상시험이 가장 좋은 방법이기 때문에
④ 다공성인 경우 어떤 지시도 생성시킬 수 없기 때문에

해설
다공재 부분에 침투제가 머물러 의사 지시를 만들 가능성이 크다.

09 시험체의 도금 두께 측정에 가장 적합한 비파괴검사법은?

① 침투탐상시험법
② 음향방출시험법
③ 자분탐상시험법
④ 와전류탐상시험법

해설
도금 두께 측정에는 표피효과를 이용하는 와전류탐상시험법이 가장 적합하다.

10 적외선 서모그래피로 얻어진 영상을 무엇이라 하는가?

① 토모그래피
② 홀로그래피
③ C-스코프
④ 열화상

해설
서모그래피(Thermography)는 열을 그래프화하여 화상으로 만들어 낸 그림 또는 그 장치를 일컫는다.

6 ② 7 ① 8 ④ 9 ④ 10 ④ **정답**

11 다음 〈보기〉에서 설명하는 것은?

보기

N극에서 나와 S극으로 들어가고 내부에서는 S극에서 N극의 순환이며 접선은 자계의 방향, 밀도는 자계의 세기를 나타낸다.

① 자화
② 자극
③ 투자
④ 자력선

해설

자력선 : 자계의 상태를 알기 쉽게 하기 위해 가상으로 그린 선을 말한다. N극에서 나와 S극으로 들어가고 내부에서는 S극에서 N극의 순환이며 접선은 자계의 방향, 밀도는 자계의 세기를 나타낸다.

12 강자성체에 해당하지 않는 것은?

① 철
② 니켈
③ 금
④ 코발트

해설

금속 중 대표적인 강자성체는 Fe, Ni, Co, Mn 등이 있다.

13 강자성재료의 자분탐상검사방법 및 자분 모양의 분류(KS D 0213)에서 검사 대상체에 충격전류를 사용하여 자화하는 경우 어떤 방법을 쓰도록 규정하고 있는가?

① 연속법 ② 후유화제법
③ 잔류법 ④ 용제제거법

해설

자화전류의 종류

- 교류 및 충격전류를 사용하여 자화하는 경우, 원칙적으로 표면 흠집의 검출에 한한다.
- 교류를 사용하여 자화하는 경우, 원칙적으로 연속법에 한한다.
- 직류 및 맥류를 사용하여 자화하는 경우, 표면의 흠집 및 표면 근처 내부의 흠집을 검출할 수 있다.
- 직류 및 맥류를 사용하여 자화하는 경우, 연속법 및 잔류법에 사용할 수 있다.
- 맥류는 그것에 포함되는 교류성분이 큰 만큼 내부 흠집의 검출성능이 낮다.
- 교류는 표피효과의 영향으로 표면 아래의 자화가 직류와 비교하여 약하다.
- 충격전류를 사용하는 경우는 잔류법에 한한다.

14 자분을 분산시키는 방법으로 적당한 것은?

① 압축공기를 이용하여 분산시킨다.
② 액체성 분산매에 일정한 인공 흐름을 발생시켜 분산시킨다.
③ 자분의 양이 많으면 빈틈없이 자분을 골고루 채워 넣는다.
④ 액체성 분산매에 가볍게 띄워 자유 흐름을 이용해 분산한다.

해설

자분분산방법

- 가벼운 공기를 이용하여 분산한다.
- 액체성 분산매를 이용하여 자유로운 흐름을 가진 자분을 적용한다.

정답 11 ④ 12 ③ 13 ③ 14 ④

15 선형자계를 만들 때 필요한 전류는?

① 원통형 전류
② 직선형 전류
③ 사선형 전류
④ 자계와 직각 방향의 수평전류

해설
- 원형자계를 만들려면 직선 전류를 흘려준다.
- 선형자계를 만들려면 원통형 전류를 흘려준다.
- 자계를 형성하는 것은 자화곡선에 따른다.

16 자화전류를 제거한 후에도 잔류자기를 갖는 자성체의 성질은?

① 투자성 ② 반자성
③ 포화점 ④ 보자성

해설
보자성은 항자력을 갖는 성질을 말한다. 자성을 보존하는 성질로 이해하면 좋다.

17 다음 중 자기이력곡선(Hysteresis Curve)과 가장 관계가 깊은 것은?

① 자력의 힘과 투자율
② 자장의 강도와 자속밀도
③ 자장의 강도와 투자율
④ 자력의 힘과 자력의 강도

해설
자계의 세기(H)와 자속밀도(B)와의 관계를 나타내는 곡선을 자화곡선이라고 한다.

18 다음 그림에서 잔류자화밀도의 크기는 무엇인가?

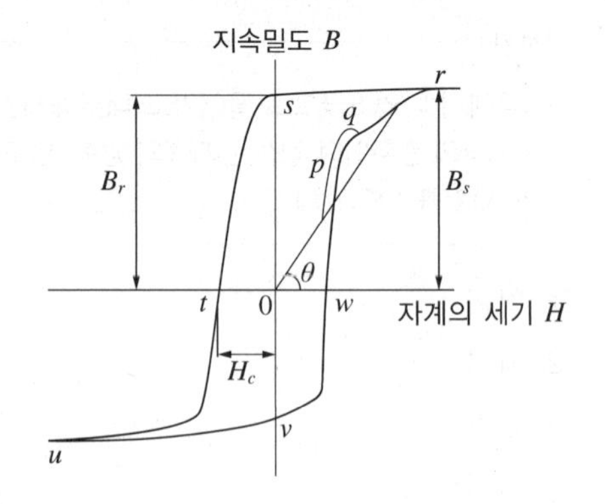

① $0p$ ② $0t$
③ $0r$ ④ $0s$

해설
- B_r : 잔류자화밀도
- B_s : 포화자화밀도

19 다음 중 자분탐상시험과 관련된 기기가 아닌 것은?

① 자장계 ② 침전계
③ 계조계 ④ 자외선등

해설
③ 계조계 : 투과사진의 대비를 측정
① 자장계 : 배율기, 분류기, 계기용 변성기 등 측정에 필요한 부품이 기기 안에 들어 있음
② 침전계 : 검사액의 농도조사를 위한 게이지
④ 자외선등 : 형광자분탐상 시 필요

15 ① 16 ④ 17 ② 18 ④ 19 ③ 정답

20 강자성재료의 자분탐상검사방법 및 자분 모양의 분류(KS D 0213)에 의해 A형 표준시험편의 자기특성에 이상이 생겼을 때 어떻게 해야 하는가?

① 사용을 중지한다.

② 자화전류를 높여 주면 된다.

③ 자분을 입도가 큰 것으로 사용한다.

④ 요크법을 사용하면 된다.

해설

초기의 모양, 치수, 자기특성에 변화를 일으킨 경우 A형 표준시험편은 사용 불가

21 강자성재료의 자분탐상검사방법 및 자분 모양의 분류(KS D 0213)에서 자분 모양의 관찰에 대한 사항을 설명한 것 중 옳지 않은 것은?

① 형광자분을 사용한 경우에는 충분히 어두운 곳(관찰면 밝기 20lx 이하)에서 관찰해야 한다.

② 비형광자분을 사용한 경우에는 충분히 밝은 조명(관찰면 밝기 500lx 이상) 아래에서 관찰해야 한다.

③ 자분의 관찰은 원칙적으로 확실한 지시가 나타나도록 자분 모양이 형성된 후 충분히 기다려 관찰해야 한다.

④ 자분 모양에서 흠집의 깊이를 추정하는 것은 옳지 않다.

해설

자분 모양의 관찰은 원칙적으로 자분 모양이 형성된 직후 실시한다.

22 강자성재료의 자분탐상검사방법 및 자분 모양의 분류(KS D 0213)에 따라 자외선조사장치를 이용한 형광자분탐상시험을 할 경우 일반 빛(일광 또는 조명)을 차단하여야 하는데 그 제한되는 밝기는?

① 500lx 이하

② 1,000lx 이하

③ 20lx 이하

④ 50lx 이하

해설

형광자분을 사용할 때는 가능한 한 어둡게 해야 한다(20lx 이하).

23 자분탐상검사에서 다음 중 탈자를 실시해야 할 경우는?

① 보자성이 아주 낮은 부품일 때

② 검사 후 500℃ 이상의 온도에서 열처리할 때

③ 잔류자기가 무의미한 큰 주물일 때

④ 자분탐상검사 후 자분세척을 방해할 때

해설

탈자가 필요한 경우

- 계속하여 수행하는 검사에서 이전 검사의 자화에 의해 악영향을 받을 우려가 있을 때
- 검사 대상체의 잔류자기가 이후의 기계가공에 악영향을 미칠 우려가 있을 때
- 검사 대상체의 잔류자기가 계측장치 등에 악영향을 미칠 우려가 있을 때
- 검사 대상체가 마찰부분 또는 그것에 가까운 곳에 사용되는 것으로 마찰부분에 자분 등을 흡인하여 마모를 증가시킬 우려가 있을 때
- 그 밖의 필요할 때

탈자가 필요 없는 경우

- 더 큰 자력으로 후속 작업이 계획되어 있을 때
- 검사 대상체의 보자력이 작을 때
- 높은 열로 열처리할 계획이 있을 때(열처리 시 자력 상실)
- 검사 대상체가 대형품이고 부분 탐상을 하여 영향이 작을 때

정답 20 ① 21 ③ 22 ③ 23 ④

24 잔류법의 특징으로 옳은 것은?

① 자화전류를 통하거나 영구자석을 접촉시켜 주는 중에 자분의 적용을 완료하는 방법
② 자분적용 중 통전을 정지하면 자분 모양이 형성되지 않는다.
③ 감도가 높은 편이다.
④ 자기펜자국을 주의하여야 한다.

해설

잔류법
- 자화전류를 단절시킨 후 자분의 적용을 하는 방법이다.
- 전류를 끊고 남은 자력을 이용하므로 이후 다른 자력의 영향을 받으면 흔적이 생긴다. 이를 자기펜자국이라고 한다.
- 보자력이 높은 금속(공구용탄소강, 고탄소강 등)에 적절하다.
- 상대적으로 누설자속밀도가 작다.
- 검사가 간단하고 의사지시가 작다.
- 강한 자속밀도로 자화된다.

25 연속법을 이용하여 일반적인 구조물 및 용접부를 탐상할 때 필요한 자계의 강도는?

① 1,200~2,000A/m
② 2,400~3,600A/m
③ 6,400~8,000A/m
④ 12,000A/m 이상

해설

연속법
- 일반적인 구조물 및 용접부 : 1,200~2,000A/m
- 주단조품 및 기계부품 : 2,400~3,600A/m
- 담금질한 기계부품 : 5,600A/m 이상

잔류법
- 일반적인 담금질한 부품 : 6,400~8,000A/m
- 공구강 등의 특수재 부품 : 12,000A/m 이상

26 형광자분탐상 시 암실에서 자외선 강도 800μW/cm^{2}일 때 자외선조사장치와의 거리는?

① 15cm ② 25cm
③ 38cm ④ 54cm

해설
- 자외선의 조사에 따라 형광이 발생되도록 처리한 자분이다.
- 암실에서 작업하며 자외선조사장치가 필요하다.
- 요구 자외선 강도 : 자외선조사장치와의 거리 38cm에서 800 μW/cm^2

27 자분탐상시험에서 자분적용시기에 관한 설명으로 옳은 것은?

① 연속법은 자화가 종료될 때까지 계속한다.
② 연속법은 잔류자기가 많은 재료에만 사용한다.
③ 잔류법은 연철 등의 저탄소강에 적용한다.
④ 잔류법은 검사속도가 느리다.

해설

연속법은 전류를 계속 흐르게 하여 검사체를 자화시키면서 검사하는 방법이다.

24 ④ 25 ① 26 ③ 27 ① 정답

28 다음 〈보기〉에서 설명하는 전류의 종류는?

보기
- 교류를 정류한 직류이다.
- 내부 결함을 탐상할 수도 있다.

① 단파정류 ② 맥류
③ 삼파정류 ④ 충격전류

해설

자화전류의 종류에 따른 분류

- 직류
  - 전류밀도가 안쪽, 바깥쪽 모두 균일하다.
  - 표면 근처의 내부 결함까지 탐상이 가능하다.
  - 통전시간은 1/4~1초이다.
- 맥류
  - 교류를 정류한 직류이다.
  - 내부 결함을 탐상할 수도 있다.
- 충격전류
  - 일정량 이상의 전류를 짧게 흐르게 한 후(1/120초 정도) 끊어주는 형태의 전류이다.
  - 잔류법에 사용한다.
- 교류
  - 표피효과(바깥쪽으로 갈수록 전류밀도가 커지는 효과)가 있다.
  - 위상차가 지속적으로 발생하여 전류 차단 시 위상에 따라 결과가 계속 달라지므로 잔류법에는 사용할 수 없다.

29 축통전법의 기호는?

① EA ② ER
③ B ④ I

해설

② 직각통전법
③ 전류관통법
④ 자속관통법

30 자화방법 중 시험체에 직접 전극을 접촉시켜서 통전함에 따라 시험체에 자계를 형성하는 방식으로만 조합된 것은?

① 축통전법, 프로드법
② 자속관통법, 극간법
③ 전류관통법, 프로드법
④ 자속관통법, 전류관통법

해설

직접 접촉자화

- 축통전법 : 검사 대상체의 축 방향으로 직접 전류를 흐르게 한다.
- 직각통전법 : 검사 대상체의 축에 대하여 직각 방향으로 직접 전류를 흐르게 한다.
- 프로드법 : 검사 대상체 표면의 특정 지점에 2개의 전극(이것을 플롯이라 함)을 대어서 전류를 흐르게 한다.

31 직경이 40mm, 길이가 200mm인 봉강을 코일법으로 자분탐상시험하려 할 때 5,000A의 자화전류가 필요하다면 코일의 감은 횟수는 몇 회이어야 하는가?(단, 장비의 최대 전류값은 2,500A이다)

① 1회 ② 2회
③ 3회 ④ 4회

해설

$\frac{L}{D}$이 4 이상인 경우 계산된 암페어-턴값의 ±10% 내에서 사용

$$\text{Ampere-Turn} = \frac{35,000}{\frac{L}{D}+2}$$

길이 200mm, 지름 40mm인 부품 : $\frac{L}{D}=5$

즉, $\text{Ampere-Turn} = \frac{35,000}{\frac{L}{D}+2} = \frac{35,000}{5+2} = 5,000$

선형자계의 자화전류값은

$$\text{Ampere} = \frac{\text{Ampere} - \text{Turn}}{\text{Turn}}$$

$$2,500 = \frac{5,000}{\text{Turn}}$$

Turn = 2이다.

32 **강자성재료의 자분탐상검사방법 및 자분모양의 분류(KS D 0213) KS 규격에 의한 시험결과 나타난 자분모양이 다음 중 유사모양인 것은?**

① 불연속지시
② 결함지시
③ 재질경계지시
④ 관련지시

해설
유사모양 종류 : 자기펜자국, 단면급변지시, 전류지시, 전극지시, 자극지시, 표면거칠기지시, 재질경계지시

33 **다음 〈보기〉에서 설명하는 용어는?**

보기
검사 대상체의 국부적 소손(燒損)을 방지하는 목적으로, 검사 대상체와 전극 사이에 끼워서 사용하여 시험면이 양호하게 되며 전류를 잘 전도하는 것

① 분산매 ② 검사액
③ 비형광자분 ④ 도체패드

해설
④ 도체패드(Pad) : 검사 대상체의 국부적인 아크 손상을 방지할 목적으로, 검사 대상체와 전극 사이에 끼워서 사용하는 전도성이 좋은 매체이다.
① 분산매 : 자분을 잘 분산시킨 상태로 검사 대상체의 표면에 적용하기 위한 매체가 되는 기체 또는 액체를 말한다.
② 검사액 : 습식법에 사용하는 자분을 분산 현탁시킨 액이다.
③ 비형광자분 : 형광이 발생되도록 처리를 하지 않은 자분이다.

34 **압력용기-비파괴시험 일반(KS B 6752)에서 요크의 인상력에 대한 사항 중 틀린 것은?**

① 교류 요크는 최대 극간거리에서 최대한 4.5kg의 인상력을 가져야 한다.
② 영구자석 요크는 최대 극간거리에서 최소한 18kg의 인상력을 가져야 한다.
③ 영구자석 요크의 인상력은 사용 전 매일 점검하여야 한다.
④ 모든 요크는 수리할 때마다 인상력을 점검하여야 한다.

해설
교류 요크는 최대 극간거리에서 최소한 4.5kg의 인상력을 가져야 한다.
요크의 인상력의 교정
- 사용하기 전에 전자기 요크의 자화력은 최소한 1년에 한 번은 점검해야 한다.
- 영구자석요크의 자화력은 사용하기 전 매일 점검한다.
- 모든 요크의 자화력은 요크의 손상 및 수리 시마다 점검한다.
- 각 교류전자기요크는 사용할 최대극간거리에서 4.5kg 이상의 인상력을 가져야 한다.
- 직류 또는 영구자석요크는 사용할 최대극간거리에서 18kg 이상의 인상력을 가져야 한다.
- 인상력 측정용 추는 무게를 측정하여야 하고, 처음 사용하기 전에 해당 공칭무게를 추에 기록하여야 한다.

32 ③ 33 ④ 34 ① 정답

35 **강자성재료의 자분탐상검사방법 및 자분 모양의 분류(KS D 0213)에서 정류식 장치라 함은?**

① 주기적으로 크기가 변화하는 자화전류장치
② 검사 대상체에 자속을 발생시키는 데 사용하는 전류장치
③ 사이클로트론, 사일리스터 등을 사용하여 얻은 1펄스의 자화전류장치
④ 교류를 직류 또는 맥류로 바꾸어 자화전류를 공급하게 하는 자화장치

해설
정류식 장치 : 교류를 직류 또는 맥류로 바꾸어 자화전류를 공급하는 자화장치이다.

36 **강자성재료의 자분탐상검사방법 및 자분 모양의 분류(KS D 0213)에서 자화를 하는 장치 중 전류를 이용하는 방식은 자화전류의 종류에 따라 4가지로 분류한다. 이 4가지는?**

① 직렬식, 병렬식, 직병렬식, 맥류식
② 직렬식, 충격전류식, 맥류식, 직병렬식
③ 직류식, 교류식, 직병렬식, 정류식
④ 직류식, 교류식, 정류식, 충격전류식

해설
자화를 하는 장치는 전류를 이용하는 방식과 영구자석을 이용하는 방식이 있으며 전류를 이용하는 방식은 그 자화전류의 종류에 따라 직류식, 교류식, 정류식 및 충격전류식으로 분류한다.

37 **강자성재료의 자분탐상검사방법 및 자분 모양의 분류(KS D 0213)에 따른 탐상수행 시 사용 가능한 검사장치 또는 자재는?**

① 자분의 농도가 1g/L인 비형광습식자분
② 인공 흠집의 너비가 57m인 C형 표준시험편
③ 인공 흠집의 깊이가 10m인 Al-15/50 시험편
④ 자분의 농도가 100g/L인 형광습식자분

해설
② C형 표준시험편의 인공 흠집의 치수는 깊이 8±1μm, 너비 50±8μm로 한다.
①, ④ 자분의 농도는 원칙적으로 비형광습식법에서는 2~10g/L, 형광습식법에서는 0.2~2g/L의 범위로 한다.
③ 시험편의 명칭 가운데 사선의 왼쪽은 인공 흠집의 깊이를, 사선의 오른쪽은 관의 두께를 나타내고 치수의 단위는 μm로 한다. 따라서 Al-15/50 시험편은 인공 흠집의 깊이가 15μm이다.

38 **강자성재료의 자분탐상검사방법 및 자분 모양의 분류(KS D 0213)에서 용접부의 경우 전처리는 원칙적으로 시험 부위에서 모재측으로 약 몇 mm 넓게 잡아야 하는가?**

① 5mm
② 10mm
③ 15mm
④ 20mm

해설
KS D 0213 8.3에 의하면 전처리의 범위는 검사범위보다 넓게 잡아야 한다. 용접부의 경우는 원칙적으로 시험범위에서 모재측으로 약 20mm 넓게 잡는다.

정답 35 ④ 36 ④ 37 ② 38 ④

39 강자성재료의 자분탐상검사방법 및 자분 모양의 분류(KS D 0213)에서 자화 시 고려할 항목이 아닌 것은?

① 자계의 방향을 예측되는 흠집의 방향에 대하여 가능한 한 직각으로 한다.
② 자계의 방향을 검사면에 가능한 한 평행으로 한다.
③ 검사면을 태워서는 안 될 경우 직접 통전하지 않는 방법을 선택한다.
④ 반자기장을 크게 한다.

해설
반자기장이란 자기장을 형성할 때 생기는 역방향 자기장으로서 가능한 한 형성되지 않도록 해야 한다.

40 강자성재료의 자분탐상검사방법 및 자분 모양의 분류(KS D 0213)에 의한 자분 모양은 어떤 내용에 따라 분류하는가?

① 자분의 수량
② 모양 및 집중성
③ 자분 모양의 깊이와 폭
④ 자화방법과 자분의 농도

해설
자분탐상검사에서 얻은 자분 모양을 모양 및 집중성에 따라 다음과 같이 분류한다.
- 균열에 의한 자분 모양
- 독립된 자분 모양
  - 선상의 자분 모양
  - 원형상의 자분 모양
- 연속된 자분 모양
- 분산된 자분 모양

41 강자성재료의 자분탐상검사방법 및 자분 모양의 분류(KS D 0213)에서 압력용기의 내압시험 종료 후에 탐상하는 자화방법은 어떻게 규정하고 있는가?

① 극간법 ② 관통법
③ 코일법 ④ 프로드법

해설
KS D 0213 8.8에 의하면 "압력용기 용접부에 용접 후 열처리를 하고 내압 시험을 한 후에 수행하는 자분탐상검사의 자화기법은 원칙적으로 극간법으로 하고 프로드법을 사용하지 않아야 한다." 라고 규정되어 있다.

42 열팽창계수가 아주 작아 줄자, 표준자 재료에 적합한 것은?

① 인바 ② 센더스트
③ 초경합금 ④ 바이탈륨

해설
Invar에서 Bar를 연상하여 사용하는 막대, 기준 막대를 생각하면 학습에 도움이 된다.

43 다음 중 초경합금과 관계없는 것은?

① TiC ② WC
③ Widia ④ Lautal

해설
- 초경합금의 대표는 Co–Cr–W–C계의 스텔라이트, WC, TiC 및 TaC 등의 Co를 점결제를 혼합하여 소결한 비철합금
- Widia(비디아) : WC 분말을 Co 분말과 혼합, 예비 소결성형 후 수소 분위기에서 소결한 초경합금

39 ④ 40 ② 41 ① 42 ① 43 ④ 정답

44 담금질 후 내부응력이 있는 강의 내부응력을 제거하거나 인성을 개선시켜 주기 위해 100~200℃ 온도로 천천히 식히거나 500℃ 부근에서 고온으로 냉각하는 작업은?

① 담금질 ② 풀림
③ 뜨임 ④ 마퀜칭

해설
뜨임(Tempering) : 담금질과 연결해서 실시하는 열처리로 생각하면 좋다. 담금질 후 내부응력이 있는 강의 내부응력을 제거하거나 인성을 개선시켜 주기 위해 100~200℃ 온도로 천천히 뜨임하거나 500℃ 부근에서 고온으로 뜨임한다. 200~400℃ 범위에서 뜨임을 하면 뜨임메짐현상이 발생한다.

45 A_3 또는 A_{cm} 변태점 이상 +30~50℃의 온도범위로 일정한 시간 가열해서 미세하고 균일한 오스테나이트로 만든 후 공기 중에서 서랭하여 표준화된 조직을 얻는 열처리는?

① 오스템퍼링 ② 노멀라이징
③ 담금질 ④ 풀림

해설
문제에서 "표준화된 조직"을 얻는 열처리에서 노멀라이징을 연결한다. 노멀라이징은 보통으로 만든다는 것으로, 표준화한다는 언어적 의미를 갖고 있다.

46 다음 상태도에서 액상선을 나타내는 것은?

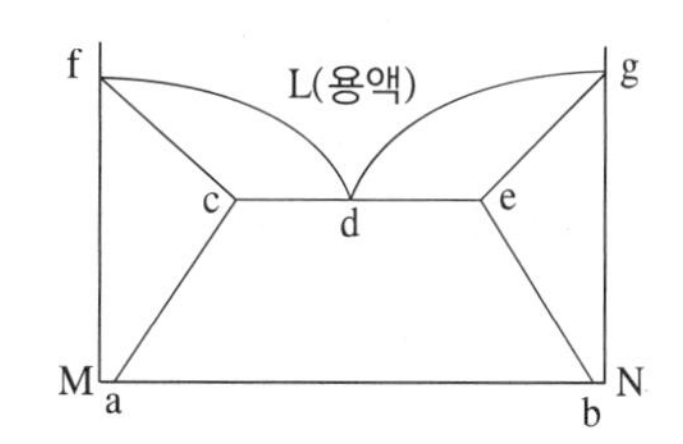

① acf ② cde
③ fdg ④ beg

해설
액상선 : 상태도상 고체에서 100% 액체로 변하는 최초의 상태점을 연결한 선이다.

47 구상흑연주철의 조직상 분류가 틀린 것은?

① 페라이트형
② 마텐자이트형
③ 펄라이트형
④ 시멘타이트형

해설
구상흑연주철의 조직상 분류는 페라이트형, 시멘타이트형과 이 둘을 적절히 조합 조직한 형태인 펄라이트형으로 나뉠 수 있다.

48 Al–Si계 합금으로 공정형을 나타내며, 이 합금에 금속 나트륨 등을 첨가하여 개량처리한 합금은?

① 실루민
② Y합금
③ 로엑스
④ 두랄루민

해설
실루민(알팍스)
- Al에 Si 11.6%, 577℃는 공정점이며 이 조성을 실루민이라고 한다.
- 이 합금에 Na, F, NaOH, 알칼리염류를 용탕에 넣어 처리하면 조직이 미세화되고 공정점도 조정되며 이를 개량처리라고 한다.
- 주조용 알루미늄을 다이캐스팅하면 개량처리가 필요 없다.
- 실용합금 10~13% Si 실루민은 용융점이 낮고 유동성이 좋아 얇고 복잡한 주물에 적합하다.

정답 44 ③ 45 ② 46 ③ 47 ② 48 ①

49 **다음 중 비정질합금에 대한 설명으로 틀린 것은?**

① 균질한 재료이고 결정이방성이 없다.
② 강도는 높고 연성도 크나 가공경화는 일으키지 않는다.
③ 제조법에는 단롤법, 쌍롤법, 원심 급랭법 등이 있다.
④ 액체 급랭법에서 비정질재료를 용이하게 얻기 위해서는 합금에 함유된 이종원소의 원자반경이 같아야 한다.

해설
비정질재료를 얻기 위해 합금재료의 원자지름이 같을 필요는 없다. 오히려 서로 다른 원자반경을 갖는 편이 비정질을 만들기 용이하다.

50 **다음의 금속결함 중 체적결함에 해당되는 것은?**

① 전위
② 수축공
③ 결정립계 경계
④ 침입형 불순물 원자

해설
3차원적 결함(Volume Defect–체적결함)
- 석출(石出, Precipitate) : 돌이 용융액 속이나 다른 고체 조직 속에서 돌덩어리가 나오는 것을 석출이라고 한다.
  ※ 石 : 돌 석, 出 : 나올 출
- 주조 시 나오는 수축공, 기공 등의 결함을 3차원 결함으로 본다.

51 **다음 중 내식성 알루미늄 합금이 아닌 것은?**

① 하스텔로이 ② 하이드로날륨
③ 알클래드 ④ 알드리

해설
하스텔로이는 내식성 Ni계 합금이다.

52 **주철의 성질에 대한 설명 중 옳지 않은 것은?**

① 주철의 성장 : 450~600℃에서 Fe과 흑연으로 분해가 시작되어 800℃ 정도에서 완성된다.
② 주철의 내열성 : 주철은 200℃가 넘으면 내열성이 낮아진다.
③ 주철의 주조성 : 고온 유동성이 높고, 냉각 후 부피 변화가 일어난다.
④ 주철의 감쇠능 : 회주철은 감쇠능이 뛰어나다.

해설
- 주철의 성장 : 450~600℃에서 Fe과 흑연으로 분해가 시작되어 800℃ 정도에서 완성된다.
- 주철은 400℃가 넘으면 내열성이 낮아진다.
- 주철의 주조성 : 고온 유동성이 높고, 냉각 후 부피 변화가 일어난다.
- 주철의 감쇠능 : 물체에 진동이 전달되면 흡수된 진동이 점차 작아지게 되는데 이를 진동의 감쇠능이라 하고 회주철은 감쇠능이 뛰어나다.

49 ④ 50 ② 51 ① 52 ② 정답

53 다음 중 주철의 성장원인이라 볼 수 없는 것은?

① Si의 산화에 의한 팽창

② 시멘타이트의 흑연화에 의한 팽창

③ A_4 변태에서 무게 변화에 의한 팽창

④ 불균일한 가열로 생기는 균열에 의한 팽창

해설

주철의 성장원인

- 주철 조직에 함유되어 있는 시멘타이트는 고온에서 불안정 상태로 존재한다.
- 주철이 고온 상태가 되어 450~600℃에 이르면 철과 흑연으로 분해하기 시작한다.
- 750~800℃에서 완전 분해되어 시멘타이트의 흑연화가 된다.
- 불순물로 포함된 Si의 산화에 의해 팽창한다.
- A_1 변태점 이상 온도에서 장시간 방치하거나 다시 되풀이하여 가열하면 점차로 그 부피가 증가되는 성질이 있는데 이러한 현상을 주철의 성장이라고 한다.

54 침입형 고용체가 될 수 없는 원소는?

① B　　② N

③ Cu　　④ H

해설

침입형 고용체 : 어떤 성분금속의 결정격자 중에 다른 원자가 침입된 것으로 일반적으로 금속 상호 간에 일어나기보다는 비금속 원소가 함유되는 경우에 일어나는데 원소 간 입자의 크기가 다르기 때문에 일어난다.

55 니켈-크로뮴 합금 중 사용한도가 1,000℃까지 측정할 수 있는 합금은?

① 망가닌　　② 우드메탈

③ 배빗메탈　　④ 크로멜 - 알루멜

해설

④ 크로멜 : Ni에 Cr을 첨가한 합금, 알루멜은 Ni에 Al을 첨가한 합금으로 크로멜-알루멜을 이용하여 열전대를 형성한다.

① 망가닌 : 구리에 12%의 망간과 4%의 니켈을 첨가한 합금으로 구리에 대한 열기전력이 작고 전기저항의 온도계수가 아주 작으므로, 표준저항선으로 사용된다.

② 우드메탈 : Bi 40~50%, Pb 25~30%, Sn 12.5~15.5%, Cd 12.5%의 합금으로 전기용 퓨즈, 고압용 화재 안전장치, 모형 제작, 파이프의 굽힘 가공 시의 충전재 등에 쓰인다.

③ 배빗메탈 : 주석(Sn) 80~90%, 안티모니(Sb) 3~12%, 구리(Cu) 3~7%의 합금으로 경도가 작고 국부적 하중에 대한 변형이 되지 않고, 유막이 있다.

56 다음 그림은 면심입방격자이다. 단위격자에 속해 있는 원자의 수는 몇 개인가?

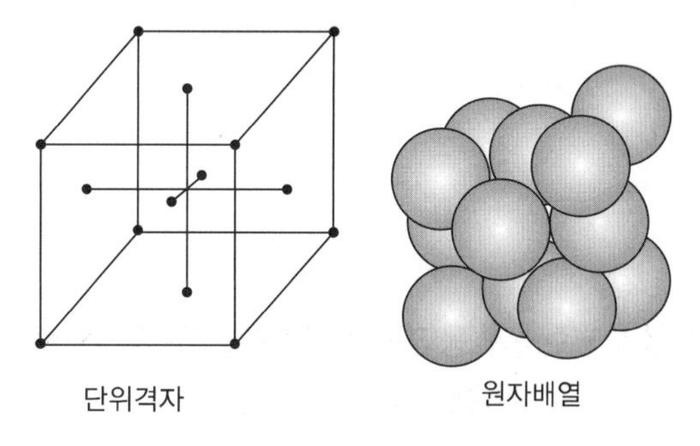

① 2　　② 3

③ 4　　④ 5

해설

단위격자를 문제의 그림과 같이 선정하였다고 해도 그대로 생각하면 안 되고, 저런 모양이 연속되어 있다고 보고 판단해야 한다. 정삼각뿔 모양의 조그만 격자가 계속 상하좌우로 얹어져 있는 형상을 상상하면 단위격자의 수를 쉽게 찾을 수 있다.

※ 면심입방격자 구조에서 단위격자 내 원자수는 4개이며, 배위수는 12개이다.

정답 53 ③ 54 ③ 55 ④ 56 ③

57 AW 300인 교류 아크용접기의 규격상의 전류 조정 범위로 가장 적합한 것은?

① 20~110A

② 40~220A

③ 60~330A

④ 80~440A

해설

종류		AW200	AW300	AW400	AW500
정격 2차 전류(A)		200	300	400	500
정격 사용률(%)		40	40	40	60
정격 부하 전압	저항강하(V)	30	35	40	40
	리액턴스 강하(V)	0	0	0	12
최고 2차 무부하 전압(V)		85 이하	85 이하	85 이하	95 이하
2차 전류(A)	최댓값	200 이상 220 이하	300 이상 330 이하	400 이상 440 이하	500 이상 550 이하
	최솟값	35 이하	60 이하	80 이하	100 이하
사용되는 용접봉 지름		2.0 ~4.0	2.6 ~6.0	3.2 ~8.0	4.0 ~8.0

58 저수소계 용접봉의 건조온도 및 시간으로 다음 중 가장 적당한 것은?

① 70~100℃로 30분 정도

② 70~100℃로 1시간 정도

③ 200~300℃로 30분 정도

④ 300~350℃로 2시간 정도

해설

용접봉은 70~100℃로 30분~1시간 정도 건조하여서 사용하며 저수소계 용접봉의 경우는 높은 온도에서 더 오랜 시간 건조해서 사용한다.

59 다음 〈보기〉에서 설명하는 금속재료는?

보기

- 비철합금 공구재료의 일종이다.
- C 2~4%, Cr 15~33%, W 10~17%, Co 40~50%, Fe 5%의 합금으로 그 자체가 경도가 높아 담금질할 필요 없이 주조한 그대로 사용된다.
- 단조는 할 수 없으며 절삭공구, 의료기구에 적합하다.

① 게이지용 강

② 스텔라이트

③ 스테인리스강

④ 불변강

해설

① 게이지용 강 : 팽창계수가 보통 강보다 작고 시간에 따른 변형이 없으며 담금질 변형이나 담금질 균형이 없어야 하고 HR 55 이상의 경도를 갖추어야 한다.

③ 18-8 스테인리스강
- HNO_3과 같은 산화성의 산뿐만 아니라 비산화성의 산에도 잘 견딘다.
- 크로뮴계 스테인리스강에 비해 내산성, 내식성이 우수하다.
- 변태점이 없어서 열처리에 의한 기계적 성질 개선이 쉽다.
- 오스테나이트 조직이므로 연성이 좋아서 판, 봉, 선 등으로 가공이 쉽다.
- 가공경화성이 크므로 가공에 의해서 인성을 저하시키지 않고 강도를 현저히 높일 수 있다.
- 입계 부식성이 있어 부식의 우려가 있다.

④ 불변강 : 온도 변화에 따른 선팽창계수나 탄성률의 변화가 없는 강이다.

60 수평 용접기호는?

① F ② V

③ H ④ OH

해설

③ H(Horizontal) : 수평 용접

① F(Front) : 아래보기(위에서 아래보기) 용접

② V(Vertical) : 수직 용접

④ OH(Over Head) : 위보기(아래에서 위로 보기) 용접

57 ③ 58 ④ 59 ② 60 ③ 정답

2019년 제1회 과년도 기출복원문제

01 다음 중 상시검사에 대한 설명으로 옳은 것은?

① 제작된 제품이 규격 또는 시방을 만족하고 있는가를 확인하기 위한 검사이다.
② 다음 검사까지 안전하게 사용 가능한가 여부를 평가하는 검사이다.
③ 위험도가 높고 중요한 부분을 더 강화하여 실시하는 검사이다.
④ 기기나 구조물의 사용 중 결함을 검출하고 평가하는 모니터링이다.

해설

④ 상시감시검사(On-line Monitoring) : 기기·구조물의 사용 중에 결함을 검출하고 평가하는 모니터링 기술이다.
① 사용 전 검사 : 제작된 제품이 규격 또는 시방을 만족하고 있는가를 확인하기 위한 검사이다.
② 가동 중 검사(In-service Inspection) : 다음 검사까지의 기간에 안전하게 사용 가능한가 여부를 평가하는 검사를 말한다.
③ 위험도에 근거한 가동 중 검사(Risk Informed In-service Inspection) : 가동 중 검사 대상에서 제외할 것은 과감히 제외하고 위험도가 높고 중요한 부분은 더 강화하여 실시하는 검사이다.

02 필름상의 농도차를 이용하여 검사하는 비파괴검사 방법은?

① 초음파탐상검사(UT) ② 방사선투과검사(RT)
③ 자분탐상검사(MT) ④ 침투탐상검사(PT)

해설

방사선시험

- X-선이나 γ-선 등 투과성을 가진 전자파를 이용하여 검사한다.
- 내부 깊은 결함, 압력용기 용접부의 슬래그 혼입 검출, 체적검사 등이 가능하다.
- 대부분의 검출이 가능하나 장비와 비용이 많이 소요된다.
- 다량 노출 시 인체에 유해하므로 관리가 필요하다.
- 물질의 원자번호나 밀도가 큰 텅스텐, 납 등에는 중성자선을 사용한다.

03 자분탐상검사로 알기 어려운 것은?

① 결함의 존재 여부
② 결함의 깊이
③ 결함의 길이
④ 결함의 형상

해설

자분탐상검사는 표면검사이므로 깊이를 파악할 수는 없다.

04 자분탐상검사에 사용되는 극간법에 대한 설명으로 옳은 것은?

① 두 자극과 직각인 결함검출감도가 좋다.
② 원형자계를 형성한다.
③ 자속의 침투깊이는 직류보다 교류가 깊다.
④ 잔류법을 적용할 때 원칙적으로 교류자화를 한다.

해설

자분탐상에서 결함은 자계와 직각 방향일 때 검출이 용이하다.

정답 1 ④ 2 ② 3 ② 4 ①

05 표면처리방법 중 부식을 방지하는 동시에 미관을 주기 위한 목적으로 행해지는 방법은?

① 산화피막 ② 도장
③ 피복 ④ 코팅

해설
도장은 제품 표면에 안료가 섞인 적절한 혼합재를 바르는 직업으로, 페인트칠 등이 이에 해당된다.

06 자분탐상시험으로 발견될 수 있는 대상으로 가장 적합한 것은?

① 비자성체의 다공성 결함
② 철편에 있는 탄소 함유량
③ 강자성체에 있는 피로균열
④ 배관 용접부 내의 슬래그 개재물

해설
자분탐상은 강자성체에 적용하기 적합한 시험이다.

07 누설가스의 레이놀즈 수가 1,800 정도라면 이 흐름은?

① 층상 흐름 ② 교란 흐름
③ 분자 흐름 ④ 전이 흐름

해설
보기 중 레이놀즈 수 값에 좌우되는 흐름은 층상 흐름, 교란 흐름 두 가지이다.
레이놀즈 수 공식
$Re = \frac{vd}{V}$ (여기서, V : 동점성계수, v : 유속, d : 파이프의 지름)에 따르면, 유속(누설가스의 속도)이 높아지면 레이놀즈 수가 올라간다.
Re < 2,320에서 층상 흐름이고, 2,320 < Re 일 때 난류(교란 흐름)가 된다.

08 다음 중 재질과 무관하게 압력용기, 파이프 등의 밀폐가 가능한 제품의 검사에 적절한 방법은?

① 초음파탐상검사
② 방사선투과검사
③ 침투탐상검사
④ 누설검사

해설
보기 ①, ②는 재질에 따라 가능 여부가 다르며, 침투탐상검사는 개방된 면의 검사에 적절하다. 문제의 경우에는 누설검사가 적절하다.

09 비파괴검사방법 중 검지제의 독성과 폭발에 주의해야 하는 것은?

① 누설검사
② 초음파탐상검사
③ 방사선투과검사
④ 열화상검사

해설
누설검사는 독성이 있는 가스를 사용하기도 하고, 폭발성이 있는 가스를 사용하기도 한다.

5 ② 6 ③ 7 ① 8 ④ 9 ① 정답

10 **전류의 흐름에 대한 도선과 코일의 총저항을 무엇이라 하는가?**

① 유도리액턴스　② 인덕턴스
③ 용량리액턴스　④ 임피던스

해설
- 교류에서는 전류 흐름의 양과 방향이 시시각각 변하여 저항역할을 하는데 이를 리액턴스라고 한다.
- 전류의 흐름은 자기력을 발생시키고 이 자기력은 다시 유도전류를 발생시키며, 이 전류는 본래 전류의 흐름을 방해하는 방향으로 발생하여 저항역할을 하게 된다. 이를 인덕턴스라고 한다.
- 임피던스는 저항과 인덕턴스의 총합으로 표현된다.

11 **다음 중 액체 내에 존재할 수 있는 파는?**

① 표면파　② 종파
③ 횡파　④ 판파

해설
초음파의 종류

구분	내용
종파	• 파를 전달하는 입자가 파의 진행 방향에 대해 평행하게 진동하는 파장이다. • 고체, 액체, 기체에 모두 존재하며, 속도(5,900m/s 정도)가 가장 빠르다.
횡파	• 파를 전달하는 입자가 파의 진행 방향에 대해 수직으로 진동하는 파장이다. • 액체, 기체에는 존재하지 않으며 속도는 종파의 반 정도이다. • 동일 주파수에서 종파에 비해 파장이 짧아서 작은 결함의 검출에 유리하다.
표면파	• 매질의 한 파장 정도의 깊이를 투과하여 표면으로 진행하는 파장이다. • 입자의 진동방식이 타원형으로 진행한다. • 에너지의 반 이상이 표면으로부터 1/4파장 이내에서 존재하며, 한 파장 깊이에서의 에너지는 대폭 감소한다.
판파	• 얇은 고체 판에서만 존재한다. • 밀도, 탄성특성, 구조, 두께 및 주파수에 영향을 받는다. • 진동의 형태가 매우 복잡하며, 대칭형과 비대칭형으로 분류된다.

12 **방사선발생장치에서 전자의 이동을 균일한 방향으로 제어하는 장치는?**

① 표적물질
② 음극 필라멘트
③ 진공압력조절장치
④ 집속컵

해설
집속컵 : 음전하를 띤 몰리브데넘으로 만들어진 오목한 컵으로, 필라멘트에서 방출된 열전자를 좁은 빔 형태로 만들어 양극 초점을 향하게 하는 장치이다.

13 **야외현장의 높은 곳에 위치한 용접부에 가장 적합한 자분탐상검사법은?**

① 코일법
② 극간법
③ 프로드법
④ 전류관통법

해설
대형 구조물에는 극간법과 프로드법이 사용 가능하며, 극간법은 두 자극만을 사용하므로 휴대성이 우수하다.

정답 10 ④ 11 ② 12 ④ 13 ②

14 프로드법에 대한 설명으로 옳은 것은?

① 자화전류값은 전극 간격이 넓게 됨에 따라 감소시켜야 한다.

② 대형 시험체를 1회 통전으로 전체를 자화시키는 방법이다.

③ 시험체의 넓은 두 점에 전극을 설정하여 전 면적에 전류를 흘리는 방법이다.

④ 전극에 가까울수록 자계는 강하고 양쪽 전극으로부터 멀어질수록 약해진다.

해설

프로드법
- 간격이 넓어지면 자화력을 크게 해야 한다.
- 잔류법은 작고 보자력이 큰 물체에 사용한다.
- 국부적으로 검사하는 방법이다.

15 초음파탐상검사의 진동자 재질로 사용되지 않는 것은?

① 수정

② 황산리튬

③ 할로겐화은

④ 타이타늄산바륨

해설

초음파검사의 진동자 재질로는 수정, 황산리튬, 지르콘, 압전세라믹, 타이타늄산바륨 등이 있다.

16 침투탐상시험의 탐상방법 기호가 FC인 방법은?

① 염색침투탐상 중 수세성 침투액 사용방법

② 염색침투탐상 중 용제제거성 침투액 사용방법

③ 형광침투탐상 중 수세성 침투액 사용방법

④ 형광침투탐상 중 용제제거성 침투액 사용방법

해설

F방법은 형광침투액을 이용한 방법이고, C는 용제제거성 침투액을 사용하는 방법이다.

17 침투탐상시험의 현상제를 선택하는 일반적인 방법 중 대량 검사에 적합한 선택은?

① 습식현상제

② 속건식현상제

③ 건식현상제

④ 무현상법

해설

일반적으로 대량 검사에는 습식현상제, 소량 검사에는 속건식현상제를 사용한다.

18 다음 중 자분탐상시험에서 표면 밑의 결함탐상에 가장 우수한 검출능력을 가지는 자분의 조합은?

① 습식, 형광자분

② 건식, 형광자분

③ 습식, 비형광자분

④ 건식, 비형광자분

해설

표면 아래 결함의 경우 결함이 깊어질수록 결함의 지시가 좀 흐리게 나타난다. 습식자분의 경우 유동성이 좋아 지시가 잘 나타나지만, 검사액 자체가 표면물질 역할을 하여 건식법에 비해 표면 아래 결함에는 반응도가 낮아질 수 있다. 그러나 일반적으로 습식, 형광자분에서 결함의 식별이 더 우수하기 때문에 이 문제를 풀기 위해서는 두 가지 내용을 학습해야 한다.

14 ④ 15 ③ 16 ④ 17 ① 18 ② 정답

19 프로드법으로 자분탐상시험할 때 소요전류의 산정을 어떻게 하는가?

① 부품의 종류

② 프로드의 간격

③ 부품의 직경

④ 부품의 길이

해설

프로드의 간격이 길수록 자장 형성을 위해 소요전류를 높여 주어야 한다.

20 자분탐상시험의 극간법과 프로드법을 비교한 것으로 옳지 않은 것은?

① 극간법은 탐상면에 손상을 주지 않는다.

② 프로드법은 대형 구조물의 국부검사에 좋다.

③ 화재의 위험이 있을 시에는 극간법을 적용한다.

④ 극간법에서는 전극지시의 의사지시모양이 나타난다.

해설

극간법에서는 전극지시가 발생하지 않는다.

21 초음파탐상시험에서 결함 길이를 측정하는 방법은?

① dB Drop법

② IRIS

③ EMAT

④ TOFD

해설

② IRIS : 초음파튜브검사로 초음파탐촉자가 튜브 내부에서 회전하며 검사, 결함검출

③ EMAT : 전자기 원리를 이용하는 초음파검사법, 결함검출

④ TOFD : 회절파를 이용하며 결함 높이를 고정밀도로 측정

22 침투탐상시험에서 접촉각과 적심성 사이의 관계를 옳게 설명한 것은?

① 접촉각이 클수록 적심성이 좋다.

② 접촉각이 작을수록 적심성이 좋다.

③ 접촉각이 적심성과는 관련이 없다.

④ 접촉각이 90°일 경우 적심성이 가장 좋다.

해설

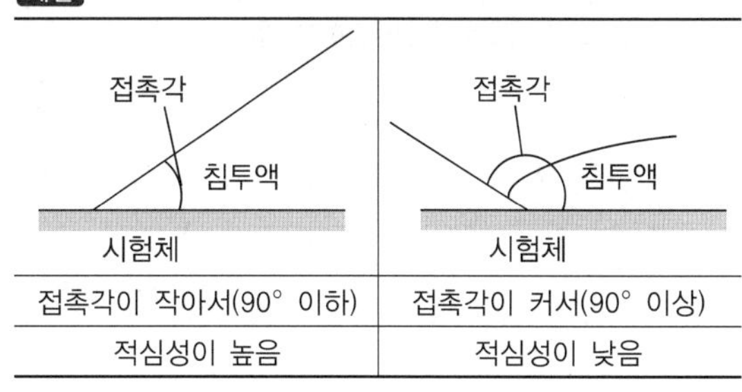

접촉각이 작아서(90° 이하)	접촉각이 커서(90° 이상)
적심성이 높음	적심성이 낮음

23 시험체의 구멍 내부에 삽입하여 구멍축과 코일축이 일치하는 상태에서 이용되는 시험법은?

① 표면형 코일

② 외삽형 코일

③ 내삽형 코일

④ 관통형 코일

해설

- 표면형 코일 : 코일축이 시험체면에 수직인 경우에 적용되는 시험코일이다.
- 관통형 코일 : 시험체를 시험코일 내부에 넣고 시험하는 코일이다. 시험체가 그 내부를 통과하는 사이에(외삽코일이라고도 한다) 시험체의 전 표면을 검사할 수 있기 때문에 고속 전수검사에 적합하며, 선 및 직경이 작은 봉이나 관의 자동검사에 이용한다.

정답 19 ② 20 ④ 21 ① 22 ② 23 ③

24 와류탐상시험에서 침투깊이에 관한 설명으로 옳지 않은 것은?

① 주파수가 높을수록 침투깊이가 깊다.
② 투자율이 낮을수록 침투깊이가 깊다.
③ 전도율이 높을수록 침투깊이가 얕다.
④ 표피효과가 클수록 침투깊이가 얕다.

해설
주파수가 낮을수록 침투깊이가 깊다.

25 누설검사에 이용되는 기체가 아닌 것은?

① 수소 ② 헬륨
③ 할로겐 ④ 암모니아

해설
수소는 폭발성으로 인해 사용하기 어렵다.

26 형광침투액을 사용할 때에 대한 설명으로 적절한 것은?

① 500lx 이상의 조명에서 검사한다.
② 1,000lx 이상의 조명에서 검사한다.
③ 20lx 이하에서 검사한다.
④ 실외 공간에서 검사한다.

해설
가능한 한 어두운 곳(20lx 이하)에서 자외선 감광을 통해 검사를 실시한다.

27 자분탐상에 대한 설명으로 옳은 것은?

① 자분지시모양으로 내부 조직을 알 수 있다.
② 대형 부품은 1회 통전으로 시험체 전체 탐상을 실시한다.
③ 강자성체에서 적용이 가능한 검사이다.
④ 전류가 흐르는 도체 내에는 자력선이 존재하지 않는다.

해설
① 자분지시모양으로 내부 조직을 알 수 없다.
② 1회 통전을 통한 잔류자장으로는 대형 부품 전체 탐상을 할 수 없다.
④ 전류가 흐르면 자력선이 발생한다.

28 다음 중 전기전도율이 가장 높은 금속은?

① Ni
② Cr
③ W
④ Mo

해설
금속의 전기전도율 순위
크로뮴(Cr) < 납(Pb) < 주석(Sn) < 백금(Pt) < 철(Fe) < 니켈(Ni) < 아연(Zn) < 텅스텐(W) < 몰리브데넘(Mo) < 금(Au) < 순동(Cu) < 은(Ag)

24 ① 25 ① 26 ③ 27 ③ 28 ④ 정답

29 자분탐상시험에서 자분에 대한 설명 중 잘못된 것은?

① 자분에는 형광자분과 비형광자분이 있다.
② 자분에는 습식자분과 건식자분이 있다.
③ 자분은 적당한 크기, 모양, 투자성 및 보자성을 가진 선택된 자성체이다.
④ 자분용액 제조 시 솔벤트나 케로신을 사용하고 물은 사용하지 않는다.

해설
자분용액 제조 시 일반적으로 분산매로 물이나 등유를 사용하고, 검사한 자분이 그대로 남기를 원할 경우 휘발성이 강한 물질을 사용한다.

30 강자성재료의 자분탐상검사방법 및 자분모양의 분류(KS D 0213)에서 자화방법 중 극간법의 부호로 옳은 것은?

① C ② M
③ I ④ P

해설
축 통전법(EA), 직각 통전법(ER), 자속 관통법(I), 전류 관통법(B), 프로드법(P), 코일법(C), 극간법(M)

31 강자성재료의 자분탐상검사방법 및 자분모양의 분류(KS D 0213)에서 비형광자분을 사용한 경우 자분모양을 충분히 관찰할 수 있는 일광 또는 조명의 관찰면의 밝기는?

① 500lx 이상 ② 300lx 이상
③ 100lx 이상 ④ 20lx 이상

해설
비형광자분을 사용한 경우는 자분모양을 충분히 식별할 수 있는 일광 또는 조명(관찰면의 밝기는 500lx 이상) 아래에서 관찰한다.

32 Fe–C 평형상태도에서 공정점에서의 자유도는?

① 0 ② 1
③ 2 ④ 3

해설
공정점은 평형상태도 전체에서 하나이며 압력, 온도, 농도가 정해져 있다.

33 자성체의 투자율(μ)를 옳게 나타낸 것은?(단, H는 자계의 세기, B는 자속밀도를 나타낸다)

① BH ② B/H
③ $B+H$ ④ $B-H$

해설
자계의 세기는 자속밀도 중에 얼마의 자속량을 투과시켰느냐로 표현할 수 있다.

정답 29 ④ 30 ② 31 ① 32 ① 33 ②

34 강자성재료의 자분탐상검사방법 및 자분모양의 분류(KS D 0213)에서 A형 표준시험편에의 자분의 적용은 주로 어떤 방법으로 하는가?

① 연속법 ② 잔류법
③ 통전법 ④ 관통법

해설
시험편의 자분의 적용은 연속법으로 한다.

35 포화자화밀도로만 연결된 것은?

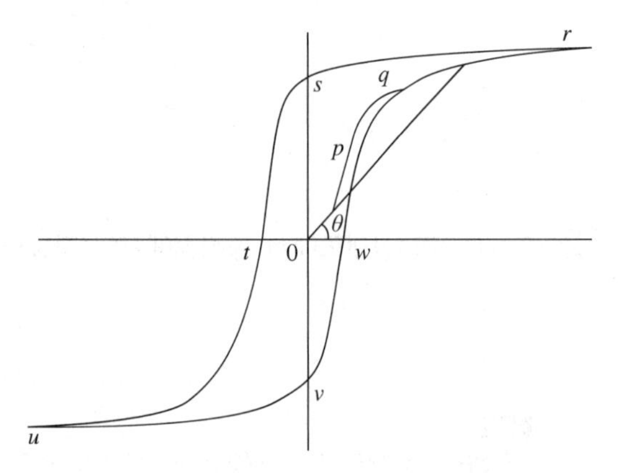

① $t-w$ ② $s-v$
③ $r-u$ ④ $p-q$

해설
문제의 그림은 자기이력곡선으로 세로축이 자속밀도이고, r과 u가 가장 자화가 많이 포화된 지점이다.

36 50μm 이상의 코팅을 가진 피검사물을 검사할 때 적합한 방법은?

① 자분탐상 ② 침투탐상
③ 누설탐상 ④ 와전류탐상

해설
자분탐상도 코팅 밑을 탐지할 수 있으나 50μm 이상의 코팅을 가진 피검사물을 검사할 때는 와전류탐상을 이용한다.

37 강자성재료의 자분탐상검사방법 및 자분모양의 분류(KS D 0213)의 A형 표준시험편 명칭이 "A1-15/50"일 때 숫자 50이 의미하는 것은?

① 흠집의 깊이
② 흠집의 길이
③ 시험편의 판 두께
④ 시험편의 세로 길이

해설
시험편의 명칭 가운데 사선의 왼쪽은 인공 흠집의 깊이를, 사선의 오른쪽은 판의 두께를 나타내고 치수의 단위는 μm로 한다.

38 구상흑연주철을 제조할 때 접종제로 첨가되는 것은?

① P, S
② Mg, Ca
③ Cr, Ni
④ Co, Ti

해설
구상흑연주철 : 주철이 강에 비하여 강도와 연성 등이 나쁜 이유는 흑연의 상이 편상으로 되어 있기 때문이다. 이에 구상흑연주철은 용융 상태의 주철 중에 마그네슘, 세륨 또는 칼슘 등을 첨가처리하여 흑연을 구상화한 것으로 노듈러 주철, 덕타일 주철이라고도 한다.

34 ① 35 ③ 36 ④ 37 ③ 38 ② 정답

39 강자성재료의 자분탐상검사방법 및 자분모양의 분류(KS D 0213)에서 A형 표준시험편에 관한 설명 중 옳은 것은?

① 시험편은 인공 흠집이 있는 면을 검사면에 붙인다.
② 검사면과 시험편의 간격은 약간 떨어지는 것이 좋다.
③ 시험편의 자분 적용은 잔류법으로 한다.
④ 시험편의 A1은 A2보다 높은 유효자기장에서 자분모양을 얻는다.

해설

② A형 표준시험편은 인공 흠집이 있는 면이 검사면에 잘 밀착되도록 적당한 점착성 테이프를 사용하여 검사면에 붙인다.
③ 시험편의 자분 적용은 연속법으로 한다.
④ A형 표준시험편의 A2는 A1보다 높은 유효자기장의 강도로 자분모양이 나타난다.

40 자화전류의 종류에 관한 설명 중 옳지 않은 것은?

① 교류 및 충격전류를 사용하여 자화하는 경우 원칙적으로 표면 흠집의 검출에 한한다.
② 직류 및 맥류를 사용하여 자화하는 경우 표면의 흠집 및 표면 근처 내부의 흠집 검출이 가능하다.
③ 직류 및 맥류를 사용하여 자화하는 경우 연속법 및 잔류법에 사용이 가능하다.
④ 직류는 표피효과의 영향으로 표면 아래의 자화가 교류보다 약하다.

해설

교류는 표피효과의 영향으로 표면 아래의 자화가 직류보다 약하다.

41 탈자가 필요한 경우가 아닌 것은?

① 계속하여 하는 시험의 자화가 전회의 자화에 의해 악영향을 받을 우려가 있을 경우
② 검사 대상체의 잔류자기가 이후의 기계가공에 악영향을 미칠 우려가 있을 경우
③ 검사 대상체의 잔류자기가 계측장치 등에 악영향을 미칠 우려가 있을 경우
④ 검사 대상체가 마찰 부분 또는 그것에서 먼 곳에 사용되는 경우

해설

탈자는 검사 대상체가 마찰 부분 또는 그것에서 가까운 곳에 사용되는 것으로, 마찰 부분에 자분 등을 흡인하여 마모를 증가시킬 우려가 있을 경우에 사용한다.

42 다음 ( ) 안에 들어갈 내용은?

> 강자성재료의 자분탐상검사방법 및 자분모양의 분류(KS D 0213)에서 검사기록을 작성할 때 자화전류치는 파고치로 기재한다. 코일법인 경우에는 (A)를 부기한다. 또 프로드법의 경우는 (B)을 부기한다.

① A : 적용시기, B : 자화방법
② A : 검사기술자, B : 표준시험편
③ A : 코일의 치수, B : 프로드 간격
④ A : 검사장치, B : 자분모양

해설

자화전류치 및 통전시간

- 자화전류치는 파고치로 기재한다.
- 코일법인 경우는 코일의 치수, 권수를 부기한다.
- 프로드법의 경우는 프로드 간격을 부기한다.

정답 39 ① 40 ④ 41 ④ 42 ③

43 압력용기-비파괴시험 일반(KS B 6752)에 따른 절차서의 개정이 필요한 경우는?

① 시험체의 형상 변경
② 검사자의 자격인정요건 변경
③ 인정범위를 초과하는 피복 두께
④ 시험 후처리 기법의 변경

해설
보기의 구성으로 보아 문제 중 "절차서의 개정"이란 재인정을 말하는 것으로 보이며, 필수 변수와 비필수 변수를 구분하는 문제이다. 따라서 인정범위를 초과하는 피복 두께는 "입증된 두께를 초과하는 기존 코팅"과 같은 내용이므로 필수 변수이고, 이를 변경할 경우는 절차서의 재인정이 필요하다.

44 압력용기-비파괴시험 일반(KS B 6752)에서 습식자분을 사용하는 시험방법에 대한 설명 중 옳지 않은 것은?

① 자분을 적용한 후 자화전류를 통전시켜야 한다.
② 자화전류의 적용과 함께 자분의 유동이 정지되어야 한다.
③ 자분을 시험 부위에 직접 적용하지 않고 시험 부위 위로 유동시키거나 직접 적용하되 집적된 자분이 제거되지 않을 정도의 저속으로 적용한다면, 자화전류를 적용하면서 습식자분을 적용해도 된다.
④ 시험매체를 적용하고 모든 과잉 시험매체를 제거하는 동안 자화전류를 유지시켜야 한다.

해설
건식자분을 사용할 때는 시험매체를 적용하고 모든 과잉 시험매체를 제거하는 동안 자화전류를 유지시켜야 한다.

45 Zn을 5~20% 함유한 황동으로, 강도는 낮으나 전연성이 좋고, 색깔이 금색에 가까워 모조금이나 판 및 선 등에 사용되고 있는 황동은?

① 톰백 ② 주석 황동
③ 7-3 황동 ④ 문쯔메탈

해설
톰백(Tombac) : 8~20%의 아연을 구리에 첨가한 구리합금은 황동 중에서 가장 금 빛깔에 가까우며, 소량의 납을 첨가하여 값이 싼 금색 합금을 만든다. 특히, 금 종이의 대용품으로서 서적의 금박 입히기, 금색 인쇄에 사용된다.

46 열간가공과 냉간가공을 구분하는 기준이 되는 것은?

① 자기변태점 ② 공정점
③ 재결정온도 ④ 공석점

해설
재결정온도 이상에서 가공하는 것을 열간가공, 이하에서 가공하는 것을 냉간가공이라 한다.

47 Fe-Fe_3C 상태도에서 레데부라이트가 나올 수 없는 탄소불순물 함유량은?

① 0.5% ② 0.8%
③ 2.11% ④ 6.0%

해설
레데부라이트는 오스테나이트와 Fe_3C의 화합물로 Fe_3C는 탄소 함유량이 0.77% 이상일 때 나타난다.

43 ③ 44 ④ 45 ① 46 ③ 47 ① 정답

48 다음에서 설명하는 탄소강의 불순물은?

> 강도와 고온가공성을 증가시킨다. 연신율 감소를 억제, 주조성, 담금질 효과 향상, 적열취성을 일으키는 황화철(FeS) 형성을 막아 준다.

① Si ② Mn
③ P ④ S

해설
① 규소(Si) : 페라이트 중 고용체로 존재하며, 단접성과 냉간가공성을 해친다(0.2% 이하로 제한).
③ 인(P) : 인화철 편석으로 충격값을 감소시켜 균열을 유발하고, 연신율을 감소시키며 상온취성을 유발시킨다.
④ 황(S) : 황화철을 형성하여 적열취성을 유발하나 절삭성을 향상시킨다.

49 다음에서 설명하는 탈산강은?

> • 용융철 바가지(Ladle) 안에서 강력한 탈산제인 페로실리콘(Fe-Si), 알루미늄 등을 첨가하여 충분히 탈산시킨 다음 주형에 주입하여 응고시킨다.
> • 기포나 편석은 없으나 표면에 헤어크랙(Hair Crack)이 생기기 쉬우며, 상부의 수축공 때문에 10~20%는 잘라낸다.

① 림드강 ② 킬드강
③ 세미킬드강 ④ 캡트강

해설
완전히 탈산한 강을 킬드강이라고 한다.

50 물체에 진동이 전달되면 흡수된 진동이 점차 작아지게 되는데 이를 진동의 감쇠능이라 한다. 다음 중 감쇠능이 가장 뛰어난 제품은?

① 백주철 ② 반주철
③ 펄라이트주철 ④ 회주철

해설
주철의 감쇠능 : 물체에 진동이 전달되면 흡수된 진동이 점차 작아지게 되는데 이를 진동의 감쇠능이라 한다. 회주철은 감쇠능이 뛰어나다.

51 다음 중 알루미늄 합금이 아닌 것은?

① 라우탈 ② 실루민
③ Y합금 ④ 켈밋

해설
④ 켈밋(Kelmet) : 28~42% Pb, 2% 이하의 Ni 또는 Ag, 0.8% 이하의 Fe, 1% 이하의 Sn을 함유한다. 고속회전용 베어링, 토목 광산기계에 사용한다.
① 라우탈합금 : 알코아에 Si를 3~8% 첨가하면 주조성이 개선되며 금형주물로 사용된다.
② 실루민(또는 알팍스) : Al에 11.6% Si를 함유하며, 공정점이 577℃가 되는 합금
③ Y합금
- 4% Cu, 2% Ni, 1.5% Mg 등을 함유하는 Al 합금이다.
- 고온에 강한 것이 특징이며 모래형 또는 금형 주물 및 단조용 합금이다.

52 비정질합금의 제조법 중에서 기체급랭법에 해당되지 않는 것은?

① 진공증착법 ② 스퍼터링법
③ 화학증착법 ④ 스프레이법

해설
스프레이법은 액체급랭법에 해당한다.

정답 48 ② 49 ② 50 ④ 51 ④ 52 ④

53 다음 설명하는 복합재료는?

> 2종 이상의 금속재료를 합리적으로 짝을 맞추어 각각의 소재가 가진 특성을 복합적으로 얻을 수 있는 재료이다. 일반적으로 얇은 특수금속을 두껍고 저렴한 모재에 야금적으로 접합시킨 것이다.

① FRM ② SAP
③ Cermet ④ Clad

해설

① 섬유강화금속 복합재료(FRM) : 금속모재 중에 매우 강한 섬유상의 물질을 분산시켜 요구되는 특성을 갖도록 만든 것이다.
② 분산강화금속 복합재료(SAP, TD Ni) : 기지금속 중에 0.01~0.1μm 정도의 산화물 등 미세한 분산입자를 균일하게 분포시킨 재료이다. 고온 강도성에 우수하여 주목받고 있다. 미립자분산방법으로 제조하며, 최근에는 MA(Mechanical Alloying)법으로 제조한다.
③ 입자강화금속 복합재료(Cermet) : 1~5μm 정도의 비금속입자가 금속이나 합금의 기지 중 분산되어 있는 재료이다.

54 다음 중 자성에 관한 성질이 다른 물질은?

① 철 ② 비스무트
③ 안티모니 ④ 금

해설

반자성체

자성을 만나 자계 안에 놓였을 때, 기존 자계와 반대 방향의 자성을 얻어 자석으로부터 척력을 발생시키는 물질을 의미한다. 반자성체의 종류로는 비스무트, 안티모니, 인, 금, 은, 수은, 구리, 물과 같은 물질이 있다.
※ 철은 자성체이다.

55 저용융점 합금이란 약 몇 ℃ 이하에서 용융점이 나타나는가?

① 250℃
② 350℃
③ 450℃
④ 550℃

해설

녹는점이 327.4℃인 납을 기준으로 납보다 더 낮은 용융점을 가진 금속으로, 보통 250℃ 정도 이하의 녹는점을 가진 금속을 말한다.

56 충전 전 아세틸렌용기의 무게는 50kg이었다. 아세틸렌 충전 후 용기의 무게가 55kg이었다면 충전된 아세틸렌가스의 양은 몇 L인가?(단, 15℃, 1기압하에서 아세틸렌가스 1kg의 용적은 905L이다)

① 4,525
② 6,000
③ 4,500
④ 5,000

해설

충전된 아세틸렌의 무게는 5kg이고 1kg당 905L의 부피를 차지하므로 5kg은 $5 \times 905 = 4,525$L의 부피를 차지한다.

53 ④ 54 ① 55 ① 56 ① **정답**

57 내용적 50L 산소용기의 고압력계가 150기압(kgf/cm^2)일 때 프랑스식 250번 팁으로 사용압력 1기압에서 혼합비 1 : 1을 사용하면 몇 시간 작업할 수 있는가?

① 20시간 ② 30시간
③ 40시간 ④ 50시간

해설
150배 압축된 양이 50L이므로, 산소의 양은 7,500L이다.
용접 가능 시간 = 산소용기 내 총산소량 / 시간당 소비량으로 250번 팁은 시간당 가스 소비량이 250L이므로 7,500/250 = 30이다.

58 아크전류 150A, 아크전압 25V, 용접속도 15cm/min일 경우 용접단위 길이 1cm당 발생하는 용접입열은 약 몇 J/cm인가?

① 15,000 ② 20,000
③ 25,000 ④ 30,000

해설
용접입열

$$H = \frac{60EI}{V}(\text{J/cm})$$

$$= \frac{60 \times 25\text{V} \times 150\text{A}}{15\text{cm/min}} = 15{,}000\text{J/cm}$$

(여기서, E : 아크전압, I : 아크전류, V : 용접속도(cm/min))

59 아크용접봉 중 아크의 안정성이 좋고 슬래그의 점성이 커서 슬래그의 박리성이 좋은 것은?

① 일미나이트계
② 고셀룰로스계
③ 고산화타이타늄계
④ 저수소계

해설
① 일미나이트계 : 슬래그 생성식으로 전 자세 용접이 되고, 외관이 아름답다.
② 고셀룰로스계 : 가장 많은 가스를 발생시키는 가스 생성식이며 박판용접에 적합하다.
④ 저수소계 : 슬래그의 유동성이 좋고 아크가 부드러워 비드의 외관이 아름다우며, 기계적 성질이 우수하다.

60 저수소계 용접봉을 2시간 정도 건조하려 할 때 건조온도로 적당한 것은?

① 150~200℃
② 200~250℃
③ 250~300℃
④ 300~350℃

해설
흡습성이 많은 저수소계 용접봉은 300~350℃에서 2시간 정도 건조시켜 사용한다.

정답 57 ② 58 ① 59 ③ 60 ④

2020년 제1회 과년도 기출복원문제

01 비파괴검사법 중 대상 물체가 전도체인 경우에만 검사가 가능한 시험법은?

① 침투탐상시험
② 방사선투과시험
③ 초음파탐상시험
④ 와전류탐상시험

해설
와전류탐상시험
- 전자유도현상에 따른 와전류분포 변화를 이용하여 검사한다.
- 표면 및 표면직하검사 및 도금층의 두께 측정에 적합하다.
- 파이프 등의 표면결함 고속 검출에 적합하다.
- 전자유도현상이 가능한 도체에서 시험이 가능하다.

02 압력차에 의해 검사하며 관통된 결함의 경우 공기역학의 법칙을 이용하여 탐지하는 검사는?

① 침투탐상시험
② 와전류탐상시험
③ 누설탐상시험
④ 적외선탐상시험

해설
누설검사
- 압력차에 의한 유체의 누설현상을 이용하여 검사한다.
- 관통된 결함의 경우 탐지가 가능하다.
- 공기역학의 법칙을 이용하여 탐지한다.

03 1Pa을 N/m^2로 환산한 값으로 옳은 것은?

① 0.133　② 1
③ 101.3　④ 760

해설
Pa은 N/m^2을 표현한 단위이다. $1Pa = 1N/m^2$

04 가청 주파수의 범위는?

① 1~500kHz
② 500~50,000kHz
③ 20~500kHz
④ 20~20,000Hz

해설
가청 주파수의 범위는 20Hz에서 20,000Hz, 즉 20kHz의 범위이다. 이를 넘는 주파수 범위에 해당하는 음파가 초음파이다.

05 계기압에 대한 식으로 옳은 것은?

① 계기압 = 절대압력 + 대기압력
② 계기압 = 절대압력 − 대기압력
③ 계기압 = 절대압력 × 대기압력
④ 계기압 = 절대압력 ÷ 대기압력

해설
계기에 나타나는 압력을 계기압이라고 한다. 절대압력은 대기 중의 압력에 계기에 나타난 압력을 더한 것이다.

1 ④ 2 ③ 3 ② 4 ④ 5 ② 정답

06 와전류탐상시험에서 코일의 임피던스에 영향을 미치는 인자와 거리가 먼 것은?

① 전도율
② 표피효과
③ 투자율
④ 도체의 치수 변화

해설

코일임피던스에 영향을 주는 인자
- 시험주파수 : 와류시험을 할 때 이용하는 교류전류의 주파수
- 시험체의 전도도
- 시험체의 투자율
- 시험체의 형상과 치수

07 비파괴검사법 중 일반적으로 결함의 깊이를 가장 정확히 측정할 수 있는 시험법은?

① 자분탐상시험
② 침투탐상시험
③ 방사선투과시험
④ 초음파탐상시험

해설

초음파탐상시험의 장단점

장점	단점
• 균열 등 미세결함에도 감도가 높다. • 초음파의 투과력이 우수하다. • 내부결함의 위치나 크기, 방향 등을 정확히 측정할 수 있다. • 결과를 신속하게 확인할 수 있다. • 방사선 피폭의 우려가 작다.	• 검사자의 숙련이 필요하다. • 불감대가 존재한다. • 접촉매질을 활용한다. • 표준시험편, 대비시험편을 필요로 한다. • 결함과 초음파빔의 탐상 방향에 따른 영향이 크다.

08 파를 전달하는 입자가 파의 진행 방향에 대해 평행하게 진동하는 파장으로 고체, 액체, 기체에 모두 존재하며, 속도(5,900m/s 정도)가 가장 빠른 파장은?

① 종파 ② 횡파
③ 표면파 ④ 판파

해설

초음파의 종류

구분	내용
종파	• 파를 전달하는 입자가 파의 진행 방향에 대해 평행하게 진동하는 파장이다. • 고체, 액체, 기체에 모두 존재하며, 속도(5,900m/s 정도)가 가장 빠르다.
횡파	• 파를 전달하는 입자가 파의 진행 방향에 대해 수직으로 진동하는 파장이다. • 액체, 기체에는 존재하지 않으며, 속도는 종파의 반 정도이다. • 동일 주파수에서 종파에 비해 파장이 짧아서 작은 결함의 검출에 유리하다.
표면파	• 매질의 한 파장 정도의 깊이를 투과하여 표면으로 진행하는 파장이다. • 입자의 진동방식이 타원형으로 진행한다. • 에너지의 반 이상이 표면으로부터 1/4 파장 이내에서 존재하며, 한 파장 깊이에서 에너지는 대폭 감소한다.
판파	• 얇은 고체판에만 존재한다. • 밀도, 탄성 특성, 구조, 두께 및 주파수에 영향을 받는다. • 진동의 형태가 매우 복잡하며, 대칭형과 비대칭형으로 분류된다.
유도 초음파	• 배관 등에 초음파를 일정 각도로 입사시켜 내부에서 굴절 중첩 등을 통하여 배관을 따라 진행하는 파가 만들어지는 것을 이용하여 발생시킨다. • 탐촉자의 이동 없이 고정된 지점으로부터 대형 설비 전체를 한 번에 탐상할 수 있다. • 절연체나 코팅의 제거가 불필요하다.

정답 6 ② 7 ④ 8 ①

09 초음파의 검사방법을 반사법, 투과법, 공진법으로 나누는 기준은?

① 초음파의 형태
② 송수신방식
③ 탐촉자 수
④ 접촉방식

해설
초음파 검사방법의 종류
- 초음파 형태에 따라 : 펄스파법, 연속파법
- 송수신방식에 따라 : 반사법, 투과법, 공진법
- 탐촉자 수에 따라 : 1탐촉자법, 2탐촉자법
- 탐촉자의 접촉방식에 따라 : 직접접촉법, 국부수침법, 전몰수침법

10 침투탐상시험 시 미립자형 현상제를 쓸 경우의 설명으로 적합하지 않은 것은?

① 현상제를 솔로 칠한다.
② 현상제를 골고루 분무한다.
③ 현상제를 충분히 흔들어 사용한다.
④ 현상제는 시험 후 후처리로 제거한다.

해설
미립자형 현상제는 분무한다.

11 물질 내부의 결함을 검출하기 위한 비파괴검사법으로만 나열된 것은?

① 와전류탐상시험, 누설시험
② 자분탐상시험, 침투탐상시험
③ 침투탐상시험, 와전류탐상시험
④ 초음파탐상시험, 방사선투과시험

해설
누설시험은 관통된 결함만 검출이 가능하고, 침투탐상시험은 표면의 개방된 결함만 검출 가능하다.

12 관(Tube)의 내부에 회전하는 초음파탐촉자를 삽입하여 관의 두께 감소 여부를 알아내는 초음파탐상검사법은?

① EMAT ② IRIS
③ PAUT ④ TOFD

해설
② IRIS : 초음파튜브검사로 초음파탐촉자가 튜브의 내부에서 회전하며 검사한다.
① EMAT : 전자기 원리를 이용하는 초음파검사법이다.
③ PAUT : 위상배열초음파검사로, 여러 진폭을 갖는 초음파를 이용하여 실시간으로 검사한다.
④ TOFD : 결함 높이를 고정밀도로 측정하는 방법으로 회절파를 이용한다.

13 시험체를 절단하거나 외력을 가하여 기계설계에 이상이 있는지를 증명하는 검사방법은?

① 가압시험
② 위상분석시험
③ 파괴시험
④ 임피던스검사

해설
비파괴검사는 시험체를 절단하거나 외력을 가하지 않고 검사하는 방법이다. 그 반대 방법은 파괴검사이다.

9 ② 10 ① 11 ④ 12 ② 13 ③ 정답

14 방사선투과시험에서 투과도계는 무엇을 측정하기 위하여 사용되는가?

① 방사선의 세기
② 시험체의 결함 크기
③ 시험체의 결함 종류
④ 방사선 투과사진의 상질

해설
투과도계의 사용목적
• 투과도계는 촬영된 방사선투과사진의 감도를 알기 위함이다.
• 시편 위에 함께 놓고 촬영한다.

15 자분탐상시험에서 표면 밑의 결함탐상에 가장 우수한 검출능력을 갖는 자분의 조합은?

① 습식, 형광자분
② 건식, 형광자분
③ 습식, 비형광자분
④ 건식, 비형광자분

해설
표면 아래 결함의 경우 깊어질수록 결함의 지시가 좀 흐리게 나타난다. 습식자분의 경우 유동성이 좋아 지시가 잘 나타나지만, 검사액 자체가 표면 물질 역할을 하여 건식법에 비해 표면 아래 결함에 반응도가 낮아질 수 있다. 그러나 일반적으로 습식, 형광자분에서 결함의 식별이 더 우수하기 때문에 이 기출문항은 두 가지 내용을 모두 알고 있도록 학습해야 한다.

16 자분탐상시험에서 시험체 표면하의 결함 검출에 가장 우수한 자화전류는?

① 교류
② 직류
③ 반파정류
④ 충격전류

해설
직류에 가까울수록 좀 더 깊은 결함 측정에 유리하다.

17 형광자분탐상시험에 자외선조사등을 사용하는 이유는?

① 검사자의 눈을 보호하기 위하여
② 자기의 강도를 더 높이기 위하여
③ 자분지시를 더 선명하게 보기 위하여
④ 자기장을 육안으로 식별이 가능하도록 하기 위하여

해설
형광자분은 자외선 광선을 받아 황록색 빛을 발하여 자분지시를 잘 분별하기 위해 사용한다.

18 자화방법 중 시험체에 직접 전극을 접촉시켜서 통전함에 따라 시험체에 자계를 형상하는 방식으로만 조합된 것은?

① 축통전법, 프로드법
② 자속관통법, 극간법
③ 전류관통법, 프로드법
④ 자속관통법, 전류관통법

해설
직접접촉법 : 축통전법, 직각통전법, 프로드법

정답 14 ④ 15 ② 16 ② 17 ③ 18 ①

19 극성이 바뀌는 교류를 한 극성만 용인하여 한 극성만 갖는 전류로 직류에 가깝게 만든 전류는?

① 삼상정류　② 반파정류
③ 전파정류　④ 단상정류

해설

① 삼상정류 : 파동 셋을 정류한 것이다.
③ 전파정류 : 반파정류가 흐름의 연속성에 문제가 있으므로, 교류의 한 극성이 흐른 후 다음 극성을 뒤집어서 연속된 한 극성만 갖는 전류로 직류에 가깝게 만든 전류이다.
④ 단상정류 : 하나의 파동만을 정류하여 낸 전류이다.

20 시험체에 전극을 직접 접촉시켜 통전함으로써 시험체에 자계를 형성하는 자화방법이 아닌 것은?

① 극간법　② 프로드법
③ 축통전법　④ 직각통전법

해설

직접 접촉자화
- 축통전법 : 시험체의 축 방향으로 전류를 흐르게 한다.
- 직각통전법 : 축에 대하여 직각 방향으로 직접 전류를 흐르게 한다.
- 프로드법 : 시험체 국부에 2개의 전극을 대어서 흐르게 한다.

21 일정량 이상의 전류를 짧게 흐르게 한 후(1/120초 정도) 끊어 주는 형태의 전류로 잔류법에 사용하는 것은?

① 직류　② 교류
③ 맥류　④ 충격전류

해설

자화전류의 종류에 따른 분류
- 직류
  - 전류밀도가 안쪽, 바깥쪽 모두 균일하다.
  - 표면 근처의 내부 결함까지 탐상이 가능하다.
  - 통전시간은 1/4~1초이다.
- 맥류
  - 교류를 정류한 직류이다.
  - 내부 결함을 탐상할 수도 있다.
- 충격전류
  - 일정량 이상의 전류를 짧게 흐르게 한 후(1/120초 정도) 끊어 주는 형태의 전류이다.
  - 잔류법에 사용한다.
- 교류
  - 표피효과(바깥쪽으로 갈수록 전류밀도가 커지는 효과)가 있다.
  - 위상차가 지속적으로 발생하여 전류 차단 시 위상에 따라 결과가 계속 달라지므로 잔류법에는 사용할 수 없다.

22 다음 그림에서 θ가 나타내는 것은?

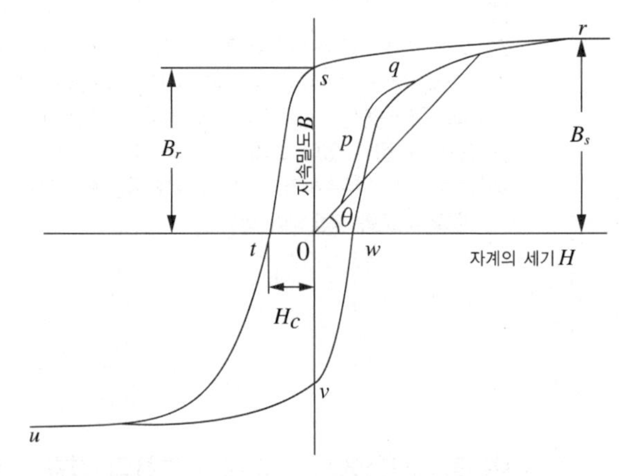

① 투자율　② 자속밀도
③ 자계의 속도　④ 자계의 세기

해설

문제 그림의 곡선은 자기이력곡선이다. B는 자속밀도, H는 자계의 세기이다. θ, 즉 0과 곡선상 임의의 점을 잇는 직선의 기울기는 투자율이다.

19 ② 20 ① 21 ④ 22 ① **정답**

23 결함이 가장 잘 검출되는 자기력선과 결함의 배치 각은?

① 0°(평행)
② 45°
③ 90°
④ 135°

해설
자기력선은 형성된 자계에 따라 모양이 다른데, 결함이 자기력선과 직각 방향으로 놓여 있을 때 가장 잘 검출된다.

24 일반적인 퀜칭 부품에 잔류법을 적용할 때 필요한 자계의 강도로 적절한 것은?

① 1,200~2,000A/m
② 2,400~3,600A/m
③ 4,200~5,800A/m
④ 6,400~8,000A/m

해설
탐상에 필요한 자계의 강도

시험방법	시험체	자계의 강도(A/m)
연속법	일반적인 구조물 및 용접부	1,200~2,000
	주단조품 및 기계부품	2,400~3,600
	담금질한 기계부품	5,600 이상
잔류법	일반적인 담금질한 부품	6,400~8,000
	공구강 등의 특수재 부품	12,000 이상

25 자분매질에 따른 분류 중 습식법에 대한 설명으로 맞는 것은?

① 건조된 자분을 기체에 압축 분산시킨다.
② 자분이 뭉치지 않아야 한다.
③ 착색 자분을 사용한다.
④ 감도가 높은 편이다.

해설
습식법
- 자분을 적당한 액체에 분산 현탁시켜서 사용하는 방법이다.
- 검사액 위에서 분산되므로 유체 유동에 의해 지속적인 분산 흐름이 나타난다.
- 감도가 높은 편이다.

26 교류를 사용하여 어떤 형태의 물질에 전류를 흘렸을 때 자계의 분포 그래프가 다음 그림과 같았다. 이는 어떤 물질의 자계분포를 나타낸 것인가?(단, R은 물질의 반지름, F는 물질의 표면자계강도, μ는 투자율이다)

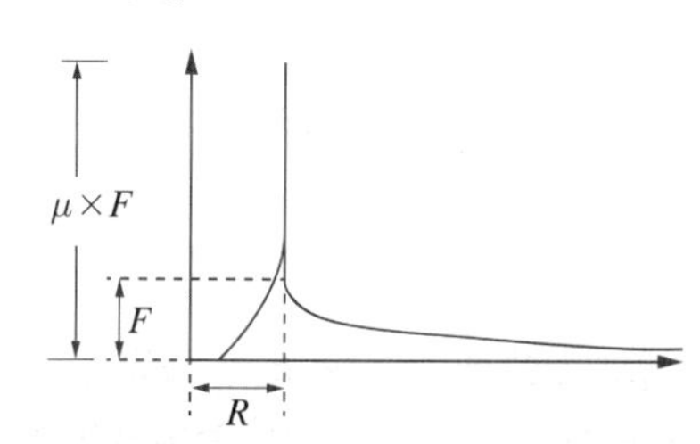

① 봉형 비자성체
② 봉형 자성체
③ 실린더형 비자성체
④ 실린더형 자성체

해설
문제는 표피효과에 대해 설명한 것이다. 교류를 적용하며 그래프에 R이 작을 때 자계가 전혀 없으므로 중공형(실린더형)으로 유추할 수 있다.

27 **반파정류를 사용하여 탐상한 결과, 자분모양지시가 나타났다. 이 지시가 표면 또는 표면하의 불연속인지를 확인하기 위한 조치로 가장 적합한 방법은?**

① 교류로 재시험한다.
② 충격정류로 재시험한다.
③ 탈자한 후 자분을 다시 적용한다.
④ 적용한 전류치보다 더 높은 전류로 재시험한다.

해설
교류는 표피효과가 있어 표면 또는 표면직하의 결함을 검사하기에 적절하다.

28 **자분탐상시험을 적용할 수 없는 재료는?**

① 철(Fe) ② 아연(Zn)
③ 니켈(Ni) ④ 코발트(Co)

해설
자분탐상시험은 자성체에 적용하기 적절하다. 아연은 비자성체이므로 적용하기 어렵다.

29 **선형자화에서 L/D의 비가 다음 중 어느 수치 미만에서 코일법은 적용되지 않는가?(단, L은 시험체의 길이, D는 시험체의 직경이다)**

① 2 ② 3
③ 4 ④ 5

해설
검사 대상체가 자화되어 시험체 양끝이 자극이 되므로 양끝은 검사가 불가하다. 따라서 시험체의 L(길이) : D(지름) 비, 즉 L/D가 2 미만이면 검사 대상체 검사 대상 부분이 거의 양극에 속하여 검사가 불가하다.

30 **두 자극 사이에 검사 부위를 넣어 직선자기장을 만드는 방법으로, 두 자극과 직각 방향의 결함 추적에 용이하며 접촉 시에도 스파크 우려가 없으며 비접촉으로도 검사가 가능한 검사법은?**

① 코일법 ② 극간법
③ 프로드법 ④ 전류관통법

해설
극간법
- 두 자극 사이에 검사 부위를 넣어 직선자기장을 만드는 방법이다.
- 두 자극과 직각 방향의 결함 추적에 용이하다.
- 자극을 사용하므로 접촉 시에도 스파크 우려가 없으며 비접촉으로도 검사가 가능하다.
- 휴대성이 우수하고, 프로드법처럼 큰 검사 대상체의 국부검사에 적당하다.

31 **강자성재료의 자분탐상검사방법 및 자분모양의 분류(KS D 0213)에 의한 용어 정의가 틀린 것은?**

① 검사액 : 습식법에 사용하는 자분을 분산 현탁시킨 액이다.
② 맥류 : 주기적으로 크기가 변화하고 극성은 불변하는 자화전류이다.
③ 정류식 장치 : 직류를 교류 또는 맥류로 바꾸어 자화전류를 공급하게 하는 자화장치이다.
④ 도체패드(Pad) : 검사 대상체의 국부적인 아크 손상을 방지할 목적으로, 검사 대상체와 전극 사이에 끼워서 사용하는 전도성이 좋은 매체이다.

해설
정류식 장치 : 교류를 직류 또는 맥류로 바꾸어 자화전류를 공급하는 자화장치이다.

27 ① 28 ② 29 ① 30 ② 31 ③ 정답

32 형광자분을 사용하는 자분탐상시험 시 광원으로부터 몇 cm 떨어진 시험체 표면에서 자외선 등의 강도는 최소 800W/cm^2 이상이어야 하는가?

① 15cm ② 38cm
③ 50cm ④ 72cm

해설
형광자분을 사용하는 시험에는 자외선조사장치를 이용한다. 자외선조사장치는 주로 320~400nm의 근자외선을 통과시키는 필터를 가지며, 사용 상태에서 형광자분모양을 명료하게 식별할 수 있는 자외선강도(자외선조사장치의 필터면에서 38cm의 거리에서 800W/cm^2 이상)를 가진 것이어야 한다.

33 자기비파괴검사에 사용하는 자분에 대한 설명으로 옳지 않은 것은?

① 자분은 시험체의 재질, 표면 상황 및 흠집의 성질에 따라 적당한 자성, 입도, 분산성, 현탁성 및 색조를 가진 것이어야 한다.
② 자분의 입도는 현미경 측정방법으로 입자의 정방향 지름을 측정한다.
③ 자분의 입도는 누적체상 50%를 표시하는 입자지름의 범위로 나타낸다.
④ 자분은 관찰방법의 차이에 따라 형광자분과 비형광자분으로 분류한다.

해설
자분의 입도는 현미경 측정방법으로 입자의 정방향 지름을 측정하고 누적체상 20% 및 80%를 표시하는 입자 지름의 범위로 나타낸다.

34 강자성재료의 자분탐상검사방법 및 자분모양의 분류(KS D 0213)에 의해 용접부 그루브면 등의 좁은 부분에서 치수적으로 A형 표준시험편의 적용이 곤란한 경우 A형 표준시험편 대신 사용하는 시험편은?

① A-1형 ② A-2형
③ B형 ④ C형

해설
C형 표준시험편(KS D 0213 6.2)은 용접부 그루브면 등의 좁은 부분에서 치수적으로 A형 표준시험편의 적용이 곤란한 경우 A형 표준시험편 대신 사용한다.

35 피복한 도체를 관통 구멍의 중심에 통과시켜 연속법으로 원통면에 자분을 적용해서 사용하는 표준시험편은?

① A-1형 ② A-2형
③ B형 ④ C형

해설
B형 대비시험편(KS D 0213 6.3)
- B형 대비시험편은 장치, 자분 및 검사액의 성능을 조사하는 데 사용한다.
- B형 대비시험편은 원칙적으로 KS C 2503에 규정하는 재료를 사용하며, 용도에 따라 검사 대상체와 같은 재질 및 지름의 것을 사용할 수 있다.
- B형 대비시험편은 피복한 도체를 관통 구멍의 중심에 통과시켜 연속법으로 원통면에 자분을 적용해서 사용한다.

정답 32 ② 33 ③ 34 ④ 35 ③

36 자분탐상시험에서 의사지시가 나타나는 가장 큰 원인의 조합으로 옳은 것은?

① 과도한 전류와 검사 대상체 두께가 일정
② 능숙한 검사 조작과 장비의 성능 저하
③ 부적절한 검사 조작과 자계의 불균일한 분포
④ 검사 대상체의 자기적 안정과 검사액(자분)의 오염

해설
의사지시란 결함이 아닌데 불연속지시가 나타나는 형태의 지시로, 전류가 과도하거나 장비의 성능 저하, 부적절한 검사 조작, 자계의 불균일, 검사액의 오염 등에 의해 발생한다.

37 강자성재료의 자분탐상검사방법 및 자분모양의 분류(KS D 0213)에 의한 자분모양을 기록하는 방법에 해당되지 않는 것은?

① 전사
② 각인
③ 스케치
④ 사진 촬영

해설
자분모양은 필요에 따라 사진 촬영, 스케치, 전사(점착성테이프, 자기 테이프 등)로 기록하고, 적당한 재료(투명 바니시, 투명 래커 등)로 시험면에 고정한다.

38 강자성재료의 자분탐상검사방법 및 자분모양의 분류(KS D 0213)에 따른 자화방법과 분류기호 표시가 올바른 것은?

① 극간법 : M
② 프로드법 : C
③ 직각통전법 : EA
④ 축통전법 : ER

해설
② 프로드법 : P
③ 직각통전법 : ER
④ 축통전법 : EA

39 강자성재료의 자분탐상검사방법 및 자분모양의 분류(KS D 0213)에 따라 자분모양을 분류할 때 선상의 자분모양은 그 길이가 너비의 몇 배 이상인가?

① 1.5배
② 2배
③ 3배
④ 5배

해설
선상의 자분모양 : 자분모양에서 그 길이가 너비의 3배 이상인 것이다.

40 강자성재료의 자분탐상검사방법 및 자분모양의 분류(KS D 0213)에 의해 지시 길이가 선형으로 10mm, 20mm, 30mm가 거의 일직선상에 연속하여 나타났으며, 지시 10mm와 20mm 사이의 간격은 1mm이고, 20mm와 30mm 사이의 간격이 5mm이었다면 최종 지시 길이의 판정으로 옳은 것은?

① 10mm, 20mm, 30mm는 모두 연속한 지시로 판정하여 지시 길이는 60mm이다.
② 10mm, 20mm, 30mm는 모두 연속한 지시로 판정하여 지시 길이는 66mm이다.
③ 10mm, 20mm는 연속한 지시, 그리고 30mm는 독립한 지시로 판정하여 길이는 각각 31mm와 30mm이다.
④ 10mm, 20mm는 연속한 지시, 그리고 30mm는 독립한 지시로 판정하여 길이는 각각 31mm와 35mm이다.

해설
10mm와 20mm는 간격이 2mm 이하이므로 연속이고, 5mm가 불연속된 것은 연속선이 아니다.
10 + 20 + 1 = 31mm, 30mm

36 ③ 37 ② 38 ① 39 ③ 40 ③ 정답

41 탈자가 필요한 경우는?

① 더 큰 자력으로 후속 작업이 계획되어 있을 경우
② 높은 열로 열처리할 계획이 있을 경우
③ 검사 대상체가 대형품이고 부분 탐상을 하는 경우
④ 검사 대상체가 마찰 부분에 자분 등을 흡인하여 마모를 증가시킬 우려가 있을 경우

해설

탈자가 필요한 경우
- 계속하여 수행하는 검사에서 이전 검사의 자화에 의해 악영향을 받을 우려가 있을 때
- 검사 대상체의 잔류자기가 이후의 기계가공에 악영향을 미칠 우려가 있을 때
- 검사 대상체의 잔류자기가 계측장치 등에 악영향을 미칠 우려가 있을 때
- 검사 대상체가 마찰 부분 또는 그것에 가까운 곳에 사용되는 것으로 마찰 부분에 자분 등을 흡인하여 마모를 증가시킬 우려가 있을 때
- 그 밖의 필요할 때

탈자가 필요 없는 경우
- 더 큰 자력으로 후속 작업이 계획되어 있을 때
- 검사 대상체의 보자력이 작을 때
- 높은 열로 열처리할 계획이 있을 때(열처리 시 자력 상실)
- 검사 대상체가 대형품이고 부분 탐상을 하여 영향이 작을 때

42 의사지시인지를 확인하는 방법으로 적절하지 않은 것은?

① 자기펜자국의 경우 탈자 후 재시험
② 전류지시의 경우 잔류법으로 재시험
③ 표면거칠기지시의 경우 표면 정돈 후 재시험
④ 재질경계지시의 경우 잔류법으로 재시험

해설

재질경계지시는 매크로시험, 현미경시험 등 자분탐상시험 이외의 시험으로 확인할 수 있다.

43 강자성재료의 자분탐상검사방법 및 자분모양의 분류(KS D 0213)에 따른 자화전류값 및 통전시간을 시험기록에 작성할 때의 설명으로 옳은 것은?

① 자화전류값은 통전시간을 기재한다.
② 자화전류값은 암페어·턴으로 기재한다.
③ 코일법인 경우 코일명과 타래수를 부기한다.
④ 프로드법의 경우는 프로드 간격을 부기한다.

해설

자화전류값 및 통전시간
- 자화전류값은 파고값으로 기재한다.
- 코일법인 경우는 코일의 치수, 감긴 횟수를 부기한다.
- 프로드법의 경우는 프로드 간격을 부기한다.

44 압력용기의 자기탐상시험에 대한 일반사항으로 적절치 않은 것은?

① 검출감도는 표면에 있는 불연속부에서 가장 낮고, 표면 아래로 내려갈수록 급격히 증가한다.
② 검출 가능한 대표적 불연속부 종류는 균열, 겹침, 심(Seam), 탕계(Cold Shut)와 래미네이션이다.
③ 자속선과 수직 방향으로 존재하는 선형 불연속부에서 최대 탐상감도가 나타난다.
④ 최적 효과를 얻기 위해 최소 2회 시험하고, 첫 번째 시험에서의 자속선 방향과 두 번째 시험에서의 자속선 방향이 거의 수직이 되도록 한다.

해설

검출감도는 표면에 있는 불연속부에서 가장 크고, 표면 아래로 내려갈수록 급격히 감소된다.

정답 41 ④ 42 ④ 43 ④ 44 ①

45 다음 보기에서 설명하는 자기비파괴시험법은?

보기
- 직류 또는 정류된 자화전류를 이용한다.
- 자화전류는 바깥지름(mm)당 12~31A이어야 하고, 지름이 작을수록 큰 전류가 필요하다.
- 요구되는 전류를 흘리지 못할 경우 확보할 수 있는 최대 전류를 이용하고, 자장의 적합성은 따로 입증해야 한다.

① 직접통전법 ② 중심도체법
③ 요크법 ④ 다축자화법

해설
직접통전법
- 시험할 부품에 직접 전류를 흘려 자화시킨다.
- 직류 또는 정류된 자화전류를 이용한다.
- 자화전류는 바깥지름(mm)당 12~31A이어야 하고, 지름이 작을수록 큰 전류가 필요하다.
- 요구되는 전류를 흘리지 못할 경우 확보할 수 있는 최대 전류를 이용하고, 자장의 합성은 따로 입증해야 한다.

46 자화장비의 점검 시 KS B 6752에 따른 전류값의 허용오차는 전체 눈금의 몇 % 내인가?

① ±1% ② ±2%
③ ±5% ④ ±10%

해설
자화장비의 교정
- 교정주기 : 전류계가 부착된 자화장비는 최소한 1년에 한 번이나 장비의 중요 전기 부품의 수리, 주기적인 정비 또는 손상을 입었을 때마다 교정해야 한다. 장비가 1년 이상 사용되지 않았다면 처음 사용하기 전에 교정을 실시해야 한다.
- 교정절차 : 장치의 계기에 대한 정밀도는 국가표준에 따라 추적 가능한 장비를 이용하여 매년 입증되어야 한다. 사용 가능한 범위에 포함되는 최소한 3가지의 다른 전류 출력 수준을 비교하여 읽은값을 취해야 한다.
- 허용오차 : 장치의 계기 읽은값은 시험 계기에 나타난 실제 전류값과의 차이가 전체 범위의 ±10% 이상 벗어나지 않아야 한다.

47 자기비파괴검사를 정확성을 위해 중복시험한다면 두 번째 시험에 적용할 자화 방향으로 적당한 것은?

① 첫 시험과 같은 방향으로 자화한다.
② 첫 시험과 180° 반대 방향으로 자화한다.
③ 첫 시험과 90° 방향으로 자화한다.
④ 방향과 무관하다.

해설
자화 방향
각 부위에 대해 시험을 최소한 두 번 별도로 실시하여야 한다. 두 번째 시험에서 자화 방향은 첫 번째 시험에서의 자화방향과 거의 수직이 되어야 한다.

48 압력용기-비파괴시험일반(KS B 6752)에서 시험감도를 보증하기 위한 시험체 표면에서의 백색광의 최소 강도는?

① 500lx
② 1,000lx
③ 1,500lx
④ 2,000lx

해설
압력용기만을 위한 비파괴시험 규격을 따로 제정한 것이 KS B 6752이며, 여기서는 최소 강도를 1,000lx 요구하였다.

45 ① 46 ④ 47 ③ 48 ② 정답

49 지름이 10mm인 인장시험편을 시험하여 파단 후 지름이 8mm가 되었다면 단면 수축률은 몇 %인가?

① 20 ② 36
③ 64 ④ 80

해설

단면적은 $\frac{\pi d^2}{4}$ 이므로, 실험 전후의 단면적 비는 100 : 64이다.
따라서 수축한 정도는 36%이다.

50 면심입방격자의 배위수는 몇 개인가?

① 8 ② 12
③ 16 ④ 24

해설

- 면심입방 단위격자 내 원자의 수는 4개이며, 배위수는 12개이다.
- 체심입방 단위격자 수는 2개이며, 배위수 8개이다
- 조밀육방격자의 격자수는 2개이며, 배위수는 12개이다.

51 순철의 용융점은?

① 약 720℃
② 약 1,147℃
③ 약 1,540℃
④ 약 1,740℃

해설

불순물 0.00% 순철의 용융점은 1,538 ± 3℃이다.

52 금속의 소성가공을 재결정온도보다 낮은 온도에서 가공하는 것을 무엇이라고 하는가?

① 열간가공
② 승온가공
③ 적열가공
④ 냉간가공

해설

소성가공 중 재결정온도를 기준으로 그보다 높은 온도에서 소성가공하는 것을 열간가공, 그보다 낮은 온도에서 가공하는 것을 냉간가공이라고 한다.

53 저용융점 합금의(Fusible Alloy) 원소로 사용되지 않는 것은?

① W ② Bi
③ Sn ④ In

해설

저용융점 금속

금속	융점(℃)	특징
아연(Zn)	419.5	• 청백색의 HCP 조직이다. • 비중은 7.1이다. • FeZn상이 인성을 나쁘게 한다.
납(Pb)	327.4	• 비중은 11.3이다. • 유연한 금속으로 방사선을 차단하고 상온재결정이다. • 합금, Eoa에 사용한다.
카드뮴(Cd)	320.9	• 중금속 물질이다. • 전연성이 대단히 좋다.
비스무트(Bi)	271.3	• 소량의 희귀 금속으로 합금에 사용한다.
주석(Sn)	231.9	• 은백색의 연한 금속으로 도금 등에 사용한다.
저용점 합금 : 납(327.4℃)보다 낮은 융점을 가진 합금의 총칭으로 대략 250℃ 정도 이하를 말하며 조성이 쉬워 분류를 한다.		

정답 49 ② 50 ② 51 ③ 52 ④ 53 ①

54 백선철을 900~1,000℃로 가열하여 탈탄시켜 만든 주철은?

① 칠드주철
② 합금주철
③ 편상흑연주철
④ 백심가단주철

해설

백심가단주철 : 파단면이 흰색을 나타낸다. 백선 주물을 산화철 또는 철광석 등의 가루로 된 산화제로 싸서 900~1,000℃의 고온에서 장시간 가열하면 탈탄반응에 의하여 가단성이 부여되는 과정을 거친다. 이때 주철 표면의 산화가 빨라지고, 내부의 탄소 확산 상태가 불균형을 이루게 되면 표면에 산화층이 생긴다. 강도는 흑심가단주철보다 다소 높으나 연신율이 작다.

55 소성변형이 일어나면 금속이 경화하는 현상을 무엇이라고 하는가?

① 가공경화
② 탄성경화
③ 취성경화
④ 자연경화

해설

소성가공 시 금속이 변형하면서 잔류응력을 남기고, 변형된 조직 부분이 조밀하게 되어 경화되는 현상을 가공경화라고 한다.

56 순철의 자기변태점 온도는?

① 약 330℃ ② 약 540℃
③ 약 730℃ ④ 약 770℃

해설

불순물 0.00% 순철의 자기변태점 온도는 768℃이다.

57 탄소강의 5대 불순물 중 페라이트 중 고용체로 존재하며, 단접성과 냉간가공성을 해치므로 0.2% 이하로 제한하는 불순물은?

① 탄소 ② 규소
③ 망간 ④ 인

해설

탄소강의 5대 불순물

- 탄소(C) : 강도, 경도, 연성, 조직 등에 전반적인 영향을 미친다.
- 규소(Si) : 페라이트 중 고용체로 존재하며, 단접성과 냉간가공성을 해친다(0.2% 이하로 제한).
- 망간(Mn) : 강도와 고온가공성을 증가시킨다. 연신율 감소를 억제하고, 주조성, 담금질효과가 향상되고, 적열취성을 일으키는 황화철(FeS) 형성을 막아 준다.
- 인(P) : 인화철 편석으로 충격값을 감소시켜 균열을 유발하고, 연신율을 감소시키며 상온취성을 유발시킨다.
- 황(S) : 황화철을 형성하여 적열취성을 유발하나, 절삭성을 향상시킨다.

54 ④ 55 ① 56 ④ 57 ② 정답

58 산소-아세틸렌가스용접에서 연강판의 두께가 4.4mm일 경우 사용되는 용접봉의 굵기는?

① 2.6mm ② 2.0mm
③ 3.2mm ④ 4.2mm

해설

가스용접봉의 지름

㉠ 연강판의 두께와 용접봉 지름

모재의 두께	용접봉 지름
2.5mm 이하	1.0~1.6mm
2.5~6.0mm	1.6~3.2mm
5~8mm	3.2~4.0mm
7~10mm	4~5mm
9~15mm	4~6mm

㉡ 용접봉의 지름을 구하는 식

$$D=\frac{T}{2}+1$$

$D=\frac{4.4}{2}+1=3.2$

문제를 풀 때는 ㉡의 식을 이용하지만 실제 사용 시에는 ㉠ 표의 범위에서 사용하면 된다.

59 알루미늄의 특성을 설명한 것 중 옳은 것은?

① 온도에 관계없이 항상 체심입방격자이다.
② 강(Steel)에 비하여 비중이 가볍다.
③ 주조품 제작 시 주입온도는 1,000℃이다.
④ 전기 전도율이 구리보다 높다.

해설

물리적 성질	알루미늄	구리	철
비중	2.699g/cm³	8.93g/cm³	7.86g/cm³
녹는점	660℃	1,083℃	1,536℃
끓는점	2,494℃	2,595℃	2,861℃
비열	0.215kcal/kg·K	50kcal/kg·K	65kcal/kg·K
융해열	95kcal/kg	2,582kcal/kg	2,885kcal/kg

60 아크용접봉에 적용하는 피복제의 역할로 적절하지 않은 것은?

① 아크의 안정과 집중성을 향상시킨다.
② 산화성과 중성 분위기를 만들어 용융금속을 보호한다.
③ 적당한 점성의 슬래그를 만든다.
④ 용착금속의 응고속도를 느리게 한다.

해설

피복제의 역할

- 아크의 안정과 집중성을 향상시킨다.
- 환원성과 중성 분위기를 만들어 대기 중의 산소나 질소의 침입을 막아 용융금속을 보호한다.
- 용착금속의 탈산정련작용을 한다.
- 용융점이 낮은 적당한 점성의 가벼운 슬래그를 만든다.
- 용착금속의 응고속도와 냉각속도를 느리게 한다.
- 용착금속의 흐름을 개선한다.
- 용착금속에 필요한 원소를 보충한다.
- 용적을 미세화하고 용착효율을 높인다.
- 슬래그 제거를 쉽게 하고, 고운 비드를 생성한다.
- 스패터링을 제어한다.

정답 58 ③ 59 ② 60 ②

2021년 제1회 과년도 기출복원문제

01 연질 자성재료에 대한 설명으로 옳지 않은 것은?

① 연질(軟質) 자성재료는 보자력(保磁力)이 작고 자화되기 쉬운 재료를 의미한다.
② 퍼멀로이는 대표적인 Ni-Fe계 금속이다.
③ 퍼멀로이는 가공성이 좋고 투자율이 높아 오디오용 헤드재료로 쓰인다.
④ Si 강판은 5~8% Si가 함유되어 있고 전력의 송수신용 변압기 철심으로 쓰인다.

해설
- Si 강판 : 5% 미만의 Si를 첨가하였으며 전력의 송수신용 변압기의 철심으로 사용된다.
- 퍼멀로이 : Ni-Fe계 합금이다. 78% Ni의 78% 퍼멀로이가 대표적이다. 퍼멀로이는 가공성이 양호하고 투자율이 높아 특히 오디오용 헤드재료로 많이 사용된다.

02 방사선투과시험과 비교하여 자분탐상시험의 특징을 설명한 것으로 옳지 않은 것은?

① 모든 재료에의 적용이 가능하다.
② 탐상이 비교적 빠르고 간단한 편이다.
③ 표면 및 표면 바로 밑의 균열검사에 적합하다.
④ 결함 모양이 표면에 직접 나타나므로 육안으로 관찰할 수 있다.

해설
자분탐상시험은 강자성체에 적용 가능하다.

03 강자성 재료의 자분탐상검사방법 및 자분모양의 분류(KS D 0213)에 의한 용어 정의가 틀린 것은?

① 자화전류란 검사 대상체에 자속을 발생시키는 데 사용하는 전류를 말한다.
② 자분이란 검사에 사용되는 강자성체의 미세한 분말을 말한다.
③ 분산매란 자분이 여러 검사체에 잘 분산되는 정도의 매체가 되는 고체를 말한다.
④ 검사액이란 습식법에 사용하는 자분을 분산 현탁시킨 액을 말한다.

해설
분산매 : 자분을 잘 분산시킨 상태로 검사 대상체의 표면에 적용하기 위한 매체가 되는 기체 또는 액체이다.

04 다음 특징을 가진 누설탐상가스는?

- 시험체에 가스를 넣은 후 질량분석형 검지기를 이용하여 검사한다.
- 공기 중에 거의 없어 검출이 용이하다.
- 가볍고 직경이 작아서 미세누설탐상에 유리하다.

① 수소 ② 헬륨
③ 할로겐 ④ 암모니아

해설
헬륨누설시험
- 시험체에 가스를 넣은 후 질량분석형 검지기를 이용하여 검사한다.
- 공기 중 헬륨은 거의 없어 검출이 용이하다.
- 헬륨은 가볍고 직경이 작아서 미세한 누설에 유리하다.
- 누설 위치 탐색, 밀봉부품의 누설시험, 누설량 측정 등 이용범위가 넓다.
- 종류 : 스프레이법, 후드법, 진공적분법, 스너퍼법, 가압적분법, 석션컵법, 벨자법, 펌핑법 등

정답 1 ④ 2 ① 3 ③ 4 ②

05 **와류탐상시험에서 리프트 오프 효과에 대한 설명으로 옳은 것은?**

① 신호검출에 영향을 주는 인자이다.

② 코일 임피던스에 영향을 주는 인자이다.

③ 코일이 얼마나 시험체와 잘 결합되어 있느냐를 나타낸다.

④ 전류의 흐름에 대한 도선과 코일의 총저항을 의미한다.

해설

신호검출에 영향을 주는 인자는 리프트 오프, 충진율, 모서리 효과이며, 리프트 오프 효과는 코일과 시험면 사이 거리가 변할 때마다 출력이 달라지는 효과를 의미한다.

06 **다음 중 반감기가 가장 긴 금속은?**

① ^{192}Ir ② ^{201}Ti

③ ^{60}Co ④ ^{226}Ra

해설

각 금속별 반감기

금속	기간	금속	기간
^{60}Co	5.3년	^{241}Am	432.2년
^{137}Cs	30.1년	^{201}Ti	72.9시간
^{226}Ra	1602년	^{67}Ga	3.261일
^{192}Ir	74일	^{63}Ni	100년
^{170}Tm	128.6일	^{111}IN	2.83일

07 **X선과 물질의 상호작용이 아닌 것은?**

① 광전효과 ② 카이저 효과

③ 톰슨산란 ④ 콤프턴산란

해설

② 카이저 효과 : 이미 응력을 받은 재료는 그 이상의 응력을 받아야 음향을 방출한다.

① 광전효과 : 빛이 쪼이면 전자가 튀어나오는 효과이다.

③, ④ 톰슨산란(콤프턴산란) : 어떤 원자를 향해 X선을 쏘면 원자의 전자는 이에 상응하여 산란하는데, 이때 완전탄성산란을 톰슨산란, 비탄성산란을 콤프턴산란이라고 한다.

08 **X선 검사에 관한 설명으로 옳지 않은 것은?**

① 음극 필라멘트는 주로 텅스텐을 사용한다.

② X선은 전자기파의 일종으로 직선운동을 한다.

③ 파장이 길면 투과율이 커지고, 높은 가속전압일수록 긴 파장의 X선이 발생한다.

④ 검사장치의 X선관은 전자원 필라멘트, 표적, 연결 고전압, 진공관유리 등으로 구성된다.

해설

X선은 파장이 짧을수록 투과율이 커지고, 높은 전압일수록 발생한다.

09 **침투탐상검사에서 좁은 틈이 있을 때 벽면을 타고 침투액이 침투하는 원리를 설명한 현상은?**

① 적심성

② 표면장력

③ 모세관 현상

④ 결함 불연속성

해설

모세관 현상

모세(毛細)관에 액체가 들어가면 응집력과 부착력 차이가 극대화되어 부착력이 큰 경우 모세관에서 끌어 올려오거나, 응집력이 더 큰 경우 모세관 안에서 끌려 내려가는 현상을 보인다. 이 현상에서 부착력이 큰 경우에는 좁은 틈을 침투제가 잘 침투한다.

정답 5 ① 6 ④ 7 ② 8 ③ 9 ③

10 초음파탐상시험에 대한 설명으로 옳지 않은 것은?

① 균열 등 미세결함에도 감도가 높다.
② 신속하게 결과를 확인할 수 있다.
③ 표준시험편, 대비시험편이 필요 없다.
④ 검사자의 숙련이 필요하다.

해설

초음파탐상시험의 장단점

장점	단점
• 균열 등 미세결함에도 감도가 높다. • 초음파의 투과력이 우수하다. • 내부결함의 위치나 크기, 방향 등을 정확히 측정할 수 있다. • 결과를 신속하게 확인할 수 있다. • 방사선 피폭의 우려가 작다.	• 검사자의 숙련이 필요하다. • 불감대가 존재한다. • 접촉매질을 활용한다. • 표준시험편, 대비시험편을 필요로 한다. • 결함과 초음파빔의 탐상 방향에 따른 영향이 크다.

11 시험체 모서리에서 와전류 밀도가 변함에 따라 마치 불연속이 있는 것처럼 지시가 변화하는 효과는?

① 리프트 오프
② 표피효과
③ 콤프턴 효과
④ 모서리 효과

해설

모서리 효과 : 시험체 모서리에서 와전류 밀도가 변함에 따라 마치 불연속이 있는 것처럼 지시가 변화하는 효과이다.

12 다음 보기에서 설명하는 누설검사가스는?

보기
- 감도가 높아 대형 용기의 누설을 단시간에 검지할 수 있고 가스의 봉입압이 낮아도 검사가 가능하다.
- 검지하는 제제가 알칼리에 쉽게 반응하며 동, 동합금재에 대한 부식성을 갖는다.

① 수소 ② 헬륨
③ 할로겐 ④ 암모니아

해설

암모니아누설시험
- 감도가 높아 대형 용기의 누설을 단시간에 검지할 수 있고 암모니아 가스의 봉입압이 낮아도 검사가 가능하다.
- 검지하는 제제가 알칼리에 쉽게 반응하며 동, 동합금재에 대한 부식성을 갖는다.
- 암모니아의 폭발 위험도 잘 관리해야 한다.

13 자화방법 중 검사 대상체에 직접 전극을 접촉시켜서 통전함에 따라 검사 대상체에 자계를 형성하는 방식으로만 조합된 것은?

① 축통전법, 프로드법
② 자속관통법, 극간법
③ 전류관통법, 프로드법
④ 자속관통법, 전류관통법

해설

직접 접촉 자화
- 축통전법 : 검사 대상체의 축 방향으로 전류를 흐르게 한다.
- 직각통전법 : 축에 대하여 직각 방향으로 직접 전류를 흐르게 한다.
- 프로드법 : 검사 대상체 국부에 2개의 전극을 대어서 흐르게 한다.

10 ③ 11 ④ 12 ④ 13 ① 정답

14 탈자가 필요 없는 경우로 옳지 않은 것은?

① 더 큰 자력으로 후속 작업이 계획되어 있을 경우
② 검사 대상체의 보자력이 작을 경우
③ 높은 열로 열처리할 계획이 있을 경우
④ 검사 대상체가 소형품이어서 영향이 작을 경우

해설

탈자가 필요 없는 경우
- 더 큰 자력으로 후속 작업이 계획되어 있을 경우
- 검사 대상체의 보자력이 작을 경우
- 높은 열로 열처리할 계획이 있을 경우(열처리 시 자력 상실)
- 검사 대상체가 대형품이고 부분 탐상을 하여 영향이 적을 경우

15 야외 현장의 높은 곳에 위치한 용접부에 가장 적합한 자분탐상검사법은?

① 코일법
② 극간법
③ 프로드법
④ 전류관통법

해설

대형 구조물에 극간법과 프로드법이 사용 가능하며, 극간법은 두 자극만을 사용하므로 휴대성이 우수하다.

16 자계 형성에 대한 설명으로 옳은 것은?

① 원형자계를 만들려면 직선 전류를 흘려준다.
② 선형자계를 만들려면 선형 전류를 흘려준다.
③ 반자계란 강자성체가 형성하는 직각 방향의 자계를 말한다.
④ 결함은 자기력선과 평행 방향으로 놓여 있을 때 검출이 잘된다.

해설

- 원형자계를 만들려면 직선 전류를 흘려준다.
- 선형자계를 만들려면 원통형 전류를 흘려준다.
- 자계를 형성하는 것은 자화곡선에 따른다.
- 반자계란 강자성체가 형성하는 반대 방향의 자계를 말한다.
- 결함은 자기력선과 직각 방향(90°)으로 놓여 있을 때 검출이 잘된다.

17 자화방법에 대한 설명으로 옳지 않은 것은?

① 극간법(M) : 검사 대상체 국부에 2개의 전극을 대어서 흐르게 한다.
② 코일법(C) : 검사 대상체를 코일에 넣고 코일에 전류를 흐르게 한다.
③ 전류관통법(B) : 검사 대상체의 구멍 등에 통과시킨 도체에 전류를 흐르게 한다.
④ 자속관통법(I) : 교류로 자속을 형성시킨 자성체를 검사 대상체의 구멍 등에 관통시킨다.

해설

- 직각통전법(ER) : 축에 대하여 직각 방향으로 직접 전류를 흐르게 한다.
- 전류관통법(B) : 검사 대상체의 구멍 등에 통과시킨 도체에 전류를 흐르게 한다.
- 자속관통법(I) : 교류로 자속을 형성시킨 자성체를 검사 대상체의 구멍 등에 관통시킨다.
- 코일법(C) : 검사 대상체를 코일에 넣고 코일에 전류를 흐르게 한다.
- 극간법(M) : 검사 대상체를 영구자석 사이에 놓는다.
- 프로드법(P) : 검사 대상체 국부에 2개의 전극을 대어서 흐르게 한다.

정답 14 ④ 15 ② 16 ① 17 ①

18 **잔류법으로 자화시키는 방법에 대한 설명으로 옳지 않은 것은?**

① 상대적으로 누설자속밀도가 작다.
② 검사가 간단하고 의사지시가 작다.
③ 다른 자력의 영향을 받으면 자기펜자국이 생긴다.
④ 자분 적용 중 통전을 정지하면 자분모양이 형성되지 않는다.

해설
연속법일 때 통전이 끊기면 자분모양 형성이 되지 않는다.
잔류법
- 자화전류를 단절시킨 후 자분의 적용을 하는 방법이다.
- 전류를 끊고 남은 자력을 이용하므로 이후 다른 자력의 영향을 받으면 흔적이 생긴다(이를 자기펜자국이라고 한다).
- 보자력이 높은 금속(공구용 탄소강, 고탄소강 등)에 적절하다.
- 상대적으로 누설자속밀도가 작다.
- 검사가 간단하고 의사지시가 작다.
- 강한 자속밀도로 자화된다.

19 **자분탐상시험에서 형광자분을 사용할 때 지켜야 할 사항이 아닌 것은?**

① 식별성을 높이기 위하여 조사광을 사용하여 관찰면의 밝기를 20lx 이상으로 하여야 한다.
② 파장이 320~400nm인 자외선을 시험면에 조사하여야 한다.
③ 시험면에 필요한 자외선 강도는 $800\mu W/cm^2$ 이상이어야 한다.
④ 관찰할 때는 유효한 자외선 강도의 범위 내에서만 관찰하여야 한다.

해설
형광자분을 사용한 경우에는 충분히 어두운 곳(관찰면 밝기 20lx 이하)에서 관찰해야 한다.

20 **KS D 0213에 따라 'A2-7/50(직선형)'으로 표기된 물체에 대한 설명으로 옳지 않은 것은?**

① 장치, 자분, 검사액의 성능을 검사하는 데 쓰인다.
② 인공 흠집의 깊이는 $50\mu m$ 이다.
③ 인공 흠집은 직선 모양으로 만든다.
④ 연속법에서의 검사 대상체 표면의 유효자계강도 및 방향, 탐상 유효범위, 시험 조작의 적합 여부를 조사하는 데 쓰인다.

해설
인공 흠집의 깊이는 $7\mu m$ 이고, 시험편의 두께는 50mm이다.

21 **자분탐상용 표준시험편 중 용접부의 그루브면 등 비교적 좁은 부분에서 사용하기 위한 것은?**

① A1형
② A2형
③ B형
④ C형

해설
C형 : 용접부 그루브면 등의 좁은 부분에서 치수적으로 A형 표준시험편의 적용이 곤란한 경우 A형 표준시험편 대신 사용한다.

18 ④ 19 ① 20 ② 21 ④ 정답

22 KS D 0213에 따른 C형 표준시험편에 대한 설명으로 옳지 않은 것은?

① 인공 흠집의 치수는 깊이 8±1μm, 너비 50±8 μm로 한다.
② 인공 흠집이 있는 면이 검사면에 잘 밀착하도록 적당한 양면 점착테이프 또는 접착제로 검사면에 붙여 사용한다.
③ 자분적용은 잔류법으로 한다.
④ 초기의 모양, 치수, 자기특성에 변화를 일으킨 경우에는 사용이 불가하다.

해설

C형 표준시험편 사용 지침

- C형 표준시험편의 인공 흠집의 치수는 깊이 8±1μm, 너비 50±8 μm로 한다.
- C형 표준시험편의 C1은 A1-7/50, C2는 A2-7/50에 각각 가까운 값의 유효자계에서 자분모양이 나타난다.
- C형 표준시험편은 분할선에 따라 5×10mm의 작은 조각으로 분리하고 인공 흠집이 있는 면이 검사면에 잘 밀착하도록 적당한 양면 점착테이프 또는 접착제로 검사면에 붙여 사용한다. 이때 양면 점착테이프 등의 두께는 100μm 이하로 한다.
- C형 표준시험편의 자분 적용은 연속법으로 한다.
- C형 표준시험편은 초기의 모양, 치수, 자기특성에 변화를 일으킨 경우에는 사용이 불가하다.

23 KS D 0213에 지정된 연속법 중 주단조품 및 기계부품에 대해 자화전류를 설정할 때 자계강도로 적당한 범위는?

① 1,200 이하
② 1,200~2,000
③ 2,500~3,500
④ 6,000~8,000

해설

자화전류 설정 시 자계강도

- 연속법 중 일반적인 구조물 및 용접부의 경우 : 1,200~2,000 A/m의 자계강도
- 연속법 중 주단조품 및 기계부품의 경우 : 2,400~3,600A/m의 자계강도
- 연속법 중 퀜칭한 기계부품의 경우 : 5,600A/m 이상의 자계강도
- 잔류법 중 일반적인 퀜칭한 부품의 경우 : 6,400~8,000A/m의 자계강도

24 잔류법을 사용하여 자화를 할 때 충격전류를 사용한다면, 적절한 방법은?

① 지정된 전류를 1초 정도 한 번 흘렸다.
② 지정된 전류를 0.25초 정도 한 번 흘렸다.
③ 지정된 전류를 0.25초 정도 세 번 흘렸다.
④ 지정된 전류를 1/120초 정도 세 번 흘렸다.

해설

통전시간 설정

- 연속법에서는 통전 중의 자분의 적용을 완료할 수 있는 통전시간을 설정한다.
- 잔류법에서는 원칙적으로 1/4~1초이다. 다만, 충격전류인 경우에는 1/120초 이상으로 하고 3회 이상 통전을 반복하는 것으로 한다. 단, 충분한 기자력을 가할 수 있는 경우는 제외한다.

25 강자성 재료의 자분탐상검사방법 및 자분모양의 분류(KS D 0213)에 따른 전처리에 대한 설명으로 옳지 않은 것은?

① 전처리의 범위는 검사범위보다 넓어야 한다.
② 용접부는 원칙상 검사범위에서 양쪽으로 약 10mm 넓게 잡는다.
③ 검사 대상체는 원칙상 단일 부품으로 분해해서 처리한다.
④ 건식용 자분을 사용하는 경우는 표면을 잘 건조시켜 둔다.

해설

전처리의 범위는 검사범위보다 넓게 잡고, 용접부의 경우는 원칙적으로 검사범위에서 모재측으로 약 20mm 넓게 잡는다.

정답 22 ③ 23 ③ 24 ④ 25 ②

26 자화방법 부호의 연결이 바른 것은?

① 축통전법-ER
② 직각통전법-EA
③ 전류 관통법-C
④ 극간법-M

해설

- 축통전법-EA
- 직각통전법-ER
- 전류관통법-B
- 코일법-C
- 자속관통법-I

27 강자성 재료의 자분탐상검사방법 및 자분모양의 분류(KS D 0213)에 따른 자분모양의 분류로 일정한 면적 내에 여러 개의 자분모양이 흩어져 존재하는 모양의 분류는?

① 균열에 의한 자분모양
② 독립된 자분모양
③ 연속된 자분모양
④ 분산된 자분모양

해설

자분탐상시험에서 얻은 자분모양을 모양 및 집중성에 따라 다음과 같이 분류한다.

- 균열에 의한 자분모양
- 독립된 자분모양
  - 선상의 자분모양 : 자분모양에서 그 길이가 너비의 3배 이상인 것이다.
  - 원형상의 자분모양 : 자분모양에서 선상의 자분모양 이외의 것이다.
- 연속된 자분모양 : 여러 개의 자분모양이 거의 동일 직선상에 연속하여 존재하고 서로의 거리가 2mm 이하인 자분모양이다. 자분모양의 길이는 특별히 지정이 없는 경우 자분모양 각각의 길이 및 서로의 거리를 합친 값으로 한다.
- 분산된 자분모양 : 일정한 면적 내에 여러 개의 자분모양이 분산하여 존재하는 자분모양이다.

28 다음 중 탈자가 필요하지 않은 경우는?

① 계속하여 수행하는 검사에서 이전 검사의 자화에 의해 악영향을 받을 우려가 있을 경우
② 검사 대상체가 마찰 부분 또는 그것에 가까운 곳에 사용되는 것으로 마찰 부분에 자분 등을 흡인하여 마모를 증가시킬 우려가 있을 경우
③ 검사 대상체의 잔류 자기가 계측장치 등에 악영향을 미칠 우려가 있을 경우
④ 검사 대상체가 대형품이고 부분 탐상을 하는 경우

해설

탈자가 필요한 경우

- 계속하여 수행하는 검사에서 이전 검사의 자화에 의해 악영향을 받을 우려가 있을 경우
- 검사 대상체의 잔류 자기가 이후의 기계가공에 악영향을 미칠 우려가 있을 경우
- 검사 대상체의 잔류 자기가 계측장치 등에 악영향을 미칠 우려가 있을 경우
- 검사 대상체가 마찰 부분 또는 그것에 가까운 곳에 사용되는 것으로 마찰 부분에 자분 등을 흡인하여 마모를 증가시킬 우려가 있을 경우
- 그 밖의 필요할 경우

26 ④ 27 ④ 28 ④ 정답

29 **자분모양이 유사모양인지 확인하는 방법이 옳지 않게 연결된 것은?**

① 자기펜자국인지 확인을 위해 탈자 후 재시험
② 전류지시인지 확인을 위해 연속법으로 재시험
③ 표면거칠기지시 확인을 위해 시험면을 매끈하게 하여 재시험
④ 재질경계지시는 매크로시험, 현미경시험 등 자분탐상시험 이외의 시험으로 확인

해설
자분모양이 흠인지, 아닌지 판정이 어려울 때는 탈자 후 표면 개선하여 재시험해 본다. 유사모양인지 아닌지는 다음에 따라 확인한다.
- 자기펜자국은 탈자 후 재시험하면 자분모양이 사라진다.
- 전류지시는 전류를 작게 하거나 잔류법으로 재시험하면 자분모양이 사라진다.
- 표면거칠기지시는 시험면을 매끈하게 하여 재시험을 하면 자분모양이 사라진다.
- 재질경계지시는 매크로시험, 현미경시험 등 자분탐상시험 이외의 시험으로 확인할 수 있다.

30 **자분탐상시험에서 검사 대상체 표면하의 결함 검출에 가장 우수한 자화전류는?**

① 교류
② 직류
③ 반파정류
④ 충격전류

해설
직류에 가까울수록 좀 더 깊은 결함 측정에 유리하다.

31 **강자성 재료의 자분탐상검사방법 및 자분모양의 분류(KS D 0213)에 따라 직류 및 맥류를 사용하는 경우 자분의 적용법으로 옳은 것은?**

① 건식법
② 습식법
③ 연속법 및 잔류법
④ 자분탐상에는 적합하지 않다.

해설
자화전류의 종류
- 교류 및 충격전류를 사용하여 자화하는 경우, 원칙적으로 표면 흠집의 검출에 한한다.
- 교류를 사용하여 자화하는 경우, 원칙적으로 연속법에 한한다.
- 직류 및 맥류를 사용하여 자화하는 경우, 표면의 흠집 및 표면 근처 내부의 흠집을 검출할 수 있다.
- 직류 및 맥류를 사용하여 자화하는 경우, 연속법 및 잔류법에 사용할 수 있다.
- 맥류는 그것에 포함되는 교류성분이 큰 만큼 내부 흠집의 검출 성능이 낮다.
- 교류는 표피효과의 영향으로 표면 아래의 자화가 직류보다 약하다.
- 충격전류를 사용하는 경우는 잔류법에 한한다.

32 **강자성 재료의 자분탐상검사방법 및 자분모양의 분류(KS D 0213)에 따라 습식자분탐상 시 물, 등유 등을 분산매로 하여 필요에 따라 적당한 첨가제를 넣은 검사액을 사용한다. 이때 첨가제에 해당하는 것은?**

① 염산　　② 시너
③ 황산　　④ 계면활성제

해설
습식법에는 KS M 2613에 규정하는 등유, 물 등을 분산매로 하여 필요에 따라 적당한 방청제 및 계면활성제를 넣은 검사액을 사용한다.

정답 29 ② 30 ② 31 ③ 32 ④

33 **자기이력곡선(Hysteresis Curve)과 가장 관계가 깊은 것은?**

① 자력의 힘과 투자율
② 자장의 강도와 자속밀도
③ 자장의 강도와 투자율
④ 자력의 힘과 자력의 강도

해설
자계의 세기(H)와 자속밀도(B)의 관계를 나타내는 곡선을 자화곡선(자기이력곡선)이라고 한다.

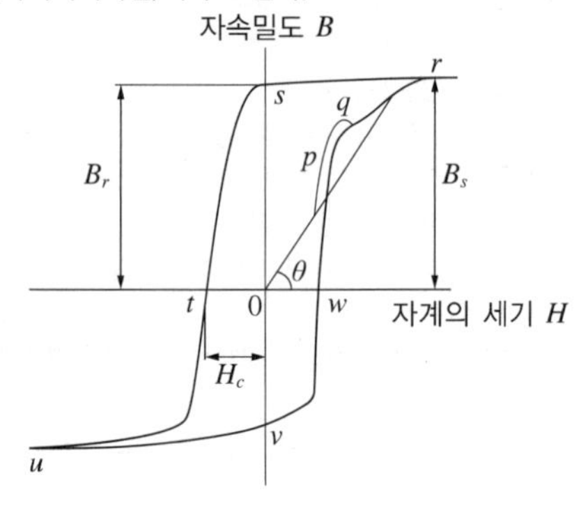

34 **압력용기–비파괴시험일반(KS B 6752)의 자분탐상시험 시 이물질 등이 제거되어야 할 시험 부위로부터의 최소범위는?**

① 5mm　② 10mm
③ 15mm　④ 25mm

해설
시험 전 시험해야 할 표면과 그 표면에 인접한 최소 25mm 이내 모든 부위를 건조시켜야 하고 먼지, 그리스, 보푸라기, 스케일, 용접 플럭스, 용접 스패터, 기름이나 시험을 방해하는 다른 이물질이 없도록 하여야 한다.
※ 25번 문제와 연관시켜 학습하길 바란다. KS D 0213에서 용접 부위의 모재 쪽 전처리 범위가 20mm인 것과 비교하여 학습한다.

35 **강자성 재료의 자분탐상검사방법 및 자분모양의 분류(KS D 0213)에 설명한 검사장치에 관한 설명으로 옳지 않은 것은?**

① 시험장치는 원칙적으로 검사 대상체에 대하여 자화, 자분의 적용, 관찰 및 탈자의 각 과정을 할 수 있는 것으로 한다. 다만, 필요하지 않으면 탈자과정은 없어도 좋다.
② 검사장치는 검사 대상체의 모양, 치수, 재질, 표면 상황 및 흠집의 성질(종류, 크기, 위치 및 방향)에 따라 적당한 감도로 능률적이고 안전하게 검사할 수 있는 것이어야 한다.
③ 자화를 하는 장치는 전류를 이용하는 방식과 영구자석을 이용하는 방식이 있으며, 전류를 이용하는 방식은 그 자화전류의 종류에 따라 직류식, 정류식, 교류식 및 충격전류식으로 분류한다.
④ 전류를 이용한 자화장치는 흠집을 검출하는 데 적당한 자계의 강도를 검사 대상체에 가할 수 있는 것이어야 한다. 전자석형은 자화전류를 파고치로 표시하는 전류계를 반드시 갖추어야 한다.

해설
전류를 이용한 자화장치는 흠집을 검출하는 데 적당한 자계의 강도를 검사 대상체에 가할 수 있는 것이어야 한다. 이를 위해 자화전류를 파고치로 표시하는 전류계를 갖추어야 한다. 다만, 전자석형은 이 계기를 생략해도 좋다.

33 ② 34 ④ 35 ④ **정답**

36 강자성 재료의 자분탐상검사방법 및 자분모양의 분류(KS D 0213)의 시험장치의 보수점검에 대한 설명으로 옳지 않은 것은?

① 전류계 : 자화전류를 설정하기 위해 사용하는 전류계는 정기적으로 점검하여야 한다.
② 타이머 : 자화전류의 지속시간을 제어하기 위한 타이머는 정기적으로 점검하여야 한다.
③ 자외선조사장치 : 자외선조사장치의 자외선강도는 자외선강도계를 사용하여 측정하고 필터면에서 38cm 떨어진 위치에서 $500\mu W/cm^2$ 미만인 경우 또는 수은 등의 누설이 있을 경우는 수리 또는 폐기한다.
④ 점검주기 : 전류계, 타이머 및 자외선조사장치의 점검은 적어도 연 1회 실시하고, 1년 이상 사용하지 않을 경우에는 사용 시에 점검하여 성능을 확인한 것을 사용해야 한다.

해설
자외선조사장치 : 자외선조사장치의 자외선강도는 자외선강도계를 사용하여 측정하고 필터면에서 38cm 떨어진 위치에서 800 $\mu W/cm^2$ 미만인 경우 또는 수은 등의 누설이 있을 경우는 수리 또는 폐기한다.

37 압력용기-비파괴시험일반(KS B 6752)에서 시험 감도를 보증하기 위한 시험체 표면에서의 백색광의 최소 강도는?

① 500lx ② 1,000lx
③ 1,500lx ④ 2,000lx

해설
압력용기만을 위한 비파괴시험 규격을 따로 제정한 것이 KS B 6752이며, 여기서는 최소 강도를 1,000lx를 요구하였다.

38 압력용기-비파괴시험일반(KS B 6752)의 자기비파괴검사 일반사항 중 시험기록에서 요구한 내용이 아닌 것은?

① 자분탐상장비 및 전압의 크기
② 자분(형광 또는 비형광, 습식 또는 건식)
③ 시험 요원의 성명과 자격 인정 레벨
④ 시험을 실시한 일자 및 시간

해설
압력용기-비파괴시험일반(KS B 6752)의 자기비파괴검사 일반사항 중 시험기록에서 요구
- 절차서 식별번호 및 개정번호
- 자분탐상장비 및 전류의 종류
- 자분(형광 또는 비형광, 습식 또는 건식)
- 시험 요원의 성명과 참조 규격에서 요구하는 경우 자격 인정 레벨
- 지시의 기록 또는 도면(Map)
- 재료 및 두께
- 조명기구
- 시험을 실시한 일자 및 시간

39 비파괴시험 방법 분류의 약어가 잘못 짝지어진 것은?

① 육안시험-CT
② 방사선투과시험-RT
③ 침투탐상시험-PT
④ 와전류 탐상시험-ET

해설
- 육안시험-VT(Visual Testing)
- 방사선투과시험-RT(Radiographic Testing)
- 초음파탐상시험-UT(Ultrasonic Testing)
- 침투탐상시험-PT(Liquid Penetrant Testing)
- 자분탐상시험-MT(Magnetic Paricle Testing)
- 와전류탐상시험-ET(Eddy Current Testing)
- 누설시험-LT(Leak Testing)
- 음향방출시험-AE(Acoustic Emission Testing)

정답 36 ③ 37 ② 38 ① 39 ①

40 강자성 재료의 자분탐상검사방법 및 자분모양의 분류(KS D 0213)에서 길이가 서로 다른 3개의 선형지시가 거의 일직선상에서 검출되었다. 순서대로 지시 1의 길이는 15mm, 지시 2는 3mm, 지시 3은 10mm, 이 지시들 사이의 간격은 순서대로 4mm, 3mm일 때 기준에 의한 지시 2의 길이는?

① 3mm ② 13mm
③ 16mm ④ 28mm

해설
간격이 2mm가 넘으므로 별도의 결함으로 간주한다.

41 강자성 재료의 자분탐상검사방법 및 자분모양의 분류(KS D 0213)에 따른 탐상의 적용범위에 해당되지 않는 재료는?

① 주강품 ② 세라믹
③ 철강품 ④ 강용접부

해설
자분탐상은 강자성체에서 적용한다.

42 금속의 격자결함이 아닌 것은?

① 가로결함 ② 적층결함
③ 전위 ④ 공공

해설
② 적층결함(Stacking Fault) : 2차원적인 전위, 층층이 쌓이는 순서가 틀어진다.
③ 전위(Dislocation) : 공공(Vacancy)으로 인하여 전체 금속이온의 위치가 밀리게 되고 그 결과로 인하여 구조적인 결함이 발생하는 결함
④ 공공(Vacancy) : 원래 있었던 자리에 원자가 하나 또는 그 이상 빠져서 빈 공간

43 중금속의 기준이 되는 비중은?

① 비중 3 ② 비중 5
③ 비중 7 ④ 비중 9

해설
금속 중 비중이 5 이상인 금속을 중금속, 그 이하인 금속(보통 3 이하)은 경금속으로 분류한다.

44 금속조직의 온도가 올라갈 때 조직의 변화에 해당하지 않는 것은?

① 결정핵 성장
② 결정의 미세화
③ 결정립계 형성
④ 내부응력의 회복

해설
금속조직의 온도가 올라감에 따라 내부응력이 회복되고 결정핵이 생성하여 성장하며 결정립계가 형성된다. 조직은 미세화되는 것이 아니라 조대화된다.

40 ① 41 ② 42 ① 43 ② 44 ② 정답

45 고압이나 저온의 적절한 상태에서 특정 원소를 흡수, 금속 수소화물을 만들고, 압력이나 열 변화에 의해 흡수했던 원소를 방출하며 열을 흡수하는 성질의 합금이 개발되고 있다. 이 합금은?

① 세라믹합금
② 마그네슘합금
③ 수산화합금
④ 수소저장합금

해설
최근 재료 분야에서 에너지저장기술에 대한 관심이 높아 개발되고 있는 수소저장합금에 대한 문항이 최근 출제되었다. 문제의 특정 원소는 수소이며, 수소저장합금에 대한 설명이다.

46 물의 3중점에서 자유도는?

① 0　② 1
③ 2　④ 3

해설
자유도 : 역학계에서 질점계의 위치, 방향을 정하는 좌표 중 독립적으로 변화할 수 있는 것의 수이다. 물의 3중점은 기체, 고체, 액체의 상태가 만나는 점으로 온도, 압력의 값이 정해져 있다.

47 주철에 대한 설명으로 옳지 않은 것은?

① 공정주철은 4.3%이다.
② 온도가 올라가면 유동성이 높아진다.
③ 온도가 올라가면 잔류응력이 제거된다.
④ C, Si 등이 많을수록 용융점이 높아진다.

해설
C, Si 등이 많을수록 용융점이 낮아진다.

48 철강을 A_1 변태점 이하의 일정 온도로 가열하여 인성을 증가시킬 목적으로 하는 조작은?

① 풀림　② 뜨임
③ 담금질　④ 노멀라이징

해설
뜨임 : 일반적으로 담금질 이후에 실시하는 열처리로 인성을 증가시키고 취성을 완화시키는 과정이다. 밥을 지을 때 뜸 들이는 것을 상상하면 온도영역대에 대한 이해가 가능할 것이다.

49 냉간가공한 재료를 가열했을 때, 가열온도가 높아짐에 따라 재료의 변화과정을 순서대로 바르게 나열한 것은?

① 회복 → 재결정 → 결정립 성장
② 회복 → 결정립 성장 → 재결정
③ 재결정 → 회복 → 결정립 성장
④ 재결정 → 결정립 성장 → 회복

해설
냉간가공 후 응력을 제거하기 위해 풀림처리를 하며 과정은 회복 → 재결정 → 결정립 성장의 과정을 거친다.

정답 45 ④ 46 ① 47 ④ 48 ② 49 ①

50 알코아에 Si을 3~8% 첨가하면 주조성이 개선되며 금형주물로 사용할 수 있게 된다. 이 합금의 명칭은?

① 라우탈 ② 알팍스
③ Y합금 ④ 하이드로날륨

해설

② 실루민(또는 알팍스) : Al에 Si 11.6%, 577℃는 공정점이며 이 조성을 실루민이라고 한다.
③ Y합금 : 4% Cu, 2% Ni, 1.5% Mg 등을 함유하는 Al합금이다. 고온에 강한 것이 특징이며 모래형 또는 금형 주물 및 단조용 합금이다.
④ 하이드로날륨 : Mn(망간)을 함유한 Mg계 알루미늄 합금이다. 주조성은 좋지 않으나 비중이 작고 내식성이 매우 우수하여 선박용품, 건축용 재료에 사용된다.

51 직선도선에 흐르는 전류값이 120A일 때 도체의 중심에서 반경 20cm인 곳에서의 자계 세기는 얼마인가?

① 1.2Oe ② 1.2A/m
③ 0.478A/m ④ 0.478Oe

해설

직선전류에서 $H=\frac{I}{2\pi r}=\frac{120\text{A}}{2\pi\times 0.2\text{m}}=\frac{600}{2\pi}\text{A/m}$ 이므로

$\frac{600}{2\pi}\times 1\text{A/m}=\frac{600}{2\pi}\times\frac{4\pi}{1,000}\text{Oe}=1.2\text{Oe}$

※ $1\text{Oe}=\frac{1,000}{4\pi}\text{A/m}=79.6\text{A/m}$

$1\text{A/m}=\frac{4\pi}{1,000}\text{Oe}$

52 AW 300인 교류아크용접기의 규격상의 전류 조정 범위로 가장 적합한 것은?

① 20~110A ② 40~220A
③ 60~330A ④ 80~440A

해설

교류아크용접기의 규격

종류		AW200	AW300	AW400	AW500
정격 2차 전류(A)		200	300	400	500
정격 사용률(%)		40	40	40	60
정격 부하 전압	저항강하(V)	30	35	40	40
	리액턴스 강하(V)	0	0	0	12
최고 2차 무부하 전압(V)		85 이하	85 이하	85 이하	95 이하
2차 전류(A)	최댓값	200 이상 220 이하	300 이상 330 이하	400 이상 440 이하	500 이상 550 이하
	최솟값	35 이하	60 이하	80 이하	100 이하
사용되는 용접봉 지름		2.0 ~4.0	2.6 ~6.0	3.2 ~8.0	4.0 ~8.0

• 사용률 : 실제 용접작업에서 어떤 용접기로 어느 정도 용접을 해도 용접기에 무리가 생기지 않는가를 판단하는 기준

$\text{사용률}=\frac{\text{아크 발생시간}}{\text{아크 발생시간}+\text{휴식시간}}$

• $\text{허용 사용률}=\left(\frac{\text{정격 2차 전류}}{\text{사용용접 전류}}\right)^2\times\text{정격 사용률}$

• 정격 사용률 : 정격 2차 전류로 용접하는 경우의 사용률

53 아크전류 150A, 아크전압 25V, 용접속도 15cm/min일 경우 용접 단위 길이 1cm당 발생하는 용접입열은 약 몇 Joule/cm인가?

① 15,000 ② 20,000
③ 25,000 ④ 30,000

해설

용접입열(H)

$H=\frac{60EI}{V}=\frac{60\times 25\text{V}\times 150\text{A}}{15\text{cm/min}}=15,000\text{Joule/cm}$

여기서, E : 아크전압
I : 아크전류
V : 용접속도(cm/min)

정답 50 ① 51 ① 52 ③ 53 ①

54 다음 중 주요 합금금속의 성질로 적절하지 않은 것은?

① Ni : 강인성과 내식성 향상
② W : 고온경도와 고온강도 향상
③ Pb : 피삭성과 저용융성 향상
④ Mg : 내식성, 내열성, 내마멸성 향상

해설
마그네슘은 가볍고, 무게에 비해 비강도가 높은 금속이어서 널리 사용되나 산이나 열에 침식이 일어나므로 유의해야 한다.

55 재료의 강도를 높이는 방법으로 위스커(Whisker) 섬유를 연성과 인성이 높은 금속이나 합금 중에 균일하게 배열시킨 복합재료는?

① 클래드 복합재료
② 분산강화금속 복합재료
③ 입자강화금속 복합재료
④ 섬유강화금속 복합재료

해설
섬유강화금속 복합재료는 섬유상 모양의 위스커를 금속 모재 중 분산시켜 금속에 인성을 부여한 재료이다.

56 다음 중 용융점이 가장 낮은 금속은?

① 금 ② 텅스텐
③ 카드뮴 ④ 코발트

해설
융점(℃)
• 카드뮴 : 321
• 금 : 1,063
• 코발트 : 1,492
• 텅스텐 : 3,380

57 저온균열에 대한 설명으로 옳지 않은 것은?

① 용접부에 수소의 침투나 경화에 의해 발생
② 수분(H_2O)을 충분히 공급하면 저온균열 예방 가능
③ 열충격을 낮추어 위해 가열부의 온도를 제한하여 예방
④ 저온균열은 용접 부위가 상온으로 냉각되면서 생기는 균열

해설
저온균열은 용접 부위가 상온으로 냉각되면서 생기는 균열로, 용접부에 수소의 침투나 경화에 의해 발생한다. 수소의 침투를 제한하기 위해 수분(H_2O)의 제거나 저수소계용접봉 등을 사용하거나 열충격을 낮추기 위해 가열부의 온도를 제한하는 방법을 고려할 수 있다.

58 다음 중 가연가스가 아닌 것은?

① 아세틸렌
② 수소
③ 프로판
④ 산소

해설
가연가스란 탈 수 있는 가스, 연료의 역할을 하는 가스이다. 산소는 다른 기체의 연소를 돕는 조연성 가스이다.

정답 54 ④ 55 ④ 56 ③ 57 ② 58 ④

59 다음 보기에서 설명하는 아크용접의 성질은?

보기

- 아르곤이나 CO_2 아크 자동 및 반자동용접과 같이 가는 지름의 전극 와이어에 큰 전류를 흐르게 할 때 나타나는 특성
- 이 특성이 있는 아크는 안정적이고 자동으로 유지된다.

① 정전압특성　② 상승특성
③ 부특성　④ CP특성

해설

상승특성 : 아르곤이나 CO_2 아크 자동 및 반자동용접과 같이 가는 지름의 전극 와이어에 큰 전류를 흐르게 할 때의 아크는 상승특성을 나타내며, 여기에 상승특성이 있는 직류 용접기를 사용하면, 아크의 안정은 자동적으로 유지되어 아크의 자기제어작용을 한다.
※ CP 특성과 정전압 특성은 같은 특성이다.

60 자분탐상검사에 대한 설명으로 틀린 것은?

① 강자성체를 자화시켜 누설자속에 의한 자속의 변형을 이용하여 검사한다.
② 여러 자기탐사시험 중 비자성체에서 시험이 가능한 시험이다.
③ 표면이나 표면 직하의 결함을 찾을 수 있다.
④ 래미네이션 결함을 검출하는 데 적합하다.

해설

자기탐상검사
- 강자성체를 자화시켜 누설자속에 의한 자속의 변형을 이용하여 검사한다.
- 자분탐상검사는 자기탐사 중 비자성체에서 시험이 가능한 검사이다.
- 표면결함검사이다.

59 ② 60 ④ 정답

2022년 제1회 과년도 기출복원문제

01 **두께가 15cm인 강판의 탐상면에서 깊이 7.6mm 부분에 탐상면과 평행하게 위치해 있는 결함을 검사하는 가장 효과적인 초음파탐상시험법은?**

① 판파탐상
② 표면파탐상
③ 종파에 의한 수직탐상
④ 횡파에 의한 경사각탐상

해설
두께가 15cm인 강판의 7.6mm 부분에 결함이 있고, 평행하게 위치해 있다면 종파에 의한 수직탐상이 가장 효과적이다.

02 **다음 보기에서 설명하는 비파괴시험법은?**

보기
- 전자유도현상을 이용한다.
- 표면 및 표면직하검사에 적합하다.
- 도금층의 두께 측정이 가능하다.
- 표면결함 고속 검출에 적합하다.

① 방사선시험
② 초음파탐상시험
③ 침투탐상시험
④ 와전류탐상시험

해설
와전류탐상시험
- 전자유도현상에 따른 와전류분포 변화를 이용하여 검사한다.
- 표면 및 표면직하검사 및 도금층의 두께 측정에 적합하다.
- 파이프 등의 표면결함 고속 검출에 적합하다.
- 전자유도현상이 가능한 도체에서 시험이 가능하다.

03 **코일법으로 자화할 경우 시험체 중 자계의 세기는 코일의 권수와 코일 길이-지름의 비(L/D)에 의해 결정된다. 다음 중 가장 옳은 것은?**

① 코일법은 축 방향의 결함 검출에 좋다.
② 코일의 전류값과 권선수는 반비례한다.
③ L/D이 작을수록 권선수를 감소시킨다.
④ L/D이 2 미만인 것은 적용하지 않는 것이 좋다.

해설
코일법
- 시험체를 코일 속에 넣고 전류를 흘려 시험체를 관통하는 직선 자계를 만드는 방법이다.
- 자계와 직각 방향, 즉 코일 감은 방향의 결함 추적이 용이하다.
- 비접촉식 검사법이며, 시험체가 자화되어 시험체 양끝이 자극되므로 양끝은 검사가 불가하다. 따라서 시험체의 L(길이) : D(지름) 비, 즉 L/D이 2 미만이면 시험체 검사 대상 부분이 거의 양극에 속하여 검사가 불가하다.

04 **자외선에 대한 설명 중 옳지 않은 것은?**

① 자외선은 가시광선보다 파장이 짧다.
② X-ray보다 파장이 길다.
③ 인체가 자외선에 노출되면 해로울 수 있다.
④ 파장의 길이 구분에 따라 가시광선의 붉은색 바깥쪽에 위치한다.

해설
자외선은 가시광선보다 파장이 짧고 X-ray보다는 파장이 긴 10μm에서 400μm 범위의 파장을 가진다. 자외선은 파장의 길이에 의한 구분으로 가시광선의 자색(보라색) 바깥쪽에 위치하여 붙여진 명칭이다. 인체가 자외선에 노출되면 피부의 산화(노화) 등 화학적 변질과 시력 이상 등을 초래할 수 있다. 붉은색 바깥쪽에 위치하는 파장은 붉은색 밖에 있어 적외선이라고 한다.

정답 1 ③ 2 ④ 3 ④ 4 ④

05 **방사선 투과사진에서 작은 결함을 검출할 수 있는 능력을 나타내는 용어는?**

① 투과사진의 농도
② 투과사진의 명료도
③ 투과사진의 감도
④ 투과사진의 대조도

해설

투과사진의 감도는 필름에 얼마나 민감하게 결함을 발견할 수 있는가, 얼마나 작은 결함까지 발견할 수 있는가를 측정하는 능력이다. 투과사진의 상질을 나타내는 다른 척도는 다음과 같다.

- 명암도(Contrast) : 투과사진 상(像) 어떤 두 영역의 농도차이다.
- 명료도(Sharpness) : 투과사진 상의 윤곽이 뚜렷하다.
- 명암도에 영향을 주는 인자 : 시험체 명암도, 필름 명암도
- 명료도에 영향을 주는 인자 : 고유 불선명도, 산란방사선, 기하학적 불선명도

06 **방사선 투과시험에 사용하는 증감지에 대한 설명으로 옳지 않은 것은?**

① 증감지와 필름은 접촉시켜 사용해서는 안 된다.
② 사용하는 증감지의 두께는 0.02~0.25mm의 범위 내로 한다.
③ 증감지는 더러움이 없고 표면이 매끄러운 것으로 판정에 지장이 있는 흠이 없어야 한다.
④ 감도 및 식별도를 증가시키기 위하여 납 또는 산화납 등의 금속증감지 또는 필터를 사용해도 좋다.

해설

증감지

- 감도 및 식별도를 증가시키기 위하여 납 또는 산화납 등의 금속증감지 또는 필터를 사용해도 좋다.
- 사용하는 증감지의 두께는 0.02~0.25mm의 범위 내로 한다.
- 증감지는 더러움이 없고 표면이 매끄러운 것으로 판정에 지장이 있는 흠이 없어야 한다.
- 증감지와 필름은 밀착시켜 사용한다.

07 **방사선 동위원소의 선원 크기가 2mm, 시험체의 두께 25mm, 기하학적 불선명도 0.2mm일 때 선원 시험체 간 최소 거리는 얼마인가?**

① 150mm ② 200mm
③ 250mm ④ 300mm

해설

기하학적 불선명도 : 초점(선원)의 크기(F), 시험체–필름 간 거리(d), 선원–시험체 간 거리(D)로 인하여 생기는 방사선 투과사진 상에 나타나는 반음영 부분

$$U_g = \frac{Fd}{D}$$

$$0.2\text{mm} = \frac{2\text{mm} \times 25\text{mm}}{D}$$

$$\therefore\ D = 250\text{mm}$$

08 **각종 비파괴검사에 대한 설명 중 옳지 않은 것은?**

① 방사선투과시험은 반영구적인 기록이 가능하다.
② 초음파탐상시험은 균열에 대하여 높은 감도를 갖는다.
③ 자분탐상시험은 강자성체에 적용이 가능하다.
④ 침투탐상시험은 비금속재료에만 적용이 가능하다.

해설

침투탐상시험은 재질에 거의 영향을 받지 않으며, 형상과 표면의 열린 결함에 대한 탐상만 가능하다.

5 ③ 6 ① 7 ③ 8 ④ **정답**

09 두꺼운 금속제의 용기나 구조물의 내부에 존재하는 가벼운 수소화합물의 검출에 가장 적합한 검사방법은?

① X-선투과검사
② 감마선투과검사
③ 중성자투과검사
④ 초음파탐상검사

해설
두꺼운 금속제 구조물 등에서 X-선은 투과력이 약해 검사가 어렵다. 중성자시험은 두꺼운 금속에서도 깊은 곳의 작은 결함 검출도 가능한 비파괴검사탐상법이다.

10 방사선 발생장치에서 전자의 이동을 균일한 방향으로 제어하는 장치는?

① 표적물질
② 음극필라멘트
③ 진공압력 조절장치
④ 집속컵

해설
집속컵 : 음전하를 띤 몰리브데넘으로 만들어진 오목한 컵으로, 필라멘트에서 방출된 열전자를 좁은 빔 형태로 만들어 양극 초점을 향하게 하는 장치이다.

11 침투탐상검사에 사용되는 현상제에 대한 설명 중 틀린 것은?

① 높은 농도의 형광물질이어야 한다.
② 침투액을 흡출하는 능력이 좋아야 한다.
③ 일반적으로 습식, 건식, 속건식 현상제로 분류한다.
④ 시험 표면에 대한 부착성 이 좋고, 현상막을 제거하기 좋아야 한다.

해설
형광침투검사에서 형광침투제를 사용하고 현상제에 형광물질이 있으면, 침투액을 식별해 낼 수 없다.

12 수세성 형광침투탐상검사에 대한 설명으로 옳은 것은?

① 유화처리 과정이 탐상감도에 크게 영향을 미친다.
② 얕은 결함에 대하여는 결함 검출감도가 낮다.
③ 거친 시험면에는 적용하기 어렵다.
④ 잉여 침투액의 제거가 어렵다.

해설
얕은 결함에서는 가급적 후유화성 검사를 실시하는 것이 좋다.

13 초음파탐상기에 요구되는 성능 중 수신된 초음파 펄스의 음압과 브라운관에 나타난 에코 높이의 비례관계 정도를 나타내는 것은?

① 시간축 직선성
② 분해능
③ 증폭 직선성
④ 감도

해설
증폭 직진성 : 수신된 초음파 펄스의 음압과 브라운관에 나타난 에코 높이의 비례관계 정도이다.

정답 9 ③ 10 ④ 11 ① 12 ② 13 ③

14 프로드법을 이용하여 강용법부를 자분탐상검사할 경우 결함을 가장 잘 검출할 수 있는 경우는?

① 검출하고자 하는 결함과 수직 방향으로 2개의 전극 위치

② 검출하고자 하는 결함과 평행한 방향으로 2개 전극 위치

③ 검출하고자 하는 결함과 45°로 교차하여 2회 전극 배치

④ 검출하고자 하는 결함과 60°로 교차하여 2회 자극 배치

해설

프로드 사이를 이은 직선과 평행한 결함 추적에 용이하다.

15 다음 중 프로드의 간격으로 가장 적당한 것은?

① 1~2인치 ② 2~3인치

③ 3~8인치 ④ 10~15인치

해설

프로드 간격이 3인치 이내이면 자분이 너무 집중되어 결함 식별이 어렵고, 8인치가 넘어가면 자력선의 간격이 너무 넓어진다.

16 자분탐상시험에서 강봉에 전류를 통하였을 때 가장 잘 검출될 수 있는 불연속은?

① 전류 방향과 평행한 불연속

② 지그재그식 날카로운 모양의 불연속

③ 불규칙한 모양의 개재물

④ 전류 방향과 90° 각도를 갖는 불연속

해설

강봉에 전류를 관통시키면 자장은 봉의 원주 방향으로 형성되며, 자속에 직각인 전류 방향과 평행한 불연속을 검출하기 적당하다.

17 길이가 24인치, 직경이 2인치인 봉재를 감은수가 5인 코일을 사용하여 선형 자화법으로 검사하고자 할 때, 전류값은?

① 750A ② 1,500A

③ 3,000A ④ 5,000A

해설

$$\frac{L}{D}=\frac{24}{2}=12$$

$$\text{Ampere-Turn}=\frac{45,000}{\frac{L}{D}}=\frac{45,000}{12}=3,750$$

$$\text{Ampere}=\frac{\text{Ampere}-\text{Turn}}{\text{Turn}}=\frac{3,750}{5}=750$$

18 일반적으로 자분탐상시험에서 표면하 결함을 검출하기 위해서 교류 대신 직류를 사용하는 가장 주된 이유는?

① 시험면의 손상을 방지하기 위하여

② 직류는 교류보다 자분의 자기포화점이 높기 때문에

③ 교류는 표피효과에 의해 검출 깊이의 한계를 갖고 있기 때문에

④ 교류보다 직류를 사용하면 전원 공급이 편리하기 때문에

해설

교류는 표피효과의 영향으로 표면 아래의 자화가 직류보다 약하다.

14 ② 15 ③ 16 ① 17 ① 18 ③ 정답

19 강자성재료의 자분탐상검사방법 및 자분모양의 분류(KS D 0213)에서 일반적인 구조물에 연속법으로 자화할 때 탐상에 필요한 자계강도(A/m)의 범위 규정으로 옳은 것은?

① 1,200 이하
② 1,200~2,000
③ 2,500~3,500
④ 6,000~8,000

해설

탐상에 필요한 자계의 강도

시험방법	시험체	자계의 강도(A/m)
연속법	일반적인 구조물 및 용접부	1,200~2,000
	주단조품 및 기계부품	2,400~3,600
	담금질한 기계부품	5,600 이상
잔류법	일반적인 담금질한 부품	6,400~8,000
	공구강 등의 특수재 부품	12,000 이상

20 전극에 도체 패드를 이용하는 이유로 적절하지 않은 것은?

① 열영향을 방지하기 위해
② 전극의 빠른 적용을 위해
③ 전류 흐름을 원활하게 하기 위해
④ 시험체와 전극의 접촉 부분의 청결을 유지하기 위해

해설

전극에 도체 패드를 사용하는 이유
- 열영향을 방지하기 위해
- 전류 흐름을 원활하게 하기 위해
- 시험체와 전극의 접촉 부분의 청결을 유지하기 위해

21 강자성재료의 자분탐상검사방법 및 자분모양의 분류(KS D 0213)에 따른 탐상 수행 시 사용 가능한 검사장치 또는 자재는?

① 자분의 농도가 1g/L인 비형광 습식자분
② 인공 흠집의 너비가 57μm인 C형 표준시험편
③ 인공 흠집의 깊이가 10μm인 Al-15/50 시험편
④ 자분의 농도가 100g/L인 형광 습식자분

해설

② C형 표준시험편의 인공 흠집의 치수는 깊이 8±1μm, 너비 50±8μm로 한다.
①, ④ 자분의 농도는 원칙적으로 비형광 습식법에서는 2~10g/L, 형광습식법에서는 0.2~2g/L의 범위로 한다.
③ 시험편의 명칭 가운데 사선의 왼쪽은 인공 흠집의 깊이를, 사선의 오른쪽은 관의 두께를 나타내고, 치수의 단위는 μm로 한다. 따라서 Al-15/50 시험편은 인공 흠집의 깊이가 15μm이다.

22 자분탐상시험 후 탈자를 하지 않아도 지장이 없는 것은?

① 자분탐상시험 후 열처리를 해야 할 경우
② 자분탐상시험 후 페인트칠을 해야 할 경우
③ 자분탐상시험 후 전기 아크용접을 실시해야 할 경우
④ 잔류자계가 측정계기에 영향을 미칠 우려가 있을 경우

해설

탈자란 자화된 시험체에 시험 후에도 남아 있는 잔류자기를 제거하는 과정이다.

탈자가 필요 없는 경우
- 더 큰 자력으로 후속 작업이 계획되어 있을 때
- 검사 대상체의 보자력이 작을 때
- 높은 열로 열처리할 계획이 있을 때(열처리 시 자력 상실)
- 검사 대상체가 대형품이고 부분탐상을 하여 영향이 작을 때

정답 19 ② 20 ② 21 ② 22 ①

23 **강자성재료의 자분탐상검사방법 및 자분모양의 분류(KS D 0213)에 의한 시험장치의 설명으로 틀린 것은?**

① 원칙적으로 자화, 자분의 적용, 관찰 및 탈자의 각 과정을 할 수 있어야 한다.
② 전자식형 자화장치에는 자화전류를 파고치로 표시하는 전류계는 생략해도 된다.
③ 자석형 장치에는 검사 대상체에 투입 가능한 최대 자속, 전류의 종류 및 주파수를 반드시 표시하여야 한다.
④ 형광자분을 사용하는 검사 대상체에는 자외선조사장치를 사용한다.

해설
자석형의 장치에는 검사 대상체에 투입 가능한 최대 자속을 표시하여야 한다. 다만, 전자석형의 장치는 전류의 종류 및 주파수를 함께 표시한다.

24 **탈자에 대한 설명으로 옳지 않은 것은?**

① 대상물에 교번 자계를 발생시킨다.
② 탈자를 위해서 직류를 사용한다.
③ 대상물을 가열하여 자성을 제거한다.
④ 가정용 전류를 일반적인 탈자에 사용하기에는 전압이 높다.

해설
직류를 사용하여 탈자를 하려면 매우 정교한 기술이 필요하다. 일반적인 탈자는 교류를 이용하여 교번전류를 일으켜 자성의 질서를 흩트려서 자성을 제거하는 방법을 사용한다.

25 **강자성재료의 자분탐상검사방법 및 자분모양의 분류(KS D 0213)에서 정류식 장치란?**

① 주기적으로 크기가 변화하는 자화전류장치
② 검사 대상체에 자속을 발생시키는 데 사용하는 전류장치
③ 사이클로트론, 사일리스터 등을 사용하여 얻을 1펄스의 자화전류장치
④ 교류를 직류 또는 맥류로 바꾸어 자화전류를 공급하는 자화장치

해설
① 맥류
② 자화전류
③ 충격전류

26 **강자성재료의 자분탐상검사방법 및 자분모양의 분류(KS D 0213)에 따라 자외선조사장치를 이용한 형광자분탐상시험을 할 경우 일반 빛(일광 또는 조명)을 차단하여야 하는데 그 제한되는 밝기는?**

① 500lx 이하
② 1,000lx 이하
③ 20lx 이하
④ 50lx 이하

해설
형광자분을 사용할 때는 가능한 한 어둡게(20lx 이하) 해야 한다.

27 **강자성재료의 자분탐상검사방법 및 자분모양의 분류(KS D 0213)에서 전류계, 타이머 및 자외선조사장치의 최소 점검주기로 바른 것은?**

① 3개월
② 6개월
③ 1년
④ 2년

해설
전류계, 타이머 및 자외선조사장치의 점검은 적어도 연 1회 실시하고, 1년 이상 사용하지 않을 경우에는 사용 시에 점검하여 성능을 확인한 것을 사용해야 한다.

23 ③ 24 ② 25 ④ 26 ③ 27 ③ 정답

28 형광자분탐상을 실시할 때 사용하는 자외선의 강도로 적절한 것은?(단, 자외선조사장치의 필터면에서 38cm 떨어진 거리를 기준으로 한다)

① 80μW/cm^2 ② 300μW/cm^2
③ 500μW/cm^2 ④ 800μW/cm^2

해설
형광자분을 사용하는 검사는 자외선조사장치를 이용한다. 자외선조사장치는 주로 320~400nm의 근자외선을 통과시키는 필터를 가지며 사용 상태에서 형광자분모양을 명료하게 식별할 수 있는 자외선 강도(자외선조사장치의 필터면에서 38cm의 거리에서 800μW/cm^2 이상)를 가진 것이어야 한다.

29 강자성재료의 자분탐상검사방법 및 자분모양의 분류(KS D 0213)에 따른 탐상 시 주의사항을 옳게 설명한 것은?

① 자기펜자국의 유사모양은 축통전법 사용 시 발생하므로 프로드법을 사용하면 사라진다.
② 유사모양인 전류지시는 전류를 작게 하거나 잔류법으로 재검사하면 자분모양이 사라진다.
③ 충격전류를 사용할 때는 일반적으로 통전시간이 매우 길기 때문에 연속법을 사용하여야 한다.
④ 잔류법 사용 시 자화조작 후 자분모양을 관찰할 때 다른 검사 대상체를 접촉시키면 좋은 효과가 있다.

해설
유사모양인지 아닌지는 다음에 따라 확인한다.
- 자기펜자국은 탈자 후 재검사하면 자분모양이 사라진다.
- 전류지시는 전류를 작게 하거나 잔류법으로 재검사하면 자분모양이 사라진다.
- 표면거칠기지시는 검사면을 매끈하게 하여 재검사를 하면 자분모양이 사라진다.
- 재질경계지시는 매크로검사, 현미경검사 등 자분탐상검사 이외의 검사로 확인할 수 있다.

30 강자성재료의 자분탐상검사방법 및 자분모양의 분류(KS D 0213)에 따른 검사를 할 때의 주의사항으로 옳지 않은 것은?

① 한 번에 시험할 수 없을 때는 여러 번 나누어서 시행한다.
② 흠집의 방향을 예측할 수 없을 때는 2방향 이상으로 시행한다.
③ 잔류법을 사용하는 경우 자분모양이 잘 나타나지 않으면 다시 자화한다.
④ 지시를 판정하기 어려울 때는 표면을 개선하고 재시험한다.

해설
잔류법 시행 시 다른 자력이나 전류를 접하지 않도록 한다.

31 강자성재료의 자분탐상검사방법 및 자분모양의 분류(KS D 0213)에 의한 용어 중 사이클로트론, 사일리스터 등을 사용하여 얻은 1펄스의 자화전류를 뜻하는 용어는?

① 맥류 ② 분산매
③ 충격전류 ④ 단펄스전류

해설
③ 충격전류 : 사이클로트론, 사일리스터 등을 사용하여 얻은 1펄스의 자화전류이다.
① 맥류 : 주기적으로 크기가 변화(다만, 극성은 불변)하는 자화전류(맥동률이 삼상전파정류 이하인 것은 직류로 본다)이다.
② 분산매 : 자분을 잘 분산시킨 상태로 검사 대상체의 표면에 적용하기 위한 매체가 되는 기체 또는 액체이다.
④ 단펄스전류 : 짧은 펄스의 전류 정도로 해석이 가능하며, KS에 정의된 용어는 아니다.

정답 28 ④ 29 ② 30 ③ 31 ③

32 강자성재료의 자분탐상검사방법 및 자분모양의 분류(KS D 0213)에 따라 검사하는 부분에 실제로 움직이는 자기장은?

① 자속밀도
② 반자기장
③ 유효자기장
④ 탐상유효범위

해설
유효자기장 : 검사하는 부분에 실제로 작용하고 있는 자기장이다. 예를 들어 코일법의 경우 코일에 의해 형성되는 자기장에서 검사 대상체에서 형성된 반자기장을 뺀 자기장이다.

33 강자성재료의 자분탐상검사방법 및 자분모양의 분류(KS D 0213)에 규정된 자분탐상검사방법 중 자화방법에 따른 분류가 아닌 것은?

① 잔류법
② 코일법
③ 극간법
④ 전류관통법

해설
연속법과 잔류법은 자분 적용시기에 따른 분류로 연속법은 자화조작 중 자분 적용을 완료하고, 잔류법은 자화과정을 종료한 후에 자분을 적용하는 방법이다.

34 강자성재료의 자분탐상검사방법 및 자분모양의 분류(KS D 0213)에서 C형 표준시험편의 사용방법으로 적합하지 않은 것은?

① 용접부의 그루브면 등 좁은 부분에서 A형의 적용이 곤란한 경우에 사용한다.
② 판의 두께는 50μm로 한다.
③ 자분의 적용은 잔류법으로 한다.
④ 시험면에 잘 밀착되도록 적당한 양면 점착테이프로 시험면에 붙여 사용한다.

해설
C형 표준시험편의 자분 적용은 연속법으로 한다.

35 강자성재료의 자분탐상검사방법 및 자분모양의 분류(KS D 0213)의 자화방법 중 코일법의 기호로 옳은 것은?

① B ② C
③ M ④ P

해설
자화방법에 따른 분류
- 축통전법(EA) : 검사 대상체의 축 방향으로 전류를 흐르게 한다.
- 직각통전법(ER) : 축에 대하여 직각 방향으로 직접 전류를 흐르게 한다.
- 전류관통법(B) : 검사 대상체의 구멍 등에 통과시킨 도체에 전류를 흐르게 한다.
- 자속관통법(I) : 교류로 자속을 형성시킨 자성체를 검사 대상체의 구멍 등에 관통시킨다.
- 코일법(C) : 검사 대상체를 코일에 넣고 코일에 전류를 흐르게 한다.
- 극간법(M) : 검사 대상체를 영구자석 사이에 놓는다.
- 프로드법(P) : 검사 대상체체 국부에 2개의 전극을 대어서 흐르게 한다.

32 ③ 33 ① 34 ③ 35 ② 정답

36 자화전류로 반파를 사용하는 이유로 적당한 것은?

① 극성과 전류량을 지속적으로 바꾸기 위함이다.
② 극성이 변하지 않고 전류량, 전압의 크기가 일정하기 때문이다.
③ 교류를 이용하되 한 극성만 용인하여 한 극성만 갖는 전류로 만들기 위함이다.
④ 정류는 흐름의 연속성에 문제가 발생하므로 교류의 한 극성은 용인하고 다음 극성을 뒤집어 사용하기 위함이다.

해설
반파정류 : 극성이 바뀌는 교류를 한 극성만 용인하여 한 극성만을 갖는 전류로, 직류에 가깝게 만든 전류이다.
①는 교류, ②는 직류, ④는 전파정류된 전류의 특성이다.

37 강자성재료의 자분탐상검사방법 및 자분모양의 분류(KS D 0213)에서 'A1-7/50' 표준시험편의 인공흠집에는 직선형과 원형이 있다. 각각의 인공 흠집 크기(mm)로 옳은 것은?

① 원형의 직경 : 5mm, 직선형의 길이 : 6mm
② 원형의 직경 : 10mm, 직선형의 길이 : 6mm
③ 원형의 직경 : 10mm, 직선형의 길이 : 10mm
④ 원형의 직경 : 5mm, 직선형의 길이 : 10mm

해설
• 원형

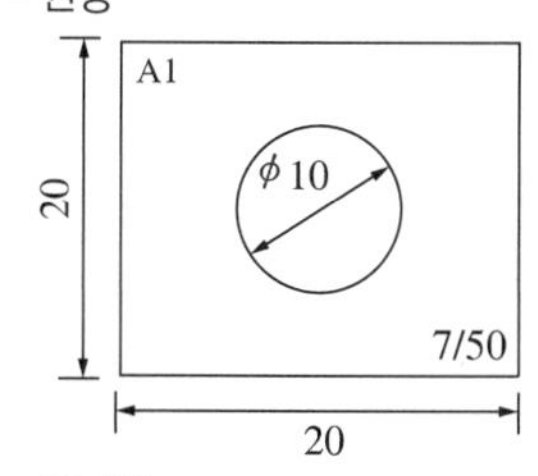

• 직선형

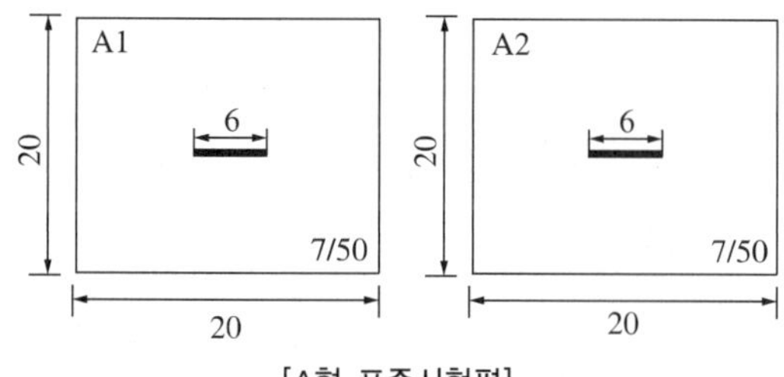

[A형 표준시험편]

38 강자성재료의 자분탐상검사방법 및 자분모양의 분류(KS D 0213)의 시험편 중 KS C 2504의 1종의 냉간압연한 그대로의 것을 재질로 사용하는 표준시험편은?

① A1-7/50　　② A1-30/100
③ A2-7/50　　④ C1

해설
A형 표준시험편

명칭			재질
A1-7/50 (원형, 직선형)	A1-15/50 (원형, 직선형)	-	KS C 2504의 1종을 어닐링(불활성가스 분위기 중 600℃ 1시간 유지, 100℃까지 분위기 중에서 서랭)한 것
A1-15/100 (원형, 직선형)	A1-30/100 (원형, 직선형)	-	
A2-7/50 (직선형)	A2-15/50 (직선형)	A2-30/50 (직선형)	KS C 2504의 1종의 냉간압연한 그대로의 것
A2-15/100 (직선형)	A2-30/100 (직선형)	A2-60/100 (직선형)	

C형 표준시험편

[판의 두께 : 50μm]

명칭	재질
C1	KS C 2504의 1종을 어닐링(불활성 가스 분위기 중 600℃ 1시간 유지, 100℃ 이하까지 분위기 중에서 서랭)한 것
C2	KS C 2504의 1종의 냉간압연한 그대로의 것

39 자속에 대한 설명으로 옳지 않은 것은?

① 자속은 일정 면적을 지나가는 자기장의 속도를 의미한다.
② 자속의 밀도가 높다는 것은 일정 면적에 작용하는 자력이 강하다는 것을 의미한다.
③ 자기이력곡선은 자장의 강도와 자속밀도의 관계를 나타낸 것이다.
④ 자속의 단위는 Wb(웨버)를 사용한다.

해설
자속은 일정 면적을 지나가는 자기력선의 수, 묶음을 의미한다.
자속(磁束)에서 束은 묶음을 의미한다.

정답 36 ③ 37 ② 38 ③ 39 ①

40 잔류법으로 검사를 수행하는 과정에서 시험품 표면에 날카로운 선 모양이 관찰되어 의사지시 여부를 확인하기 위하여 탈자 후 재검사를 수행하였을 때는 지시가 나타나지 않았다. 이러한 지시를 발생시키는 원인은?

① 자기펜자국
② 단면급변지시
③ 재질경계지시
④ 표면거칠기지시

해설
전류를 끊고 남은 자력을 이용하므로, 이후 다른 자력의 영향을 받으면 흔적이 생긴다. 이를 자기펜자국이라고 한다.

41 시험체를 자화시킬 때 영구자석을 사용하는 경우의 장점으로 옳은 것은?

① 거치형 시험장치를 사용하는 경우에 적합하다.
② 전류를 사용하지 않아도 자화가 가능하다.
③ 숙련되지 않은 사람도 판정 가능하다.
④ 시험장치의 가격이 저렴하다.

해설
영구자석을 이용하면 자화시킬 때 전자석을 사용할 필요가 없으므로 전류를 사용하지 않아도 된다. 거치형의 경우 전원을 사용할 수 있어서 영구자석을 사용할 필요가 없다. 숙련도나 가격은 영구자석이나 전원을 사용하는 것과 관계가 없다.

42 다음 중 Ni, Fe이 주성분인 합금이 아닌 것은?

① 강인강 ② 스테인리스강
③ 불변강 ④ 쾌삭강

해설
합금강에 가장 주된 합금원소는 니켈이다. 니켈이 첨가되면 기계적 강도와 경도가 좋아지며, 특히 크롬과 함께 강에 첨가되어 녹이 슬지 않는 스테인리스강의 성분이 된다. 니켈 및 크롬이 적당량 첨가되면 온도에 따라 외형이 잘 변하지 않는 불변성을 갖게 된다. 쾌삭강은 강의 절삭성을 높인 강으로 주석, 납, 황 등을 첨가하여 제조한다.

43 금(Au)에 대한 설명으로 옳지 않은 것은?

① 침식, 산화가 되지 않는 귀금속이다.
② 재결정온도는 40~100℃ 정도이다.
③ 용융점은 약 1,063℃이다.
④ 주로 강에 합금하여 금강을 만든다.

해설
금은 귀한 금속의 대표적인 금속으로 열전도성과 전기전도성이 좋고, 무엇보다 침식, 산화되지 않아 변하지 않는 성질을 가졌다. 재화적인 가치를 갖고 있으며 높은 전기적 성질로 인해 반도체 등의 산업에서도 광범위하게 사용된다. 금(Au)을 철(Fe)과 섞어서 합금을 하는 경우는 많지 않다.

44 자화된 물질이나 전류가 흐르는 도체의 내·외부 공간을 무엇이라 하는가?

① 자계 ② 상자성
③ 강자성 ④ 포화점

해설
①에 대해서는 문제가 곧 해설이 되며 상자성은 반대 자성을 띠는 성질, 강자성은 강한 자성, 포화점은 어떤 성질이나 용매가 꽉찬 상황에 이르렀음을 설명한다.

40 ① 41 ② 42 ④ 43 ④ 44 ① 정답

45 Fe–C 평행상태도에서 순철을 가열할 때 자성이 변하기 시작하는 점은?

① A_0 ② A_1
③ A_2 ④ A_3

해설

다음 그림의 A_0 210℃ 선에서 순철의 자기적 상태가 변한다.

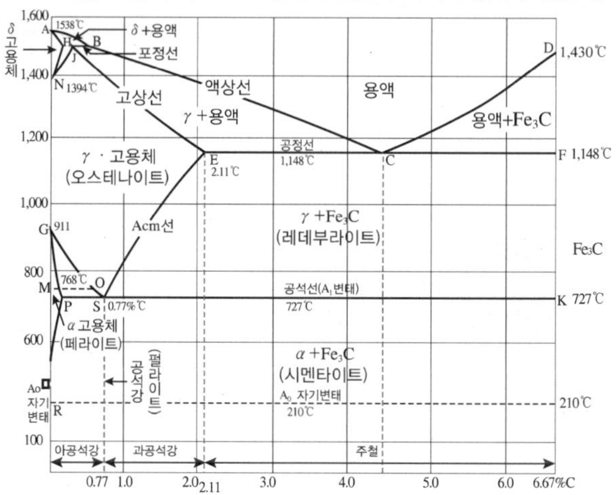

46 아공석강의 탄소 함유량(% C)으로 옳은 것은?

① 0.025~0.8% C
② 0.8~2.0% C
③ 2.0~4.3% C
④ 4.3~6.67% C

해설

공석강의 탄소 함유량은 0.8%이며, 이보다 탄소 함유량이 적은 탄소강을 아공석강이라고 한다.

47 서양에서 들어온 은이라는 의미로 양은이라고도 하는 구리 합금으로 10~20% Ni, 15~30% Zn에 구리 약 70%의 합금이다. 탄성재료나 화학기계용 재료로 사용되는 것은?

① 니켈황동 ② 청동
③ 엘린바 ④ 모넬메탈

해설

니켈황동 : 양은 또는 양백이라고도 하며, 7–3 황동에 7~30% Ni을 첨가한 것이다. 예전부터 장식용, 식기, 악기, 기타 은 대용으로 사용되었고, 탄성과 내식성이 좋아 탄성재료, 화학기계용 재료에 사용된다. 30% Zn 이상이 되면 냉간가공성은 저하되지만 열간가공성이 좋아진다.

48 8~20%의 아연을 구리에 첨가한 구리 합금으로 황동 중에서 가장 금빛깔에 가까우며, 소량의 납을 첨가하여 값이 싼 금색 합금을 만든 것은?

① 탄피황동 ② 톰백
③ 주석황동 ④ 납황동

해설

② 톰백 : 8~20%의 아연을 구리에 첨가한 구리 합금은 황동 중에서 가장 금빛깔에 가까우며, 소량의 납을 첨가하여 값이 싼 금색 합금을 만든다. 특히 금종이의 대용품으로서 서적의 금박 입히기, 금색 인쇄에 사용된다.
④ 납황동 : 황동에 Sb 1.5~3.7%까지 첨가하여 절삭성을 좋게 한 것으로, 쾌삭황동(Free Cutting Brass)이라 한다. 쾌삭황동은 정밀 절삭가공을 필요로 하는 시계나 계기용 기어, 나사 등의 재료로 사용된다.

정답 45 ① 46 ① 47 ① 48 ②

49 밝은 흰색 광택이 나는 연성과 전성이 좋은 금속으로, 특히 열전도성과 전기전도성이 가장 좋으며 10.5g/cm^{3}의 밀도를 가진 금속은?

① 금　② 백금
③ 은　④ 동

50 네이벌 황동(Naval Brass)이란?

① 6 – 4 황동에 Sn을 약 0.75~1% 정도 첨가한 것
② 7 – 3 황동에 Mn을 약 2.85~3% 정도 첨가한 것
③ 3 – 7 황동에 Pb를 약 3.55~4% 정도 첨가한 것
④ 4 – 6 황동에 Fe를 약 4.95~5% 정도 첨가한 것

해설

네이벌 황동(Naval Brass)
6 – 4 황동에 Sn을 넣은 것이다. 62% Cu–37% Zn–1% Sn이며, 판, 봉 등으로 가공되어 복수기판, 용접봉, 밸브대 등에 이용한다.

51 Si가 10~13% 함유된 Al–Si계 합금으로, 녹는점이 낮고 유동성이 좋아 크고 복잡한 사형주조에 이용되는 것은?

① 알민　② 알드리
③ 실루민　④ 알클래드

해설

실루민(또는 알팍스)
- Al에 Si를 11.6% 함유하며, 공정점이 577℃인 조성을 실루민이라고 한다.
- 이 합금에 Na, F, NaOH, 알칼리 염류를 용탕에 넣어 처리하면 조직이 미세화되고 공정점도 조정되는데, 이를 개량처리라고 한다.
- 주조용 알루미늄을 다이캐스팅하면 개량처리가 필요 없다.
- 실용 합금 10~13%인 Si 실루민은 용융점이 낮고 유동성이 좋아 얇고 복잡한 주물에 적합하다.

52 탄소강에 다음 금속을 합금하여 합금강으로 사용할 때의 장점이 아닌 것은?

① Ni을 합금하면 강인성과 내식성, 내열성 등이 좋아진다.
② Cr을 합금하면 경도가 증가하며, 함유량이 많으면 자경성과 내마멸성이 좋아진다.
③ Si를 합금하면 주조성이 좋아지고, 전자기성이 개선된다.
④ Co를 합금하면 절삭성이 좋아지고, 용융점이 낮아진다.

해설

Co를 합급하면 고온강도와 경도가 개선된다. 절삭성을 개선하기 위해서는 Pb, S 등을 첨가한다.

53 공석강을 A_1 변태점 이상으로 가열했을 때 얻을 수 있는 조직으로, 비자성이며 전기저항이 크고, 경도가 100~200HB이며 18–8 스테인리스강의 상온에서도 관찰할 수 있는 조직은?

① 페라이트
② 펄라이트
③ 오스테나이트
④ 시멘타이트

해설

오스테나이트 : γ철에 탄소가 최대 2.11% 고용된 γ고용체이다. A_1 이상에서는 안정적으로 존재하나 일반적으로 실온에서는 존재하기 어려운 조직으로 인성이 크며 상자성체이다.

49 ③　50 ①　51 ③　52 ④　53 ③　정답

54 주철에 들어 있는 불순물이 아닌 것은?

① 흑연 ② 납
③ 구리 ④ 황

해설
대표적인 불순물로 흑연, 규소, 구리, 망간, 황 등이 있으며 탄소강에서의 역할과 유사하다.

55 Pb-Sn-Sb계, Sn-Sb계 합금을 총칭하는 것으로, 녹는점이 낮고 부드러우며 마찰이 작아서 베어링 합금, 활자 합금, 납 합금 및 다이캐스트 합금에 많이 사용되는 금속재료는?

① 고속도강 ② 화이트메탈
③ 스텔라이트 ④ 하스텔로이

해설
① 고속도강 : 고속도 공구강이라고도 한다. 탄소강에 크롬(Cr), 텅스텐(W), 바나듐(V), 코발트(Co) 등을 첨가하면 500~600℃의 고온에서도 경도가 저하되지 않고 내마멸성이 크며, 고속도의 절삭작업이 가능하게 된다. 주성분은 0.8% C, 18% W, 4% Cr, 1% V로 된 18-4-1형이 있으며, 이를 표준형으로 본다.
③ 스텔라이트 : 비철합금공구재료의 일종으로 2~4% C, 15~33% Cr, 10~17% W, 40~50% Co, 5% Fe의 합금이다. 그 자체가 경도가 높아 담금질할 필요 없이 주조한 그대로 사용되고, 단조는 할 수 없으며 절삭공구, 의료기구에 적합하다.
④ 하스텔로이(Hastelloy) : 미국 Haynes Stellite사의 특허품으로 A, B, C종이 있다. 내염산 합금이며 구성은 A의 경우 Ni : Mo : Mn : Fe = 58 : 20 : 2 : 20으로, B의 경우 Ni : Mo : W : Cr : Fe = 58 : 17 : 5 : 14 : 6으로, C의 경우 Ni : Si : Al : Cu = 85 : 10 : 2 : 3으로 구성되어 있다.

56 다음 합금 중에서 알루미늄 합금에 해당되지 않는 것은?

① Y합금 ② 콘스탄탄
③ 라우탈 ④ 실루민

해설
콘스탄탄은 니켈 40~50%와 동의 합금이다.

57 AW-200인 용접기로, 무부하전압 70V, 아크전압 30V인 교류 용접기의 역률과 효율은 각각 약 얼마인가?(단, 내부 손실은 3kW로 한다)

① 역률 60.8%, 효율 56.2%
② 역률 56.2%, 효율 60.8%
③ 역률 64.3%, 효율 66.7%
④ 역률 66.7%, 효율 64.3%

해설
교류 아크용접기의 규격

종류		AW200	AW300	AW400	AW500
정격 2차 전류(A)		200	300	400	500
정격 사용률(%)		40	40	40	60
정격 부하 전압	저항강하(V)	30	35	40	40
	리액턴스 강하(V)	0	0	0	12
최고 2차 무부하 전압(V)		85 이하	85 이하	85 이하	95 이하
2차 전류(A)	최댓값	200 이상 220 이하	300 이상 330 이하	400 이상 440 이하	500 이상 550 이하
	최솟값	35 이하	60 이하	80 이하	100 이하
사용되는 용접봉 지름		2.0 ~4.0	2.6 ~6.0	3.2 ~8.0	4.0 ~8.0

- 사용률 : 실제 용접 작업에서 어떤 용접기로 어느 정도 용접을 해도 용접기에 무리가 생기지 않는가를 판단하는 기준

$$사용률 = \frac{아크발생시간}{아크발생시간 + 휴식시간}$$

- $허용\ 사용률 = \left(\frac{정격\ 2차\ 전류}{사용용접\ 전류}\right)^2 \times 정격사용률$
- 정격사용률 : 정격 2차 전류로 용접하는 경우의 사용률

$$역률 = \frac{소비전력}{입력전력} = \frac{200A \times 30V + 3,000W}{200A \times 70V} \times 100\% = 64.3\%$$

$$효율 = \frac{출력전력}{입력전력} = \frac{200A \times 30V}{200A \times 30V + 3,000W} \times 100\% = 66.7\%$$

정답 54 ② 55 ② 56 ② 57 ③

58 압력용기-비파괴시험일반(KS B 6752)에서 요크의 인상력에 대한 사항 중 틀린 것은?

① 교류 요크는 최대극간거리에서 최대한 4.5kg의 인상력을 가져야 한다.
② 영구자석 요크는 최대극간거리에서 최소한 18kg의 인상력을 가져야 한다.
③ 영구자석 요크의 인상력은 사용 전 매일 점검하여야 한다.
④ 모든 요크는 수리할 때마다 인상력을 점검하여야 한다.

해설

요크의 인상력의 교정

- 사용하기 전에 전자기 요크의 자화력은 최소한 1년에 한 번은 점검해야 한다.
- 영구자석요크의 자화력은 사용하기 전 매일 점검한다.
- 모든 요크의 자화력은 요크의 손상 및 수리 시마다 점검한다.
- 각 교류전자기요크는 사용할 최대극간거리에서 최소한 4.5kg의 인상력을 가져야 한다.
- 직류 또는 영구자석요크는 사용할 최대극간거리에서 최소한 18kg의 인상력을 가져야 한다.
- 인상력 측정용 추는 공신력 있는 제조자의 저울로 무게를 측정하여야 하고, 처음 사용하기 전에 해당 공칭 무게를 추에 기록하여야 한다.

59 압력용기-비파괴시험 일반(KS B 6752)의 자분탐상시험 시 이물질 등이 제거되어야 할 시험 부위로부터의 최소범위는?

① 5mm ② 10mm
③ 15mm ④ 25mm

해설

자분탐상시험

- 보통 부품 표면이 용접된 상태, 압연된 상태, 주조된 상태 또는 단조된 상태일 때 그 상태로 시험해도 만족스러운 결과를 얻을 수 있다.
- 표면 불규칙이 불연속부로부터의 지시를 가리게 되는 곳에서는 연삭 또는 기계가공에 의한 표면처리가 필요할 수도 있다.
- 시험 전에 시험할 표면과 그 표면에서 최소한 25mm 내에 인접한 모든 부위를 건조시켜야 하고 오물, 그리스, 보푸라기, 스케일, 용접 플럭스, 용접 스패터, 기름이나 시험을 방해하는 다른 이물질이 없어야 한다.
- 세척은 세척제, 유기용제, 스케일 제거제, 페인트 제거제, 증기탈지, 샌드 또는 그릿블라스팅, 초음부 세척 등을 이용하여 실시할 수 있다.

60 압력용기-비파괴시험 일반(KS B 6752)에 따른 절차서의 개정이 필요한 경우는?

① 시험체의 형상 변경
② 검사자의 자격인정요건 변경
③ 인정범위를 초과하는 피복 두께
④ 시험 후처리 기법의 변경

해설

보기의 구성으로 보아 문제의 질문 중 '절차서의 개정'이란 재인정을 의미하는 것이며, 필수 변수와 비필수 변수를 구분하는 문제이다. 인정한 범위를 초과하는 피복 두께는 필수요소이므로, 이를 변경할 경우는 절차서의 재인정이 필요하다.

절차서 요건(KS B 6752)

- 요건 : 자분탐상시험은 최소한 다음 요건이 포함된 절차서에 따라 실시한다.
  - 필수 변수 : 자화기법 / 자화전류형식이 규정되었거나 이미 인정된 범위를 벗어나는 전류 / 표면 전처리 / 자분 종류 / 자분 적용방법 / 과잉자분제거방법/빛의 최소강도/인정한 범위를 초과하는 피복 두께 / 성능 검증 / 자분 제조자가 권고하였거나 미리 인정된 온도범위를 벗어나는 시험품의 표면온도
  - 비필수 변수 : 시험체의 형상 또는 크기 / 동일한 종류의 장비 / 온도 / 탈자기법 / 시험 후 처리기법 / 시험요원의 자격인정요건
- 절차서 인정
  - 관련 표준에 절차서 인정이 규정된 경우, 위의 필수 변수 요건의 변경을 위해 입증을 통한 절차서의 재인정이 요구된다.
  - 비필수 변수로 분류된 요건을 변경하는 경우, 절차서의 재인정이 필요 없다.
  - 절차서에 규정된 모든 필수 변수 또는 비필수 변수를 변경하는 경우, 해당 절차서의 개정이나 추록이 요구된다.

58 ① 59 ④ 60 ③ 정답

2023년 제1회 과년도 기출복원문제

01 다음 중 횡파가 존재할 수 있는 물질은?

① 물 ② 공기
③ 오일 ④ 아크릴

해설
횡파(Transverse Wave)는 입자의 진동 방향이 파를 전달하는 입자의 진행 방향과 수직인 파로, 종파의 1/2 속도이다. 고체에서만 전파되고 액체와 기체에서는 전파되지 않는다.

02 입사각과 굴절각의 관계를 나타내는 법칙은?

① 스넬의 법칙 ② 푸아송의 법칙
③ 찰스의 법칙 ④ 프레스넬의 법칙

해설
스넬의 법칙은 음파가 두 매질 사이의 경계면에 입사하면 입사각에 따라 굴절과 반사가 일어나는 것으로, $\frac{\sin\alpha}{\sin\beta} = \frac{V_1}{V_2}$ 와 같다. 여기서 α = 입사각, β = 굴절각 또는 반사각, V_1 = 매질 1에서의 속도, V_2 = 매질 2에서의 속도를 나타낸다.

03 초음파탐상시험에서 일반적으로 결함 검출에 가장 많이 사용하는 탐상법은?

① 공진법 ② 투과법
③ 펄스반사법 ④ 주파수 해석법

해설
초음파탐상시험에서 일반적으로 펄스반사법(A-Scope) 형식이 가장 많이 사용된다.

04 다음 중 내부 기공의 결함 검출에 가장 적합한 비파괴검사법은?

① 음향방출시험
② 방사선투과시험
③ 침투탐상시험
④ 와전류탐상시험

해설
보기 중 내부탐상이 가능한 시험은 방사선투과시험과 음향방출시험이지만, 음향방출시험은 내부의 현 결함이 아닌 발생되는 결함을 모니터하는 방법이다.

05 다음 보기의 설명에 부합하는 비파괴검사법은?

보기
- 표면탐상검사이다.
- 주변의 온도·습도 등에 영향을 받는다.
- 형광물질을 이용한 광학의 원리를 이용한다.
- 전원설비 없이 검사가 가능한 시험이 있다.

① 방사선투과시험
② 음향방출시험
③ 와전류탐상시험
④ 침투탐상시험

해설
형광침투탐상검사는 형광성 침투액을 표면결함에 침투시켜 광학의 원리를 이용해 어두운 곳에서 형광을 발광시켜 결함을 탐상한다. 육안시험이나 염색침투탐상의 경우 전원설비가 없어도 시험이 가능하다.

정답 1 ④ 2 ① 3 ③ 4 ② 5 ④

06 **자분탐상시험으로 발견될 수 있는 대상으로 가장 적합한 것은?**

① 비자성체의 다공성 결함
② 철편에 있는 탄소 함유량
③ 강자성체에 있는 피로균열
④ 배관 용접부 내의 슬래그 개재물

해설
자분탐상은 강자성체에 적용하기 적합한 시험이다.

07 **방사선투과검사에서 H&D 커브라고도 하며, 노출량을 조절하여 투과사진의 농도를 변경하고자 할 때 필요한 것은?**

① 노출도표 ② 초점의 크기
③ 필름의 특성곡선 ④ 동위원소의 붕괴곡선

해설
필름특성곡선(Characteristic Curve)
- 특정한 필름에 대한 X선의 노출량과 사진농도와의 상관관계를 나타낸 곡선이다.
- H&D곡선, Sensitometric 곡선이라고도 한다.
- 필름특성곡선을 이용하여 노출조건을 변경하면 임의의 투과사진 농도를 얻을 수 있다.

08 **초음파탐상검사에서 초음파가 매질을 진행할 때 진폭이 작아지는 정도를 나타내는 감쇠계수(Attenuation Coefficient)의 단위는?**

① dB/s ② dB/℃
③ dB/cm ④ dB/m^2

해설
감쇠계수 : 단위 길이당 음의 감쇠를 의미하며 단위는 dB/cm이다. 감쇠계수는 주파수에 비례하여 증가한다.

09 **초음파탐상검사에서 보통 10mm 이상의 초음파 빔 폭보다 큰 결함 크기 측정에 적합한 기법은?**

① DGS 선도법
② 6dB 드롭법
③ 20dB 드롭법
④ TOF법

해설
dB 드롭법 : 최대 에코 높이의 6dB 또는 10dB 아래인 에코 높이 레벨을 넘는 탐촉자의 이동거리로부터 결함 길이를 구한다.

10 **다른 비파괴검사법과 비교하여 와전류탐상시험의 특징이 아닌 것은?**

① 시험을 자동화할 수 있다.
② 비접촉 방법으로 할 수 있다.
③ 시험체의 도금 두께 측정이 가능하다.
④ 형상이 복잡한 것도 쉽게 검사할 수 있다.

해설
- 와전류탐상의 장점
  - 고속으로 자동화된 전수검사가 가능하다.
  - 가는 선, 구멍 내부, 고온 등 여러 환경에서 적용 가능하다.
  - 결함, 재질 변화, 품질관리 등 적용범위가 광범위하다.
  - 탐상 및 재질검사 등 탐상결과를 보전 가능하다.
- 와전류탐상의 단점
  - 표피효과로 인해 표면 근처의 시험에만 적용 가능하다.
  - 잡음인자의 영향을 많이 받는다.
  - 결함 종류, 형상, 치수에 대한 정확한 측정은 불가능하다.
  - 형상이 간단한 시험체에만 적용 가능하다.
  - 도체에만 적용 가능하다.

6 ③ 7 ③ 8 ③ 9 ② 10 ④ **정답**

11 자분탐상시험의 기본 3대 요소가 아닌 것은?

① 준비 및 자화　② 탈자
③ 현상제 제거　④ 검사

해설
자분탐상에서는 자분이 현상제 역할을 하므로 자분을 제거하면 탐상을 할 수 없다.

12 동일한 조건에서 전기전도율이 가장 큰 것은?

① Fe　② Cr
③ Pb　④ Mo

해설
전기전도율의 크기는 Mo > Fe > Pb > Cr 순이다.

13 자화장치의 전기아크 발생원인에 대한 설명으로 가장 관계가 먼 것은?

① 과도한 자화전류 및 자화장치의 헤드(Head)와 접촉이 불량할 때
② 자화장비를 예열시키지 않고 사용했을 때
③ 프로드와 시험체의 접촉 불량 또는 프로드가 미끄러졌을 때
④ 아크용접 장비와 같은 전원으로 전류를 끌어 사용했을 때

해설
자화장치를 예열할 필요는 없다.

14 자분탐상시험 시 전도체에서 표피효과로 인하여 표면결함을 탐지하는 데 효과적인 자화전류는?

① 교류
② 직류
③ 반파정류 직류
④ 가상정류 직류

해설
교류성이 강할수록 큰 표피효과로 인하여 표면층 탐상에 유리하다.

15 다음 중 자분탐상검사의 주요 3과정에 해당하지 않는 것은?

① 자화
② 전처리
③ 자분 적용
④ 자분모양에 의한 관찰 및 기록

해설
자분탐상검사의 주요 3과정 : 자화, 자분 적용, 관찰 및 기록

정답 11 ③ 12 ④ 13 ② 14 ① 15 ②

16 자계의 방향과 수직으로 놓여 있는 길이 1m의 도선에 1A의 전류가 흘러서 도선이 받는 힘이 1N이 될 때 자계의 세기는?

① 1Weber(Wb)　② 1Henry(H)
③ 1Coulomb(C)　④ 1Tesla(T)

해설

자기와 관련된 단위

- Weber(Wb) : 자기력선의 단위로 $1m^2$에 1T의 자속이 지나가면 1Wb이다. Vs(Volt second)를 사용하기도 한다.
- Henry(H) : 인덕턴스를 표시하는 단위로, 초당 1A의 전류 변화에 의해 1V의 유도기전력이 발생하면 1H이다.
  $H = \frac{m^2 \cdot kg}{s^2A^2} = \frac{Wb}{A} = \frac{T \cdot m^2}{A} = \frac{V \cdot s}{A} = \frac{m^2 \cdot kg}{C^2}$
- Tesla(T) : 공간 어느 지점의 자속밀도의 크기이다.
  $T = Wb/m^2 = kg/(s^2A) = N/(A \cdot m) = kg/(s \cdot C)$
- Coulomb(C) : 1A의 전류가 1초 동안 이동시키는 전기량이다.
- A/m(Ampere/meter) : 자장의 세기를 나타내는 단위로, 자기회로 1m당 기자력의 크기이다. 기자력은 전류와 감은 수의 곱으로 표현한다.

17 $0-p-q$가 나타내는 것이 초기자화곡선이라면, 다음 그림의 명칭은?

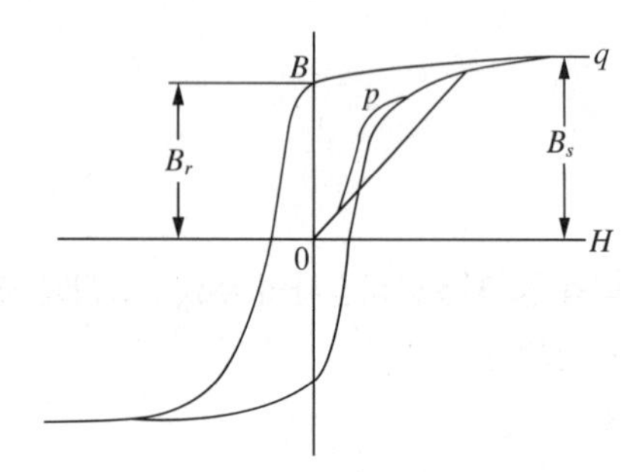

① 최대투자곡선　② 잔류자기곡선
③ 자기이력곡선　④ 초기자화곡선

해설

문제의 그림과 같이 자계의 세기(H)와 자속밀도(B)의 관계를 나타내는 곡선을 자기이력곡선(자화곡선)이라고 한다.

18 강자성 재료에 대한 자분탐상검사와 지시의 분류(KS D 0213)에서 일반적인 구조물에 연속법으로 자화할 때 탐상에 필요한 자계강도(A/m)의 범위 규정은?

① 1,200 이하
② 1,200~2,000
③ 2,500~3,500
④ 6,000~8,000

해설

탐상에 필요한 자계의 강도

시험방법	시험체	자계의 강도(A/m)
연속법	일반적인 구조물 및 용접부	1,200~2,000
	주단조품 및 기계부품	2,400~3,600
	담금질한 기계부품	5,600 이상
잔류법	일반적인 담금질한 부품	6,400~8,000
	공구강 등의 특수재 부품	12,000 이상

19 강자성 재료에 대한 자분탐상검사와 지시의 분류(KS D 0213)에 따라 직류 및 맥류를 사용하는 경우 자분의 적용법으로 옳은 것은?

① 건식법
② 습식법
③ 연속법 및 잔류법
④ 자분탐상에는 적합하지 않다.

해설

자화전류의 종류

- 교류 및 충격전류를 사용하는 자화는 원칙적으로 표면 흠집의 검출에 한한다.
- 교류를 사용하는 자화는 원칙적으로 연속법으로만 사용한다.
- 직류와 맥류를 사용하여 자화는 표면의 흠집 및 표면 근처 내부의 흠집을 검출하는 데 적용 가능하다.
- 직류와 맥류를 사용하는 자화는 연속법과 잔류법에 모두 적용 가능하다.
- 맥류는 그것에 포함되는 교류성분이 큰 만큼 내부 흠의 검출성능이 낮다.
- 교류는 표피효과의 영향으로 인하여 표면 아래쪽의 자화는 직류에 의한 자화보다 약해진다.
- 충격전류를 사용하는 자화는 잔류법에만 적용된다.

16 ④　17 ③　18 ②　19 ③ 정답

20 **강자성 재료에 대한 자분탐상검사와 지시의 분류(KS D 0213)에 따라 자외선조사장치를 이용한 형광자분탐상시험을 할 경우 일반 빛(일광 또는 조명)을 차단하여야 하는데 그 제한되는 밝기는?**

① 500lx 이하
② 1,000lx 이하
③ 20lx 이하
④ 50lx 이하

해설
형광자분을 사용할 때는 가능한 한 어둡게 해야 하므로 보기 중에서 20lx 이하가 가장 어두운 상황이다.

21 **자분탐상검사에 사용하는 장치에 대한 설명으로 옳은 것은?**

① 코일법 사용 시 코일의 형태는 자장의 강도와는 관계없다.
② 자계는 전류계의 실효치로 표시한다.
③ 분산 노즐에서 검사액의 분무압력은 자분막 형성에 영향을 준다.
④ 비형광자분을 사용하는 시험에는 자외선조사장치가 필요하다.

해설
① 코일법 사용 시 코일의 형태는 자장의 강도에 영향을 준다.
② 자계는 단위 길이당 전류량으로 표시한다.
④ 비형광자분을 사용하는 시험에는 자외선조사장치가 필요 없다.

22 **강자성 재료에 대한 자분탐상검사와 지시의 분류(KS D 0213)에서 자화를 하는 장치 중 전류를 이용하는 방식은 자화전류의 종류에 따라 4가지로 분류한다. 이 4가지는?**

① 직렬식, 병렬식, 직병렬식, 맥류식
② 직렬식, 충격전류식, 맥류식, 직병렬식
③ 직류식, 교류식, 직병렬식, 정류식
④ 직류식, 교류식, 정류식, 충격전류식

해설
자화장치는 전류를 이용하는 방식과 영구자석을 이용하는 방식이 있으며, 전류를 이용하는 방식은 그 자화전류의 종류에 따라 직류식, 교류식, 정류식 및 충격전류식으로 분류한다.

23 **자분탐상시험으로 시험체 구멍 주위의 방사형 결함을 검출하기 가장 적합한 방법은?**

① 코일을 이용한 선형자화
② 중심도체를 이용한 원형자화
③ 프로드(Prod)를 이용한 원형자화
④ 접촉대(Head Stock)를 이용한 원형자화

해설
시험체 구멍 주위의 방사형 결함이라면 다음 그림과 같이 결합의 방향이 원의 접선과 직각, 즉 대략 원 중심을 향한 방향이고, 이에 필요한 자력선은 원과 동심원 형태로 나타날 필요가 있다. 중심도체를 이용해서 자화를 하면 자력선이 원과 동심원 형태로 나타난다.

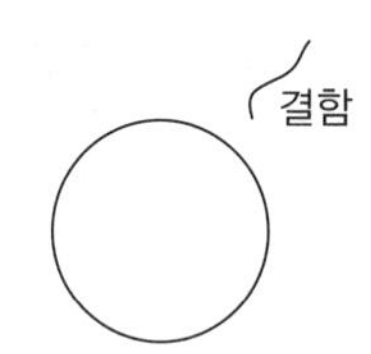

24 **프로드를 이용한 자화방법에 대한 설명으로 옳지 않은 것은?**

① 전류는 직류나 정류를 사용한다.
② 시험체의 국부적인 시험이나 복잡한 형상의 시험체에 적합하다.
③ 프로드 사이의 간격은 3inch 이하로 가능한 한 좁게 설정하는 것이 좋다.
④ 프로드 사이를 이었을 때 생기는 가상 직선과 평행한 결함을 찾기 적합하다.

해설
프로드 사이의 간격은 3~8inch 정도가 적절하다. 간격이 너무 좁으면 탐상범위가 지나치게 좁고, 검사의 효율성이 떨어진다.

정답 20 ③ 21 ③ 22 ④ 23 ② 24 ③

25 자화방법의 기호로 I를 사용한다면 이 자화방법은?

① 축통전법 ② 직각통전법
③ 전류관통법 ④ 자속관통법

해설

④ 자속관통법(I) : 교류로 자속을 형성시킨 자성체를 시험체의 구멍 등에 관통시킨다.
① 축통전법(EA) : 시험체의 축 방향으로 전류를 흐르게 한다.
② 직각통전법(ER) : 축에 대하여 직각 방향으로 직접 전류를 흐르게 한다.
③ 전류관통법(B) : 시험체의 구멍 등에 통과시킨 도체에 전류를 흐르게 한다.

26 길이 50cm, 직경 10cm인 시험체를 코일법으로 자분탐상검사를 실시할 때 필요한 암페어-턴(Ampere-Turn)의 값은?

① 4,000 ② 5,000
③ 6,000 ④ 7,000

해설

$$L/D = \frac{50\text{cm}}{10\text{cm}} = 5$$

$$(\text{Ampere–Turn})\text{값} = \frac{35{,}000}{\frac{L}{D}+2} = \frac{35{,}000}{5+2} = 5{,}000$$

27 강자성 재료에 대한 자분탐상검사와 지시의 분류(KS D 0213)에 따라 자분모양을 분류할 때 선형지시는 그 지시의 길이가 너비의 몇 배 이상일 때인가?

① 1.5배 ② 2배
③ 3배 ④ 5배

28 강자성 재료에 대한 자분탐상검사와 지시의 분류(KS D 0213)에서 규정한 잔류법의 통전시간은?

① 0.25~~1초
② 10~30초
③ 1~2분
④ 10~30분

해설

통전시간 설정
- 연속법의 경우, 통전 중에 검출매체 적용을 완료할 수 있는 통전시간을 설정한다.
- 잔류법의 경우, 통전시간은 원칙적으로 1/4~1초로 한다. 다만, 충격전류의 경우에 통전시간은 1/120초 이상으로 하고 3회 이상 통전을 반복해야 하지만, 충분히 자화시킬 수 있는 자기장의 세기를 가할 수 있다면, 통전 횟수를 줄여도 된다.

29 강자성 재료에 대한 자분탐상검사와 지시의 분류(KS D 0213)에 따른 자분 적용 시 분산매의 차이에 따라 어떻게 분류하는가?

① 건식법과 습식법
② 연속법과 잔류법
③ 극간법과 프로드법
④ 형광자분과 비형광자분법

해설

- 건식법(건식분산매)
  - 자분과 검사면이 충분히 건조되어 있는 것을 확인한 후에 적당량의 자분을 조용히 뿌리거나 살포한다.
  - 지시의 형성을 쉽게 하기 위해 가볍게 검사면에 진동을 가하거나 충분한 양의 자분을 적용한 후 조용한 공기 흐름 등으로 잉여 자분을 제거해도 좋으나 형성된 지사가 사라지지 않도록 주의한다.
- 습식법(습식분산매-검사액 사용)
  - 검사면 전체가 검사액에 의해 잘 적셔질 수 있는지를 확인한 후 검사 대상체에 검사액을 뿌리거나 자분이 잘 분산되어 있는 검사액 속에 검사 대상체를 담근 후 조용히 꺼내는 방법으로 자분을 적용한다.
  - 검사면 위에서의 검사액이 너무 빠르게 흐르지 않도록 주의한다.
  - 검사액이 흐르지 않고, 머물러 있지 않도록 검사액의 적당한 흐름을 만들어 주어야 한다.

25 ④ 26 ② 27 ③ 28 ① 29 ① **정답**

30 강자성 재료에 대한 자분탐상검사와 지시의 분류(KS D 0213)에 따른 형광습식법에 사용되는 자분의 농도범위는?

① 0.2~2g/L
② 2~4g/L
③ 4~6g/L
④ 6~8g/L

해설
자분 농도의 범위는 원칙적으로 비형광습식법의 경우 2~10g/L이어야 하고, 형광습식법의 경우 0.2~2g/L이어야 한다.

31 대전류가 흐르고 있는 자화 케이블 등이 탐상면과 접촉하여 자화 케이블 주변에 발생하는 자속에 의해 생기는 의사지시는?

① 긁힘지시
② 자극지시
③ 전류지시
④ 자기펜자국

해설
③ 전류지시 : 프로드법에서 자화 케이블이 탐상면에 접촉하거나 자화 케이블을 직접 시험체에 감아 코일법을 적용할 때 잘 생긴다.
① 긁힘지시 : 탐상면에 생긴 긁히거나 부딪힌 흠에 의해 형성된 지시이다.
② 자극지시 : 모서리 부분 등에서 자속밀도가 높아져 생기는 지시이다.
④ 자기펜자국 : 자화된 시험체에 다른 강자성체가 접촉되거나 자화된 시험체가 서로 접촉하는 경우에 잔류자속이 누설되어 생긴다.

32 강자성 재료에 대한 자분탐상검사와 지시의 분류(KS D 0213)의 자분모양 분류에서 동일 직선상에 3mm, 4mm 길이의 자분모양이 1.5mm 간격으로 존재할 때 자분모양의 총길이는?

① 4mm ② 7mm
③ 8.5mm ④ 10mm

해설
연속한 자분모양 : 여러 개의 자분모양이 거의 동일 직선상에 연속하여 존재하고 서로의 거리가 2mm 이하인 자분모양이다. 자분모양의 길이는 특별히 지정이 없는 경우, 자분모양의 각각의 길이 및 서로의 거리를 합친 값으로 한다. 따라서 자분모양의 총길이는 3 + 4 + 1.5 = 8.5mm이다.

33 다음 중 탈자가 필요한 경우가 아닌 것은?

① 높은 열로 열처리할 계획이 있을 경우
② 시험체의 잔류자기가 이후의 기계가공에 악영향을 미칠 우려가 있을 경우
③ 시험체의 잔류자기가 계측장치 등에 악영향을 미칠 우려가 있을 경우
④ 시험체가 마찰 부분 또는 그것에 가까운 곳에 사용되는 것으로 마찰 부분에 철분 등을 흡인하여 마모를 증가시킬 우려가 있을 경우

해설
높은 열로 열처리하는 경우 열에 의해 자력이 상실된다.

정답 30 ① 31 ③ 32 ③ 33 ①

34 **자분탐상시험 시 주의사항으로 옳지 않은 것은?**

① 여러 개의 시험체를 동시에 시험할 때는 특히 시험체의 배치, 자화방법, 자화전류 등을 고려하여야 한다.

② 잔류법을 사용 시 자화 조작 후 자분모양의 관찰을 끝낼 때까지 시험면에 다른 시험체 또는 그 밖의 강자성체를 접촉시키면 안 된다.

③ 자기펜자국은 탈자 후 재시험하면 자분모양이 사라진다.

④ 용접부에 용접 후 열처리 등의 지정이 있을 때 모재의 자분탐상시험 후 최종 열처리 후에 실시한다.

해설

용접부에 용접 후 열처리 등의 지정이 있을 때 합격 여부 판정을 위한 시험은 최종 열처리 후에 해야 한다.

35 **강자성 재료에 대한 자분탐상검사와 지시의 분류(KS D 0213)에 따른 시험 기록 대상에 해당하지 않는 것은?**

① 시험체의 치수

② 자분 적용 시기

③ 시험결과

④ 총시험시간

해설

총시험시간은 KS D 0213에서 요구하지 않는다.

36 **압력용기 비파괴시험일반(KS B 6752)에 따른 자분탐상시험 절차의 요건 중 필수 변수에 해당하는 것은?**

① 시험체의 형상

② 동일한 종류의 장비

③ 탈자기법

④ 자화기법

해설

압력용기 비파괴시험일반(KS B 6752)에 따르면 자분탐상시험 절차의 요건 중 필수 변수는 자화기법, 자화전류 형식이나 범위를 벗어나는 전류, 표면 준비, 자분 종류, 자분 적용방법, 과잉 자분 제거방법, 빛의 최소 강도(형광의 경우), 입증된 두께를 초과하는 기존 코팅, 자분 제조사가 요구하는 온도범위를 벗어나는 시험부품 표면온도 등이다. 비필수 변수로는 시험체의 형상이나 크기, 동일한 종류의 장비, 온도범위 내에서의 온도, 탈자기법, 시험 후 세척기법, 시험원의 자격 인정 요건 등이다.

인정 절차서의 내용을 모두 숙지하는 것보다 자분탐상 결과에 직접 영향을 주는 요소와 부가적으로 영향을 주는 요소를 구분한다.

37 **압력용기 비파괴시험일반(KS B 6752)에서 설명하는 다축자화법에 대한 설명으로 옳지 않은 것은?**

① 3개의 회로로 작동되는 고전류 전원함을 한 번에 하나씩 순차적이며 빠른 속도로 가압하여 자화한다.

② 여러 방향의 자화와 원형, 선형자장 형성이 가능하다.

③ 3상의 전파 정류만을 사용해야 한다.

④ 자장의 적합성을 측정하기 위해 홀-효과 프로브 가우스계를 사용하여야 한다.

해설

다축자화법

- 자화 절차 : 3개의 회로로 작동되는 고전류 전원함을 한 번에 하나씩 순차적이며 빠른 속도로 가압하여 자화한다. 여러 방향의 자화와 원형, 선형자장 형성이 가능하다.
- 자장강도 : 3상의 전파 정류만을 사용하여야 한다.
- 자장의 적합성을 측정하기 위해 홀-효과 프로브 가우스계를 사용하지 않아야 한다. 홀 효과를 사용하면 다축자화에 영향을 끼칠 수 있다.

34 ④ 35 ④ 36 ④ 37 ④ 정답

38 **압력용기 비파괴시험일반(KS B 6752)에서 요크의 인상력에 대한 사항이 아닌 것은?**

① 교류 요크는 최대극간거리에서 최대한 4.5kg의 인상력을 가져야 한다.
② 영구자석 요크는 최대극간거리에서 최소한 18kg의 인상력을 가져야 한다.
③ 영구자석 요크의 인상력은 사용 전 매일 점검하여야 한다.
④ 모든 요크는 수리할 때마다 인상력을 점검하여야 한다.

해설

요크의 인양력 교정
- 사용하기 전에 전자기 요크의 자화력이 점검된 장비인지 확인한다.
- 영구자석 요크의 자화력은 사용하기 전 매일 점검한다.
- 모든 요크의 자화력은 요크의 손상 및 수리 시마다 점검한다.
- 각 교류 전자기 요크는 사용할 최대극간거리에서 4.5kg 이상의 인양력을 가져야 한다.
- 직류 또는 영구자석 요크는 사용할 최대극간거리에서 18kg 이상의 인양력을 가져야 한다.
- 인양력 측정용 추는 무게를 측정하여야 하고, 처음 사용하기 전에 해당 공칭 무게를 추에 표시해야 한다.

39 **압력용기 비파괴시험일반(KS B 6752)에 따른 시험에 대한 설명 중 옳지 않은 것은?**

① 각 부위에 대해 시험을 최소한 두 번 별도로 실시하여야 한다.
② 자장을 충분히 중첩하여 시험한다.
③ 건식자분을 사용하는 경우 시험매체를 적용하고 모든 과잉 시험매체를 제거하는 동안 자전류를 유지시켜야 한다.
④ 과잉 자분이 집적되면 압축공기를 이용하여 제거하며 제거하는 동안 전류는 유지되어야 한다.

해설

시험할 때 과잉 자분이 집적되면 벌브 또는 주사기나 다른 저압 건조 공기를 이용하여 제거하여야 한다.

40 **설치형 자분탐상기에 대한 설명으로 옳지 않은 것은?**

① 대형 전자석을 이용하여 탐상한다.
② 시험체를 스프링을 이용하여 안정적으로 눌러 줄 수 있다.
③ 이동형 철심을 이용할 수 있다.
④ 많이 보급되었고 장소에 구애받지 않고 시험할 수 있다.

해설

설치형 자분탐상기는 설치된 장소에 구애를 받는다. 더 많이 보급되고 장소의 구애를 받지 않는 탐상기는 휴대형(요크형) 탐상기이다.

41 **실용합금으로 Al에 Si이 약 10~13% 함유된 합금의 명칭은?**

① 라우탈 ② 알니코
③ 실루민 ④ 오일라이트

해설

실루민(또는 알팍스)
- Al에 11.6% Si를 함유하며, 공정점이 577℃이다.
- 이 합금에 Na, F, NaOH, 알칼리 염류를 용탕에 넣어 처리하면 조직이 미세화되고 공정점도 조정되며 이를 개량처리라 한다.
- 주조용 알루미늄을 다이캐스팅하면 개량처리가 필요 없다.
- 실용합금 10~13%인 Si 실루민은 용융점이 낮고 유동성이 좋아 얇고 복잡한 주물에 적합하다.

42 **다음 중 탄소 함유량을 가장 많이 포함하고 있는 것은?**

① 공정주철 ② 페라이트
③ 전해철 ④ 아공석강

해설

- 아공석강 : 0.02~0.8% C
- 공석강 : 0.8% C
- 과공석강 : 0.8~2.0% C
- 아공정주철 : 2.0~4.3% C
- 공정주철 : 4.3% C
- 과공정주철 : 4.3~6.67% C

정답 38 ① 39 ④ 40 ④ 41 ③ 42 ①

43 전기저항이 0(Zero)에 가까워 에너지 손실이 거의 없기 때문에 자기부상열차, 핵자기공명 단층영상 장치 등에 응용할 수 있는 것은?

① 제진합금
② 초전도재료
③ 비정질합금
④ 형상기억합금

해설
- 초전도 : 전기저항이 어느 온도 이하에서 0이 되는 현상
- 비정질 : 금속이 용해 후 고속 급랭시켜 원자가 규칙적으로 배열되지 못하고 액체 상태로 응고되어 금속이 되는 것
- 초소성 : 어떤 특정한 온도, 변형조건에서 인장변형 시 수백 %의 변형이 발생하는 것
- 형상기억 : 힘에 의해 변형되더라도 특정 온도에 도달하면 본래의 모양으로 되돌아가는 현상

44 다음 중 비중이 가장 가벼운 비철합금은?

① 아연(Zn)합금
② 니켈(Ni)합금
③ 알루미늄(Al)합금
④ 마그네슘(Mg)합금

해설
④ Mg : 1.74
① Zn : 7.14
② Ni : 8.9
③ Al : 2.7

45 체심입방격자(BCC)의 근접 원자 간 거리는?(단, 격자 정수는 a이다)

① a
② $\frac{1}{2}a$
③ $\frac{1}{\sqrt{2}}a$
④ $\frac{\sqrt{3}}{2}a$

해설
체심입방격자의 구조는 정육면체 가운데에 중심 원자가 있는 형태이다. 따라서 근접 원자 간의 거리는 정육면체 대각선 길이의 반이다. 정육면체 대각선의 길이는 한 변을 a라 할 때 $\sqrt{3}a$이므로, 근접 원자 간 거리는 $\frac{\sqrt{3}}{2}a$이다.

46 Fe–C 평행상태도에서 자기변태만으로 짝지어진 것은?

① A_0 변태, A_1 변태
② A_1 변태, A_0 변태
③ A_0 변태, A_2 변태
④ A_3 변태, A_4 변태

해설
- A_0 변태 : α고용체의 자기변태이다.
- A_1 변태 : 강의 공석변태이다. γ고용체에서 (α–페라이트)+시멘타이트로 변태를 일으킨다.
- A_2 변태 : 순철의 자기변태이다.
- A_3 변태 : 순철의 동소변태의 하나로, α철(체심입방격자)에서 γ철(면심입방격자)로 변화한다.
- A_4 변태 : 순철의 동소변태의 하나로, γ철(면심입방정계)에서 δ철(체심입방정계)로 변화한다.

43 ② 44 ④ 45 ④ 46 ③ 정답

47 비중 7.14, 용융점 약 419℃이며 다이캐스팅용으로 많이 이용되는 조밀육방격자 금속은?

① Cr ② Cu
③ Zn ④ Pb

해설
다이캐스팅용으로 널리 쓰이는 합금은 알루미늄과 아연합금뿐이다.

48 용강 중에 기포나 편석은 없으나 중앙 상부에 큰 수축공이 생겨 불순물이 모이고, Fe-Si, Al 분말 등의 강한 탈산제로 완전탈산한 강은?

① 킬드강 ② 탭드강
③ 림드강 ④ 세미킬드강

해설
킬드강
- 용융철 바가지(Ladle) 안에서 강력한 탈산제인 페로실리콘(Fe-Si), 알루미늄 등을 첨가하여 충분히 탈산시킨 다음 주형에 주입하여 응고시킨다.
- 기포나 편석은 없으나 표면에 헤어크랙(Hair Crack)이 생기기 쉬우며, 상부의 수축공 때문에 10~20%는 잘라낸다.

49 Y합금의 일종으로 Ti과 Cu를 0.2% 정도씩 첨가한 것으로 피스톤용 재료로 사용되는 합금은?

① 라우탈 ② 코비탈륨
③ 두랄루민 ④ 하이드로날륨

해설
코비탈륨 : Y합금의 일종이다. Ti과 Cu를 0.2% 정도씩 첨가한 합금으로 피스톤의 재료이다.

50 탄소강에 함유된 원소가 철강에 미치는 영향으로 옳은 것은?

① S : 저온메짐의 원인이 된다.
② Si : 연신율 및 충격값을 감소시킨다.
③ Cu : 부식에 대한 저항을 감소시킨다.
④ P : 적열메짐의 원인이 된다.

해설
탄소강의 5대 불순물과 기타 불순물
- 탄소(C) : 강도, 경도, 연성, 조직 등에 전반적인 영향을 미친다.
- 규소(Si) : 페라이트 중 고용체로 존재하며, 단접성과 냉간가공성을 해친다(0.2% 이하로 제한).
- 망간(Mn) : 강도와 고온가공성을 증가시킨다. 연신율 감소를 억제, 주조성, 담금질 효과 향상, 적열취성을 일으키는 황화철(FeS) 형성을 막아 준다.
- 인(P) : 인화철 편석으로 충격값을 감소시켜 균열을 유발하고, 연신율을 감소시키며 상온취성을 유발시킨다.
- 황(S) : 황화철을 형성하여 적열취성을 유발하나 절삭성을 향상시킨다.
- 기타 불순물
  - 구리(Cu) : Fe에 극히 적은 양이 고용되며, 열간가공성을 저하시키고, 인장강도와 탄성한도는 높여 주며 부식에 대한 저항도 높여 준다.
  - 다른 개재물은 열처리 시 균열을 유발할 수 있다.
  - 산화철, 알루미나, 규사 등은 소성가공 중 균열 및 고온메짐을 유발할 수 있다.

정답 47 ③ 48 ① 49 ② 50 ②

51 주철의 기계적 성질에 대한 설명으로 옳지 않은 것은?

① 경도는 C + Si의 함유량이 많을수록 높아진다.
② 주철의 압축강도는 인장강도의 3~4배 정도이다.
③ 고C, 고Si의 크고 거친 흑연편을 함유하는 주철은 충격값이 작다.
④ 주철은 자체의 흑연이 윤활제 역할을 하며, 내마멸성이 우수하다.

해설
C + Si의 함유량이 많을수록 유동성이 높아진다.

52 철에 들어 있는 불순물에 따른 조직과 성질을 나타내는 다음 선도에서 Ⅱ영역에 해당하는 조성은?

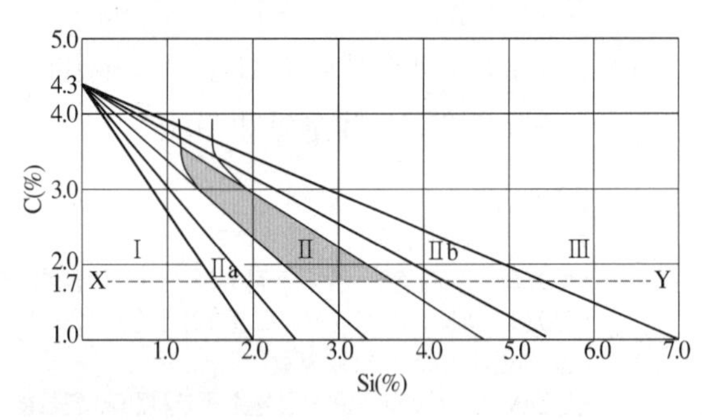

① 반주철(펄라이트 + 흑연)
② 펄라이트주철(레데부라이트 + 펄라이트 + 흑연)
③ 회주철(펄라이트 + 흑연 + 페라이트)
④ 페라이트주철(흑연 + 페라이트)

해설
마우러 조직도의 영역에 따른 조성
- Ⅰ : 백주철(레데부라이트 + 펄라이트)
- $Ⅱ_a$: 반주철(펄라이트 + 흑연)
- Ⅱ : 펄라이트주철(레데부라이트 + 펄라이트 + 흑연)
- $Ⅱ_b$: 회주철(펄라이트 + 흑연 + 페라이트)
- Ⅲ : 페라이트주철(흑연 + 페라이트)

53 다음 보기에서 설명하는 금속의 종류는?

보기
저탄소, 저규소의 주철을 용해하고, 주입 전에 규소철(Fe–Si) 또는 칼슘–실리케이트(Ca–Si)로 접종(Inculation)처리하여 흑연을 미세화하여 강도를 높인 것이다. 연성과 인성이 매우 크며, 두께의 차에 의한 성질의 변화가 매우 작다. 피스톤 링 등에 적용한다.

① 니크로실랄　② 니레지스트
③ 애시큘러 주철　④ 미하나이트 주철

해설
① 니크로실랄(Nicrisilal, Ni–Cr–Si 주철)은 오스테나이트계 주철이다. 고온에서 성장현상이 없고 내산화성이 우수하며, 강도가 높고 열충격에 좋다. 950℃ 내열성(보통은 400℃)을 갖는다.
② 니레지스트(Ni–resist, Ni–Cr–Cu 주철)는 오스테나이트계로서 500~600℃에서의 안정성이 좋아 내열주철로 많이 사용한다.
③ 애시큘러 주철은 내마멸용 주철이다. 보통주철에 Mo, Mn, 소량의 Cu 등을 첨가하여 강인성과 내마멸성이 높아 크랭크축, 캠축, 실린더 등에 쓰인다.

54 다음 중 헤드필드(Had Field)강에 해당되는 것은?

① 저P강　② 저Ni강
③ 고Mn강　④ 고Si강

해설
망간주강은 0.9~1.2% C, 11~14% Mn을 함유하는 합금주강으로 헤드필드(Had Field)강이라고 한다. 오스테나이트 입계에 탄화물이 석출하여 취약하지만, 1,000~1,100℃에 담금질하면 균일한 오스테나이트 조직이 되며, 강하고 인성이 있는 재질이 된다. 가공경화성이 매우 크고, 충격에 강하다. 레일크로싱, 광산, 토목용 기계부품 등에 쓰인다.

51 ① 52 ② 53 ④ 54 ③ 정답

55 짧은 시간 풀림처리를 할 수 있도록 풀림 가열영역으로 가열하였다가 노 안에서 냉각이 시작되어 변태점 이하로 온도가 떨어지면 A_1 변태점 이하에서 온도를 유지하여 원하는 조직을 얻은 뒤 서랭하는 열처리는?

① 완전풀림
② 항온풀림
③ 응력제거풀림
④ 연화풀림

해설
변태점 이하로 온도가 떨어지면 A_1 변태점 이하에서 온도를 유지하는 것이 항온풀림의 핵심이다.

56 강을 뜨임할 때 뜨임메짐이 일어나는 온도영역은?

① 100~200℃
② 200~300℃
③ 500~600℃
④ 600~700℃

해설
뜨임의 온도영역은 100~200℃에서 서랭하거나 500℃ 부근에서 고온뜨임을 하며 200~300℃ 영역에서 뜨임을 하면 뜨임메짐이 발생한다.

57 구리를 용해할 때 흡수한 산소를 인으로 탈산시켜 산소를 0.01% 이하로 남기고 인을 0.02%로 조절한 구리는?

① 전기구리
② 탈산구리
③ 무산소구리
④ 전해인성구리

해설
탈산구리 : 용해할 때 흡수한 O_2를 P로 탈산하여 O_2는 0.01% 이하가 되고, 잔류 P의 양은 0.02% 정도로 조절한다. 환원기류 중에서 수소메짐성이 없고, 고온에서 O_2를 흡수하지 않으며 연화온도도 약간 높아 용접용으로 적합하다.

58 다음 Ni-Fe계 합금에 대한 설명으로 옳은 것은?

① 플래티나이트(Platinite) : 70~90% Ni, 10~30% Fe, 투자율이 높다.
② 퍼멀로이(Permalloy) : 일정 투자율, 고주파용 철심, 오디오 헤드에 사용된다.
③ 퍼민바(Perminvar) : 열팽창계수가 백금과 유사, 전등의 봉입선에 사용된다.
④ 니칼로이(Nicalloy) : 50% Ni, 50% Fe, 초투자율, 포화자기, 저출력 변성기, 저주파 변성기에 사용된다.

해설
① 플래티나이트(Platinite) : 열팽창계수가 백금과 유사하며, 전등의 봉입선에 사용된다.
② 퍼멀로이(Permalloy) : 70~90% Ni, 10~30% Fe, 투자율이 높다.
③ 퍼민바(Perminvar) : 일정 투자율, 고주파용 철심, 오디오 헤드에 사용된다.

정답 55 ② 56 ② 57 ② 58 ④

59 **금속조직(MetalMatrix) 내에 세라믹 입자를 분산시킨 복합재료로 절삭공구, 다이스, 치과용 드릴 등과 같은 내충격, 내마멸용 공구로 사용되는 재료는?**

① 서멧
② 초경합금
③ 고속도 공구강
④ 베어링강

해설
서멧이라는 용어는 세라믹 + 메탈로부터 만들어진 것으로, 금속을 베이스로 한 대표적인 복합재료이다.

60 **균질한 재료이며 결정 이방성이 없고, 구조적으로 규칙성이 없으며 강도가 높고 연성이 양호하고 가공경화가 나타나지 않는 재료는?**

① 스테인리스강
② 비정질합금
③ 제신합금
④ FRM

해설
비정질합금의 특성
- 구조적으로 규칙성이 없다.
- 균질한 재료이며, 결정 이방성이 없다.
- 광범위한 조성에 걸쳐 단상, 균질재료를 얻을 수 있다.
- 전자기적, 기계적, 열적 특성이 조성에 따라 변한다.
- 강도가 높고 연성이 양호, 가공경화현상이 나타나지 않는다.
- 전기저항이 크고, 저항의 온도 의존성은 낮다.
- 열에 약하며, 고온에서는 결정화되어 비정질 상태를 벗어난다.
- 얇은 재료에서 제조 가능하다.

59 ① 60 ② 정답

2024년 제 1 회 최근 기출복원문제

01 비파괴검사의 신뢰도 향상 전략으로 옳지 않은 것은?

① 검사원의 숙련도 향상
② 제품별 적절한 검사 선정
③ KS에 맞는 평가기준 사용
④ 최신 검사기구 도입

해설
비파괴검사의 신뢰도 향상 전략
• 최신 검사기구보다 검증된 검사기구를 사용한다.
• 검사를 수행하는 기술자의 기량을 향상시킨다.
• 제품 또는 부품에 적합한 평가기준을 선정한다.
• 제품에 맞는 검사방법을 선정한다.

02 전기적으로 중성인 기체의 원자나 분자가 방사선을 쬐면 이온으로 분리되는 작용은?

① 형광작용 ② 사진작용
③ 전리작용 ④ 투과작용

해설
• 전리작용 : 방사선이 물질을 통과하며 원자, 분자에 에너지를 주어 전리(전자 또는 원자의 박리)를 만드는 작용이다.
• 형광작용 : 형광 물질에 방사선 에너지가 흡수되며, 안정한 상태로 돌아올 때 황색, 청색의 형광을 나타내는 작용이다.
• 사진작용 : 방사선을 사진 필름 등에 조사시키면 필름 속의 할로겐화은에 방사선이 흡수되어 현상핵을 만드는 작용이다.

03 방사선투과시험의 X선 발생장치에서 관전류는 무엇에 의하여 조정되는가?

① 표적에 사용된 재질
② 양극과 음극 사이의 거리
③ 필라멘트를 통하는 전류
④ X선 관구에 가해진 전압과 파형

해설
X선의 양은 관전류로 조정하며, 텅스텐 필라멘트의 온도로 조정 가능하다. 온도가 높아질수록 전류는 높아지며, 전자구름이 형성된 타깃에 충돌하는 전자수는 증가한다.

04 자분탐상시험과 와전류탐상시험을 비교한 내용 중 옳지 않은 것은?

① 검사 속도는 일반적으로 자분탐상시험보다 와전류탐상시험이 빠르다.
② 일반적으로 자동화의 용이성 측면에서 자분탐상시험보다는 와전류탐상시험이 용이하다.
③ 검사할 수 있는 재질로 자분탐상시험은 강자성체, 와전류탐상시험은 전도체이어야 한다.
④ 원리상 자분탐상시험은 전자기 유도의 법칙, 와전류탐상시험은 자력선 유도에 의한 법칙이 적용된다.

해설
원리상 자분탐상시험이 자력선 유도를 사용하고, 와전류탐상이 전자기 유도의 원리를 사용한다.

정답 1 ④ 2 ③ 3 ③ 4 ④

05 표면 코일을 사용하는 와전류탐상시험에서 시험 코일과 시험체 사이의 상대 거리의 변화에 의해 지시가 변화하는 효과는?

① 공진효과
② 표피효과
③ 리프트 오프 효과
④ 오실로스코프 효과

해설
- 리프트 오프 효과(Lift-off Effect) : 탐촉자와 코일 간 공간효과로, 작은 상대 거리의 변화에도 지시가 크게 변화하는 효과이다.
- 표피 효과(Skin Effect) : 교류 전류가 흐르는 코일에 도체가 가까이 가면 전자유도현상에 의해 와전류가 유도되며, 이 와전류는 도체의 표면 근처에서 집중되어 유도되는 효과이다.
- 모서리 효과(Edge Effect) : 코일이 시험체의 모서리 또는 끝부분에 다다르면 와전류가 휘어지는 효과로, 모서리에서 3mm 정도는 검사가 불확실하게 된다.

06 압력이 일정할 때 기체의 부피는 온도 증가에 비례한다는 물리 원리는?

① 보일의 법칙
② 샤를의 법칙
③ 보일-샤를의 법칙
④ 베르누이 정리

해설
- 보일의 법칙 : 온도가 일정할 때 기체의 압력은 부피에 반비례한다.
- 샤를의 법칙 : 압력이 일정할 때 기체의 부피는 온도 증가에 비례한다.
- 보일-샤를의 법칙 : 온도와 압력이 동시에 변하는 것으로 기체의 부피는 절대 압력에 반비례하고 절대 온도에 비례한다.
- 베르누이 정리 : 유체에 작용하는 힘, 압력, 속도, 위치에너지를 각각 수두(水頭), 즉 물의 높이로 표현하고 그 합은 항상 같다.

07 방사선투과검사와 비교하였을 때 초음파탐상검사가 더 유리한 점은?

① 기록의 보존성
② 결함의 식별력
③ 면상결함의 검출력
④ 금속조직 변화 영향 파악 능력

해설
초음파탐상검사는 방사선투과시험에 비해 균열 등 면상결함 검출에 유리하다.

08 다음 중 시험체의 표면직하결함을 검출하기에 적합한 비파괴검사법만으로 나열된 것은?

① 방사선투과시험, 누설검사
② 초음파탐상시험, 침투탐상시험
③ 자분탐상시험, 와전류탐상시험
④ 중성자투과시험, 초음파탐상시험

해설
표면탐상검사에는 침투탐상, 자분탐상, 와전류탐상 등이 있고, 침투탐상시험은 열린 결함만 검출이 가능하다.

09 다음 중 침투탐상시험용 현상제에 사용되지 않는 것은?

① 황산칼슘 ② 산화타이타늄
③ 벤토나이트 ④ 산화마그네슘

해설
황산칼슘은 무색이며, ②, ③, ④는 백색이다. 황산칼슘은 독성이 있어 현상제로 사용하기 적절하지 않다.

5 ③ 6 ② 7 ③ 8 ③ 9 ① 정답

10 다음 중 초음파탐상기에 요구되는 성능이 아닌 것은?

① 증폭 직진성 ② 시간축 직진성
③ 분해능 ④ 필름 명암도

해설
초음파탐상기의 요구 성능
- 증폭 직진성 : 수신된 초음파펄스의 음압과 브라운관에 나타난 에코 높이의 비례관계 정도이다.
- 시간축 직진성 : 초음파펄스가 송신되고 수신될 때까지의 시간에 정확히 비례한 횡축 위치에 에코를 표시할 수 있는 성능이다.
- 분해능 : 탐촉자로부터의 거리 또는 방향이 다른 근접한 2개의 반사원을 2개의 에코로 식별할 수 있는 성능이다.

※ 필름 명암도는 방사선 검사 기구에 요구되는 성질이다.

11 침투탐상검사에 사용하는 자외선 조사장치에 대한 설명으로 옳지 않은 것은?

① 자외선 파장의 길이는 320~400nm를 사용한다.
② 500W/cm^2 이상의 강도로 조사하여 시험한다.
③ 침투액 속의 형광물질을 발광시켜 결함을 검출한다.
④ 자외선 조사장치가 필요한 곳은 세척대, 검사대이다.

해설
자외선 조사장치
- 사용하는 자외선 파장의 길이 : 파장 320~400nm의 자외선을 조사한다.
- 강도 : 800W/cm^2 이상의 강도로 조사하여 시험한다.
- 용도 : 침투액 속의 형광물질을 발광시켜 결함을 검출한다.
- 자외선 조사장치가 필요한 곳 : 세척대, 검사대
- 피시험체가 매우 커서 이동이 어려운 경우 휴대용 장치를 사용한다.

12 다음 누설검사법 중 미세한 누설 검출률이 가장 높은 것은?

① 기포누설검사법
② 헬륨누설검사법
③ 할로겐누설검사법
④ 암모니아누설검사법

해설
헬륨누설검사법은 극히 미세한 누설까지도 검사가 가능하고 검사시간이 짧으며, 이용범위도 넓다.

13 자분탐상시험 시 시험코일에 흐르는 전류의 성질에 관한 설명으로 옳지 않은 것은?

① 시험코일의 전류는 코일의 저항이 작을수록 많이 흐르게 된다.
② 시험코일의 전류는 오직 코일 자체의 전도도에만 관계된다.
③ 시험코일의 전류는 자장을 만든다.
④ 코일 주위에 발생하는 자장의 영향을 받는다.

해설
시험코일의 전류에 영향을 주는 요소는 코일의 저항, 권선수, 지름, 형태 등이 있다.

정답 10 ④ 11 ② 12 ② 13 ②

14 **플레밍의 오른손 법칙에 대한 설명으로 옳지 않은 것은?**

① 자기장 속에서 도선에 전류가 흐를 때 발생하는 힘의 방향을 설명하는 것을 목적으로 한다.
② 도선이 자기장 속에서 움직일 때 유도전류가 흐르는 방향을 설명한다.
③ 집게손가락은 자기장의 방향을 설명한다.
④ 가운데손가락은 전류의 방향을 설명한다.

해설
보기 ①은 플레밍의 왼손 법칙에 대한 설명이다. 플레밍의 왼손 법칙은 전동기의 원리를 설명하고, 플레밍의 오른손 법칙은 발전기의 원리를 설명한다. 각 손가락이 가리키는 방향은 왼손 법칙이든 오른손 법칙이든 대칭성을 갖고 있어 목적에 따라 어느 손을 적용하는지 잘 구분하여야 한다. 플레밍의 오른손 법칙은 도선이 자기장 속에서 움직이는 상황을 설명하는 것으로 유도전류가 발생하는 방향을 알게 한다. 플레밍의 왼손 법칙은 자기장 속에서 도선에 전류가 흐를 때 힘을 받아 회전력이 발생하는 것이다.

15 **자기이력곡선에서 처녀자화로 포화자화되었다가 자기세기를 0으로 해도 남는 자기가 있는 것은?**

① 항자력 ② 보자성
③ 잔류자속밀도 ④ 포화자속밀도

해설
처녀자화로 포화자화되었다가 자기세기를 0으로 해도 그림에서 0_S가 남게 되는데, 이를 잔류자속밀도(B_r)라고 한다.

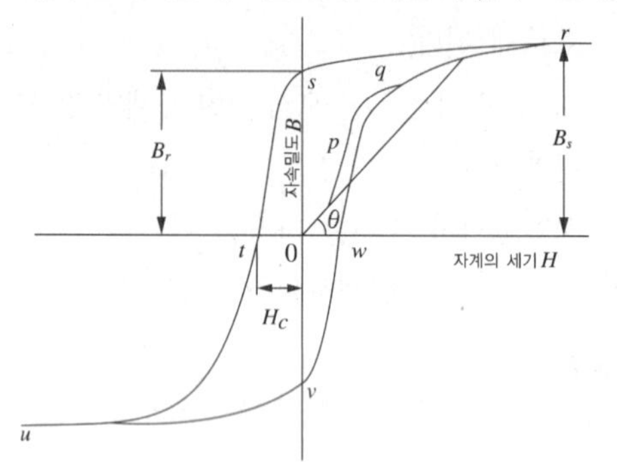

16 **자기탐상검사의 자화방법 중 보기의 특징을 갖는 자화법은?**

> 보기
> - 시험체의 일부분 또는 전체를 전자석 또는 영구자석의 자극 사이에서 자화시키는 방법이다.
> - 자기회로를 강자성체로 폐쇄시킬 수 있으므로 반자계가 매우 적어 효과적으로 자화시킬 수 있다.
> - 시험 면이 손상될 염려가 없다.
> - 시험체에 국부 선형 자계를 유도하므로 양 자극에 직각인 방향을 갖는 결함이 가장 잘 검출되며, 평행한 것은 검출하기 힘들다.

① 극간법
② 코일법
③ 프로드법
④ 축통전법

해설
자화방법에 따른 분류
- 극간법 : 두 자극 사이에 검사 부위를 넣어 직선자기장을 만드는 방법이다. 직각 방향의 결함 추척에 용이하다.
- 코일법 : 검사 대상체를 코일 속에 넣고 전류를 흘려 검사 대상체를 관통하는 직선자기장을 만드는 방법이다.
- 프로드법 : 검사 대상체 표면 특정 지점에 2개의 전극을 접촉하여 전류를 흐르게 하는 방법이다. 복잡한 형상의 시험체에 필요한 부분의 시험에 적당하다.
- 축통전법 : 시험체의 축 방향으로 직접 통전하여 전류 주위에 생기는 원형 자계를 이용하여 시험체를 자화하는 방법이다. 축 방향의 결함이 잘 검출되며 축에 직각인 방향의 결함은 검출되지 않는다.

14 ① 15 ③ 16 ① **정답**

17 탈자가 필요한 경우가 아닌 것은?

① 재시험 시 잔류자속밀도가 시험체의 자화 및 관찰에 영향을 미칠 우려가 있을 때
② 부품을 높은 열로 열처리하여 자력을 상실시킬 때
③ 시험체가 마찰 부분 또는 그것에 가까운 곳에 사용되는 것으로 마찰 부분에 철분 등을 끌어당겨 마모를 증가시킬 우려가 있을 때
④ 시험체를 전회의 자화 시 자계의 세기보다 더 낮은 세기로 방향을 달리하여 자화를 실시할 때

해설

탈자가 필요한 경우
- 재시험 시 잔류자속밀도가 시험체의 자화 및 관찰에 영향을 미칠 우려가 있을 때
- 시험체의 잔류자속밀도가 이후의 기계가공을 어렵게 할 우려가 있을 때
- 시험체의 잔류자속밀도가 계측기의 작동이나 정밀도에 영향을 미칠 우려가 있을 때
- 시험체가 마찰 부분 또는 그것에 가까운 곳에 사용되는 것으로 마찰 부분에 철분 등을 끌어당겨 마모를 증가시킬 우려가 있을 때
- 잔류자속밀도로 인하여 시험체가 사용 중 영향을 받거나 완전한 세척을 방해할 우려가 있을 때
- 시험체를 전회의 자화 시 자계의 세기보다 더 낮은 세기로 방향을 달리하여 자화를 실시할 때

18 요크 장비의 점검 내용으로 옳지 않은 것은?

① 자극이 시험체와 접촉 부위에 접촉이 잘되는지 점검한다.
② 타이머의 정밀도 및 직류 자화계 정밀도를 점검한다.
③ 요크 장비의 다리를 길게 했을 때 중간 이음매가 발생하며 이 부분의 점검이 필요하다.
④ 자화와 탈자 성능을 확인한다.

해설

극간법에 사용하는 요크 장비는 타이머를 사용하지 않으며 직류가 아닌 교류를 사용한다.

19 요크 장비 점검절차로 옳은 것은?

① 자극 접촉부 점검 → 전원 연결부 점검 → 중간 이음매 접촉 불량 점검 → 자화 성능 점검 → 탈자 성능 점검
② 전원 연결부 점검 → 중간 이음매 접촉 불량 점검 → 자극 접촉부 점검 → 탈자 성능 점검 → 자화 성능 점검
③ 전원 연결부 점검 → 중간 이음매 접촉 불량 점검 → 자극 접촉부 점검 → 탈자 성능 점검 → 자화 성능 점검
④ 자극 접촉부 점검 → 전원 연결부 점검 → 탈자 성능 점검 → 자화 성능 점검 → 중간 이음매 접촉 불량 점검

해설

요크 장비 점검절차 : 자극 접촉부 점검 → 전원 연결부 점검 → 중간 이음매 접촉 불량 점검 → 자화 성능 점검 → 탈자 성능 점검 순으로 실시한다. 자극에 이상이 없는지 확인 후 전원 연결부를 확인하고 이음매가 정상인지 확인 후 자화시켜 보고 탈자시켜 본다. 자화 전 전원부의 이상이 없는지와 자화 후 탈자를 실시하는 순서는 반드시 유의한다.

20 극간법의 자력에 대한 설명으로 옳지 않은 것은?

① 자화능력은 자석의 전자속에 의해 결정된다.
② 자극의 간격을 넓게 할수록 자계의 분포는 넓어지지만, 자화 능력은 자극의 간격에 반비례하는 것처럼 감소한다.
③ 양 자극의 중심을 잇는 직선 위에 양 자극으로부터 같은 거리에 있는 점에서는 자속이 중심 간 직선과 직각의 방향을 갖는다.
④ 자극 접촉부에는 불감대가 존재한다.

해설

양 자극의 중심을 잇는 직선 위에 양 자극으로부터 같은 거리에 있는 점에서는 자속이 중심 간 직선과 평행한 방향을 갖는다.

정답 17 ② 18 ② 19 ① 20 ③

21 자기탐상검사의 코일법을 적용할 때 발생하는 반자계(반자기장)의 영향에 대한 설명으로 옳지 않은 것은?

① 반자계란 검사 대상체 양끝에 생기는 자극에 의해 생기는 자계에 의한 영향을 말한다.
② L/D이 2 미만일 때는 반자계 영향으로 코일법이 부적당하다.
③ 교류보다 직류를 사용하면 반자계를 줄일 수 있다.
④ 코일이 시험체에 비해 너무 짧아도 반자계가 형성되므로 긴 시험체는 긴 코일을 사용한다.

해설

반자기장(반자계)의 영향

- 검사 대상체 양끝에 자극이 생기는 경우 반자기장(반자계)이 형성되어 시험 자계의 세기에 영향을 준다.
- 반자기장의 세기는 시험체의 L/D에 따라 달라진다. L/D이 2 미만일 때는 코일법이 부적당하다.
- 직류보다 교류를 사용하면 표피효과에 의해 반자기장의 영향이 줄어든다.
- 시험체 양 끝에 다른 도전체를 접속하여 자극을 멀리 형성하게 하면 반자기장의 영향이 줄어든다.
- 코일이 시험체에 비해 너무 짧아도 반자기장이 형성되므로 긴 시험체는 긴 코일을 사용한다.

22 강자성재료의 자분탐상검사방법 및 자분모양의 분류(KS D 0213)에서 비형광자분을 사용한 경우 자분모양을 충분히 관찰할 수 있는 일광 또는 조명의 관찰면의 밝기는?

① 500lx 이상 ② 300lx 이상
③ 100lx 이상 ④ 20lx 이상

해설

비형광자분을 사용한 경우는 자분모양을 충분히 식별할 수 있는 일광 또는 조명(관찰면의 밝기는 500lx 이상) 아래에서 관찰한다.

23 강자성재료의 자분탐상검사방법 및 자분모양의 분류(KS D 0213)에서 표준시험편에 A1-7/50(원형)이라고 표시되어 있을 때 7/50의 숫자에 알맞은 단위는?

① μm ② mm
③ cm ④ m

해설

- 시험편의 명칭 가운데 사선의 왼쪽은 인공 흠의 깊이를, 사선의 오른쪽은 판의 두께를 나타내고 치수의 단위는 μm로 한다.
- 인공 흠의 깊이의 공차는 7μm일 때 ±2μm , 15μm일 때 ±4μm, 30μm일 때 ±8μm, 60μm일 때 ±15μm로 한다.
- 시험편의 명칭 가운데 괄호 안은 인공 흠의 모양을 나타낸다.

24 강자성재료의 자분탐상검사방법 및 자분모양의 분류(KS D 0213)에서 자화를 하는 장치 중 전류를 이용하는 방식은 자화전류의 종류에 따라 4가지로 분류한다. 이 4가지는?

① 직렬식, 병렬식, 직병렬식, 맥류식
② 직렬식, 충격전류식, 맥류식, 직병렬식
③ 직류식, 교류식, 직병렬식, 정류식
④ 직류식, 교류식, 정류식, 충격전류식

해설

자화를 하는 장치는 전류를 이용하는 방식과 영구자석을 이용하는 방식이 있으며 전류를 이용하는 방식은 그 자화전류의 종류에 따라 직류식, 교류식, 정류식 및 충격전류식으로 분류한다.

21 ③ 22 ① 23 ① 24 ④ 정답

25 자분탐상검사에 사용하는 건식자분에 대한 설명으로 옳지 않은 것은?

① 자분은 투자율이 높고, 보자력이 낮은 자기적 성질을 요구한다.
② 자분의 입도는 분산성이 높고 현탁성이 좋은 것이어야 한다.
③ 자분의 비중은 실비중(g/mL)으로 표시한다.
④ 자분의 착색제 양이 많으면 결함부 흡착성이 떨어진다.

해설

자분의 성질

- 자분의 자기적 성질은 투자율이 높고 보자력이 낮다.
- 자분의 입도는 분산성과 현탁성이 좋다.
- 자분의 비중은 현탁성에 관여하며, 실비중보다 겉보기 비중으로 표시한다. 겉보기 비중은 가벼운 쪽이 좋지만 가벼우면 자기적 성질이 좋지 않고 흡착성이 떨어지므로 감안한다.
- 자분의 색조와 휘도를 좋게 하는 것은 식별에 매우 중요하나 착색제나 형광제의 양이 많으면 자기적 성질이 나빠지고, 결함부 흡착성이 떨어지므로 주의한다.

26 자기탐상검사에 사용하는 자분의 종류에 대한 설명으로 옳지 않은 것은?

① 일반적으로 환원 철분, 전해 철분, γ-산화 제2철분, 사삼산화 철분(Fe_3O_4) 등의 자성 분말이 사용된다.
② γ-산화 철분은 바탕색이 갈색이며, 사삼산화 철분은 바탕색이 흑색이다.
③ 자분의 입도는 보통 0.2~60μm 범위의 것을 사용한다.
④ 형광자분은 주로 건식자분으로 사용한다.

해설

형광자분은 주로 습식자분으로 사용한다.

27 KS 규격의 자분탐상시험에 사용하는 A형 표준시험편에 대한 설명으로 옳지 않은 것은?

① 연속법과 잔류법을 사용한다.
② 시험편의 인공 흠집에는 직선형과 원형이 있다.
③ 시험편에 나타나는 자분모양은 주로 시험체 표면의 자계의 강도에 좌우된다.
④ 시험편 명칭 중 사선의 오른쪽은 판 두께를 나타낸다.

해설

시험편을 사용할 때는 연속법을 적용한다.

28 길이가 8인치이고, 지름이 3인치인 봉재를 축통전법으로 검사한다면 직류나 정류전류를 사용할 때, 필요한 자화전류치는 얼마가 적당한가?

① 800A ② 1,200A
③ 2,700A ④ 7,450A

해설

직경 1mm당 20~40A 정도 적용하므로, 3인치는 75mm 정도, 약 1,500A~3,000A 수준에서 적용한다. 지름이 클수록 mm당 전류량을 작게 한다.

29 강자성재료의 자분탐상검사방법 및 자분모양의 분류(KS D 0213)에서 주조품을 연속법으로 자화할 때 탐상에 필요한 자기장 강도(A/m)의 범위 규정으로 옳은 것은?

① 1,200 이하 ② 1,200~2,000
③ 2,400~3,600 ④ 6,400~8,000

해설
탐상에 필요한 자기장의 세기

검사 기법	검사 대상체	자기장의 세기(A/m)
연속법	일반적인 구조물과 용접부	1,200~2,000
	주물, 단조품 및 기계 부품	2,400~3,600
	담금질한 기계 부품	5,600 이상
잔류법	일반적인 담금질한 부품	6,400~8,000
	공구강 등의 특수강 부품	12,000 이상

30 잔류법으로 검사를 수행하는 과정에서 시험품 표면에 날카로운 선 모양이 관찰되어, 의사지시 여부를 확인하기 위하여 탈자 후 재검사를 수행하였을 때는 지시가 나타나지 않았다. 이러한 지시를 발생시키는 원인은?

① 자기펜자국 ② 단면급변지시
③ 재질경계지시 ④ 표면거칠기지시

해설
자기펜자국
전류를 끊고 남은 자력을 이용하므로, 이후 다른 자력의 영향을 받으면 흔적이 생긴다.

31 강자성재료의 자분탐상검사방법 및 자분모양의 분류(KS D 0213)에 따른 탐상 시 주의사항을 옳게 설명한 것은?

① 자기펜자국의 의사모양은 축통전법 사용 시 발생하므로 프로드법을 사용하면 사라진다.
② 의사모양인 선류지시는 전류를 작게 하거나 잔류법으로 재시험하면 자분모양이 사라진다.
③ 충격전류를 사용할 때는 일반적으로 통전시간이 매우 길기 때문에 연속법을 사용하여야 한다.
④ 잔류법 사용 시 자화조작 후 자분모양을 관찰할 때 다른 시험체를 접촉시키면 좋은 효과가 있다.

해설
의사지시 중 전류지시는 전류가 지나는 선이 시험체에 접하여 생긴 것으로 잔류법을 사용하면 시험 중 전류가 흐르지 않으므로 의사지시를 없앨 수 있다.

32 강자성재료의 자분탐상검사방법 및 자분모양의 분류(KS D 0213)에서 자화방법 중 자속관통법의 부호는?

① EA ② ER
③ I ④ B

해설
자화방법에 따른 분류
- 축통전법(EA) : 시험체의 축 방향으로 직접 전류를 흐르게 한다.
- 직각통전법(ER) : 축에 대하여 직각 방향으로 직접 전류를 흐르게 한다.
- 전류관통법(B) : 시험체의 구멍 등에 통과시킨 도체에 전류를 흐르게 한다.
- 자속관통법(I) : 시험체의 구멍 등에 통과시킨 자성체에 교류자속 등을 가함으로써 시험체에 유도전류에 의한 자기장을 형성시킨다.
- 코일법(C) : 시험체를 코일에 넣고 코일에 전류를 흐르게 한다.
- 극간법(M) : 시험체를 전자석 또는 영구자석의 자극 사이에 놓는다.
- 프로드법(P) : 시험체 표면의 특정 지점에 2개의 전극을 대어서 전류를 흐르게 한다.

29 ③ 30 ① 31 ② 32 ③ 정답

33 강자성재료의 자분탐상검사방법 및 자분모양의 분류(KS D 0213)에 따라 자분모양을 분류할 때 일정한 면적 내에 여러 개의 자분모양이 흩어져 존재하는 자분모양은?

① 균열에 의한 자분모양
② 선상의 자분모양
③ 원형상의 자분모양
④ 분산된 자분모양

해설

자분모양의 분류
- 균열에 의한 자분모양
- 독립된 자분모양
  - 선상의 자분모양 : 자분모양에서 그 길이가 너비의 3배 이상인 것이다.
  - 원형상의 자분모양 : 자분모양에서 선상의 자분모양 이외의 것이다.
- 연속한 자분모양 : 여러 개의 자분모양이 거의 동일 직선상에 연속하여 존재하고 서로의 거리가 2mm 이하인 자분모양이다. 자분모양의 길이는 특별히 지정이 없는 경우 자분모양 각각의 길이 및 서로의 거리를 합친 값으로 한다.
- 분산된 자분모양 : 일정한 면적 내에 여러 개의 자분모양이 분산하여 존재하는 자분모양이다.

34 자화전류의 종류 중 잔류법에 적용할 수 없는 전류는?

① 교류　　② 직류
③ 맥류　　④ 충격전류

해설

교류
- 표피효과(바깥쪽으로 갈수록 전류밀도가 커지는 효과)가 있다.
- 위상차가 지속적으로 발생하여 전류 차단 시 위상에 따라 결과가 계속 달라지므로 잔류법에는 사용할 수 없다.

35 강자성재료의 자분탐상검사방법 및 자분모양의 분류(KS D 0213)에서 자분모양의 관찰에 대한 사항을 설명한 것 중 옳지 않은 것은?

① 형광자분을 사용한 경우에는 충분히 어두운 곳(관찰면 밝기 20lx 이하)에서 관찰해야 한다.
② 비형광자분을 사용한 경우에는 충분히 밝은 조명(관찰면 밝기 500lx 이상) 아래에서 관찰해야 한다.
③ 자분의 관찰은 원칙적으로 확실한 지시가 나타나도록 자분모양이 형성된 후 충분히 기다려 관찰해야 한다.
④ 자분모양에서 흠의 깊이를 추정하는 것은 옳지 않다.

해설

자분모양의 관찰은 원칙적으로 자분모양이 형성된 직후 실시한다.

36 자분탐상검사의 전처리에 대한 설명으로 옳지 않은 것은?

① 전처리 범위는 시험범위보다 넓어야 한다.
② 시험체는 원칙적으로 단일 부품으로 분해하며 분해된 시험체는 탈자해 놓는다.
③ 시험체의 도료 등이 불균일하게 도포된 경우 시험 전 미리 새로 도장하여 균일하게 한다.
④ 시험체에 구멍을 무해 물질로 채워서 자분이 시험 후 남지 않도록 한다.

해설

전처리(KS D 0213 8.3)
- 전처리 범위는 검사 범위보다 넓게 잡아야 한다.
- 시험체는 원칙적으로 단일 부품으로 분해한다. 자화된 상태라면, 필요에 따라 탈자한다.
- 시험체에 부착된 유지, 오염, 그 밖의 부착물, 도료, 도금 등의 피막이 검사 정확도에 영향을 주거나 검사액을 오염시킬 우려가 있다면, 이를 제거하여 시험체를 청결하게 하여야 한다.
- 자분이 들어갈 수 있는 기름 구멍과 그 밖의 구멍 등으로부터 검사 후 침투된 내부의 자분을 제거하기 어려운 곳은 검사 전에 시험체에 손상을 주지 않는 물질을 채워도 된다.

※ 도료를 새로 도포하는 행위는 자분탐상검사의 전처리와는 무관한 행동이다.

정답 33 ④ 34 ① 35 ③ 36 ③

37 강자성재료의 자분탐상검사방법 및 자분모양의 분류(KS D 0213)에서 지정한 A형 표준 시험편에 적당한 재질은?

① STS410　　② 순철
③ STD61　　④ HSS

해설
A형 시험편에는 A1과 A2로 나뉘며 SUYP를 적용한다. A2와 C2는 순철판을 냉간압연한 상태 그대로 사용하고, A1과 C1은 순철봉이나 판을 지정된 열처리로 풀림처리하여 사용한다.

38 자분탐상검사의 자화를 위해 충격전류를 사용할 때 통전시간으로 옳은 것은?

① 1초 3~4회
② 1/4초 3~4회
③ 1/120초 3~4회
④ 1/1,200초 3~4회

해설
잔류법에서는 원칙적으로 1/4~1초이다. 다만, 충격전류인 경우에는 1/120초 이상으로 하고 3회 이상 통전을 반복하는 것으로 한다. 단, 충분한 기자력을 가할 수 있는 경우는 제외한다.

39 강자성재료의 자분탐상검사방법 및 자분모양의 분류(KS D 0213)에 따라 검사보고서를 작성할 때 포함하도록 되어 있는 것이 아닌 것은?

① 검사 장소와 연월일
② 검사자의 이름과 자격사항
③ 자화전류의 종류
④ 검사 대상체의 표면 상태

해설
KS D 0213에서는 지시에 따라 적절한 전처리가 이루어졌다고 보기 때문에 검사 대상체의 표면 상태를 기재하라고 요구하지 않는다. 실제 보고서에 기재하였다고 해서 문제가 있는 검사보고서는 아니지만, KS D 0213에서는 요구하지 않는다.

40 강자성재료의 자분탐상검사방법 및 자분모양의 분류(KS D 0213)에 정의된 자분탐상검사에 사용하는 용어 중 검사 대상체의 검사 부위에 실제로 작용하는 자기장을 부르는 명칭은?

① 부자기장　　② 정자기장
③ 상쇄자기장　　④ 유효자기장

해설
유효자기장 : 검사하는 부분에 실제로 작용하고 있는 자기장이다. 예를 들어 코일법의 경우 코일에 의해 형성되는 자기장에서 검사 대상체에서 형성된 반자기장을 뺀 자기장이다.
보기 ①, ②는 KS D 0213에 없는 용어이며, 상쇄자기장은 강자성체를 자화시켰을 때 강자성체에 형성된 자극에 의해 만들어지는 자기장이다. 일반적으로 반자기장, 반자계 등으로도 사용한다.

37 ② 38 ③ 39 ④ 40 ④ **정답**

41 강자성재료의 자분탐상검사방법 및 자분모양의 분류(KS D 0213)의 검사장치에 대한 요구 중 옳지 않은 것은?

① 검사장치는 원칙적으로 검사 대상체에 대하여 자화, 검출 매체 적용, 관찰 및 탈자의 각 과정을 수행할 수 있어야 한다.

② 습식법을 적용할 때 검사자는 자분이 균일하게 분산되도록 적절한 조치를 하여야 한다.

③ 자화장치는 전류를 이용하는 방식과 영구자석을 이용하는 방식이 있다.

④ 자화장치는 자화전류의 피크값을 표시하는 전류계를 갖추어야 하나 전자석형은 전류계를 생략해도 된다.

해설

KS D 0213에서는 습식법을 적용하는 검사장치에 대해 검사액 탱크에 교반장치를 갖추도록 요구하고 있다. 보기 ②는 장치에 대한 요구가 아니라 검사자에 대한 요구이다.

42 열간가공에 대한 설명으로 옳지 않은 것은?

① 소성가공 중 재결정온도 이상으로 가열하여 실시하는 가공이다.

② 가공경화를 완화하고 좀 더 많은 양의 소성가공을 하는 방법이다.

③ 큰 변형이 필요 없거나 제품의 강도를 향상시킬 목적으로 실시한다.

④ 강의 경우 450~720℃에서 실시한다.

해설

열간가공

소성가공에서 재결정온도 이상으로 가열하여 가공을 하면 좀 더 많은 양의 변형을 줄 수 있게 하는 가공방법이다.

※ 큰 변형이 필요 없거나 제품의 강도를 향상시킬 목적으로 실시하는 것은 재결정온도 이하에서 실시하는 냉간가공이다.

43 Fe–C 상태도에서 시멘타이트의 자기변태점을 나타내는 A_0 변태점은 몇 도인가?

① 150　② 210　③ 450　④ 723

해설

- A_0 : 시멘타이트의 자기변태점, 210℃
- A_1 : 공석변태점, 450℃
- A_2 : 순철의 자기변태점, 768℃
- A_3 : 동소변태점, 910℃

44 금속의 상변태에 대한 설명으로 틀린 것은?

① 어떤 결정구조에서 다른 결정구조로 바뀌는 것을 상변태라 한다.

② 상변태를 일으키기 위해서는 핵생성과 핵성장이 필요하다.

③ 순철에서의 자기변태는 A_3 변태이며, 동소변태는 A_2와 A_4 변태가 있다.

④ 핵성장은 본래의 상으로부터 새로운 상으로 원자가 이동함으로써 진행된다.

해설

- A_2 변태 : 순철의 자기변태이다.
- A_3 변태 : 순철의 동소변태의 하나이며, α철(체심입방격자)에서 γ철(면심입방격자)로 변화한다.
- A_4 변태 : 순철의 동소변태의 하나이며, γ철(면심입방정계)에서 δ철(체심입방정계)로 변화한다.

정답 41 ② 42 ③ 43 ② 44 ③

45 탄소강의 5대 불순물 중 편석으로 충격값을 감소시켜 균열을 유발하고, 연신율을 감소시키며 상온취성을 유발시키는 것은?

① 탄소(C)　　② 규소(Si)
③ 인(P)　　④ 황(S)

해설

탄소강의 5대 불순물

- 탄소(C) : 강도, 경도, 연성, 조직 등에 전반적인 영향을 미친다.
- 규소(Si) : 페라이트 중 고용체로 존재하며, 단접성과 냉간가공성을 해친다(0.2% 이하로 제한).
- 망간(Mn) : 강도와 고온가공성을 증가시킨다. 연신율 감소를 억제하고 주조성과 담금질 효과를 향상시키며, 적열취성을 일으키는 황화철(FeS) 형성을 막아 준다.
- 인(P) : 인화철 편석으로 충격값을 감소시켜 균열을 유발하고, 연신율을 감소시키며 상온취성을 유발시킨다.
- 황(S) : 황화철을 형성하여 적열취성을 유발하나 절삭성을 향상시킨다.

46 짧은 시간 풀림처리를 할 수 있도록 풀림 가열영역으로 가열하였다가 노 안에서 냉각이 시작되어 변태점 이하로 온도가 떨어지면 A_1 변태점 이하에서 온도를 유지하여 원하는 조직을 얻은 뒤 서랭하는 열처리는?

① 항온풀림　　② 완전풀림
③ 응력제거풀림　　④ 구상화풀림

해설

강의 열처리

- 완전풀림 : 가열온도영역으로 일정 시간 가열하여 γ고용체로 만든 다음, 노 안에서 서랭하면 변태로 인하여 새로운 미세결정 입자가 생겨 내부응력이 제거되면서 연화된다.
- 응력제거풀림 : 금속재료의 잔류응력을 제거하기 위해서 적당한 온도에서 적당한 시간을 유지한 후에 냉각시키는 처리이다.
- 구상화풀림 : 과공석강에서 펄라이트 중 층상시멘타이트 또는 초석망상시멘타이트가 그대로 있으면 좋지 않으므로 소성가공이나 절삭가공을 쉽게 하거나 기계적 성질을 개선할 목적으로 탄화물을 구상화시키는 열처리이다.

※ 변태점 이하로 온도가 떨어지면 A_1 변태점 이하에서 온도를 유지하는 것이 항온풀림의 핵심이다.

47 다음 보기에서 설명하는 풀림 열처리는?

보기

- 금속재료의 잔류응력을 제거하기 위해서 적당한 온도에서 적당한 시간을 유지한 후에 냉각시키는 처리이다.
- 온도 영역 : 450~600℃
- 주조, 단조, 압연 등의 가공, 용접 및 열처리에 의해 발생된 응력을 제거한다.

① 완전풀림　　② 구상화풀림
③ 항온풀림　　④ 응력제거풀림

해설

응력제거풀림

저온풀림이라고도 하는데 열가공, 소성가공 등에서 생긴 잔류응력의 조직을 연화하여 제거하는 데 목적이 있다. 응력제거만을 목적으로 하기 때문에 고온으로 가열하지 않는다. 잔류응력이 작용하고 있으면 마치 피로응력을 지속적으로 받고 있는 것과 같은 영향을 주어 어떤 특별한 외력이 작용하지 않았음에도 재료 일부의 강도가 약해질 수 있는 풀림이다.

48 다음 항온열처리 중 베이나이트가 나오는 열처리 방법은?

① 마템퍼링　　② 오스템퍼링
③ 오스포밍　　④ 오스풀림

해설

항온열처리

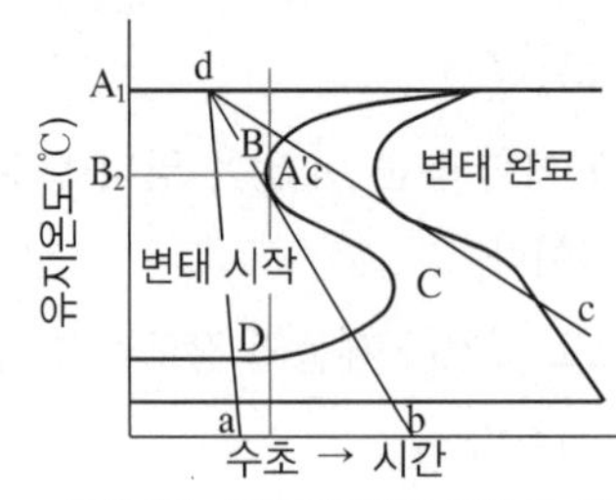

- 마템퍼링 : D점 이하까지 급랭 후 항온 유지 후 공랭하는 방법이다.
- 오스템퍼링 : D 윗점까지 급랭 후 계속 항온을 유지하여 완전조직을 만든 후 냉각시키는 방법이다. 이 과정에서 나온 조직이 베이나이트이며 인성이 크고 강한 조직이 나온다.
- 오스포밍 : D점 이하까지 급랭 후 항온을 유지하며 소성가공을 실시하는 열처리다.
- 오스풀림 : B점 바로 위까지 급랭한 후 항온 유지하여 변태완료선을 지난 후 공랭한다.

45 ③ 46 ① 47 ④ 48 ② 정답

49 **다음 보기에서 설명하는 알루미늄합금은?**

보기
- Al에 11.6% Si를 함유하며, 공정점이 577℃이다.
- 이 합금을 다이캐스팅하면 개량처리가 필요 없다.
- 실용합금 10~13%인 이 합금은 용융점이 낮고 유동성이 좋아 얇고 복잡한 주물에 적합하다.

① 알코아 ② 라우탈
③ 알팍스 ④ Y합금

해설
보기의 내용은 실루민 또는 알팍스라는 알루미늄합금이다. 알루미늄합금은 개량처리를 통해 조직을 미세화하는데 이 합금을 다이캐스팅하면 개량처리가 필요 없다.

50 **비자성체로 Cr과 Ni을 함유한 합금으로, 18-8 스테인리스강이라고도 하는 것은?**

① 페라이트계 스테인리스강
② 오스테나이트계 스테인리스강
③ 마텐자이트계 스테인리스강
④ 펄라이트계 스테인리스강

해설
오스테나이트계 스테인리스강
- 18Cr-8Ni 스테인리스강으로 고급강종이며 STS304가 대표적이다. 가장 많은 종류의 스테인리스강이 정의되어 있으며 성질이 좋아 많은 종류의 제품을 제작하는 데 사용된다.
- 장점 : 비자성에 열경화성이 없고, 극저온에서도 취성이 없으며 고온강도나 크리프강도가 높다.
- 단점 : 인장강도에 비해 내력이 낮고, 가공경화성이 높아 소성가공이 어렵다. 열팽창률이 높아 열가공 시 잔류응력의 우려가 있다. 해수 등의 환경에서 응력부식균열이 일어나며 결정립계 균열의 우려도 있다.

51 **베어링(Bearing)용 합금의 구비조건에 대한 설명 중 옳지 않은 것은?**

① 마찰계수가 작고 내식성이 좋을 것
② 충분한 취성을 가지며 소착성이 클 것
③ 하중에 견디는 내압력과 저항력이 클 것
④ 주조성 및 절삭성이 우수하고 열전도율이 클 것

해설
베어링용 합금 : 경도가 크고 특히 내마멸성이 커서 베어링, 차축 등에 사용한다. 윤활성이 우수하여 철도 차량, 공작기계, 압연기 등의 고압용 베어링에 적합하다.

52 **다음 보기에서 설명하는 소재는?**

보기
- 알루미늄 5%, 규소 10%, 철 85%의 조성을 가진 고투자율 합금이다.
- 주물로 되어 있어 정밀교류계기의 자기차폐로 쓰인다.
- 무르기 때문에 지름 10μm 정도의 작은 입자로 분쇄하여, 절연체의 접착제로 굳혀서 압분자심으로서 고주파용으로 사용한다.

① 센더스트 ② 알니코
③ Si 강판 ④ 퍼멀로이

해설
센더스트 : Fe에 Si 및 Al을 첨가한 합금이다. 풀림상태에서 우수한 자성을 나타내는 고투자율 합금으로, Si 5~11%, Al 3~8% 함유하고 있다. 오디오 헤드용 재료로 사용되며 가공성은 나쁘다.

정답 49 ③ 50 ② 51 ② 52 ①

53 다음 보기에서 설명하는 금속은?

보기
- 면심입방격자(FCC)이다.
- 비중은 19.3이다.
- 상온에서는 안정하나 고온에서는 산화・탄화된다.

① 금　② 코발트
③ 텅스텐　③ 몰리브덴

해설

고용융점 금속

금속	융점(℃)	특징
금(Au)	1,063	• 침식, 산화되지 않는 귀금속이다. • 재결정온도는 40~100℃이다.
코발트(Co)	1,492	• 비중은 8.9이고 내열합금이다. • 영구자석, 촉매 등에 쓰인다.
텅스텐(W)	3,380	• 면심입방격자(FCC)이다. • 비중은 19.3이다. • 상온에서는 안정하나 고온에서는 산화・탄화된다.
몰리브덴(Mo)	2,610	• 체심입방격자(BCC)이다. • 은백색을 띤다. • 비중은 10.2이며, 염산, 질산에 침식된다.

54 다음 중 경질자성재료에 해당되는 것은?

① Si 강판　② Nd 자석
③ 센더스트　④ 퍼멀로이

해설

경질자성재료에는 알니코 자석, 네오디뮴(Nd) 자석, 페라이트 자석 등이 있고, 연질자성재료 에는 Si 강판, 퍼멀로이, 알펌 등이 있다.

※ 네오디뮴 자석의 자력은 아주 강하지만 고온에서 약하다.

55 전자석이나 자극의 철심에 사용되는 것은 순철이나, 자심은 교류 자기장에만 사용된다. 이력 손실, 항자력 등이 적은 동시에 맴돌이 전류 손실이 적어야 할 때 사용되는 강은?

① Si강　② Mn강
③ Ni강　④ Pb강

해설

규소(Si)는 전자기적 성질이 우수한 원소로 철심재료로 많이 사용된다. 전기강으로도 알려진 규소강은 탄소 함량이 매우 낮은 페로실리콘 연자성 합금이다. 규소를 첨가하면 철의 저항과 최대 투자율을 높일 수 있을 뿐만 아니라 코어 손실(철 손실), 보자력 및 자기 노화를 줄일 수 있다. 일반적으로 각종 모터 및 변압기의 철심에 사용하는 주요 연자성 합금이다.

56 강철표면을 규소분말, Fe-Si, Si-C 등의 혼합물 속에 넣고 염소가스를 통과시키면 염소가스는 혼합물과 작용하여 강철 속으로 침투・확산되는데, 이런 고체 분말법을 이용한 표면처리방법은?

① 세라다이징　② 크로마이징
③ 칼로라이징　④ 실리코나이징

해설

실리코나이징 : 내식성을 증가시키기 위해 강철 표면에 Si를 침투하여 확산시키는 처리이다.

- 고체분말법 : 강철 부품을 Si 분말, Fe-Si, Si-C 등의 혼합물 속에 넣고, 염소가스를 통과시킨다. 염소가스는 용기 안의 Si 카바이드 또는 Fe-Si와 작용하여 강철 속으로 침투, 확산한다.
- 펌프축, 실린더, 라이너, 관, 나사 등의 부식 및 마멸이 문제되는 부품에 효과가 있다.

53 ③　54 ②　55 ①　56 ④ 정답

57 **환산용접길이가 같은 판 두께 10mm짜리 맞대기 용접 A와 20mm 판을 붙이는 용접 B의 환산계수가 각각 1.3, 4.9일 때 걸리는 용접시간에 대한 설명으로 옳은 것은?**

① A가 B보다 더 걸린다.
② B가 A보다 더 걸린다.
③ A와 B가 같다.
④ 위 정보로는 알 수 없다.

해설
환산용접길이
- 용접 작업마다 조건이 달라서 용접시간을 계산하기 어려우므로 각 작업에 환산계수를 곱하여 현장용접길이로 환산한 용접길이이다.
- 환산용접길이가 같은 용접이므로 두 용접은 걸리는 시간이 같다.

58 **모재와 비드의 경계 부분에 패인 홈이 생기는 것으로 과대전류, 용접봉의 부적절한 운봉, 지나친 용접 속도, 긴 아크 길이가 원인인 용접 결함은?**

① 기공 ② 스패터
③ 언더컷 ④ 오버랩

해설
피복아크용접의 결함
- 기공 : 아크의 길이가 길 때, 피복제에 수분이 있을 때, 용접부의 냉각속도가 빠를 때 용착금속에 가스가 생긴다.
- 스패터 : 용융금속의 기포나 용적이 폭발할 때 슬래그가 비산하여 발생한다. 과대 전류, 피복제의 수분, 아크의 길이가 길 때 발생한다.
- 언더컷 : 모재와 비드의 경계 부분에 패인 홈이 생기는 것이다. 과대전류, 용접봉의 부적절한 운봉, 지나친 용접 속도, 아크의 길이가 길 때 발생한다.
- 오버랩 : 용융금속이 모재에 용착되는 것이 아니라 덮기만 하는 것을 말한다. 용접 전류가 낮거나 속도가 느리거나, 맞지 않는 용접봉 사용 시 발생한다.

59 **가스용접에서 역화에 대한 설명으로 옳지 않은 것은?**

① 팁 끝이 모재에 닿는 등의 이유로 불꽃이 팁 안으로 들어가는 현상을 말한다.
② 팁 끝이 과열되었을 경우 발생한다.
③ 가스 압력이 적당하지 않을 경우 발생한다.
④ 역화 발생 시 우선 연료가스를 잠근다.

해설
역화는 과열, 접촉, 압력 조절 등의 이유로 불꽃이 팁 안으로 들어가는 현상이다. 역화가 발생하면 밸브를 잠그고 팁을 식혀 주는 등의 조치가 필요하다. 밸브를 잠글 때는 항상 산소를 먼저 잠가서 작은 불꽃을 만들고 연료를 제한하여 불꽃을 끈다.

60 **용접 후 잔류응력이 제품에 미치는 영향으로 가장 중요한 것은?**

① 언더컷이 생긴다.
② 용입 부족이 된다.
③ 용착 불량이 생긴다.
④ 변형과 균열이 생긴다.

해설
잔류응력의 가장 큰 영향은 시간이 지남에 따라 잔류응력에 의한 부식을 유발하고, 잔류응력이 해소되려는 방향으로 지속적인 힘이 작용함에 따라 변형을 유도하며, 약한 부분에는 균열을 발생시킬 수 있다.

정답 57 ③ 58 ③ 59 ④ 60 ④

부 록 KS 규격 열람방법

http://www.standard.go.kr을 접속하면, 국가표준인증 통합정보시스템에 접속됩니다.

여기서 분야별 정보검색 [국가표준] 아이콘을 클릭하면 다음과 같은 페이지가 나옵니다.

조건검색 | 부문검색

표준명

표준번호 0213 ※ 공백없이 입력(예:KSA0001 또는 0001)

표준분야 전체 ▼ 선택해 주세요 ▼

부합화표준 선택해 주세요 ▼ ISO IEC 구분 ◉ 전체 ◯ 확인 ◯ 폐지 ◯ 제정 ◯ 개정

ICS코드 ICS코드명

고시일 ~

검색 초기화

예를 들어 KS D 0213을 찾으려면, 표준번호를 선택하여 0213이라고 쓰고 검색을 누르면 다음과 같은 화면이 나옵니다.

No	표준번호	표준명	개정/개정/확인일	고시번호	담당부서	담당자
1	KS B 0213	유니파이 보통나사의 허용 한계 치수 및 공차	2017-08-28	2017-0314	기계소재표준과	
2	KS C 0213	환경 시험 방법 - 전기.전자 - 대기 부식에 대한 가속시험-지침	2015-12-31	2015-0680	전기전자표준과	
3	KS D 0213	철강 재료의 자분 탐상 시험 방법 및 자분 모양의 분류	2014-10-20	2014-0631	기계소재표준과	
4	KS E ISO10213	알루미늄 광석의 철 정량 방법-삼염화타이타늄 환원법	2016-12-30	2016-0626	기계소재표준과	
5	KS K 0213	섬유의 혼용률 시험방법:기계적 분리법 폐지	1980-12-24		화학서비스표준과	

KS D 0213을 클릭하면 다음 화면이 나옵니다. 이 화면을 아래로 내려가면서 살펴보면 다음과 같은 화면이 나올 것입니다.

KS원문보기	PDF eBook ※KS원문보기가 안될 경우 043-870-5697로 문의하여주시기 바랍니다.			
표준이력사항	변경일자	구분	고시번호	제정.개정.폐지 사유
	1974-03-21	확인	1795	
	1977-05-20	개정	9160	
	1980-02-28	확인	800019	
	1983-12-30	개정	831037	
	1988-11-29	확인	880944	
	1994-01-05	개정	940227	
	1999-05-03	확인	990069	
	2004-06-29	확인	2004-0279	
	2009-12-23	확인	2009-0905	동 표준은 일본 JIS G 0656 표준을 참고하여 국내에서 자체적으로 개발되었으며 관련 적용분야에서 추가적인 개정에 대한 수요가 없었으며 자체 검토결과 개정 필요성이 매우 미약하다고 판단되어 확인처리 하고자 함
	2014-10-20	개정	2014-0631	KSA0001서식에 맞추어 개정(규격을 표준으로 변경 등) 인용표준 정비

그러면 KS원문보기의 PDF eBOOK을 클릭합니다. 여러 가지 뷰 관련 프로그램을 설치하고, 대한민국의 Active X 체계의 불편함을 한번 겪으면 KS규격 본문을 볼 수 있습니다. 이 본문은 오로지 열람용이며, 인쇄가 불가능합니다. 따라서, 필요한 규격이 있으면 컴퓨터를 이용하여 열람만 하던지, 아니면 KS D 0213만이라도 손으로 베껴 쓰면 좋겠습니다. 베껴 써두면 언제든지 궁금할 때 참고할 수 있고, 또 그 자체로 훌륭한 학습이 됩니다.

※ 출처 : 국가표준인증통합정보시스템 http://www.standard.go.kr

참 / 고 / 문 / 헌

- 산업인력공단, 기계재료, 에덴복지재단, 2005
- 서울특별시교육청, 재료시험, 녹원문화, 2003
- 박은수 외, 비파괴평가공학, 학연사, 2001
- 이의종, 방사선투과검사, 도서출판골드, 2001
- 한기수, 침투탐상검사, 도서출판골드, 2001
- 한기수, 자분탐상검사, 도서출판골드, 2001
- 이의종, 와류탐상시험, 도서출판골드, 1999
- 탁경주, 누설검사, 도서출판골드, 1998
- 문정훈 외, 침투 및 누설검사, 원창출판사, 1998
- 문정훈, 비파괴검사 개론, 원창출판사, 1998
- 문정훈, 초음파탐상검사, 원창출판사, 1998
- 문정훈, 방사선투과검사, 원창출판사, 1998
- 교육부, 금속재료, 대한교과서, 1998
- 교육부, 판금-용접, 대한교과서, 1998
- 교육부, 금속표면처리, 대한교과서, 1997
- 교육부, 기계재료, 대한교과서, 1996

인 / 터 / 넷 / 사 / 이 / 트

- http://www.deajin.co.kr/deajin/yk_mp-a2d-w.jpg
- http://www.nawoo.com/wp-content/uploads/2017/03/PICO-MAG-Wet-Horizontal-Mag.png

K / S / 규 / 격

- KS D 0213
- KS W 4041(폐지)
- KS B 6752

교육이란 사람이 학교에서 배운 것을 잊어버린 후에 남은 것을 말한다.

– 알버트 아인슈타인 –

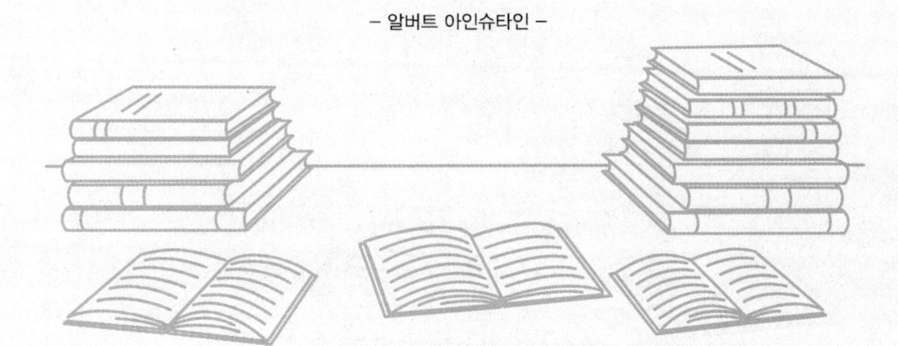

우리 인생의 가장 큰 영광은 결코 넘어지지 않는 데 있는 것이 아니라

넘어질 때마다 일어서는 데 있다.

- 넬슨 만델라 -

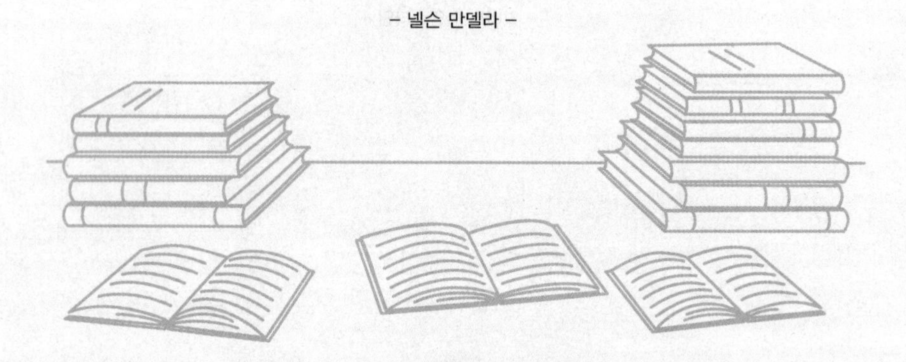

Win-Q 자기비파괴검사기능사 필기

개정8판1쇄 발행	2025년 05월 15일 (인쇄 2025년 03월 10일)
초 판 발 행	2017년 01월 05일 (인쇄 2016년 11월 08일)
발 행 인	박영일
책 임 편 집	이해욱
편 저	신원장
편 집 진 행	윤진영, 최 영, 천명근
표지디자인	권은경, 길전홍선
편집디자인	정경일, 박동진
발 행 처	(주)시대고시기획
출 판 등 록	제10-1521호
주 소	서울시 마포구 큰우물로 75 [도화동 538 성지 B/D] 9F
전 화	1600-3600
팩 스	02-701-8823
홈 페 이 지	www.sdedu.co.kr

I S B N	979-11-383-9017-0(13550)
정 가	27,000원